北京市怀柔水库大坝运行管理与安全评价实践

郑文利　邓刚　宋兴鹏　张延亿　徐志全　路威 等　著

中国水利水电出版社
www.waterpub.com.cn
·北京·

内 容 提 要

水库大坝的运行管理是一项繁杂、系统、动态的工作，加强水库大坝安全管理，对水工建筑物进行日常巡视检查以及经常性的养护和修理，对保障水库大坝安全运用意义重大。

本书以怀柔水库的特点、运行管理经验和大坝安全评价工作实践为依据，介绍了水库大坝安全评价的内容和结论。全书共分12章，包括概述、现场安全检查及安全检测、安全监测资料分析、工程质量评价、运行管理评价、防洪能力复核、渗流安全评价、结构安全评价、抗震安全评价、金属结构安全评价、大坝安全综合评价、附图，以期为水库大坝的运行管理和安全评价工作提供参考借鉴。

本书可供从事水利水电工程设计、施工、运行维护管理和相关企事业单位的工程管理人员、工程技术人员使用，也可供相关专业院校师生学习参考。

图书在版编目（CIP）数据

北京市怀柔水库大坝运行管理与安全评价实践 / 郑文利等著. -- 北京 : 中国水利水电出版社, 2025. 5.
ISBN 978-7-5226-3390-9
Ⅰ. TV698.2
中国国家版本馆CIP数据核字第2025F7U604号

书　　名	**北京市怀柔水库大坝运行管理与安全评价实践** BEIJING SHI HUAIROU SHUIKU DABA YUNXING GUANLI YU ANQUAN PINGJIA SHIJIAN
作　　者	郑文利　邓　刚　宋兴鹏　张延亿　徐志全　路　威　等　著
出版发行	中国水利水电出版社 (北京市海淀区玉渊潭南路1号D座　100038) 网址：www. waterpub. com. cn E-mail：sales@mwr. gov. cn 电话：(010) 68545888（营销中心）
经　　售	北京科水图书销售有限公司 电话：(010) 68545874、63202643 全国各地新华书店和相关出版物销售网点
排　　版	中国水利水电出版社微机排版中心
印　　刷	北京印匠彩色印刷有限公司
规　　格	184mm×260mm　16开本　26.5印张　645千字
版　　次	2025年5月第1版　2025年5月第1次印刷
定　　价	**128.00**元

前言

水库大坝安全关系到大坝上、下游人民的生命财产安全和国民经济的可持续发展，是一个公共安全问题。党的十八大以来，以习近平同志为核心的党中央高度重视水安全，从全局角度寻求新的治水之道，明确指出“水安全是涉及国家长治久安的大事”。2023年，受台风“杜苏芮”北上影响，海河流域发生“23·7”流域性特大洪水，给京津冀地区造成了严重的人员伤亡和财产损失。习近平总书记在视察永定河三家店引水枢纽时指出要总结连续强降雨历史经验，针对突出问题和薄弱环节，按照“上蓄、中疏、下排、有效治洪”的原则，抓紧修复水毁设施，加强重点水利工程建设。

怀柔水库位于北京市怀柔区西南、潮白河支流怀河山峡出口处，是北京市四座大型水库之一。水库建成于1958年，创造了4个月11天完成的快速建库奇迹，后于1960年、1964年、1976年、1988年和2003年进行五次改、扩建。改、扩建后，总库容1.44亿m^3，拦河坝坝顶高程68.00m，最大坝高23m，正常蓄水位62.00m，工程规模为大（2）型，工程等级为Ⅱ等。水库主要建筑物包括一座主坝以及一、二、三副坝和长副坝等四座副坝，东、西溢洪道等两座主要泄水建筑物，峰山口输水闸和防洪闸、输水隧洞及其进出口闸、水库进水闸等三座输水建筑物。水库原设计功能为防洪和供水，是北京市京密引水渠的中间枢纽，在密云水库向北京市城区供水中起到承上启下作用。2015年，南水北调反向输水进入怀柔水库后，水库同时承担南来江水的调蓄任务。怀柔水库的安全直接关系到下游人民的生命财产和北京市的供水安全。自建成以来，怀柔水库成功抵御了1972年的“72·7”洪水和2023年的“23·7”洪水等多场洪水，为北京市的防洪安全提供了有力保障。

水库大坝安全评价是一项兼具综合性、复杂性、系统性、技术性和实用性的工作，不仅涉及水文、水工、岩土、安全检测、金属结构、机电设备和工程管理等多专业，而且具有很强的区域特点、时代特色和地方特性。在水库大坝安全评价过程中，运行管理单位和评价承担单位需要密切配合，不仅要以规程规范为依据，还需要有较强的实践经验和综合判断能力，能够结合工程的具体情况灵活运用，科学评价。通过安全评价对水库大坝进行定期检查和评估，了解大坝安全状况和运行性态，发现安全隐患并提出针对性建议，不单是满足水库大坝安全鉴定制度的要求，更重要的是满足水库大坝的科学管理和有效运维，为极端工况下的工程安全提供技术支撑，也是加强大坝安全监督的重要手段。2014年以来，北京市京密引水管理处组织开展了两次怀柔水库大坝安全评价，基于评价成果，经北京市水务局鉴定，怀柔水库大坝为“二类坝”。

北京市京密引水管理处承担北京市怀柔水库、京密引水渠和潮河总干渠的运行管理任务，涉及水库大坝、近120km渠道及其沿线的近200座水闸、涵洞、倒虹吸等水工建筑物。经过几十年的摸索与实践，形成了较为完善的管理制度和管理方法。

不可否认的是，水库大坝的运行管理是一项繁杂、系统、动态的工作。以怀柔水库大坝运行管理为例，2014年安全评价工作完成后，北京市京密引水管理处对查找出的问题进行了针对性处理，但是由于运行条件改变、规范更新、流域规划修编、水利工程智能化标准提升等原因，在2024年安全评价中仍发现存在调度措施不匹配、管理制度不完善、运管智能化程度不高、工程存在表观缺陷等问题，需在后续工作中提高和完善。有鉴于此，北京市京密引水管理处结合怀柔水库的特点、运行管理经验和水库大坝安全评价工作实践，联合中国水利水电科学研究院共同编写本书，以期为水库大坝的运行管理和安全评价工作提供参考借鉴。

本书第1、2章由郑文利、张延亿和宋兴鹏撰写，第3章由侯伟亚和柴江飞撰写，第4章由徐志全、陈含和张茵琪撰写，第5章由郑文利、徐志全和宋兴鹏撰写，第6章由路威、侯伟亚、王翔南、陈含撰写，第7、8章由路威、邵宇和柴江飞撰写，第9、10章由路威、王翔南和张茵琪撰写，第11章由郑文利、邓刚和张延亿撰写，最后由郑文利、邓刚和张延亿进行统稿与校审。

本书的出版得到了北京市水利工程管理中心的大力支持！北京市京密引水管理处的杨卫平、李骥、刘海龙、李学明、王伟臣、刘典典为大坝安全评价工作的顺利完成提供了很大帮助！中国水利水电科学研究院的刘顺、程森浩、刘鹏、刘磊、张怀、徐佳宁、王晓东、哈克健等参加了校稿、公式符号表格制作、参考文献核查等工作，在此一并表示感谢！

作者

2024年12月

目录

前言

第 1 章　概述 …… 1

1.1　工程概况 …… 1

1.2　水文气象 …… 3

1.3　区域地质 …… 4

1.4　大坝及主要泄水、输水建筑物 …… 8

1.5　工程建设和运行管理情况 …… 16

1.6　安全评价组织实施情况 …… 22

第 2 章　现场安全检查及安全检测 …… 28

2.1　评价目的和内容 …… 28

2.2　现场安全检查 …… 29

2.3　工程地质勘察 …… 74

2.4　坝体质量无损检测 …… 89

2.5　混凝土结构安全检测 …… 95

2.6　金属结构安全检测 …… 98

2.7　结论 …… 100

第 3 章　安全监测资料分析 …… 102

3.1　目的及内容 …… 102

3.2　监测设施建设和布置情况 …… 102

3.3　监测系统完备性和监测资料可靠性评价 …… 108

3.4　监测资料分析 …… 111

3.5　大坝安全性态评估 …… 119

第 4 章　工程质量评价 …… 121

4.1　评价目的、内容和方法 …… 121

4.2　坝体工程质量评价 …… 122

4.3　泄水建筑物工程质量评价 …… 135

4.4　输水建筑物工程质量评价 …… 146

4.5　坝后排水管质量评价 …… 159

4.6　工程质量评价结论 …… 161

第 5 章　运行管理评价 …… 164
5.1　评价目的和内容 …… 164
5.2　运行管理能力评价 …… 164
5.3　调度运行评价 …… 171
5.4　工程养护维修评价 …… 172
5.5　运行管理评价结论 …… 173
第 6 章　防洪能力复核 …… 174
6.1　评价目的和内容 …… 174
6.2　防洪标准复核 …… 174
6.3　设计洪水复核计算 …… 174
6.4　调洪复核计算 …… 182
6.5　大坝抗洪能力复核 …… 195
6.6　防洪能力复核结论 …… 200
第 7 章　渗流安全评价 …… 202
7.1　评价目的和内容 …… 202
7.2　评价方法 …… 202
7.3　渗流计算模型和参数 …… 204
7.4　坝体渗流安全评价 …… 209
7.5　泄水建筑物渗流安全评价 …… 223
7.6　输水建筑物渗流安全评价 …… 226
7.7　渗流安全评价结论 …… 229
第 8 章　结构安全评价 …… 231
8.1　评价目的和内容 …… 231
8.2　评价方法 …… 231
8.3　坝体结构安全评价 …… 240
8.4　泄水建筑物结构安全评价 …… 253
8.5　输水建筑物结构安全评价 …… 267
8.6　近坝岸坡稳定性评价 …… 282
8.7　结构安全评价结论 …… 282
第 9 章　抗震安全评价 …… 285
9.1　评价目的和内容 …… 285
9.2　评价方法 …… 285
9.3　地震烈度复核 …… 287
9.4　地震液化判别 …… 288
9.5　坝体抗震安全评价 …… 288
9.6　泄水建筑物抗震安全评价 …… 295

9.7 输水建筑物抗震安全评价 …… 297
9.8 近坝岸坡地震稳定性评价 …… 299
9.9 抗震安全评价结论 …… 299
第10章 金属结构安全评价 …… 301
10.1 评价目的和内容 …… 301
10.2 检查、检测与评价方法 …… 301
10.3 泄水建筑物金属结构安全评价 …… 306
10.4 输水建筑物金属结构安全评价 …… 319
10.5 金属结构安全评价结论 …… 350
第11章 大坝安全综合评价 …… 352
11.1 评价依据 …… 352
11.2 专项安全评价 …… 352
11.3 综合评价 …… 357
11.4 后续拟开展的工作 …… 358
第12章 附图 …… 361
12.1 监测数据分析结果 …… 361
12.2 副坝坝坡稳定计算结果 …… 380
12.3 坝体位移和应力计算结果 …… 389
12.4 堰基面应力计算结果 …… 400
12.5 坝坡稳定计算结果（地震工况） …… 405
参考文献 …… 411

第1章

概　　述

1.1　工程概况

怀柔水库位于北京市怀柔区西南、潮白河支流怀河山峡出口处，控制流域面积约525km²。怀柔水库工程区布置图如图1.1-1所示。水库上游分南、北两支流，南支为怀九河，北支为怀沙河。水库于1958年3月兴建，同年7月竣工，后于1960年、1964年、

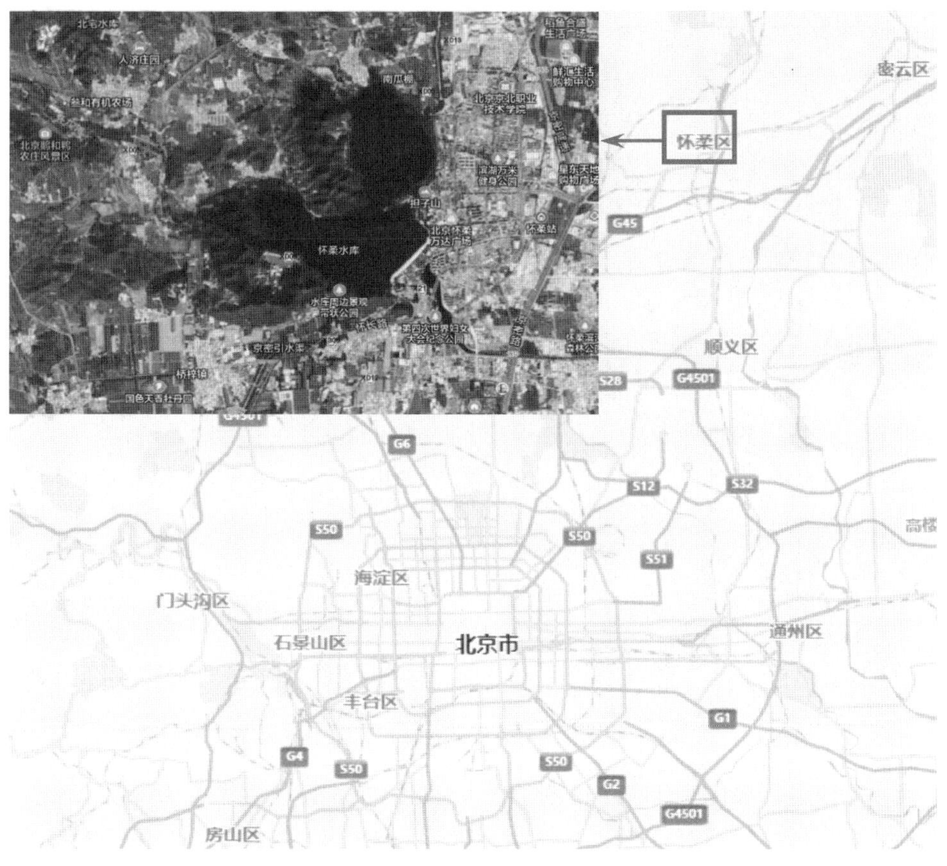

图1.1-1　怀柔水库工程区布置图

1976年、1988年和2003年进行五次改、扩建。改、扩建后，拦河坝坝顶高程68.00m，最大坝高23m，正常蓄水位62.00m。水库总库容和兴利库容分别为1.44亿m^3和0.655亿m^3（2024年淤积调查复核后分别为1.38亿m^3和0.620亿m^3）。根据GB 50201—2014《防洪标准》和SL 252—2017《水利水电工程等级划分及洪水标准》，怀柔水库工程规模为大（2）型，工程等级为Ⅱ等，主要建筑物级别为2级，次要建筑物级别为3级，洪水标准为100年一遇设计（洪峰流量5059m^3/s），2000年一遇校核（洪峰流量8543 m^3/s），设计洪水位64.16m，校核洪水位67.73m，汛限水位58.00m。

怀柔水库原设计功能主要为防洪和供水。水库防洪保护对象为下游城镇（怀柔镇、庙城镇、北房镇、杨宋镇等）和重要基础设施（京沈高速、京承高速、大秦铁路、京承铁路、101国道等），2023年"23·7"洪水期间，怀柔水库拦洪1.486亿m^3，降低潮白河水位，为北运河洪水东排创造条件。怀柔水库也是北京市供水的关键水利枢纽，2015年，南水北调反向调水进入怀柔水库，水库同时承担南来江水的调蓄任务，南水北调来水调入密云水库调蓄工程平面布置示意图如图1.1-2所示。怀柔水库建成以来，在防洪和城市供水方面发挥了巨大的效益，对北京市的防洪和城市供水起着重要作用。

图1.1-2 南水北调来水调入密云水库调蓄工程平面布置示意图

怀柔水库原设计单位为北京市市政工程设计院，原地质勘察单位为地质部水文地质工程地质局北京大队，1988年水库提高防洪标准工程的设计单位为北京市水利规划设计研究院。2014年，怀柔水库大坝安全评价工作由中国水利水电科学研究院承担，评价结论为"二类坝"。

1.2 水文气象

1. 气温

北京市位于东亚中纬度地带东侧，有典型的暖温带半湿润半干旱大陆性季风气候特点：受季风影响，春季干旱多风，气温回升快；夏季炎热多雨；秋季秋高气爽；冬季寒冷干燥，多风少雪。根据观测资料，北京地区每年 4 月开始变暖，5 月渐热；6 月、7 月、8 月进入盛夏，月平均气温超过 24℃，极端最高气温为 42.6℃（1942 年）；9 月中旬后逐渐凉爽，10 月感觉寒冷；11 月—次年 2 月，月平均气温都在 5℃以下，极端最低气温为 −27.4℃（1966 年），全年平均气温为 12℃左右，且有升高趋势。每年无霜期 180～200 天，平均结冰日数约 130 天。

怀柔区靠近山区，气温比北京市核心区略低，多年平均气温约 11.7℃，无霜期 216 天，结冰日数 132.2 天，最大冻结厚度约 1m。

2. 降水

怀柔水库流域 1958—2023 年降水资料统计结果表明，流域多年平均降水量约 597.1mm，年最大降水量 1018.2mm（2021 年），年最小降水量 355.0mm（2014 年）。降水量年内分布不均，汛期（6—9 月）占比达全年降水量的 80%～85%。

洪水类型以雨洪为主，集中于 6—9 月，历史最大入库洪峰流量 $3860m^3/s$（1972 年），最大出库流量 $320m^3/s$（2023 年）。

3. 蒸发量

北京市蒸发量大于降水量，多年平均水面蒸发量约 1800mm，其中 4—7 月总平均蒸发量占全年蒸发量的 50%左右。

4. 风

北京市以北风居多，其次为南风，年平均风速约 2.5m/s。受地理环境影响，城区风速较小，山口处风速较大。月平均风速以春季 4 月最大，约 3.4m/s。2024 年，北京丰台区千灵山（海拔 427m）风速高达 37.2m/s，相当于 13 级风力。

5. 河流水系

北京地区属于海河流域，河网发育，大小河流 100 多条，分属 5 大水系，由西向东依次为大清河水系、永定河水系、北运河水系、潮白河水系和蓟运河水系。除北运河上游的温榆河发源于西山与北山交汇处山前外，其他 4 条水系均由外省流入。

怀柔区内有四级及以上河流 17 条，分属潮白河与北运河水系。怀柔水库属海河流域潮白河水系，上游有两条支流：

南支为怀九河：发源于怀柔、延庆两区边界的杏树台、大庄科，全长 62km，河道纵坡 5.65‰，流域面积 $332km^2$，设有黄坎、黄花城、大庄科 3 个雨量站，出口设前辛庄水文站，1959 年建站。

北支为怀沙河：发源于怀柔区沙峪乡南苇滩、北苇滩，全长 36km，河道纵坡 6.00‰，流域面积 $155km^2$，设有沙峪雨量站，出口设口头水文站，1958 年建站。

下游为怀河，长 14.3km，于怀柔、顺义两区交界处的史家口村入潮白河。怀柔水库上游已建小型水库有西水峪水库、黄花城水库和边坑水库等。怀柔水库上、下游水系分布示意图如图 1.2-1 所示。

图 1.2-1　怀柔水库上、下游水系分布示意图

1.3　区域地质

1.3.1　地形地貌

1. 区域地形

北京地势呈西北高、东南低。西、北和东北群山环绕：西部为太行山余脉西山，北部为燕山山脉军都山，东南部为缓缓向渤海倾斜的大平原。平原区海拔 20～60m，山区海拔 1000～1500m，最高峰为东灵山，海拔 2303m。

怀柔水库区域西北高、东南低，库区南部为东南向条形山脊，北部为燕山山脉南坡，东部为黄土台地。在中部怀沙河和怀九河的交汇地带，为南北与东西向相互垂直的山脊。

2. 区域地貌

怀柔水库区域地貌条件比较复杂，有侵蚀低山、山前洪积平原以及深切和宽阔的河谷，地貌单元特点简述如下：

(1) 侵蚀低山区。主要分布在水库中部及南部，海拔一般在 130m 以上，最高达 250m。由火山岩喷发形成，地壳发生变动而隆起，受侵蚀风化作用，形成条形山脉，岩性为安山岩、石灰岩和砂岩页岩等；V 形沟谷发育，切割深度 5～10m；水库中部山岭上的冲沟为东西向，西南部为南北向，与安山岩节理走向大致相同。山顶多呈鱼脊状，山势陡峭，坡度在 45°以上，局部河流切割剧烈，形成悬崖和峭壁。

（2）堆积丘陵区。主要分布在卧龙岗村附近，海拔一般在120m以下，受强烈剥蚀和堆积作用形成。丘陵区相对高度约60m，由侏罗纪砂岩和安山岩所组成，表面受强烈风化形成较厚的堆积和残积层。沟谷发育但切割不深，山脊平坦而宽阔。山坡较缓，形成起伏绵延的波浪状。

（3）山前倾斜平原区。主要位于桥梓、北宅村和台下一带，以及水库西北角的凯家坟、东北宅、范家坟等地，大小中富乐地区也属该种类型。海拔一般在70m以下，局部80m左右。组成物质为黏质砂土及碎石，系早期河流及山洪沉积形成。表面地势较平，东南向倾斜。发育有较大冲沟，深度几米到几十米，宽约510m。

（4）河流冲积洪积区。主要分布在怀河及其支流附近，组成物质为松散的砂层，是怀河冲、洪积的产物。两岸受怀河切割产生阶地，除对称的高出水面0.5～2.0m河滩外，还有不对称形式出现的三级阶地。

3. 库区地貌

库区中部为山地一丘陵区，有三个条形山岭。丘陵地区所出露的岩石为安山岩、砂页岩、石灰岩、石英砂岩等。基岩上局部为坡积和残积物所覆盖，厚度变化较大，一般为1～10m。安山岩为较硬岩石，由于节理发育，往往形成风化破碎带并伴有擦痕。砂页岩在本区出露的面积较小，受构造运动影响显著，岩体较破碎。怀柔水库库区及下游可能存在的古河道分布示意图如图1.3-1所示。

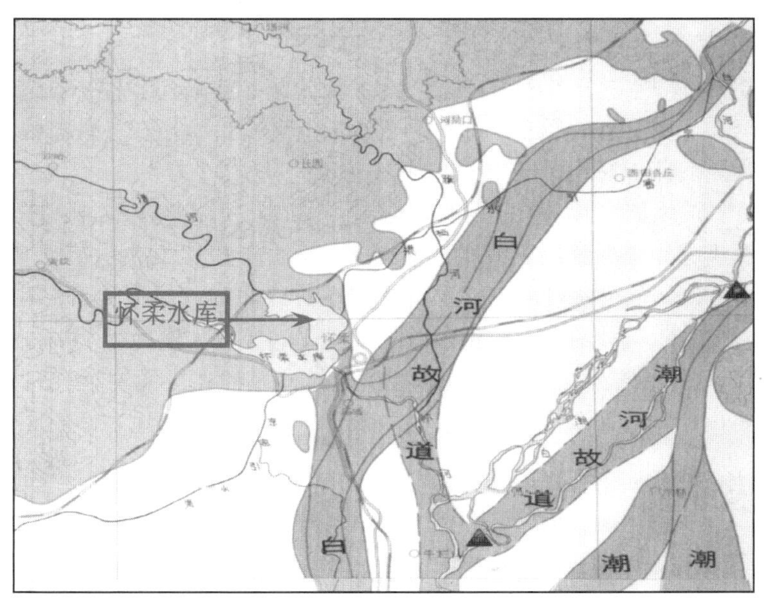

图1.3-1 怀柔水库库区及下游可能存在的古河道分布示意图

1.3.2 地层岩性

库区出露的岩石较为简单，有寒武纪石英砂岩、页岩及灰岩，侏罗纪—白垩纪的砂岩、页岩及安山岩，此外还有分布较广的第四纪沉积岩。岩石性质和分布及其构造关系简述如下。

1. 寒武纪（$\in$）

石英砂岩：呈棕黄色或褐色，成分以石英粒为主，由砂质及少量铁质胶结而成，节理发育，多风化成碎块，有露头但层次不清，分布在石厂村以西，出露面积不到 $0.2km^2$。

页岩：由绛红或紫红色薄层及夹有浅红或紫红色石灰岩薄层构成，成分以钙质及少量的泥质为主，质地细腻而坚硬，多呈块状和角砾状。分布极不规则，主要在石厂村及石英岩和石灰岩之间，层位特征不明。

石灰岩：呈深灰色和灰黑色，局部为粉红色，为厚层状和块状，层间极不明显，有发育的溶洞。

2. 上侏罗纪（J_3）

安山岩：主要为安山斑岩，分布较广，呈紫红色或紫灰色及黑灰色。风化后呈暗紫色或紫灰色及黑灰色，成分以正长石，石英、云母（金云母及黑云母）为主，局部为流纹构造，节理发育，与石灰岩接触处存在蚀变现象。

砂页岩：颜色种类较多，有灰黑色、草绿色和粉红色，成分以石英为主。节理发育，多风化成碎块，堆积于山麓。主要出露在杨家东庄以北，卧龙岗村附近，厚度约 20m。

3. 第四系（Q）

冲积层（Q^{al}），分布在怀河河床附近，由砂及砂卵石组成，以粗砂和细砂为主，卵石粒径一般 10cm 左右，最大的可达 20cm，多为圆状。

冲积洪积层（Q^{al+pl}），分布面积较广，除冲积层的两侧外，在中富乐村、桥梓村、北宅村等地也有分布。主要由黏质砂土和粉砂土组成，夹棱角状碎石。呈棕黄及褐色，稍有黏性，上部干燥，底部湿润，厚度 10m 左右。

洪积层（Q^{pl}），分布在杨家东庄村与潘各庄村之间条形山脊的两侧和怀河南支右岸，面积较小。主要由棕红、棕黄色的黏性土组成，夹层状碎石及岩屑。

坡积层（Q^{dl}），分布在杨家东庄村及泰家东庄村以北的山坡上、石厂村附近的山旁，是安山岩风化破碎堆积山麓的结果，组成物质为黏土和碎石，厚度 1m 左右。

坡积残积层（Q^{dl+el}），在各山顶及山坡上皆有出现，除在卧龙岗村分布较多外，其余范围较小。主要由碎石和黏性土构成，较为松散，多为耕种的田地，厚约 3m。

1.3.3 地质构造及地震

1. 地质构造

北京市区位于怀柔—北京—涿州构造带和张家口—北京—烟台构造带交汇部位，属华北台地区燕山褶皱旁缘。自寒武纪以后受历次造山运动（尤其燕山运动）影响，发育断层、褶皱及火山活动。

逆断层：位于石厂村西的寒武纪地层中，走向北西 50°，倾角 70°，宽度约 20m。

褶皱：在卧龙岗村附近的侏罗纪砂岩中，走向北东，倾角 35°左右，为复式褶曲、背斜。在褶曲的两翼有小的断裂和节理产生，在轴部有张开节理出现。

节理：安山岩中的节理比较发育，风化较严重。强烈风化安山岩，遇水软化，干时松散，裂隙中常为黏土充填，受到挤压作用，风化物为辉绿岩，伴生绿泥石和滑石。

2. 地震

根据 GB 18306—2015《中国地震动参数区划图》，库区地震动峰值加速度 0.2g，对应地震基本烈度 8 度。

1.3.4 场地地层

根据历史勘察资料和本次安全评价勘探孔揭露的地层资料，勘察深度范围内地层自上而下可分为：人工堆积层（包括碎石填土、卵石填土、房渣土等）；新近沉积层（包括黏土、粉质黏土、黏质粉土、砂质粉土、中砂、粗砂等）；第四纪沉积层（包括卵石、砾石、块石等）；侏罗系髫髻山组（包括全风化安山岩、强风化安山岩等）岩层。

坝址区第四系覆盖层最大厚度达 54m。自上而下共分 7 层：第 1 层为零星分布的砂质黏土和细砂等，厚度约 2m；第 2 层为砂卵石层，厚度 6～7m，左岸较厚，右岸较薄，其中砂的含量约 50%，多为中砂和粗砂；第 3 层为砂质黏土，厚度 2～4m，分布较广，向上下游延伸数百米；第 4 层为砂卵石层，厚度约 8m，含砂量约 30%，卵石直径较大；第 5 层为砂质黏土，分布不均；第 6 层和第 7 层分别为砂卵石层和坡积层，地下水较丰富，埋藏深度 1～3m。河床砂砾石磨圆度较好，母岩成分为花岗岩、石灰岩、砂质石灰岩和砂岩等，含砂量约 50%。

1.3.5 水文地质

怀柔水库的水文地质条件比较复杂，地下水类型包括潜水、基岩裂隙水和喀斯特水。

1. 潜水

（1）河谷冲积层的潜水。主要分布在怀河的河槽下，储存在砂卵石中，与地表水有直接关系。地下水大致由西北流向东南，比降约 4‰。

（2）山前平原中的地下水。埋藏在桥梓、台上、台下村一带，地下水自西北流向东南，形成的含水层为砂卵石和黏质砂土层等，可能由基岩裂隙水补给。

2. 基岩裂隙水

主要分布在安山岩和砂页岩中，夏季呈泉水出露，一般埋藏较深，水量较小。

3. 喀斯特水

无泉水露头，据当地居民所见，夏季从溶洞中有水流出，主要分布在后营村和石厂村附近的石灰岩中。大坝建设期间曾发现溶洞内有水流出。

勘探期间（2024 年 5 月 19—29 日）揭露的地下水为潜水，水位标高为 41.81～57.48m（埋深为 6.50～19.98m）。

1.3.6 不良地质条件

根据区域地质资料和本次安全评价工程地质勘察结果，怀柔水库工程区内未发现不良地质条件。

1.4 大坝及主要泄水、输水建筑物

怀柔水库主要建筑物包括主坝、一副坝、二副坝、三副坝、长副坝、东溢洪道、西溢洪道、非常溢洪道、峰山口输水闸、峰山口防洪闸、水库进水闸、输水隧洞及其进、出口闸等挡、泄、输水建筑物。怀柔水库工程布置图如图 1.4-1 所示。

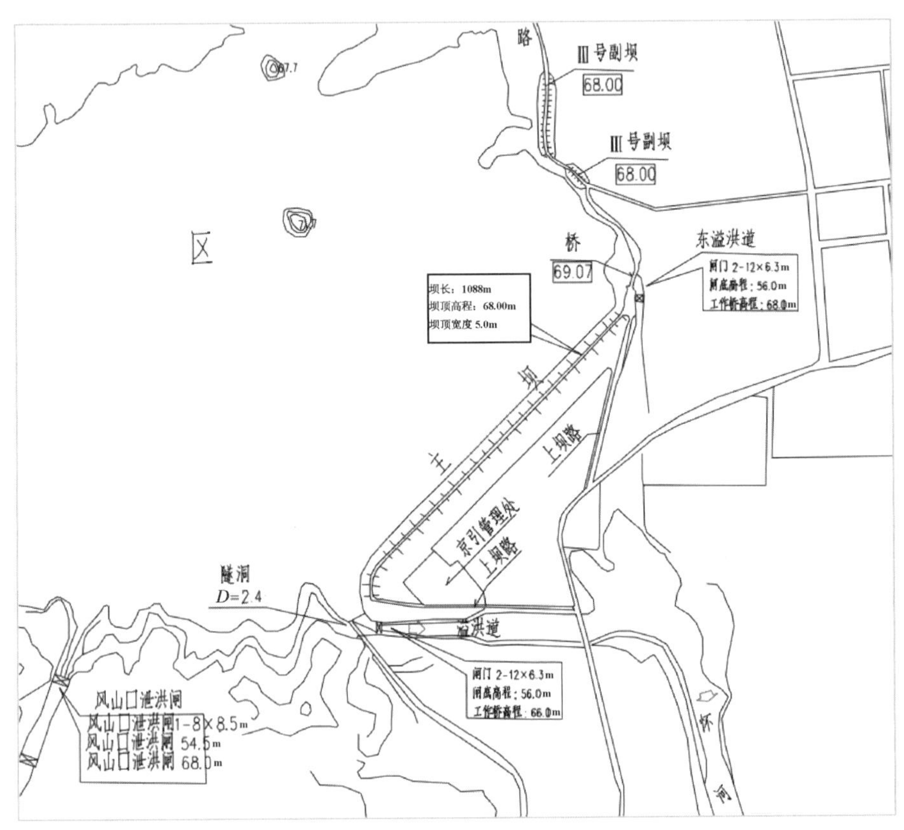

图 1.4-1 怀柔水库工程布置图

怀柔水库大坝安全评价涉及的建筑物较多，为便于对各建筑物进行逐项评价，本次安全评价根据工程实际情况及建筑物所发挥的作用，将建筑物分为挡水建筑物（大坝）、泄水建筑物、输水建筑物三类。考虑到峰山口防洪闸和输水闸联合布置，将峰山口防洪闸归为输水建筑物；非常溢洪道布置在长副坝上，因其具有挡水功能，将其归为挡水建筑物；输水隧洞的进、出口闸门为隧洞的附属建筑物，按照 SL/T 790—2020《水工隧洞安全鉴定规程》，将其归为输水隧洞的一部分。建筑物归类如下：

（1）挡水建筑物（大坝）：包括主坝、一副坝、二副坝、三副坝和长副坝（含非常溢洪道）。

（2）泄水建筑物：包括东溢洪道和西溢洪道。

（3）输水建筑物：包括峰山口输水闸和防洪闸、水库进水闸、输水隧洞（含进、出口

闸）等。

（4）其他：坝后排水管。

1.4.1 挡水建筑物（大坝）

1.4.1.1 主坝

主坝为黏土斜墙坝，坝壳料为砂砾料，坝顶高程 68.00m，最大坝高 23m，坝长 1088m，坝顶净宽 5m，防浪墙高程 69.00m。上游坝坡坡度在高程 64.82m 以上为 1∶2，以下为 1∶2.75；下游坝坡坡度 1∶2.4。主坝上游坝脚设置截水槽，与黏土斜墙一起组成防渗体。主坝坝基上部为砂卵石，中部为砂质黏土层，下部为卵石、粉质黏土互层。图 1.4－2 为怀柔水库主坝最大断面图。

1.4.1.2 副坝

怀柔水库一、二、三副坝建成于 1958 年，1976 年进行了加固；长副坝建成于 1991 年，2003 年进行了加固并修建非常溢洪道。各副坝均为均质土坝。怀柔水库副坝最大断面图如图 1.4－3 所示。

1. 一副坝

一副坝坝顶高程 68.00m，最大坝高 13m，坝长 120m，坝顶宽度 7m。上游坝坡坡度在 62.70m 高程以上为 1∶2.74，以下为 1∶3.07；下游坝坡坡度在 65.50m 以上为 1∶2.61，以下为 1∶2.44。上、下游均采用砌石护坡，现已勾缝。下游已回填至约 61.00m 高程。

2. 二副坝

二副坝坝顶高程 68.00m，最大坝高 12m，坝长 220m，坝顶宽度 7m。上游坝坡坡度在 62.70m 高程以上为 1∶2.46，以下为 1∶3.05；下游坝坡坡度在 65.50m 高程以上为 1∶2.61，以下为 1∶3.33。上、下游均采用砌石护坡，现已勾缝。下游已回填至约 61.00m 高程。

3. 三副坝

三副坝坝顶高程 68.00m，最大坝高 22.0m，坝长 80m，坝顶宽度 9.8m。上游坝坡坡度在 62.89m 高程以上为 1∶2.35，在 62.89～55.94m 之间为 1∶2.81，以下为 1∶2.50；下游坝坡坡度在 67.05m 高程以上为 1∶3.05，67.05～55.70m 之间为 1∶2.76，以下为 1∶3.5。上、下游均采用砌石护坡，现已勾缝。下游已回填至约 54.00m 高程。

4. 长副坝

长副坝坝顶高程 68.00m，最大坝高 11m，坝长 1235m（含非常溢洪道 300m），坝顶宽度 5.5m，上游坝坡坡度大部分为 1∶2，局部略缓，为 1∶2.5；下游坝坡坡度 1∶2。现上游采用碎石护坡，下游采用植草护坡。下游已回填至约 65.00m 高程。

1.4.1.3 主副坝主要技术指标

1996 年 10 月，怀柔水库管理单位完成怀柔水库大坝注册登记。怀柔水库主副坝技术指标见表 1.4－1。

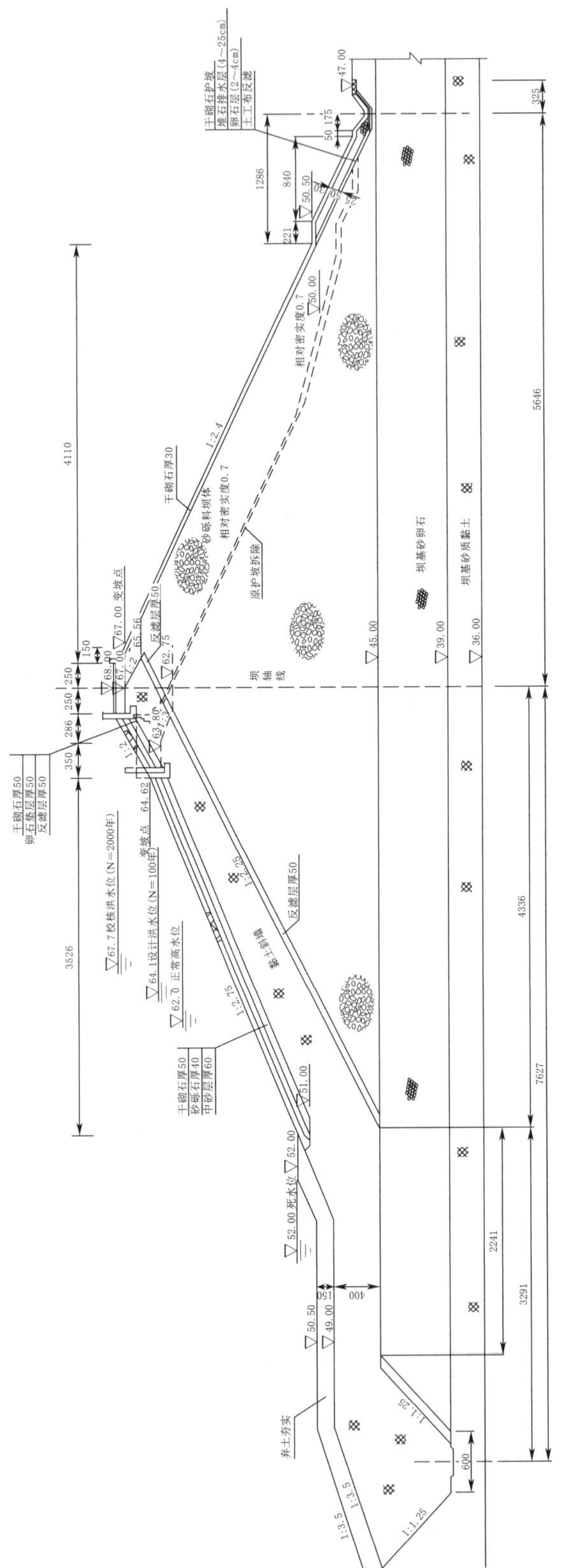

图1.4-2 怀柔水库主坝最大断面图（图中高程以m计，其余以cm计）

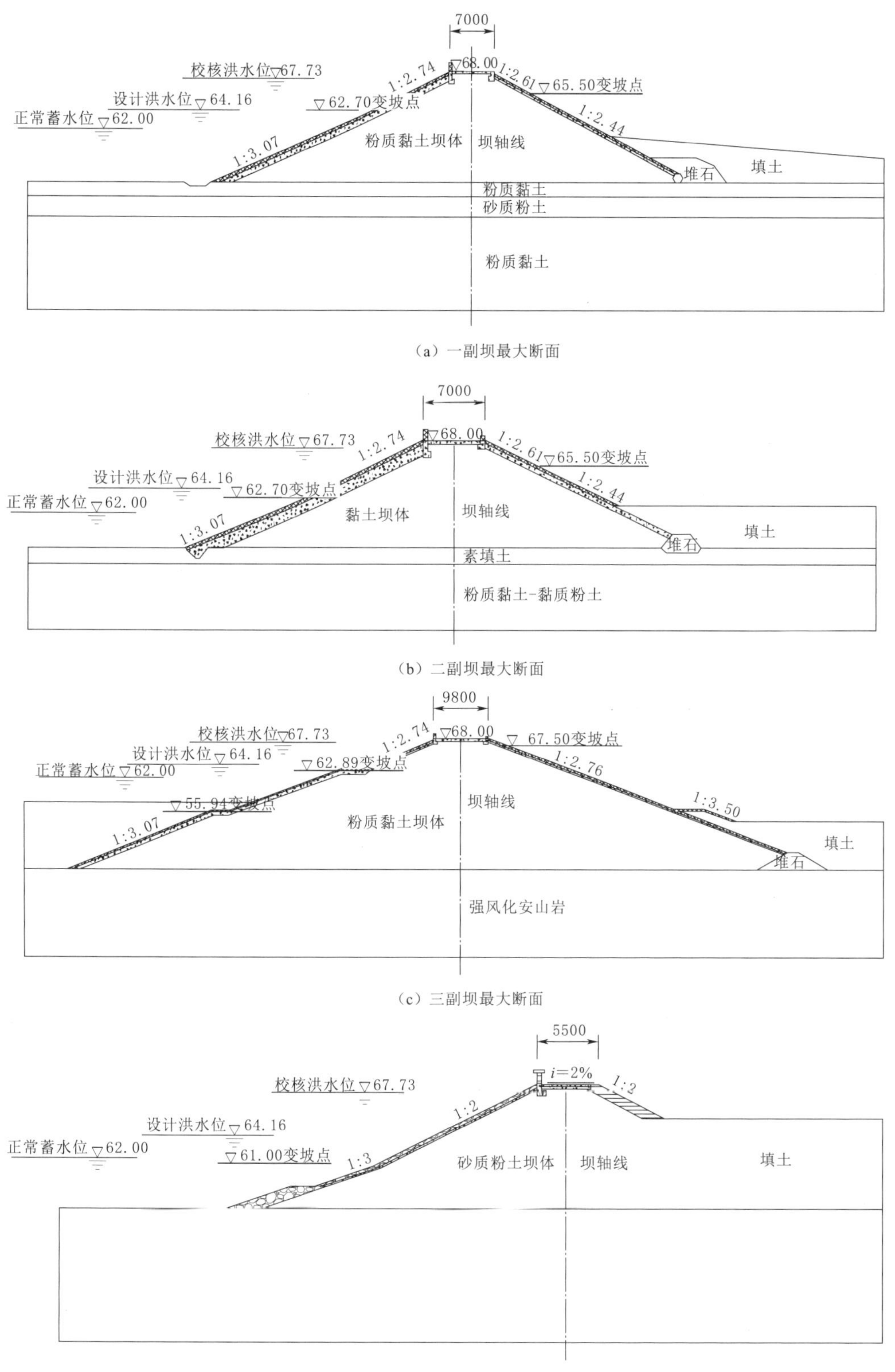

(a) 一副坝最大断面

(b) 二副坝最大断面

(c) 三副坝最大断面

(d) 长副坝最大断面——常规坝段

图 1.4-3（一） 怀柔水库副坝最大断面图（图中高程以 m 计，其余以 mm 计）

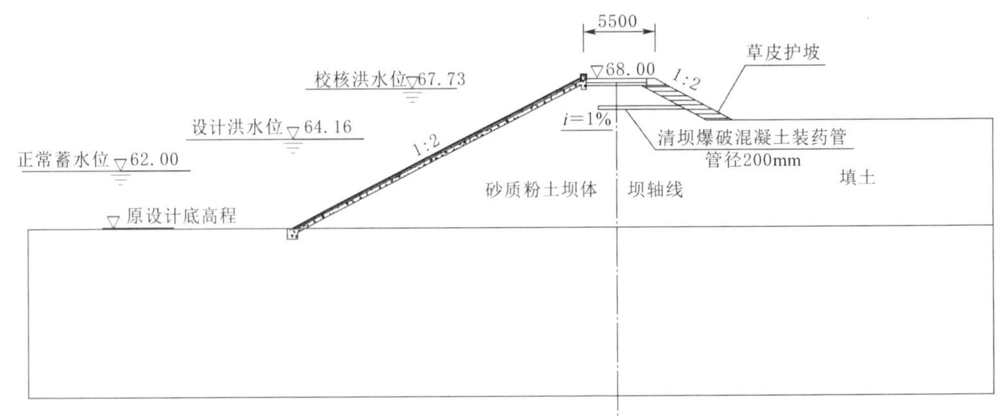

(e) 长副坝最大断面——非常溢洪道坝段

图 1.4-3(二) 怀柔水库副坝最大断面图(图中高程以 m 计,其余以 mm 计)

表 1.4-1 怀柔水库主副坝技术指标统计表

特征指标	主坝	一副坝	二副坝	三副坝	长副坝(含非常溢洪道)
坝型	黏土斜墙砂砾石坝	均质土坝	均质土坝	均质土坝	均质土坝
坝长/m	1088	120	220	80	1235
最大坝高/m	23	13	12	22	11
坝顶高程/m	68.00				
防浪墙高程/m	69.00				
坝顶宽度/m	5	7	7	9.8	5.5

1.4.2 泄水建筑物

怀柔水库的主要泄水建筑物为东、西溢洪道,现状如图 1.4-4 所示。

(a) 东溢洪道

(b) 西溢洪道

图 1.4-4 怀柔水库东、西溢洪道现状

1.4.2.1 东溢洪道

东溢洪道布置在怀柔水库主坝左岸[图 1.4-4 (a)],主要功能为泄洪。溢洪道为开敞式,闸室分两孔,每孔净宽 12m,工作闸门为两扇 12.0m×6.3m(宽×高)的弧形钢

闸门，检修闸门为钢叠梁门。闸底板高程 56.0m，设计洪水位（64.16m）时的泄量为 890m^3/s，校核洪水位（67.73m）时的泄量为 1545m^3/s。

溢洪道自上游至下游布置进口段、闸室段、陡槽段、平台段、渥奇段、二级扩散式消力池段和尾水段，全长 800m。闸室段设有工作桥、人行桥和检修桥，建有闸房等。溢洪道边墙为钢筋混凝土挡土墙，分重力式、衡重式、悬臂式三类，最大墙高 16.6m，最大底宽 8～9m；底板除反坡段为素混凝土、海漫段为干砌石外，其余均为钢筋混凝土结构，厚度一般为 0.5～0.8m，最大 1.5m（一级消力池）。

溢洪道修建在基岩上，上游采用帷幕灌浆防渗。岩基以侏罗系安山岩及少量火山角岩为主，岩体中破碎带发育，有挤压现象；由于基岩面由东北倾向西南，因此下游部分区域位于砂砾石基础上，土基厚度自桩号 0+184 左右开始向下游逐渐增大。

东溢洪道工作闸门启闭设备为 2 台 150kN 固定卷扬式启闭机，检修闸门启闭设备为电动葫芦。

1.4.2.2 西溢洪道

西溢洪道布置在怀柔水库主坝右岸［图 1.4-4（b）］，主要功能为泄洪。溢洪道为开敞式，闸室分两孔，每孔净宽 12m，工作闸门为两扇 12.0m×6.3m（宽×高）的弧形钢闸门，检修闸门为钢叠梁门。闸底板高程 56.0m，设计洪水位（64.16m）时的泄量为 877m^3/s，校核洪水位（67.73m）时的泄量为 1491m^3/s。

溢洪道自上游至下游布置引渠、进口段、闸室段、陡槽段、渥奇段、扩散式消力池段和尾水段，全长 750m。闸室段设有工作桥，建有闸房等。溢洪道边墙为钢筋混凝土挡土墙。

溢洪道修建在基岩上，上游基岩破碎，局部夹有黏性土，大多数为风化岩，采用帷幕灌浆防渗，并对进口底板基础采用素混凝土换填，西边墩采用固结灌浆加固。

西溢洪道工作闸门启闭设备为 2 台 100kN 固定卷扬式启闭机，检修闸门启闭设备为电动葫芦。

1.4.2.3 闸门和启闭机主要技术参数

怀柔水库东、西溢洪道闸门和启闭机主要技术参数见表 1.4-2。

表 1.4-2　怀柔水库东、西溢洪道闸门和启闭机主要技术参数表

名称	工作闸门					启闭机	
	形式	规格	闸底高程/m	门顶高程/m	设计水头/m	型式	启闭能力
东溢洪道	露顶式弧形钢闸门	2 扇-12.0m×6.3m	56.0	62.3	6	固定卷扬式	2 台-150kN
西溢洪道	露顶式弧形钢闸门	2 扇-12.0m×6.3m	56.0	62.3	6	固定卷扬式	2 台-100kN

1.4.3 输水建筑物

怀柔水库的主要输水建筑物为输水隧洞（含进、出口节制闸），峰山口输水闸和防洪闸，水库进水闸。现状如图 1.4-5 所示。

(a) 输水隧洞进口闸

(b) 输水隧洞洞内

(c) 输水隧洞出口闸

(d) 水库进水闸

(e) 峰山口防洪闸

(f) 峰山口输水闸

图 1.4-5 怀柔水库输水建筑物现状

1.4.3.1 输水隧洞

输水隧洞位于怀柔水库主坝右岸凤山东侧峰下，与坝头紧连，由上游连接段、进水塔、洞身、泄洪蝶阀及泄洪方涵、出口闸上游连接段、出口闸闸室段、出口闸下游连接段组成。

进口上游连接段（0+000～0+009）长 9m，设进水塔一座，装有 1 扇潜孔式平板钢闸门，闸门尺寸 2.60m×2.62m（宽×高），闸底板高程 52.00m，设计水头 10.7m，设计流量 46m^3/s（库水位 63.10m），校核流量 52 m^3/s（库水位 64.13m）。闸门启闭设备为 1 台 250kN 固定式卷扬启闭机。

洞身（0＋009～0＋110）段长101m，内径2.46m，采用钢筋混凝土衬砌，内衬钢板。

出口闸上游连接段长25m，包括长20m、直径2.4m的圆洞及长5m的渐变段，均采用钢筋混凝土衬砌，内衬钢板。

出口闸闸室段长8.5m，设1扇弧形钢闸门，闸门尺寸2.40m×2.63m（宽×高），闸底板高程51.60m，设计水头11.1m，设计流量20m^3/s。闸门启闭设备为1台200kN螺杆式启闭机。

下游连接段包括陡坡段、消力池段和引渠段，陡坡段长8m，坡比1∶4，消力池长20m，深2m，池底高程49.60m，出口顶高程51.60m，引渠段长23m，底高程由51.60m渐变至52.60m。

1.4.3.2 水库进水闸

水库进水闸位于怀柔区城北、跃进桥西南300m处（桩号25＋235），主要功能为当水库水位达到59.50m时起节制作用，防止水库水向京密引水渠倒灌，引起渠堤漫溢事故；当上游引水流量较小时提高水位，保证渠道分水闸分水水位，防止渠道水位骤降，保持渠道边坡稳定；当调蓄工程反向供水时，关闭闸门抬高上游水位，保障8号泵站机组正常运行。

水库进水闸包括上游连接段（长30m），涵洞段（长24.95m），闸室段（长7.2m），下游连接段（长41.5m，其中21.5m为4孔2.3m×3.0m的方涵）。水闸为涵洞式节制闸，进口分2孔，装有2扇平板钢闸门，孔口尺寸5.0m×3.0m（宽×高），闸底板高程56.50m，设计水头11.23m，设计流量60m^3/s。闸门启闭设备为2台100kN固定卷扬式启闭机。

1.4.3.3 峰山口输水闸、防洪闸

峰山口输水闸和防洪闸联合布置，防洪闸布置在上游，输水闸布置在下游。水闸位于怀柔水库南侧（怀柔区庙城镇西台上村北侧1km处，桩号28＋950），主要功能为向京密引水渠下段输水和拦截库水位超过63.00m时的进水，反向输水时作为南水北调入库通道。水闸包括上游连接段（长126m）、闸室段（长24m）、下游连接段（长130m）。

输水闸为单孔，装有1扇弧形钢闸门，闸门尺寸8.0m×8.5m（宽×高），闸底板高程54.5m，设计流量40m^3/s（下游渠道水位57.47m），校核流量60m^3/s（对应下游渠道水位58.08m），设计水头8.5m。闸门启闭设备为2台250kN固定卷扬式启闭机。

因输水闸在怀柔水库库水位超过63.00m高程后会发生漫溢，故在其上游增设防洪闸。防洪闸为双孔，装有2扇潜孔式平板钢闸门，闸门尺寸3.40m×5.20m（宽×高），闸底板高程54.50m，设计水头13.23m。启闭设备为2台400kN固定卷扬式启闭机。

1.4.3.4 闸门和启闭机主要技术参数

怀柔水库输水建筑物闸门和启闭机主要技术参数见表1.4-3。

表1.4-3 怀柔水库输水建筑物闸门和启闭机主要技术参数

名称		工作闸门					启闭机	
		形式	规格	闸底高程/m	门顶高程/m	设计水头/m	型式	启闭能力
输水隧洞	进口闸	平板钢闸门	1扇-2.60m×2.62m	52.00	54.50	10.70	固定卷扬式	1台-250kN
	出口闸	平板钢闸门	1扇-2.40m×2.63m	51.60	54.10	11.10	螺杆式	1台-200kN

续表

名称	工作闸门					启闭机	
	形式	规格	闸底高程/m	门顶高程/m	设计水头/m	型式	启闭能力
水库进水闸	平板钢闸门	2 扇-5.00m×3.00m（孔口）	56.50	59.50	11.23	固定卷扬式	2 台-100kN
峰山口输水闸	弧形钢闸门	1 扇 8.00m×8.50m	54.50	63.00	8.50	固定卷扬式	2 台-250kN
峰山口防洪闸	平板钢闸门	2 扇-3.40m×5.20m	54.50	59.70	13.23	固定卷扬式	2 台-400kN

1.5 工程建设和运行管理情况

1.5.1 工程建设情况

怀柔水库工程建设经历 6 个主要阶段，即 1958 年工程兴建，1961 年、1963 年、1976 年、1988 年和 2003 年五次改、扩建。各阶段建设情况简述如下。

1.5.1.1 工程兴建（1958 年）

1958 年 2 月，经中共河北省委和北京市委批准，怀柔水库以民办公助方式修建，并成立怀柔水库指挥部。当月，来自怀柔、密云、顺义、三河、蓟县等区县的 3 万余名民工陆续进场，导流工程开工；同年 3 月 9—12 日，主坝、输水隧洞、进水闸、东溢洪道等陆续开工；同年 7 月 20 日，工程竣工。怀柔水库是在边勘测、边设计、边施工的情况下进行的。工程测量、勘察、设计、施工单位见表 1.5-1。怀柔水库兴建阶段完成主坝 1 座、副坝 3 座、溢洪道 1 座、输水隧洞 1 条、进水闸 1 座。另有 1 座长副坝未建，只修筑了 1 条长 232m 的土埝。

表 1.5-1　怀柔水库兴建时的各参建单位

工作内容	单位名称
建设管理	怀柔水库指挥部（总工程师丁肇祥、郑裕峥）
测量	北京市规划局地形地质勘测处、北京市市政设计院测量队
勘察	地质部 901 队（地质及钻探） 北京市规划局地形地质勘测处（土探） 水电部水利科学研究院水文所（水文地质）
设计	北京市市政设计院（负责）、水电部北京勘测设计院（协助）
施工	北京市上下水道工程公司，北京市市政第一、第二建筑工程公司，北京市道路工程局、北京市市政工程机械公司、京西矿务局、中国人民解放军营房部军直工程公司、北京市土木建筑学校等
保障及供应	北京市电业局和广播公司、北京市合作社（电力及有线广播） 怀柔县（移民拆迁）、北京市计划委员会和物资局（物资供应）

1. 主坝

为黏土斜墙砂砾料坝，长 1088m，最大坝高 20m，防浪墙顶高程 66.00m。

2. 副坝

分别为一号、二号和三号副坝，均为均质土坝，坝顶高程 66.00m。一号副坝坝长

120m，坝基为黄土冲沟，覆盖层厚约 15m，坝肩为完整的安山岩；二号副坝坝长 220m，坝基为 25m 厚的洪积黄土坡和坡积碎石层，坝肩为完整的安山岩；三号副坝坝长 80m，坝基和坝肩为较风化的安山岩，覆盖层厚度小于 1m。

3. 溢洪道

位于左坝头龙山脚下（后称东溢洪道），装有两扇 7.4m×4.3m 弧形钢架木面板闸门，配 2 台 7.50t 手动卷扬机。堰顶高程 58.00m，最大泄量 401m^3/s。

4. 输水隧洞

位于主坝右岸，输水、泄洪两用，为有压隧洞。采用钢筋混凝土衬砌，洞径 2.5m，长 101m。进口设进水塔，装有 2.50m×2.50m 平板闸门，配手动、电动两用启闭机 1 台。进口底板高程 52.00m，最大泄水量 52 m^3/s。

5. 进水闸

位于水库北部，装有 2.30m×3.00m 的 2 孔涵洞式节制闸，配手动、电动两用启闭机，闸底高程 56.50m。

怀柔水库兴建完成后的设计指标见表 1.5－2。

表 1.5－2　　怀柔水库兴建完成后的设计指标

库容/万 m^3				设计（校核）标准			
总库容	调洪库容	兴利库容	死库容	标准	洪峰流量/(m^3/s)	洪水位/m	下泄流量/(m^3/s)
9500	3400	5250	850	50（200）年一遇	1200（1800）	62.20（64.00）	322（454）

1.5.1.2　京密引水渠与怀柔水库连接工程（1961 年）

1961 年 1—6 月，扩建京密引水渠与怀柔水库的进水闸，并新建怀柔水库峰山口输水闸，工程建设时成立京密引水工程总指挥部，北京市市政设计院设计。

进水闸扩建后，闸孔由 2 孔扩建为 4 孔，闸孔净宽 9.20m，闸门尺寸保持原设计标准，设计流量 40m^3/s，校核流量 50m^3/s。

峰山口输水闸是京密引水渠从怀柔水库引水的入口，以补充怀柔水库输水隧洞放水量的不足，在规划设计时考虑到远景通航，100t 以下的船只可进入怀柔水库。闸型为胸墙式，单孔，闸门为弧形钢闸门，闸门尺寸 8.0m×8.5m（宽×高），配有 2 台手动、电动两用启闭机。闸底高程为 54.50m，孔顶高程 63.00m，库水位 59.20m 时，通航净空高 3.80m，设计流量 40m^3/s。峰山口输水闸原设计为利用胸墙阻挡怀柔水库最高洪水位，但闸顶与胸墙之间无止水，无法实现阻挡最高洪水功能，水闸下游未设消力池，运用时需慢启闸门，逐步抬高下游水位，以达到消能的目的。

1.5.1.3　改建东溢洪道与兴建西溢洪道（1963 年）

1963 年 8 月，河北省发生大水灾害，北京地区也发生了较大的洪水，水电部要求对怀柔水库进行洪水复核。经水利科学研究院会同北京市潮白河水库渠道灌溉管理委员会验算，水库未达到 100 年一遇洪水设计、1000 年一遇洪水校核标准，不能抵御 200 年一遇洪水，由于对上游水土保持作用估计过高，洪水计算成果偏小。为提高水库防洪标准，保证怀柔县城和水库下游村民生命财产安全，经北京市计委批准，对怀柔水库进行改建，设计单位为北京市市政设计院。改建采用双溢洪道方案，主要包括增建西溢洪道、改建原溢洪道、改建输水隧洞、整修主坝、改建进水闸、续建长副坝。

1963年12月18日，原溢洪道改建工程开工，包括拆除原溢流面，改建为新的曲面；改建原消力池，加做底板；改建原陡槽段的边坡2处；新建下游侧墙和防冲槽；整修原泄水渠堤防；将弧形门木面板更换为钢面板。1964年12月工程完工，改建后的溢洪道称为东溢洪道，最大泄量401m^3/s。

1964年1月10日，增建西溢洪道工程开工，即在右坝头与输水隧洞之间新建溢洪道1座。溢洪道分2孔，单孔净宽12m，布置12.0m×6.3m的弧形钢闸门，最大泄量880m^3/s。闸室后设陡槽及消力池，池后泄洪渠道与原输水隧洞下游泄水渠汇合，将水引入怀河，全长750m。西溢洪道离右坝头和输水隧洞很近，对坝头进行防渗处理。由于隧洞附近及洞口山坡不够稳定，进行灌浆处理。

1964年，整修主坝坝坡工程开工。工程主要对主坝迎水面坝坡下部垫层进行翻修、主坝坝顶铺筑简易路面、补做怀柔水库观测设备。

由于劳动力紧张，工期安排有困难，进水闸改建工程未进行施工。

怀柔水库改建东溢洪道与兴建西溢洪道完成后的设计指标见表1.5-3。

表1.5-3　怀柔水库改建东溢洪道与兴建西溢洪道完成后的设计指标

库容/万m^3				设计（校核）标准			
总库容	调洪库容	兴利库容	死库容	标准	洪峰流量/(m^3/s)	洪水位/m	下泄流量/(m^3/s)
9800	5880	5670	850	100（1000）年一遇	2800（4800）	61.73（64.13）	742（1333）

1.5.1.4 加高坝体（1976年）

1975年8月，河南发生大水灾害。根据郑州全国防汛及水库安全会议精神和水电部用“75·8”大水复核水库安全的要求，北京市水利勘测设计处对怀柔水库洪水进行复核。按照《北京水文手册》1975年版核算，水库仅能防御100年一遇的洪水。为抵御可能发生的较大洪水，决定加高坝体。具体方案为：

(1) 工程将主坝加高1m（坝顶高程66.00m），副坝加高2m（坝顶高程68.00m）。

(2) 一号副坝由下游坝坡贴坡加高，坡度由原来1∶2.5改为1∶2，坝顶宽5m。

(3) 二号副坝由上游、下游两侧坝坡加高，上游坝坡坡度1∶3，下游坝坡坡度1∶2，坝顶宽5m。

(4) 三号副坝由上游坝坡贴坡加高，坝坡坡度为1∶3，坝顶宽5m。

根据上述方案，当遇1000年一遇（洪峰流量5410m^3/s）洪水时，由于溢洪道泄量不够，洪水位超过65.00m，为确保主、副坝和怀柔县城安全，超量洪水将由一号副坝以东至京密引水渠进水闸一段（即长副坝段）分洪。此段高程为65.00m、长约800m，洪水泄出后与雁栖河汇合，汇入潮白河。

1976年4月12日，加高工程开工。工程分三个阶段施工，第一阶段为4—5月，主要进行拆除险工、清基放线、备料及临建工程；第二阶段为5—7月，主要突击防洪主体工程，包括主坝防浪墙修筑，副坝黏土填筑，以保证汛前达到设计防洪高程；第三阶段为

7—11月，主要进行主坝坝顶砂砾料填筑，坝顶路边墙、副坝砂砾料填筑，块石护坡、滤水坝趾、坝后排水沟、修建环湖路及左坝头拱桥等工程。11月25日，加高工程完工。

怀柔水库坝体加高后的设计指标见表1.5-4。

表1.5-4　　怀柔水库改建完成后的设计指标

库容/万 m^3				设计（校核）标准			
总库容	调洪库容	兴利库容	死库容	标准	洪峰流量/(m^3/s)	洪水位/m	下泄流量/(m^3/s)
11500	—	—	850	100（1000）年一遇	3285（5410）	64.16（65.66）	1340（1730）

1.5.1.5 防洪标准提高工程（1988年）

1982年，北京市水利规划设计研究院对怀柔水库防洪安全复核指出，主副坝加高后，长副坝分洪重现期仅为100年标准，一旦分洪，将对下游造成危害。基于此，北京市水利规划设计研究院提出怀柔水库防洪标准应按100年一遇洪水设计，2000年一遇洪水校核，并提出扩建建议方案。经水利部和北京市计委批复同意，怀柔水库提高防洪标准列入1988年基本建设改造计划中。工程主要涉及东溢洪道、西溢洪道、峰山口输水闸改建，长副坝和非常溢洪道新建，主坝加高，一号、二号、三号副坝加建防浪墙。工程于1988年11月开工，1992年7月竣工。

1. 改建东溢洪道

东溢洪道改建工程是将溢洪道中心线上游向西、下游向东扭转，原溢洪道东侧的龙山西坡基本不动，并将溢洪道改建为2孔开敞式溢洪道，单孔净宽12m，布置12.0m×6.3m弧形钢闸门，堰顶高程56.00m。设计泄量890m^3/s，校核泄量1545m^3/s。

2. 加高主坝

将主坝坝顶由66.00m加高至68.00m，最大坝高23m，坝长1088m，坝顶净宽5m，防浪墙墙顶高程69.00m，新坝轴线向下游移6.36m；对东、西坝头原有上坝道路进行改建，连通西溢洪道上的交通与北京市自来水公司水源九厂道路；坝体观测设备接长，对排水系统进行拆除和改建；对东坝头进行处理，将东溢洪道右边墙和主坝黏土防渗体扩大段紧密连接，通过帷幕灌浆形成新的防渗体系。

3. 改建西溢洪道

原有闸墩、底板、工作桥、闸房框架结构不变，闸门及启闭机不做更换，在原工作桥上重叠再做一新工作桥，桥顶高程由66.00m提高至67.35m，闸门提升高程由63.00m提高至64.00m，最大泄量由877m^3/s提高至1491m^3/s。加高裹头混凝土，闸后人行桥改为小型交通桥；凿开部分山体，修建小型交通桥桥洞，连通右岸和主坝交通。

4. 新建峰山口防洪闸

怀柔水库校核洪水位提高后，原输水闸墙顶高程不满足挡水要求。为此，在原闸上游新建峰山口防洪闸1座。水闸分2孔，每孔布置3.4m×5.2m的平板钢闸门，启闭机为固定卷扬式启闭机。

5. 改建长副坝

考虑到长副坝坝轴线附近早年修建有渠道，且库区东岸已修建的大量民用建筑部分占用坝的位置，将长副坝坝轴线在原线路基础上做局部改动。长副坝北端与进水闸相接，南端与一副坝相连。改建后的长副坝为均质土坝，上游为碎石护坡，下游为草皮护坡，坝顶高程68.00m，坝长1235m（包括非常溢洪道300m），坝顶宽3.45m，最大坝高11m。

怀柔水库坝体加高后的设计指标见表1.5-5。

表1.5-5　　怀柔水库坝体加高后的设计指标

库容/万 m^3				设计（校核）标准			
总库容	调洪库容	兴利库容	死库容	标准	洪峰流量/(m^3/s)	洪水位/m	下泄流量/(m^3/s)
14400	10450	6550	850	100（2000）年一遇	5059 (8543)	64.16 (67.73)	1758 (3036)

1.5.1.6　加固长副坝（2003年）

由于资金问题，长副坝初建时未按原设计标准建设。为达到怀柔水库防洪标准，2003年，京密引水管理处申请对怀柔水库长副坝进行加固，同年11月，北京市人民政府防汛抗旱指挥部批复要求在2004年汛前完成对怀柔水库坝顶加宽与坝体加厚、防浪墙建设、坝顶路建设、溢洪道基础工程（端部与中部隔墙）及必要的安全设施工程建设，确保水库安全度汛。

长副坝加固工程于2003年11月开工，2004年5月竣工。采用黏性土料由下游贴坡加厚坝体，坝顶宽度由3.45m加宽至5.5m，下游坝坡坡比1：2；将长副坝0＋660～0＋960段改建为非常溢洪道，坝顶宽5.5m，每100m建1道浆砌石重力式挡土墙作为隔离墙，共4道，以便控制溃坝长度，减小分洪造成的损失；新建防浪墙，墙高1m，墙厚0.4m，墙顶高程69.00m，埋入坝体1m，非常溢洪道段间隔2m建隔离墩，长、宽均为0.4m，高0.3m，埋入坝体0.4m；对坝顶路面进行硬化。

长副坝加固后未改变怀柔水库的设计指标。

1.5.1.7　其他加固、维护与岁修

除1958年兴建及1961年、1963年、1976年、1988年和2003年五次改、扩建外，怀柔水库的管理单位结合运行管理中发现的问题及2014年怀柔水库大坝安全评价结论及建议，为保证工程安全，对怀柔水库大坝和泄、输水建筑物进行了必要的加固、维护与岁修。如：

（1）1985年重建进水闸。

（2）1986年采用钢板衬砌加固输水隧洞。

（3）2004年改造隧洞进口闸和峰山口输水闸。

（4）2005年提高东溢洪道防冲能力。

（5）2007年对西溢洪道进行除险加固。

（6）2010年改造西溢洪道闸门和建设水文观测站。

（7）2014年对峰山口输水闸防碳化处理。

（8）2018—2022年对东溢洪道陆续进行防碳化处理和更换启闭机。

（9）2010—2022年对西溢洪道陆续进行工作、检修闸门更换和防碳化处理。

（10）2015—2023年对主、副坝陆续进行的岁修维护等。

加固、维护和岁修工程规模不大，且并未改变怀柔水库的设计指标。

1.5.1.8　怀柔水库不同建设时期的设计指标对比

怀柔水库不同建设时期的主要设计指标对比见表1.5-6。

表 1.5-6 怀柔水库不同建设时期的主要设计指标对比

建设阶段	起止时间	坝顶高程/m		库容/万 m^3				设计(校核)标准			
		主坝	副坝	总库容	调洪库容	兴利库容	死库容	标准	洪峰流量/(m^3/s)	洪水位/m	下泄流量/(m^3/s)
水库兴建	1958年3—7月	65.00	66.00	9500	3400	5250	850	50(200)年一遇	1200(1800)	62.20(64.00)	322(454)
水库与京密引水渠连接	1961年1—6月	65.00	66.00	9500	3400	5250	850	50(200)年一遇	1200(1800)	62.20(64.00)	322(454)
改建东溢洪道、兴建西溢洪道	1963年12月—1964年6月	65.00	66.00	9800	5880	5670	850	100(1000)年一遇	2800(4800)	61.73(64.13)	742(1333)
加高坝体	1976年4—11月	66.00	68.00	11500	—	—	850	100(1000)年一遇	3285(5410)	64.16(65.66)	1340(1730)
提高防洪标准	1988年7月—1992年11月	68.00	68.00	14400	10450	6550	850	100(2000)年一遇	5059(8543)	64.16(67.73)	1767(3036)
加固长副坝	2003年11月—2004年5月	68.00	68.00	14400	10450	6550	850	100(2000)年一遇	5059(8543)	64.16(67.73)	1767(3036)

1.5.2 工程运行管理情况

怀柔水库由北京市京密引水管理处负责运行管理。2010年，经北京市编办批准，明确京密引水管理处为全额拨款事业单位。2010—2023年，北京市京密引水管理处由北京市水务局直接管理，2023年至今，北京市京密引水管理处由北京市水利工程管理中心负责管理，为该中心的分支机构。

北京市京密引水管理处内设工程管理科、调度运行科、规划计划科、应急与安全管理科、财务科等15个职能科室，工程建设维护中心、资产管理中心等4个中心，以及怀柔水库管理所等9个管理所。怀柔水库管理所负责水库的日常巡检等工作。

怀柔水库运行管理制度完善，北京市京密引水管理处定期对管理制度进行更新，编写了《京密引水工程管理手册》、《北京市京密引水管理处项目管理办法》(京引水管〔2023〕140号)、《北京市京密引水管理处工程运行管理制度》(京引水管〔2022〕178号)、《北京市京密引水管理处日常维修养护作业标准(试行)》(京引水管〔2022〕93号)等；已建立《怀柔水库洪水调度方案》《怀柔水库防洪抢险预案》《怀柔水库超标准洪水防御预案》等防洪管理制度，明确了管理机构与职责、应急响应及报送机制、保障措施、值班制度、转移避险方案等。

管理处对水库运行情况有详细记录，定期对坝体和泄水、输水建筑物的变形、坝体渗流等情况进行观测，建立了北京市怀柔水库安全监测分析平台，实现了自动化监测。

怀柔水库建成后，每年对水库水工建筑物及附属设施进行维护，保障水库运行安全。水库管理单位对每年的岁修资金使用情况有详细记录。

1.5.3 “23·7”洪水情况及应急处置

2023年，海河流域发生特大洪水，即“23·7”洪水。期间，怀柔水库流域平均降雨量374.1mm，为建库65年来场次降雨量、3日洪量最大的一场洪水。最大降雨点达到506mm（黄坎），最大小时雨强60.5mm/h（7月31日18—19时）。本次降雨期间，怀柔水库入库洪峰流量达到804m^3/s，为建库以来第二大洪峰（最大3806m^3/s，1972年7月27日），其中，怀沙河542m^3/s，怀九河342m^3/s；最大出库流量362m^3/s，其中，分洪320m^3/s，供水42m^3/s，均为历史最大流量。

本次洪水期间，京密引水管理处坚持全处上下一盘棋思路，采取了有效应对措施，保障了水库和下游人民生命财产安全。于7月28日启动水旱灾害防御Ⅲ级应急响应，并于29日升级至Ⅰ级应急响应，全员到岗，应急工作组全部启动，24小时值守。结合实际情况，在得到水务局批复后，怀柔水库于7月30日16时开启西溢洪道泄流，并随着库水位上涨，于8月1日0时开启东溢洪道，溢洪道泄流量由15m^3/s增大至320m^3/s；在入库流量回落后，于8月1日23时起至8月8日17时，陆续关闭了东、西溢洪道。

本次洪水过程，除两个入库水文站水尺冲毁3根、自计井淤积2处外，主、副坝和各泄洪建筑物工程状况良好，闸门启闭灵活，未出现其他灾情险情。

1.6 安全评价组织实施情况

1.6.1 安全评价工作开展情况

2014年，北京市京密引水管理处组织开展怀柔水库大坝首次安全评价工作，承担单位为中国水利水电科学研究院。以此为依据，2015年，北京市水务局主持召开专家审查会，鉴定怀柔水库大坝为二类坝，即坝体基本安全，可在加强监控下运行。

2024年，在首次安全评价后，北京市京密引水管理处组织开展怀柔水库大坝第二次安全评价工作。其工作背景和目的是：

（1）2015年，南水北调工程反向输水进入怀柔水库，怀柔水库同时承担南水北调来水的调蓄任务，运行条件发生变化，重要性更加突出。

（2）2023年，受台风“杜苏芮”影响，海河流域遭遇强降雨并发生特大洪水，怀柔水库遭遇建库65年场次降雨量、3日洪量最大的一场洪水，本次降雨期间，怀柔水库入库洪峰流量达到804m^3/s，为建库以来第二大洪峰（最大3806m^3/s，1972年7月27日）。

（3）2023年11月，习近平总书记视察永定河三家店引水枢纽并指出，要总结连续强降雨历史经验，针对突出问题和薄弱环节，按照“上蓄、中疏、下排、有效治洪”的原则，抓紧修复水毁设施，加强重点水利工程建设。怀柔水库位于北京市上游区域，水库的运行安全、非常溢洪道能否按原设计条件启用，对北京市的防洪安全发挥重要作用。

(4) 2024 年，北京市京密引水管理处组织开展了怀柔水库淤积调查，对库容进行了复核，需要结合调查成果评估淤积对防洪安全的影响。

(5) 我国水利行业规范的更新速度加快。2016—2020 年，水利部陆续更新发布了 SL 265—2016《水闸设计规范》、SL 258—2017《水库大坝安全评价导则》、SL 252—2017《水利水电工程等级划分及洪水标准》、SL 274—2020《碾压式土石坝设计规范》、SL 285—2020《水利水电工程进水口设计规范》。

(6) 根据《水库大坝安全鉴定办法》(水建管〔2003〕271 号)，水库大坝应在竣工验收后 5 年内进行首次安全鉴定，以后应每隔 6～10 年进行一次。怀柔水库自 2014 年开展安全评价至 2024 年，已满 10 年。

综上，怀柔水库在 2014—2024 年的 10 年里，运行条件发生改变，重要性更加突出，并且遭遇特大洪水，管理单位通过淤积调查复核了库容。针对水库大坝开展系统的安全评价，排查水库大坝近十年的运行期间是否出现新的安全隐患，评估水库淤积对防洪安全的影响，评价水库大坝的原设计标准与现行规范的协调性，不仅是落实习近平总书记视察指示精神、满足安全鉴定制度要求，更是为保障极端情况下的工程安全提供技术支撑。

1.6.2 安全评价工作依据

(1)《水库大坝安全鉴定办法》(水建管〔2003〕271 号)。

(2) SL 258—2017《水库大坝安全评价导则》。

(3) SL 214—2015《水闸安全评价导则》。

(4) SL/T 790—2020《水工隧洞安全鉴定规程》。

(5) GB 50201—2014《防洪标准》。

(6) GB 18306—2015《中国地震动参数区划图》。

(7) SL 252—2017《水利水电工程等级划分及洪水标准》。

(8) SL 274—2020《碾压式土石坝设计规范》。

(9) SL 253—2018《溢洪道设计规范》。

(10) SL 265—2016《水闸设计规范》。

(11) SL 279—2016《水工隧洞设计规范》。

(12) SL 386—2007《水利水电工程边坡设计规范》。

(13) SL 379—2007《水工挡土墙设计规范》。

(14) SL 191—2008《水工混凝土结构设计规范》。

(15) GB/T 51394—2020《水工建筑物荷载标准》。

(16) GB 51247—2018《水工建筑物抗震设计标准》。

(17) SL 654—2014《水利水电工程合理使用年限及耐久性设计规范》。

(18) SL 303—2017《水利水电工程施工组织设计规范》。

(19) SL/T 792—2020《水工建筑物地基处理设计规范》。

(20) SL 285—2020《水利水电工程进水口设计规范》。
(21) SL 106—2017《水库工程管理设计规范》。
(22) SL 44—2006《水利水电工程设计洪水计算规范》。
(23)《水库大坝安全管理条例》(2018年修订)。
(24) SL 197—2013《水利水电工程测量规范》。
(25) GB 50487—2008《水利水电工程地质勘察规范》(2022年版)。
(26) SL 373—2007《水利水电工程水文地质勘察规范》。
(27) GB/T 50123—2019《土工试验方法标准》。
(28) SL 237—1999《土工试验规程》。
(29) SL 677—2014《水工混凝土施工规范》。
(30) SL 176—2007《水利水电工程施工质量检验与评定规程》。
(31) SL 326—2005《水利水电工程物探规程》。
(32) SL 268—2001《大坝安全自动监测系统设备基本技术条件》。
(33) SL 612—2013《水利水电工程自动化设计规范》。
(34) SL 551—2012《土石坝安全监测技术规范》。
(35) SL 531—2012《大坝安全监测仪器安装标准》。
(36) GB/T 50152—2012《混凝土结构试验方法标准》。
(37) SL/T 352—2020《水工混凝土试验规程》。
(38) SL 713—2015《水工混凝土结构缺陷检测技术规程》。
(39) JGJ/T 23—2011《回弹法检测混凝土抗压强度技术规程》。
(40) JGJ/T 152—2019《混凝土中钢筋检测技术标准》。
(41) JGJ/T 384—2016《钻芯法检测混凝土强度技术规程》。
(42) CECS 02:2005《超声回弹综合法检测混凝土强度技术规程》。
(43) GB/T 14173—2008《水利水电工程钢闸门制造、安装及验收规范》。
(44) GB/T 11345—2023《焊缝无损检测 超声探测技术、检测等级和评定》。
(45) SL 74—2019《水利水电工程钢闸门设计规范》。
(46) SL 41—2018《水利水电工程启闭机设计规范》。
(47) SL/T 722—2020《水工钢闸门和启闭机安全运行规程》。
(48) SL 105—2007《水工金属结构防腐蚀规范》。
(49) SL 226—1998《水利水电工程金属结构报废标准》。
(50) SL 605—2013《水库降等与报废标准》。
(51) SL 210—2015《土石坝养护修理规程》。
(52)《关于推进水利工程标准化管理的指导意见》、《水利工程标准化管理评价办法》(水运管〔2022〕130号)。

1.6.3 工程主要特性指标

怀柔水库工程特性参数汇总见表1.6-1。

表 1.6－1　　　　怀柔水库工程特性参数汇总表

项　目			单　位	特征参数（注册登记或其他记录）
水文特征	流域面积		km^2	525
	多年平均径流量		万 m^3	9110
	设计	重新期	年	100
		洪峰流量	m^3/s	5059（单位线法，采用） 3620（实测洪水统计法）
	校核	重现期	年	2000
		洪峰流量	m^3/s	8543（单位线法，采用） 8613（实测洪水统计法）
水库特征	调节性能		—	多年调节
	校核洪水位		m	67.73
	设计洪水位		m	64.16
	汛限水位		m	58.00
	正常蓄水位		m	62.00
	死水位		m	52.00
	总库容		亿 m^3	1.44
	调洪库容		亿 m^3	1.045
	兴利库容		亿 m^3	0.655
	死库容		亿 m^3	0.085
主坝	坝型		—	黏土斜墙砾石坝
	坝顶高程		m	68.00
	最大坝高		m	23.0
	坝顶长度		m	1088
	坝顶宽度		m	5（净宽）
一副坝	坝型		—	均质土坝
	坝顶高程		m	68.00
	最大坝高		m	13.0
	坝顶长度		m	120
	坝顶宽度		m	7.0
二副坝	坝型		—	均质土坝
	坝顶高程		m	68.00
	最大坝高		m	12.0
	坝顶长度		m	220
	坝顶宽度		m	7.0

续表

项　　目		单　　位	特征参数（注册登记或其他记录）
三副坝	坝型	—	均质土坝
	坝顶高程	m	68.00
	最大坝高	m	22.0
	坝顶长度	m	80.0
	坝顶宽度	m	9.8
长副坝	坝型	—	均质土坝
	坝顶高程	m	68.00
	最大坝高	m	11.0
	坝顶长度	m	1235.0
	坝顶宽度	m	5.5
东溢洪道	型式	—	开敞式
	孔数	孔	2
	净宽	m	12
	堰顶高程	m	56.00
	闸门（宽×高）	m×m	12.0×6.3
	最大泄量	m^3/s	1545
	启闭机（台-启闭力）	kN	2台-150
西溢洪道	型式	—	开敞式
	孔数	孔	2
	净宽	m	12
	堰顶高程	m	56.00
	闸门（宽×高）	m×m	12.0×6.3
	最大泄量	m^3/s	1491
	启闭机（台-启闭力）	kN	2台-100
水库进水闸	闸底高程	m	56.5
	孔数	孔	1
	闸门（宽×高）	m×m	5.0×3.0（孔口）
	启闭机（台-启闭力）	kN	2台-100
	校核流量	m^3/s	60
输水隧洞	洞径	m	2.4（内衬钢板）
	洞长	m	101
	最大泄量	m^3/s	57.8

续表

项　　目		单　　位	特征参数（注册登记或其他记录）
隧洞进口闸	闸底高程	m	52.00
	孔数	孔	1
	闸门（宽×高）	m×m	2.60×2.62
	启闭机（台-启闭力）	kN	1台-250
隧洞出口闸	闸底高程	m	51.60
	孔数	孔	1
	闸门（宽×高）	m×m	2.40×2.10
	启闭机（台-启闭力）	kN	1台-200
峰山口输水闸	闸底高程	m	54.50
	孔数	孔	1
	闸门（宽×高）	m×m	8.0×8.5
	启闭机（台-启闭力）	kN	2台-250
峰山口防洪闸	闸底高程	m	54.50
	孔数	孔	2
	闸门（宽×高）	m×m	3.4×5.2
	启闭机（台-启闭力）	kN	2台-400

第2章

现场安全检查及安全检测

2.1 评价目的和内容

现场安全检查的目的是检查大坝是否存在工程安全隐患与管理缺陷，并为大坝安全评价工作提供指导性意见；安全检测的目的是揭示大坝现状质量状况，并为大坝安全评价提供反映目前状态的计算参数。根据 SL 258—2017《水库大坝安全评价导则》要求，结合怀柔水库实际情况，本次大坝现场安全检查及安全检测的主要内容如下。

1. 现场安全检查

现场安全检查应成立现场安全检查专家组，由专家组完成现场安全检查工作。在查阅资料基础上，对大坝外观与运行状况、设备、管理设施等进行全面检查和评价，并填写大坝现场安全检查表。现场安全检查由鉴定组织单位组织完成，专家由熟悉工程基本情况的水文、地质、水工、金属结构和管理等不同专业的专家组成。需编制大坝现场安全检查报告，提出大坝安全评价工作的重点和建议。

怀柔水库大坝安全鉴定组织单位为北京市京密引水管理处，2024 年 7 月 9 日，北京市京密引水管理处组织熟悉怀柔水库工程基本情况的水工、管理、岩土、施工、金属结构等专家进行了现场安全检查。

2. 安全检测

安全检测包括坝基和土石坝结构的钻探与物探、混凝土结构安全检测和金属结构安全检测。

(1) 钻探与物探试验。钻探与物探试验的目的是在缺少大坝工程地质资料和土石坝坝体填筑质量资料时，通过钻探试验揭示大坝现状质量状况，为安全评价提供代表目前性状的计算参数；当大坝存在疑似工程质量缺陷或运行中出现重大工程险情，且已有资料不能满足安全评价需要时，通过钻探与物探试验排查隐患，评价大坝工程质量。本次安全评价结合怀柔水库的实际情况，采用钻探与物探联合方法检查主坝和各副坝的质量现状。

(2) 混凝土结构安全检测。混凝土结构安全检测内容包括混凝土外观与缺陷检测，主要构件强度、碳化深度、钢筋保护层厚度及腐蚀程度。当主要结构构件或有防渗要求的结构出现裂缝、孔洞、空鼓时，需检测裂缝分布、宽度、长度和深度，并分析产生原因；当结构受侵蚀介质作用发生腐蚀时，测定侵蚀介质的成分、含量，并检测腐蚀程度。

本次安全评价结合怀柔水库的实际情况，针对东、西溢洪道，峰山口输水闸和防洪闸，输水隧洞及其进、出口闸，水库进水闸以及主坝下游排水管等建筑物，运用外观普查、现场检测、室内试验、管道机器人探查等方法进行了混凝土结构安全检测。

(3) 金属结构安全检测。金属结构安全检测主要是针对钢闸门、拦污栅和启闭机等开展，具体包括巡视检查、闸门外观检查、启闭机性能状态检测、腐蚀检测、材料检测、无损探伤、应力检测、结构振动监测、启闭力检测、启闭机考核、特殊项目检测等。其中巡视检查、闸门外观检查、启闭机性能状态检测为必检项目，应逐孔检测；其余为抽检项目，根据闸门孔数、同类型启闭机台数，结合运行状况和布置位置等因素按比例抽样检测。

本次安全评价结合怀柔水库的实际情况，针对东、西溢洪道，峰山口输水闸和防洪闸，输水隧洞及其进、出口闸以及水库进水闸等，进行了巡视检查、外观检测（包括门体、支承及行走装置、吊耳、止水装置、埋件等）、腐蚀状态检测、材料检测、超声波探伤（UT）、启闭机性能状态检测（包括外观现状、电气设备和保护装置现状、运行状况检测等）、启闭力检测，同时进行了闸门结构有限元分析。

2.2 现场安全检查

2.2.1 工作简述

2024 年 7 月 9 日，北京市京密引水管理处组织熟悉怀柔水库工程情况的水工、岩土、施工、金属结构和管理等专业专家进行了现场安全检查。现场安全检查组按照现场检查提纲和检查表的内容要求，采用现场查勘和座谈讨论的方式，对怀柔水库主坝和各副坝、泄水建筑物、输水建筑物、管理设施和观测设施等进行了详细检查，并为大坝安全评价工作提供了指导性意见。

现场检查期间，怀柔水库运行水位为 57.03m，相应库容约为 2813.45 万 m^3。怀柔水库主坝及各泄、输水建筑物现状如图 2.2-1 所示。

(a) 主坝上游侧

(b) 主坝下游侧

图 2.2-1（一） 怀柔水库主坝及各泄、输水建筑物现状

（c）东溢洪道上游侧

（d）东溢洪道下游侧

（e）西溢洪道上游侧

（f）西溢洪道下游侧

（g）峰山口防洪闸

（h）峰山口输水闸

（i）输水隧洞进口闸

（j）输水隧洞出口闸

图 2.2-1（二） 怀柔水库主坝及各泄、输水建筑物现状

（k）水库进水闸

图 2.2-1（三） 怀柔水库主坝及各泄、输水建筑物现状

2.2.2 挡水建筑物（大坝）安全检查

大坝安全检查内容包括坝顶（坝顶路面、排水设施、防浪墙），坝体（坝体填土、外观形象面貌、上下游护坡设施），坝基和坝肩（上下游坝基、坝基排水设施、左右坝肩），下游地面，近坝岸坡等。

2.2.2.1 主坝安全检查

1. 坝顶

主坝坝顶现状如图 2.2-2 所示。坝顶表面为沥青路面，下方铺设原混凝土板。现状路面平整通畅，照明条件良好，无明显变形、积水现象。路面裂缝较多，有修补痕迹，裂缝产生的原因是沥青路面直接铺设在混凝土上，因混凝土板伸缩缝处温度变化导致，不影响坝体安全。

坝顶防浪墙状况整体完好，不存在结构倾斜和贯通裂缝等现象，但是表层有开裂、起皮、破损，防浪墙下部镶砖存在鼓起、破损，上述缺陷不影响结构整体安全。

坝顶路面排水孔完好，未见堵塞。

2. 坝体

主坝为黏土斜墙砂砾坝，主坝坝体现状如图 2.2-3 所示。坝体外观总体完好，未见裂缝、塌坑、滑动、积水、渗水等明显缺陷。

上游采用砌石护坡，现已勾缝并设有隔离网，坡面平整度较好，坡面无裂缝、滑动、隆起、塌坑、冲刷等现象，近坝水面未见冒泡、变浑、旋涡等异常现象，坡面局部浆砌石剥落，有零星植物生长。

下游采用砌石护坡，坡面完好，无块石翻起、松动、塌陷、架空或风化剥蚀等损坏现象，坡面未见雨淋沟、散浸、冒水、渗水坑等，无兽洞、蚁穴等隐患。坝坡设有渗流监测设施，保护情况良好；坡脚设有排水沟，结构完好，未见库水渗出，沟内杂草较多，中部埋设排涵管向外排水。

3. 坝基和坝肩

主坝坝肩现状如图 2.2-4 所示。现场检查期间，库水位高于上游坝基，故上游坝基不可见。下游坝基完好，坝趾处无阴湿、渗水、管涌、流土或隆起等现象。

（a）坝顶路面整体状况

（b）坝顶路面局部（西溢洪道侧）

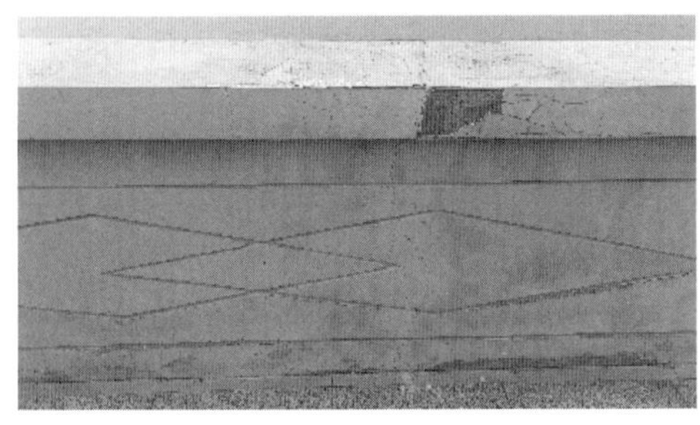

（c）防浪墙表面裂缝和缺陷

（d）防浪墙缺陷和下部镶砖鼓起

（e）坝顶路面排水孔照片

图 2.2-2 主坝坝顶现状

（a）上游坝坡整体

（b）上游坝坡局部

图 2.2-3（一） 主坝坝体现状

（c）下游坝坡（近西溢洪道侧）

（d）下游坝坡（朝向东溢洪道）

（e）坝脚排水沟（朝向东溢洪道）

（f）坝脚排水沟（朝向西溢洪道）

图 2.2-3（二） 主坝坝体现状

（a）主坝与西溢洪道连接段整体

（b）主坝与东溢洪道连接段下游

（c）主坝与西溢洪道连接段大坝侧

（d）主坝与西溢洪道连接段闸室侧

图 2.2-4 主坝坝肩现状

图 2.2-5 主坝下游地面现状

主坝左、右侧分别与东、西溢洪道连接，连接段整体完好，未见明显开裂、错动或渗水现象。

4. 下游地面

主坝下游地面现状如图 2.2-5 所示，下游地面未见裂缝或破损，植被覆盖良好，排水沟内无垃圾和泥沙淤积，但局部杂草丛生，无威胁大坝安全的隐患。

5. 近坝岸坡

主坝左、右侧分别与东、西溢洪道连接，两侧山体与坝体距离相对较远，未发现近坝岸坡稳定性问题。

2.2.2.2 一副坝安全检查

1. 坝顶

一副坝坝顶现状如图 2.2-6 所示。坝顶表面为混凝土路面，路面平整、通畅，照明条件良好，无明显变形、积水现象；坝顶防浪墙状况整体完好，无结构倾斜和贯通裂缝；坝顶路面排水孔总体完好，个别有破损，孔内有杂物。

(a) 坝顶路面整体状况

(b) 坝顶路面排水孔

图 2.2-6 一副坝坝顶现状

2. 坝体

一副坝为均质土坝，坝体和坝坡现状如图 2.2-7 所示。坝体外观总体完好，未见裂缝、塌坑、滑动、积水、渗水等明显缺陷。

(a) 上游坝坡

(b) 下游坝坡

图 2.2-7 一副坝坝体和坝坡现状

上游采用砌石护坡，现已勾缝并设有隔离网，坡面平整度较好，无裂缝、滑动、隆起、塌坑、冲刷等现象，坡脚高于当前库水位，近坝水面距离坝体较远，未见冒泡、变浑、旋涡。坡面局部浆砌石剥落，有零星植物生长。

下游采用砌石护坡，现已勾缝，坡面平整度较好，无裂缝、滑动、隆起、塌坑、冲刷等现象，坡面未见雨淋沟、散浸、冒水、渗水坑等问题，也未见兽洞、蚁穴等隐患。坡面局部浆砌石剥落，有零星植物生长，坡面未见排水孔。

3. 坡脚

一副坝上、下游坝坡坡脚现状如图 2.2-8 所示。现场检查期间，上游坡脚高于当前库水位，坝坡设有隔离网，坡前滩地植被茂盛、树木林立，坡脚未见掏蚀、沉陷等异常现象，下游底部完好，坝趾处无阴湿、渗水、管涌、流土或隆起等现象。下游已填埋至排水棱体高程以上，一副坝下游排水棱体不可见。

(a) 上游坡脚现状

(b) 下游坡脚现状

图 2.2-8 一副坝上、下游坝坡坡脚现状

4. 下游地面

一副坝下游地面现状如图 2.2-9 所示，下游地面现为城区休闲公园，地面已绿化，无影响大坝安全的隐患。

图 2.2-9 一副坝下游地面现状

5. 坝肩和近坝岸坡

一副坝左、右岸的近坝区现状如图 2.2-10 所示。左、右坝肩完好，坝体与岸坡连接处无错动、开裂、渗水等情况，坝肩无滑动、滑坡、崩塌、隆起、塌坑、异常渗水和蚁穴、兽洞等隐患，山体边坡未见滑动、塌陷等现象，且未见地下水露头现象。

近坝区山体较低，且植被茂盛，近坝岸坡无裂缝或滑动迹象，无近坝岸坡稳定性问题。

2.2.2.3 二副坝安全检查

1. 坝顶

二副坝坝顶现状如图 2.2-11 所示。坝顶表面为砖石路面，路面平整、通畅，照明条件良好，无明显变形、积水现象；坝顶防浪墙状况整体完好，无结构倾斜和贯通裂缝，但局部有缺口，建议封堵；坝顶路面排水孔总体完好，个别有破损，孔内有杂物。

（a）右坝肩近坝区域

（b）左坝肩近坝区域

图 2.2-10 一副坝左、右岸的近坝区现状

（a）坝顶路面整体状况

（b）坝顶路面排水孔

图 2.2-11 二副坝坝顶现状

2. 坝体

二副坝为均质土坝，坝体和坝坡现状如图 2.2-12 所示。坝体外观总体完好，未见裂缝、塌坑、滑动、积水、渗水等明显缺陷。

上游采用砌石护坡，现已勾缝并设有隔离网，坡面平整度较好，无裂缝、滑动、隆起、塌坑、冲刷等现象，坡脚高于当前库水位，近坝水面距离坝体较远，未见冒泡、变浑、旋涡等异常现象，坡面局部浆砌石剥落，有零星植物滋生。

下游采用砌石护坡，现已勾缝，坡面平整度较好，无裂缝、滑动、隆起、塌坑、冲刷等现象，坡面未见雨淋沟、散浸、冒水、渗水坑等问题，也未见兽洞、蚁穴等隐患。坡面局部浆砌石剥落，有零星植物生长，坡面未见排水孔。

（a）上游坝坡

（b）下游坝坡

图 2.2-12 二副坝坝体和坝坡现状

3. 坡脚

二副坝上、下游坝坡坡脚现状如图 2.2－13 所示。现场检查期间，上游坡脚高于当前库水位，坝坡设有隔离网，坡前滩地植被茂盛、树木林立，坡脚未见掏蚀、沉陷等异常现象，下游坝基完好，坝趾处无阴湿、渗水、管涌、流土或隆起等现象。下游已填埋至排水棱体高程以上，二副坝下游排水棱体不可见。

（a）上游坡脚现状

（b）下游坡脚现状

图 2.2－13　二副坝上、下游坝坡坡脚现状

4. 下游地面

下游地面现状如图 2.2－13（b）所示，下游地面植被较好，无影响大坝安全的隐患。

5. 坝肩和近坝岸坡

二副坝左、右岸的近坝区现状如图 2.2－14 所示。左、右坝肩完好，坝体与岸坡连接处无错动、开裂、渗水等情况，坝肩无滑动、滑坡、崩塌、隆起、塌坑、异常渗水和蚁穴、兽洞等隐患，山体边坡未见滑动、塌陷等现象，且未见地下水露头现象。

左右两岸的近坝山体较低，近坝岸坡无裂缝或滑动迹象，无近坝岸坡稳定性问题。

（a）左坝肩近坝区域

（b）右坝肩近坝区域

图 2.2－14　二副坝左、右岸的近坝区现状

2.2.2.4　三副坝安全检查

1. 坝顶

三副坝坝顶现状如图 2.2－15 所示。坝顶表面为砖石路面，路面平整、通畅，照明条件良好，无明显变形、积水现象；坝顶防浪墙状况整体完好，无结构倾斜和贯通裂缝；坝顶路面排水孔总体完好，个别孔内有杂物。

(a) 坝顶路面整体状况

(b) 坝顶路面排水孔

图 2.2-15　三副坝坝顶现状

2. 坝体

三副坝为均质土坝，坝体和坝坡现状如图 2.2-16 所示。坝体外观总体完好，未见裂缝、塌坑、滑动、积水、渗水等明显缺陷。

(a) 上游坝坡

(b) 下游坝坡

图 2.2-16　三副坝坝体和坝坡现状

上游采用砌石护坡，现已勾缝并设有隔离网，坡面平整度较好，无裂缝、滑动、隆起、塌坑、冲刷等现象，坡脚高于当前库水位，近坝水面距离坝体相对较远，未见冒泡、变浑、旋涡等异常现象，坡面局部浆砌石剥落，底部植物生长较多。

下游采用砌石护坡，现已勾缝，坡面平整度较好，无裂缝、滑动、隆起、塌坑、冲刷等现象，坡面未见雨淋沟、散浸、冒水、渗水坑等，坡面未见兽洞、蚁穴等隐患，坡面局部浆砌石剥落，底部植物滋生较多，坡面未见排水孔。

3. 坡脚

三副坝上、下游坝坡坡脚现状如图 2.2-17 所示。现场检查期间，上游坡脚高于当前库水位，坝坡设有隔离网，坡前滩地植被茂盛、树木林立，坡脚未见掏蚀、沉陷等异常现象，下游坝基完好，坝趾处无阴湿、渗水、管涌、流土或隆起等现象。下游已填埋至排水棱体高程以上，三副坝下游排水棱体不可见。

4. 下游地面

三副坝下游地面现状如图 2.2-17 (b) 所示，下游地面植被较好，下游沟道内未见有水渗出，无影响大坝安全的隐患。

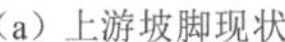

(a) 上游坡脚现状

(b) 下游坡脚现状

图 2.2－17　三副坝上、下游坝坡坡脚现状

5. 坝肩和近坝岸坡

三副坝左、右岸的近坝区现状如图 2.2－18 所示。左、右坝肩完好，坝体与岸坡连接处无错动、开裂、渗水等情况，坝肩无滑动、滑坡、崩塌、隆起、塌坑、异常渗水和蚁穴、兽洞等隐患，山体边坡未见滑动、塌陷等现象，且未见地下水露头现象。

(a) 左坝肩近坝区域

(b) 右坝肩近坝区域

图 2.2－18　三副坝左、右岸的近坝区现状

左、右岸的近坝山体较低，近坝岸坡无裂缝或滑动迹象，无近坝岸坡稳定性问题。

2.2.2.5　长副坝安全检查

1. 坝顶

长副坝坝顶现状如图 2.2－19 所示。坝顶表面为混凝土路面，路面平整通畅，局部有开裂，照明条件良好，无明显变形、积水现象；坝顶防浪墙状况整体完好，无结构倾斜和贯通裂缝；坝顶路面排水沟系统完整。

2. 坝体

长副坝为均质土坝，坝体和坝坡现状如图 2.2－20 所示。坝体外观总体完好，未见裂缝、塌坑、滑动、积水、渗水等明显缺陷。

上游采用碎石土加植草护坡，设有隔离网并保持坡面无塌陷，部分区域树木生长或植被缺失，坡脚高于当前库水位，水面距离坝体较远。

下游采用植草护坡，植被完整，坡面未见雨淋沟、散浸、冒水、渗水坑等问题，坡面亦未见兽洞、蚁穴等隐患。

（a）坝顶路面整体状况(常规段)

（b）坝顶路面排水沟(常规段)

（c）坝顶路面整体状况(非常溢洪道段)

（d）坝顶路面排水沟(非常溢洪道段)

图 2.2-19　长副坝坝顶现状

（a）上游坡面(常规段)

（b）下游坡面(常规段)

（c）上游坡面(非常溢洪道段)

（d）下游坡面(非常溢洪道段)

图 2.2-20　长副坝坝体和坝坡现状

3. 坡脚

长副坝上、下游坝坡坝脚现状如图 2.2-21 所示。现场检查期间，上游坡脚高于当前库水位，坝坡设有隔离网，坡前滩地植被茂盛、树木林立，坡脚未见掏蚀、沉陷等异常现象，下游坝基完好，坝趾处无阴湿、渗水、管涌、流土或隆起等现象。下游已填埋至排水棱体高程以上，长副坝下游排水棱体不可见。

(a) 上游坡脚现状　　(b) 下游坡脚现状

图 2.2-21　长副坝上、下游坝坡坡脚现状

4. 下游地面

长副坝下游地面现状如图 2.2-21 (b) 所示，下游坡脚为道路，远处为商业区，无影响坝体安全的隐患。

5. 近坝岸坡

长副坝左岸与水库进水闸连接，右岸连接段地形平缓，无近坝岸坡稳定性问题。

2.2.3 泄水建筑物安全检查

泄水建筑物现场安全检查内容包括进水段左右岸边墙及底板，控制段（左右岸边墙、闸墩、牛腿、底板、溢流堰体），闸门（拦污栅、检修闸门、检修门槽、工作闸门、工作门槽、通气孔等），启闭设施（启闭房、启闭机、启闭控制设施、备用电源），泄槽段左右岸边墙及底板、消能及尾水设施、交通设施、岸坡等。

2.2.3.1 东溢洪道现场安全检查

东溢洪道布置在怀柔水库主坝左岸，主要功能为泄洪，现状如图 2.2-22 所示。溢洪道为开敞式，闸底板高程 56.00m，闸室分两孔，每孔净宽 12m，工作闸门为两扇 12.0m×6.3m（宽×高）的弧形钢闸门，检修闸门为钢叠梁门。溢洪道自上游至下游布置进水段、闸室段、陡槽段、平台段、渥奇段、二级扩散式消力池段和尾水段，全长 800m。闸室段设有工作桥、人行桥和检修桥，建有闸房等。溢洪道工作闸门启闭设备为 2 台 150kN 固定卷扬式启闭机，检修闸门启闭设备为电动葫芦。

1. 进水段

东溢洪道进水段整体完好，未发现裂缝、露筋、磨损、剥蚀、疏松、脱壳、倾斜等破损现象，伸缩缝无错位，止水完好，但右侧翼墙涂层局部脱落（图 2.2-23）。现场检查时，底板位于水面以下，不可见。

（a）东溢洪道整体

（b）溢洪道下游现状

图 2.2-22　东溢洪道现状

（a）东溢洪道上游进水段

（b）东溢洪道右侧翼墙涂层局部脱落

图 2.2-23　东溢洪道进水段右侧翼墙

2. 控制段

东溢洪道控制段整体完好，局部有缺陷（图 2.2-24）。左、右岸边墙未发现裂缝、露筋、磨损、剥蚀、疏松、脱壳、倾斜等破损现象，伸缩缝无错位，止水完好，但局部有轻微渗漏，有白色析出物；右边墩牛腿与墙体结合部（支铰处）有破损、露筋现象；牛腿未发现明显裂缝、露筋等破损现象；下游底板未见裂缝、冲蚀、渗漏等外观缺陷；左孔溢流堰体下游侧存在1处轻微破损，导致渗漏。

（a）左孔中墩渗漏

（b）左孔局部渗漏

图 2.2-24（一）　东溢洪道控制段缺陷

(c) 右岸边墙渗漏点1

(d) 右岸边墙渗漏点2

图 2.2-24 (二) 东溢洪道控制段缺陷

3. 闸门

东溢洪道闸门现状及主要缺陷如图 2.2-25 和图 2.2-26 所示。检修闸门门体整体完好，无变形扭曲现象，门槽及附近区域混凝土无空蚀、冲刷、淘空等现象；轨道无变形、磨损、脱落、错位等情况。工作闸门整体完好，但闸门面漆老化，存在腐蚀现象。左侧闸门下主梁腹板已出现蚀坑，上主梁翼板右侧对接焊缝存在飞溅、表面凹坑等外观缺陷，闸门迎水侧吊耳连接销轴表面腐蚀，两侧及底止水压板及连接螺栓腐蚀，止水橡胶已出现老化、开裂、变形。右侧闸门侧轮与门体处连接螺栓存在轻微腐蚀现象，闸门两侧、顶部、底部止水橡胶老化龟裂，止水压板连接螺栓腐蚀。工作门槽完好，无磨损、脱落、错位等现象。

(a) 闸门整体状况

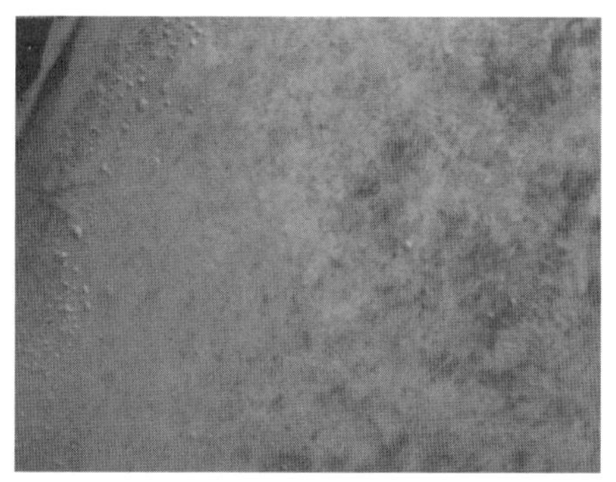
(b) 闸门迎水侧面板下部涂层老化

(c) 上主梁翼板对接焊缝表面飞溅

(d) 右下支臂底部与纵梁翼板连接处腐蚀

图 2.2-25 (一) 东溢洪道左侧闸门现状

(e) 闸门底部止水橡胶老化、开裂、破损

(f) 闸门底部止水压板连接螺栓腐蚀

图 2.2-25（二） 东溢洪道左侧闸门现状

(a) 闸门整体状况

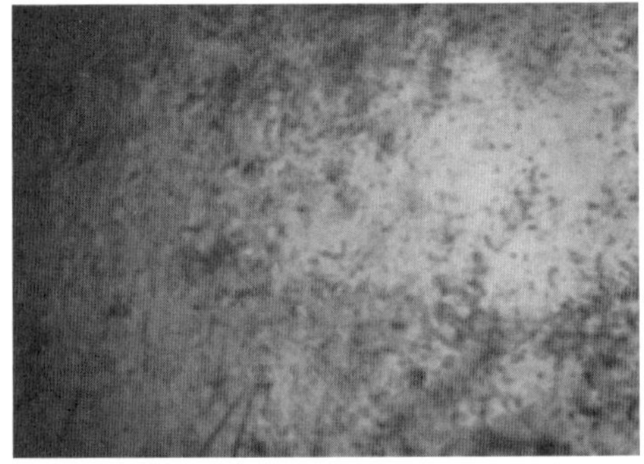

(b) 闸门迎水侧面板涂层老化

(c) 右下支臂底部与纵梁翼板连接处腐蚀

(d) 左下支臂与纵梁翼板连接处腐蚀

(e) 闸门底部止水橡胶老化、开裂、破损

(f) 闸门底部止水压板连接螺栓腐蚀

图 2.2-26 东溢洪道右侧闸门现状

4. 启闭设施

东溢洪道启闭设施现状如图 2.2-27 所示。启闭设施整体完好，启闭机房无漏水、漏雨等现象。室内墙壁表面局部开裂；启闭机总体性能完好，运行平稳，开式齿轮副、钢丝绳等部位缺乏润滑保养；钢丝绳底部与闸门吊耳连接部位的绳扣存在腐蚀；启闭控制设施完整、齐全，控制柜按钮操作方便。启闭机无远程控制装置；动力线路及控制保护线路敷设凌乱；启闭电源稳定，三相电流不平衡度、三相电压不平衡度均正常。

(a) 启闭机室内部整体情况

(b) 启闭机室墙壁局部表面开裂

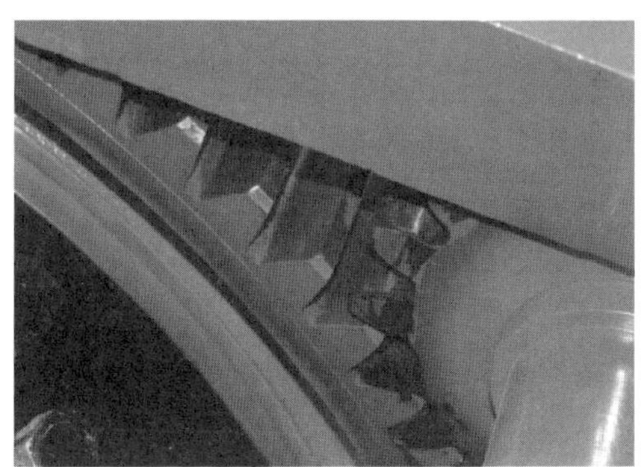

(c) 启闭机开式齿轮副啮合状况

(d) 启闭机钢丝绳状况

(e) 启闭机现地控制柜操作按钮现状

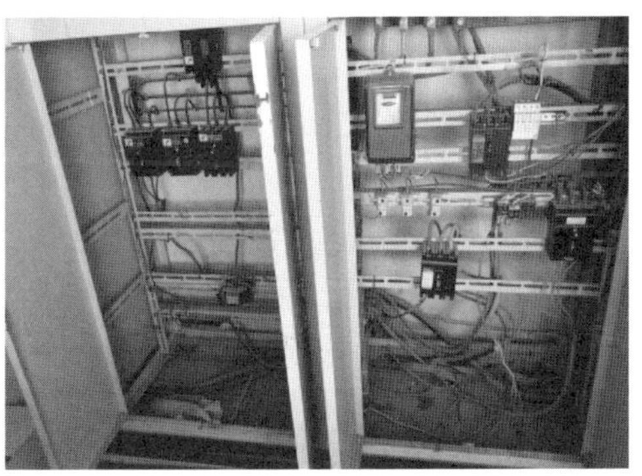

(f) 动力控制柜线路敷设凌乱

图 2.2-27 东溢洪道启闭设施现状

5. 泄槽段

东溢洪道泄槽段现状如图 2.2－28 所示。泄槽段左右岸边墙和底板总体完好，结构完整，未发现裂缝、露筋、磨损、剥蚀、疏松、脱壳、倾斜等破损现象，伸缩缝无错位，止水完好，边墙底部涂层有鼓皮、脱落，反坡段底板有剥蚀现象。

（a）泄槽段整体

（b）右侧翼墙涂层脱落

（c）左侧挡墙涂层脱落

（d）反坡段混凝土剥蚀

图 2.2－28　东溢洪道泄槽段现状

6. 消能及尾水设施

东溢洪道消力池结构完整，两侧边墙无明显磨损、冲蚀现象，现场检查时底板不可见。尾水下游有交通道路，与行洪存在冲突，下游河道完好。

7. 交通设施

东溢洪道上游交通桥现状如图 2.2－29 所示。交通桥整体完好，桥墩及梁板结构完整，路面状态较好，无明显破损和断裂，栏杆完整，排水畅通。交通桥两侧采用栏杆防护，上游侧挡水高度低于防浪墙高度。

8. 岸坡

东溢洪道左侧山体植被良好，且已采取防护措施，现状岸坡稳定，如图 2.2－30 所示，右侧与主坝相连，无稳定问题。

2.2.3.2　西溢洪道现场安全检查

西溢洪道布置在怀柔水库主坝右岸，主要功能为泄洪，现状如图 2.2－31 所示。溢洪道

图 2.2-29 东溢洪道上游交通桥现状

图 2.2-30 东溢洪道左侧岸坡现状

为开敞式，闸底板高程 56.00m，闸室分两孔，每孔净宽 12m，工作闸门为两扇 12.0m×6.3m（宽×高）的弧形钢闸门，检修闸门为钢叠梁门。溢洪道自上游至下游布置引渠、进水段、闸室段、陡槽段、消力池段和尾水段，全长 750m。闸室段设有工作桥，建有闸房等。溢洪道边墙为钢筋混凝土挡墙。溢洪道工作闸门启闭设备为 2 台 100kN 固定卷扬式启闭机，检修闸门启闭设备为电动葫芦。

(a) 西溢洪道整体

(b) 溢洪道下游现状

图 2.2-31 西溢洪道现状

1. 进水段

西溢洪道进水段现状如图 2.2-32 所示。进水段整体完好，未发现裂缝、露筋、磨损、剥蚀、疏松、脱壳、倾斜等破损现象，伸缩缝无错位，止水完好。现场检查时，底板位于水面以下，不可见。西溢洪道进水段的左、右侧导墙顶高度均明显低于大坝防浪墙。

图 2.2-32 西溢洪道进水段现状

2. 控制段

西溢洪道控制段整体完好，局部有缺陷（图 2.2-33）。左、右岸边墙未发现裂缝、露筋、磨损、剥蚀、疏松、脱壳、倾斜等破损现象，伸缩缝无错位，止水完好，未见明显渗漏现象；闸墩结构完整，无裂缝、露筋等明显破损现象，但是中墩和左、右边墩均有防碳化涂层脱落现象；左右孔溢流面有混凝土剥蚀和龟裂现象；牛腿未发现明显裂缝、露筋等破损现象。

(a) 左边墩涂层脱落

(b) 中墩左侧底部涂层脱落

(c) 中墩右侧底部涂层脱落

(d) 右孔闸底板龟裂

图 2.2-33 西溢洪道控制段缺陷

3. 闸门

西溢洪道闸门现状及主要缺陷如图 2.2-34 和图 2.2-35 所示。检修闸门门体整体完好，无变形扭曲现象，支承及行走装置完整，吊耳无损伤和变形，止水装置未见异常。检修门槽及附近区域混凝土无空蚀、冲刷、淘空等现象，轨道无变形、磨损、脱落、错位等情况。工作闸门整体完好，闸门局部涂层老化，存在腐蚀，支铰及支铰连接螺栓表面腐蚀，吊耳销轴表面腐蚀，闸门两侧、底部底止水压板及其连接螺栓腐蚀，止水橡胶已出现老化、开裂、变形。工作门槽完好，轨道无变形、磨损、脱落、错位等情况。

（a）闸门整体状况

（b）闸门迎水侧面板腐蚀

（c）背水侧面板涂层面漆老化

（d）闸门支铰涂层局部脱落、腐蚀

（e）闸门底部止水橡胶老化、开裂、破损

（f）闸门底部止水压板连接螺栓腐蚀

图 2.2-34　西溢洪道左侧闸门现状

(a) 闸门整体状况

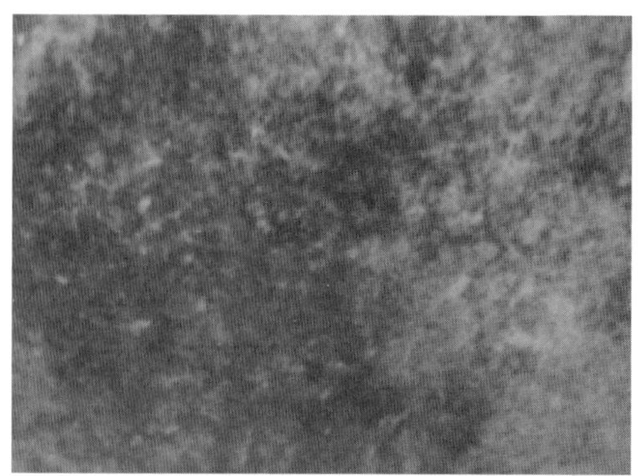

(b) 闸门迎水侧面板局部腐蚀

(c) 闸门背水侧面板涂层老化

(d) 闸门支铰表面局部腐蚀

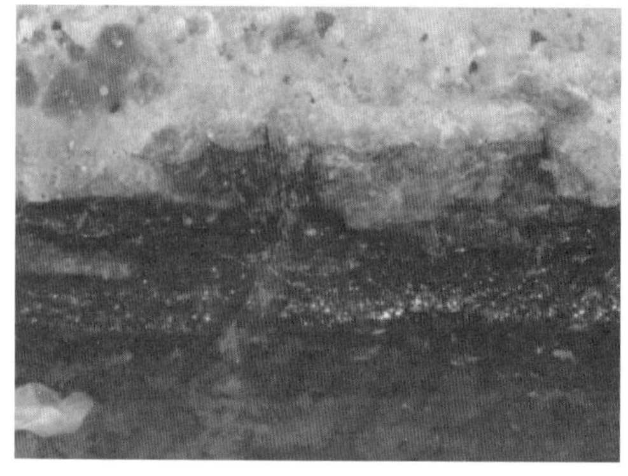

(e) 闸门底部止水橡胶老化、开裂、破损

(f) 闸门底部止水压板连接螺栓腐蚀

图 2.2-35 西溢洪道右侧闸门现状

4. *启闭设施*

西溢洪道启闭设施现状如图 2.2-36 所示。启闭设施整体完好，启闭机房无漏水、漏雨等现象，室内墙壁表面局部开裂；启闭机总体性能完好，运行平稳，开式齿轮副、钢丝绳等部位缺乏润滑保养；钢丝绳底部与闸门吊耳连接部位的绳扣存在腐蚀；启闭控制设施完整、齐全，控制柜按钮操作方便；启闭机无远程控制装置；动力线路及控制保护线路敷设凌乱；启闭电源稳定，三相电流不平衡度、三相电压不平衡度均正常。

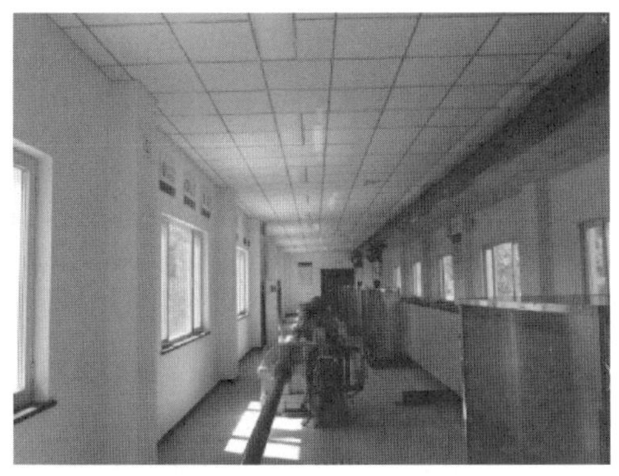
(a) 启闭机室内部整体情况

(b) 制动器整体现状

(c) 启闭机开式齿轮副啮合状况

(d) 启闭机钢丝绳状况

(e) 启闭机现地控制柜

(f) 动力控制柜线路敷设凌乱

图 2.2-36 西溢洪道启闭设施现状

5. 泄槽及消力池段

西溢洪道泄槽段现状如图 2.3-37 所示。泄槽段左右岸边墙和底板总体完好，结构完整，未发现裂缝、露筋、磨损、剥蚀、疏松、脱壳、倾斜等破损现象，伸缩缝无错位，止水完好，但边墙底部涂层有鼓皮、脱落，陡坡段底板有剥蚀现象。消力池结构完整，两侧边墙无明显磨损、冲蚀现象，但涂层脱落较多。现场检查时底板不可见。下游河道完好。

(a) 陡坡段表面混凝土剥蚀

(b) 消力池左边墙涂层脱落

(c) 消力池右边墙涂层脱落(1)

(d) 消力池右边墙涂层脱落(2)

图 2.2-37 西溢洪道泄槽段现状

6. 交通设施

西溢洪道下游人行桥现状如图 2.2-38 所示。人行桥整体完好，桥墩及梁板结构完整，桥板靠近右边墩处存在两条裂缝，裂缝表面有白色析出物，走向均沿水流方向，梁板有露筋现象。

(a) 底部露筋

(b) 梁板裂缝

图 2.2-38 西溢洪道下游人行桥

7. 岸坡

西溢洪道右侧山体植被良好，且已采取防护措施，现状岸坡稳定，如图 2.2-39 所示，左侧与主坝相连，无稳定问题。

图 2.2-39　西溢洪道右侧岸坡现状

2.2.4　输水建筑物安全检查

输水建筑物现场安全检查内容包括进水段左右岸边墙及底板、隧（涵）洞段（闸门井、洞顶部、洞壁两侧、洞底板），闸门（拦污栅、检修闸门、检修门槽、工作闸门、工作门槽、通气孔等），启闭设施（启闭房、启闭机、启闭控制设施、备用电源），出口段和尾水设施、交通桥以及临近岸坡等。

2.2.4.1　输水隧洞进、出口闸现场安全检查

输水隧洞位于怀柔水库主坝右岸风山东侧峰下，由上游连接段、进水塔、洞身、泄洪蝶阀及泄洪方涵、出口闸上游连接段、出口闸闸室段、出口闸下游连接段组成。

进口设进水塔一座，孔口尺寸 2.5m×2.5m，设 1 扇潜孔式平板钢闸门，闸底板高程 52.00m。闸门启闭设备为 1 台 250kN 固定式卷扬启闭机。

隧洞洞身段长 101m，内径 2.46m，采用钢筋混凝土衬砌，内衬钢板。

出口闸闸室段长 8.5m，设 1 扇弧形钢闸门，闸门尺寸 2.40m×2.10m（宽×高），闸底板高程 51.60m，闸门启闭设备为 1 台 200kN 螺杆式启闭机。下游连接段包括陡坡段、消力池段和引渠段。陡坡段长 8m，坡比 1∶4，消力池长 20m，深 2m，池底高程 49.60m，出口顶高程 51.60m，引渠段长 23m，底高程由 51.60m 渐变至 52.60m。

输水隧洞进口闸和出口闸现状如图 2.2-40 所示。

1. 进口段、进口闸及输水隧洞

现场检查时输水隧洞进口闸现状如图 2.2-40（a）所示，进口段及进口闸闸门位于水下，不可见。闸门井上部结构完整，无裂缝、露筋等明显破损现象。现场检查期间，输水隧洞处于运行状态，不能停水，因此未进行洞内检查。

输水隧洞进口闸启闭设施现状如图 2.2-41 所示。启闭房完好，无裂缝、漏水、漏雨现象；启闭机机架、卷筒、齿轮副等部件完好，启闭机运行顺畅，无卡阻、异响等不良现象，但开式齿轮副、钢丝绳等部位缺乏润滑保养；启闭电源稳定，三相电流不平衡度、三相电压不平衡度均正常。

(a) 输水隧洞进口闸

(b) 输水隧洞出口闸

图 2.2-40 输水隧洞进口闸和出口闸现状

(a) 启闭机整体现状

(b) 开式齿轮副缺乏润滑保养

(c) 现地控制柜缺乏必要标识

(d) 控制柜内线路敷设杂乱

图 2.2-41 输水隧洞进口闸启闭设施现状

2. 出口闸闸室结构

输水隧洞出口闸闸室混凝土缺陷如图 2.2-42 所示。出口闸闸室结构外观总体完好，挑檐护栏处混凝土有剥蚀，混凝土结构未见沉降、倾斜、滑移等现象。

3. 出口闸闸门

输水隧洞出口闸闸门现状如图 2.2-43 所示。出口闸闸门门体完好，无变形和扭曲。

图 2.2-42 输水隧洞出口闸闸室混凝土缺陷

支承及行走装置完整，吊耳无损伤和变形，轨道无脱落和错位，闸门运行平稳。闸门面板、主梁板等构件涂层老化，局部存在腐蚀；底部连接螺栓腐蚀；左右两侧支臂翼板存在浅而密集蚀坑，支臂与门体、支铰与支铰连接螺栓存在腐蚀；侧轮存在腐蚀且缺乏润滑保养；两侧及底部止水橡胶老化。

（a）闸门整体状况

（b）迎水侧面板下部连接螺栓腐蚀

（c）边梁腹板存在腐蚀且有片状蚀坑

（d）支臂与门体连接螺栓锈损现状

图 2.2-43（一） 输水隧洞出口闸闸门现状

(e) 支铰与支铰连接螺栓现状

(f) 侧轮存在腐蚀且缺乏润滑保养

图 2.2-43（二） 输水隧洞出口闸闸门现状

4. 出口闸启闭设施

峰山口出口闸启闭和电气设施现状如图 2.2-44 所示。启闭房完好，无裂缝、漏水、漏雨现象；启闭机机箱、机座完好。启闭机运行顺畅，无卡阻、异响等不良现象。机箱手摇装置两端密封处渗油；现地电气控制设备完整、齐全，控制柜按钮操作方便。主控柜内底部线路敷设凌乱；无行程控制装置及荷载限制器；位移及高度计失效；启闭电源稳定，三相电流不平衡度、三相电压不平衡度均正常。

(a) 启闭机整体现状

(b) 左侧手摇装置渗油

(c) 右侧手摇装置渗油

(d) 现地控制柜缺乏必要标识

图 2.2-44（一） 峰山口出口闸启闭和电气设施现状

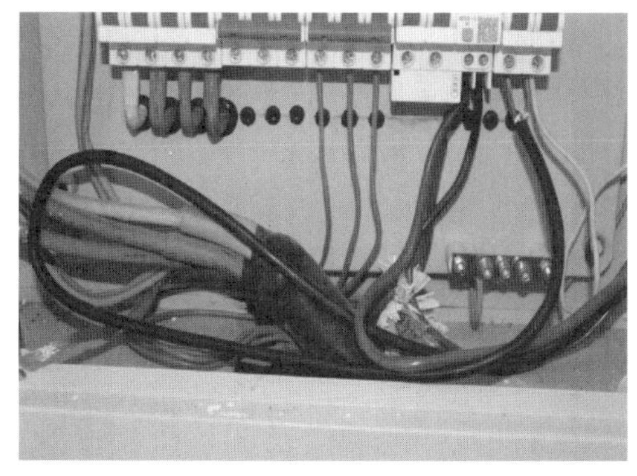

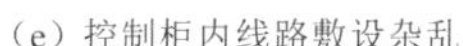
(e) 控制柜内线路敷设杂乱

(f) 启闭机高度计失灵

图 2.2-44（二） 峰山口出口闸启闭和电气设施现状

5. 下游段

输水隧洞出口闸下游段现状如图 2.2-45 所示。消力池左、右岸边墙完好，未发现裂缝、露筋、倾斜现象，伸缩缝无错位，止水完好；底板位于水面以下，不可见。

图 2.2-45 输水隧洞出口闸下游段现状

2.2.4.2 峰山口防洪闸和输水闸现场安全检查

峰山口输水闸和防洪闸联合布置，防洪闸布置在上游，输水闸布置在下游，现状如图 2.2-46 所示。主要功能为向京密引水渠下段输水和拦截库水位超过 63.00m 时的进水，反向输水时作为南水的入库通道。水闸包括上游连接段（长 126m）、闸室段（长 24m）、下游连接段（长 130m）。

(a) 峰山口防洪闸

(b) 峰山口输水闸

图 2.2-46 峰山口防洪闸和输水闸现状

输水闸为单孔，装有 1 扇弧形钢闸门，闸门尺寸 8.0m×8.5m（宽×高），闸底板高程 54.50m，闸门启闭设备为 2 台 250kN 固定卷扬式启闭机。由于输水闸在怀柔水库库水位超过 63.00m 高程后发生漫溢，因此在其上游增设防洪闸。防洪闸为双孔，孔口尺寸

3.4m×5.2m（宽×高），装有 2 扇潜孔式平板钢闸门，闸门尺寸 3.65m×5.30m（宽×高），闸底板高程 54.50m。闸门启闭设备为 2 台 400kN 固定卷扬式启闭机。

1. 进口段

峰山口水闸进口段现状如图 2.2-47 所示。进口段整体完好，现场检查时左、右岸边墙水面以上未发现裂缝、露筋、磨损、剥蚀、疏松、脱壳、倾斜等破损现象，伸缩缝无错位，止水完好；底板位于水面以下，不可见。

(a) 进口段位置

(b) 上游引渠

图 2.2-47 峰山口水闸进口段

2. 防洪闸闸室段

防洪闸闸室段左右岸边墙和中墩完好，结构完整，未发现裂缝、露筋、磨损、剥蚀、疏松、脱壳、倾斜等破损现象。

3. 防洪闸闸门

峰山口防洪闸闸门现状及主要缺陷如图 2.2-48 和图 2.2-49 所示。闸门门体完好，未发现变形和扭曲，支承及行走装置完整，吊耳无损伤和变形。闸门顶梁翼板、主梁翼板、主梁腹板、纵梁腹板存在局部腐蚀；左右两侧侧轮表面腐蚀，主轮缺少润滑保养；吊耳板与顶梁腹板连接处腐蚀；顶部、右侧、底部止水压板局部存在腐蚀；右侧闸门两侧止水橡胶磨损。

(a) 闸门整体状况

(b) 闸门顶梁翼板局部腐蚀

图 2.2-48（一） 峰山口防洪闸左侧闸门现状

（c）闸门侧轮表面腐蚀

（d）闸门主轮缺少润滑保养

（e）闸门底部止水压板局部腐蚀

（f）闸门轨道局部腐蚀

图 2.2-48（二） 峰山口防洪闸左侧闸门现状

（a）闸门整体状况

（b）闸门锁定梁腐蚀

（c）闸门顶梁翼板局部腐蚀

（d）闸门侧轮表面腐蚀

图 2.2-49（一） 峰山口防洪闸右侧闸门现状

(e) 闸门主轮缺少润滑保养

(f) 闸门吊耳板局部腐蚀

(g) 闸门底部止水压板局部腐蚀

(h) 闸门轨道局部腐蚀

图 2.2-49（二） 峰山口防洪闸右侧闸门现状

4. 防洪闸启闭设施

峰山口防洪闸启闭设施现状如图 2.2-50～图 2.2-52 所示。防洪闸无启闭机室，设有防护罩，但存在漏水、漏雨现象；启闭机性能完好，运行平稳；机架表面及其连接螺栓腐蚀；开式齿轮副、钢丝绳缺少润滑保养；减速器表面局部涂层脱落，有渗油现象；现地电气控制设备完整、齐全，控制柜按钮操作方便；启闭机无远程控制装置，控制柜内部线路敷设凌乱，电动机、制动轮推动器等部位接线不规范；启闭机电源稳定，三相电流不平衡度、三相电压不平衡度均正常。

(a) 机架局部腐蚀

(b) 减速器涂层脱落且渗油

图 2.2-50（一） 峰山口防洪闸左侧闸门启闭设施现状

（c）开式齿轮副缺少润滑保养

（d）防洪闸1号启闭机钢丝绳润滑保养不充分

图 2.2-50（二） 峰山口防洪闸左侧闸门启闭设施现状

（a）机架腐蚀情况

（b）减速器渗油情况

（c）开式齿轮副缺少润滑保养

（d）钢丝绳缺少润滑保养

图 2.2-51 峰山口防洪闸闸门电气设备现状

5. 输水闸闸门

峰山口输水闸闸门现状如图 2.2-53 所示。闸门门体完好，未发现变形和扭曲，支承

（a）启闭机现地控制柜

（b）现地控制柜线路敷设凌乱

（c）电动机接线不规范

图 2.2-52　峰山口防洪闸电气设备现状

及行走装置完整，吊耳无损伤和变形；闸门运行平稳。闸门下主梁翼板局部、支臂与支铰连接处、侧轮等构件局部存在轻微腐蚀；工作门槽完好，轨道及附近区域混凝土无空蚀、冲刷、淘空等现象，轨道局部存在轻微腐蚀。

（a）闸门整体状况

（b）主梁翼板局部锈斑

图 2.2-53（一）　峰山口输水闸闸门现状

(c) 支铰与支臂连接处存在轻微腐蚀

(d) 左侧轮局部腐蚀

(e) 轨道局部腐蚀

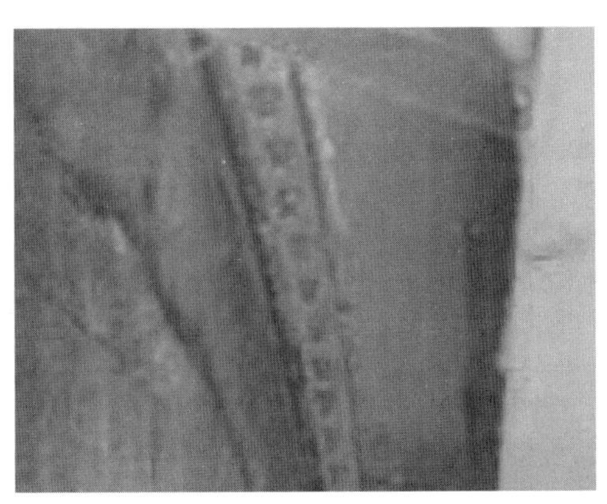
(f) 右侧止水压板现状

图 2.2-53 (二) 峰山口输水闸闸门现状

6. 输水闸启闭设备

峰山口输水闸启闭设施现状如图 2.2-54 所示。峰山口输水闸启闭机房完好，无裂缝、漏水、漏雨现象；启闭机总体性能完好，运行平稳。减速器表面局部涂层起皮，有渗油现象；开式齿轮副、钢丝绳缺少润滑保养；左联轴器表面涂层脱落；现地电气控制设备完整、齐全，控制柜按钮操作方便；启闭机无远程控制装置，控制柜内部线路敷设凌乱；三相电流不平衡度、三相电压不平衡度均正常。

7. 出口段及尾水设施

峰山口输水闸和防洪闸出口段现状如图 2.2-55 所示。水闸出口段左、右岸边墙完好，未发现裂缝、露筋、倾斜等现象，伸缩缝无错位，止水完好，下游边墙防碳化涂层大面积脱落，混凝土有一定的剥蚀，水位变动区域剥蚀严重；底板位于水面以下，不可见。

8. 邻近岸坡

峰山口输水闸和防洪闸上下游引渠岸坡现状如图 2.2-56 所示。水闸上、下游引渠护坡结构完整，坡顶植被茂盛，未发现潜在滑坡体，无岸坡稳定问题。

（a）输水闸启闭机整体现状

（b）减速器渗油情况

（c）传动轴左侧涂层脱落情况

（d）钢丝绳现状

（e）现地控制柜整体现状

（f）现地控制柜线路布置现状

图2.2-54　峰山口输水闸启闭设施现状

(a)

(b)

图 2.2-55　峰山口输水闸防洪闸出口段现状

(a) 上游引渠岸坡现状

(b) 下游引渠岸坡现状

图 2.2-56　峰山口输水闸和防洪闸上下游引渠岸坡现状

2.2.4.3　水库进水闸现场安全检查

怀柔水库进水闸位于怀柔区城北跃进桥西南 300m 处（桩号 25+235），主要功能为当水库水位达到 59.50m 时起节制作用，防止水库水向京密引水渠倒灌引发渠堤漫溢；当上游引水流量较小时提高水位，保证渠道分水闸分水水位，防止渠道水位骤降导致边坡失稳；当调蓄工程反向供水时关闭闸门抬高上游水位，保障 8 号泵站机组正常运行。

水库进水闸包括上游连接段（长 30m），涵洞段（长 24.95m），闸室段（长 7.2m），下游连接段（长 41.5m，其中 21.50m 为 4 孔 2.3m×3.0m 的方涵）。水闸为涵洞式节制闸，进口分 2 孔，设 2 扇平板钢闸门，孔口尺寸 5m×3m（宽×高），闸底板高程 56.50m。闸门启闭设备为 2×100kN 固定卷扬式启闭机。

水库进水闸现状如图 2.2-57 所示。

1. 进口段

水库进水闸上游进口段现状如图 2.2-58 所示。进水闸上游为京密引水渠，左、右岸边墙总体完好，部分区域涂层脱落，未发现裂缝、露筋、磨损、剥蚀、疏松、脱壳、倾斜等破损现象，伸缩缝无错位；底板位于水下，不可见。

(a) 进水闸闸室段

(b) 进水闸上游京密引水渠

图 2.2-57 水库进水闸现状

(a) 上游翼墙涂层脱落

(b) 涵洞上部护坡结构完整

图 2.2-58 水库进水闸上游进口段现状

2. 闸门

水库进水闸闸门现状如图 2.2-59 和图 2.2-60 所示。进水闸无拦污栅、防冰装置和检修闸门，管理人员介绍，冬季在涵洞口易堆积大量冰块，且涵洞及上下游容易形成冰凌堵塞，致使闸门、启闭机无法正常运行。

节制闸闸门门体完好，未发现变形和扭曲，支承及行走装置完整，吊耳无损伤和变形，轨道无脱落和错位。闸门启闭阻力较大，受上下游水位差影响显著。侧滑块局部、两侧及底部止水压板局部存在轻微腐蚀。

闸门门槽完好，门槽及附近区域混凝土无空蚀、冲刷、淘空等现象，轨道局部存在轻微腐蚀。

3. 启闭设施

进水闸启闭设施现状如图 2.2-61 和图 2.2-62 所示。启闭房完好，无裂缝、漏水、漏雨现象；启闭机机架、卷筒等部件完好，但启闭机阻力较大，受上下游水位差影响显著；钢丝绳局部缺乏润滑保养，无远程控制装置；现地电气控制设备完整、齐全，控制柜按钮操作方便，但荷载限制器显示存在偏差；启闭电源稳定，三相电流不平衡度、三相电压不平衡度均正常。

（a）闸门顶部整体状况

（b）顶部止水橡胶现状

（c）右侧轨道局部腐蚀现状

（d）左侧轨道局部腐蚀现状

图 2.2-59　水库进水闸左侧闸门现状

（a）闸门背水侧整体状况

（b）吊耳板现状

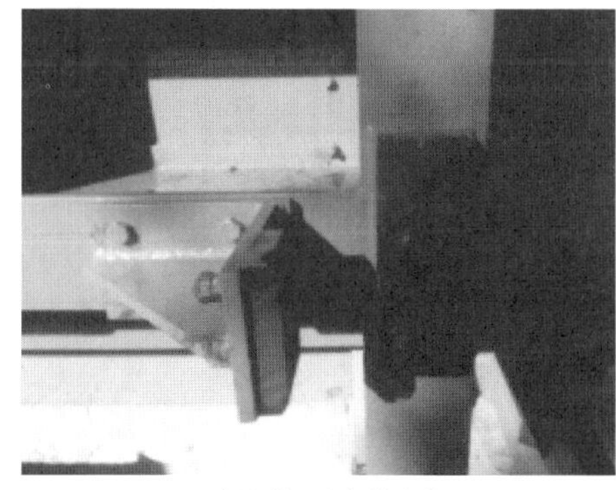
（c）侧滑块局部轻微腐蚀

（d）两侧轨道局部存在腐蚀

图 2.2-60　水库进水闸右侧闸门现状

(a) 左侧启闭机整体现状

(b) 左侧启闭机制动轮现状

(c) 左侧启闭机传动轴现状

(d) 左侧启闭机钢丝绳

(e) 左侧启闭机制动轮现状

(f) 左侧启闭机钢丝绳现状

图 2.2-61 水库进水闸启闭设施现状

4. 出口段(水库侧)

水库进水闸出口段现状如图 2.2-63 所示。出口段整体完好，存在护岸混凝土局部剥蚀、边墙裂缝、方涵中墩混凝土剥蚀等缺陷。

(a) 左侧启闭机电源柜整体现状

(b) 左侧启闭机电源柜线路布置现状

(c) 右侧启闭机电源柜整体现状

(d) 右侧启闭机电源柜线路布置现状

图 2.2-62 水库进水闸电气设施现状

2.2.5 管理设施现场检查

怀柔水库由北京市京密引水管理处负责运行管理。管理处是北京市水利工程管理中心的分支机构。管理处的管理制度齐全，执行良好，办公用房和办公设备能够满足运行管理需要。

1. 管理制度

北京市京密引水管理处已按照相关法规与规范制定了怀柔水库调度运用、安全监

（a）左岸护坡混凝土剥蚀

（b）左边墙存在竖向裂缝

（c）方涵中墩下游混凝土剥蚀

（d）拦污栅顶部混凝土裂缝

图 2.2-63　水库进水闸出口段现状

测、维修养护、防汛抢险、闸门操作以及行政管理、水政监察、技术档案等管理制度（图 2.2-64）。

2. 安全监测设施

已设置满足水库运行管理需要并能反映工程安全性状的大坝安全监测设施。怀柔水库建设期间主坝设置沉降点 24 个、水平位移观测点 11 个、坝体和坝基渗流压力测点 15 个、绕坝渗流测点 3 个；三副坝布置 3 个渗流观测点，西溢洪道布置 6 个渗流观测点，东溢洪道布置 1 个渗流观测点。2020 年，水库管理单位对大坝及溢洪道上 25 个渗压测点进行自动化升级改造，在一、二、三副坝和长副坝分别增设 2 个、4 个、3 个和 6 个渗流观测点，实现渗压自动监测；2021 年，在主坝靠近原人工变形监测点的位置增设 GNSS 表面变形监测点 4 个，实现大坝表面变形自动监测，并在 2022 年又增设 7 个 GNSS 表面变形监测点。

怀柔水库共设有温泉站、埝头站、跃进桥站以及团城湖取水口站等 4 处水质监测站点，监测内容包括常规五项（pH、水温、溶解氧、浊度、电导率），氨氮，石油类，有机物，蓝绿藻，叶绿素等，数据通过 GPRS 自动传输至北京市水文总站，再通过网络转至京密引水管理处。

管理单位建设了怀柔水库大坝安全监测分析平台，监测设施能够得到有效维护，分析平台运行良好。

北京市京密引水管理处

京引水管〔2022〕199 号

北京市京密引水管理处
关于印发《北京市京密引水管理处水利工程维修维护项目管理实施细则》的通知

处属各科室、各单位：

为进一步加强我处水利工程日常维修养护费工程维护项目管理工作，提高规范化、精细化管理水平，结合工程管理实际，修订了《北京市京密引水管理处水利工程维修维护项目管理实施细则》，经 2022 年 7 月 18 日第 22 次管理处领导班子会审议通过，现印发给你们，请遵照执行。

特此通知。

附件：1. 北京市京密引水管理处工程实施方案
2. 水利工程日常维修养护费水工建筑物维修养护工程任务书

－1－

北京市京密引水管理处

京引水管〔2022〕178 号

北京市京密引水管理处
关于印发《北京市京密引水管理处工程运行管理制度》的通知

处属各科室、各单位：

为加强工程管理，确保工程安全和运行安全，充分发挥工程效益，结合实际管理情况，我处修订了《北京市京密引水管理处工程运行管理制度》，经 2022 年 7 月 18 日第 22 次管理处领导班子会审议通过，现印发给你们，请遵照执行。

特此通知。

北京市京密引水管理处
2022 年 8 月 1 日

－1－

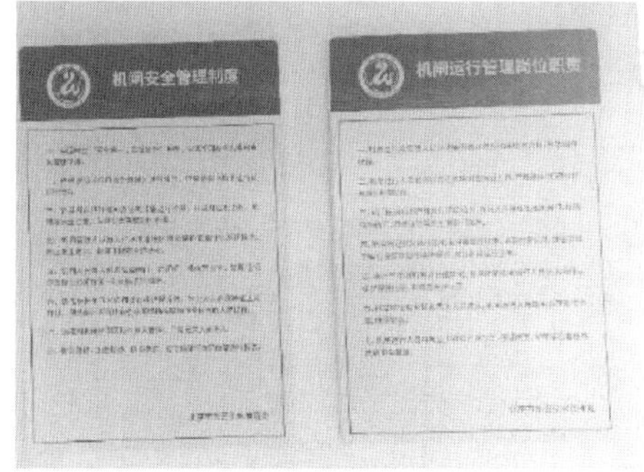

图 2.2－64　水库管理制度及落实情况（部分）

3. 防汛抢险

北京市京密引水管理处已配备包括备用电源、照明设备、工程维修养护和防汛抢险物资与设备、应急救援设备等工程维修和防汛设施，有用于储备物资和设备的仓库。防洪抢险物资由京密引水管理处和北京京水建设集团有限公司（应急抢险队）储备，京密引水管理处防御工作领导小组统一调拨。北京市京密引水管理处编制了《北京市怀柔水库防洪抢险预案》，水库大坝安全管理应急预案和防震减灾应急预案有待完善。

怀柔水库已建有对外以及水库工程管理范围内各建筑物之间的交通道路，对外道路与市政道路连接，设有回车区、停车场、路面标识，现状路面整体完好，交通通畅；已配备的交通工具能够满足水库日常运行管理和防汛抢险需要。

4. 通信设施

北京市京密引水管理处已配备能够满足水库日常管理信息传递、汛期报讯及紧急情况下报警要求的对内、对外通信设施和设备，建立了与主管部门和上级防汛指挥部门及水库上、下游主要水位站的有线及无线通信网络。

北京市京密引水管理处现有通信设施有电话、网络、电台（400M、800M）和卫星电话等，形成多种通信方式互为补充的通信体系。日常采用网络、固话（或手机）两种方式报汛；当以上两种方式出现中断时，启用电台通信；此外，还可采用卫星电话进行应急通信。汛期各级防洪工作人员保持手机处于 24 小时开机状态，确保通信畅通。

5. 防洪管理

北京市京密引水管理处已建立《怀柔水库洪水调度方案》《怀柔水库防洪抢险预案》《怀柔水库超标准洪水防御预案》等防洪管理制度，明确了管理机构与职责、应急响应及报送机制、保障措施、值班制度、转移避险方案等。

由于历史遗留问题，库区淹没范围内涉及村庄和人口较多，在正常蓄水位（62.00m）、设计洪水位（64.16m）、校核洪水位（67.73m）时淹没区的人口分别为 99 人、495 人和 681 人，防洪管理和避险转移压力较大。

2.2.6 档案资料检查

怀柔水库管理单位已建立档案管理制度，设有专门的档案室，专人负责档案管理。本次安全评价收集了与水库大坝及输、泄水建筑物相关的档案资料，如图 2.2-65 所示。档案资料基本齐全，由于建设年代久远，存在部分图纸缺失。

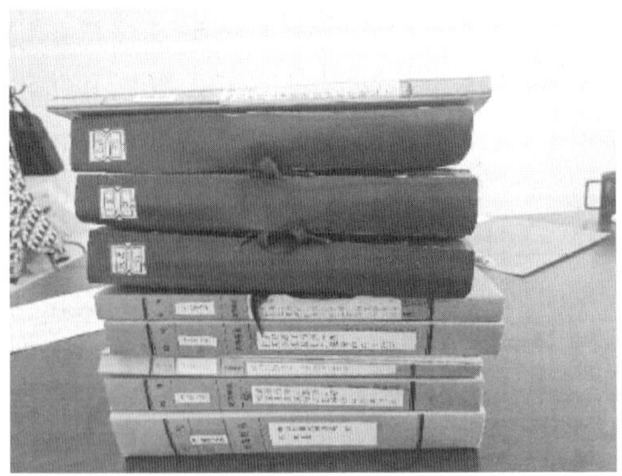

图 2.2-65 怀柔水库大坝相关档案资料

2.2.7 检查中的主要问题及安全评价工作建议

2.2.7.1 检查中的主要问题

怀柔水库现场安全检查结果表明，总体上：

(1) 怀柔水库修建于20世纪50年代末，至今已运行近70年。2014年管理单位开展了怀柔水库首次安全评价，并对评价发现的主要问题进行了处理，确保了水库大坝的安全运行。本次安全评价现场检查结果反映出，主副坝及各泄、输水建筑物的工程质量尚好，没有发现较大的质量缺陷及明显的安全隐患，运行状况良好。

检查发现的主要问题包括：大坝护坡及防浪墙结构局部破损、局部防浪墙高度不够、坡面有植物生长，泄、输水建筑物混凝土结构破损、闸门腐蚀、启闭设备运行不畅以及线路敷设凌乱等现象。

(2) 怀柔水库的管理体制机制健全，管理制度落实情况良好；已有的监测设施能够得到有效的维护，且已建立了安全监测分析平台；防汛抢险物资较为齐全，对内对外交通通畅，通信设施完备；档案资料较为齐全，已编制了《北京市怀柔水库防洪抢险预案》。

检查发现的主要问题包括：水库大坝安全管理应急预案和水库大坝防震减灾应急预案有待完善，主要交通道路上未设置里程标，部分建筑物的设计、施工等技术档案缺失。

(3) 水库管理范围边界明确，但仍存在历史遗留问题，水库淹没区涉及的人口较多，影响水库的正常运行，同时加大了管理难度。

(4) 怀柔水库长副坝上设有非常溢洪道，宣泄2000年一遇及以上洪水。由于长期未启用，目前非常溢洪道下游行洪通道已被侵占，宣泄超标准洪水将直接冲入怀柔城区、按原设计爆破非常溢洪道可能影响南水北调工程安全，因此启用非常溢洪道对社会、经济、环境的影响重大，且涉及地方政府、军队、水利系统等多个部门的协调，导致其难以按原设计条件正常启用。

2.2.7.2 安全评价工作重点

针对怀柔水库多年运行情况和现场检查结果分析，根据相关规范，确定本次大坝安全评价工作重点为：

(1) 对水库大坝及各泄、输水建筑物的工程质量进行全面检查，包括主坝下游排水管和输水隧洞，排查可能存在的安全隐患，评价工程质量。

(2) 怀柔水库自2020年起分阶段逐步建设完成自动监测系统。分析安全监测资料时，对比人工和自动监测数据，复核数据的可靠性，评估大坝安全性态，并探讨采用自动监测替代人工监测的可能性。

(3) 2014年怀柔水库首次安全评价至今，水文资料已积累十年，期间还经历了"23·7"流域性特大洪水，应根据最新水文资料延长水文序列，复核设计洪水；2024年，怀柔水库进行了淤积调查，对库容进行了复核，应结合最新的库容复核结果，开展调洪复核计算；同时需要根据设计洪水和调洪复核计算成果评价大坝的抗洪能力。

(4) 根据SL 106—2017《水库工程管理设计规范》，结合怀柔水库大坝的运行管理现状，开展运行管理评价，并提出运行管理指导意见。

(5) 基于工程地质勘察和安全检测成果，复核并评价水库大坝的渗流安全性、结构安全性、抗震安全性和金属结构安全性。

（6）对怀柔水库大坝进行综合安全评价，确定大坝类别，针对所存在的问题提出具体整改建议。

2.3 工程地质勘察

2.3.1 工作目的、内容和工作量

2.3.1.1 工作目的和内容

怀柔水库大坝工程地质勘察的目的是收集、分析已有的地质资料；对工程区的水文地质条件和工程地质条件进行全面复查，重点检查水库运行以来地质条件的变化；通过钻探和室内试验，复核坝址区的工程地质条件，获得大坝填筑料和坝基地层的物理力学参数，为安全评价复核计算提供基础；复核工程区场址的地震动参数，评价坝基土的地震液化性。

根据工程实际情况，确定本次工程地质勘察的主要内容为：

（1）对于坝体，了解坝体现状，包括坝身结构、坝体填土组成及填筑质量，复核填筑土的物理力学参数；检查大坝防渗体的质量，了解填料级配、密实度、渗透系数等。

（2）对于坝基，了解坝基的地层结构，岩土体层次特性及主要物理力学性质，了解岩土体的透水性，相对隔水层的埋藏深度、厚度和连续性。

（3）复核工程区场址的地震动参数，评价坝基土的地震液化性。

2.3.1.2 勘察工作量

勘察共完成断面测量14个，钻孔22个（孔深10～35m），探坑6个（深度2.1～2.4m）；取原状样131件，扰动土样3件；开展标准贯入试验122次，重力触探试验11.49m及14个钻孔的注水试验；通过室内试验（密度、颗分、含水量、直剪、三轴）获得土的基本物理力学参数和邓肯－张模型参数；钻探及原位试验和室内试验工作量统计见表2.3－1和表2.3－2，钻孔和探坑位置及孔深统计见表2.3－3。钻孔、坑探、原位试验布置和现场工作照片如图2.3－1所示。

表2.3－1　钻探及原位试验工作量统计表

<table>
<tr><th colspan="2">工作项目</th><th colspan="2">数　量</th><th colspan="2">工作项目</th><th>工作量</th><th>工作目的</th></tr>
<tr><td rowspan="7">钻探/坑探</td><td>钻孔性质</td><td>孔深/m</td><td>孔数</td><td rowspan="2">取样</td><td>原状土样</td><td>131件</td><td>土的物理力学试验</td></tr>
<tr><td rowspan="2">控制性勘探孔</td><td rowspan="2">16.00～35.00</td><td rowspan="2">14</td><td>扰动土样</td><td>3件</td><td>砂类土、碎石类土物理性质试验</td></tr>
<tr><td rowspan="4">原位测试</td><td>标准贯入试验</td><td>122次</td><td>确定砂层密实度、承载力与变形参数，粉土、砂土液化判别</td></tr>
<tr><td>一般性勘探孔</td><td>10.00～15.00</td><td>8</td><td>重型动力触探试验 $N_{63.5}$</td><td>11.49m</td><td>确定碎石土的密实度和均匀性</td></tr>
<tr><td>探坑</td><td>2.10～2.40</td><td>6</td><td>注水试验</td><td>14孔</td><td rowspan="2">确定场地土的渗透系数</td></tr>
<tr><td rowspan="2">总进尺</td><td rowspan="2" colspan="2">521.80m</td><td>渗水试验</td><td>6点</td></tr>
<tr><td></td><td>剪切波速测试孔</td><td>2孔</td><td>进行场地土及场地评价，确定卵石、圆砾层、砂层密实度</td></tr>
</table>

表 2.3-2　　室内试验工作量统计表

<table>
<tr><th colspan="2">试验项目</th><th>完成数量</th><th>主要设备仪器</th><th>提供的指标</th><th colspan="2">试验项目</th><th>完成数量</th><th>主要设备仪器</th><th>提供的指标</th></tr>
<tr><td rowspan="8">岩/土/水的物理性质试验</td><td>天然含水量</td><td>57</td><td rowspan="2">天平、干燥箱</td><td rowspan="8">土的天然含水量、天然密度、干密度、饱和度、孔隙比、液限、塑限、液性指数、塑性指数、颗粒级配</td><td rowspan="2">土的固结-压缩试验</td><td rowspan="2">固结试验</td><td rowspan="2">20</td><td rowspan="2">三联固结仪</td><td rowspan="2">压缩模量</td></tr>
<tr><td>天然密度</td><td>55</td></tr>
<tr><td>相对密度</td><td>3</td><td>相对密度仪</td><td rowspan="6">土的抗剪强度试验</td><td rowspan="3">天然快剪</td><td rowspan="3">21</td><td rowspan="3">四联直剪仪</td><td rowspan="3">黏聚力、内摩擦角</td></tr>
<tr><td>液限</td><td>60</td><td rowspan="2">液塑限联合测定仪</td></tr>
<tr><td>塑限</td><td>60</td></tr>
<tr><td>颗粒级配</td><td>3</td><td rowspan="2">颗粒分析自控吸液仪</td><td rowspan="2">三轴剪切-细粒料</td><td rowspan="2">18</td><td rowspan="2">小三轴仪</td><td rowspan="2">邓肯-张模型参数</td></tr>
<tr><td>黏粒分析</td><td>3</td></tr>
<tr><td>渗透系数</td><td>22</td><td>渗透仪</td><td>三轴剪切-粗粒料</td><td>9</td><td>大型三轴剪切仪</td><td>邓肯-张模型参数</td></tr>
</table>

表 2.3-3　　钻孔和探坑位置及孔深统计表

评价部位	断面编号	钻孔/探坑编号	坐标/m		高程/m	孔深/坑深/m
			Y	X		
主坝	1	ZB6-1	522136.839	348853.981	67.99	35
		TK6	522154.797	348843.426	58.95	2.2
		ZB6-2	522171.189	348834.374	51.09	15
	2	ZB1-1	522253.912	348921.337	68.03	35
		TK1	522239.626	348937.659	59.31	2.1
		ZB1-2	522221.857	348953.813	50.43	15
	3	ZB2-1	522316.621	349046.546	67.96	35
		TK2	522335.867	349027.146	56.64	2.4
		ZB2-2	522347.259	349016.198	50.43	15
	4	ZB3-1	522507.023	349180.389	67.96	35
		TK3	522497.955	349189.765	55.71	2.1
		ZB3-2	522474.349	349212.113	50.40	15
	5	ZB4-1	522642.909	349380.388	67.97	35
		TK4	522660.576	349360.294	56.93	2.2
		ZB4-2	522671.604	349347.848	50.31	15
	6	ZB5-1	522730.871	349398.185	67.97	35
		TK5	522720.952	349418.000	55.64	2.3
		ZB5-2	522701.548	349444.202	50.72	15
三副坝	7	3F1-2	522668.924	349882.678	63.33	10
		3F1-1	522653.008	349868.530	67.92	32

续表

评价部位	断面编号	钻孔/探坑编号	坐标/m		高程/m	孔深/坑深/m
			Y	X		
三副坝	8	3F2-2	522632.417	349893.493	63.17	10
		3F2-1	522649.028	349906.629	67.88	32
二副坝	9	2F1-1	522969.873	351301.773	67.93	16
一副坝	10	1F1-1	522979.011	351213.017	68.29	23
	11	1F2-1	522962.408	351101.304	68.30	22
长副坝	12	CF1-1	522824.908	350590.709	67.98	21
	13	CF2-1	522803.174	350557.415	67.90	21
	14	CF3-1	522575.214	350012.438	67.97	21.5

2.3.2 坝体填筑材料和坝基地层分布

2.3.2.1 主坝

主坝为黏土斜墙砂砾石坝，本次安全评价共布置了 6 个断面，12 个钻孔，6 个探坑。钻孔布置、实测坝体轮廓线与设计断面线对比、典型钻孔芯样、典型断面地层分布和沿坝轴线的地质剖面等如图 2.3-2 所示。断面测量、钻孔揭露和室内试验结果表明：

(a) 点位勘探(1)

(b) 点位勘探(2)

(c) 钻探(1)

(d) 钻探(2)

图 2.3-1 (一) 钻孔、坑探、原位试验布置和现场工作照片

(e) 坑探　(f) 渗水试验

(g) 钻孔剪切波速试验　(h) 钻孔注水试验

(i) 基准点复核　(j) 断面测量

图 2.3-1（二）　钻孔、坑探、原位试验布置和现场工作照片

(1) 实测坝体轮廓线与设计图基本一致。

(2) 坝壳料以卵石、碎石为主，局部夹有黏土、粗砂和块石，厚度 1～2m。坝壳料平均干密度为 2.16g/cm^3，坝壳料颗粒级配上包线、下包线和平均线最大干密度为 2.228g/cm^3、2.231g/cm^3 和 2.264g/cm^3，最小干密度为 1.959g/cm^3，2.033g/cm^3 和 2.049g/cm^3，坝壳料相对密度为 0.70～0.77；渗透系数 10^{-2}cm/s 量级。

(3) 防渗料为粉质黏土一黏质粉土，天然密度 2.02～2.09g/cm^3、饱和度 90%～99%、孔隙比 0.56～0.63、塑限 15.2%～17.6%，渗透系数 10^{-6}cm/s 量级。

(4) 坝基上部为卵石-碎石填土，有中粗砂和黏性土填充，土层分布不均，厚度 1～6m，渗透性较好；其下为粉质黏土-黏质粉土层及重粉质黏土-粉质黏土层，该层在坝基

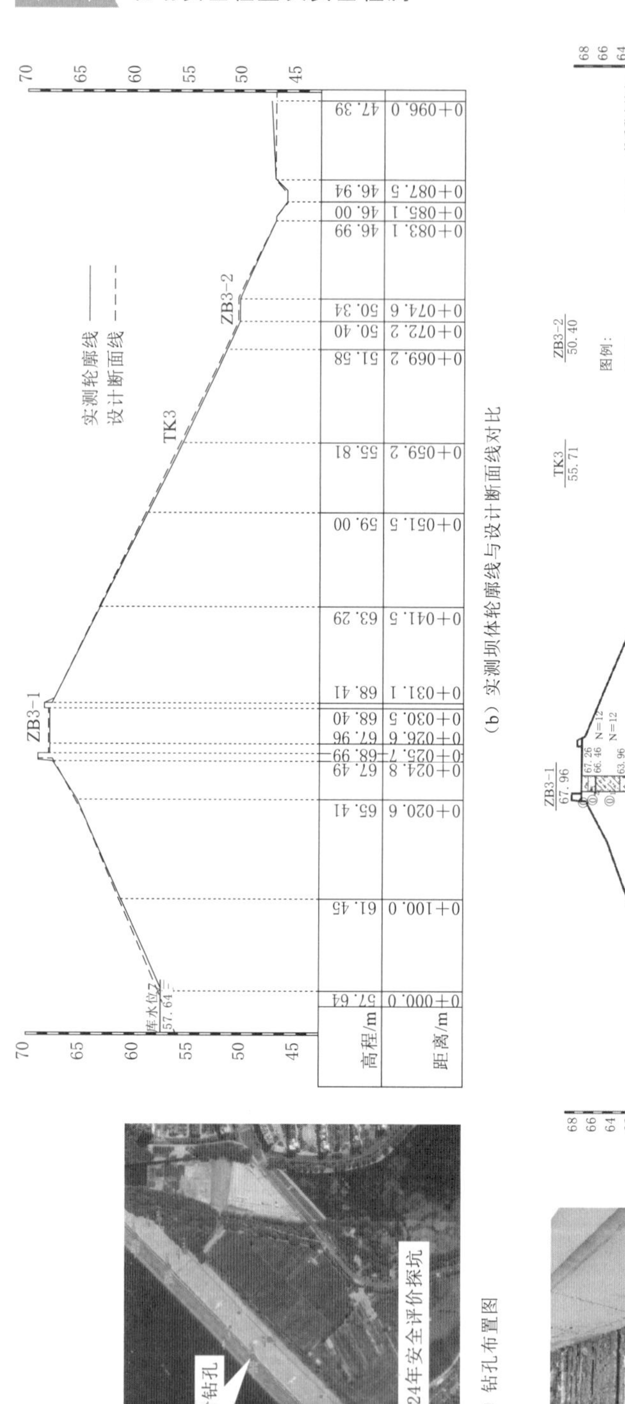

（a）钻孔布置图

（b）实测坝体轮廓线与设计断面线对比

（c）典型钻孔芯样(孔号ZB3-1)

（d）典型断面地层分布图

图 2.3-2(一)　主坝测量、勘探和试验成果/m

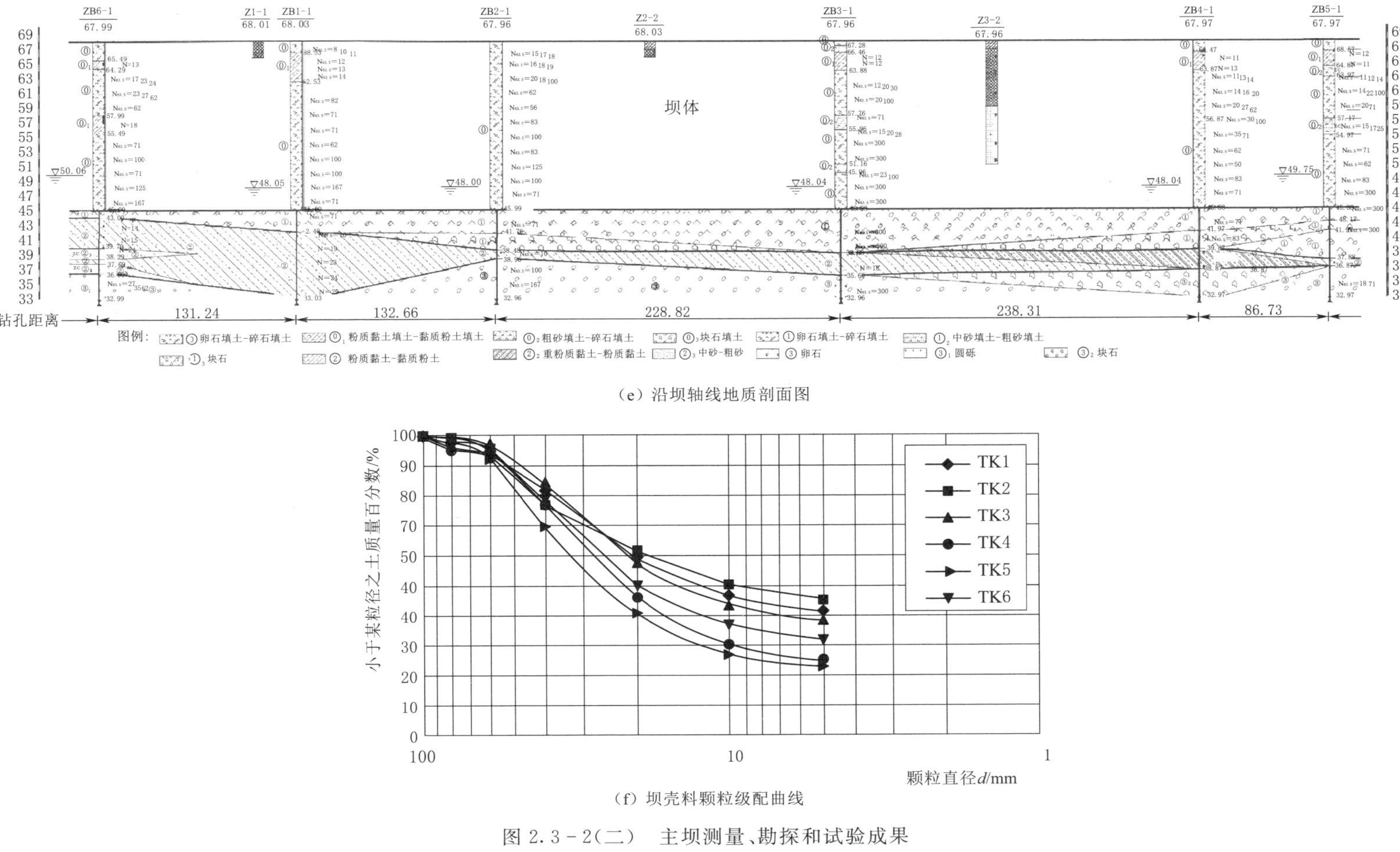

（e）沿坝轴线地质剖面图

（f）坝壳料颗粒级配曲线

图 2.3-2（二） 主坝测量、勘探和试验成果

段连续分布，渗透系数为 10^{-5}cm/s 量级，可作为相对隔水层；相对隔水层以下为卵石、砾石、块石层，该层厚度较大，本次钻孔未揭穿。

（5）勘探期间，钻孔内的水位较低，均在坝体以下。

2.3.2.2 一副坝

一副坝为均质土坝，本次安全评价布置了 2 个钻孔。钻孔布置、实测坝体轮廓线与设计断面线对比、典型钻孔芯样、典型断面地层分布和沿坝轴线的地质剖面等如图 2.3-3 所示。断面测量、钻孔揭露和室内试验结果表明：

（a）钻孔布置图

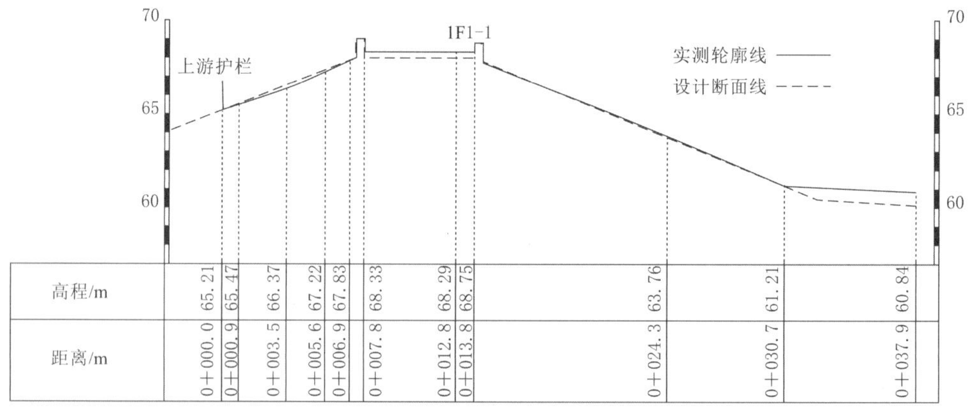

高程/m	65.21	65.47	66.37	67.22	67.83	68.33	68.29	68.75	63.76	61.21	60.84
距离/m	0+000.0	0+000.9	0+003.5	0+005.6	0+006.9	0+007.8	0+012.8	0+013.8	0+024.3	0+030.7	0+037.9

（b）实测坝体轮廓线与设计断面线对比

（c）钻孔芯样（孔号1F2-1）

图 2.3-3（一） 一副坝测量、勘探和试验成果

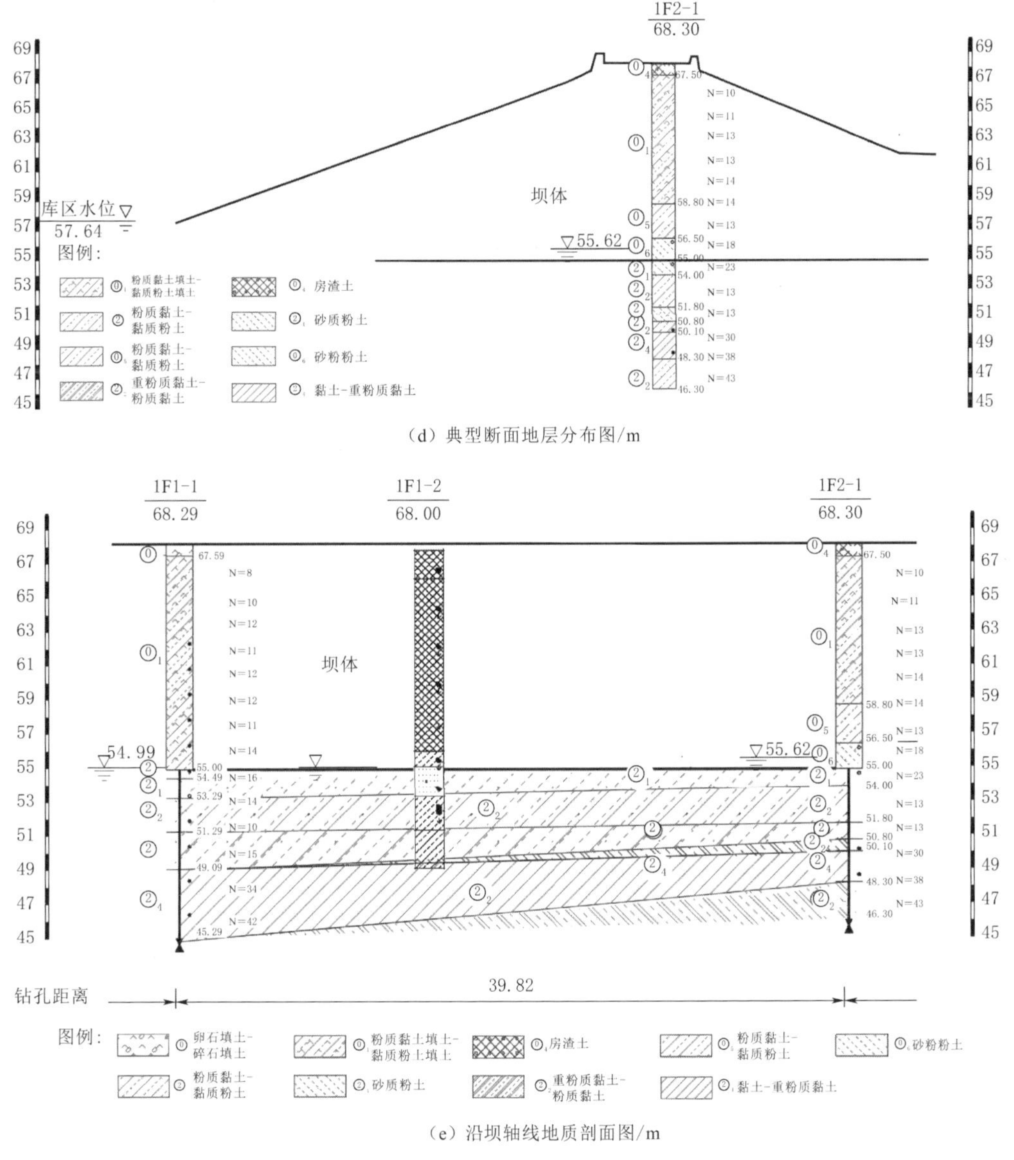

(d) 典型断面地层分布图/m

(e) 沿坝轴线地质剖面图/m

图 2.3-3（二） 一副坝测量、勘探和试验成果

(1) 实测坝体轮廓线与设计图基本一致。

(2) 坝体填筑料成分和分布不均，以粉质黏土-黏质粉土为主，局部夹有房渣土、砂质粉土，但厚度不大且分布不均，2 个钻孔中，钻孔 1F1-1 未发现该夹层。主要筑坝材料的天然密度 1.92～2.08g/cm^3、饱和度 85%～99%、孔隙比 0.54～0.74、塑限 16.7%～20.0%，渗透系数 10^{-5}cm/s 量级。

(3) 坝基以下 10m 范围内自上而下分布有黏质粉土-粉质黏土、砂质粉土、粉质黏土和黏土层，钻孔未揭穿黏土层。坝基以下各土层的渗透系数为 10^{-4}～10^{-5}cm/s 量级。

(4) 勘探期间，库水位约为 57.64m，钻孔内的水位为 55.00m 左右。

2.3.2.3 二副坝

二副坝为均质土坝，本次安全评价布置了1个钻孔。钻孔布置、实测坝体轮廓线与设计断面线对比、典型钻孔芯样和典型断面地层分布等如图2.3-4所示。断面测量、钻孔揭露和室内试验结果表明：

（a）钻孔布置图

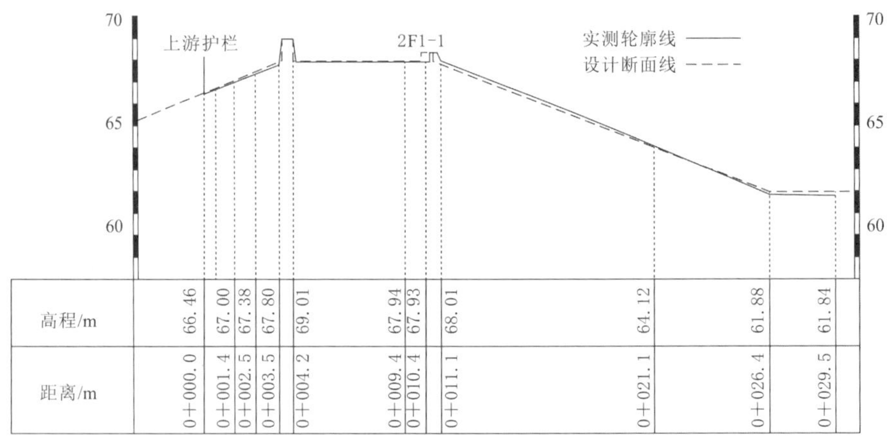

（b）实测坝体轮廓线与设计断面线对比

（c）钻孔芯样(孔号2F1-1)

图2.3-4（一） 二副坝测量、勘探和试验成果

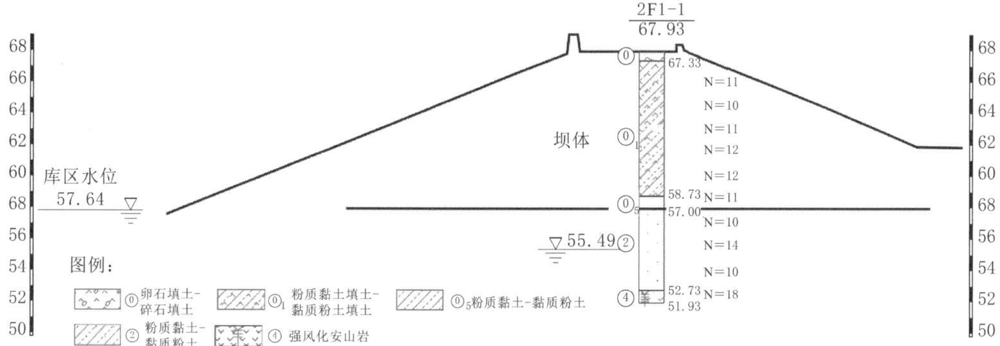

（d）典型断面地层分布图/m

图 2.3-4（二） 二副坝测量、勘探和试验成果

（1）实测坝体轮廓线与设计图基本一致。

（2）坝体填筑料以粉质黏土-黏质粉土为主。主要筑坝材料的天然密度 1.94～2.05g/cm^3、饱和度 87%～98%、孔隙比 0.58～0.72、塑限 15.7%～18.9%，渗透系数为 10^{-5}cm/s 量级。

（3）坝基以下 5m 范围内，上部为粉质黏土-黏质粉土，层厚约 4.3m，以下为全风化安山岩，本次钻孔未揭穿。坝基以下各土层的渗透系数较小，为 10^{-5}cm/s 量级。

（4）勘探期间，库水位约为 57.64m，钻孔内的水位为 55.50m 左右。

2.3.2.4 三副坝

三副坝为均质土坝，本次安全评价布置了 4 个钻孔。钻孔布置、实测坝体轮廓线与设计断面线对比、典型钻孔芯样和典型断面地层分布等如图 2.3-5 所示。断面测量、钻孔揭露和室内试验结果表明：

（a）钻孔布置图

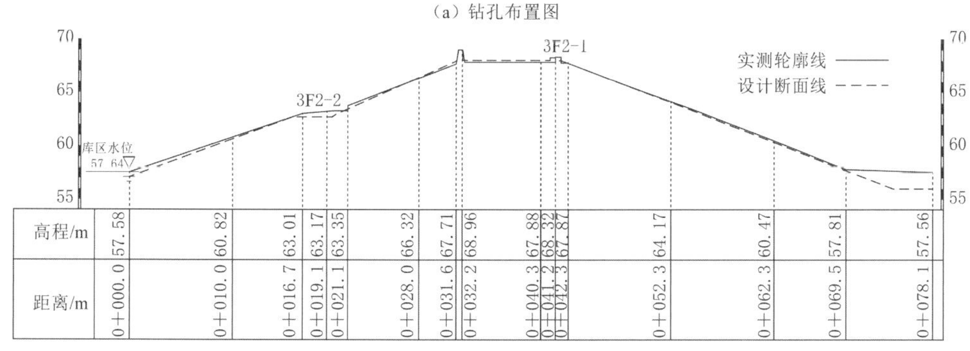

（b）实测坝体轮廓线与设计断面线对比

图 2.3-5（一） 三副坝测量、勘探和试验成果

(c) 钻孔芯样(孔号3F1-1)

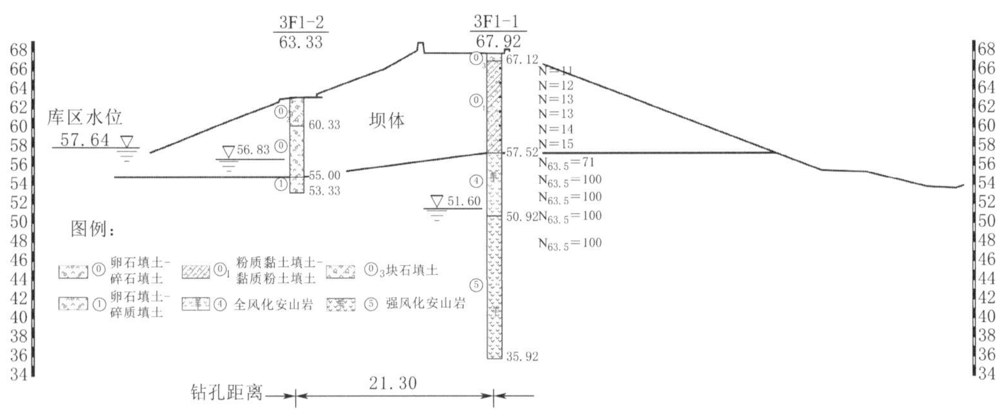

(d) 典型断面地层分布图/m

图 2.3-5(二) 三副坝测量、勘探和试验成果

(1) 实测坝体轮廓线与设计图基本一致。

(2) 坝体填筑料以粉质黏土-黏质粉土为主，上游坝坡有卵石-碎石土回填。主要筑坝材料的天然密度 1.92～2.07g/cm^3、饱和度 92%～96%、孔隙比 0.65～0.77、塑限 15.6%～17.8%，渗透系数为 10^{-6}cm/s 量级。

(3) 坝基以下为全风化安山岩和强风化安山岩，本次钻孔未揭穿安山岩层。

(4) 勘探期间，库水位约为 57.64m，钻孔内的水位为 51.60m 左右。

2.3.2.5 长副坝

长副坝为均质土坝，本次安全评价布置了 3 个钻孔。钻孔布置、实测坝体轮廓线与设计断面线对比、典型钻孔芯样、典型断面地层分布和沿坝轴线的地质剖面等如图 2.3-6 所示。断面测量、钻孔揭露和室内试验结果表明：

(1) 实测坝体轮廓线与设计图基本一致。

(a) 钻孔布置图

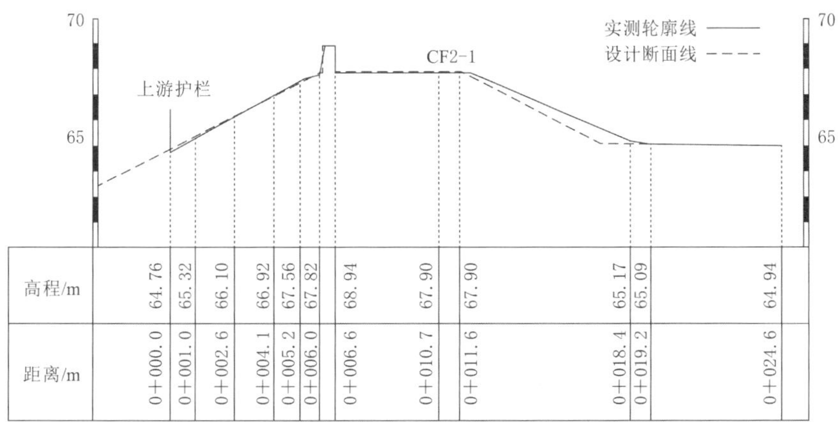

(b) 实测坝体轮廓线与设计断面线对比

(c) 钻孔芯样(孔号CF3-1)

图 2.3-6 (一) 长副坝测量、勘探和试验成果

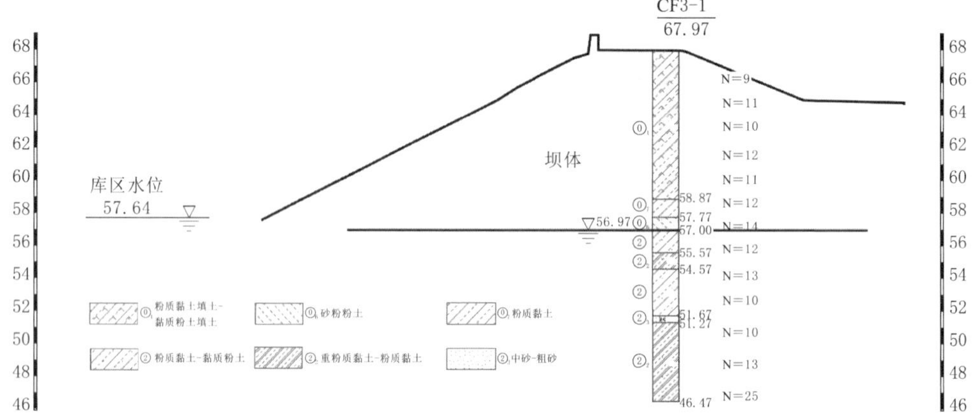

（d）典型断面地层分布图（断面3）/m

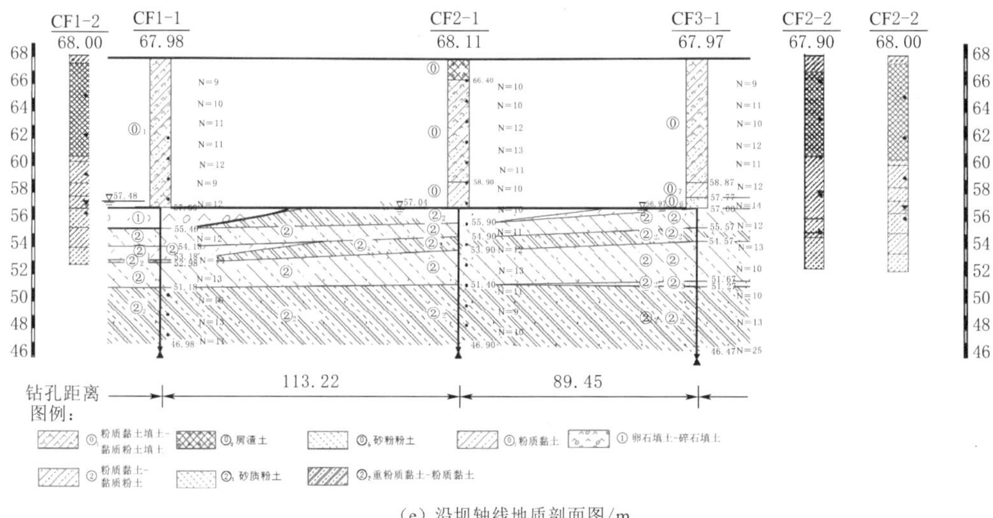

（e）沿坝轴线地质剖面图/m

图 2.3-6（二） 长副坝测量、勘探和试验成果

（2）坝体填筑料材料较为复杂，以粉质黏土-黏质粉土为主，底部夹有房渣土、砂质粉土、粉质黏土等，且分布不均，部分钻孔未揭露。主要筑坝材料的天然密度 2.00～2.07g/cm^3、饱和度 89%～99%、孔隙比 0.57～0.64、塑限 15.1%～18.8%，渗透系数为 10^{-5}cm/s 量级。

（3）坝基以下 8m 范围内分布有粉质黏土-黏质粉土、砂质粉土、中粗砂和重粉质黏土-粉质黏土等，各层厚度均不大。本次钻孔未揭穿重粉质黏土-粉质黏土层。

（4）勘探期间，库水位约为 57.64m，钻孔内的水位为 57.00m 左右。

2.3.3 坝基土地震液化判别

根据 GB 18306—2015《中国地震动参数区划图》，怀柔水库工程区地震动峰值加速度为 0.2g，相对应的基本烈度为 8 度。根据钻孔勘察、原位测试和室内试验成果，按照 GB 50487—2008《水利水电工程地质勘察规范》（2022 年版）判别，勘探深度范围内，主坝和各副坝的坝基土标贯击数均高于临界值，土层判别为不液化。坝基土地震液化判别见表 2.3-4。

表 2.3-4　　坝基土地震液化判别

位置	孔号	标贯点 ds/m	层号	土类	标贯击数平均值 $N_{63.5}$	临界值 N_{cr}	黏粒含量/%	液化判定
主坝	ZB1-1	30.45	②	粉质黏土-黏质粉土	19.5	18.14	23.9	不液化
	ZB2-1	28.95	②	粉质黏土-黏质粉土	18	—	31.2	不液化
	ZB3-1	30.54	②	粉质黏土-黏质粉土	18	—	28.8	不液化
	ZB4-1	30.13	$②_2$	重粉质黏土-粉质黏土	21	16.82	21.0	不液化
	ZB5-1	30.53	②	粉质黏土-黏质粉土	22	—	35.4	不液化
	ZB6-1	30.45	②	粉质黏土-黏质粉土	14.5	—	31.2	不液化
一副坝	1F1-1	6.30～12.30	$①_2$	粉质黏土-黏质粉土	12.5	—	18.6	不液化
		13.80	②	砂质粉土	16	12.53	—	不液化
	1F2-1	13.50	$②_1$	砂质粉土	23	16.50	—	不液化
		15.50	$②_2$	重粉质黏土	13	8.9	13.2	不液化
二副坝	2F1-1	6.30	$⓪_1$	粉质黏土-黏质粉土	12	8.2	11.2	不液化
		7.80	$⓪_1$	粉质黏土-黏质粉土	12	8.7	11.2	不液化
		9.30～13.80	②	粉质黏土-黏质粉土	13	8.7～12.7	8.9	不液化
三副坝	3F1-1	6.50～9.50	$⓪_1$	粉质黏土-黏质粉土	14	7.1～8.9	—	不液化
	3F2-1	6.50～9.50	$⓪_1$	粉质黏土-黏质粉土	10.7	—	22.6	不液化
		11.00～15.50	$⓪_1$	粉质黏土-黏质粉土	13	—	17.5	不液化

续表

位置	孔号	标贯点 ds/m	层号	土类	标贯击数平均值 $N_{63.5}$	临界值 N_{cr}	黏粒含量/%	液化判定
长副坝	CF1－1	13.30	②	粉质黏土-黏质粉土	12	—	15.7	不液化
		14.80	②$_2$	重粉质黏土	14	7.9	11.3	不液化
	CF2－1	6.50～8.00	⓪$_1$	粉质黏土-黏质粉土	13	7.1～8.5	8.2	不液化
		12.50～15.50	②	粉质黏土-黏质粉土	13	10.1～12.0	7.1	不液化
	CF3－1	6.30～7.80	⓪$_1$	粉质黏土-黏质粉土	11.5	—	16.2	不液化
		9.30	②$_2$	重粉质黏土	12	7.1～13.8	—	不液化
		10.80	②$_1$	砂质粉土	14		—	不液化
		12.30～15.30	②	粉质黏土-黏质粉土	13	10.7～12.8	6.2	不液化

2.3.4 土的物理力学指标建议值

根据钻孔勘察、原位测试和室内试验成果，怀柔水库主坝和各副坝坝体、坝基主要材料（土层）的物理力学指标建议值和邓肯-张模型参数见表 2.3－5 和表 2.3－6。

表 2.3－5　　主要材料（土层）的物理力学指标建议值

坝段	材料（土层）名称	密度/(g/cm^3)	黏聚力/kPa	内摩擦角/(°)	渗透系数/(cm/s)
主坝	黏土防渗斜墙	2.05	30.0	13.6	6.7×10^{-6}
	砂砾石坝体	2.15	2.0*	34.0*	5×10^{-2}
	坝基砂卵石	1.95	1.0*	32.0*	2.5×10^{-2}
	坝基砂质-粉质黏土	1.97	34.0	13.7	3.4×10^{-5}
一副坝	坝体粉质黏土	2.03	34.0	13.4	3.5×10^{-5}
	坝基砂质粉土	1.75	15.0	18.5	5.8×10^{-4}
	坝基粉质黏土	2.02	32.0	14.5	1.5×10^{-5}
二副坝	坝体黏土	1.95	36.0	12.5	3.5×10^{-5}
	坝基粉质黏土	2.02	32.0	14.7	3.5×10^{-5}
	坝基全风化安山岩	2.15	15.0*	32.1*	6.5×10^{-4}
三副坝	坝体粉质黏土	2.03	34.0	16.4	6.7×10^{-6}
	坝基强风化安山岩	2.35	20.0*	35.0*	1.2×10^{-4}

续表

坝段	材料（土层）名称	密度/(g/cm^3)	黏聚力/kPa	内摩擦角/(°)	渗透系数/(cm/s)
长副坝	坝体粉质黏土	1.90	32.0	12.5	5.7×10^{-5}
	坝基粉质黏土	2.02	28.0	14.2	3.5×10^{-5}
	坝基重粉质黏土	2.05	31.0	13.4	1.2×10^{-5}

注 表中 * 为经验值。

表 2.3-6　　主要材料（土层）邓肯-张模型参数

分区 \ 参数		C/kPa	φ_0/(°)	$\Delta\varphi$/(°)	K	n	R_f	K_b	m
主坝	黏土防渗斜墙	34.7	28.5	5.0	123	0.60	0.57	71	0.17
	砂砾石坝体	0	46.7	9.6	890	0.47	0.87	482	0.31
	坝基砂质黏土	35	22.3	4.5	116	0.60	0.57	71	0.14
一副坝	坝体粉质黏土	31	21.8	3.8	170	0.65	0.62	90	0.14
二副坝	坝体黏土	37	22.2	5.5	141	0.77	0.64	85	0.12
三副坝	坝体粉质黏土	28	26.5	3.6	162	0.63	0.60	82	0.13
长副坝	坝体砂质粉土	21	25.1	4.7	135	0.62	0.58	76	0.11

2.4 坝体质量无损检测

2.4.1 工作目的和测线布置

怀柔水库大坝无损检测的目的是排查主坝和各副坝坝体、坝基内是否有存在影响工程安全的疏松、脱空等不密实区。

本次安全评价采用面波和探地雷达检测等检测方法。所选用的仪器为日本 OYO 公司生产的 McSEIS-SW 高精度表面波仪和美国 GSSI 公司生产的 SIR-4000 地质雷达。

1. 表面波测线布置

表面波测线布置如图 2.4-1 所示。测线布置在主坝下游坝坡，平行于坝轴线布置 1 条测线，测线长度 720m，高程 61.00m，检测范围为主坝桩号 0+180～0+900。

(a) 平面图

图 2.4-1（一） 表面波测线布置图

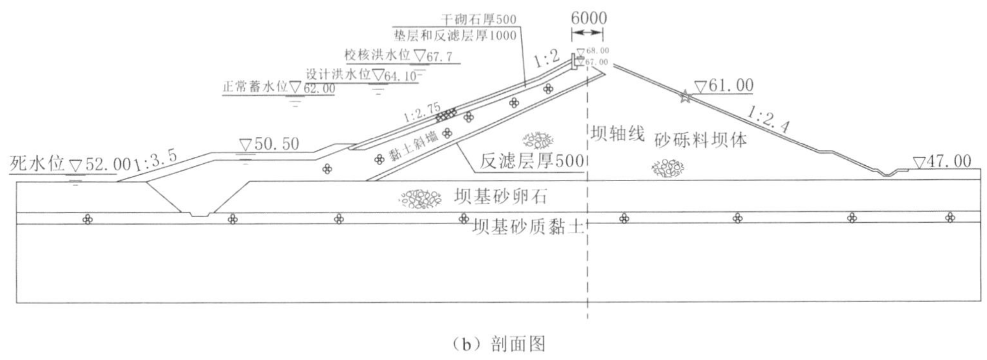

（b）剖面图

图2.4-1（二） 表面波测线布置图（图中高程以m计，其余以mm计）

2. 探地雷达测线布置

探地雷达测线布置如图2.4-2所示，主坝和各副坝探地雷达测线长度统计见表2.4-1。测线布置在主坝和各副坝的坝顶，在上、下游侧各布置1条，测线总长度4600m。

（a）主坝

（b）一副坝

（c）二副坝

（d）三副坝

图2.4-2（一） 探地雷达测线布置图

(c) 长副坝

图 2.4-2(二) 探地雷达测线布置图

表 2.4-1 主坝和各副坝探地雷达测线长度统计

序号	位置	坝长/m	检测长度/m
1	主坝坝顶	1088	1920(上、下游侧各 1 条,每条 960m,桩号 0+60～0+1020)
2	一副坝坝顶	120	240(上、下游侧各 1 条,每条 120m)
3	二副坝坝顶	200	400(上、下游侧各 1 条,每条 200m)
4	三副坝坝顶	80	160(上、下游侧各 1 条,每条 80m)
5	长副坝坝顶	1235	1880(上、下游侧各 1 条,每条 940m,桩号 0+250～1+190)
合 计			4600

2.4.2 主坝无损检测结果分析

主坝坝体质量表面波法和探地雷达检测结果分别如图 2.4-3 和图 2.4-4 所示,疑似不密实区域统计见表 2.4-2。

(1) 根据表面波法检测结果,总体上看,怀柔水库主坝无明显不密实区域。主坝下游坡面 61.00m 高程以下的 0～18m 深度范围内,大部分段的波速较为均匀,在 300m/s 左右,在 18～20m 深度(高程 43.00m 左右)以下,波速明显提升。局部区域波速异常,异常区大部分表现为波速提高(即更为密实),仅在桩号 0+450～0+470 段的上部 4m 范围内波速有所降低,密实度稍差。

(2) 根据探地雷达检测结果,主坝坝体填筑较为密实,局部存在疑似相对不密实区域,主要在大坝上部 4m 范围内。

(3) 综合分析,主坝坝体的填筑质量较好,没有明显的缺陷,局部有相对不密实区域,但范围较小,也并不连续,结合大坝现场检查和运行情况分析,怀柔水库主坝运行良好,未发现异常现象。局部相对不密实区对大坝安全运行无实质影响,建议在运行管理过程中加强监测。

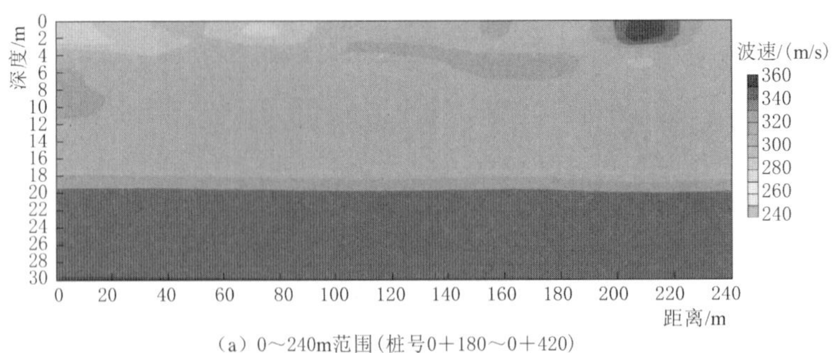

(a) 0～240m范围(桩号0+180～0+420)

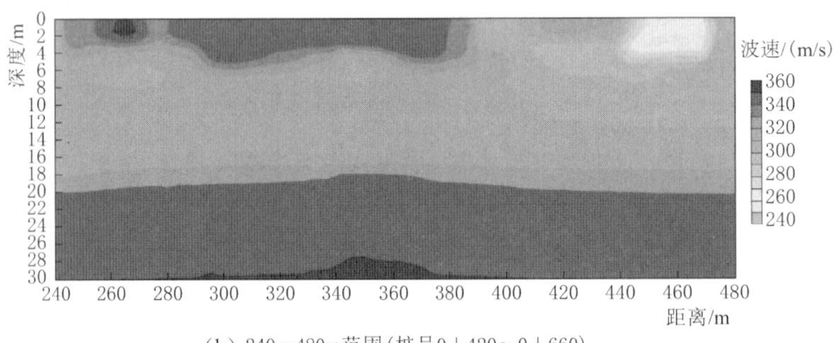

(b) 240～480m范围(桩号0+420～0+660)

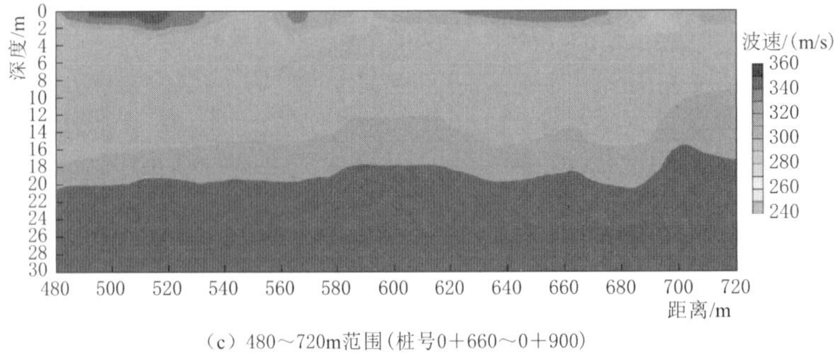

(c) 480～720m范围(桩号0+660～0+900)

图 2.4-3 主坝坝体质量表面波法检测结果

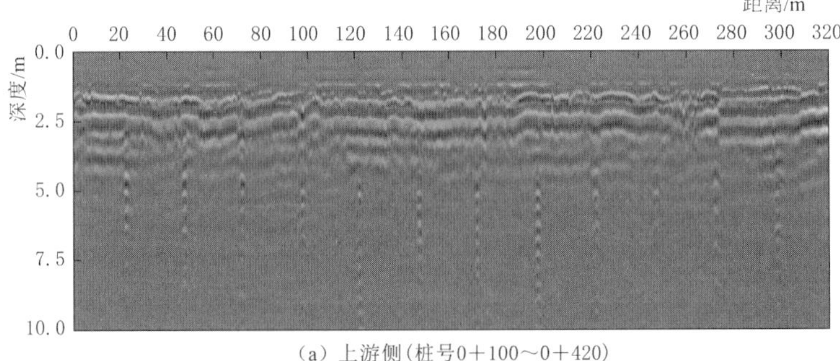

(a) 上游侧(桩号0+100～0+420)

图 2.4-4(一) 主坝坝体质量探地雷达检测结果

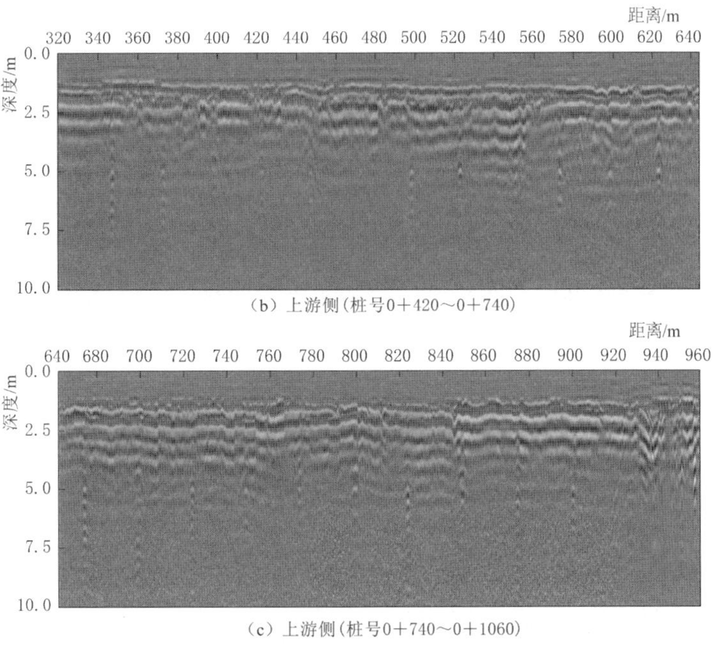

(b) 上游侧(桩号0+420～0+740)

(c) 上游侧(桩号0+740～0+1060)

图 2.4-4（二） 主坝坝体质量探地雷达检测结果

表 2.4-2　　疑似不密实区域统计表

序号	桩　　号	高程范围/m
1	0+360～0+380	64.50～66.50
2	0+660～0+680	64.00～67.00
3	0+980～0+1010	64.00～66.50
4	0+800～0+860	64.00～67.00
5	0+620～0+680	57.00～61.00

2.4.3 副坝无损检测结果分析

怀柔水库一、二、三副坝和长副坝探地雷达检测结果如图 2.4-5～图 2.4-8 所示，疑似不密实区域统计见表 2.4-3。

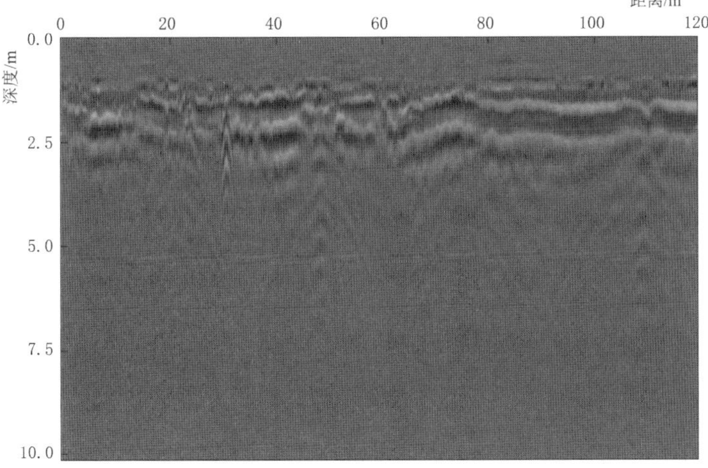

图 2.4-5 一副坝上游侧检测结果（桩号 0+000～0+120）

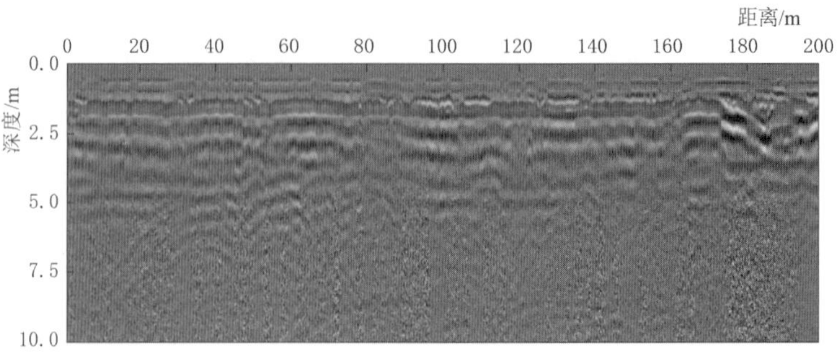

图 2.4-6 二副坝上游侧检测结果（桩号 0+000～0+200）

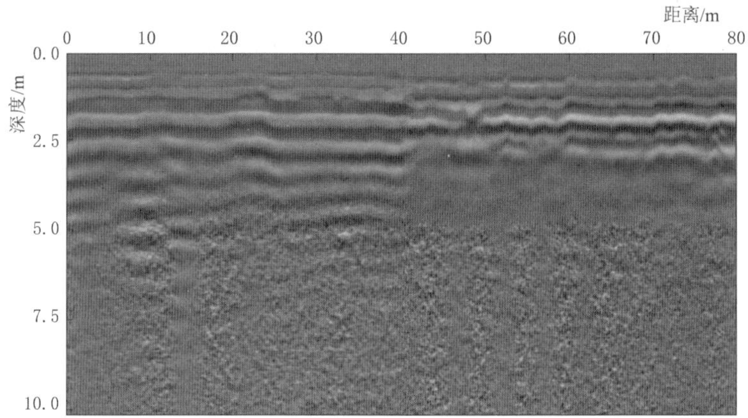

图 2.4-7 三副坝上游侧检测结果（桩号 0+000～0+080）

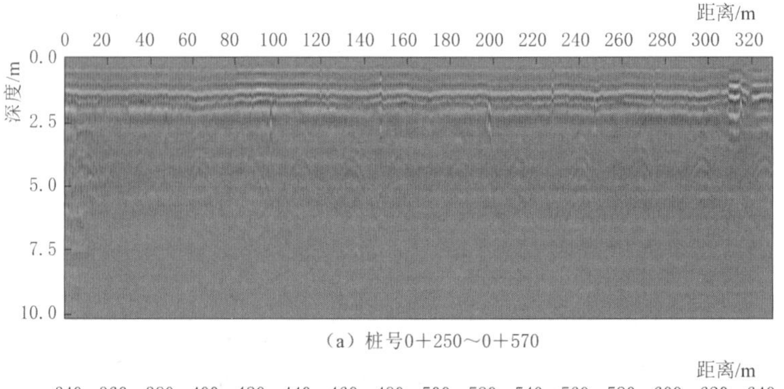

（a）桩号0+250～0+570

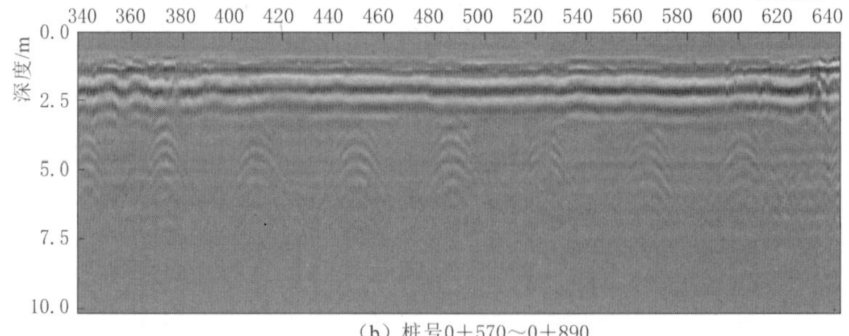

（b）桩号0+570～0+890

图 2.4-8（一） 长副坝上游侧检测结果

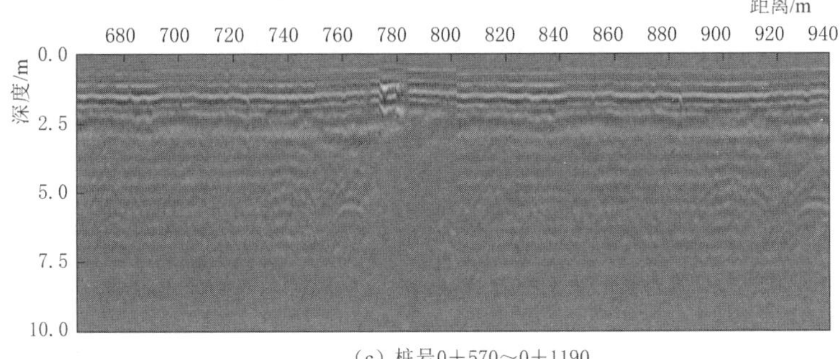

(c) 桩号0+570～0+1190

图 2.4-8（二） 长副坝上游侧检测结果

表 2.4-3 疑似不密实区统计表

序号	桩　　号	高程范围/m	序号	桩　　号	高程范围/m
1	二副坝 0+170～0+190	64.00～67.00	3	长副坝 0+1000～0+1015	65.50～67.50
2	长副坝 0+550～0+570	65.50～67.00			

根据检测结果，怀柔水库一、三副坝的坝体填筑较为密实，未发现相对不密实区域，二副坝和长副坝局部有相对不密实区域，主要在大坝上部 4m 范围内。

总体上，怀柔水库各副坝的坝体填筑质量较好，无显著缺陷；局部相对不密实区域范围较小且不连续，结合大坝现场检查和运行情况分析，怀柔水库副坝运行良好，未发现异常现象。局部相对不密实区对大坝安全运行无实质影响，建议在运行管理过程中加强监测。

2.5 混凝土结构安全检测

对怀柔水库主要泄水建筑物（东、西溢洪道），主要输水建筑物（输水隧洞及进、出口节制闸、峰山口防洪闸和输水闸、水库进水闸）以及主坝下游排水管进行混凝土结构安全检测。主要的检测结果及存在的缺陷问题见本书第 4 章（工程质量评价），第 4.4 和 4.5 节，本节仅对混凝土结构安全检测的主要工作内容和方法进行简要介绍。

2.5.1 检测内容

根据 SL 258—2017《水库大坝安全评价导则》的规定，结合安全评价工作需要和各建筑物的检测条件，确定本次安全评价开展的混凝土结构安全检测内容为：

(1) 开展外观质量与缺陷普查和检查，排查各建筑物可能存在的缺陷、裂缝、剥蚀、不均匀沉降变形、倾斜等外观缺陷和混凝土老化病害现象。

(2) 开展混凝土强度、碳化深度、钢筋保护层厚度与腐蚀程度和混凝土内部质量检测等，评价混凝土结构的工程质量。

(3) 梳理、统计检测中发现的缺陷和问题，评估其对工程安全的影响，提出后续处理工作建议。

各混凝土建筑物的混凝土结构安全检测完成的工作项目表见表2.5－1。其中：

表2.5－1　　混凝土结构安全检测完成的工作项目表

检测项目和方法		东溢洪道	西溢洪道	输水隧洞及其进出口闸	峰山口防洪闸和输水闸	水库进水闸	排水管（主坝下游）
外观质量普查	人工巡视和管道机器人	√	√	√	√	√	√（管道机器人）
混凝土强度检测	回弹法	20个区域	19个区域	12个区域	8个区域	6个区域	/
	钻孔取芯	√	√	√	/	/	/
混凝土碳化深度检测	酚酞酒精溶液量测	3个区域	4个区域	5个区域	2个区域	3个区域	/
混凝土保护层及钢筋间距检测	电磁感应法	16个区域	14个区域	12个区域	6个区域	5个区域	/
钢筋锈蚀检测	半电池电位法	已涂防碳化涂层		√	已涂防碳化涂层		/
混凝土内部质量检测	探地雷达法	闸门下游8条测线	闸门下游4条测线	1条测线	2条测线	/	/
混凝土水下检测	水下机器人	√	√	√	√	√	/

（1）东、西溢洪道，峰山口输水闸和防洪闸，水库进水闸，输水隧洞进口闸外露混凝土已涂刷防碳化涂层，不具备钢筋锈蚀检测条件，故未开展钢筋锈蚀测试。

（2）输水隧洞采用钢板衬砌，输水隧洞进口闸仅有部分排架位于水上，水库进水闸底板、闸墩等主体结构淹没于水下，峰山口输水闸在检测期间正在输水，水流湍急，上述建筑物均不具备混凝土内部质量检测条件。

（3）现场检测期间，峰山口输水闸和输水隧洞进口闸水流较大，水下机器人无法稳定行进，故未开展水下混凝土检测。

2.5.2 主要检测方法和仪器设备

本次混凝土结构安全检测所用的仪器设备型号见表2.5－2，现场工作或典型探测结果照片如图2.5－1所示。

表2.5－2　　本次混凝土结构安全检测所用的仪器设备型号表

编号	设备名称	型　号	编号	设备名称	型　号
1	混凝土回弹仪	ZC3－A	6	水下机器人	DeepTrekker＋DTG2 ROV
2	钢筋定位仪	HC－GY71	7	管道机器人	BQD13－B80－7N
3	探地雷达	SIR－3000	8	电脑全自动恒应力试验机	DYE－2000S
4	钢筋锈蚀仪	HC－X5			
5	碳化深度测量仪	HC－TH01/游标卡尺	9	数显卡尺	200mm

（a）混凝土强度检测（回弹法）

（b）混凝土强度检测（钻芯法）

（c）混凝土内部质量检测

（d）混凝土保护层厚度和钢筋间距检测

（e）混凝土碳化深度检测

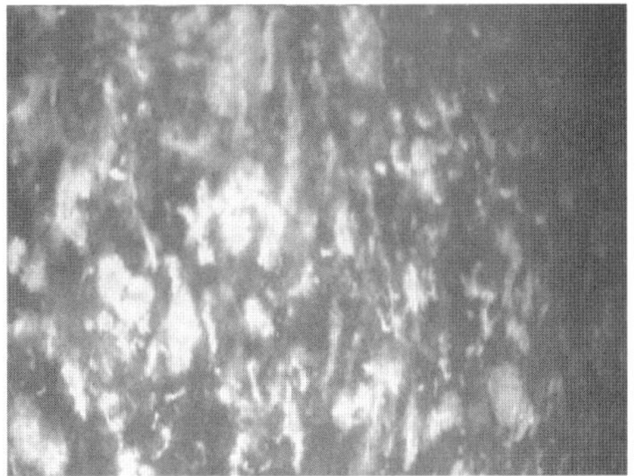

（f）混凝土水下检测

（g）管道机器人检测

图 2.5－1　现场工作或典型探测结果照片

1. 外观质量普查

混凝土外观普查采用资料调查、描述、目测、量测、摄录等相结合的方法，由工程检测经验丰富的工程技术人员检查混凝土表面存在的病害和缺陷，使用专用工具量测出裂缝的长度、宽度、位置，渗水点位置、渗水区域面积，剥蚀面积、深度，钢筋外露锈蚀的位置，伸缩缝的状况等，并记录和描述其性态、范围和数量等。

2. 混凝土强度检测

混凝土强度检测采用回弹法和钻芯法相结合的方法，以回弹法为主，并选取混凝土结构受力较小部位钻取芯样，通过室内试验测定芯样抗压强度。

回弹法是通过混凝土表面的硬度来推定混凝土的抗压强度。本次回弹检测采用中型回弹仪，按照 SL/T 352—2020《水工混凝土试验规程》和 JGJ/T 23—2011《回弹法检测混凝土抗压强度技术规程》要求进行。

钻芯法是按照 SL/T 352—2020《水工混凝土试验规程》混凝土芯样强度试验方法的要求，在实验室中将芯样加工成 ϕ100mm×100mm 圆柱体标准抗压试件，在标准养护室养护一周，然后进行混凝土抗压强度测试。

3. 混凝土碳化深度检测

在混凝土强度检测区域的代表性部位，用电动冲击钻在被检测部位钻取直径 20mm、深 70mm 的孔洞，吹净孔内粉尘和碎屑后滴入 1%酚酞乙醇溶液滴，用碳化深度测量仪测量已碳化与未碳化交界面到混凝土表面的垂直距离，测量 3 次取其平均值，该距离即为混凝土的碳化深度值，每次读数精确至 0.5mm。

4. 混凝土保护层厚度和钢筋间距检测

选择混凝土建筑物重点部位，利用钢筋定位仪，采用电磁感应法检测混凝土保护层厚度和钢筋间距。

5. 钢筋锈蚀检测

选择混凝土建筑物重点部位，利用钢筋锈蚀仪，根据检测得到的半电池电位正负值推测钢筋锈蚀状况。

6. 混凝土内部质量检测

选择混凝土建筑物重点部位，采用探地雷达连续探测，获得全断面的扫描图，通过对雷达图像的解读分析，判断混凝土的内部情况。

7. 管道机器人检测

利用管道闭路电视检测（Closed-Circuit Television，CCTV）系统，抓取管道内部现状图像，可以识别出管道内部的腐蚀、裂缝、堵塞、树根入侵、沉积物积累等缺陷。

8. 混凝土水下检测

对水下混凝土结构，利用水下机器人（ROV）获取水下混凝土结构的表面清晰画面，通过图像资料处理和分析，得到直观的水下结构图像资料数据。

2.6 金属结构安全检测

对怀柔水库主要泄水建筑物（东、西溢洪道），主要输水建筑物（输水隧洞及进、出口节制闸、峰山口防洪闸和输水闸、水库进水闸）等，进行了金属结构和机电设备安全检测。主要的检测方法、发现的缺陷及复核计算成果见本书第10章（金属结构安全评价）。

金属结构安全检测内容包括巡视检查、闸门外观检测、闸门腐蚀状态检测、闸门无损检测、启闭机性能检测和启闭力检测，各泄、输水建筑物金属结构和机电设备安全检测项目见表2.6-1，现场工作照片如图2.6-1所示。需要指出的是，对于金属结构材料检测，一方面，由于各泄、输水建筑物的闸门表面已有防腐涂层，单纯通过硬度检测不能评判材料型号；另一方面，2014年安全评价时已取样分析了各闸门的主要材料化学成分，因此本次安全评价不再开展材料检测。

表2.6-1　　金属结构和机电设备安全检测项目表

检测项目		东溢洪道	西溢洪道	输水隧洞及其进出口闸	峰山口防洪闸和输水闸	水库进水闸
巡视检查		√	√	√	√	√
闸门	外观情况	√	√	√	√	√
	腐蚀状况	√	√	√	√	√
	焊缝探伤	√	√	√	√	√
启闭机	外观情况	√	√	√	√	√
	电气设备和保护装置现状	√	√	√	√	√
	运行状况	√	√	√	√	√

（a）巡视检查

（b）闸门检测

（c）闸门迎水侧水下机器人检测

（d）启闭机制动检测

图2.6-1（一）　金属结构和机电设备安全检测现场工作照片

(e) 电气设备检测

(f) 启闭力检测

图 2.6-1（二）　金属结构和机电设备安全检测现场工作照片

2.7　结论

根据 SL 258—2017《水库大坝安全评价导则》要求，开展了现场安全检查、工程地质勘察、坝体质量无损检测、混凝土和金属结构安全检测工作。主要结论为如下。

1. 现场安全检查

(1) 主副坝及各泄、输水建筑物的工程质量整体尚好，没有发现较大的质量缺陷及明显的安全隐患，运行状况良好。但存在以下问题：①大坝护坡及防浪墙结构局部破损、局部防浪墙高度不够、坡面植物生长；②泄输水建筑物混凝土结构破损、闸门腐蚀，启闭设备运行不畅、线路敷设凌乱。

(2) 怀柔水库管理体制机制健全，制度落实情况良好；已有的监测设施能够得到有效维护，已建立安全监测分析平台；防汛抢险物资较为齐全，对内对外交通通畅，通信设施完备；档案资料较为齐全。存在的主要问题是《水库大坝安全管理应急预案》和《水库大坝防震减灾应急预案》待完善；主要交通道路未设置里程碑；部分建筑物的设计、施工档案资料缺失。

(3) 水库管理范围明确，存在历史遗留问题：①水库淹没区涉及的人口较多，影响水库的正常运行，加大了管理难度；②长副坝上的非常溢洪道，其下游行洪通道被侵占，若宣泄超标准洪水，将直接冲入怀柔城区，且爆破会影响南水北调工程安全，涉及多部门协调等问题，难以按原设计条件启用。

2. 工程地质勘察

(1) 实测坝体轮廓线与设计断面线基本一致，坝体填筑外观较好。

(2) 主坝的坝壳料以卵石、碎石为主，局部夹有黏土、粗砂和碎石，但厚度不大，为 1～2m，坝壳料相对密度 0.70～0.77，渗透性较好，渗透系数为 10^{-2}cm/s 量级；防渗料为粉质黏土、黏质粉土，防渗性能良好，渗透系数 10^{-6}cm/s 量级；坝基相对隔水层为粉质黏土-黏质粉土层及重粉质黏土-粉质黏土层，在坝基段连续分布，渗透系数为 10^{-5}cm/s 量级。

(3) 各副坝的筑坝材料相对复杂，以粉质黏土、黏质粉土为主，夹有房渣土、砂质粉土、粉质黏土等，且分布不均。整体上，坝体填筑材料的防渗性能良好，渗透系数 10^{-5}～10^{-6}cm/s 量级。

(4) 勘探期间，库水位约 57.64m，主坝钻孔揭露水位 42.00m 左右（位于坝基内）；各副坝钻孔揭露水位 51.00～57.00m，坝体内水位相对较低，均在下游已回填地面以下，但是坝料湿度较大，含水量近饱和。

(5) 根据 GB 18306—2015《中国地震动参数区划图》，基于钻孔勘察、原位测试和室内试验成果，按照 GB 50487—2008《水利水电工程地质勘察规范》（2022 年版）判别，主坝和各副坝的坝基土均无地震液化问题。

3. 坝体质量无损检测

主坝和各副坝坝体的填筑质量较好，无明显缺陷，局部有相对不密实区域，但范围较小，也并不连续，且主要集中在坝顶以下 4m 以内的浅层区域，不影响大坝安全运行。

第3章

安全监测资料分析

3.1 目的及内容

安全监测对于及时掌握大坝的安全状况至关重要，是了解大坝安全性状和评价大坝安全程度的重要手段。大坝安全监测资料分析的目的是通过对水位、气温、降水等环境量与变形、裂缝开度、应力应变、渗流压力、渗流量等效应量的监测数据，评估大坝的安全性态是否正常。

本次安全评价通过对获得的监测资料进行整理及分析，开展水库大坝监测系统完备性评价、数据可靠性分析、正反分析及安全性态评估，以掌握大坝安全性态变化，保障大坝安全运行。

需要说明的是，在监测数据处理时，对个别明显异常的错误数据进行了剔除。

3.2 监测设施建设和布置情况

3.2.1 监测设施建设过程

怀柔水库兴建时未埋设观测设备，后续补充部分设施。1962年9月修建了主坝位移观测房，补全监测设备，同时设立口头和辛庄水文站。主坝坝顶位移观测标点曾经过5次改、重建或升级改造，即：

（1）1964年12月，由于原标点结构简单，点位数量较少，且在东、西溢洪道施工期间被损坏，进行首次改建。

（2）1976年，因坝顶加高而重建。

（3）1982年，为提高观测精度，改用固定观测点。

（4）1990年，怀柔水库提高防洪标准工程对坝体加高，原有监测设施不能继续使用，重新埋设了水平和垂直位移观测点，重建了渗流观测点。

（5）2020—2022年，对大坝监测点进行了自动化改造，建立了自动观测系统。

3.2.2 监测仪器布置

怀柔水库主、副坝和泄、输水建筑物布置的仪器监测统计见表3.2-1。

表 3.2-1　　怀柔水库主、副坝和泄、输水建筑物布置的仪器监测统计表

<table>
<tr><th rowspan="2">部位</th><th colspan="4">位 移 监 测</th><th colspan="4">渗 流 监 测</th></tr>
<tr><th>项目</th><th>个数</th><th>埋设时间</th><th>升级改造时间</th><th>项目</th><th>个数</th><th>埋设时间</th><th>升级改造时间</th></tr>
<tr><td rowspan="3">主坝</td><td>水平位移</td><td>11</td><td rowspan="2">1992 年</td><td rowspan="2">—</td><td>浸润线</td><td>12</td><td rowspan="3">1992 年</td><td rowspan="3">2020 年</td></tr>
<tr><td>垂直位移</td><td>24</td><td rowspan="2">渗流压力</td><td rowspan="2">6</td></tr>
<tr><td>表面位移</td><td>11</td><td colspan="2">2021—2022 年</td></tr>
<tr><td>一副坝</td><td colspan="4" rowspan="4">2022 年每个副坝增加自动和人工表面观测点各 1 个，在三副坝和一副坝各增加 1 处自动化监测基站</td><td rowspan="4">浸润线</td><td>2</td><td>2020 年</td><td rowspan="4">2021 年</td></tr>
<tr><td>二副坝</td><td>4</td><td>2020 年</td></tr>
<tr><td>三副坝</td><td>3</td><td>1992 年</td></tr>
<tr><td>长副坝</td><td>6</td><td>2020 年</td></tr>
<tr><td>东溢洪道</td><td>水平/垂直位移</td><td>6</td><td>1992 年</td><td>—</td><td>消力池</td><td>1</td><td>1992 年</td><td rowspan="2">2020 年</td></tr>
<tr><td>西溢洪道</td><td colspan="4">无</td><td>渗流压力</td><td>6</td><td>1992 年</td></tr>
<tr><td colspan="9">其他输水建筑物如输水隧洞及其进出口闸、峰山口输水闸和防洪闸、水库进水闸等未布置监测设施</td></tr>
</table>

1. 2020 年自动化改造前监测布置

2020 年，大坝监测点自动化改造前，仅在主坝、三副坝和东、西溢洪道布置了监测设施，采用人工监测。

(1) 主坝。布置 3 个水平位移观测断面，11 个观测点，其中，坝顶有 8 个，下游坝坡有 3 个；布置 8 个垂直位移观测断面，24 个观测点，分别布置在坝顶、下游坝坡和坝脚；布置 3 个浸润线观测断面，12 个观测点；坝肩和坝基各布置 3 个渗流压力观测点。监测点布置图如图 3.2-1 所示，观测点统计见表 3.2-2～表 3.2-4。

(2) 三副坝。布置坝体浸润线观测断面 1 个，测点 3 个。

(3) 东、西溢洪道。东溢洪道消力池布置渗流观测点 1 个，闸室段布置垂直和水平位移观测点 6 个，左、右边墙和中墩顶部各 2 个。

西溢洪道布置渗流压力观测点 6 个，其中上游左、右边墙和中墩各 1 个，两侧绕坝渗流观测点各 1 个，消力池 1 个。

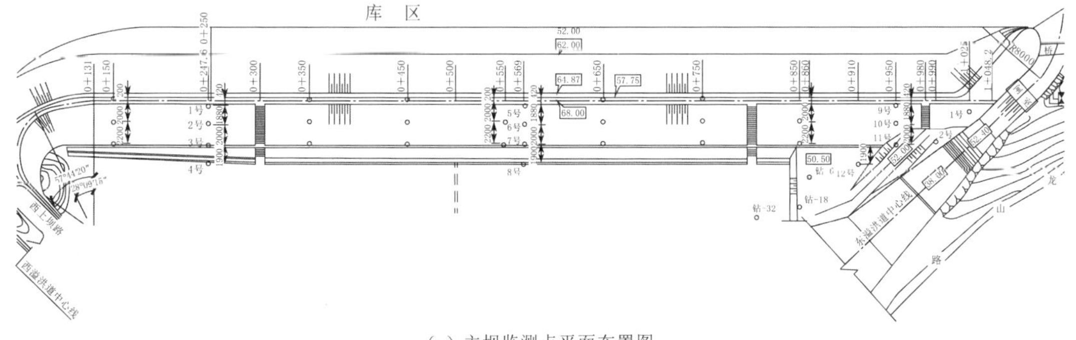

(a) 主坝监测点平面布置图

图 3.2-1 (一)　怀柔水库主、副坝及东、西溢洪道监测点布置图

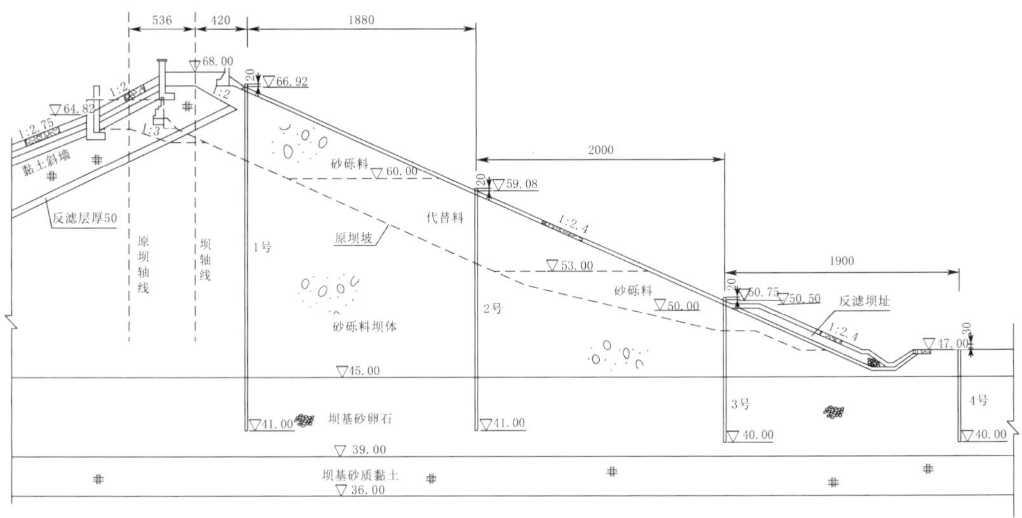

(b) 主坝浸润线监测布置剖面图(桩号0+247.6)(图中高程以m计，其余以cm计)

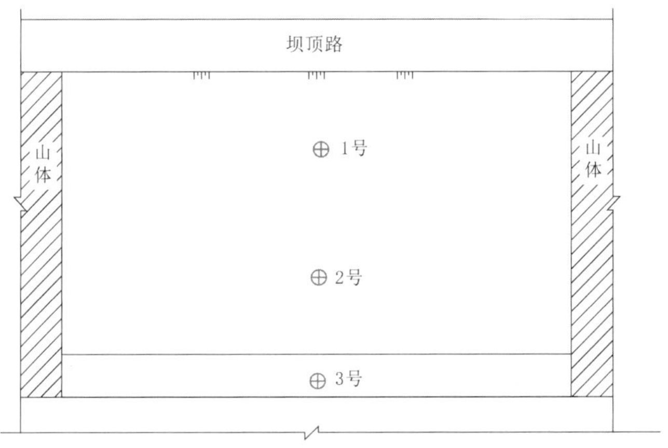

(c) 三副坝浸润线监测点平面布置图

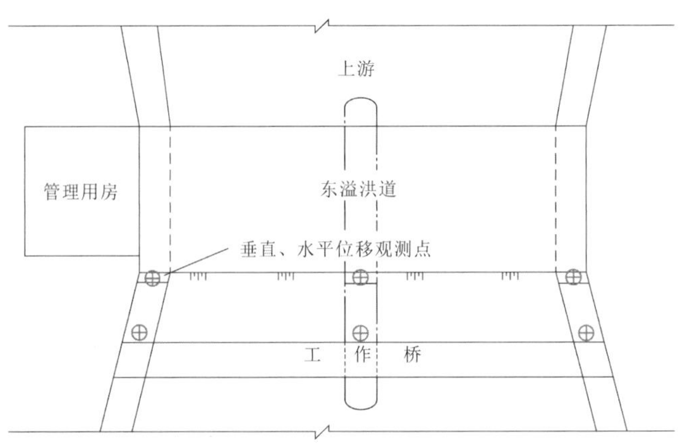

(d) 东溢洪道垂直、水平位移监测点平面布置图

图 3.2-1（二） 怀柔水库主、副坝及东、西溢洪道监测点布置图

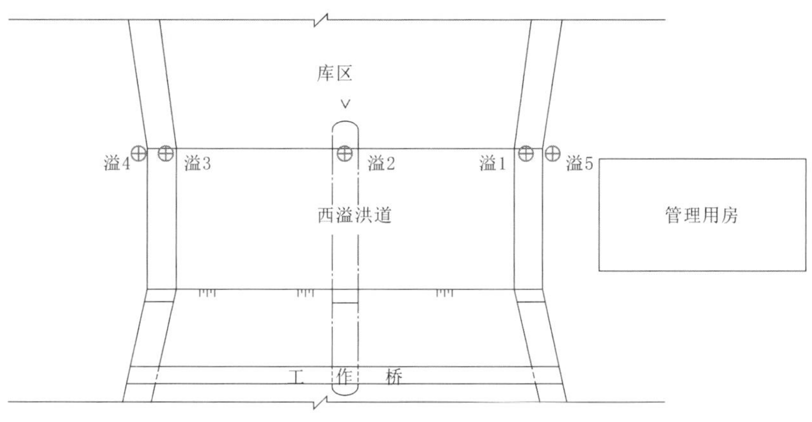

(e) 西溢洪道渗流监测点平面布置图

图 3.2-1（三） 怀柔水库主、副坝及东、西溢洪道监测点布置图

表 3.2-2　　主坝水平位移观测点统计表

序号	编号	型式	埋设日期	埋设位置	测定日期
1	Ⅰ0+150	深埋式	1992年5月10日	坝顶	1992年8月8日
2	Ⅰ0+250				
3	Ⅰ0+350				
4	Ⅰ0+450				
5	Ⅰ0+550				
6	Ⅰ0+650				
7	Ⅰ0+750				
8	Ⅰ0+850				
9	Ⅱ0+250		1992年4月3日	下游坝坡	1992年8月17日
10	Ⅱ0+550				
11	Ⅱ0+850				

表 3.2-3　　主坝垂直位移观测点统计表

序号	编号	型式	埋设日期	埋设位置	测定日期	高程/m	接测距离/m
1	Ⅰ0+150	深埋式	1992年4月3日	坝顶轴线上游2m	1999年10月9日	67.964	200
2	Ⅰ0+250					67.936	300
3	Ⅰ0+350					67.943	400
4	Ⅰ0+450					67.947	500
5	Ⅰ0+550					67.942	600
6	Ⅰ0+650					67.969	700
7	Ⅰ0+750					67.941	800
8	Ⅰ0+850					67.926	1145

续表

序号	编号	型式	埋设日期	埋设位置	测定日期	高程/m	接测距离/m
9	Ⅱ0+150	埋式	1992 年 4 月 3 日	坝轴线下游 20m	1999 年 10 月 9 日	60.267	250
10	Ⅱ0+250					60.431	350
11	Ⅱ0+350					60.375	450
12	Ⅱ0+450					60.354	550
13	Ⅱ0+550					60.370	650
14	Ⅱ0+650					60.351	750
15	Ⅱ0+750					60.302	850
16	Ⅱ0+850					60.320	950
17	Ⅲ0+150	深埋式	1992 年 4 月 3 日	坝轴线下游 42m	1999 年 10 月 9 日	50.522	1780
18	Ⅲ0+250					50.522	1600
19	Ⅲ0+350					50.522	1500
20	Ⅲ0+450					50.522	1400
21	Ⅲ0+550					50.522	1300
22	Ⅲ0+650					50.522	1200
23	Ⅲ0+750					50.522	1100
24	Ⅲ0+850					50.522	1000

表 3.2-4 主坝、三副坝及东、西溢洪道渗流观测点统计表

仪器所在部位名称	序号	桩号	编号	距坝轴线水平距离/m	设计高程/m	
					管口	管底
主坝	1	0+247.6	1 号孔	42.00	67.32	41.17
	2		2 号孔	23.00	59.29	40.96
	3		3 号孔	43.00	51.31	40.36
	4		1 号井	62.00	48.62	39.98
	5	0+569	4 号孔	4.20	67.12	41.13
	6		5 号孔	23.00	59.21	40.78
	7		6 号孔	43.00	51.22	40.93
	8		2 号井	62.00	47.15	40.74
	9	0+950	7 号孔	4.20	66.94	39.71
	10		8 号孔	23.00	59.38	39.75
	11		9 号孔	43.00	57.14	39.89
	12	0+910	10 号孔	62.00	56.72	40.31
	13	1+025	11 号孔	10.00	61.38	50.84
	14	0+990	12 号孔	40.00	52.93	38.94
	15	—	13 号孔	—	65.80	40.20
	16	0+860	钻−6	74.60	50.21	20.83
	17	0+850	钻−18	104.60	49.92	21.10
	18	0+805	钻−32	1154.60	48.76	31.81

续表

仪器所在部位名称	序号	桩号	编号	距坝轴线水平距离/m	设计高程/m	
					管口	管底
三副坝	19	—	1号孔	5.20	67.36	50.50
	20		2号孔	23.30	60.78	49.94
	21		3号孔	42.60	55.57	45.84
西溢洪道	22	—	溢-1	闸墩上游侧	64.30	39.00
	23		溢-2		52.30	39.00
	24		溢-3		66.84	55.19
	25		溢-4		65.62	54.97
	26		溢-5		66.01	54.42
	27		消力池	—	—	—
东溢洪道	28		消力池	—	—	—

2. 2020—2022 年自动化改造

2020—2022 年，北京市京密引水管理处对怀柔水库大坝和东、西溢洪道原有渗流监测设施进行自动化升级改造；在主坝增加 11 个 GNSS 表面观测点；在一、二副坝和长副坝增加渗流监测设施；在库水位人工观测设施旁布设了雷达水位计，实现库水位自动监测；并建立了怀柔水库大坝安全监测分析平台。主、副坝自动监测点布置情况统计见表 3.2-5 和表 3.2-6。

表 3.2-5　怀柔水库主坝表面位移自动观测点布置情况统计表

测点名称	测点桩号	测点位置	测点高程/m
表面位移 1	0+250	近Ⅱ 0+250	54.065
表面位移 2	0+550	近坝顶路	59.892
表面位移 3	0+550	近Ⅱ 0+550	54.202
表面位移 4	0+850	近Ⅱ 0+850	54.278
表面位移 5	0+150	近坝顶路	60.066
表面位移 6	0+250	近坝顶路	60.098
表面位移 7	0+350	近坝顶路	59.887
表面位移 8	0+450	近坝顶路	59.938
表面位移 9	0+650	近坝顶路	59.949
表面位移 10	0+750	近坝顶路	59.861
表面位移 11	0+850	近坝顶路	60.101

表 3.2-6　怀柔水库副坝渗流自动观测点布置情况统计表

仪器所在部位名称	测点名称	测点位置	管口高程/m	管底高程/m
一副坝	一副 1	近坝顶	67.86	58.36
	一副 2	坝坡	65.14	58.72
二副坝	二副 1	从南向北第 1 断面近坝顶	68.08	56.26
	二副 2	从南向北第 1 断面坝坡	65.15	59.25
	二副 3	从南向北第 2 断面近坝顶	68.06	56.44
	二副 4	从南向北第 2 断面坝坡	65.09	59.32

续表

仪器所在部位名称	测点名称	测点位置	管口高程/m	管底高程/m
三副坝	三副1	距坝轴线5.2m	67.36	50.32
	三副2	距坝轴线23.3m	60.78	52.14
	三副3	距坝轴线42.6m	55.57	47.87
长副坝	长副1	从南向北第1断面近坝顶	66.75	57.15
	长副2	从南向北第1断面坝坡	63.35	57.53
	长副3	从南向北第2断面近坝顶	67.30	57.47
	长副4	从南向北第2断面坝坡	64.88	59.05
	长副5	从南向北第3断面近坝顶	66.92	57.78
	长副6	从南向北第3断面坝坡	65.25	59.60

（1）主坝及东、西溢洪道。2020年，北京市京密引水管理处对主坝及东、西溢洪道25个渗压监测点进行了自动化升级改造，实现了主坝及东、西溢洪道渗压自动监测。

2021—2022年，北京市京密引水管理处在主坝上靠近人工变形监测点的位置分别建设了GNSS表面变形监测点4个和7个，实现主坝表面位移自动监测。

（2）一、二、三副坝和长副坝。2020年，北京市京密引水管理处在一副坝下游坝坡布置1个渗流观测断面，2个观测点；在二副坝下游坝坡布置2个渗流观测断面，4个观测点；在长副坝下游坝坡布置3个渗流观测断面，6个观测点；并对三副坝下游坝坡上的渗流观测点进行升级改造。

2022年，在每个副坝上增加了自动化表面观测点和人工表面观测点各1个，实现副坝表面变形自动化监测。以坝轴线为轴，人工表面变形监测点和自动化监测点轴对称布置，人工水平位移监测点在上游，自动化表面变形监测点在下游。考虑到长副坝与主坝间距离较远，为提高新增监测点监测精度，在4座副坝之间选择合适位置增加2处自动化监测基点，一处为三副坝基站，位于三副坝北头基岩上，三副坝和二副坝自动化监测点以其为基站；一处为一副坝基站，位于一副坝往南大约100m道路西侧，一副坝移动站和长副坝移动站以其为基站。

（3）库水位观测。2021年，北京市京密引水管理处在西溢洪道水尺旁增加布置了雷达水位计，实现了库水位自动监测。

3.3 监测系统完备性和监测资料可靠性评价

3.3.1 监测系统的完备性

1. 监测项目

怀柔水库为Ⅱ等大（2）型水利工程，主要建筑物等级为2级。根据SL 551—2012《土石坝安全监测技术规范》，2级建筑物均应设置表面变形和渗流量观测，2级建筑物均应设置表面坝体、坝基和绕坝渗流观测，且横断面不少于3个。

根据表 3.2-1 的统计结果，水库主坝和各副坝布置的监测项目满足规范要求，主坝和长副坝监测断面数量满足规范要求，一、二、三副坝的监测断面数量偏少，但是考虑到一、二、三副坝的长度较小，为 100～200m，按照 100m 间距布置渗流监测断面能够满足工程需要；监测点布置合理。

怀柔水库的泄水、输水建筑物中，东溢洪道布置了表面变形和渗流监测设施，西溢洪道仅布置了渗流监测设施；峰山口输水闸和防洪闸、水库进水闸、输水隧洞进出口闸等未布置观测设施。怀柔水库运行时间已超过 60 年，各泄、输水建筑物未出现倾斜、结构开裂、渗漏等异常现象。总体而言，怀柔水库现有监测项目基本满足规范要求，测点布置合理。

建议在土坝增设坝体（坝基）内部变形监测设施，在西溢洪道、峰山口输水闸和防洪闸、水库进水闸、输水隧洞进出口闸等建筑物增设表面变形观测设施。

2. 监测信息管理系统

怀柔水库已建立了怀柔水库大坝安全监测分析平台（图 3.3-1），存储、分析表面位移、内部位移、降雨量监测、浸润线监测、库水位、预警管理等监测数据。主界面包括项目信息、实时数据（库水位、表面位移、渗流压力）、设备状态、站点状态、站点数据等内容，数据分析界面包括数据查询、报表导出、报警查询等。系统功能完备且操作便捷。

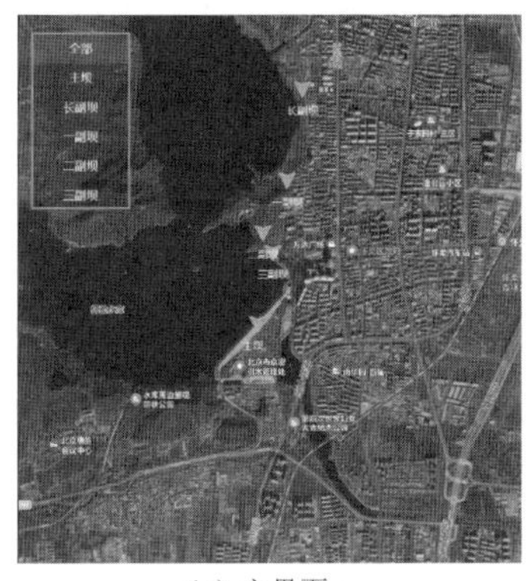

（a）主界面

（b）安全监测系统界面

图 3.3-1（一） 怀柔水库大坝安全监测分析平台

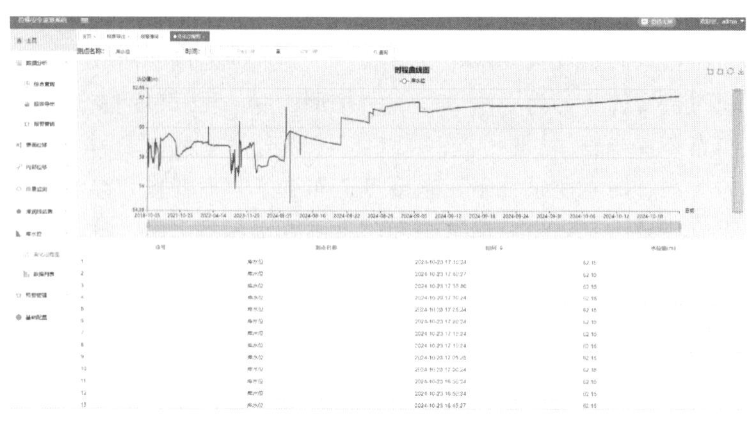

(c) 数据查询界面

图 3.3-1(二) 怀柔水库大坝安全监测分析平台

3. 监测频次

根据 SL 551—2012《土石坝安全监测技术规范》,土石坝在运行期的安全监测频次见表 3.3-1。

表 3.3-1 土石坝运行期的安全监测频次

监测项目	日常巡视检查	坝体表面变形	渗流监测
监测频次	1~3 次/月	2~6 次/年	2~4 次/月

怀柔水库的巡视检查分为日常检查、定期检查和特别检查三类。日常检查由专职人员负责进行,每天上午、下午各一次,超限水位运行、特殊天气或渠道建筑物出现异常变化时,加密巡查次数;定期检查在每年的汛前、汛后、输水期前后、冰冻期和融冰期;特别检查是当工程遇到严重影响安全运行的情况(如发生有感地震、渠道水位出现异常变化等),工程发生较严重的破坏现象或出现其他危害迹象时。

怀柔水库的坝体表面变形,每年人工观测 2 次,分别在 5 月、10 月进行,即汛前和汛后,自动观测点可实时获得表面变形数据。

怀柔水库的渗流监测,人工观测时,每月 1 日和 6 日进行,库水位超过 61.50m 时每天观测一次;库水位在 56.00m、58.00m、61.50m 附近时当天加测一次,升级为自动观测后,可实时获得渗流监测数据。

综上所述,怀柔水库的监测频次满足 SL 551—2012《土石坝安全监测技术规范》要求。

4. 监测资料整编分析

根据 SL 551—2012《土石坝安全监测技术规范》,土石坝运行期应于每年汛期前完成上一年度监测资料整编。怀柔水库管理所按照北京市京密引水管理处要求,每年 3 月底前完成上一年度的大坝观测资料整编工作,满足规范要求。

3.3.2 监测资料可靠性

基于怀柔水库监测资料收集结果和第 3.4 节数据可靠性检查分析结果,水库监测仪器选型合适，埋设安装满足 SL 531—2012《大坝安全监测仪器安装标准》和 SL 551—2012《土石坝安全监测技术规范》相关规定；目前监测仪器性能稳定，观测精度满足规范要求；自动监测系统运行稳定，能够得到有效维护，平均无故障工作时间和采集数据缺失率满足 SL 268—2001《大坝安全自动监测系统设备基本技术条件》的规定；监测数据物理意义合理，未超过仪器量程和材料的物理限值，检验结果在限差内；监测数据符合连续性、一致性、相关性原则。

3.4 监测资料分析

3.4.1 库水位变化

怀柔水库在西溢洪道设置水尺，通过人工观测库水位，每天对库水位进行记录。2021 年 9 月在水尺旁加装了雷达水位计，开始进行库水位的自动化监测。根据水库运行资料分析，1991 年提高防洪标准工程竣工以前，库水位在 53.00～62.07m 之间运行，多数时间运行水位在 56.00～60.00m，库水位最低值和最高值的发生日期分别为 1969 年 6 月 17 日和 1973 年 8 月 17 日。

图 3.4-1 为 1991—2023 年库水位变化曲线，图 3.4-2 为近三年库水位自动监测和人工监测数据对比。可见：

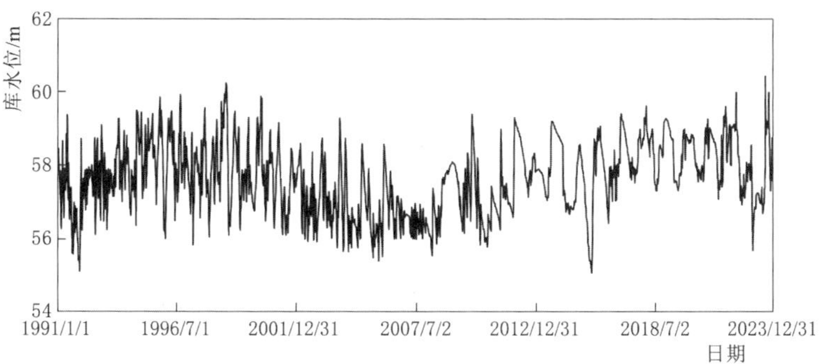

图 3.4-1　1991—2013 年库水位变化曲线（人工监测）

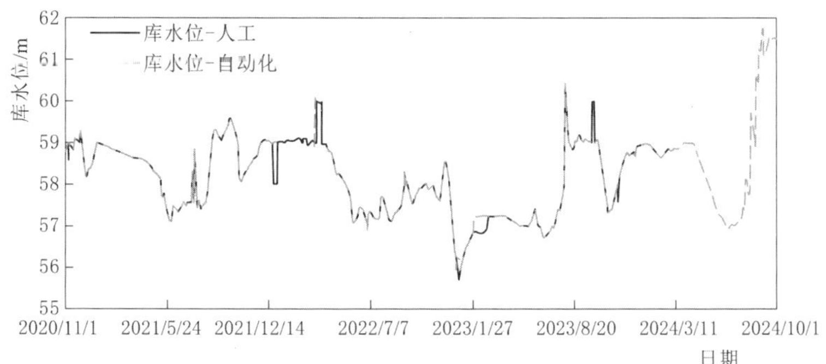

图 3.4-2　近三年库水位自动监测和人工监测数据对比

(1) 水库提高防洪标准竣工后，30余年来，库水位在55.08～61.74m之间运行，多数时间的运行水位在59.00m以下。

(2) 除极个别点外，库水位人工监测数据和自动监测数据基本重合，两条曲线基本重合，对比认为自动化监测手段具备代替人工监测的条件。

3.4.2 主坝变形监测资料分析

3.4.2.1 坐标轴方向

本次安全评价沿用工程中的桩号和高程体系。坐标轴方向：x轴，沿坝轴线方向，从左向右正；y轴，沿上下游方向，向下游为正；z轴，垂直向下为正。

3.4.2.2 数据可靠性检查

主坝垂直位移和水平位移人工监测每年两次，分别在5月和10月，库水位超过正常蓄水位或遇有特殊情况增加测次；自动化监测可实时获得主坝变形数据。目前坝顶和坝坡测线各测点可正常监测。经过数据整理，将人工监测与自动化监测对比分析后可见，人工监测和自动化监测得到的主坝变形变化规律一致，坝体变形已经稳定，监测数据可靠。

3.4.2.3 自动化监测数据分析

主坝11个表面变形自动监测点监测得到的表面位移变化时程曲线如图3.4-3所示，其余如附图12.1所示。可见：

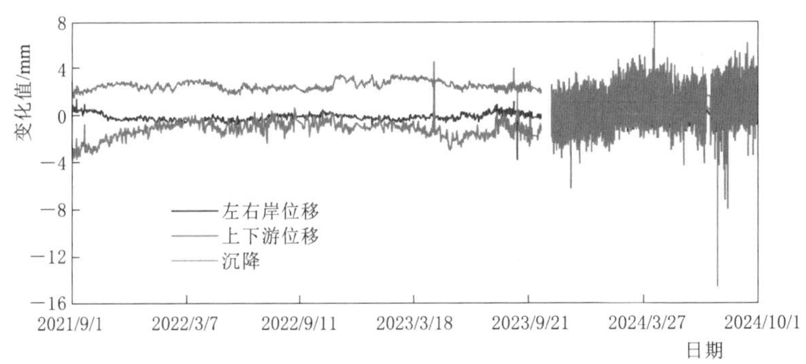

图3.4-3 表面位移变化时程曲线（监测点1，桩号0+250，测点高程54.065m）

(1) 总体上看，主坝的变形已经稳定。自2021年9月至2023年10月，坝体表面沿上下游和左右岸的水平位移及沉降，呈波动变化，整体变化量在±2mm左右，属北斗变形监测系统的合理误差，无明显增大趋势、大跳跃和不连续现象，符合实际情况。

(2) 自2023年11月1日起，坝体表面位移自动化观测点的测值波动幅度有增大趋势，整体变化量在±5mm左右，甚至出现个别极值超过±10mm。分析认为，可能是监测基站受到新建高塔影响或基站GNSS天线被遮挡。

3.4.2.4 人工监测数据分析

主坝垂直位移监测点共24个，主要布置在主坝坝顶、下游坝坡和坝脚，设置8个垂直断面。根据怀柔水库大坝安全评价报告，2014年以前的大坝变形人工监测数据已进行分析，测值合理，监测数据未见异常，因此坝体沉降分析从2014年之后进行分析。

图3.4-4为主坝0+150～0+850段不同高程2014—2023年沉降过程线，图3.4-5

为主坝 0＋150 断面 2014—2023 年沉降过程线，其余断面如附图 12.1 所示。可见：

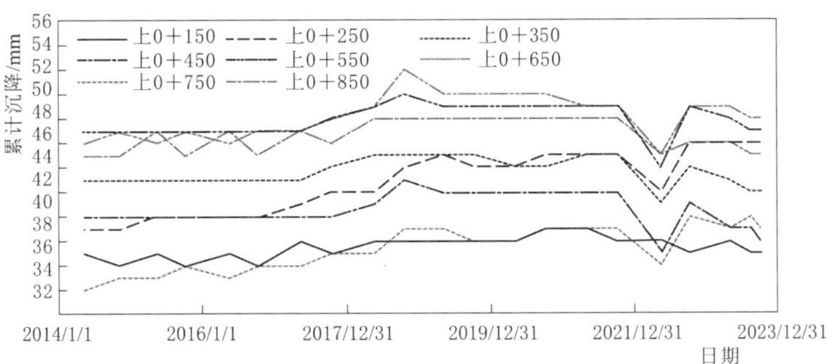

（a）坝顶0＋150～0＋850段2014—2023年沉降过程线，测点高程67.926～67.969m

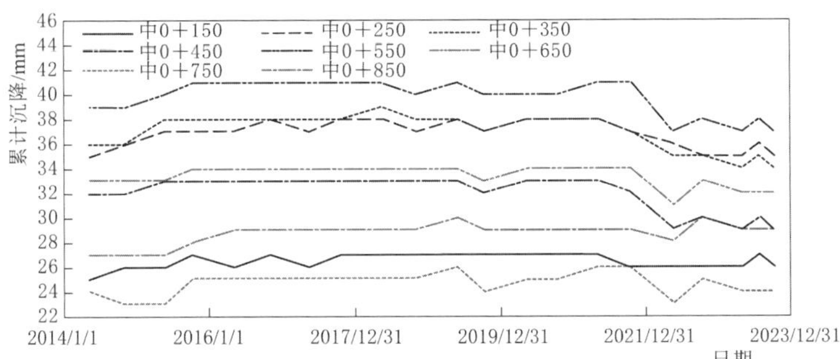

（b）坝坡0＋150～0＋850段2014—2023年沉降过程线，测点高程60.267～60.375m

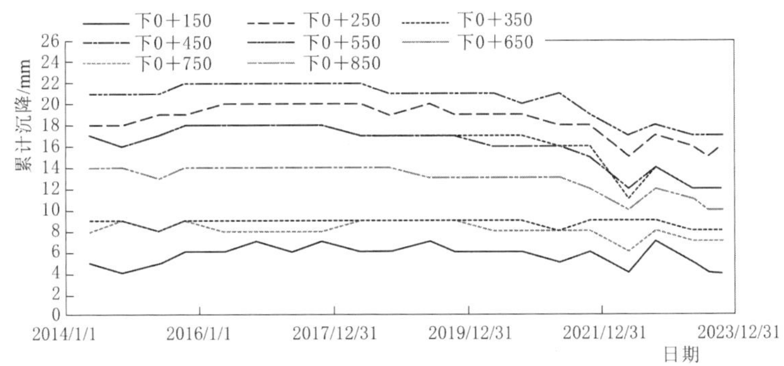

（c）坝坡0＋150～0＋850段2014—2023年沉降过程线，测点高程50.522m

图 3.4－4　主坝 0＋150～ 0＋850 段不同高程 2014—2023 年沉降过程线

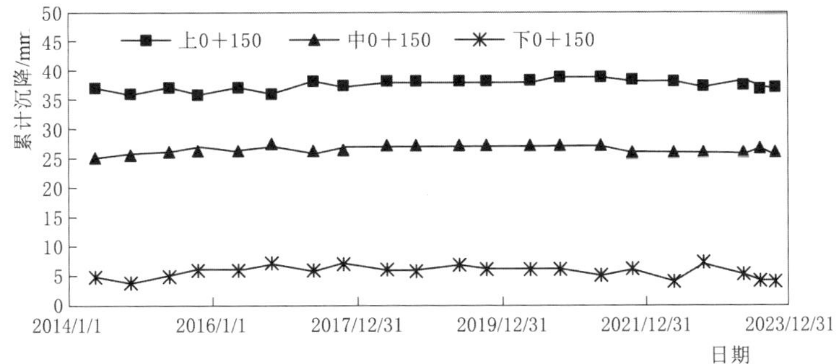

图 3.4－5　主坝 0＋150 断面 2014—2023 年沉降过程线

（1）从主坝坝顶、下游坡中部和下游坡下部的近十年沉降监测数据看：①整体上看，坝顶沉降值>下游坡中部沉降值>下游坡下部沉降值，符合坝体沉降量随高度降低而减小的一般规律。②由于筑坝的不均匀性，沿坝轴线的沉降并不均匀，0+550～0+650段和0+850附近的沉降值相对较大，0+150和0+750附近的沉降值相对较小。③以2014年沉降测值为基准值，近十年来，各监测点的沉降值未出现持续增大现象，而是围绕基准值上下波动，波动范围在±5mm左右，且坝顶沉降波动值高于下游坡；坝体沉降已经稳定，由于库水位波动，坝体沉降值出现微小波动属正常现象。

（2）从主坝典型监测断面近十年的沉降监测数据看：①同一横断面各测点的沉降变化规律相同，符合一般规律，且无持续增加趋势，水库运行过程中也并未发现异常情况，表明坝体沉降已经稳定，大坝安全性态正常。②怀柔水库大坝自1990年坝体加高后，运行至今超过30年，坝顶最大累计沉降小于55mm，不足总坝高的0.3%，坝体沉降不会影响大坝的安全运行。

3.4.3 主坝渗流监测资料分析

3.4.3.1 数据可靠性检查

正常运行条件下，主坝浸润线每月5日和10日人工监测。当库水位超过61.5m时，每天监测一次；当库水位出现56.0m、58.0m、61.5m时，当天加测一次。目前各监测点均可正常监测，经过人工监测与自动监测对比分析，主坝浸润线人工监测和自动监测变化规律基本一致，仅个别数据异常，数据基本可靠。

3.4.3.2 自动化监测数据分析

主坝共布置3个浸润线监测断面，12个监测点，坝肩和坝基各布置3个渗流压力监测点。2020年对所有渗流监测点进行改造升级为自动化监测。主坝0+247.6断面测压管水位变化曲线如图3.4-6所示，其余断面的监测结果如附图12.1所示，主坝坝基测压管水位变化曲线如图3.4-7所示。可见：

（1）主坝渗流监测点升级改造以来，仅个别数据出现异常，且并未连续出现，表明渗流监测设备运行正常。

（2）自2020年至今，坝体内的浸润线呈直线分布，符合一般规律，坝体浸润线一直处于较低位置，且均在坝底以下，与运行期大坝下游未见明显渗水相符，监测数据可靠。

（3）2024年汛后的库水位较汛前提高近3m，而坝后测压管内的水位仅较汛前高约0.5m，各监测断面的测压管水位基本一致，相差在1m以内。由此推断，主坝防渗体系完好。

（4）坝肩测压管内的水位一直处于较低位置，与运行期坝肩未出现明显渗漏相符，表明坝肩接触部位防渗系统完好。

3.4.3.3 人工监测数据分析

1991年以来，主坝0+247.6断面测压点水位变化曲线如图3.4-8所示，其余断面的监测结果如附图12.1所示，主坝坝基测压管水位变化曲线如图3.4-9所示。可见：

（1）自1991年以来的30余年里，主坝坝体浸润线一直处于较低位置，整体上在42.00～45.00m高程之间波动，仅个别观测数据异常，不同断面之间的测值相近，与自动监测结果的变化规律一致。

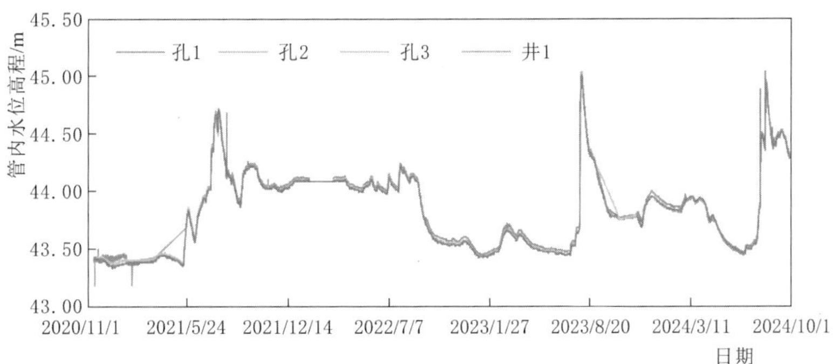

（a）测压管水位变化过程线

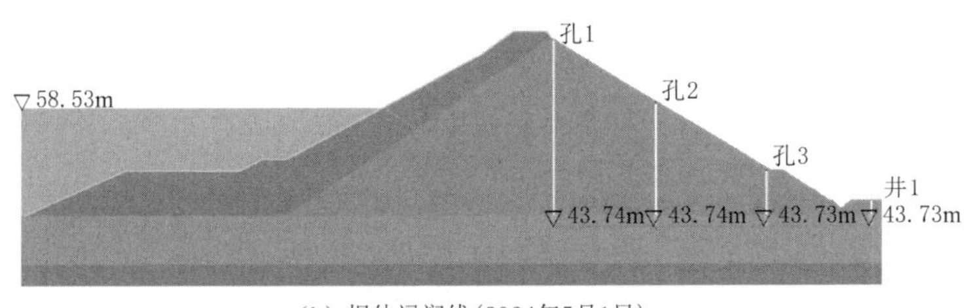

（b）坝体浸润线（2024年5月1日）

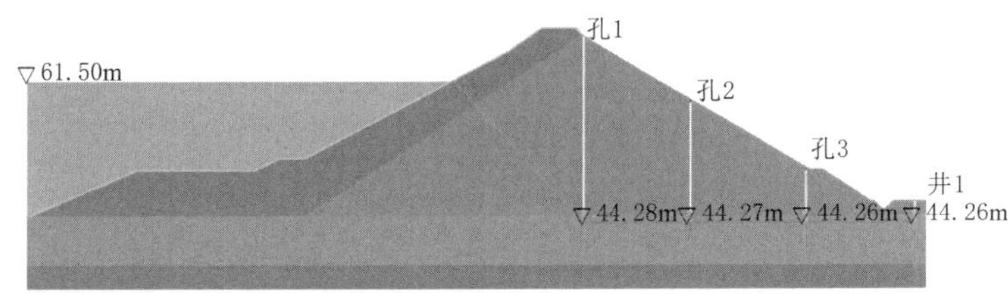

（c）坝体浸润线（2024年9月30日）

图 3.4-6　主坝 0+247.6 断面测压管水位变化曲线示意图

（孔口高程：1 号孔 67.32m，2 号孔 59.29m，3 号孔 51.31m，1 号井 48.62m）

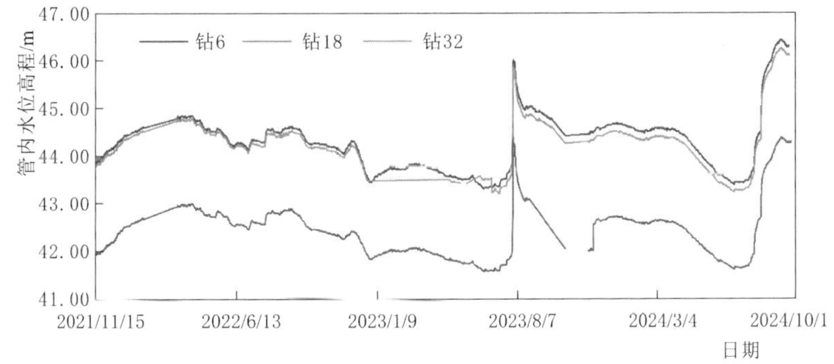

图 3.4-7　主坝坝基测压管水位变化曲线

（孔口高程：钻－6，50.21m，钻－18，49.92m，钻－32，48.76m）

（2）坝基水位自 1999—2007 年持续下降，2015 年以后开始逐步回升，与地下水位升高有关。

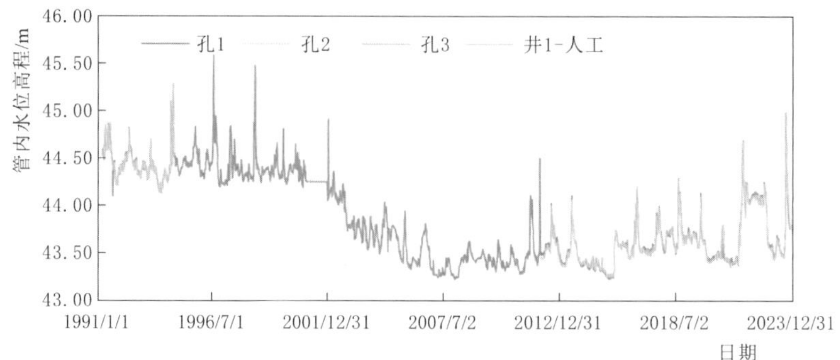

图 3.4-8 主坝 0+247.6 断面测压管水位变化曲线
(孔口高程：1 号孔 67.32m，2 号孔 59.29m，3 号孔 51.31m，1 号井 48.62m)

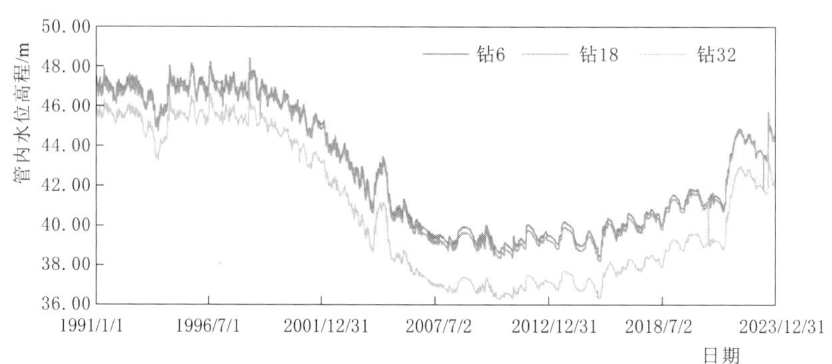

图 3.4-9 主坝坝基测压管水位变化曲线
(孔口高程：钻—6，50.21m，钻—18，49.92m，钻—32，48.76m)

(3) 监测结果表明，坝体内的浸润线处于坝基以下，符合一般规律，大坝防渗体系完好。

3.4.3.4 人工和自动监测数据对比分析

图 3.4-10 为主坝 1 号孔自动监测与人工监测时程曲线对比图，其余测孔对比结果如附图 12.1 所示。从图中可知，除个别点外，自动监测与人工监测曲线基本重合，通过对比，认为自动化监测手段具备替代人工监测的条件。

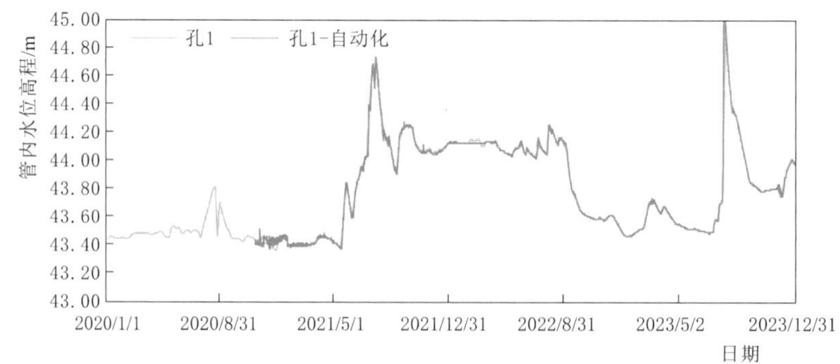

图 3.4-10 主坝 1 号孔自动监测与人工监测时程曲线对比图

3.4.4 副坝渗流监测资料分析

3.4.4.1 一副坝渗流监测结果分析

一副坝在 2020 年埋设了 2 个测压管，2021 年 9 月进行了自动化升级改造，2021 年 10 月开始进行渗流数据的人工和自动监测，同年 11 月上旬对高程数据进行了校准。图 3.4-11 为一副坝测压管水位变化曲线。可见：

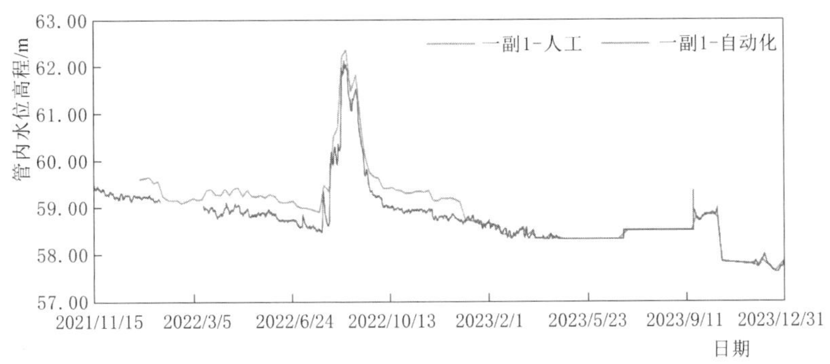

图 3.4-11 一副坝测压管水位变化曲线

（一副 1，近坝顶，管顶高程 67.86m，管底高程 56.26m）

2021 年以来，一副坝测压管水位大部分时间在管底附近。汛期测压管水位显著升高，2022 年 6—10 月期间近坝顶测压管水位达 62.50m（同期怀柔水库库水位为 56.00～61.50m），出现测压管水位高于库水位现象。

一副坝下游已回填，实测测压管水位低于下游地面高程。考虑到排水棱体已被填埋，且坝体下游坡面采用浆砌石护坡，排水不畅，结合本次勘察结果，坝体填土基本处于饱和状态。虽然能够表明坝体和坝基防渗性能良好，但是长期饱和不利于坝体的稳定，需要加强下游坡面排水。

3.4.4.2 二、三副坝和长副坝渗流监测结果分析

二副坝和长副坝在 2020 年埋设了 2 个测压管，2021 年 9 月进行了自动化升级改造，2021 年 10 月开始进行渗流数据的人工和自动监测，同年 11 月上旬对高程数据进行了校准。三副坝早期布置有 3 个人工监测点，并在 2021 年进行了自动化升级改造。二、三副坝和长副坝的渗流监测结果如附图 12.1 所示。

（1）二副坝和三副坝人工与自动监测结果基本一致，人工监测结果略高。管内水位大部分时间在管底附近，汛期测压管水位有所升高，但幅度不大。考虑到排水棱体已被填埋，坝体下游坡面采用浆砌石护坡，排水不畅，结合本次勘察结果，坝体填土基本处于饱和状态，坝体和坝基防渗性能良好，但是长期饱和不利于坝体的稳定，需要加强下游排水措施。

（2）长副坝下游已回填至设计洪水位以上，下游坡面采用植草护坡，护坡良好，无渗流安全隐患，测压管水位大部分时间在管底附近。根据已有监测资料分析，长副坝 1 号、2 号、4 号测点的人工与自动监测结果偏差较大，最大偏差超过 3.0m；3 号测点的人工与自动监测结果基本一致，3 号、5 号、6 号测点人工和自动监测结果数据缺失较多，测时

重合部分的人工与自动监测结果基本一致。建议后续监测过程中加强 1 号、2 号、4 号测点的人工和自动监测结果的复核工作，并做好各监测点的数据保存工作。

3.4.5 东、西溢洪道渗流监测资料分析

怀柔水库西溢洪道上游侧布置 5 个测压管，2020 年进行自动化升级改造。西溢洪道测压管水位过程线如图 3.4-12 所示。可见：

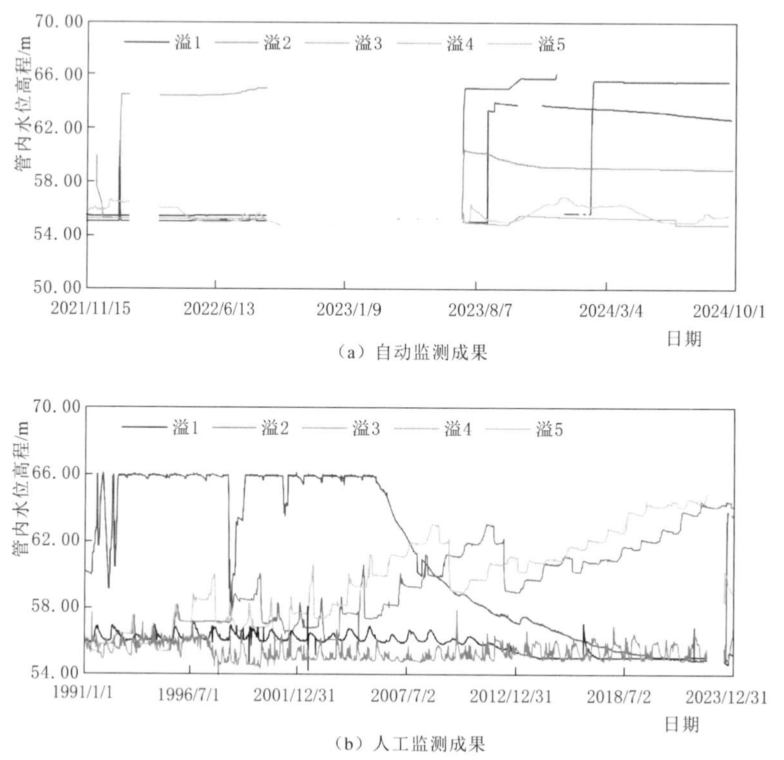

（a）自动监测成果

（b）人工监测成果

图 3.4-12 西溢洪道测压管水位过程线

（1）测压管溢 1、溢 2 和溢 3 的水位自动监测结果在 60.0m 以上，明显高于库水位，与实际情况不符；溢 4 和溢 5 的水位在 55.00m 左右，低于库水位，符合一般规律。

（2）测压管溢 4 和溢 5 的人工监测结果在 55.0～56.0m，与自动监测结果基本一致；溢 2 和溢 3 的管内水位在 2003 年后逐年上升，且高于库水位，与实际情况不符；溢 1 的管内水位 2006 年以前保持在 66.0m 左右，高于库水位，与实际情况不符，2007 年后逐渐下降至 55.0m 左右，符合实际情况。

（3）根据监测资料和运行情况分析，西溢洪道的基底压力正常。但近两年测压管溢 1 的自动监测结果出现异常，溢 2 和溢 3 的人工和自动监测结果均异常，需要尽快查找原因并解决。

怀柔水库东、西溢洪道消力池内各布置 1 个测压管，2020 年进行自动化升级改造。东、西溢洪道消力池测压管水位过程线如图 3.4-13 所示。可见：

（1）东、西溢洪道消力池内测压管水位人工和自动监测结果基本一致，两个测压管内

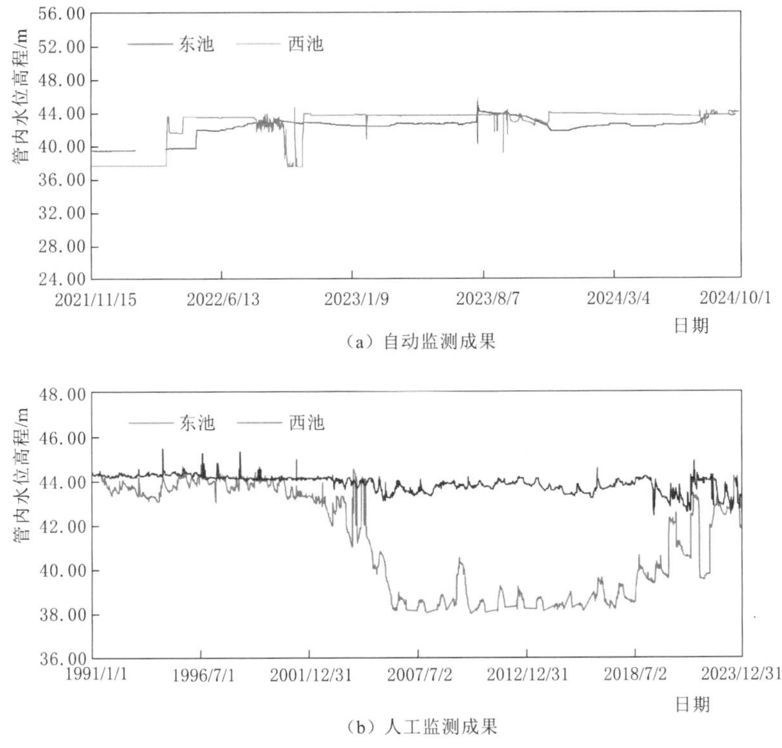

(a) 自动监测成果

(b) 人工监测成果

图 3.4-13 东、西溢洪道消力池测压管水位过程线

的水位均在 44.0m 左右，可采用自动监测替代人工监测。

(2) 东溢洪道消力池尾坎高程 43.70m，池内水位在 43.70m 左右，2021 年以来，人工和自动监测得到的测压管水位在 44.0m 左右，符合实际情况，但是 2005—2020 年人工观测得到的测压管水位在 39.0m 左右，与实际情况出入较大。

(3) 西溢洪道消力池尾坎高程 42.50m，人工监测和自动监测得到的测压管水位在 44.0m 左右，略高于消力池尾坎高程，可能是由于消力池下游排水孔堵塞导致。

3.5 大坝安全性态评估

3.5.1 结论

(1) 怀柔水库主坝及副坝共设置了 40 个渗流人工监测点（含 2020 年新增 12 个）、11 个水平位移人工监测点、24 个垂直位移人工监测点。截至 2022 年年底，已完成全部渗流监测点的自动化升级改造，并新增 15 个自动化变形监测点，测点布置合理，所有监测设施基本正常，监测数据符合连续性、一致性、相关性等原则。已建立的怀柔水库大坝安全监测分析平台运行良好。测点数量、监测设施、监测平台和监测数据可靠性等总体满足 SL 551—2012《土石坝安全监测技术规范》要求。

(2) 怀柔水库的巡视检查分为日常检查、定期检查和特别检查三类，日常检查每日 2

次；定期检查在每年的汛前、汛后、输水期前后、冰冻期和融冰期；遇到特殊情况时进行特别检查。怀柔水库的坝体表面变形监测，每年人工监测2次，在5月、10月进行，即汛前和汛后，自动监测点可实时获得表面变形数据。怀柔水库的渗流监测，人工监测时，每月1日和6日进行，库水位超过61.5m时，每日监测1次；库水位出现56m、58m、61.5m时，当天加测一次，升级为自动监测后，可实时获得渗流监测数据。监测频次满足SL 551—2012《土石坝安全监测技术规范》要求。

（3）怀柔水库管理所按照北京市京密引水管理处的要求，于每年3月底前完成上一年度的大坝监测资料整编工作，满足SL 551—2012《土石坝安全监测技术规范》要求。

（4）根据人工和自动监测资料分析：①坝体表面沿上下游和左右岸的水平位移以及沉降，呈波动性变化，无增大趋势、大跳跃和不连续现象，大坝自1990年坝体加高后，运行至今超过30年，坝顶最大累计沉降小于60mm，不足总坝高的0.3%，下游坡下部的最大累计沉降小于25mm，坝体沉降不会影响大坝的安全运行，符合一般规律，也表明怀柔水库主坝变形已经稳定。②怀柔水库主坝坝体内的实测浸润线一直处于较低位置，且均在坝底以下，与运行期大坝下游未见明显渗水相符；2024年汛后的库水位较汛前提高近3m，而坝后测压管内的水位仅较汛前高约0.5m，各监测断面的测压管水位基本一致，相差在1m以内，表明主坝渗流场稳定，防渗体系完好。③怀柔水库各副坝下游均已回填，实测的测压管内水位大部分时间在管底附近，低于下游地面高程，坝体和坝基防渗性能良好。④自动监测与人工监测数据基本一致，具备采用自动化监测手段替代人工监测的条件。

根据SL 258—2017《水库大坝安全评价导则》，怀柔水库的监测资料变化规律正常，测值在经验值及规范、设计、试验规定的允许值内，运行过程中无异常情况，大坝安全性态正常。

3.5.2 存在的问题

（1）怀柔水库一、二、三副坝的下游排水棱体已填埋，上、下游坡面采用浆砌石护坡，坝体内排水不畅，结合勘察结果，坝体填土基本处于饱和状态，不利于坝体的稳定，应加强坝体和下游坡面排水措施。

（2）自2023年11月1日起，主坝坝体表面位移自动化观测点的测值波动幅度有增大趋势，整体变化量在±5mm左右，甚至出现个别极值超过±10mm。可能是监测基站受到新建高塔影响或GNSS天线被遮挡。

（3）长副坝1号、2号、4号测点的人工与自动监测结果相差较大，3号、5号、6号测点人工和自动监测结果数据缺失较多。后续监测过程中需要加强1号、2号、4号测点的人工和自动监测结果复核，并完善数据保存机制。

（4）近两年，西溢洪道的测压管溢1的自动监测结果出现异常，溢2和溢3的人工和自动监测结果均异常，水位自动监测结果在60.0m以上，高于库水位，与实际情况不符，需要复核监测结果并排查原因。

（5）西溢洪道消力池人工监测和自动监测得到的测压管水位略高于消力池尾坎高程，需要检查消力池下游排水孔是否堵塞。

第4章

工 程 质 量 评 价

4.1 评价目的、内容和方法

1. 评价目的

工程质量评价的目的是复核工程的施工质量是否符合国家现行规范、标准要求，检查工程运行以来质量方面的实际情况和所发生的变化情况，收集工程运行中暴露的质量问题，判别工程能否安全运行。

2. 评价内容

根据 SL 258—2017《水库大坝安全评价导则》，对于水库大坝，工程质量评价应包括的内容是：①评价大坝工程地质条件及基础处理是否满足现行规范要求；②评价大坝工程质量现状是否满足规范要求；③根据运行表现，分析大坝工程质量变化情况，查找是否存在工程质量缺陷，并评估其对大坝安全的影响；④为大坝安全评价提供符合工程实际的参数。

怀柔水库兴建于 1958 年，于 2014 年开展了首次安全评价，至今已达到十年，期间，部分规范、标准进行了更新，且在 2023 年遭遇“23·7”流域性特大洪水。根据怀柔水库的实际情况，确定本次工程质量评价的重点是：

（1）对于主坝和各副坝，复核坝基处理、筑坝材料选择与填筑、坝体结构、防渗体施工及坝体与坝基、岸坡及其他建筑物的连接等是否符合现行规范、标准要求；查找是否存在影响工程安全的隐患和缺陷，评估其对大坝结构和渗流稳定的影响。

（2）对于东、西溢洪道，输水隧洞，峰山口输水闸和防洪闸，水库进水闸，结合已收集的资料，评价建设期工程质量是否满足规范要求，运行中暴露的缺陷是否进行处理，通过混凝土和金属结构安全检测，查找是否存在新的缺陷，评估其对工程安全运行的影响。

3. 评价方法

本次工程质量评价综合运用了现场检查法、历史资料分析法、钻探试验法和安全检测法，在资料和成果分析的基础上对大坝和各泄、输水建筑物的工程质量进行综合评价。

（1）现场检查法。2024 年 7 月 9 日北京市京密引水管理处组织熟悉怀柔水库工程基本情况的水工、管理、岩土、施工、金属结构等专家开展了怀柔水库大坝现场安全检查工作。

（2）历史资料分析法。本次安全评价查阅了相关档案资料，收集了 1958 年兴建时的工程地质勘探总结、设计图纸及基本工作总结，1964年改建工程扩大初步设计，1987年隧洞出口闸设计说明及图纸，1987年提高防洪工程初步设计及竣工验收资料，2003年长副坝加固工程及竣工资料，历次加固及维护工程资料，1959—2024年的监测资料、2014年水库大坝安全评价资料等。由于水库建成时期较早，能够收集到的资料有限，且相关的总结较为简单，也存在部分图纸或文件缺失现象。

（3）钻探试验法。针对主、副坝进行了钻探和原位试验，并取芯进行室内试验，以获得必要的技术参数，评价坝体质量。

（4）安全检测法。针对主、副坝，采用表面波法和探地雷达法，进行了坝体质量无损检测；对泄、输水建筑物进行了混凝土结构检测和金属结构检测。

4.2 坝体工程质量评价

4.2.1 主坝工程质量评价

4.2.1.1 建设期主要工程施工质量总结

1. 坝体填筑施工质量总结

《怀柔水库基本工作总结》（1958年8月）记载，怀柔水库工程建设工期仅4个月，为保证工程质量，坝体填筑按照当时的规范进行施工，并建立了质量控制制度。

《怀柔水库提高防洪标准工程主坝（砂砾料、黏土填筑）施工总结报告》（1990年5月）记载，主坝加高施工过程中，主坝坝体下游砂砾料填筑采用后退法施工，铺料厚度80cm，牵引式振动碾碾压，灌水法测定土样体积，计算压实度，取样合格后允许实施下一道工序。坝体砂砾料填筑量为28.6万m^3，共取控制样527个，允许上料点527个，上坝合格率100%，单样控制方量543m^3。根据砂砾料取样检验成果，砂砾料干密度在1.62～2.12g/cm^3之间。黏土斜心墙填筑采用进占法施工，羊足碾碾压，铺土厚度30～35cm，环刀法取样检验。含水量采用三次酒精燃烧法测定，平均干密度1.68g/cm^3。黏土斜心墙填筑2.1万m^3，控制取样243个，上坝合格率100%。

《怀柔水库主坝加高及西上坝路工程》（1990年6月）记载，水库提高防洪标准工程主坝加高施工内容包括新旧坝体结合部位开挖处理、主坝67.00m高程以上及西上坝路砂砾料填筑、黏土填筑等。工程于1989年11月18日开工，1990年5月31日坝体填筑达到67.00m高程。完成的主要工程量为：土石方开挖3.49万m^3，回填黏土2.16万m^3，回填砂砾料10.05万m^3，施工中严格按《碾压式土石坝施工技术规范》《怀柔水库提高防洪标准工程主坝施工技术规程》等执行，实行全面质量管理，施工中取样试验870个，上坝合格率100%。施工单位于1990年6月12日提交全部验收资料，设计部门认为施工质量达到优良标准，工程验收结果：符合设计要求。根据施工检测记载的数据分析，坝体压实度控制标准为不小于0.7，满足设计和规范要求。

2. 坝基工程地质条件

根据《怀柔水库工程地质勘探总结》（1958年8月）和《怀柔水库改建工程扩大初步设计》（1964年1月）记载，坝址区岩石种类不多，构造简单，但风化破碎比较严重，加上人工开挖破坏作用，导致工程地质条件复杂化。坝基工程地质情况为：坝轴线位置河床宽度约 1000m，全部为第四纪冲积层覆盖，最厚达到 54m，勘探孔揭露范围内的地层自上而下可分为七层：

第①层为零星分布的砂质黏土和细砂层，厚度约为 2m。

第②层为砂卵石层，一般厚度为 6～7m（右岸较薄，左岸较厚），砂卵石中砂的含量占 50%，多为中砂及粗砂，并有砂的透镜体，具有明显的交错层构造。该层为大坝基础，在大坝建成后沉降量不大，是大坝的主要持力层。该层渗透系数较大，建设期地下水位高程为 43.0～44.0m，野外抽水试验测定渗透系数为 0.23cm/s，为主要漏水层。为防止渗漏，修建时做截水槽处理。

第③层为砂质黏土层，厚度约 4m，层底平均高程约为 36.0m，分布较为普遍，由左岸到右岸均有分布，最厚的地方为坝轴线的位置。该层由上游向下游逐渐变薄，最薄处为 1m 左右。土体为褐色，粘塑性大，能搓成 2mm 的土条，塑性指数为 9.0～17.0，渗透系数为 $(2.6\sim5.7)\times10^{-7}$cm/s，天然含水量为 20%～30%，内摩擦角 20°～30°，黏聚力 20～40kPa，大坝的防渗斜墙与该层黏土相连。

第④层为砂卵石层，厚度约 8.0m，遍布于整个河床中，含砂量较第一层少，约占 30%。卵石直径较大，渗透系数为 $(5.78\sim11.6)\times10^{-2}$cm/s，由于有黏土层相隔，库水通过本层渗漏比较困难。

第⑤层为砂质黏土层。该层分布不均，最厚达 6.0m，在左右端夹有两个砂卵石透镜体，本层黏土渗透系数较第③层更低，室内测定渗透系数为 5.44×10^{-8}cm/s，天然含水量 30%～40%，塑性指数 15.0～20.0，内摩擦角 15°～20°，黏聚力约 40kPa。

第⑥层为砂卵石层，该层含卵石较多，粒径较大，一般为 20cm，最大可达 30～40cm，含砂量较少，渗透系数约为 5.78×10^{-2}cm/s，为有压含水层。

第⑦层为坡积层，最厚达 20m，由黏土及碎石组成，其中碎石以安山岩为主，下层为基岩，系安山岩与石灰岩，在右岸有角砾岩，其中安山岩比较风化和松散，风化厚度约为 15m，石灰岩比较完整，节理发育，砾石棱角明显，多为薄层灰岩及砂页岩，主要为钙质与凝灰质胶结，节理发育，并有 5m 厚风化层，风化带内有填充。

3. 坝基和坝肩处理

《怀柔水库改建工程扩大初步设计》（1964 年 1 月）记载，坝基第②层砂卵石层为主要漏水层，为防止渗漏，采用截水槽处理，黏土斜墙与该层下部的相对隔水层相连。在坝基清理过程中，曾发现左坝肩有一片 60～70m² 的淤泥层，层厚 2m，因工期紧张，经设计研究决定，不作挖除，采用挖槽回填砂砾料的网状桩基法处理。经长期运行检验，尤其是经过大洪水和 1976 年唐山大地震考验，该部位没有明显的变形迹象，处理措施基本合理。

坝址右岸坝肩为石灰岩，山脊狭窄，最薄处只有 1.0m，坝肩附近有严重风化的安山岩和石灰岩接触带，且灰岩本身有溶洞。左岸坝肩为安山岩，节理发育，风化极严重，坝肩与岩石接触处的岩石表面比较完整且坚硬。因溢洪道与坝肩只相距 1～2m，风化带中的岩石松散、软弱，遇水后立即变成泥状，抗压强度小，除采用混凝土墙连接土坝外，还把此部分岩石用混凝土或浆砌块石保护，防止库水入渗，影响坝体稳定。从运行表现看，坝肩处理措施有效。

4.2.1.2 工程质量检查结果分析

1. 坝基

工程建设期坝基施工质量、2014 年安全评价和本次安全评价复核结果对比见表 4.2-1，坝基钻孔取样照片如图 4.2-1 所示。可见：

表 4.2-1 工程建设期坝基施工质量、2014 年安全评价和本次安全评价复核结果对比

<table>
<tr><th rowspan="2">阶段</th><th colspan="2">坝基条件</th><th colspan="3">坝基处理</th></tr>
<tr><th>勘探成果（自上而下）</th><th>成果对比</th><th>处理措施</th><th>规范要求</th><th>评价</th></tr>
<tr><td>工程建设期</td><td>第①层：零星分布的砂质黏土和细砂层，厚度约为 2m。
第②层：砂卵石层，一般厚度为 6～7m。
第③层：砂质黏土层，厚度约 4m，层底平均高程约为 36.0m，局部较厚，分布较为普遍，为相对隔水层。
第④层：砂卵石层，厚度约 8.0m，遍布于整个河床中</td><td>—</td><td rowspan="3">①挖除表层杂物。
②上游布置截水槽防渗，防渗斜墙与相对隔水层-粉质黏土层相连，且向上游延展 22m，作为水平铺盖，主坝防渗斜墙</td><td rowspan="3">①坝基范围内应清除草皮、树根等杂物。
②坝基范围应清除或处理其强度低、高压缩及易液化土层。
③土质防渗体应坐落在相对不透水坝基上。
④防渗可采用明挖回填截水槽，布置上游防渗铺盖等</td><td rowspan="3">钻孔勘察结果表明：①坝基未见草皮、树根等杂物，未见软弱土层。
②粉质黏土层渗透系数为 10^{-5}cm/s，可作为相对隔水层。
③大坝运行状况良好，下游未见渗漏水现象。
④坝基处理满足规范要求</td></tr>
<tr><td>2014 年安全评价复核</td><td>第①层：砂卵石层，一般厚度为 7.5～8.2m。
第②层为粉质黏土层，厚度为 3.7～11.7m。
第③层：碎石、卵石层：厚度为 4～5m，中间夹薄粉质黏土层</td><td>基本一致</td></tr>
<tr><td>2024 年安全评价复核</td><td>第①层：卵石、碎石层，局部夹中粗砂层，厚度为 3～7m。
第②层：粉质黏土层，厚度为 1.5～9m。
第③层：卵石、砾石、块石层：厚度大于 4m，未揭穿</td><td>基本一致</td></tr>
</table>

(a) 高程43.00～48.00m段

(b) 高程38.00～43.00m段

图 4.2-1 坝基钻孔取样照片

（1）本次钻孔勘察揭露的坝基地层条件与2014年安全评价和水库大坝建设期描述的地层分布情况一致。

（2）主坝建设时进行了清基，上游布置截水槽防渗，防渗斜墙与相对隔水层（粉质黏土）相连，且向上游延展22m，下游布置了堆石排水体。

（3）钻孔勘察结果表明，坝基未见草皮、树根等杂物，粉质黏土层渗透系数为10^{-5}cm/s，可作为相对隔水层。水库运行期间下游未见渗漏现象，坝基防渗性能良好。

综合评价：主坝坝基处理满足SL 274—2020《碾压式土石坝设计规范》要求。

2. 坝壳料和防渗体

主坝筑坝材料为砂砾料，防渗斜墙为黏土斜墙。坝壳料和防渗体施工质量、2014年安全评价和本次安全评价复核结果对比见表4.2-2，坝体钻孔取样照片如图4.2-2所示。可见：

表4.2-2　坝壳料和防渗体施工质量、2014年安全评价和本次安全评价复核结果对比

阶段	坝壳料			防渗体		
	设计/复核成果	规范要求	评价	设计/复核成果	规范要求	评价
工程建设期	①筑坝材料为砂砾料。 ②高程50.00m以上相对密度0.70，高程50.00m以下相对密度0.75			防渗土料为黏土		
2014年安全评价复核	①筑坝材料以砂砾料为主，夹有碎石、砂等。 ②设计相对密度0.70～0.75	相对密度不低于0.75，浸润线以下适当提高	满足设计要求，不满足现行规范要求，但不影响运行安全	①防渗土料为粉质黏土。 ②渗透系数10^{-6}cm/s量级。 ③平均压实度96%	①压实度大于98%。 ②渗透系数不大于10^{-5}cm/s。 ③有机质含量不大于2%	①渗透性满足规范要求。 ②压实度不满足现行规范要求，但不影响运行安全
2024年安全评价复核	①筑坝材料以砂砾料为主，夹有碎石、粗砂、块石等。 ②设计相对密度0.70～0.75			①防渗土料为粉质黏土。 ②渗透系数10^{-6}cm/s量级。 ③压实度95%～99%		

（1）主坝坝壳料为砂砾料，夹有碎石、粗砂等，原设计相对密度指标为0.70～0.75，满足设计要求，不满足现行SL 274—2020《碾压式上石坝设计规范》要求。

（2）主坝防渗土料为粉质黏土，渗透系数10^{-6}～10^{-7}cm/s量级，满足SL 274—2020《碾压式土石坝设计规范》要求，干密度为1.65～1.75g/cm^3，室内击实试验最大干密度1.74～1.76g/cm^3，压实度为95%～99%，满足设计要求，不满足现行规范要求。

（3）坝体质量无损检测结果表明，大坝坝体的填筑质量较好，没有明显的缺陷，局部相对不密实区域分布不连续，不会影响大坝安全运行。

(a) 高程63.00～68.00m段

(b) 高程58.00～63.00m段

(c) 高程53.00～58.00m段

(d) 高程48.00～53.00m段

图 4.2-2 坝体钻孔取样照片

综合评价：怀柔水库大坝建成年代较早，坝体主要填筑指标满足设计要求。随着筑坝技术的发展，规范更新，主要指标要求提高，虽然坝壳料和防渗料的压实度略低于 SL 274—2020《碾压式土石坝设计规范》，但是防渗体的防渗性能良好，且大坝运行期间未见明显的变形、渗漏等现象，因此，评价认为坝壳料和防渗体的质量较好。

3. 坝体与坝基、东西溢洪道连接

主坝曾于 2009 年在左岸与东溢洪道连接部位出现垂直于坝轴线的裂缝，经开挖探查未发现沿深度方向的延展，其原因可能是土石坝的填筑材料与东溢洪道混凝土结构为两种压缩性差异较大的材料，在东溢洪道建成后短期内需要变形协调，长期运行后变形趋于稳定，因此不再有新裂缝产生。

2014 年安全评价和本次安全评价均未发现主坝与东、西溢洪道连接处有裂缝出现，已布置的渗压计未见水位升高现象，也未见下游有渗水现象，因此，评价认为坝体与坝基、东西溢洪道的连接较好，建议日常巡视检查时对连接部位重点关注。

4. 坝体结构

主坝为黏土斜墙砂砾石坝，上游坡面采用砌石护坡，厚度 500mm，护坡下设砂砾石层和中砂垫层，厚度分别为 400mm 和 600mm，以下为黏土斜墙，黏土斜墙下部设有反滤层，厚度 500mm。下游护坡采用干砌石，厚度 300mm，坝趾设有堆石排水体及排水沟。坝体结构布置符合 SL 274—2020《碾压式土石坝设计规范》要求。

4.2.1.3 工程质量评价

根据 SL 258—2017《水库大坝安全评价导则》和 SL 274—2020《碾压式土石坝设计规范》，评价认为：

（1）主坝建设时进行了清基，钻孔勘察未见坝基有草皮、树根等杂物；坝基以下粉质黏土层的渗透系数为 10^{-5}cm/s，可作为相对隔水层，坝体防渗斜墙与相对隔水层相连，并向上游延展 22m；大坝下游布置堆石排水体；水库运行期间，下游未见渗漏现象，坝基处理满足要求。

（2）主坝建成年代较早，坝体主要填筑指标满足设计要求。随着筑坝技术的发展，规范更新，主要指标要求提高，考虑到防渗体防渗性能良好，且水库运行期间，主坝未见明显的变形、渗漏等现象，坝体质量无损检测结果也表明，大坝没有明显质量缺陷，局部相对不密区域范围较小，因此虽然坝壳料和防渗料的压实度略低于现行规范要求，但是总体上坝壳料和防渗体的质量较好，不会对工程安全运行产生严重影响。

（3）主坝曾于 2009 年在左岸与东溢洪道连接部位出现垂直于坝轴线的裂缝，经开挖探查未发现沿深度方向的延展，回填处理至今，未见有新裂缝出现和下游渗水现象，坝体与坝基、东西溢洪道的连接较好，建议日常巡视检查时重点关注连接部位。

（4）坝体结构布置符合规范要求。

4.2.2 一、二、三副坝工程质量评价

4.2.2.1 建设期主要工程施工质量总结

怀柔水库一、二、三副坝于 1958 年 5 月陆续开工，1958 年 8 月完工。《怀柔水库基本工作总结》（1958 年 8 月）记载，怀柔水库兴建时，为了保证工程质量，先进行技术交底，再按照规范施工，并建立了质量控制制度，但是本次安全评价未收集到当时的施工质量检测数据。

4.2.2.2 工程质量检查结果分析

1. 坝基

坝基施工质量、2014 年安全评价和本次安全评价复核结果对比见表 4.2-3，一、二、三副坝坝基钻孔取样照片如图 4.2-3 所示。可见：

（1）本次钻孔勘察揭露的各副坝坝基地层条件与 2014 年安全评价和水库大坝建设期描述的地层分布情况基本一致。

（2）各副坝建设时进行了清基，钻孔勘察结果表明，坝基未见草皮、树根等杂物，坝基隔水性好。其中：

一副坝坝基以下 10m 范围内以粉质黏土、黏质粉土、砂质粉土等为主，渗透系数 10^{-4}～10^{-5}cm/s 量级。

二副坝坝基以下 5m 范围内，上部为粉质黏土、黏质粉土层，渗透系数 10^{-5}cm/s 量级，下部为全风化安山岩。

表 4.2-3　　坝基施工质量 2014 年安全评价和本次安全评价复核结果对比

坝段	阶段	坝基条件		坝基处理		
		勘探成果（自上而下）	成果对比	处理措施	规范要求	评价
一副坝	工程建设期	未收集到详细地质资料，以粉砂、中砂、黄土（黏砂）等为主，清基至 55.00m 高程后筑坝	—	挖除表层杂物	①坝基范围内应清除草皮、树根等杂物。 ②坝基范围应清除或处理其强度低、高压缩及易液化土层。 ③土质防渗体应坐落在相对不透水坝基上	钻孔勘察结果表明： ①坝基未见草皮、树根等杂物，未见软弱土层。 ②一副坝粉质黏土层渗透系数为 10^{-4}～10^{-5}cm/s 量级，可作为相对隔水层。 ③二副坝粉质黏土层渗透系数 10^{-5}cm/s 量级，可作为相对隔水层。 ④三副坝粉质黏土层渗透系数 10^{-6}cm/s 量级，可作为相对隔水层。 ⑤大坝运行状况良好，下游未见渗漏水现象。 ⑥坝基处理满足规范要求
	2014 年安全评价复核	第①层：砂质粉土层，厚度约 1.8m 第②层：黏质粉土层，厚度约 5.2m 第③层：粉质黏土层，厚度约 5.8m 第④层：碎石层，厚度大于 6m，未揭穿	基本一致			
	2024 年安全评价复核	第①层：粉质黏土、黏质粉土层，厚度约 0.5m 第②层：砂质粉土层，厚度约 1m 第③层：粉质黏土层，厚度约 4m 第④层：黏质粉土层，厚度大于 4m，未揭穿				
二副坝	工程建设期	未收集到详细地质资料，以黄土（黏砂）及坡积碎石组成，坝肩为风化岩	—			
	2014 年安全评价复核	第①层：黏质粉土、粉质黏土层，厚度约 6.4m 第②层：砂质粉土层等，厚度约 1.0m 第③层：粉质黏土层，厚度约 1.5m 第④层：砂质粉土层，厚度大于 2m，未揭穿	基本一致			
	2024 年安全评价复核	第①层：粉质黏土、黏质粉土层，厚度约 4.3m 第②层：全风化英安岩，厚度大于 5m，未揭穿	钻孔靠近坝肩，岩面较浅			
三副坝	工程建设期	未收集到地质资料，以风化安山岩为主，上部有薄黄土（黏砂）和碎石，清基至 46.00m 高程后筑坝	—			
	2014 年安全评价复核	第①层：粉质黏土层，厚度 1.1m 第②层：强风化安山岩，厚度大于 5m，未揭穿	基本一致			
	2024 年安全评价复核	第①层：粉质黏土、黏质粉土层，厚度约 3.5m，部分钻孔未揭露 第②层：强风化安山岩，厚度大于 5m，未揭穿				

（a）一副坝（高程48.00～53.00m段）

（b）一副坝高程46.00～48.00m段

（c）二副坝（高程52.00～58.00m段）

（d）三副坝（高程48.00～53.00m段）

（e）三副坝（高程43.00～48.00m段）

图 4.2-3　一、二、三副坝坝基钻孔取样照片

二副坝坝基以下为粉质黏土、黏质粉土层或全一强风化安山岩，渗透系数 10^{-5} cm/s。

(3) 各副坝为均质土坝，下游布置了排水棱体，现已填埋。水库运行期间下游未见渗漏现象，坝基防渗性能良好。

(4) 2014 年安全评价发现三副坝坝趾外侧 80m 处有由于附近管道排污出现积水，本次安全评价未发现下游积水。

综合评价，坝基处理满足 SL 274—2020《碾压式土石坝设计规范》要求。

2. 坝体填筑质量

一、二、三副坝为均质土坝，筑坝材料相对不均，坝体施工质量2014年安全评价和本次安全评价复核结果对比见表4.2-4，一、二、三副坝坝体钻孔取样照片如图4.2-4所示。可见：

表4.2-4 坝体施工质量2014年安全评价和本次安全评价复核结果对比

坝段	阶 段	设计/复核成果				规范要求	评价
		干密度/(g/cm^3)	塑性指数/%	渗透系数/(cm/s)	压实度/%		
一副坝	工程建设	未收集到相关资料				压实度大于98%	不满足现行规范要求，但不影响运行安全
	2014年安全评价复核	1.71～1.80	7.5～13.5	10^{-5}	—		
	2024年安全评价复核	1.63～1.76	16.7～20.0	10^{-6}	93～100		
二副坝	工程建设	未收集到相关资料					
	2014年安全评价复核	1.65～1.74	13.6～19.9	10^{-5}	—		
	2024年安全评价复核	1.61～1.76	15.7～18.9	10^{-5}	92～100		
三副坝	工程建设	未收集到相关资料					
	2014年安全评价复核	1.62～1.74	17.5～17.6	10^{-6}	—		
	2024年安全评价复核	1.58～1.73	15.6～17.8	10^{-6}	92～100		

(a) 一副坝(高程63.00～68.00m段)

(b) 一副坝(高程58.00～63.00m段)

(c) 二副坝(高程63.00～68.00m段)

(d) 二副坝(高程58.00～63.00m段)

图4.2-4(一) 一、二、三副坝坝体钻孔取样照片

(e) 三副坝(高程63.00～68.00m段)

(f) 三副坝(高程58.00～63.00m段)

(g) 三副坝(高程53.00～58.00m段)

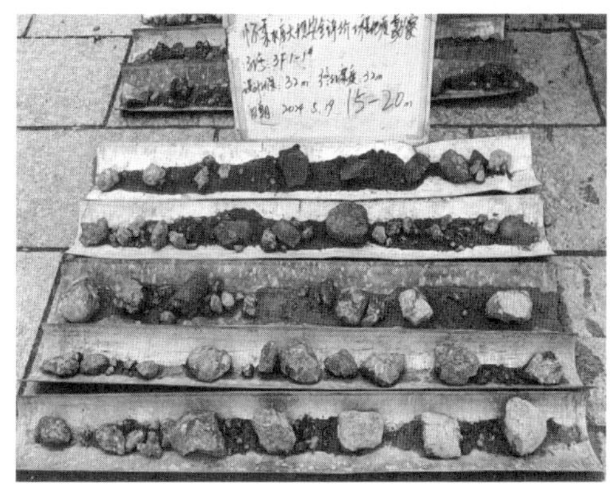

(h) 三副坝(高程48.00～53.00m段)

图 4.2-4 (二) 一、二、三副坝坝体钻孔取样照片

(1) 一、二、三副的坝坝体填筑料以粉质黏土、黏质粉土为主。但是一副坝局部夹有房渣土、砂质粉土，但是厚度不大且分布不均（2个钻孔中，钻孔1F1-1未见分布）；二副坝坝体填筑材料成分相对均匀；三副坝局部夹有块石土、卵石土。

(2) 一、二、三副坝的主要筑坝材料的渗透系数为 10^{-5}～10^{-6}cm/s 量级，满足 SL 274—2020《碾压式土石坝设计规范》要求。

(3) 一、二、三副坝的主要筑坝材料干密度为 1.58～1.76g/cm^3，室内击实试验最大干密 1.72～1.75 g/cm^3，压实度 92%～100%，不满足现行 SL 274—2020《碾压式土石坝设计规范》要求。

(4) 坝体质量无损检测结果表明，大坝坝体的填筑质量较好，没有明显的缺陷，局部相对不密实区域主要在坝体上部 2m 范围内，分布不连续，不会影响大坝安全运行。

怀柔水库大坝建成年代较早，随着筑坝技术的发展，规范更新，主要指标要求提高，虽然坝体压实度略低于 SL 274—2020《碾压式土石坝设计规范》，但是大坝运行期间未见明显的变形、渗漏等现象，因此，评价认为坝体的质量较好。

3. 坝体结构

一、二、三副坝均为均质土坝，上、下游坡面均采用砌石护坡。上游护坡下设混合料垫层，一、二、三副坝的垫层厚度分别为700mm、1000mm和1000mm；下游护坡垫层厚度分别为200mm、500mm和500mm，坝趾设有排水棱体，现各副坝下游已填埋，排水棱体不可见。坝体结构布置符合SL 274—2020《碾压式土石坝设计规范》要求。

一、二、三副坝上、下游砌石护坡均已采用水泥砂浆勾缝，影响渗水自由排出坝体，根据钻孔勘察和室内试验结果，坝体填筑料的湿度较大。因此，虽然坝体和坝基防渗性能良好，但是长期饱和不利于坝体的稳定，建议加强坝体和下游坡面排水措施。

4.2.2.3 工程质量评价

根据SL 258—2017《水库大坝安全评价导则》和SL 274—2020《碾压式土石坝设计规范》，评价认为：

（1）一、二、三副坝建设时进行了清基，钻孔勘察未见坝基有草皮、树根等杂物；坝基以下粉质黏土层或全强风化安山岩层的渗透系数为10^{-4}～10^{-5}cm/s，可作为相对隔水层，水库运行期间，下游未见渗漏现象，坝基处理满足要求。

（2）一、二、三副坝的建成年代较早，随着筑坝技术的发展，规范更新，主要指标要求提高。考虑到坝体防渗性能良好，且水库运行期间，各副坝均未见明显的变形、渗漏等现象，坝体质量无损检测结果也表明，各副坝没有明显质量缺陷，局部相对不密区域范围较小，因此虽然坝体的压实度略低于规范要求，但是总体上坝体的质量较好，不会对工程安全运行产生严重影响。

（3）一、二、三副坝的坝体结构布置符合规范要求。但是上、下游砌石护坡均已采用水泥砂浆勾缝，坝体排水不畅导致填筑料的湿度较大。虽然坝体和坝基防渗性能良好，但是长期饱和不利于坝体的稳定，建议加强坝体和下游坡面排水措施。

4.2.3 长副坝工程质量评价

4.2.3.1 建设期主要工程施工质量总结

怀柔水库长副坝于1991年12月开工建设，2003年进行了加固完善，修建了非常溢洪道。

根据《怀柔水库长副坝工程竣工报告》（1992年7月）记载，长副坝为均质土坝，坝体填筑设计干密度为1.65g/cm^3。修建完成后，长副坝工程从外观看，坝面平整，边缘整齐，坡面平顺，底脚规整，各项尺寸符合设计要求，坝基清理彻底，特别是大填方段软基按照设计要求施工，并留有隐蔽工程记录，坝体填筑取样合格率100%，平均干密度1.67g/cm^3，根据各单元工程的抽样检查评定结果，单位工程自评为优良工程。

《怀柔水库提高防洪标准工程新建长副坝施工总结报告》（1992年7月）记载，长副坝坝体填筑质量控制方法为：采用环刀法检测干密度，以0+380～0+550和0+750～0+950两段为重点，土方填筑量12.5万m^3，控制取样364个，上坝合格率100%，单样控制方量343m^3，实测最大干密度1.78g/cm^3，最小干密度1.65g/cm^3，平均干密度1.67g/cm^3。坝体按每100m划为一个单元工程，整个工程共划为12个单元工程，合格1个，优良11个，合格率100%，优良率91.6%。《怀柔水库长副坝工程验收鉴定书》（1992年7月）记载，工程施工符合设计标准，工程质量良好。

《怀柔水库长副坝加固工程竣工验收鉴定书》（2004年9月）记载，主要加固工程包括：坝体加厚、坝顶加宽，新建防浪墙，新建非常溢洪道，坝顶路面硬化。工程验收结论为：该工程已按经过批准的设计文件内容全部完成建设。施工过程中，该工程所有的原材料经过检验和试验全部合格，中间产品以及回填土质量经过检验全部合格。验收委员会认为该工程建设过程符合建设管理程序规定，施工质量保证，资料齐全，符合设计要求，工程质量优良，同意验收，交付管理单位使用。

4.2.3.2 工程质量检查结果分析

1. 坝基

工程建设期坝基施工质量、2014 年安全评价和本次安全评价复核结果对比见表 4.2－5，长副坝坝基钻水取样照片如图 4.2－5 所示。可见：

表 4.2－5 长副坝坝基施工质量 2014 年安全评价和本次安全评价复核结果对比

阶段	坝基条件		坝基处理		
	勘探成果（自上而下）	成果对比	处理措施	规范要求	评价
工程建设期	未收集到地质资料	—	挖除表层杂物	①坝基范围内应清除草皮、树根等杂物。 ②坝基范围应清除或处理其强度低、高压缩及易液化土层。 ③土质防渗体应坐落在相对不透水坝基上	钻孔勘察结果表明： ①坝基未见草皮、树根等杂物，未见软弱土层。 ②粉质黏土层渗透系数为 10^{-5}cm/s 量级，可作为相对隔水层。 ③大坝运行状况良好，下游未见渗漏水现象。 ④坝基处理满足规范要求
2014 年安全评价复核	第①层：中砂层，厚度约 2m 第②层：粉质黏土层，厚度约 8.6m，中间夹有薄细砂层 第③层：黏质粉土层，厚度约 1.9m 第④层：卵石层，厚度大于 10m，未揭穿	基本一致			
2024 年安全评价复核	第①层：砂质粉土层，厚度约 1.0m，部分钻孔未揭露 第②层：粉质黏土、黏质粉土层，中间夹砂性土，厚度4～6m 第③层：重粉质黏土、粉质黏土层，厚度大于 4m，未揭穿				

（a）高程53.00～58.00m段

（b）高程48.00～53.00m段

图 4.2－5 长副坝坝基钻孔取样照片

（1）本次钻孔勘察揭露的长副坝坝基地层条件与 2014 年安全评价描述的地层分布情况基本一致。

（2）长副坝建设时进行了清基，钻孔勘察结果表明，坝基未见草皮、树根等杂物，粉质黏土层渗透系数为 10^{-5}cm/s 量级，可作为相对隔水层。水库运行期间下游未见渗漏现象，坝基防渗性能良好。

综合评价，坝基处理满足 SL 274—2020《碾压式土石坝设计规范》要求。

2. 坝体填筑质量

长副坝为均质土坝，筑坝材料相对不均，坝体施工质量 2014 年安全评价和本次安全评价复核结果对比见表 4.2-6，长副坝坝体钻水取样照片如图 4.2-6 所示。可见：

表 4.2-6　坝体施工质量 2014 年安全评价和本次安全评价复核结果对比

阶　段	设计/复核成果				规范要求	评　价
	干密度 /(g/cm³)	塑性指数 /%	渗透系数 /(cm/s)	压实度 /%		
工程建设	1.65～1.78（设计要求 1.67）	未收集到相关资料			压实度大于 98%	不满足现行规范要求，但不影响运行安全
2014 年安全评价复核	1.72～1.81	11.7～34.9	10^{-5}	—		
2024 年安全评价复核	1.64～1.75	16.7～20.0	10^{-5}	94～100		

(a) 高程63.00～68.00m段

(b) 高程58.00～63.00m段

图 4.2-6　长副坝坝体钻孔取样照片

（1）坝体填筑料以粉质黏土、黏质粉土为主。夹有房渣土和砂质粉土但是厚度不大，且分布不均，3 个钻孔中，钻孔 CF1-1 未见分布。

（2）主要筑坝材料的渗透系数为 10^{-5}cm/s 量级，满足 SL 274—2020《碾压式土石坝设计规范》要求。

（3）主要筑坝材料干密度为 1.64～1.75g/cm³，室内击实试验最大干密 1.75g/cm³，压实度 94%～100%，满足设计和当时的规范要求，不满足现行 SL 274—2020《碾压式土石坝设计规范》要求。

（4）坝体质量无损检测结果表明，坝体的填筑质量较好，没有明显的缺陷，局部相对不密实区域主要在坝体上部 3m 范围内，分布不连续，不会影响大坝安全运行。

怀柔水库大坝建成年代较早，坝体主要填筑指标满足设计和当时的规范要求。随着筑坝技术的发展，规范更新，主要指标要求提高，虽然坝体压实度略低于现行 SL 274—2020《碾压式土石坝设计规范》，但是大坝运行期间未见明显的变形、渗漏等现象，因此，评价认为坝体的质量较好。

3. 坝体结构

长副坝为均质土坝，上游坡面均采用碎石护坡，下游采用植草护坡。由于未收集到全部资料，坝趾是否设有排水棱体不详。现长副坝下游已填埋。除上游护坡形式外，坝体结构布置基本符合 SL 274—2020《碾压式土石坝设计规范》要求。

长副坝上游碎石护坡相对完整，局部有缺失，下游植草护坡结构完整，根据钻孔勘察和室内试验结果，坝体填筑料的湿度较大。虽然坝体和坝基防渗性能良好，但是长期饱和不利于坝体的稳定。建议上游采用浆砌石护坡，加强坝体和下游坡面排水措施。

4.2.3.3 工程质量评价

根据 SL 258—2017《水库大坝安全评价导则》和 SL 274—2020《碾压式土石坝设计规范》，评价认为：

（1）长副坝建设时进行了清基，钻孔勘察未见坝基有草皮、树根等杂物；坝基以下粉质黏土层的渗透系数为 10^{-5}cm/s 量级，可作为相对隔水层，水库运行期间，下游未见渗漏现象，坝基处理满足要求。

（2）长副坝的建成年代相对较早，随着筑坝技术的发展，规范更新，主要指标要求提高。考虑到坝体防渗性能良好，且水库运行期间，长副坝均未见明显的变形、渗漏等现象，坝体质量无损检测结果也表明，长副坝没有明显质量缺陷，局部相对不密区域范围较小，因此虽然坝体的压实度略低于规范要求，但是总体上坝体的质量较好，不会对工程安全运行产生严重影响。

（3）长副坝的坝体结构布置符合规范要求。但是勘察揭露坝体填筑料湿度较大，虽然坝体和坝基防渗性能良好，但是长期饱和不利于坝体的稳定，同时上游碎石护坡局部缺失，建议加强上游护坡以及坝体和下游坡面排水措施。

4.3 泄水建筑物工程质量评价

怀柔水库主要泄水建筑物为东、西溢洪道，本节主要结合工程建设资料、2014 年安全检测结果和本次安全检测结果分析评价工程质量。

4.3.1 东溢洪道工程质量评价

4.3.1.1 建设期主要工程施工质量总结

1. 建设过程

东溢洪道始建于 1958 年。1964 年和 1965 年进行了改扩建维护，重做消力池、更换弧形闸门面板、进行帷幕灌浆加固加强防渗；1988—1991年由于水库提高防洪标准，进行拆除扩建；2018—2022年陆续对闸门下游闸室段及翼墙、渥奇段底板、闸门上游闸室段底板和连接段翼墙等进行防碳化处理，并对启闭机进行更换。

2. 1988—1991年改扩建拆除施工

东溢洪道1988—1991年扩建拆除时采用爆破施工，控制要求为：

（1）坝体震动速度值小于3cm/s，坝基岩石一侧震动速度值小于6cm/s，其余建筑物震动速度值小于5cm/s。

（2）对岩石、浆砌石、混凝土和钢筋混凝土等不同对象采用不同的爆破技术和参数。

（3）岩石爆破开挖的质量标准以爆破前、后岩石声波速度变化率小于15%为合格，欠挖10cm及以上的面积之和不得超过验收面积的10%。

主要的爆破技术措施为：

（1）对于桥梁、闸墩、边墙等混凝土（钢筋混凝土）结构，采用控制爆破技术。

（2）一般岩石开挖采用浅孔梯段爆破技术。

（3）边坡岩石开挖采用预裂与光面爆破技术。

（4）建基面及底板以下1m厚度左右的岩石采用一次爆破技术。

（5）浆砌石拆除爆破，符合松动要求即可。

3. 防渗与排水施工

为解决东溢洪道的渗透问题，采用帷幕灌浆。帷幕灌浆布置在闸前，总计79孔（包括3个检查孔）。钻孔灌浆划分为3序：①孔距：一序孔4m，二序孔2m，三序孔1m，孔底高程39.60m。②灌浆顺序：先灌岩石和混凝土接触段，再自下而上分三段（每段5m）灌浆。③灌浆材料：425号硅酸盐水泥，浆液浓度由10：1～0.6：1。④工艺参数：灌浆钻孔总进尺1484.2m，灌浆段长1321.4m，平均注入灰量0.4kg/m。⑤压水试验：灌浆结束后进行了压水试验检查，平均吸水率为0.0035L/(min・m)，满足设计要求。⑥排水系统：桩号0+018以下至一级消力池，混凝土底板下设有纵横排水沟。排水沟施工时先在大体开挖好的建基面上形成沟槽，沟内装缸瓦管，埋填0.5～3.2cm粒径的石子，沟表面抹水泥砂浆封闭以免浇筑混凝土时漏入水泥砂浆堵塞管道。

4. 混凝土工程

边墙混凝土大部分的设计指标为R200D150，只有0+018～0+091为R150D100；底板混凝土除0−012～0+154为R300D150之外，其余均为R200D150。设计要求0+012～0+154段底板混凝土不掺粉煤灰。混凝土采用搅拌站拌合，罐车或翻斗车运料和泵送入仓。所用原材料为：

（1）水泥：矿渣硅酸盐水泥、普通硅酸盐水泥和波特兰水泥等。水泥进场后取样鉴定，共取样53组，其中12组没有达到原标号的强度要求，进行了降低标号处理。

（2）外加剂和粉煤灰：品质经检验均合格。

（3）骨料：级配为二级（0.5～2cm、2～4cm），骨料的品质符合规范要求。

（4）砂子：含泥量＜3%，细度模数2.4～3.0，密度大于2.55。

（5）钢筋：所用钢筋进场后按规范要求进行了检查，共取样30组，性能指标均满足规范要求；焊接质量检测结果满足要求。

东溢洪道共浇筑混凝土 43000m^3，在浇筑过程中，对混凝土坍落度、含气量进行了测试。①坍落度：取样 1156 个，1140 个合格，合格率 98.6%；②含气量：取样 686 个，556 个合格，合格率 81%；③抗压强度：共取样 197 组，均达到合格标准，其检测结果见表 4.3-1；④耐久性：共取抗冻试件 8 组、抗渗试件 17 组，各组的指标均满足设计要求。

表 4.3-1　东溢洪道混凝土抗压强度检测结果（施工期）　单位：MPa

部位		进口段	闸室段	泄水段	消能段	尾渠段	交通桥
R150	检测数量	6	—	12	—	—	—
	强度值	21.6	—	21.1	—	—	—
R200	检测数量	32	8	10	56	—	—
	强度值	24.9	25.6	26.7	28.0	—	—
R300	检测数量	2	14	15	9	—	3
	强度值	36.7	24.7	35.5	37.9	—	32.4
R100	检测数量	—	—	—	5	2	—
	强度值	—	—	—	14.1	12.8	—
R450	检测数量	—	—	—	—	2	—
	强度值	—	—	—	—	45.4	—

混凝土施工后，对出现的裂缝采用环氧灌浆方式进行了处理。

5. 东溢洪道施工质量

（1）爆破开挖工程：施工质量总体较好，爆破对基岩的影响在允许范围之内，对建筑物的振动影响远小于控制指标要求，爆破质量满足设计要求，开挖后的基础满足溢洪道建基面要求。

（2）帷幕灌浆与排水系统：帷幕灌浆施工方法和工艺符合规范规定，检查孔透水率满足设计要求，帷幕灌浆施工质量合格。混凝土底板下的纵横排水沟施工质量符合设计要求。

（3）混凝土工程：设计指标总体符合规范规定，原材料品质基本合格，混凝土配合比参数与施工工艺合理，抗压强度、抗渗与抗冻等级抽检结果均满足规范与设计要求，混凝土施工质量合格。

4.3.1.2 混凝土质量检测结果分析

本次对东溢洪道混凝土结构进行了外观质量普查以及以下检测：①混凝土强度（回弹法、钻芯法）；②混凝土碳化深度、混凝土保护层厚度和钢筋间距；③混凝土内部质量、水下混凝土外观（水下机器人）等；④并对 2014 年安全评价发现的质量问题进行了复查。

本次检测发现的混凝土主要质量缺陷位置如图 4.3-1 所示。混凝土质量复查结果与 2014 年混凝土质量检测结果对比如图 4.3-2 所示和见表 4.3-2。

（1）东溢洪道在 2018—2022 年陆续进行了混凝土缺陷修复和防碳化处理。本次质量检查和检测结果表明，混凝土结构总体质量较好，强度、保护层厚度和钢筋间距等满足要求，内部无明显质量缺陷。存在的表观缺陷主要是：部分区域涂层滑落、存在个别渗漏点、局部混凝土剥蚀、个别位置露筋等，水下混凝土表面被水藻、杂草覆盖。

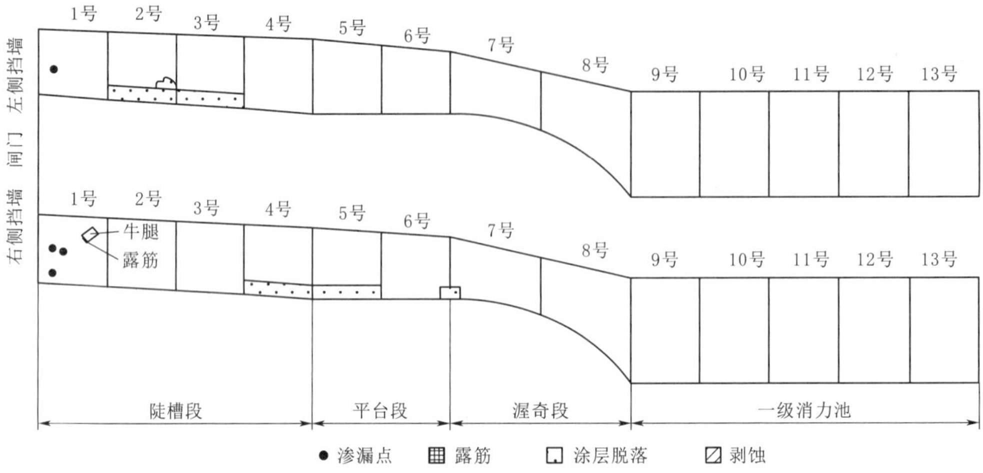

左侧挡墙
1号 2号 3号 4号 5号 6号 7号 8号 9号 10号 11号 12号 13号
闸门
右侧挡墙
1号 2号 3号 4号 5号 6号 7号 8号 9号 10号 11号 12号 13号
牛腿
露筋
陡槽段 平台段 渥奇段 一级消力池

● 渗漏点 ▦ 露筋 ◻ 涂层脱落 ▨ 剥蚀

(a) 闸室下游—一级消力池段边墙

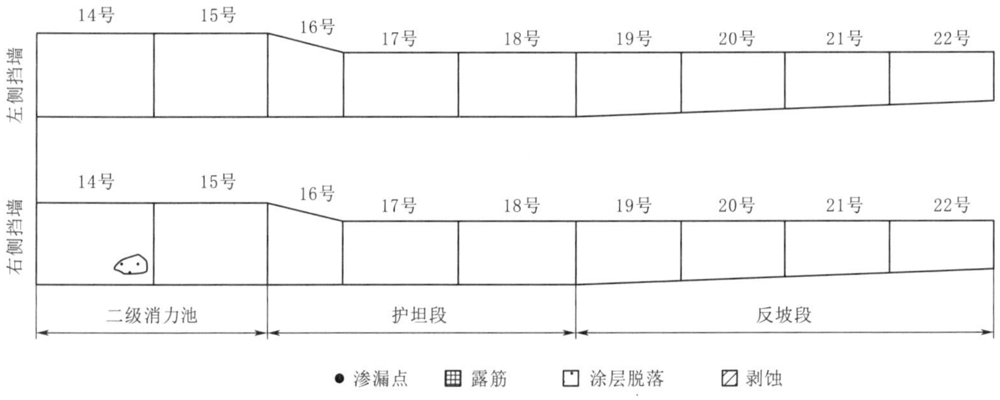

左侧挡墙
14号 15号 16号 17号 18号 19号 20号 21号 22号
右侧挡墙
14号 15号 16号 17号 18号 19号 20号 21号 22号
二级消力池 护坦段 反坡段

● 渗漏点 ▦ 露筋 ◻ 涂层脱落 ▨ 剥蚀

(b) 二级消力池—反坡段边墙

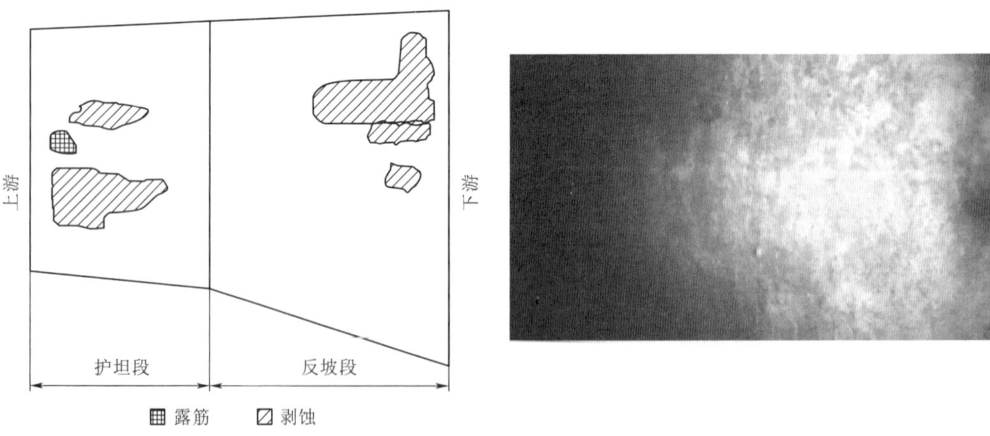

(c) 护坦段和反坡段底板混凝土缺陷位置

(d) 上游侧水下混凝土现状（左边墙）

图 4.3-1 混凝土主要质量缺陷位置示意图

（a）上游侧（2014年）

（b）上游侧（2024年）

（c）下游侧（2014年）

（d）下游侧（2024年）

（e）消力池（2014年）

（f）消力池（2024年）

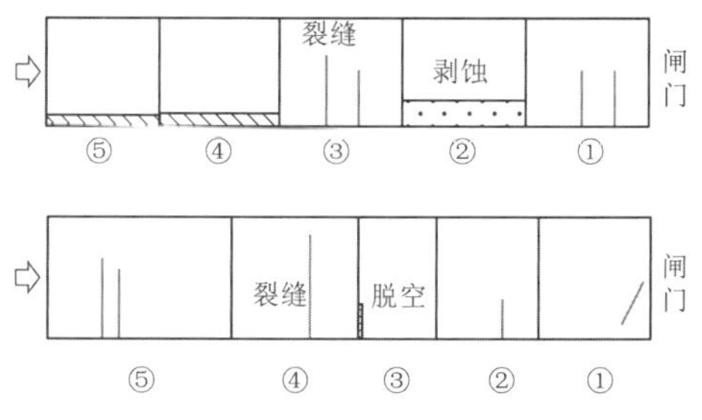

（g）上游侧边墙裂缝（2014年）

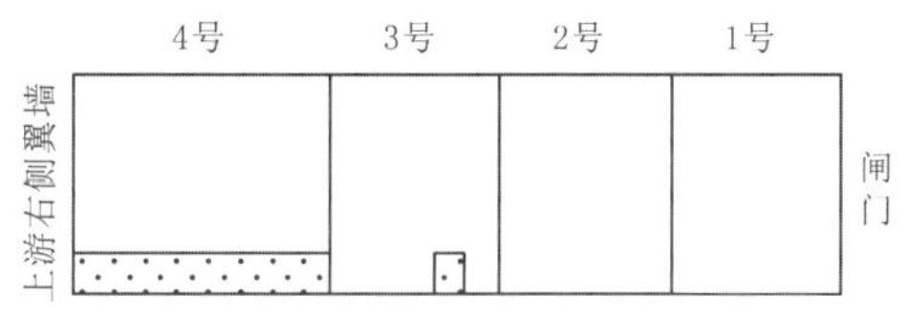

（h）上游侧防碳化涂层脱落（2024年）

图 4.3-2　混凝土质量复查结果与 2014 年混凝土质量检测结果对比

表 4.3-2　　混凝土质量复查结果与 2014 年混凝土质量检测结果对比

项目	2014 年安全检查和检测	2024 年安全检查和检测
外观质量	混凝土外观质量总体较好。 ①混凝土裂缝普遍存在。 上游左侧边墙 4 条，上游右侧边墙 5 条，闸室段左侧墩 3 条，中墩 1 条，右侧墩 2 条，左孔底板 2 条，右孔底板 1 条；泄槽段左边墙 1 条，右边墙 4 条。 ②混凝土表面剥蚀范围大。 上游左侧边墙 2 处；闸室段闸门上游侧左侧墩、中墩、右侧墩底板以上 2.3m 范围内混凝土普遍存在轻微剥蚀；泄槽底板 6 处，剥蚀深度 1～10cm，面积 4～20m^2。 ③下游泄槽和消能段植物生长严重，杂草较多。 ④检测时水位较低，因此未见渗漏水点	混凝土外观总体质量较好。 ①2014 年安全评价时查出的大部分缺陷已得到修复。 ②局部防碳化涂层脱落。 上游右侧边墙 1 处，下游右侧边墙 3 处，左侧边墙 4 处。 ③存在个别渗漏点。 闸室段右边墩 2 处，左孔闸门底坎 1 处。 ④局部混凝土剥蚀、破损。 护坦段、反坡段底板各 1 处，右边墩牛腿支铰位置混凝土破损露筋。 ⑤混凝土水下部分总体完好，下游泄槽段未见杂草
混凝土强度	混凝土强度满足设计要求： ①回弹法：上游边墙 27.0～33.8MPa，闸室段 27.5～43.6MPa，下游翼墙 26.9～34.8MPa。 ②钻芯法：中墩 1 组，平均值 47.5MPa，右墩 1 组，平均值 8.9MPa	混凝土强度检测结果与 2014 年基本一致，满足设计要求。 ①回弹法：闸室段 22.8～45.7MPa，下游翼墙 18.3～28.5MPa，消力池及护坦 27.6～48.8MPa。 ②钻芯法：左边墩取样 1 组，平均值 36.2MPa
保护层厚度	平均值 50～107mm，总体满足设计要求（不同部位，30mm、50mm、80mm）	平均值 55～85mm，总体满足设计要求（不同部位 30～80mm），满足 SL 191—2008《水工混凝土结构设计规范》要求（二类环境，板、墙 25mm，梁、柱、墩 35mm）
碳化深度	平均值 2.5～38.6mm，未超过保护层厚度，但局部碳化深度较大	已进行防碳化保护
钢筋间距	—	平均值 165～312mm，总体满足设计要求（不同部位设计值 150～300mm）
混凝土内部质量	内部质量较好，未见缺陷	内部质量较好，未见缺陷

（2）本次复查了《北京市怀柔水库大坝安全评价报告（2015 年）》中发现的混凝土老化、病害、裂缝等缺陷。复查结果表明，当时存在的缺陷大部分已得到修复。

4.3.1.3　工程质量评价

（1）东溢洪道基础处理的设计、施工和质量控制措施合理，帷幕灌浆施工质量合格；混凝土原材料合格，抗压、抗渗和抗冻等级满足设计要求，混凝土施工质量合格。现状混凝土结构外观质量较好。

（2）本次安全评价结果表明：混凝土强度、保护层厚度、碳化深度及内部质量等指标良好，但是存在局部防碳化涂层脱落、个别渗漏点、小范围混凝土剥蚀等缺陷。上述问题尚未对工程安全运行构成严重影响。

（3）建议：及时修复混凝土质量缺陷，加强运行维护和日常管理。

4.3.2　西溢洪道工程质量评价

4.3.2.1　建设期主要工程施工质量总结

1. 建设过程

西溢洪道始建于 1964 年。1991 年由于水库提高防洪标准，进行改建，将闸门高程由

63.00m提高到64.00m，并加高了裹头混凝土，修建了小型交通桥桥洞、增设新工作桥等；2006年实施了除险加固；2010年更换闸门；2017—2022年陆续对闸门下游底板及翼墙、闸门上游底板和连接段翼墙等进行防碳化处理，2022年将检修闸门改建为浮箱式叠梁，重建启闭机室。

2. 工程建设期施工

西溢洪道修建施工中对工程质量比较重视，施工过程中没有发生较大质量事故。工地专职检查组负责施工质量的管理与检查，对每个工程部位的隐蔽工程，都组织了设计与施工进行检查与验收。检查人员检查确认具备了浇筑混凝土条件后，签发“混凝土开盘证”方可进行混凝土浇筑。虽然高度重视施工质量的管理与控制，但由于施工技术力量薄弱等种种主客观原因，施工过程中依然出现了一些质量问题。西溢洪道工程建设期施工质量缺陷或事故统计及处理方法见表4.3-3。

表4.3-3　西溢洪道工程建设期施工质量缺陷或事故统计及处理方法

序号	工程部位	发生日期	缺陷描述	处理方法
1	闸室底板0+000～0+020.5	1964年4月28日	长1.5m，深10cm，振捣不良，出现蜂窝	凿毛补混凝土处理
2	闸室右边墙0+047～0−055	1964年5月31日	长35cm，宽35cm，深13cm，振捣不良，出现狗洞	
3	预制大梁	1964年6月3日	长95cm，宽24cm，深4～6cm，振捣不良，蜂窝大小5处，其中狗洞一处深20cm	
4	弧形闸门门槽二期混凝土	1964年6月4日	深达25cm，相当于混凝土厚度的5/6，振捣不良，出现狗洞	
5	西边墩弧形闸门上游	浇筑后发现	漏水，振捣不良	墙后回填黏土
6	消力池底板左侧0+53.5～0+68.83	1964年10月7日	长3m，宽80cm，深20cm，振捣不良，出现狗洞	凿毛补混凝土处理
7	消力池右边墙0+084.18～0+101	1964年11月4日	长5m，15～20cm厚，模板走动（外鼓）螺栓不紧	—
8	护坦第二块0+116～0+131	1964年9月9日	长80cm，深20cm，振捣不良，出现狗洞	凿毛补混凝土处理

西溢洪道混凝土强度检测结果表明，混凝土施工质量不太好，有些部位混凝土的强度未达到设计要求，另外一些部位虽然混凝土试件的平均抗压强度满足设计要求，但保证率较低，说明施工质量的均匀性较差。

3. 地基处理及灌浆

（1）地基处理。西溢洪道闸室上游段开挖岩体较为破碎，局部夹有黏性土，大多数为风化岩，基础不够理想。处理措施：①进口底板用砂砾料回填，填筑厚度为30cm，用夯夯实，然后采用C10混凝土填筑到开挖高程；②开挖过程中发现闸室底板存在溶洞，对发现的溶洞采用C10混凝土回填到开挖高程并将闸室部分向左移动2m，避开下部不良地层。地基经处理后，基本满足闸室及泄槽段、消力池等对基础的要求。

(2) 固结灌浆。对溢洪道西边墩底部进行了固结灌浆，固结灌浆采用纯压灌注，共6个孔，平均每孔注灰量14kg。固结灌浆处理后，西边墩底部的基础得到有效的加强。

(3) 帷幕灌浆。为加强溢洪道基础的防渗，设置了帷幕灌浆。灌浆孔孔距2m，高程26～56m，采用自下而上灌注。由于岩层垂直方向节理发育，灌浆中产生绕塞、翻浆现象，串浆现象亦相当普遍。溢洪道东边墙后及坝肩基岩地段为石灰岩，除个别孔表层较破碎外，岩层一般完好，取芯率在75%左右，最高达94%，该段灌浆过程中串浆翻浆情况较少。

西边墙及闸前帷幕灌浆布置钻孔19个，其中Ⅰ序孔11个，Ⅱ序孔8个，灌浆总长度约599m，Ⅰ序孔平均单位注灰量778.25kg/m，Ⅱ序孔平均单位注灰量78.60kg/m。

(4) 底板回填灌浆。为避免溢洪道混凝土底板与基础间存在脱空，在浇筑溢洪道底板混凝土时预埋了2″铁水管，进行回填灌浆。回填灌浆采用纯压灌注法施工，共布置18个灌浆孔，平均单孔注灰量890kg。

4. 2006年维修加固情况

经过50多年的运用，西溢洪道混凝土结构存在以下老化病害现象：①裂缝较大，部分裂缝开度大，长度长，甚至可能为贯穿缝；②闸底板混凝土剥蚀现象严重；③混凝土碳化深度最深达到52.7mm；④混凝土平均强度不足。

因此，在2006年进行了补强加固。2006年补强加固前溢洪道混凝土裂缝情况分布如图4.3-3所示。

加固措施：①采用灌注改性环氧树脂砂浆充填裂缝；②采用粘贴碳纤维布加固混凝土；③在混凝土表面涂刷PCS抗冲磨防碳化涂层；④在溢流面涂刷聚脲防护涂层。加固施工质量总体较好。

4.3.2.2 混凝土质量检查结果分析

本次对西溢洪道混凝土结构进行了外观质量普查以及以下检测：①混凝土强度（回弹法、钻芯法）；②混凝土碳化深度、混凝土保护层厚度和钢筋间距；③混凝土内部质量、水下混凝土外观（水下机器人）等；④并对2014年安全评价发现的质量问题进行了复查。

本次检测发现的混凝土主要质量缺陷位置如图4.3-4所示。混凝土质量复查结果与2014年混凝土质量检测结果对比如图4.3-5所示和见表4.3-4。

(1) 西溢洪道在2017—2022年陆续进行了混凝土缺陷修复和防碳化处理，2022年改造检修闸门为浮箱式叠梁，并重建启闭机室。本次质量检查和检测结果表明，混凝土结构总体质量较好，强度、保护层厚度和钢筋间距等满足要求，内部无明显质量缺陷。存在的表观缺陷主要是：部分区域涂层滑落、局部混凝土剥蚀、右孔闸底板靠近边墩处表面龟裂，下游人行桥有多条裂缝且出现露筋等。水下混凝土面被水藻、杂草覆盖。

(2) 本次复查了《北京市怀柔水库大坝安全评价报告》(2015年) 中发现的混凝土老化、病害、裂缝等缺陷。复查结果表明，当时存在的裂缝和剥蚀缺陷大部分已得到修复。

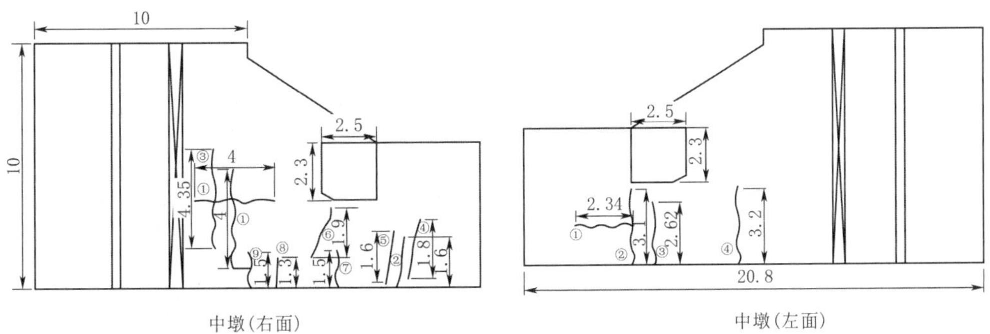

(a) 中墩混凝土裂缝情况（总长34.81m）

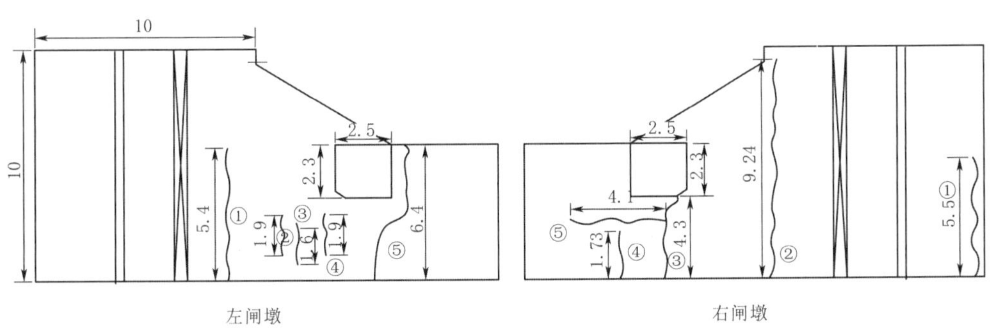

(b) 边墩混凝土裂缝情况(总长42.07m)

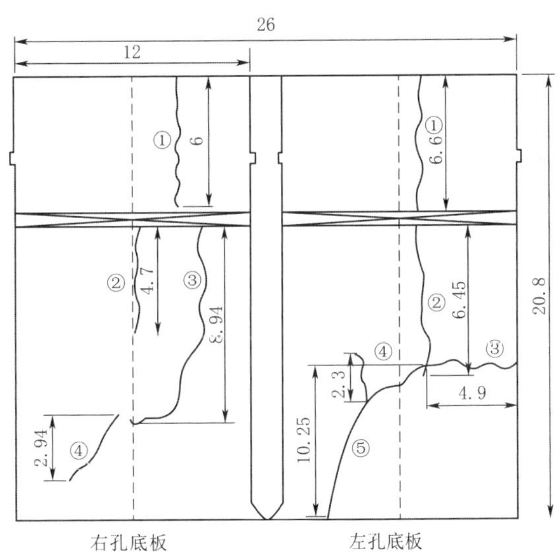

(c) 底板裂缝情况(左孔底板5条，共30.5m；右孔底板4条，共22.58m)

图 4.3-3 2006 年补强加固前溢洪道混凝土裂缝情况/m

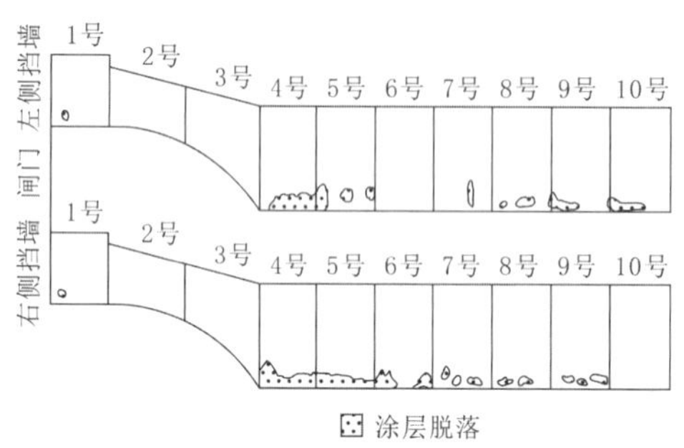

（a）下游挡墙外观缺陷

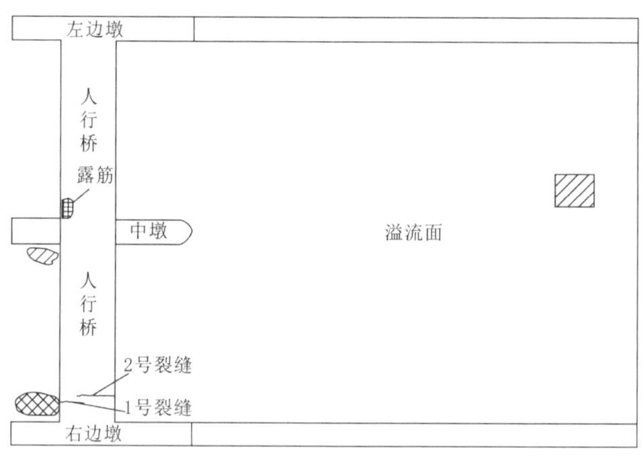

（b）人行桥、闸底板、溢流面外观缺陷

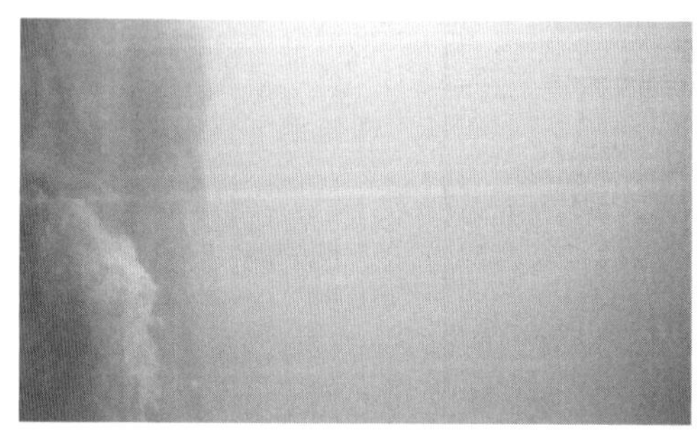

（c）中墩左侧

（d）左孔底板

图4.3-4 混凝土主要质量缺陷位置示意图

(a) 上游侧(2014年)

(b) 上游侧(2024年)

(c) 下游侧(2014年)

(d) 下游侧(2024年)

(e) 溢流面缺陷(2014年)

(f) 溢流面现状(2024年)

图 4.3-5　混凝土质量复查结果与 2014 年混凝土质量检测结果对比

表 4.3-4　　混凝土质量复查结果与 2014 年混凝土质量检测结果对比

项目	2014 年安全检查和检测	2024 年安全检查和检测
外观质量	混凝土外观总体质量尚可。 ①混凝土裂缝较多。上游左侧边墙 3 条，上游右侧边墙 8 条。 ②混凝土表面剥蚀范围大。上游左侧边墙 4 处，深度 1～2cm，面积 25～70m^2；上游左侧边墙 5 处，深度 1～3cm，面积 45～80m^2	混凝土外观总体质量较好。 ①2014 年安全评价时查出的大部分缺陷已得到修复。 ②局部防碳化涂层脱落。左边墩底部 1 处，中墩左、右侧底部各 1 处，右边墩底部 1 处；下游侧 4 号、5 号和 7～10 号边墙靠近水面处，下游右侧 4～9 号边墙靠近水面处。 ③右孔闸底板靠近右边墩位置混凝土表面龟裂，纵横裂缝分布。 ④局部混凝土剥蚀。溢流面 2 处，面积分别约为 1m^2 和 2.6m^2。 ⑤人行桥局部混凝土保护层脱落，有裂缝，露筋现象
混凝土强度	混凝土强度满足设计要求。 ①回弹法：上游边墙 26.1～23.2MPa，闸墩 20.3～25.2MPa，底板 26.1MPa，下游边墙 23.2～25.2MPa。 ②钻芯法：左边墩 1 组，平均值 40.6MPa，中墩 1 组，平均值 38.4MPa	混凝土强度检测结果与 2014 年基本一致，满足设计要求。 ①回弹法：闸室段 20.7～28.5MPa，下游边墙 15.5～28.2MPa，溢流面和底板 28.7～30.6MPa。 ②钻芯法：左侧边墙取样 1 组，平均值 27.2MPa
保护层厚度	平均值 58～82mm，总体满足设计要求（不同部位，30mm、50mm、80mm）	平均值 59～87mm，总体满足设计要求（不同部位 30～80mm），满足 SL 191—2008《水工混凝土结构设计规范》要求（二类环境，板、墙 25mm，梁、柱、墩 35mm）
碳化深度	平均值 0.8～43.1mm，未超过保护层厚度，但局部碳化深度较大	上游边墙和闸室段已进行防碳化保护，下游边墙为 12～18mm，未超过保护层厚度
钢筋间距	—	平均值 151～309mm，总体满足设计要求（不同部位设计值 150～300mm）
混凝土内部质量	—	内部质量较好，未见缺陷

4.3.2.3 工程质量评价

（1）西溢洪道基础开挖及处理质量总体较好，固结、回填、帷幕灌浆施工质量总体合格，建设期间对出现的钢筋混凝土结构施工质量缺陷进行了处理，并在 2006 年进行维修加固。现状混凝土结构外观质量较好。

（2）本次安全评价表明：混凝土强度、保护层厚度、碳化深度及内部质量等指标良好，但是存在局部防碳化涂层脱落、小范围混凝土剥蚀和龟裂、人行桥局部混凝土保护层脱落和露筋等缺陷。上述问题尚未对工程安全运行构成严重影响。

（3）建议：及时修复混凝土质量缺陷，加强运行维护和日常管理。

4.4 输水建筑物工程质量评价

怀柔水库主要输水建筑物为输水隧洞及其进、出口闸，峰山口输水闸和防洪闸，水库进水闸等。本节主要结合工程建设资料、2014 年安全检测结果和本次安全检测结果分析评价工程质量。

4.4.1 输水隧洞及其进、出口闸工程质量评价

输水隧洞及其进、出口闸始建于 1958 年。1964 年改建部分上游进口段及外部衬砌、进水塔与主坝之间的交通道路，闸门略有变形，造成漏水，因此更换了闸门；1987 年为弥补在水源九厂院内蝶形阀门不能调节流量的不足，将出口闸拆除，修建新节制闸，同时在输水隧洞内增加钢板衬砌，钢板厚度 16mm，内壁涂 15mm 水泥砂浆防腐层；2004 年更换进口闸门和启闭机，将闸门改为潜孔式平板闸门。

4.4.1.1 进口闸质量检测结果分析

本次对输水隧洞进口闸混凝土结构进行了外观质量普查以及以下检测：①混凝土强度（回弹法）；②混凝土碳化深度、混凝土保护层厚度和钢筋间距等；③并对 2014 年安全评价发现的质量问题进行了复查。

混凝土质量复查结果与 2014 年混凝土质量检测结果对比如图 4.4-1 所示和见表 4.4-1。

(a) 进口闸整体(2014年)

(b) 进口闸整体(2024年)

(c) 闸门顶工作平台(2014年)

(d) 闸门顶工作平台(2024年)

图 4.4-1（一） 混凝土质量复查结果与 2014 年混凝土质量检测结果对比

(e) 交通桥(2014年)

(f) 交通桥(2024年)

图 4.4-1(二) 混凝土质量复查结果与 2014 年混凝土质量检测结果对比

表 4.4-1 混凝土质量复查结果与 2014 年混凝土质量检测结果对比

项目	2014 年安全检查和检测	2024 年安全检查和检测
外观质量	混凝土外观总体质量较好。 交通桥垫片老化、桥面混凝土剥蚀、桥面板与岸坡连接部位伸缩缝张开，混凝土有缺失等	混凝土外观总体质量良好。 2014 年检查时发现的缺陷已得到修复，未见明显混凝土裂缝、剥蚀等质量缺陷
混凝土强度	混凝土强度满足设计要求。 回弹法：框架立柱及其连系梁大于 40MPa，交通桥 T 型梁约 29.1MPa	混凝土强度检测结果与 2014 年基本一致，满足设计要求。 回弹法：框架立柱及其连梁 31.5～41.2MPa
保护层厚度	平均值 45～58mm，满足设计要求(40mm)。	平均值 45～62mm，满足设计要求，满足 SL 191—2008《水工混凝土结构设计规范》要求（二类环境，板、墙 25mm，梁、柱、墩 35mm）
碳化深度	平均值 0.4～4mm，未超过保护层厚度	已进行防碳化保护，平均碳化深度 1～1.2mm，未超过保护层厚度
钢筋间距	—	平均值 101～136mm，总体满足设计要求（不同部位设计值 100mm）

(1) 本次质量检查和检测结果表明，混凝土结构总体质量较好，强度、保护层厚度、钢筋间距等满足要求，混凝土表面涂有防碳化涂层，未见有明显的混凝土裂缝、剥蚀等质量缺陷。

(2) 本次复查了《北京市怀柔水库大坝安全评价报告（2015 年）》中发现的混凝土剥蚀和裂缝等缺陷。复查结果表明，当时存在的缺陷已基本得到修复。

4.4.1.2 输水隧洞质量检测结果分析

本次对输水隧洞进行了外观质量普查以及以下检测：①混凝土强度（回弹法）；②并对 2014 年安全评价发现的质量问题进行了复查。

本次检测发现的输水隧洞现状典型质量缺陷如图 4.4-2 所示。混凝土质量复查结果与 2014 年混凝土质量检测结果对比如图 4.4-3 所示。

（a）钢板保护砂浆裂缝
（b）水厂检查井洞口混凝土疏松
（c）监测仪器与管体连接处腐蚀
（d）钢板保护涂层脱落

图 4.4-2 输水隧洞现状典型质量缺陷

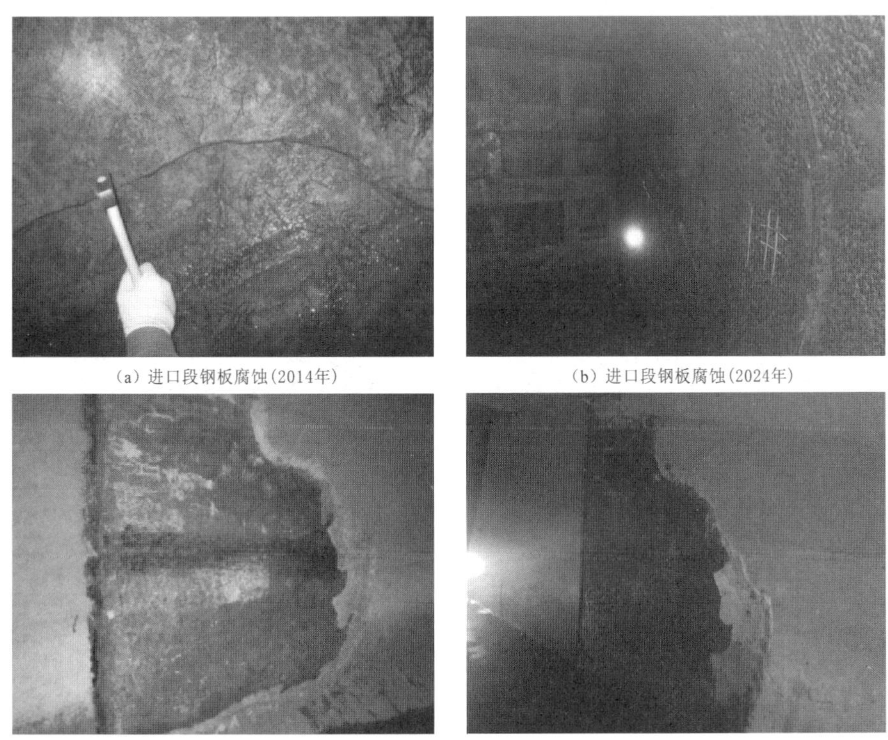

（a）进口段钢板腐蚀(2014年)
（b）进口段钢板腐蚀(2024年)
（c）出口段砂浆保护层脱落(2014年)
（d）出口段砂浆保护层脱落(2024年)

图 4.4-3（一） 混凝土质量复查结果与 2014 年混凝土质量检测结果对比

(e) 洞内蝶阀腐蚀(2014年)

(f) 洞内蝶阀腐蚀(2024年)

图 4.4-3（二） 混凝土质量复查结果与2014年混凝土质量检测结果对比

（1）本次质量检查和检测结果表明，输水隧洞洞内结构总体完整，但进口段和出口段钢板砂浆保护层冲刷损坏或脱落区域加大，且局部有新的裂缝产生，水厂检查井洞口混凝土略有疏松，蝶阀阀体及周边钢管锈蚀加剧，洞内监测仪器虽未见损坏，但与管体连接处腐蚀较重，管壁表面涂层局部脱落。

（2）本次复查了《北京市怀柔水库大坝安全评价报告（2015年）》中发现的保护层砂浆脱落、钢板锈蚀等缺陷。复查结果表明，当时存在的缺陷尚未修复。

4.4.1.3 出口闸质量检测结果分析

本次对输水隧洞出口闸混凝土结构进行了外观质量普查以及以下检测：①混凝土强度（回弹法、钻芯法）；②混凝土碳化深度、混凝土保护层厚度和钢筋间距；③钢筋锈蚀性状、混凝土内部质量、水下混凝土外观（水下机器人）等；④并对2014年安全评价发现的质量问题进行了复查。

混凝土质量复查结果与2014年混凝土质量检测结果对比如图4.4-4所示和见表4.4-2。

(a) 出口闸整体(2014年)

(b) 出口闸整体(2024年)

图 4.4-4（一） 混凝土质量复查结果与2014年混凝土质量检测结果对比

（c）挑檐处混凝土剥蚀（2014年）

（d）挑檐处混凝土剥蚀（2024年）

图 4.4-4（二） 混凝土质量复查结果与 2014 年混凝土质量检测结果对比

表 4.4-2 混凝土质量复查结果与 2014 年混凝土质量检测结果对比

项目	2014 年安全检查和检测	2024 年安全检查和检测
外观质量	①牛腿局部存在钢筋锈蚀并引起混凝土胀裂。 ②交通桥顶面混凝土开裂。 ③翼墙橡胶止水条老化。 ④工作平台挑檐处混凝土剥蚀等	2014 年检查时发现的缺陷已得到修复，牛腿处未见裂缝，但挑檐处仍有混凝土剥蚀现象
混凝土强度	混凝土强度满足设计要求。 ①回弹法：左右边墩、胸墙、翼墙 28.1～35.7MPa，滑道 25.8MPa。 ②钻芯法：左边墩 1 组，平均值 38.2MPa	混凝土强度检测结果与 2014 年基本一致，满足设计要求。 ①回弹法：左右边墩、胸墙、底板、翼墙等，29.5～36.2MPa。 ②钻芯法：左边墩 1 组，平均值 25.6MPa
保护层厚度	平均值 16.3～55.7mm，总体满足设计要求（不同部位，20mm、50mm）	平均值 51～67mm，满足设计要求，满足 SL 191—2008《水工混凝土结构设计规范》要求（二类环境，板、墙 25mm，梁、柱、墩 35mm）
碳化深度	平均值 8.1～42.6mm，其中边墩、胸墙、滑道处略高，未超过保护层厚度	边墩平均碳化深度 16.2～19.9mm，未超过保护层厚度
钢筋间距	—	底板、边墩、翼墙等平均值 198～236mm，总体满足设计要求（200mm），胸墙间距略大，356mm，超出设计要求（200mm）

（1）本次质量检查和检测结果表明，出口闸混凝土结构外观和质量较好，混凝土强度、保护层厚度和钢筋间距等满足要求，牛腿处未见裂缝，但挑檐处仍有混凝土剥蚀现象。

（2）按 SL 258—2017《水库大坝安全评价导则》要求，复查了《北京市怀柔水库大坝安全评价报告（2015 年）》中发现的混凝土老化、病害、裂缝等缺陷。复查结果表明，当时存在的缺陷已基本得到修复。

4.4.1.4 工程质量评价

（1）输水隧洞进、出口闸的外观质量较好，本次安全评价表明：混凝土强度、保护层厚度、碳化深度及内部质量缺陷等指标良好。其中，进口闸未见明显缺陷，出口闸存在工作平台挑檐处混凝土剥蚀等现象。上述问题尚未对工程安全运行构成严重影响。

(2) 输水隧洞钢板衬砌和表面砂浆保护层总体完好，但存在的质量缺陷相对较多。①进口段和出口段钢板砂浆保护层冲刷损坏或脱落区域加大，且局部有新的裂缝产生；②蝶阀阀体及周边钢管锈蚀加剧；③洞内监测仪器虽未见损坏，但是与管体连接处腐蚀较重，管壁表面涂层局部脱落。输水隧洞现常年运行，总体上，隧洞衬砌结构存在的质量缺陷尚未对工程安全运行构成严重影响。

(3) 建议：①及时修复混凝土质量缺陷；②对于输水隧洞，修复洞内监测仪器连接破损部位并进行除锈防腐；③加强运行维护和日常管理。

4.4.2 峰山口输水闸和防洪闸工程质量评价

4.4.2.1 建设期主要工程施工质量总结

1. 建设过程

峰山口输水闸始建于1961年，用于解决怀柔水库输水隧洞放水量不足问题。1965年在上游进行了帷幕灌浆；1991年因怀柔水库防洪标准提升，当水库水位超过63.00m高程后输水闸漫溢，且水位超过64.00m后牛腿承载力不足，故同年在输水闸上游新建防洪闸；2004年对闸室段进行加固，重建启闭机房，更换启闭机和闸门；2014年对输水闸下游连接段边墙进行防碳化处理，加高渠道边坡。

2. 输水闸建设期施工

输水闸闸室混凝土设计标号为C20，扩散段底板混凝土为C15块石混凝土，翼墙为C10块石混凝土。混凝土强度设计指标基本合适，但未对混凝土的抗冻性指标提出要求。查阅原施工资料，输水闸基槽开挖尺寸、闸室几何尺寸符合设计要求，衬砌不平整度在1cm以内，牛腿侧导板定位差很小，满足安装闸门的要求。

输水闸建设期的工程质量基本满足设计和使用要求。但施工中也出现了一些质量问题，如：①闸室混凝土抗压强度90d后才能达到设计要求；②施工中对接缝处理不够妥当，振捣不密实产生了蜂窝，以致闸室侧墙漏水，且处理后仍不能满足防渗要求；③伸缩缝施工处理钢板止水时曾产生裂缝，用氧气补焊，未经试验鉴定是否漏水。

3. 输水闸2004年维修加固

在运行多年后，输水闸混凝土出现了裂缝、碳化、冻融剥蚀等缺陷。2004年，中国水利水电科学研究院对输水闸进行了安全检测与评估，检测结果表明，闸墩混凝土结构的老化状况及存在的主要问题为：

(1) 裂缝：边墩与交通桥相接部位及边墩中部有6条主要裂缝（图4.4-5），且位于左、右边墩上的4条裂缝基本呈对称状态，长27m，平均开度0.7mm，深度约11cm；右边墩的下部还存在混凝土脱浆现象。

(2) 剥蚀：边墩混凝土存在多处剥蚀现象，且较为严重，剥蚀面积达到90cm^2。如左、右边墩第一条施工冷缝以下部位的混凝土剥蚀深度2～3cm；第一条施工冷缝以上约1cm范围内混凝土的剥蚀深度约1.0cm；左边墩牛腿下部位于第一、二条施工冷缝之间的混凝土剥蚀深度2～3cm，且剥蚀面积较大。

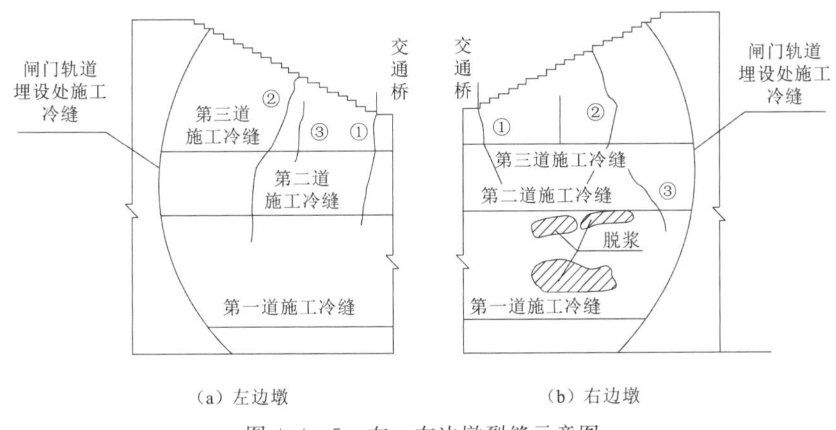

(a) 左边墩　　(b) 右边墩

图 4.4 5　左、右边墩裂缝示意图

(3) 强度：回弹法推定混凝土强度大于 22MPa，满足 C20 混凝土设计要求。但不同构件测得的混凝土回弹值离散性较大，说明混凝土浇筑质量不均匀。

(4) 碳化：混凝土碳化比较严重，平均碳化深度 41.3～49.8mm，接近实际保护层厚度。

(5) 结构缺陷：牛腿部位闸墩的扇形筋数量不满足现行规范承载力要求。

根据检测结果，对输水闸进行了加固和维护处理。处理措施为：

(1) 对左、右边墩裂缝进行化学灌浆补强加固，然后垂直缝向跨缝粘贴 1.0m 长碳纤维，恢复闸墩的整体性。

(2) 对剥蚀严重部位，采用聚合物水泥砂浆抹面处理。

(3) 对混凝土结构进行防碳化处理，水上部位采用防碳化喷涂处理，水下部分进行了涂刷 PCS 柔性防碳化材料。

(4) 采用粘贴碳纤维布的方式加固闸墩，沿弧门推力方向平行布置 3 条 200mm 宽和 1 条 100mm 宽、长 5m 的碳纤维布进行加固，碳纤维布规格为 $300g/m^2$，横截面总面积 $116.7mm^2$。

4. 防洪闸建设期施工

(1) 基础开挖及处理施工。防洪闸边墩侧面是原老边墙的混凝土，在施工开挖时，边墙打预裂孔以减小超挖，清除所有因开挖松动的部位，并在原混凝土上钻孔并植入锚筋。

(2) 混凝土施工。防洪闸混凝土所使用的水泥品质合格，混凝土中的外加剂为松香热聚物引气剂、木质素磺酸钙减水剂、NF－5 高效减水剂及 LH－1 减水剂，外加剂品质合格；所用粗、细骨料均由怀柔县韦里料厂提供，骨料为二级配，粒径 0.5～2cm 和 2～4cm，骨料符合规范要求；砂子含泥量＜3％，细度模数为 2.4～2.56，比重 2.62～2.63，石子含泥量＜1％，比重 2.64～2.70。钢筋为原东溢洪道施工所余钢筋，钢筋经检验全部合格。混凝土施工所采用的工艺为常规的施工工艺，共取 11 试件进行抗压强度检测，取 3 组试件进行抗渗及抗冻检测，检测结果均合格。

混凝土施工中出现了少量质量缺陷，如由于模板拉筋不牢固，造成模板变形，有一小块混凝土表面平整度超过规定，影响了外观质量；闸门槽因支撑强度不够，出现跑模。施工中对出现的质量缺陷已经处理。总体上，防洪闸混凝土工程内部和外部质量均满足设计要求，施工质量合格。

4.4.2.2 输水闸质量检测结果分析

本次对输水闸混凝土结构进行了外观质量普查以及以下检测：①混凝土强度（回弹法）；②混凝土碳化深度、混凝土保护层厚度和钢筋间距等；③并对 2014 年安全评价发现的质量问题进行了复查。

混凝土质量复查结果与 2014 年混凝土质量检测结果对比如图 4.4－6 所示和见表 4.4－3。

(a) 输水闸整体(2014年)

(b) 输水闸整体(2024年)

(c) 输水闸上游边墙(2014年)

(d) 输水闸上游边墙(2024年)

图 4.4－6 混凝土质量复查结果与 2014 年混凝土质量检测结果对比

表 4.4－3 混凝土质量复查结果与 2014 年混凝土质量检测结果对比

项目	2014 年安全检查和检测	2024 年安全检查和检测
外观质量	混凝土外观总体质量尚好。 ①左、右边墩水下及水位变化区防碳化涂层破损严重。 左边墩底部 1.5m 范围内的防碳化涂层全部鼓包，且距闸门下游 6.8m 有 1 条长 6.1m、宽 0.2mm、深 163mm 的竖向裂缝右边墩底部 0.6m 范围内防碳化涂层鼓包。 ②下游翼墙存在混凝土剥蚀现象，最大剥蚀深度 3cm，且有 1 处孔洞，洞深 4cm，面积 20cm×15cm	混凝土外观总体质量尚好。 ①2014 年检查时发现的裂缝等缺陷已得到修复。 ②下游左、右岸边墙的防碳化涂层大范围脱落，水上部分混凝土有一般剥蚀，水位变动区混凝土冲刷剥蚀严重。 ③下游左岸边墙混凝土中度剥蚀、骨料外露等现象

续表

项目	2014年安全检查和检测	2024年安全检查和检测
混凝土强度	混凝土强度满足设计要求。 ①回弹法：左、右边墩24.6～27.8MPa，左翼墙19.3MPa，胸墙14.1MPa。 ②取芯法：右边墩1组芯样，抗压强度平均值31.2MPa	混凝土强度检测结果与2014年基本一致，本次检测略高，满足设计要求。 回弹法：左、右边墩37.8～38.8MPa
保护层厚度	左、右边墩平均值49.1～51.1mm，满足设计要求（50mm）	左、右边墩平均值50～52mm，满足设计要求，满足SL 191—2008《水工混凝土结构设计规范》要求（二类环境，板、墙25mm，梁、柱、墩35mm）
碳化深度	胸墙60.3mm，下游翼墙15.7mm，闸墩小于0.4mm，除胸墙外，其余未超过保护层厚度	已进行防碳化保护，左、右边墩平均碳化深度0.51～1.10mm
钢筋间距	—	左、右边墩192～201mm，满足设计要求（200mm）

（1）本次质量检查和检测结果表明，输水闸混凝土结构外观和质量较好，混凝土强度、保护层厚度和钢筋间距等满足要求，存在的表观缺陷主要是：下游左、右岸边墙的防碳化涂层大范围脱落；水上部分混凝土有一般剥蚀；水位变动区混凝土冲刷剥蚀严重；左岸边墙混凝土中度剥蚀、骨料外露等。

（2）本次复查了《北京市怀柔水库大坝安全评价报告（2015年）》中发现的混凝土防碳化涂层脱落、裂缝、孔洞等缺陷。复查结果表明，当时存在的裂缝、孔洞等缺陷已得到修复。

4.4.2.3 防洪闸质量检测结果分析

本次对防洪闸混凝土结构进行了外观质量普查以及以下检测：①混凝土强度（回弹法）；②混凝土碳化深度、混凝土保护层厚度和钢筋间距；③混凝土内部质量、水下混凝土外观（水下机器人）等；④并对2014年安全评价发现的质量问题进行了复查。

混凝土质量复查结果与2014年混凝土质量检测结果对比如图4.4-7所示和见表4.4-4。

（a）防洪闸整体(2014年)

（b）防洪闸整体(2024年)

图4.4-7（一） 混凝土质量复查结果与2014年混凝土质量检测结果对比

(c) 防洪闸上游边墙(2014年)

(d) 防洪闸上游边墙(2024年)

(e) 右边墩防碳化涂层鼓包(2014年)

(f) 闸墩现状(2024年)

图 4.4-7(二) 混凝土质量复查结果与 2014 年混凝土质量检测结果对比

表 4.4-4 混凝土质量复查结果与 2014 年混凝土质量检测结果对比

项目	2014 年安全检查和检测	2024 年安全检查和检测
外观质量	混凝土外观总体质量尚好。 ①左、右岸翼墙混凝土均有明显剥蚀现象。 ②左边墩靠近上游翼墙处钢筋外露锈蚀，右边墩靠近闸门槽处的防碳化涂层鼓包。 ③左、右胸墙上各有 2 条对称分布的混凝土裂缝。 ④启闭机固定架与排架锚固部位多处混凝土锈胀，1 处钢筋外露，上游栏杆底座混凝土开裂	混凝土外观总体质量较好。 ①2014 年检查时发现的裂缝等缺陷已得到修复。 ②上游翼墙、底板水下混凝土面被水藻、沉积物等覆盖，无法检测混凝土质量
混凝土强度	混凝土强度满足设计要求。 ①回弹法：左、右翼墙 20.3～20.9MPa，边墩、中墩 31.0～52.9MPa，排架柱>60MPa。 ②取芯法：右边墩 1 组芯样，抗压强度平均值 34.6MPa	混凝土强度检测结果与 2014 年基本一致，满足设计要求。 回弹法：胸墙 32.5MPa，排架柱 30.7～33.8MPa
保护层厚度	左、右翼墙和边墩、中墩等平均值 64～78mm，满足设计要求（50mm），排架柱平均值 34～38mm，满足设计要求（30mm）	排架柱平均值 42～50mm，满足设计要求，满足 SL 191—2008《水工混凝土结构设计规范》要求（二类环境，板、墙 25mm，梁、柱、墩 35mm）
碳化深度	左、右翼墙 22.3～22.9mm，边墩、中墩 3.1～4.4mm，排架柱平均值<0.4mm，未超过保护层厚度	已进行防碳化保护，排架柱平均值 1.86～4.60mm
钢筋间距	—	排架柱 109～127mm，满足设计要求（150mm）

（1）本次质量检查和检测结果表明，防洪闸混凝土结构外观和质量较好，混凝土强度、保护层厚度和钢筋间距等满足要求，混凝土内部无明显质量缺陷，上游翼墙、底板水下混凝土面被水藻、沉积物等覆盖。

（2）按 SL 258—2017《水库大坝安全评价导则》要求，复查了《北京市怀柔水库大坝安全评价报告（2015 年）》中发现的混凝土老化、病害、裂缝等缺陷。复查结果表明，当时存在的大部分缺陷已得到修复。

4.4.2.4 工程质量评价

（1）峰山口输水闸和防洪闸的工程施工质量较好，总体满足设计和使用要求。

（2）峰山口输水闸和防洪闸的外观质量较好，本次安全评价得到的混凝土强度、保护层厚度、碳化深度、混凝土内部质量缺陷等检测结果表明，现状混凝土结构质量良好。其中，防洪闸未见明显缺陷，输水闸存在下游左、右岸边墙的防碳化涂层大范围脱落，水上部分混凝土剥蚀程度一般，水位变动区剥蚀较严重，左岸边墙中度剥蚀且有骨料外露等缺陷。总体上，混凝土结构存在的质量缺陷尚不严重影响工程安全运行。

（3）建议修复混凝土质量缺陷，加强运行维护和日常管理。

4.4.3 水库进水闸工程质量评价

水库进水闸始建于 1958 年。1960 年修建京密引水渠一期工程时进行扩建，将进水闸由 2 孔改为 4 孔；1985 年重建新闸，并于 1988 年水库提高防洪标准后加高涵洞上的土堤；2014 年更换闸门及启闭机。

4.4.3.1 质量检测结果分析

本次对水库进水闸混凝土结构进行了外观质量普查以及以下检测：①混凝土强度（回弹法）；②混凝土碳化深度、混凝土保护层厚度和钢筋间距、水下混凝土外观（水下机器人）等；③并对 2014 年安全评价发现的质量问题进行了复查。

混凝土质量复查结果与 2014 年混凝土质量检测结果对比如图 4.4－8 所示和见表 4.4－5。

（a）进水闸上游侧（2014年）

（b）上游翼墙涂层脱落裂缝（2024年）

图 4.4－8（一） 混凝土质量复查结果与 2014 年混凝土质量检测结果对比

(c) 方涵中墩伸缩缝破坏(2014年)

(d) 下游边墙竖向裂缝(2024年)

图 4.4-8(二) 混凝土质量复查结果与2014年混凝土质量检测结果对比

表 4.4-5 混凝土质量复查结果与2014年混凝土质量检测结果对比

项目	2014年安全检查和检测	2024年安全检查和检测
外观质量	混凝土外观总体质量较好。 ①左、右边墩中间伸缩缝局部有破坏,混凝土剥蚀。 ②中墩左、右立面有少量裂缝,但开度不大,长度也较短	混凝土外观总体质量较好。 ①上游左、右岸翼墙防碳化涂层龟裂,且大面积脱落。 ②中墩和边墩下游、下游边墙及护坡有混凝土剥蚀现象。 ③方涵下游侧及下游左侧边墙有竖向裂缝
混凝土强度	混凝土强度满足设计要求。 ①取芯法:方涵1组芯样,抗压强度平均51.3MPa;边墩1组芯样,抗压强度平均值43.4MPa	混凝土强度检测结果与2014年基本一致,满足设计要求。 ①回弹法:闸墩、上下游翼墙等22.8~36.0MPa
保护层厚度	方涵平均值56~63mm,略小于设计要求(70mm),闸墩平均值50~63mm,满足设计要求(50mm)	方涵平均值55~59mm,略小于设计要求,闸墩平均值49~54mm,总体满足设计要求。方涵和闸墩混凝土保护层厚度均满足SL 191—2008《水工混凝土结构设计规范》要求(二类环境,板、墙25mm,梁、柱、墩35mm)
碳化深度	闸墩和方涵的混凝土碳化深度均较小,<0.4mm,未超过保护层厚度	已进行防碳化保护,平均值0.35~0.42mm
钢筋间距	—	闸墩、方涵175~510mm,总体满足设计要求(200mm)
启闭力	小于启闭机额定容量,满足要求	小于启闭机额定容量,满足要求

(1)本次质量检查和检测结果表明,水库进水闸混凝土结构外观和质量较好,混凝土强度、保护层厚度和钢筋间距等满足要求。存在的表观缺陷主要是:上游左、右岸翼墙防碳化涂层龟裂,且大面积脱落,中墩和边墩下游、下游边墙及护坡有混凝土剥蚀现象,方涵下游侧及下游左侧边墙有竖向裂缝。

(2)本次复查了《北京市怀柔水库大坝安全评价报告(2015年)》中发现的混凝土老化、病害、裂缝等缺陷。复查结果表明,经过十年运行后,水闸表观缺陷增多。

4.4.3.2 工程质量评价

（1）水库进水闸的外观质量较好，本次安全评价得到的混凝土强度、保护层厚度、碳化深度等检测结果表明，现状混凝土结构质量良好。经过十余年运行后，水库进水闸的混凝土表观质量缺陷增多，主要表现为上游左、右岸翼墙防碳化涂层龟裂，且大面积脱落，中墩和边墩下游、下游边墙及护坡有混凝土剥蚀现象，方涵下游侧及下游左侧边墙有竖向裂缝。总体上，混凝土结构存在的质量缺陷尚不严重影响工程安全运行。

（2）建议修复混凝土质量缺陷，加强运行维护和日常管理。

4.5 坝后排水管质量评价

主坝下游布置混凝土排水管排泄坝后排水沟中的渗漏水。通过使用管道机器人对管道内部的检查，排水管及管道机器人检测测线布置如图 4.5-1 所示，坝后排水管内部检测结果如图 4.5-2 所示。检查结果表明，混凝土排水管内未见有破损、堵塞、渗漏、错口、变形、脱节等缺陷，但是局部有淤积、树根生长侵入，检查井内壁抹面局部有破损。

（a）排水管

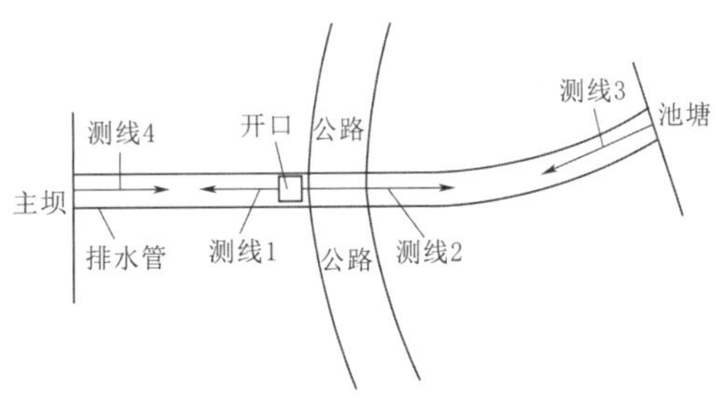

（b）测线布置

图 4.5-1　排水管及管道机器人检测测线布置示结果

（a）测线1进口处淤积(长度约9m)

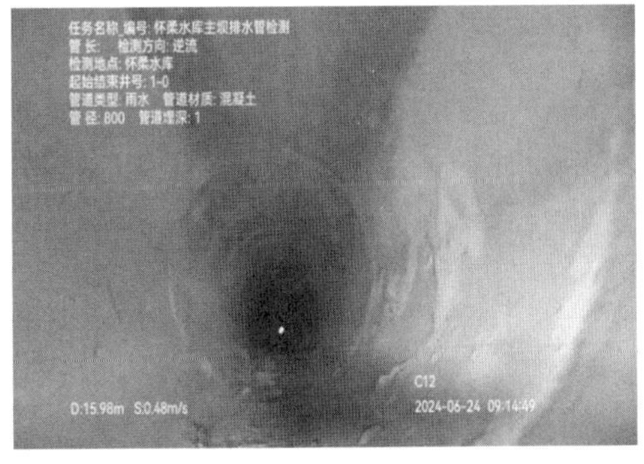

（b）测线1管道内部总体完好

图 4.5-2（一）　坝后排水管内部检测结果

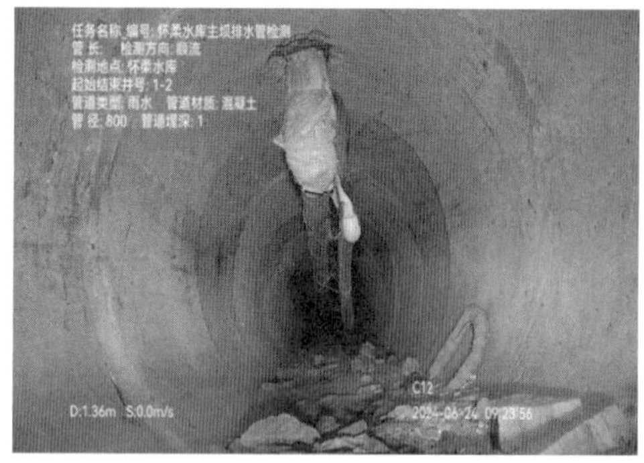

（c）测线2进口处淤积(长度约10m)

（d）测线2管道内部总体完好，但淤积较多

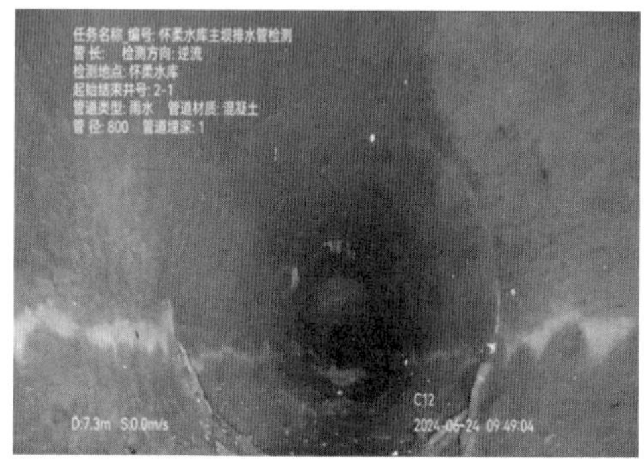

（e）测线3进口处有树根生长侵入

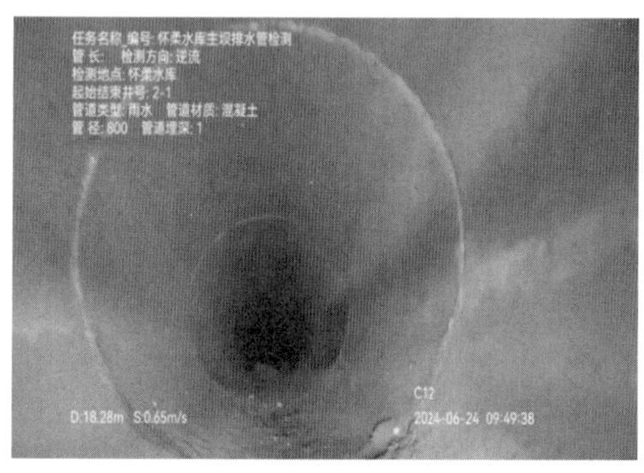

（f）测线3管道内部总体完好

（g）测线4进口处淤积(长度约7m)

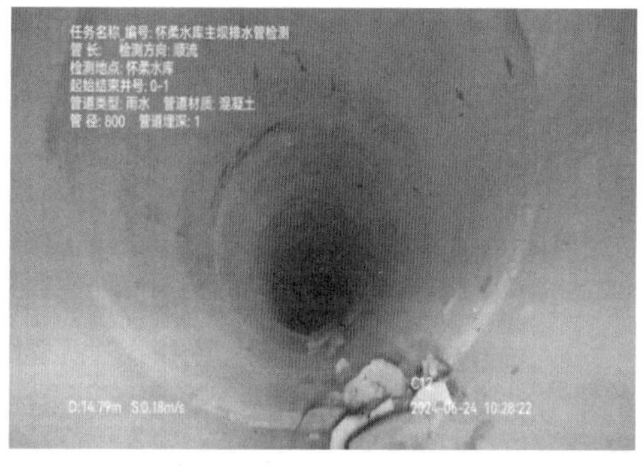

（h）测线4管道内部总体完好，局部淤积

（i）检查井抹面破损

图 4.5-2（二） 坝后排水管内部检测结果

结合怀柔水库运行现状分析，主坝防渗体结构完好，坝后未出现可见渗漏水现象，排水管以排泄坝后排水沟中的雨水为主，现有少量淤积不影响其排水功能。鉴于排水管长度超过 1km，且直径小，人工无法进入，建议择机采用机器人清理。

4.6 工程质量评价结论

4.6.1 挡水建筑物（大坝）

（1）主坝和各副坝建设时均进行了清基，钻孔勘察未见坝基有草皮、树根等杂物，坝基以下有分布连续、渗透系数 10^{-4}～10^{-5}cm/s 量级的黏性土或风化岩相对隔水层，水库运行期间，下游未见明显渗漏水现象，坝基处理满足要求。

（2）主坝的防渗体、各副坝的填筑体防渗性能良好，水库运行期间，未见主坝和各副坝出现明显的变形和坝体渗漏现象，坝体质量无损检测结果也表明大坝没有明显的质量缺陷，局部相对不密实区域范围较小，分布不连续。主、副坝主要填筑指标满足原设计或当时的规范要求，主坝和各副坝的填筑质量较好。由于大坝建成年代较早、坝体压实度指标要求提高等因素导致大坝防渗体、坝壳料或坝体的压实度略低于现行规范要求，但是，总体上认为主坝和各副坝的填筑质量较好，不会对工程安全产生严重影响。

（3）主坝防渗斜墙与相对隔水层相连，并向上游延展 22m，坝趾设有堆石排水体及排水沟，上游采用浆砌石护坡，下游采用干砌石护坡；各副坝为均质土坝，一、二、三副坝下游设有排水棱体，长副坝是否设有排水棱体不详，但是现各副坝的下游均已回填至排水棱体以上，排水棱体失效；一、二、三副坝上、下游均采用砌石护坡，且已用砂浆勾缝，长副坝上游采用碎石护坡，下游采用植草护坡。坝体结构布置总体符合 SL 274—2020《碾压式土石坝设计规范》要求。但长副坝的上游护坡形式以及一、二、三副坝下游砌石护坡勾缝但未布置排水孔，影响渗水自由排出坝体，不符合规范要求。根据钻孔勘察结果，各副坝的坝体填筑料湿度较大，长期饱和不利于坝体的稳定，应加强坝体和下游坡面排水。

（4）现场检查发现，主坝和各副坝总体完好，但是存在少量质量缺陷，如防浪墙表层开裂、起皮或破损，墙体下部地面砖块有鼓胀和破损，坝顶路面有表面裂缝；浆砌石局部剥落，碎石护坡破损；坡面有零星植物滋生等，但是总体上不影响大坝安全。

4.6.2 泄水建筑物

怀柔水库的主要泄水建筑物为东、西溢洪道。

（1）东、西溢洪道的基础处理、帷幕灌浆施工、混凝土施工质量合格，现运行状况良好。

（2）东、西溢洪道的现状混凝土结构外观较好，混凝土强度、保护层厚度、碳化深度、混凝土内部质量缺陷等检测结果表明混凝土结构质量良好，存在的表观缺陷主要是：局部防碳化涂层脱落、出现个别渗漏点、小范围混凝土剥蚀等，总体上混凝土结构存在的质量缺陷尚不影响工程安全运行。

（3）本次未收集到东、西溢洪道闸门的设备监造和安装资料，综合闸门运行情况和现场安全检测结果分析，评价认为东、西溢洪道金属结构的制造和安装满足安全运行要求。

4.6.3 输水建筑物

怀柔水库的主要输水建筑物为输水隧洞及其进、出口闸，峰山口输水闸和防洪闸，水库进水闸等。

1. 输水隧洞及其进、出口闸

（1）本次未收集到输水隧洞及其进、出口闸的详细施工资料，结合运行表现，输水隧洞及其进出、口闸的施工质量能够满足建筑物的安全运行。

（2）输水隧洞进、出口闸的外观质量较好，混凝土强度、保护层厚度、碳化深度、混凝土内部质量缺陷等检测结果表明，现状混凝土结构质量良好。其中，进口闸未见明显缺陷，出口闸存在工作平台挑檐处混凝土剥蚀等表观缺陷。总体上，混凝土结构存在的质量缺陷尚不严重影响工程安全运行。

（3）本次未收集到输水隧洞进、出口闸的设备监造和安装资料，综合闸门运行情况和现场安全检测结果分析，评价认为输水隧洞进、出口闸金属结构的制造和安装满足安全运行要求。

（4）输水隧洞钢板衬砌和表面砂浆保护层总体完好，但存在的质量缺陷相对较多。如，进、出口段钢板砂浆保护层冲刷损坏或脱落区域扩大，且局部有新的裂缝产生，蝶阀阀体及周边钢管锈蚀加剧，洞内监测仪器虽未见损坏，但是与管体连接处腐蚀较重，管壁表面涂层局部脱落。输水隧洞现常年运行，总体上，隧洞衬砌结构存在的质量缺陷尚不严重影响工程安全运行。

2. 峰山口输水闸和防洪闸

（1）峰山口输水闸和防洪闸的工程施工质量较好，总体满足设计和使用要求。

（2）峰山口输水闸和防洪闸的外观质量较好，混凝土强度、保护层厚度、碳化深度、混凝土内部质量缺陷等检测结果表明，现状混凝土结构质量良好。其中，防洪闸未见明显缺陷，输水闸存在下游左、右岸边墙的防碳化涂层大范围脱落，水上部分混凝土有一般剥蚀，水位变动区混凝土因冲刷导致剥蚀严重，左岸边墙混凝土中度剥蚀、骨料外露等表观缺陷。总体上，混凝土结构存在的质量缺陷尚不严重影响工程安全运行。

（3）本次未收集到峰山口输水闸和防洪闸的设备监造和安装资料，综合闸门运行情况和现场安全检测结果分析，评价认为峰山口输水闸和防洪闸金属结构的制造和安装满足安全运行要求。

3. 水库进水闸

（1）本次未收集到水库进水闸的详细施工资料，结合运行表现，水库进水闸的施工质量能够满足建筑物的安全运行。

（2）水库进水闸的外观质量较好，混凝土强度、保护层厚度、碳化深度等检测结果表明，现状混凝土结构质量良好。存在的表观缺陷主要是：上游左、右岸翼墙防碳化涂层龟裂，且大面积脱落，中墩和边墩下游、下游边墙及护坡有混凝土剥蚀现象，方涵下游侧及下游左侧边墙有竖向裂缝。总体上，混凝土结构存在的质量缺陷尚不严重影响工程安全运行。

（3）本次未收集到水库进水闸的设备监造和安装资料，综合闸门运行情况和现场安全检测结果分析，评价认为水库进水闸金属结构的制造和安装满足安全运行要求。

4.6.4 坝后排水管

（1）混凝土排水管内未见有破损、堵塞、渗漏、错口、变形、脱节等缺陷，但是局部有淤积、树根生长侵入，检查井内壁抹面局部有破损。

（2）结合怀柔水库运行现状，主坝防渗体结构完好，坝后未出现可见渗漏水现象，排水管以排泄坝后排水沟中的雨水为主，现有少量淤积不影响其排水功能。

4.6.5 评价分级

综合现场检查、历史资料分析、钻探试验和安全检测结果，怀柔水库主、副坝坝基处理满足要求，坝体主要填筑指标满足原设计或当时的规范要求，坝体填筑质量较好。规范标准提升后，坝体填筑压实度略低于现行规范要求，但不影响工程运行安全。副坝下游砌石护坡勾缝但未布置排水孔导致坝体填筑料含水量偏高，大坝防浪墙表层开裂、起皮或破损，浆砌石局部剥落，坡面有零星植物滋生等问题总体上不严重影响大坝安全。各泄、输水建筑物的混凝土施工质量合格，结构外观较好，混凝土结构质量良好，闸门金属结构的制造和安装满足安全运行要求，检查和检测中发现的局部防碳化涂层脱落、小范围混凝土剥蚀、出现个别渗漏点等问题不严重影响输、泄水建筑物运行安全。

根据 SL 258—2017《水库大坝安全评价导则》，评价认为，怀柔水库主、副坝及各泄、输水建筑物的工程质量基本满足设计和规范要求，运行中暴露的局部质量缺陷尚不严重影响工程安全，工程质量评为基本合格。

第5章

运行管理评价

5.1 评价目的和内容

根据SL 258—2017《水库大坝安全评价导则》，运行管理评价的目的是评价水库现有管理条件、管理工作及管理水平是否满足相关大坝安全管理法规与技术标准的要求，以保障大坝安全运行，并为大坝运行管理工作提供指导性意见和建议。

本次运行管理评价根据大坝安全管理法规与技术标准，结合怀柔水库运行管理的各项工作开展实施情况，进行水库运行管理能力、调度运用、维修养护、安全监测等方面的评价等。包括：

（1）评价水库管理体制机制、管理机构、管理制度、管理设施等是否符合《水库大坝安全管理条例》及SL 106—2017《水库工程管理设计规范》的要求。

（2）复核水库调度规程编制、安全监测、应急预案编制、运行大事记、技术档案等工作是否符合相关法规、标准要求，并评估其能否按照审批的调度规程合理调度运用。

（3）复核水库管理单位是否按照相关法规和技术标准要求，制订维修养护计划、落实维修养护经费，对大坝和相关设施进行经常性的养护和修理，使其处于安全和完整的工作状态。

（4）评价水库管理单位是否定期开展大坝安全巡视检查与仪器监测工作，并及时对监测资料进行整编分析，用于指导大坝安全运行。对于具有供水功能的水库，还需要评价其是否定期对水质进行监测。

5.2 运行管理能力评价

5.2.1 管理体制机制

1. 工程管理与保护范围

《北京市人民政府关于划定郊区主要河道保护范围的规定》（1986年印发，2010年修改）和《北京市市属水利工程管理范围、保护范围、清障范围》（1989年印发）对怀柔水库管理保护范围进行了规定。

2020年，为加强北京市河湖水域空间的保护与管理，按照水利部划定河湖管理范围的工作要求，北京市水务局依据《北京市河湖保护管理条例》中关于河湖管理范围、保护范围划定的权责规定，完成京密引水渠、怀柔水库等7项水利工程或湖泊管理范围、保护范围调整划定工作，并经北京市政府批准同意并公告。公告指出，之前规定与此处划定成果不一致的，以本次调整划定成果为准。怀柔水库管理范围和保护范围如图5.2-1所示。

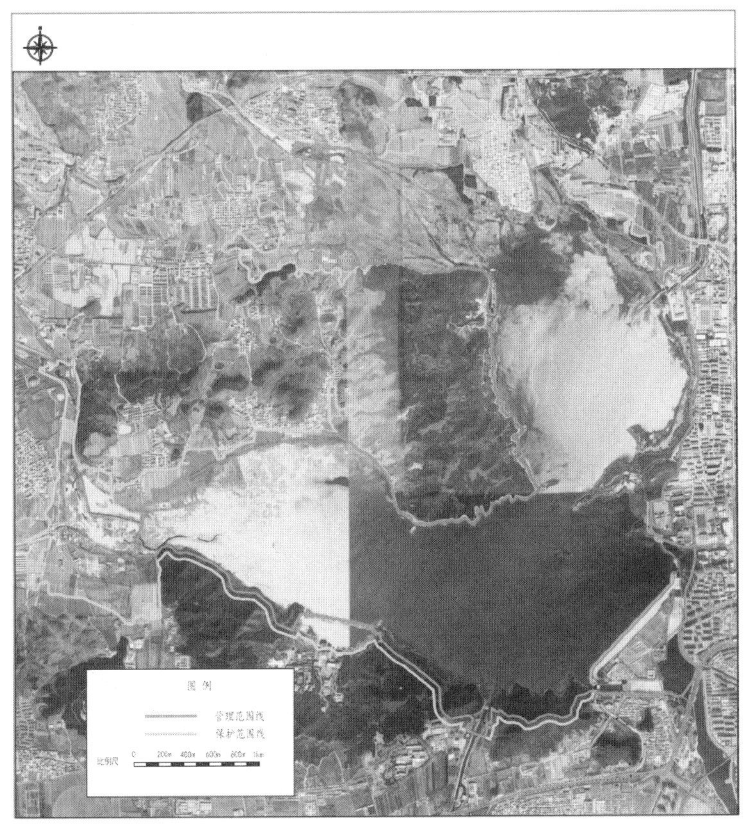

图5.2-1　怀柔水库管理范围和保护范围

2016年，北京市人民政府发布《关于公布密云水库怀柔水库和京密引水渠饮用水源保护区范围的通知》（京政改发〔2016〕55号），对密云水库、怀柔水库和京密引水渠饮用水水源保护区范围进行了公布，怀柔水库饮用水水源保护区范围见表5.2-1。

表5.2-1　　怀柔水库饮用水水源保护区范围汇总表

序号	水源名称	一级保护区范围	二级保护区范围	准保护区范围
1	怀柔水库	怀柔水库主坝分水线、长副坝、怀沙公路、京通铁路、怀黄35千伏高压线、山脊线一圈以内	一级保护区之外至怀柔水库的向水坡范围以内	二级保护区以外上游河道的流域

2. 安全责任制度

怀柔水库已建立以行政首长负责制为核心的大坝安全责任制，明确了政府、主管部门和管理单位责任人。

根据《水利部关于公布2024年全国大型水库大坝安全责任人名单的通知》（水运管〔2024〕119号），怀柔水库政府负责人为北京市副市长，主管部门负责人为北京市水务局一级巡视员，管理单位责任人为北京市京密引水管理处主任（图5.2-2）。

索引号： 111000/2024-00537　　**信息所属单位：** 运管司

发布机构： 水利部　　**成文日期：** 2024年04月21日

名　　称： 水利部关于公布2024年全国大型水库大坝安全责任人名单的通知

文　　号： 水运管〔2024〕119号　　**发布日期：** 2024年04月21日

水利部关于公布2024年全国大型水库大坝安全责任人名单的通知

字体：[大 中 小]

部直属有关单位，各省、自治区、直辖市水利（水务）厅（局），新疆生产建设兵团水利局：

按照《水库大坝安全管理条例》和《水利部关于加强水库安全管理工作的通知》（水建管〔2006〕131号）要求，根据各地报送情况，形成2024年全国744座大型水库大坝安全责任人名单，现予以公布，并对有关事项通知如下。

附件

全国大型水库大坝安全责任人名单

序号	地区	水库名称	政府责任人			主管部门责任人			管理单位责任人		
			姓	单位	职务	姓	单位	职务	姓	单位	职务
1	北京市	密云	谈绪祥	北京市人民政府	副市长	刘光明	北京市水务局	一级巡视员	刘延安	北京市密云水库管理处	主任
2		官厅	谈绪祥	北京市人民政府	副市长	刘光明	北京市水务局	一级巡视员	黎小红	北京市官厅水库管理处	主任
3		怀柔	谈绪祥	北京市人民政府	副市长	刘光明	北京市水务局	一级巡视员	郑文革	北京市京密引水管理处	主任
4		海子	李子腾	平谷区人民政府	副区长	王长林	平谷区水务局	局长	闫大成	平谷区海子水库管理处	主任

图5.2-2　2024年怀柔水库大坝安全责任人（水利部公布）

3. 管理体制和经费落实

怀柔水库已完成水库管理体制改革任务，理顺管理体制，落实人员基本支出和工程维修养护经费。

怀柔水库由北京市京密引水管理处负责运行管理，管理处为北京市水利工程管理中心的分支机构，属于财政全额拨款事业单位。

怀柔水库项目资金为按专项岁修项目和其他日常维护类项目拨付资金。每年七至八月，北京市京密引水管理处将下一年度维护、岁修项目上报至北京市水利工程管理中心，经审核汇总后，通过北京市水务项目管理系统向市水务局申报。市水务局根据全市水利工程运行管理的需要，将全市水利系统项目向市财政局送审，经市财政评审，于次年二季度将资金拨付至北京市京密引水管理处。

北京市京密引水管理处制定了《北京市京密引水管理处关于规范内部程序采购行为的

通知》(京引水管〔2022〕235 号)《北京市京密引水管理处项目管理办法》(京引水管〔2023〕140 号)等管理办法，按照“完成一项、验收一项”原则，于当年年底前完成全部岁修、维护任务。由水库管理所、工程管理科、规划计划科、财务科等进行项目验收和验收资料的汇总整编，编制维护费、岁修费使用总结并归档。

5.2.2 管理机构

怀柔水库已按照相关法规与规范组建了适合水库运行管理需要的管理单位，配备了足够的具备相应专业素养、满足水库运行管理需要的行政与工程技术人员。

怀柔水库由北京市京密引水管理处负责运行管理。2010 年，经北京市编办批准，明确京密引水管理处为全额拨款事业单位，并于 2013 年重新核定人员编制为 583 人。2010—2023 年，北京市京密引水管理处由北京市水务局直接管理；2023 年至今，北京市京密引水管理处由北京市水利工程管理中心负责管理，为该中心的分支机构。

北京市京密引水管理处内设工程管理科、调度运行科、规划计划科、应急与安全管理科、财务科等 15 个职能科室，工程建设维护中心、资产管理中心等 4 个中心，以及怀柔水库管理所等 9 个管理所。怀柔水库的日常巡检等工作由怀柔水库管理所负责，管理所内设 9 个班组，现有在职人员 55 人，在职人员中，水利相关专业的高级工程师 3 人，工程师 17 人，助理工程师 22 人。

5.2.3 管理制度

怀柔水库管理机构——北京市京密引水管理处已按照相关法规与规范制定了适合水库实际的调度运用、安全监测、维修养护、防汛抢险、闸门操作以及行政管理、水政监察、技术档案等管理制度，并严格执行。

北京市京密引水管理处编制有《京密引水工程管理手册》，其中涉及的相关工程管理制度有《京密引水工程管理办法》《水库、渠道及水工建筑物日常维护》《水工建筑物检查与观测》《闸门、启闭机日常检查与运行维护》《维护工程考核标准（暂行）》《机电设备管理养护制度》《岁修工程施工及验收规定》及《岁修工程经济承包管理办法》等。

近年来，为完善怀柔水库和京密引水工程的运行管理，北京市水利工程管理中心和北京市京密引水管理处修订、更新或细化了部分管理办法，代表性的有：

(1)《北京市京密引水管理处项目管理办法》(京引水管〔2023〕140 号)，内容包括总则、项目立项、项目实施准备、项目实施、项目验收与资料归档、项目绩效评价、项目监督与审计等，规范了项目管理，明确了管理程序，落实了项目管理责任，提高了项目管理水平。

(2)《北京市京密引水管理处工程运行管理制度》(京引水管〔2022〕178 号)，内容包括总则、工程巡视检查、水工建筑物监测、工程运行管理与维护等，以加强怀柔水库的工程管理，确保工程安全和运行安全，充分发挥工程效益。

(3)《北京市京密引水管理处水利工程维修维护项目管理实施细则》(京引水管〔2022〕199 号)，内容包括总则、项目内容及资金、项目前期、项目实施管理、项目验收、资料整编等，进一步加强了京密引水管理处水利工程日常维修养护费工程维护项目管理工作，提高了规范化、精细化管理水平。

(4)《北京市京密引水管理处日常维修养护作业标准（试行）》（京引水管〔2022〕93号），明确了工程维护、林业管护、水环境保护、信息系统维护等的具体作业标准，以确保水利工程安全、高效运行，提升水利工程管理维护水平。

(5)《项目采购管理办法》（京引水管〔2022〕134号），内容包括总则、采购方式、职责分工、项目采购流程、监督检查等，加强了采购管理，规范了采购行为。

(6)《北京市京密引水管理处关于规范内部程序采购行为的通知》（京引水管〔2022〕235号），内容包括采购依据、采购资金控制、备选供应商组织、采购结果审议等内容，规范了管理处30万元以下项目内部程序采购行为。

北京市水利工程管理中心为加强水利中心所属水利工程的建设、运行监管，落实管理责任，保障工程安全，充分发挥工程效益，制定了如《北京市水利工程管理中心水利工程建设与运行管理业务监督考核办法（试行）》（京水利发〔2024〕112号）等规定。

5.2.4 管理设施

1. 水文测报系统和监测设施

怀柔水库已建立了水文测报站网及自动测报系统，并与“北京市水旱灾害防御平台”系统联网。水库流域内各雨量站均设有降水人工观测设施，也可通过“北京市水旱灾害防御平台”实时获取怀柔水库流域内各雨量站降雨情况；流域内设有3个水文站，包括怀柔水库站、口头站和辛庄站，水文站均设有人工观测设施，并与北京市水务局监测感知系统等相关数据平台连接，实时监测水位数据；流量监测包括入库站（前辛庄站、口头站和进水闸站），出库站（峰山口站、隧洞站、渠道站、东溢洪道站、西溢洪道站、泄洪洞站），每日测报流量，出现险情时随时加报。

怀柔水库已设置满足水库运行管理需要并能反映工程安全性状的大坝安全监测设施，建立了怀柔水库大坝安全监测分析平台，已设置供水水量计量设施及水质监测设施。水雨情、大坝安全监测和水质监测设施能够得到定期有效维护，现状完好（图5.2-3和图5.2-4）。

图5.2-3 怀柔水库大坝安全监测分析平台

图 5.2-4 怀柔水库水雨情监测和安全监测设施照片

2. 交通道路

怀柔水库已建立对外以及水库工程管理范围内各建筑物之间的交通道路，对外道路与市政道路连接，管理范围内主要道路满足厂内三级标准，设有回车场和停车场，设有路标，现状路面整体完好，交通通畅（图 5.2-5）；已配备的交通工具能够满足水库日常运行管理和防汛抢险需要。

(a) 主坝坝顶道路现状

(b) 主坝上坝道路(西溢洪道侧)

(c) 三副坝交通道路

(d) 二副坝交通道路

图 5.2-5（一） 怀柔水库交通道路现状

(e) 一副坝交通道路

(f) 长副坝交通道路

图 5.2-5（二） 怀柔水库交通道路现状

图 5.2-6 怀柔水库二副坝下游坝坡坡脚围墙

怀柔水库主要交通道路未设置里程碑，建议增设；二副坝下游坝坡坡脚设有围墙封闭（图 5.2-6），建议增设一道门，便于进入。

3. 通信设施

北京市京密引水管理处已配备能够满足水库日常管理信息传递、汛期报讯及紧急情况下报警要求的可靠对内、对外通信设施和设备，建立了与主管部门和上级防汛指挥部门及水库上、下游主要水位站的有线及无线通信网络。

北京市京密引水管理处现有通信设施有电话、网络、电台（400MHz、800MHz）和卫星电话等，形成多种通信方式互为补充的通信体系。日常采用网络、固话（或手机）两种方式报汛；当以上两种方式出现中断时，启用电台通讯；此外，还可采用卫星电话进行应急通讯。汛期各级防洪工作人员保持手机处于 24h 开机状态，确保通讯畅通。

4. 维修、防汛、照明设施及生产生活用房

北京市京密引水管理处已配备有包括备用电源、照明设备、工程维修养护和防汛抢险物资与设备、应急救援设备等工程维修和防汛设施，有用于储备物资和设备的仓库，按照标准配备了必要的办公、生产用房和办公设施。

怀柔水库防洪抢险物资由京密引水管理处和北京京水建设集团有限公司（应急抢险队）储备，京密引水管理处防御工作领导小组统一调拨。京密引水管理处储备的抢险物资主要有救生衣、编织袋、土工布、桩木、发电机等，防汛物资仓库设有专人负责，物资主要包括编织袋 5266 条，吸水膨胀麻袋 1848 条，救生衣 746 件，大型工作灯 110 个，便携式工作灯 51 个，抢险舟 4 艘等；北京京水建设集团有限公司储备的物资主要为运输车、挖掘机等，包括水泵 5 台，PC-300 挖掘机 3 台，17t 抢险运输车 3 辆。怀柔水库防汛主电源为 380V 供电系统及变配电设备，应急电源为发电机，包括移动式发电机 5 台和固定式发电机 6 台（分别位于管理处大院配电室、东溢洪道站、峰山口站、口头水文站和前辛庄水文站）。

5.3 调度运行评价

5.3.1 调度运行

北京市京密引水管理处编有《北京市怀柔水库洪水调度规程》《北京市怀柔水库防洪抢险预案》《北京市怀柔水库洪水调度方案》《北京市怀柔水库超标准洪水防御预案》等，每年编写运行大事记，通过《北京市京密引水管理处项目管理办法》（京引水管〔2023〕140号）等规范技术档案，定期开展宣传、培训、演练工作。所编制的洪水调度规程等获得北京市水务局批准，能够严格执行相关调度规程，服从北京市水务局的统一调度运行。

《北京市怀柔水库洪水调度方案》的内容包括总则、洪水调度控制指标、调度运用计划、洪水调度安排、调度权限与职责、洪水调度工作流程等。怀柔水库的调度原则是：确保水库安全，尽可能保障下游地区的防洪安全，科学调度、最大限度减轻洪灾损失、统筹协调防洪、水资源等调度关系，发挥综合利用效益。水库调度以库水位为主要控制指标，综合考虑上游河道来水、气象预报和下游河道行洪能力。洪水调度汛期限制指标为：

（1）6月1日至8月10日，汛限水位58.00m，相应库容3940万m^3。

（2）8月11日至9月15日，汛限水位62.00m，相应库容7420万m^3。

北京市京密引水管理处负责怀柔水库的洪水调度工作：①当发生标准内洪水时，向市水务局报送洪水调度请示，同时抄送市水利中心，经市水务局批复后组织实施；②当发生超标准洪水时，报请市水务局统一调度；③极端情况下，可按照洪水调度方案自行实施调度。

京密引水管理处水旱灾害防御工作领导小组（以下简称“处防御工作领导小组”）负责怀柔水库洪水调度相关工作，组长由京密引水管理处党委书记、主任担任，副组长由副处级领导干部担任，成员由机关各相关科室、处属各相关单位组成，各成员单位职责明确。

怀柔水库建库以来，发生44场洪峰流量大于100m^3/s的洪水，最大的两场分别为“72·7”洪水和“23·7”洪水。

（1）“72·7”洪水：建库以来洪峰流量最大，流域平均降雨量275mm，最大站点沙峪站降雨量451mm，经洪痕反推，入库洪峰流量3860m^3/s（超20年一遇洪水标准），3d洪水总量4930万m^3（小于10年一遇洪水标准）。

（2）“23·7”洪水：建库以来场次降雨量、3d洪量最大，流域平均降雨量374mm，最大站点黄坎站降雨量506mm，入库洪峰流量804m^3/s（小于10年一遇洪水标准），3d洪水总量5869万m^3（超10年一遇洪水标准）。

经过有效管理和科学调度，怀柔水库经历洪水后未出现重大灾情、险情。

5.3.2 安全检查、监测及分析

北京市京密引水管理处能够按照相关规范要求定期开展大坝安全巡视检查与仪器监测

工作，及时对监测资料进行整编分析，用于指导大坝安全运行，并定期对水质进行监测。

北京市京密引水管理处编制有《北京市京密引水管理处工程运行管理制度》（京引水管〔2022〕178号），其中规定：

（1）工程巡视检查。工程巡视检查分为日常巡视检查、定期检查和特别检查。①日常检查由专职巡视人员负责，每天上、下午各巡查一次，在怀柔水库超汛限水位运行、京密引水渠、潮河总干渠大流量输水、水位异常变化等情况下，加密巡查频次。②定期检查在每年汛前汛后、冰冻期和融冰期，由怀柔水库管理所组织，对工程建筑物进行全面或专门的巡视检查。③特别检查在工程管理范围内遇到严重影响安全运行的情况（如发生有感地震、库水位出现异常变化等）或发生比较严重的破坏现象时组织开展，必要时组织专人对可能出险部位进行连续监测。

所有工程巡视检查应严格按照相关规程、规范和文件要求进行，并规定了巡视检查工作负责人。①怀柔水库管理所所长每月检查不少于1次；②主管副所长和技术人员每月检查2次；③巡视检查人员填写巡视检查记录，如发现异常情况，需详细记录事件发生的时间、地点、现场具体情况及处理措施，并妥善保存记录表。

（2）水工建筑物监测。怀柔水库管理所负责主坝、副坝、东西溢洪道、输水隧洞等的观测工作，严格按照相关规范要求进行观测、编制报告、资料整编等工作。怀柔水库管理所每年对大坝观测资料进行整编，并于次年3月底前将整编资料报工程管理科。

（3）水库大坝安全鉴定。水库首次安全鉴定在竣工验收后5年内进行，以后每隔6～10年进行1次。怀柔水库大坝于2014年开展首次安全评价工作，2024年开展第2次安全评价工作。

5.3.3 安全管理应急预案

北京市京密引水管理处编制了《北京市怀柔水库防洪抢险预案》，内容包括总则、流域概况、防洪工程概况、标准内洪水主要风险及应对情况、应急响应及信息报送、度汛保障措施、安全监测与巡查工作规定、防洪值班制度、防御超标准洪水方案、避险转移方案、相关附表附图等内容，符合国家防办2006年3月发布的《水库防洪抢险应急预案编制大纲》要求。管理处编写的水库大坝安全管理应急预案和水库大坝防震减灾应急预案有待完善。

5.3.4 水库运行大事记编制和技术资料归档

北京市京密引水管理处编制有翔实的水库运行大事记，记载了水库逐年运行特征水位和泄量，运行中出现的异常情况及原因分析与处理情况，历次安全鉴定结论和加固改造情况。

北京市京密引水管理处建立了水库工程基本情况、建设与改造、运行与维护、检查与监测、安全鉴定、管理制度等技术档案，由专人负责档案管理，通过《北京市京密引水管理处项目管理办法》（京引水管〔2023〕140号）规范资料整编和归档工作。

5.4 工程养护维修评价

北京市京密引水管理处已按照大坝安全管理法规和技术标准要求制定了维修养护计

划，严格落实维修养护经费，能够对大坝和相关设施、设备进行经常性养护和修理，对大坝以往开展的修理和加固改造工程及其效果进行了详细的记载和评价。

北京市京密引水管理处制定了《北京市京密引水管理处水利工程维修维护项目管理实施细则》（京引水管〔2022〕199号），规范了养护维修项目管理。

（1）怀柔水库管理所负责根据怀柔水库的实际情况，提出项目需求、编制计划及初步方案、组织实施、现场管理、资金支付、资料归档等工作。每年8月1日前，怀柔水库管理所上报下年度维修养护计划，包括实施方案及预算。

（2）工程管理科负责项目的资金统筹、组织编制方案、实施监管、组织验收等工作。工程管理科初步统筹养护维修项目后，组织设计单位、怀柔水库管理所等进行现场踏勘，确定具体内容，由设计单位编制维修养护项目设计方案。

（3）维护项目计划经北京市京密引水管理处党委会审议后，由规划计划科组织委托造价咨询单位编制招标控制价及工程量清单。

（4）养护维修项目实施过程中，由怀柔水库管理所负责实施管理，实行监理制。

5.5 运行管理评价结论

（1）怀柔水库由北京市京密引水管理处负责管理，水库管理机构和管理制度健全，管理人员职责明晰。

（2）怀柔水库大坝安全监测、防汛交通与通信等管理设施完善。

（3）北京市京密引水管理处编制有《北京市怀柔水库洪水调度规程》《北京市怀柔水库洪水调度方案》《北京市怀柔水库防洪抢险预案》等相关调度规程、方案和应急预案，相关规程、方案和预案已获得北京市水务局批准。

（4）北京市京密引水管理处能够按照审批的调度规程开展合理的调度运用，按规范开展了安全监测，及时掌握大坝安全性态，并通过《北京市京密引水管理处工程运行管理制度》（京引水管〔2022〕178号）落实执行。

（5）北京市京密引水管理处通过《北京市京密引水管理处水利工程维修维护项目管理实施细则》（京引水管〔2022〕199号）落实了怀柔水库大坝的养护维修工作，确保怀柔水库大坝能够得到及时的养护修理，处于安全和完整的工作状态。

根据SL 258—2017《水库大坝安全评价导则》，怀柔水库管理机构和制度健全、管理人员职责明晰，大坝安全监测、防汛交通与通信等管理设施完善，已制定水库调度规程和应急预案，能够按审批的调度规程合理调度运用，按规范开展安全监测，大坝能够得到及时养护修理，处于安全和完整的工作状态，怀柔水库能按设计条件和功能安全运行。存在的个别问题如部分非关键制度缺失、缺少道路里程碑、《怀柔水库大坝安全管理应急预案》和《怀柔水库大坝防震减灾应急预案》有待完善，尚不影响怀柔水库大坝的安全运行和正常管理，大坝运行管理评为规范。

第6章

防洪能力复核

6.1 评价目的和内容

防洪能力复核的目的是根据水库设计阶段采用的水文资料和运行期延长的水文资料，并考虑建坝后上下游地区人类活动的影响及水库工程现状，进行设计洪水复核和调洪计算，评价大坝现状抗洪能力是否符合现行标准要求。

防洪能力复核的主要内容包括防洪标准复核、设计洪水复核计算、调洪计算和大坝抗洪能力复核。根据SL 258—2017《水库大坝安全评价导则》7.1.4条规定，设计洪水复核计算应优先采用流量资料推求，怀柔水库末端南北支流汇入口设有水文站，且有65年（1959—2023年）的连续观测记录，因此，本次安全评价采用入库流量观测资料推求设计洪水；怀柔水库上游无控制性的大型水库工程，仅有3座小型水库，因此调洪计算时不考虑上游水库的拦洪作用和超标准泄洪的安全性；怀柔水库设有非常溢洪道，需要根据非常溢洪道下游现状复核其是否能够按照原设计确定的启用方式和条件及时泄洪。

6.2 防洪标准复核

怀柔水库位于北京市怀柔区西南、潮白河支流怀河山峡出口处，原设计总库容1.44亿m^3，经2024年淤积调查复核，现总库容1.38亿m^3；主坝为黏土斜墙砂砾石坝，副坝为均质土坝，最大坝高23m。根据GB 50201—2014《防洪标准》和SL 252—2017《水利水电工程等级划分及洪水标准》，怀柔水库的工程等别为Ⅱ等［大（2）型］，主要建筑物级别为2级，次要建筑物级别为3级，大坝设计洪水标准为100～500年一遇，校核洪水标准为2000～5000年一遇。

怀柔水库原设计洪水标准为100年一遇，校核洪水标准为2000年一遇，满足GB 50201—2014《防洪标准》和SL 252—2017《水利水电工程等级划分及洪水标准》的要求。

6.3 设计洪水复核计算

6.3.1 历次洪水计算成果

6.3.1.1 设计阶段洪水计算成果

怀柔水库建成于1958年，建成后的总库容为9500万m^3，为中型水库，设计洪水标准为 50 年一遇，校核洪水标准为 200 年一遇。

1976 年怀柔水库坝体加高 1m 后，总库容达到 1.15 亿 m^3，按当时规范 SDJ 12—78《水利水电枢纽工程等级划分及设计标准（山区、丘陵区部分）》，水库为大（2）型，设计洪水标准应为 100～500 年一遇，校核洪水标准应为 1000～2000 年一遇。1976 年采用推理公式计算得到的洪水成果核算，水库防洪标准仅达到 300 年一遇，明显低于规范要求。因水库处于北京市市区，东侧紧靠怀柔县城，下游几百米处即为京承铁路，一旦失事影响巨大。为保证水库防洪安全，1983 年 1 月北京市水利设计院提出《怀柔水库提高防洪标准工程计划任务书》。同年 7 月，水电部审查该任务书时，考虑水库位置重要，要求研究提高校核洪水标准。

怀柔水库 1983 年洪水计算分析用于水库提高防洪标准工程设计。当年先后进行 3 次计算分析：第一次为 1983 年 8 月采用推理公式法计算；1984 年 4 月经水电部规划院审查后，要求进一步补充论证，并于 1984 年 5—8 月和 1985 年 2 月两次补充分析，即《怀柔水库提高防洪标准工程设计洪水计算》补充分析（一）和（二）。1985 年 2 月和 1986 年 10 月，经水电部规划院两次审查，确定采用补充分析（二）中的综合单位线法计算洪水成果作为怀柔水库提高防洪标准工程设计的依据，设计洪水标准为 100 年一遇，校核洪水标准为 2000 年一遇，并增设非常溢洪道，作为超标准洪水溢流通道。

怀柔水库设计阶段历次洪水分析成果统计见表 6.3-1。

表 6.3-1　　怀柔水库设计阶段历次洪水分析成果统计表

分析项 \ 时间		1958 年	1964 年	1976 年	1983—1986 年			
					推理公式	实测洪水统计法	综合单位线法（一）	综合单位线法（二）
水文特性	24h 降雨	100	100	110	110	—	110	110
	C_v	0.53	0.6	0.68	0.68	2.0	—	—
	C_s/C_v	3.5	3.5	3.5	3.5	2.5	3.5	3.5
雨量/mm	N=50 年	252	276	—	—	—	—	—
	N=100 年	—	319	394	394	—	394	394
	N=200 年	322	363	—	—	—	—	452
	N=500 年	—	420	—	530	—	—	530
	N=1000 年	404	462	589	589	—	—	589
	N=2000 年	—	—	—	648		649	649
	N=5000 年	—	—	726	726	—	727	727
	N=10000 年	—	—	—	—	—	—	785
洪量/亿 m^3	N=50 年	0.62	0.943	—	—	—		—
	N=100 年	—	1.142	1.44	1.44	0.86	1.24	1.14
	N=200 年	0.86	1.357	—	—	—	—	1.33
	N=500 年	—	1.631	—	2.07	1.40	—	1.59
	N=1000 年	1.18	1.831	2.36	2.36	1.65	—	1.78
	N=2000 年	—	—	—	2.667	1.90	2.15	1.97

续表

分析项＼时间		1958年	1964年	1976年	1983—1986年			
					推理公式	实测洪水统计法	综合单位线法（一）	综合单位线法（二）
洪量/亿 m^3	N=5000年	—	—	3.071	3.071	2.05	2.45	2.23
	N=10000年	—	—	—	—	—	—	2.43
洪峰/(m^3/s)	N=50年	1200	2300	—	—	—	—	—
	N=100年	—	2800	3285	3285	3620	3695	5059
	N=200年	1800	3400	—	—	—	—	5891
	N=500年	—	4200	—	4702	6216	—	6990
	N=1000年	3000	4800	5410	5410	7399	—	7710
	N=2000年	—	—	—	5997	8613	6350	8543
	N=5000年	—	—	6763	6763	10100	7225	9628
	N=10000年	—	—	—	—	—	—	10406

注 1. 流域特性值 F=525km^2，L=62.4km，J=5.65‰；

2. 实测洪水统计法的水文特性 Q=350m^3/s，W_{24}=0.085亿 m^3；

3. 综合单位线法（一）是水库上游按一个流域计算，综合单位线法（二）是水库上游按南、北两支两个流域分别计算，然后叠加。

6.3.1.2 2014年安全评价洪水计算成果

2014年，怀柔水库大坝进行首次安全评价。洪水计算时，根据怀柔水库1959—2013年洪峰流量观测数据，使用皮尔逊Ⅲ型频率分析软件推求设计洪水，并进行洪峰合理性分析。计算成果见表6.3-2。根据计算成果，怀柔水库100年一遇和2000年一遇的洪峰流量分别为3230m^3/s和7880m^3/s。

表6.3-2 怀柔水库2014年安全评价洪水分析成果统计表

项　目	单　位	统计参数			频率/%				
		均值	C_v	C_s	0.05	1	2	5	10
洪峰流量	m^3/s	253	2.5	2.5	7880	3230	2300	1220	594
24小时洪量	亿 m^3	0.06	2.2	2.5	1.42	0.618	0.454	0.259	0.139

6.3.2 设计洪水复核计算

6.3.2.1 计算方法

怀柔水库上游南、北支流的入库口分别设有前辛庄水文站和口头水文站。设计洪水复核计算时，怀柔水库水文站有65年（1959—2023年）的支流入库流量连续观测记录，根据SL 258—2017《水库大坝安全评价导则》7.14条的规定，本次设计洪水复核计算采用流量资料推求。

根据SL 44—2006《水利水电工程设计洪水计算规范》，在 n 项连续洪水系列中，按大小顺序排位的第 m 项洪水的经验频率 P_m 可采用数学期望公式计算。

$$P_m=\frac{m}{n+1}(m=1,2,\cdots,n) \tag{6.3-1}$$

频率曲线一般采用皮尔逊Ⅲ型，其统计参数采用均值 $\overline{X}$、变差系数 C_v 和偏态系数 C_s 表示，可采用矩法初步估算统计参数，并采用适线法调整。

$$Q_0=\frac{\sum_{i=1}^{a}Q_i+\frac{N-a}{n}\sum_{i=1}^{a}Q_i}{N} \tag{6.3-2}$$

$$C_v=\sqrt{\frac{1}{N-1}\left[\sum_{i=1}^{a}\left(\frac{Q_i}{\overline{Q}}-1\right)^2+\frac{N-a}{n}\sum_{i=1}^{n}\left(\frac{Q_i}{\overline{Q}}-1\right)^2\right]} \tag{6.3-3}$$

6.3.2.2 基础数据

怀柔水库前辛庄和口头水文站的历年洪峰流量见表 6.3-3 和如图 6.3-1 所示。可见：

表 6.3-3　怀柔水库前辛庄和口头水文站的历年洪峰流量

序号	年份	口头水文站		前辛庄水文站	
		日期	流量/(m^3/s)	日期	流量/(m^3/s)
1	1959	7月31日	391	7月31日	99.5
2	1960	7月20日	84	7月16日	122.7
3	1961	7月23日	2.34	7月30日	17.4
4	1962	7月26日	3.76	7月25日	8.02
5	1963	8月9日	144	8月9日	311
6	1964	7月15日	161	8月1日	359
7	1965	8月15日	103	8月15日	139
8	1966	8月13日	64.5	8月3日	148
9	1967	7月7日	514	7月8日	168
10	1968	9月27日	8.23	9月27日	3.34
11	1969	8月20日	296	7月22日	203
12	1970	8月10日	336	8月4日	174
13	1971	7月30日	63.4	7月30日	17.5
14	1972	7月27日	2210	7月27日	1760
15	1973	7月3日	149	7月3日	342
16	1974	7月25日	396	7月25日	212
17	1975	8月11日	14.1	8月7日	40.4
18	1976	6月29日	304	6月29日	166
19	1977	8月2日	63.1	8月3日	85
20	1978	9月17日	13.1	8月26日	25.5
21	1979	8月22日	15.0	8月16日	21.1
22	1980	2月3日	2.73	1月14日	1.41

续表

序号	年份	口头水文站		前辛庄水文站	
		日期	流量/(m^3/s)	日期	流量/(m^3/s)
23	1981	7月4日	5.97	8月3日	1.23
24	1982	7月31日	67.7	7月31日	27.3
25	1983	8月5日	32.1	8月6日	9.13
26	1984	8月9日	32.8	8月10日	1.9
27	1985	8月25日	90.8	7月25日	15.9
28	1986	9月1日	5.43	7月25日	15.9
29	1987	8月15日	10.1	8月27日	5.12
30	1988	8月10日	34.9	8月2日	53.5
31	1989	7月22日	40	7月23日	8.01
32	1990	8月28日	3.76	8月7日	2.62
33	1991	6月10日	175	6月10日	267
34	1992	7月31日	391	7月31日	99.5
35	1993	8月1日	14	8月4日	8.85
36	1994	8月13日	76.6	8月13日	137
37	1995	9月23日	5.24	9月24日	2.43
38	1996	8月19日	240	8月19日	305
39	1997	8月1日	6.34	8月1日	2.64
40	1998	7月23日	237	7月6日	545
41	1999	8月26日	3.3	8月27日	1.12
42	2000	8月12日	101	8月12日	147
43	2001	8月19日	26.8	8月19日	16.2
44	2002	7月28日	0.89	1月1日	0.49
45	2003	8月28日	2.28	10月11日	0.49
46	2004	8月27日	2.02	7月31日	3.3
47	2005	8月16日	10.9	8月20日	0.901
48	2006	8月11日	1.83	8月11日	2.55
49	2007	6月30日	1.7	1月2日	0.46
50	2008	8月14日	5.32	7月31日	38.7
51	2009	7月31日	1.12	7月31日	2.3
52	2010	8月22日	0.863	8月23日	3.21
53	2011	7月25日	1.93	7月24日	1.2
54	2012	7月28日	5.49	8月1日	2.25
55	2013	7月15日	9.58	7月18日	2.55
56	2014	7月2日	2.24	1月1日	0.381

续表

序号	年份	口头水文站		前辛庄水文站	
		日期	流量/(m^3/s)	日期	流量/(m^3/s)
57	2015	7月22日	1.48	7月21日	0.559
58	2016	7月20日	11.5	7月20日	98.6
59	2017	7月6日	5.12	8月24日	6.22
60	2018	7月27日	5.80	8月14日	9.06
61	2019	8月5日	12.3	8月5日	3.02
62	2020	8月13日	15.2	8月13日	2.85
63	2021	7月18日	126	7月18日	165
64	2022	7月27日	71.5	7月27日	9.89
65	2023	7月31日	532	8月1日	434

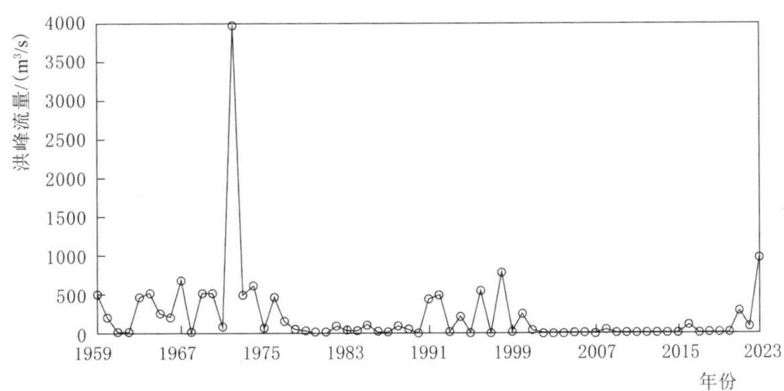

图 6.3-1 怀柔水库前辛庄和口头水文站的历年洪峰流量

(1) 1959—2023 年的 65 年间，最大洪水发生在 1972 年 7 月 27 日，怀沙河和怀九河同日出现洪峰，总的洪峰流量约 $3970m^3/s$。

(2) 2023 年"23·7"洪水期间（7 月 31 日—8 月 1 日），水库的洪峰流量为历史第二大，达到约 $966m^3/s$。

(3) 除此以外，1964 年、1967 年、1969 年、1970 年、1973 年、1974 年、1996 年和 1998 年，水库的洪峰流量也相对较大，在 $500\sim1000m^3/s$。

(4) 其余年份，水库的洪峰流量则相对较小，均在 $500m^3/s$ 以下，特别是 1999 年以来的 25 年里，有 20 年的洪峰流量在 $50m^3/s$ 以下。

6.3.2.3 洪峰流量计算

基于口头水文站和前辛庄水文站 1959—2023 年的实测最大流量，根据《北京市水文手册》北京地区洪水系列的偏差系数 C_s 取值通常为变差系数 C_v 的 2～2.5 倍，北京山区的变差系数 C_v 一般在 1.5～2.5。选择不同的偏差系数和变差系数，采用皮尔逊Ⅲ型频率曲线计算得到怀柔水库不同频率对应的洪峰流量，结果如图 6.3-2 所示，统计结果见表 6.3-4。计算结果表明，偏差系数和变差系数的取值越大，怀柔水库 20～10000 年一遇的洪峰流量越大，10年一遇的洪峰流量越小。

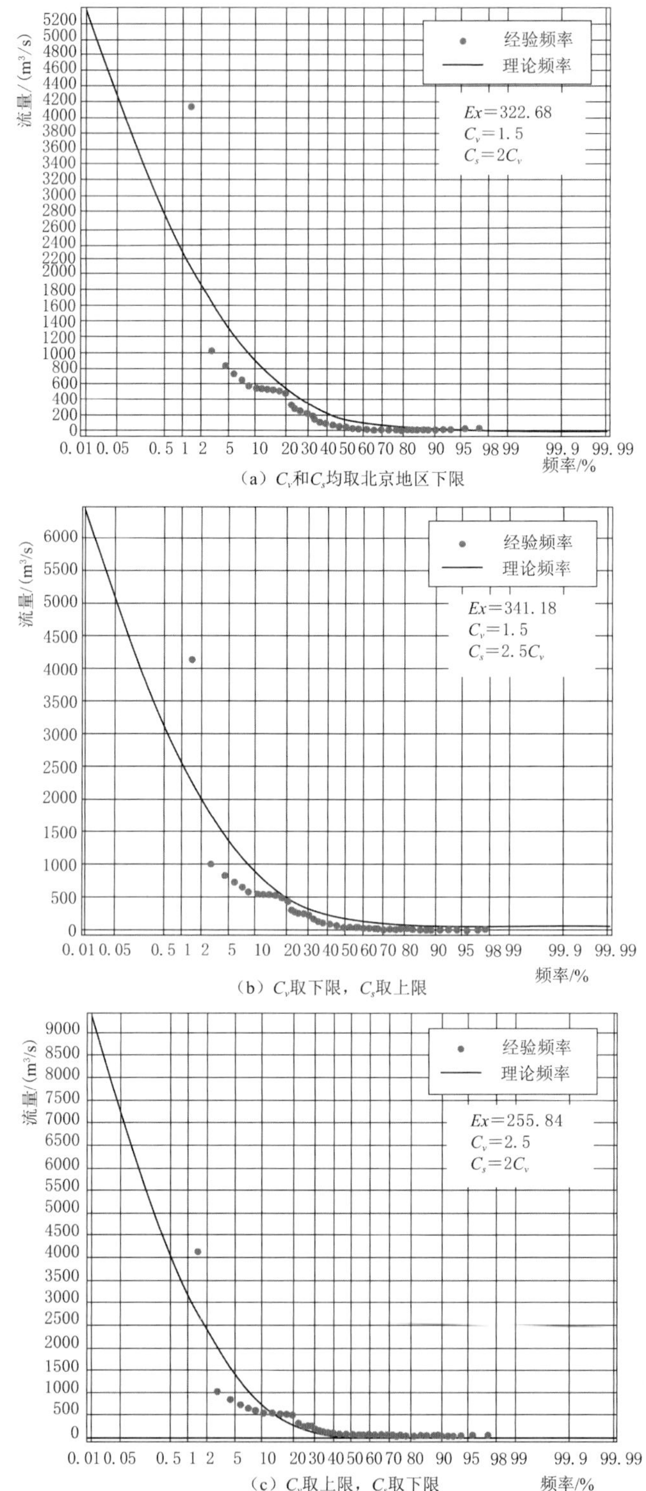

图6.3-2（一） 怀柔水库不同频率对应的洪峰流量

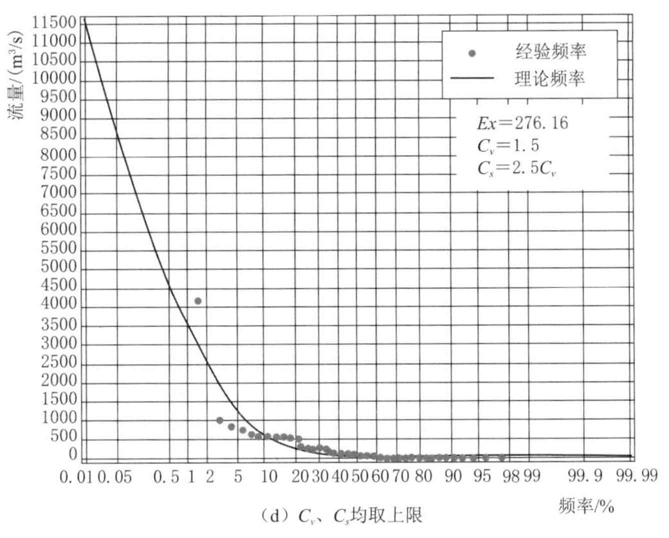

（d）C_v、C_s均取上限

图 6.3-2（二） 怀柔水库不同频率对应的洪峰流量

表 6.3-4　　怀柔水库不同频率对应的洪峰流量统计结果表

项目	统计参数			频率/%					
	均值	C_v	C_s	0.01	0.05	1	2	5	10
洪峰流量/(m³/s)	322.68	1.5	2	5334	4247	2284	1848	1295	894
	341.18	1.5	2.5	6416	5021	2542	2006	1338	878
	255.84	2.5	2	9351	7098	3181	2367	1390	765
	276.16	2.5	2.5	11580	8604	3523	2506	1336	649

图 6.3-2 的适线拟合度在 0.68～0.82 之间，变差系数 C_v 和偏差系数 C_s 取值越大，拟合度越高。根据 SL 44—2006《水利水电工程设计洪水计算规范》，采用经验适线法时，应尽可能拟合全部点据，拟合不好时，可侧重考虑较可靠的大洪水数据。图 6.3-2（d）的拟合精度最高，且最靠近历史大洪水，因此，对于怀柔水库，变差系数 C_v 和偏差系数 C_s 均取北京地区上限较为合理。

6.3.3 设计洪水分析

怀柔水库原设计、2014 年安全评价和本次安全评价计算得到的不同频率洪峰流量结果对比见表 6.3-5。怀柔水库洪峰流量的原设计成果是根据水文站 1959—1981 年成果及历史洪水计算得到，2014 年安全评价时将水文系列延长至 2014 年，本次安全评价将水文系列继续延长至 2023 年（2024 年汛期前完成），并比较了变差系数 C_v 和偏差系数 C_s 取值的影响。对比可知：

（1）怀柔水库设计阶段，由于水文系列连续时间不足 30 年（1959—1981 年），因此采用了推理公式法、实测洪水统计法、综合单位线法计算洪峰流量，并最终选用综合单位线法。

(2) 2014年安全评价时，怀柔水库水文系列连续时间超过50年（1959—2014年），根据SL 258—2017《水库大坝安全评价导则》，采用实测洪水统计法。采用相同方法时，2014年安全评价得到的各频率的洪峰流量计算结果均低于原设计结果，因此沿用原设计洪水成果。

(3) 本次安全评价，怀柔水库水文系列连续时间达到65年（1959—2023年），根据SL 258—2017《水库大坝安全评价导则》，采用实测洪水统计法。根据水文站资料，1982—2023年期间，怀柔水库仅在"23·7"洪水期间出现历史第二大洪峰流量，但远小于历史最大洪水（3970m³/s），因此，采用相同方法计算时，本次各频率的洪峰流量计算结果高于2014年安全评价复核结果，但与原设计成果相差不大，各频率的洪峰流量略低0.1%～2.7%。

(4) 怀柔水库设计阶段，洪峰流量采用综合单位线法。本次采用实测洪水统计法的复核结果与原设计采用值相比，校核洪水标准下（2000年一遇）的洪峰流量略高约0.7%，设计洪水标准下（100年一遇）的洪峰流量低约30.4%。根据SL 258—2017《水库大坝安全评价导则》，如设计洪水复核计算成果小于原设计洪水成果，宜沿用原设计洪水成果进行调洪计算。因此，本次安全评价的洪峰流量采用原设计成果。

表6.3-5　怀柔水库各阶段不同频率洪峰流量计算成果对比

项目		频率/%					
		0.01	0.05	1	2	5	10
洪峰流量/(m^3/s)	原设计［综合单位线法（二）］	10406	8543	5059	4270	3280	2440
	原设计（实测洪水统计法）	—	8613	3620	—	—	—
	2014年安评复核（实测洪水统计法）	10600	7880	3230	2300	1220	594
	本次复核（实测洪水统计法）	11580	8604	3523	2506	1336	649

6.4 调洪复核计算

6.4.1 基础数据

6.4.1.1 洪水过程线

根据SL 258—2017《水库大坝安全评价导则》，如设计洪水复核计算成果小于原设计洪水成果，宜沿用原设计洪水成果进行调洪计算。因此，本次安全评价的洪水过程线沿用原设计成果。怀柔水库设计洪水标准（100年一遇）和校核洪水标准（2000年一遇）下的洪水过程见表6.4-1和如图6.4-1所示。

表 6.4-1 怀柔水库设计洪水标准和校核洪水标准下的洪水过程表

时间/h	设计洪水标准（100 年一遇）/(m^3/s)	校核洪水标准（2000 年一遇）/(m^3/s)	时间/h	设计洪水标准（100 年一遇）/(m^3/s)	校核洪水标准（2000 年一遇）/(m^3/s)
0	7.4	19.3	24	146.0	304.0
1	18.7	49.7	25	119.0	237.0
2	41.5	98.0	26	96.9	186.0
3	68.5	149.0	27	78.9	147.0
4	106.0	214.0	28	64.4	117.0
5	144.0	279.0	29	52.8	93.4
6	348.0	371.0	30	43.1	75.1
7	611.0	463.0	31	35.3	60.9
8	2872.0	936.0	32	28.7	49.2
9	5059.0	1514.0	33	23.5	40.6
10	5046.0	5134.0	34	19.5	33.4
11	4125.0	8543.0	35	15.9	28.0
12	3151.0	8460.0	36	13.1	23.7
13	2369.0	6947.0	37	10.7	19.9
14	1772.0	5471.0	38	8.8	16.8
15	1326.0	4080.0	39	7.5	14.5
16	997.0	3055.0	40	6.2	12.5
17	756.0	2261.0	41	5.3	10.8
18	579.0	1663.0	42	4.4	9.7
19	450.0	1224.0	43	3.6	8.5
20	353.0	907.0	44	3	7.4
21	280.0	678.0	45	2.7	6.4
22	225.0	514.0	46	2.3	5.8
23	181.0	393.0	47	1.9	5.4

6.4.1.2 库容曲线

怀柔水库设计总库容和兴利库容分别为 1.44 亿 m^3 和 0.655 亿 m^3，2024 年淤积调查后，复核得到的总库容和兴利库容分别为 1.38 亿 m^3 和 0.620 亿 m^3，淤积导致总库容减小约 650 万 m^3。怀柔水库不同水位时的设计库容和淤积调查后的库容曲线如图 6.4-2 所示，典型水位时的库容见表 6.4-2。

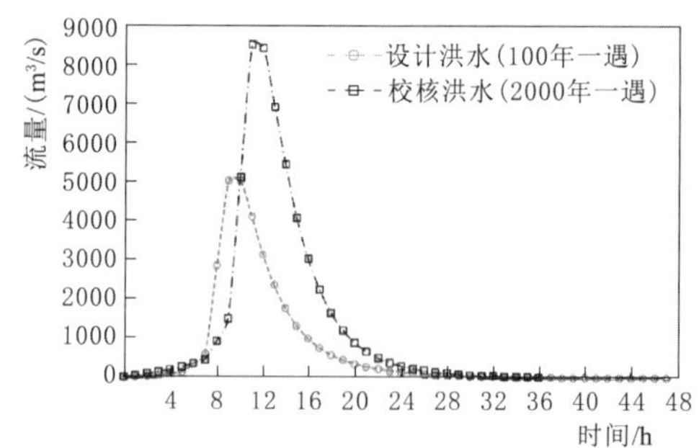

图 6.4-1 怀柔水库设计洪水标准和校核洪水标准下的洪水过程线

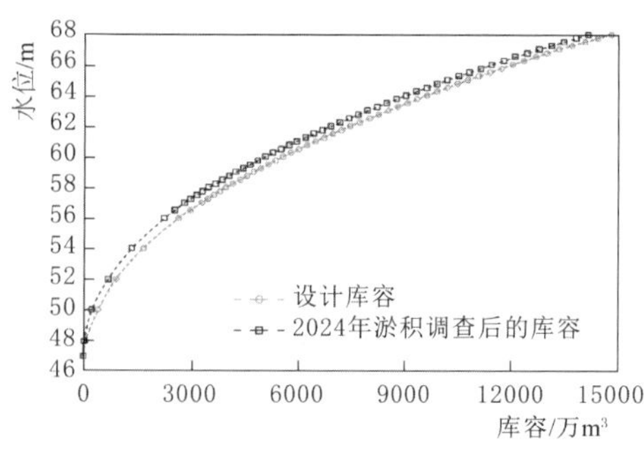

图 6.4-2 怀柔水库不同水位时的设计库容和淤积调查后的库容曲线

表 6.4-2 怀柔水库典型水位时的库容

水位/m	设计库容/万 m^3	淤积后的库容/万 m^3
52.00（死水位）	900.0	676.2
58.00（汛限水位）	3940	3452.2
62.00（正常蓄水位）	7420	6879.8
64.16（设计洪水位）	9820	9184.3
67.73（校核洪水位）	14400	13758.0

6.4.2 洪水调度

根据《北京市怀柔水库洪水调度规程》（档案编号 K01-119，K01-127），怀柔水库的洪水调度包括调度原则、控制指标和调度措施等。

6.4.2.1 调度原则

怀柔水库的调度原则是：

（1）确保水库工程安全。

（2）尽可能保证怀柔水库下游地区的防洪安全。

（3）科学调度，最大限度减轻洪灾损失。

（4）防洪、蓄水兼顾，蓄水服从水库安全和下游防洪安全。

6.4.2.2 洪水调度控制指标

怀柔水库以库水位为主要控制指标，综合考虑上游口头、前辛庄水文站的实测流量进行洪水调度。洪水调度控制指标如图 6.4-3 所示。

1. 汛期限制指标

（1）主汛期：6月1日至8月10日，汛限水位 58.00m，相应库容 3940 万 m^3。

（2）后汛期：8月11日至9月15日，汛限水位 62.00m，相应库容 7420 万 m^3。

2. 设计和校核指标

（1）设计洪水标准为 100 年一遇，设计洪水位 64.16m，相应库容 9820 万 m^3。

（2）校核洪水标准为 2000 年一遇，校核洪水位 67.73m，相应库容 14400 万 m^3。

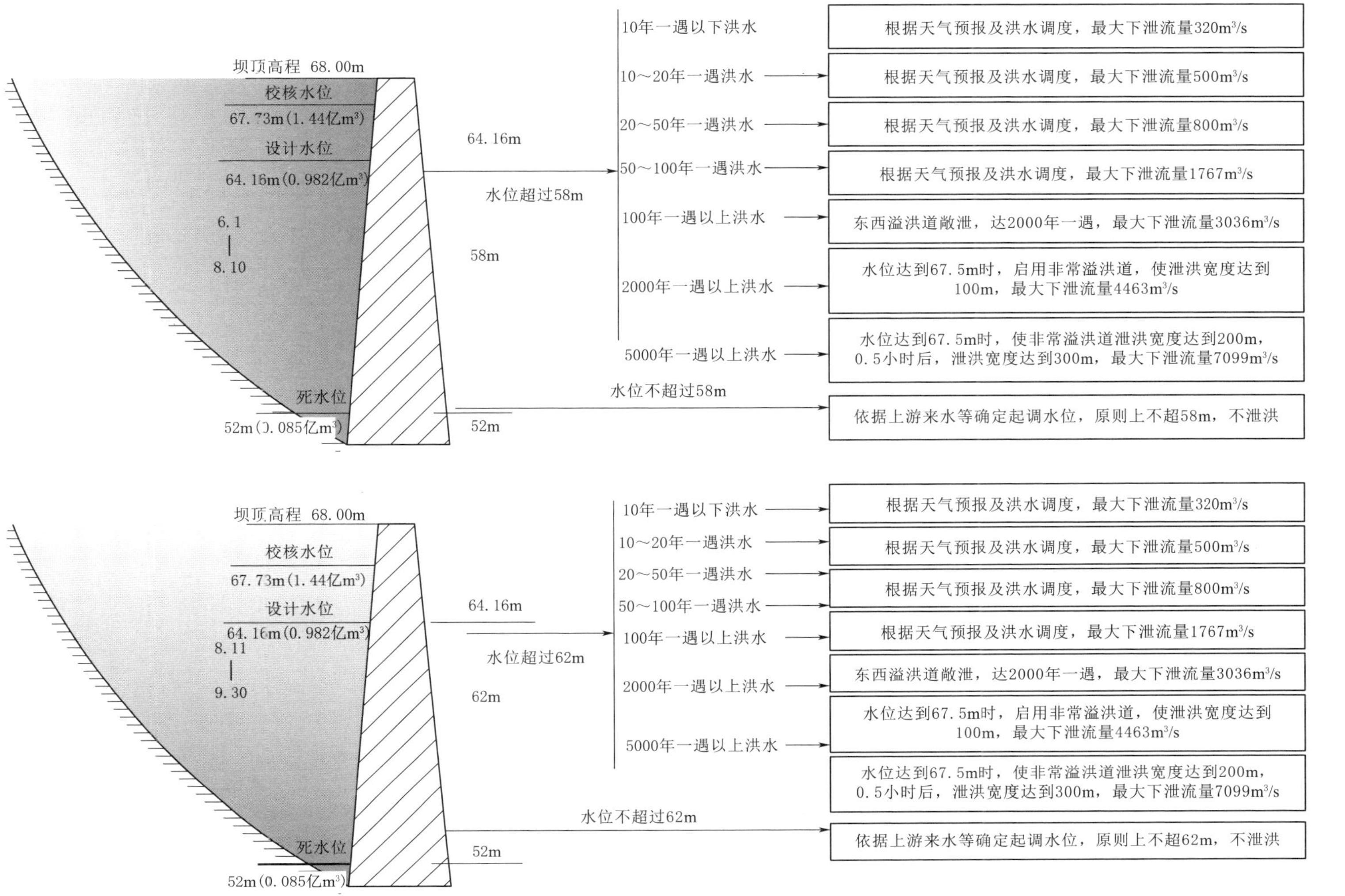

图 6.4-3 怀柔水库洪水调度控制指标

3. 泄水量控制指标

10年一遇及以下洪水，控制下泄流量不超过320m³/s；20年一遇洪水，控制下泄流量不超过500m³/s；50年一遇洪水，控制下泄流量不超过800m³/s；100年一遇洪水，最大下泄流量1767m³/s；2000年一遇洪水，最大下泄流量3036m³/s；发生2000年一遇以上洪水、水位达到67.5m时启用非常溢洪道。

4. 泄洪建筑物启用顺序

怀柔水库泄洪建筑物的启用顺序为西溢洪道→东溢洪道→输水隧洞→非常溢洪道。根据雨水情预报趋势及实际来水情况，可将京密引水渠作为怀柔水库泄洪的补充通道。凡不同洪水需要泄洪时，均应考虑与北台上水库、大水峪水库、密云水库错峰泄洪。

6.4.2.3 洪水调度措施

1. 主汛期：6月1日至8月10日

当水库未达到汛限水位（58.00m）时：依据库区上游来水及雨水情况、库水位情况，确定起调水位，原则上不超过58.00m时不泄洪，具体根据实际情况确定。

当库水位已达到或超过汛限水位（58.00m）时：

（1）10年一遇以下洪水：根据天气预报趋势及洪水预报结果，当入库流量小于320m³/s时，根据库水位和来水情况可不泄或按入库流量下泄；当入库流量大于320m³/s时，按320m³/s控泄。具体执行北京市水务局批复的调度方案。

（2）10年一遇以上、20年一遇以下洪水：根据天气预报趋势及洪水预报结果，当入库流量小于500m³/s时，按入库流量下泄；当入库流量大于500m³/s时，按500m³/s控泄。具体执行北京市水务局批复的调度方案。

（3）20年一遇以上、50年一遇以下洪水：根据天气预报趋势及洪水预报结果，当入库流量小于800m³/s时，按入库流量下泄；当入库流量大于800m³/s时，按800m³/s控泄。具体执行北京市水务局批复的调度方案。

（4）100年一遇洪水：最大下泄流量1767m³/s，库水位最高可涨至64.16m。

（5）2000年一遇洪水，最大下泄流量3036m³/s，库水位最高可涨至67.73m。

（6）超标准洪水（2000年一遇以上洪水）：敞开各输泄水建筑物泄洪，必要时启用非常溢洪道分洪。5000年一遇洪水：启用非常溢洪道，采用爆破方式形成冲引槽，使库水位达到67.50m时，洪水在预定位置冲开非常溢洪道泄洪，泄洪宽度达到100m，堰顶高程64.0m，最高洪水位68.07m。10000年一遇洪水：启用非常溢洪道，采用爆破方式形成冲引槽，库水位达到67.50m时，爆破溢洪道泄洪，使泄洪宽度达到200m，半小时后泄洪宽度达到300m，最高洪水位达到68.00m。

（7）错峰调度：凡不同洪水需要泄洪时，均应考虑与北台上水库、大水峪水库、密云水库错峰泄洪，具体执行北京市水务局批复的调度方案。

（8）雨洪调配：雁栖湖国际会议中心位于北台上水库库区，防洪水位受到限制。当北台上水库上游产生较大洪水时，为保障会议场所安全，在怀柔水库流域未发生较大洪水前提下，经北京市水务局批准，可利用京密引水渠将雨洪调配到怀柔水库，为其承担短期部分滞洪任务。一旦怀柔水库流域有较大洪水发生，怀柔水库不再考虑为其分洪。

2. 后汛期：8 月 11 日至 9 月 30 日

调度措施与主汛期（6 月 1 日至 8 月 10 日）基本一致，仅起调水位由 58.00m 上调至 62.00m，各洪水标准下的控制泄量与主汛期相同，不再赘述。

6.4.3 泄流能力复核

怀柔水库的主要泄水建筑物为东、西溢洪道和非常溢洪道，输水隧洞和峰山口输水闸同时参与泄洪。但当库水位达到 62.00m 时，峰山口输水闸关闭，不再参与泄洪。

6.4.3.1 计算方法

1. 东、西溢洪道泄流能力

怀柔水库东、西溢洪道均为双孔宽顶堰，堰顶高程 56.00m，闸门高度 6.3m，单孔净宽 12m。水闸泄流能力根据库水位和闸门开启情况分别属于宽顶堰非淹没出流工况和孔口式平底闸出流工况，可根据 SL 253—2018《溢洪道设计规范》分别计算水闸的泄流能力。

（1）宽顶堰闸门全开非淹没出流。宽顶堰闸门全开非淹没出流时的泄流能力计算公式为

$$Q=m\varepsilon B\sqrt{2g}H_0^{\frac{3}{2}} \tag{6.4-1}$$

式中 Q——流量，m^3/s；

B——总净宽，m；

H_0——计入行进流速水头的堰上总水头，m；

m——二元水流宽顶堰流量系数，与相对上游堰高 P_1/H（H 为不计入行进流速的堰上水头）及堰头形式有关，对于怀柔水库东、西溢洪道，$P_1=0$，$m=0.385$；

ε——闸墩侧收缩系数。对于多孔宽顶堰：

$$\varepsilon=[\varepsilon_Z(n-1)+\varepsilon_B]/n \tag{6.4-2}$$

$$\varepsilon_Z=1-K\frac{1-b/(b+d)}{\sqrt[3]{0.2+P_1/H_0}}\sqrt[4]{b/(b+d)} \tag{6.4-3}$$

$$\varepsilon_B=1-K\frac{1-b/(b+\Delta b)}{\sqrt[3]{0.2+P_1/H_0}}\sqrt[4]{b/(b+\Delta b)} \tag{6.4-4}$$

式中 n——孔数；

b——各孔净宽，m；

d——中墩厚度，m；

Δb——边墩边缘至引水渠边线的距离，m；

K——闸墩形状系数，矩形取 0.19，圆弧取 0.10。

（2）孔口式平底闸泄流。孔口式平底闸泄流能力计算公式为

$$Q=\mu A\sqrt{2g(H_0-D)} \tag{6.4-5}$$

式中 Q——流量，m^3/s；

A——孔口面积，m^2；

D——孔口高度，m；

H_0——计入行进流速水头的堰上总水头，m；

μ——流量系数（对于圆滑孔口，可取 0.90）。

2. 输水隧洞泄流能力

怀柔水库输水隧洞内径2.46m，采用钢筋混凝土衬砌，内衬钢板。隧洞进、出口底板高程均51.60m。怀柔水库死水位56.00m，因此输水隧洞为有压隧洞。根据SL 279—2016《水工隧洞设计规范》，有压隧洞的过流能力计算公式为

$$H-h_f=\sum\zeta\times\frac{(4Q/\pi d^2)^2}{2g} \tag{6.4-6}$$

式中 h_f——沿程水头损失，m，$h_f=\frac{Lv^2}{C^2R}$，$C=\frac{1}{n}R^{\frac{3}{4}}$；

R——水力半径，m；

n——糙率，对于钢板衬砌隧洞，取0.012；

v——隧洞内水流速度，m/s；

ζ——局部水头损失系数，对于本工程，隧洞进口取0.5，出口取0.6，蝶阀处取0.1，矩形变圆形取0.05，圆形变矩形取0.1。

3. 峰山口输水、防洪闸泄流能力

输水闸和防洪闸联合布置，防洪闸在上游，输水闸在下游。输水闸为单孔，闸底高程54.5m，孔口尺寸8.0m×8.5m（宽×高），防洪闸为双孔，闸底高程54.5m，孔口尺寸3.4m×5.2m（宽×高），水闸设计流量40m³/s，校核流量60m³/s。水库水位超过62.00m时，峰山口防洪闸关闭。根据水库水位变化，峰山口输水闸的泄流状态为宽顶堰非淹没出流工况和孔口式平底闸出流工况，计算方法与东、西溢洪道相同，不再赘述。

6.4.3.2 计算结果

怀柔水库东、西溢洪道，输水隧洞和峰山口输水闸的泄流能力计算结果及与原设计结果对比见表6.4-3和如图6.4-4所示。可见：本次安全评价复核计算得到的怀柔水库各建筑物在不同库水位时的泄水量与原设计值基本相当。

表6.4-3 怀柔水库东、西溢洪道，输水隧洞和峰山口输水闸的泄流能力计算结果及与原设计结果对比

库水位/m		56.00	57.00	58.00	60.00	62.00	64.16	66.00	67.73
东溢洪道/(m³/s)	原设计	0	38	105	295	545	878.5	1185	1518
	本次复核	0	39.7	112.5	314.1	584.5	881.4	1176.6	1540.9
西溢洪道/(m³/s)	原设计	0	38	105	295	545	878.5	1185	1518
	本次复核	0	38.1	107.7	294.5	559.4	869.8	1122.5	1478.2
输水隧洞/(m³/s)	原设计	22	28	32	36	40	52	56	57.8
	本次复核	21.9	26.8	31.0	38.0	43.8	50.4	53.7	57.4
峰山口输水闸/(m³/s)	原设计	—	40（按设计流量输水）				0（关闭）		
	本次复核	18.8	40（按设计流量输水）				0（关闭）		
东、西溢洪道总泄量/(m³/s)	原设计	0	76	210	590	1090	1767	2370	3036
	本次复核	0	77.8	220.2	608.6	1143.9	1751.2	2299.1	3019.1

注 怀柔水库洪水调度规程（2002年修订）复核后的东、西溢洪道在校核洪水位下的最大泄流量分别为1545m³/s和1491m³/s。

(1) 对于东、西溢洪道的总泄量，相同库水位下，本次复核结果与原设计的偏差为−0.6%～4.5%，库水位越高，本次复核结果与原设计结果越接近。

(2) 对于输水隧洞，相同库水位下，本次复核结果与原设计的偏差为−0.7%～7%，库水位越高，本次复核结果与原设计结果越接近。

(3) 对于峰山口输水闸，相同库水位下，本次复核未获取到各水位泄水量设计值，但是结合水库调度要求分析，水闸泄水量满足设计要求。

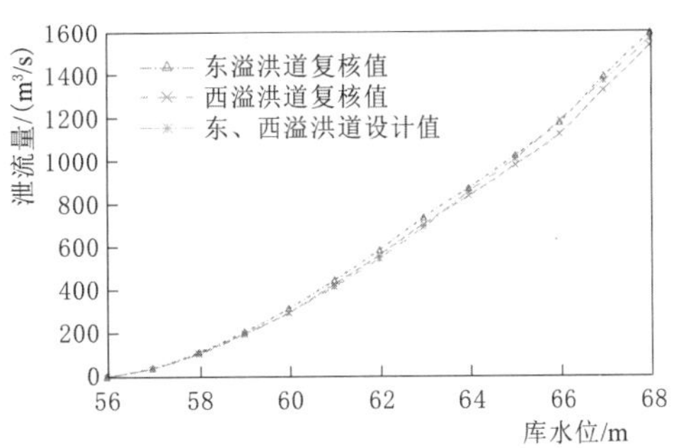

图 6.4-4　怀柔水库东、西溢洪道泄流能力计算结果及与原设计结果对比

综合分析，怀柔水库各建筑物的泄流能力满足要求。

6.4.4 调洪复核计算

6.4.4.1 计算原理

洪水入库后，其运动属于不稳定流，水库沿程的水位、流速、过水断面等均随时间变化，可用圣维南方程组表示。由于圣维南方程组一般很难求得精确的解析解，使用中多采用瞬态法、直接差分法及特征线法等近似求解。根据 SL 258—2017《水库大坝安全评价导则》，调洪计算宜采用静库容法。即忽略库区回水水面比降对蓄水量的影响，只按水面的近似情况考虑水库的蓄水容积。水库调洪计算的基本公式是水量平衡方程式，即：

$$\frac{1}{2}(Q_t+Q_{t+1})\Delta t-(q_t+q_{t+1})\Delta t=V_{t+1}-V_t \qquad (6.4-7)$$

式中　Δt——计算时段长度，s；

Q_t、Q_{t+1}——t 时段初、末的入库流量，m^3/s；

q_t、q_{t+1}——t 时段初、末的出库流量，m^3/s；

V_t、V_{t+1}——t 时段初、末的水库库容，m^3。

当已知水库的入库洪水过程线时，Q_t 和 Q_{t+1} 均为已知值，根据水库的调度原则，可确定初始起调水位，即 $q_{t=0}$ 和 $V_{t=0}$ 均为已知。由此，在确定计算时段长度后，式(6.4-7) 中的未知数仅为 q_{t+1} 和 V_{t+1}。根据泄水建筑物的泄流能力计算结果，可建立出库流量与库水位的关系，根据水库库容曲线，可建立库容与库水位的关系曲线。在初始计算时，式 (6.4-7) 可以转化为仅含有库水位 H_{t+1} 一个未知数的方程。通过计算即可求得 H_1，以库水位 H_1 为基础，利用式 (6.4-7) 即可求得下一时段的库水位 H_2，以此类推，即可依次求得各时段的库水位。

6.4.4.2 计算工况

根据怀柔水库的洪水调度原则和控制指标，怀柔水库基本洪水标准为设计洪水（100 年一遇）和校核洪水（2000 年一遇）两种情况，同时设有非常溢洪道考虑超标准洪水。洪水调度时的初始水位分两种情况，即主汛期（6 月 1 日至 8 月 10 日）的汛限水位

58.00m，后汛期（8月11日至9月30日）的汛限水位62.00m。

根据SL 258—2017《水库大坝安全评价导则》，调洪计算时不宜考虑气象预报，但是对洪水预报条件好、预报制度完善、预报精度较高的水库，在估计预报误差留有余地的前提下，洪水调节计算时可适当考虑预报预泄。鉴于怀柔水库已经建立了较为完善的气象预报制度，本次调洪计算时，在汛限水位较高工况下（即汛限水位62.00m、校核洪水标准下），采用考虑预报预泄和不考虑预报预泄两种情况调洪计算。

根据《海河流域防洪规划》，怀柔水库遭遇10～20年一遇洪水时控泄320m^3/s，遭遇20～50年一遇洪水时控泄400m^3/s。本次调洪计算时，考虑汛限水位58.00m，进行怀柔水库20年一遇和50年一遇洪水控泄条件下的调洪计算。

经过2024年淤积调查，怀柔水库库容小于原设计库容，因此，调洪计算考虑水库原设计库容和淤积调查后的库容。

综上，可确定怀柔水库调洪复核计算工况有14种，见表6.4-4。

表6.4-4　　怀柔水库调洪复核计算工况

<table>
<tr><th>工况编号</th><th>设计标准</th><th>汛限水位/m</th><th>库容指标</th><th>预报超泄</th></tr>
<tr><td>1</td><td rowspan="4">设计洪水标准（100年一遇）</td><td rowspan="2">58.00</td><td>原设计库容</td><td rowspan="8">不考虑</td></tr>
<tr><td>2</td><td>2024年淤积调查库容</td></tr>
<tr><td>3</td><td rowspan="2">62.00</td><td>原设计库容</td></tr>
<tr><td>4</td><td>2024年淤积调查库容</td></tr>
<tr><td>5</td><td rowspan="6">校核洪水标准（2000年一遇）</td><td rowspan="2">58.00</td><td>原设计库容</td></tr>
<tr><td>6</td><td>2024年淤积调查库容</td></tr>
<tr><td>7</td><td rowspan="2">62.00</td><td>原设计库容</td></tr>
<tr><td>8</td><td>2024年淤积调查库容</td></tr>
<tr><td>9</td><td rowspan="2">62.00</td><td>原设计库容</td><td rowspan="2">考虑</td></tr>
<tr><td>10</td><td>2024年淤积调查库容</td></tr>
<tr><td>11</td><td rowspan="2">20年一遇洪水标准（320m^3/s控泄）</td><td rowspan="4">58.00</td><td>原设计库容</td><td rowspan="4">不考虑</td></tr>
<tr><td>12</td><td>2024年淤积调查库容</td></tr>
<tr><td>13</td><td rowspan="2">50年一遇洪水标准（400m^3/s控泄）</td><td>原设计库容</td></tr>
<tr><td>14</td><td>2024年淤积调查库容</td></tr>
</table>

6.4.4.3 设计洪水标准调洪复核（100年一遇）

怀柔水库遭遇100年一遇洪水、起调水位为58.00m（6月1日至8月10日）和62.00m（8月11日至9月30日）时的泄水量和库水位时间变化曲线如图6.4-5所示。可见：

（1）起调水位为58.00m时，经过约14h后，库水位涨至最高，经过约37h后，库水位回落至58.00m。采用原设计库容时，最高库水位约为64.063m，最大泄量（东、西溢洪道）1715.4m^3/s；采用淤积调查后库容时，最高库水位约为64.078m，最大泄量（东、西溢洪道）1719.8m^3/s。

（2）起调水位为62.00m时，经过约13h后，库水位涨至最高，经过约24h后，库水

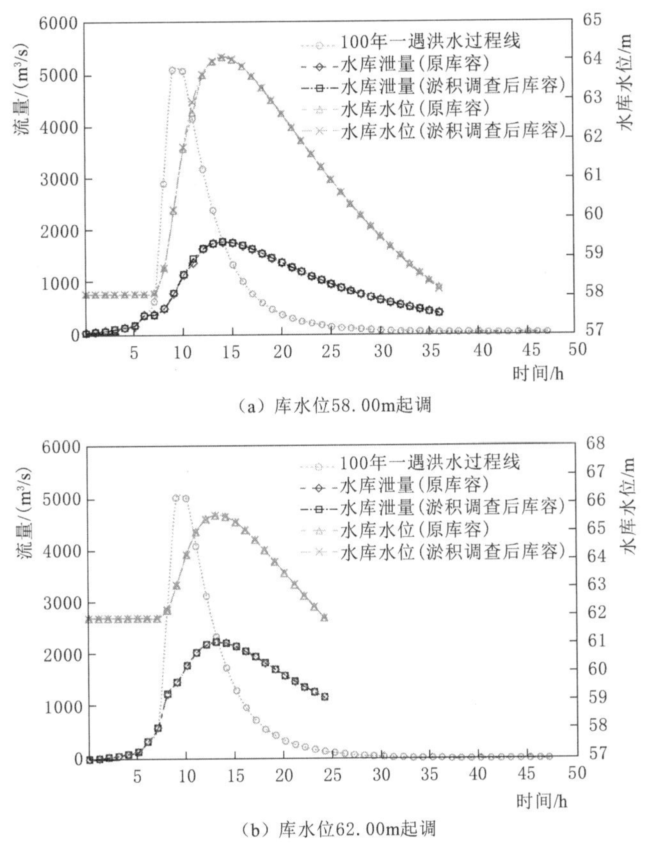

(a) 库水位58.00m起调

(b) 库水位62.00m起调

图 6.4-5　不同起调水位时的泄水量和库水位变化曲线（100 年一遇洪水）

位回落至 62.00m。采用原设计库容时，最高库水位约为 65.644m，最大泄量（东、西溢洪道）2202.4m^3/s；采用淤积调查后库容时，库水位约为 65.652m，最大泄量（东、西溢洪道）2223.1m^3/s。

（3）采用原设计库容和淤积调查后的库容进行调洪复核时，最高库水位基本相同，相同时间时，采用淤积调查后的库容复核得到的库水位略高约 1cm。

6.4.4.4 校核洪水标准调洪复核（2000 年一遇，不预泄）

怀柔水库遭遇 2000 年一遇洪水、起调水位为 58.00m（6 月 1 日至 8 月 10 日）和 62.00m（8 月 11 日至 9 月 30 日）时的泄水量和库水位时间变化曲线如图 6.4-6 所示。可见：

（1）起调水位为 58.00m 时，经过约 16h 后，库水位涨至最高，经过约 44h 后，库水位回落至 58.00m。采用原设计库容时，最高库水位约为 67.631m，最大泄量（东、西溢洪道）2970.4m^3/s；采用淤积调查后库容时，最高库水位约为 67.676m，最大泄量（东、西溢洪道）2976.1m^3/s。

（2）起调水位为 62.00m 时，经过约 16h 后，库水位涨至最高，经过约 31h 后，库水位回落至 62.00m。采用原设计库容时，最高库水位约为 68.689m，最大泄量（东、西溢洪道）3431.5m^3/s；采用淤积调查后库容时，库水位约为 68.724m，最大泄量（东、西溢洪道）3447.6m^3/s。

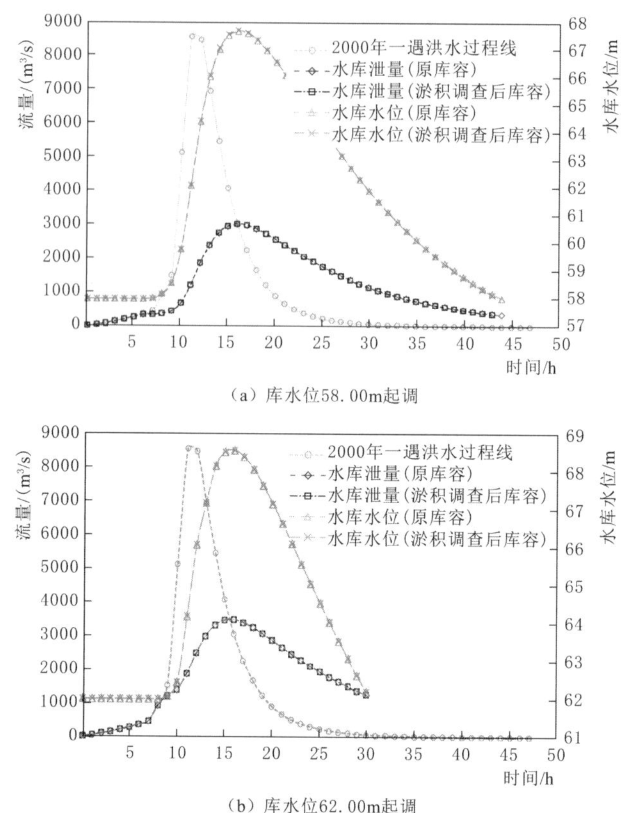

图 6.4-6 不同起调水位时的泄水量和库水位变化曲线（2000 年一遇洪水）

（3）采用原设计库容和淤积调查后的库容进行调洪复核时，最高库水位基本相同，相同时间时，采用淤积调查后的库容复核得到的库水位略高约 4cm。

6.4.4.5 校核洪水标准（2000 年一遇，提前预泄至 59.50m）

考虑校核洪水标准下，8 月 11 日至 9 月 30 日汛限水位 62.00m 时遭遇 2000 年一遇洪水，水库提前预泄至 59.50m 时的库水位和泄量时间变化曲线如图 6.4-7 所示。可见，考虑提前预泄后至 59.50m 时，采用原设计库容和淤积调查后库容复核，水库最高水位均略低于 68.00m。

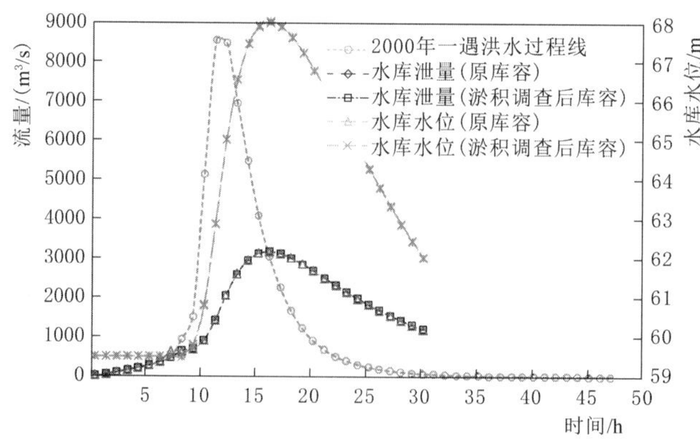

图 6.4-7 考虑预泄时的泄水量和库水位变化曲线（2000 年一遇洪水）

6.4.4.6 控泄条件下调洪复核（20 年一遇、50 年一遇）

根据《海河流域防洪规划》，怀柔水库遭遇 10～20 年一遇和 20～50 年一遇洪水时分别按 $320m^3/s$ 和 $400m^3/s$ 控泄。汛限水位 58.00m 时，怀柔水库遭遇 20 年一遇和 50 年一遇洪水时的泄水量和库水位时间变化曲线如图 6.4-8 和图 6.4-9 所示。可见：

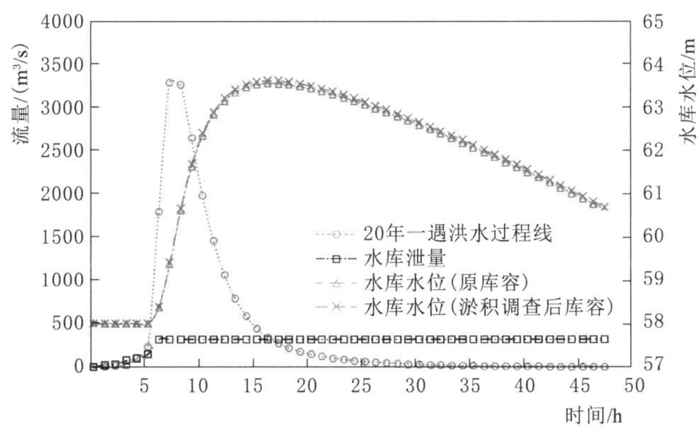

图 6.4-8 怀柔水库遭遇 20 年一遇洪水时泄水量和库水位变化曲线

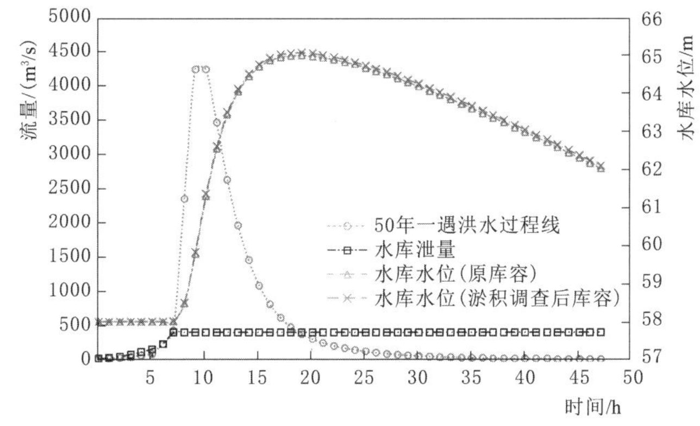

图 6.4-9 怀柔水库遭遇 50 年一遇洪水时泄水量和库水位变化曲线

(1) 怀柔水库遭遇 20 年一遇洪水、按照最大流量 $320m^3/s$ 控泄时，经过约 17h 后，库水位涨至最高。采用原设计库容时，最高库水位约为 63.542m；采用淤积调查后库容时，最高库水位约为 63.611m。

(2) 怀柔水库遭遇 50 年一遇洪水、按照最大流量 $320m^3/s$ 控泄时，经过约 20h 后，库水位涨至最高。采用原设计库容时，最高库水位约为 65.057m；采用淤积调查后库容时，最高库水位约为 65.128m。

(3) 怀柔水库按照 $320m^3/s$ 和 $400m^3/s$ 控泄时，东、西溢洪道闸门最大开度分别约为 1.10m 和 1.26m，闸门开启后的顶高程分别约为 63.11m 和 63.26m，闸门顶高程均低于最高库水位，存在闸门顶、底同时过水问题。

6.4.4.7 调洪计算成果对比

怀柔水库不同设计洪水标准、起调水位以及是否考虑库容淤积和预报预泄情况下的调洪计算成果对比见表 6.4-5。本次安全评价复核结果表明：

表 6.4-5　　怀柔水库调洪计算成果对比表

<table>
<tr><th>重现期</th><th>起调水位/m</th><th colspan="2">阶　段</th><th>洪峰流量/(m^3/s)</th><th>最大泄量/(m^3/s)</th><th>最高水位/m</th><th>备　注</th></tr>
<tr><td rowspan="6">100 年一遇</td><td rowspan="3">58.00</td><td>原设计</td><td>原设计库容</td><td rowspan="6">5059</td><td>1757</td><td>64.16</td><td rowspan="3">不考虑预泄</td></tr>
<tr><td rowspan="2">本次复核</td><td>原设计库容</td><td>1715.4</td><td>64.063</td></tr>
<tr><td>淤积调查后库容</td><td>1719.8</td><td>64.078</td></tr>
<tr><td rowspan="3">62.00</td><td>原设计</td><td>原设计库容</td><td>—</td><td>—</td><td>—</td></tr>
<tr><td rowspan="2">本次复核</td><td>原设计库容</td><td>2202.4</td><td>65.644</td><td rowspan="2">不考虑预泄</td></tr>
<tr><td>淤积调查后库容</td><td>2223.1</td><td>65.652</td></tr>
<tr><td rowspan="8">2000 年一遇</td><td rowspan="3">58.00</td><td>原设计</td><td>原设计库容</td><td rowspan="8">8543</td><td>3036</td><td>67.73</td><td>—</td></tr>
<tr><td rowspan="2">本次复核</td><td>原设计库容</td><td>2970.4</td><td>67.631</td><td rowspan="2">不考虑预泄</td></tr>
<tr><td>淤积调查后库容</td><td>2986.1</td><td>67.676</td></tr>
<tr><td rowspan="5">62.00</td><td>原设计</td><td>原设计库容</td><td>—</td><td>—</td><td>—</td></tr>
<tr><td rowspan="4">本次复核</td><td>原设计库容</td><td>3431.5</td><td>68.689</td><td rowspan="2">不考虑预泄</td></tr>
<tr><td>淤积调查后库容</td><td>3447.6</td><td>68.724</td></tr>
<tr><td>原设计库容</td><td>3162.5</td><td>67.975</td><td rowspan="2">预泄至 59.50m</td></tr>
<tr><td>淤积调查后库容</td><td>3172.0</td><td>67.997</td></tr>
<tr><td rowspan="2">20 年一遇</td><td rowspan="2">58.00</td><td rowspan="2">本次复核</td><td>原设计库容</td><td rowspan="2">3280</td><td rowspan="2">320</td><td>63.542</td><td rowspan="2">不考虑预泄</td></tr>
<tr><td>淤积调查后库容</td><td>63.611</td></tr>
<tr><td rowspan="2">50 年一遇</td><td rowspan="2">58.00</td><td rowspan="2">本次复核</td><td>原设计库容</td><td rowspan="2">4270</td><td rowspan="2">400</td><td>65.057</td><td rowspan="2">不考虑预泄</td></tr>
<tr><td>淤积调查后库容</td><td>65.128</td></tr>
</table>

(1) 相同条件下，怀柔水库采用原设计库容或淤积调查后的库容对最高水位和最大泄量的影响较小，相差在 5cm 以内。

(2) 库水位在 58.00m 起调时，设计洪水标准下的库水位最高达到约为 64.07m，校核洪水标准下的库水位最高达到约 67.68m，均略低于原设计，但相差不大（5～10cm）。

(3) 库水位在 62.00m 起调时，设计洪水标准下的库水位最高达到约为 64.65m，校核洪水标准下的库水位最高达到约 68.72m。

(4) 库水位在 62.00m 起调时，校核洪水标准下的库水位超过坝顶，此工况下应考虑提前预泄。为保证校核洪水位低于坝顶，库水位提前预泄至 59.50m 以下。结合怀柔水库库容和闸门泄流能力分析，库水位由 62.00m 降低至 59.50m 时需要泄水约 2300 万 m^3，调度时按照 10 年一遇及以下洪水标准时的控制下泄量（320m^3/s）提前预泄约 24h 即可满足。

(5) 怀柔水库遭遇 20 年一遇或 50 年一遇洪水，分别按照 320m^3/s 和 400m^3/s 控泄时，东、西溢洪道闸门最大开度分别约为 1.10m 和 1.26m，闸门开启后的门顶高程均低于最高库水位，存在闸门顶、底同时过水问题。

6.5 大坝抗洪能力复核

6.5.1 坝顶和防渗体顶高程复核

6.5.1.1 基本规定和计算方法

根据 SL 274—2020《碾压式土石坝设计规范》，坝顶在水库静水位以上的超高包括最大波浪在坝坡上的爬高、最大风壅水面高度和安全加高之和，当坝顶上游侧设有防浪墙时，坝顶超高可改为对防浪墙顶的要求。包括：

(1) 正常蓄水位加正常运用条件的坝顶超高。

(2) 设计洪水位加正常运用条件的坝顶超高。

(3) 校核洪水位加非常运用条件的坝顶超高。

(4) 正常蓄水位加非常运用条件的坝顶超高，再加地震安全加高。

1. 坝顶超高

坝顶在水库静水位以上的超高计算公式为

$$y=R+e+A \tag{6.5-1}$$

式中 y——坝顶超高，m；

R——最大波浪在坝坡上的爬高，m；

e——最大风壅水面高度，m；

A——安全加高，m，按表 6.5-1 取值。

表 6.5-1 安全加高取值表

坝的级别		1 级	2 级	3 级	4 级、5 级
正常运用条件		1.50	1.00	0.70	0.50
非常运用条件	山区、丘陵区	0.70	0.50	0.40	0.30
	平原、滨海区	1.00	0.70	0.50	0.30

2. 波浪要素

对于内陆峡谷水库，当 $W<20$m/s，$D<20000$m 时，波浪的波高和平均波长可采用官厅水库公式计算，即

$$\frac{gh_p}{W^2}=0.0076W^{-\frac{1}{12}}\left(\frac{gD}{W^2}\right)^{\frac{1}{3}} \tag{6.5-2}$$

$$\frac{gL_m}{W^2}=0.331W^{-\frac{1}{2.15}}\left(\frac{gD}{W^2}\right)^{\frac{1}{3.75}} \tag{6.5-3}$$

式中 D——风区长度，m；

W——计算风速，正常运用条件下取多年平均最大风速的 2 倍；非常运用条件下取多年平均最大风速；

h_p——累积频率为 2%的波高，m；

L_m——平均波长，m。

3. 风壅水面高度

风壅水面高度计算公式为

$$e=\frac{K_f W^2 D}{2gH_m}\cos\beta \tag{6.5-4}$$

式中 e——计算点处的风壅水面高度，m；

K_f——综合摩阻系数，取 3.6×10^{-6}；

β——计算风向与坝轴线法线的夹角，(°)；

H_m——水域平均水深，m。

4. 波浪爬高

当坡度为 1.5～5.0 时，平均波浪爬高的计算公式为

$$R_m=\frac{K_\Delta K_W}{\sqrt{1+m^2}}\sqrt{h_m L_m} \tag{6.5-5}$$

式中 R_m——平均波浪爬高，m；

m——单坡的坡度系数；

K_Δ——斜坡的糙率渗透性系数，对于砌石护坡，取 0.75～0.8；

K_W——经验系数。

6.5.1.2 坝顶超高（防浪墙顶）复核

根据 6.4.4 节的计算成果，相同洪水标准下，采用淤积调查后的库容曲线复核得到的库水位略高于原设计，因此坝顶超高复核采用较高的库水位。根据 SL 274—2020《碾压式土石坝设计规范》，当坝顶上游侧设有防浪墙时，坝顶超高为对防浪墙顶的要求。怀柔水库防浪墙设计顶高程 69.00m，14 个断面的实测顶高程 68.92～69.05m。西溢洪道与大坝连接段以及与山体连接段的防浪墙顶高程约 68.00m，现状如图 6.5-1 所示。正常运用和非常运用条件下，怀柔水库坝顶超高（防浪墙顶）复核计算结果见表 6.5-2 和表 6.5-3，可见：

(a) 西溢洪道与大坝连接段

(b) 西溢洪道与山体连接段

图 6.5-1 西溢洪道与大坝连接段以及与山体连接段的防浪墙现状

表 6.5-2 正常运用条件下坝顶超高（防浪墙顶）复核计算结果

工况	正常蓄水位/m	设计洪水位/m	风壅水面高度/m	波浪爬高/m	安全加高/m	防浪墙高程/m		
						最低要求	设计	实测
正常运用条件	62.00	—	0.01	1.74	1	64.75	69.00	68.92～69.05
	—	64.078（汛限 58.00m）	0.01	1.74	1	66.828	69.00	
	—	65.652（汛限 62.00m）	0.01	1.74	1	68.402	69.00	

表 6.5-3　　非常运用条件下坝顶超高（防浪墙顶）复核计算结果

<table>
<tr><th rowspan="2">工况</th><th rowspan="2">正常蓄水位/m</th><th rowspan="2">校核洪水位/m</th><th rowspan="2">风壅水面高度/m</th><th rowspan="2">波浪爬高/m</th><th rowspan="2">安全加高/m</th><th rowspan="2">地震安全加高/m</th><th colspan="3">防浪墙高程/m</th></tr>
<tr><th>最低要求</th><th>设计</th><th>实测</th></tr>
<tr><td rowspan="3">非常运用条件</td><td>—</td><td>67.676
（汛限 58.00m）</td><td>0.003</td><td>0.77</td><td>0.5</td><td>0</td><td>68.949</td><td>69.00</td><td rowspan="3">68.92～69.05</td></tr>
<tr><td>—</td><td>67.997
（汛限 62.00m，预泄至 59.50m）</td><td>0.003</td><td>0.77</td><td>0.5</td><td>0</td><td>69.270</td><td>69.00</td></tr>
<tr><td>62.00</td><td>—</td><td>0.003</td><td>0.77</td><td>0.5</td><td>1.60</td><td>64.873</td><td>69.00</td></tr>
</table>

注　地震安全加高为坝顶沉陷和地震涌浪高度之和，根据 GB 51247—2018《水工建筑物抗震设计标准》，坝顶沉陷取坝高（包括地基）的 0.5%～1%（一般不超 0.6m，本工程取 0.6m），地震涌浪高度根据设计烈度和坝前水深采用 0.5～1.5m（本工程取 1m）。

（1）正常运用条件下，防浪墙顶高程应大于 68.402m，设计和实测防浪墙顶高程满足规范要求。

（2）非常运用条件下，当汛限水位在 58.00m 时，防浪墙顶高程应大于 68.949m，设计和实测防浪墙顶高程满足规范要求。汛限水位在 62.00m 时，校核洪水标准（2000 年一遇）下，提前将库水位预泄至 59.50m 时，防浪墙顶高程仍略有不足（低约 0.27m），考虑到此工况可通过预泄降低库水位调节，因此不以此为控制工况。

（3）非常运用条件下，考虑地震涌浪及坝顶沉陷后，防浪墙顶高程应大于 64.873m，设计和实测防浪墙顶高程满足规范要求。

（4）怀柔水库西溢洪道，其与大坝连接段和与山体连接段的防浪墙顶高程为 68.00m，低于 69.00m，不满足现行规范要求。

综合分析，现状怀柔水库大坝防浪墙顶高程整体满足 SL 274—2020《碾压式土石坝设计规范》要求，但是西溢洪道与大坝连接段以及西溢洪道与山体连接段的防浪墙顶高程略低于现行规范要求。

6.5.1.3　坝顶高程复核

根据 SL 274—2020《碾压式土石坝设计规范》，正常运用条件下，坝顶应高出静水位 0.5m；非常运用条件下，坝顶应不低于静水位。怀柔水库坝顶高程 68.00m，14 个断面的实测顶高程 67.96～68.34m。

（1）正常运用条件下，汛限水位为 58.00m 和 62.00m 时，设计洪水位分别为 64.078m 和 65.652m，坝顶高程满足规范要求。

（2）非常运用条件下，汛限水位为 58.00m 时，校核洪水位为 67.676m，坝顶高程满足规范要求。

（3）非常运用条件下，汛限水位为 62.00m 时，校核洪水位为 68.689m，坝顶高程虽不满足现行规范要求，考虑预报预泄至 59.50m 时，校核洪水位为 67.997m，坝顶高程满足规范要求。

6.5.1.4　防渗体高程复核

根据 SL 274—2020《碾压式土石坝设计规范》，土质防渗体顶部设有防浪墙时，防渗体顶高程不应低于正常运用条件的静水位。怀柔水库主坝为黏土斜墙坝，副坝为均质土坝，上游有防浪墙与防渗体相连。防渗体顶高程为67.00～67.50m，正常运用条件下最高静水位65.652m，防渗体顶高程满足规范要求。

6.5.2 泄洪安全复核

泄洪安全复核内容包括能否安全下泄最大流量，泄水对大坝有何影响及下泄最大流量对下游河道的影响。

6.5.2.1 安全下泄最大流量复核

根据6.4.3节的复核得到的怀柔水库东西溢洪道、输水隧洞和峰山口输水闸的库水位-泄水量曲线与原设计成果基本一致，现状条件下，怀柔水库各建筑物的运行正常，能够安全下泄最大设计流量。

6.5.2.2 泄水对大坝的影响

怀柔水库东西溢洪道、输水隧洞和峰山口输水闸的下游均设有消力池，泄水不会掏刷坝脚，不会影响坝肩稳定，泄水对大坝安全不会产生影响。

6.5.2.3 下泄最大流量对下游河道的影响

怀柔水库下游河道为潮白河，根据《海河流域防洪规划》，北三河系潮白河的防洪标准为50年一遇，山区洪水由密云水库控制，50年一遇以下洪水下泄550m^3/s。主要支流洪水由怀柔水库控制，怀柔水库50年一遇下泄流量不超过400m^3/s，下游苏庄、密云、怀柔区间洪水加水库下泄量，苏庄站50年一遇洪峰流量3000m^3/s。潮白河发生100年一遇洪水时，苏庄洪峰流量$3560^3/s$，加入温潮减河、运潮减河、引泃入潮来水后，下游河道需利用堤防超高强迫行洪，向黄庄洼加大分洪量。当潮白河苏庄来水大于河道最大泄量时，洪水漫过潮白河左堤，由潮白河和泃河之间夹道下泄，破引泃入潮大堤，洪水进入黄庄洼，

根据6.4.4节的复核结果，怀柔水库设计洪水标准为100年一遇，对应最大下泄流量为1719.8m^3/s，校核洪水标准为2000年一遇，对应最大下泄流量为2986.1 m^3/s。水库的设计和校核洪水标准远超下游河道的防洪标准，水库按最大流量下泄洪水会影响下游河道堤防安全，存在水库泄水导致下游河道漫溢、溃堤等风险。

6.5.3 非常溢洪道启用方式和条件复核

6.5.3.1 非常溢洪道启用方式和条件复核

“75·8”大水后，我国很多水库增设了宣泄超标准洪水的非常溢洪道。怀柔水库在长副坝上设有非常溢洪道（图6.5-2），采用爆破方式形成引冲槽，使洪水位达到67.50m时，洪水在预定位置冲开非常溢洪道。由于多年不使用，现状怀柔水库非常溢洪道存在行洪通道被侵占等问题，难以按原设计条件正常启用及及时泄洪。

（1）怀柔水库非常溢洪道上游侧为滩地，生长有大量水生植物和树木；下游侧已建成较为密集的社区，阻碍行洪（图6.5-3）。

（2）怀柔水库库水较城区高约20m，非常溢洪道启用后，库水将直接冲入怀柔城区。如图6.5-2所示，怀柔区人民政府与非常溢洪道的直线距离仅为1.5km左右；同时，非

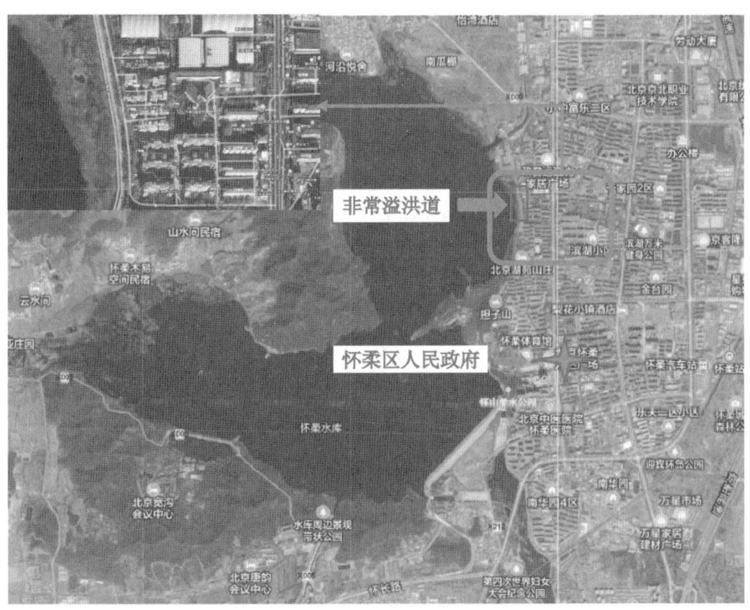

图 6.5-2　非常溢洪道位置及周边现状图

(a) 非常溢洪道上游现状

(b) 非常溢洪道下游现状

图 6.5-3　非常溢洪道上、下游现状

常溢洪道边缘已建南水北调管理房，爆破泄洪也将影响南水北调工程的安全运行。因此，启用非常溢洪道社会、经济影响巨大。

(3) 启用非常溢洪道涉及复杂的社会、经济、环境影响，且启用流程需协调地方政府、军队、水利系统等多部门，存在时间窗口不足的问题。

(4) 综合分析，现状条件下，非常溢洪道存在行洪受阻，启用流程复杂，爆破启用后社会、经济、环境影响重大等问题，难以按原设计条件正常启用及时泄洪。

6.5.3.2 超标准洪水预泄的可能性（10000年一遇，提前预泄至55.00m）

怀柔水库已建立了预警预报系统，本节探讨了怀柔水库采用预报预泄、不启用非常溢洪道抵抗超标准洪水的可能性，供后续研究参考。

如图6.5-4所示，根据怀柔水库10000年一遇洪水过程线，考虑将库水位预泄至55.00m（与汛限水位相比较，提前腾库约1900万m^3），此时库水位最高涨至约68.97m，虽然高于坝顶，但低于防浪墙顶高程。若考虑怀柔水库上游边坑水库、西水峪水库和黄花城水库等3座小(1)型水库的蓄滞洪作用，水位可能进一步降低。

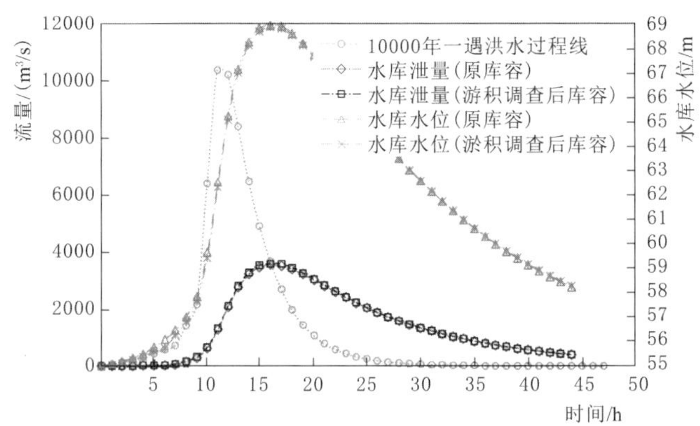

图6.5-4 考虑预泄时的泄水量和库水位变化曲线（10000年一遇洪水）

综合分析，若综合采用预报预泄、利用上游小水库蓄滞洪、改善上游植被条件减少入库洪水、采取措施增大库容或提高泄洪能力等手段，怀柔水库不再保留非常溢洪道是可能的，后续可开展专题论证研究。

6.6 防洪能力复核结论

(1) 依据GB 50201—2014《防洪标准》和SL 252—2017《水利水电工程等级划分及洪水标准》复核，怀柔水库为Ⅱ等大(2)型水利工程，设计采用100年一遇设计洪水标准，2000年一遇校核洪水标准，满足要求。

(2) 截至2024年汛前，怀柔水库已有65年的连续水文监测数据。根据SL 258—2017《水库大坝安全评价导则》，应采用实测洪水统计法复核设计洪水。复核结果与原设计相比，校核洪水标准下（2000年一遇）的洪峰流量略高约0.7%，设计洪水标准下（100年一遇）的洪峰流量低约30.4%。因此，根据SL 258—2017《水库大坝安全评价导则》，本次安全评价采用原设计洪水计算成果。

(3) 东、西溢洪道，输水隧洞和峰山口输水闸的水位-泄量关系曲线复核结果与原设计值基本一致，各建筑物的泄流能力满足要求。

(4) 2024 年怀柔水库淤积调查结果表明，淤积后怀柔水库总库容减小约 600 万 m^3。分别采用原设计库容、淤积调查后的库容调洪计算。结果表明：①库容淤积对最高水位影响较小，相同条件下，采用淤积调查后的库容调洪计算得到的库水位较原设计高 1～4cm；②汛限水位为 58.00m 时（主汛期，6 月 1 日—8 月 10 日），设计洪水位复核结果为 64.078m，较原设计低约 0.082m；校核洪水位复核结果为 67.676m，较原设计低约 0.054m，可沿用原设计水位；③汛限水位为 62.00m 时（后汛期，8 月 11 日—9 月 15 日），设计洪水位复核结果为 65.652m；校核洪水位复核结果为 68.724m，接近防浪墙顶，此条件下，为保证校核洪水位不超过坝顶，应考虑预报预泄，可将库水位提前降低至约 59.00m；④怀柔水库遭遇 20 年一遇或 50 年一遇洪水，分别按照 $320m^3/s$ 和 $400m^3/s$ 控泄时，东、西溢洪道闸门开启后的顶高程均低于最高库水位，存在闸门顶、底同时过水问题。

(5) 依据 SL 274—2020《碾压式土石坝设计规范》复核：①汛限水位为 58.00m 时，正常运用和非常运用条件下，坝顶（防浪墙顶）超高整体满足要求。②汛限水位为 62.00m 时，正常运用条件下坝顶（防浪墙顶）超高整体满足要求；非常运用条件下，校核洪水标准时，坝顶（防浪墙顶）超高略有不足，为保证坝顶（防浪墙顶）超高，应考虑预报预泄，可将库水位提前降低至约 59.00m。

(6) 依据 SL 274—2020《碾压式土石坝设计规范》复核：①汛限水位为 58.00m 时，正常运用和非常运用条件下，坝顶高程满足要求。②汛限水位为 62.00m 时，正常运用条件下坝顶高程满足要求；非常运用条件下，校核洪水标准时，坝顶高程略有不足，为保证坝顶高程高于静水位，应考虑预报预泄，可将库水位提前降低至约 59.00m。

(7) 依据 SL 274—2020《碾压式土石坝设计规范》复核，怀柔水库主、副坝的防渗体顶高程满足要求。

(8) 泄洪安全复核结果表明：各泄水建筑物能够满足安全下泄最大泄量要求，泄水不影响大坝安全。

(9) 西溢洪道与大坝连接段及与山体连接段的防浪墙顶高程略低于现行规范要求。

(10) 现状条件下，非常溢洪道存在行洪受阻、启用流程复杂、爆破启用后社会、经济、环境影响重大等问题，难以按原设计条件正常启用及时泄洪。

根据 SL 258—2017《水库大坝安全评价导则》，怀柔水库的防洪标准及大坝抗洪能力满足规范要求，但存在遭遇 20 年或 50 年一遇洪水控泄时，溢洪道闸门顶、底同时过流；局部防浪墙超高不足，后汛期遭遇超标准洪水时的调度措施有待完善等问题，大坝防洪安全评定为 B 级。

第7章

渗 流 安 全 评 价

7.1 评价目的和内容

渗流安全评价的目的是复核大坝渗流控制措施和当前的实际渗流性态能否满足大坝按设计条件安全运行。评价内容包括：

(1) 复核工程的防渗和反滤排水设施是否完善，设计与施工（含基础处理）质量是否满足现行有关规范要求。

(2) 查明工程运行中发生过何种渗流异常现象，判断是否影响大坝安全。

(3) 分析工程防渗和反滤排水设施的工作性态及大坝渗流安全性态，评判大坝渗透稳定性是否满足要求。

(4) 对大坝存在的渗流安全问题分析其原因和可能产生的危害。

怀柔水库大坝渗流安全评价涉及的建筑物包括主坝、4座副坝、2座泄水建筑物和5座输水建筑物。根据SL 258—2017《水库大坝安全评价导则》，土石坝的渗流安全评价包括坝基和坝体的渗流安全评价；对于泄水、输水建筑物，应重点分析其与坝体结合带的接触渗透稳定，以及建筑物自身是否断裂（含止水破坏）漏水产生接触冲刷。

7.2 评价方法

渗流安全评价通常综合采用现场检查法、监测资料分析法、计算分析法和经验类比法：①现场检查法：通过现场检查大坝和泄水、输水建筑物渗流表象，判断其渗流安全状况；②监测资料分析法：通过分析渗流压力和渗流量与库水位之间的关系，判断渗流性态是否正常和渗流安全程度；③计算分析法：通过理论方法或数值模型计算渗流量、水头、渗流压力、渗透比降等水力要素及其分布，绘制流网图，评判防渗体的防渗效果，以及关键部位渗透坡降是否小于允许渗透坡降，浸润线是否低于设计值，渗流逸出点高程是否在贴坡反滤保护范围内等；④经验类比法：通常用于缺少监测资料和渗透试验参数的中小水库。

本次安全评价结合工程实际情况，综合采用现场检查法、监测资料分析法和计算分析法进行大坝和泄水、输水建筑物的渗流安全评价。

7.2.1 计算原理

1856年法国工程师Darcy通过试验研究了水在砂土中的流动，得到如下关系式：

$$v=\frac{Q}{A}=kJ=-k\ \frac{\mathrm{d}h}{\mathrm{d}s} \tag{7.2-1}$$

式中　Q——流量；

k——渗透系数；

A——与流速方向垂直的过流断面面积；

J——渗透坡降；

v——断面平均流速；

$J=-\mathrm{d}h/\mathrm{d}s$——水力坡度。

达西定律是渗流研究中最基本的方程，表明流速与水力梯度成正比，且仅适用于层流运动。

渗流理论的研究基础是连续性方程与质量守恒定律。当流体在渗透介质中的流动时，其质量既不能增加也不能减少。

假定渗透水为不可压缩的均质液体，且仅考虑垂直方向上的压缩，根据质量守恒定律可得到可压缩介质渗流的连续性方程：

$$\frac{\partial v_x}{\partial x}+\frac{\partial v_y}{\partial y}+\frac{\partial v_z}{\partial z}=\rho g(\alpha+n\beta)\frac{\partial H}{\partial t} \tag{7.2-2}$$

式中　α——多孔介质压缩系数；

ρ——渗透水的密度；

β——水的压缩系数；

v_x，v_y，v_z——渗流沿坐标轴方向的分速度。

根据达西定律，在非均质各向异性可压缩介质中：

$$\begin{aligned} v_x&=k_x\ \frac{\partial H}{\partial x}\\ v_y&=k_y\ \frac{\partial H}{\partial y}\\ v_z&=k_z\ \frac{\partial H}{\partial z}\end{aligned} \tag{7.2-3}$$

可得

$$\frac{\partial}{\partial x}\left(k_x\ \frac{\partial H}{\partial x}\right)+\frac{\partial}{\partial y}\left(k_y\ \frac{\partial H}{\partial y}\right)+\frac{\partial}{\partial z}\left(k_z\ \frac{\partial H}{\partial z}\right)=\rho g(\alpha+n\beta)\frac{\partial H}{\partial t} \tag{7.2-4}$$

设 $\mu_s=\rho g(\alpha+n\beta)$，则式（7.2-4）有：

$$\frac{\partial}{\partial x}\left(k_x\ \frac{\partial H}{\partial x}\right)+\frac{\partial}{\partial y}\left(k_y\ \frac{\partial H}{\partial y}\right)+\frac{\partial}{\partial z}\left(k_z\ \frac{\partial H}{\partial z}\right)=\mu_s\ \frac{\partial H}{\partial t} \tag{7.2-5}$$

式中　$H=H(x，y，z，t)$——水头函数；

k_x，k_y，k_z——各方向的渗透系数；

μ_s——单位贮水量或贮存率。

式（7.2-5）即渗流的基本微分方程。当不考虑土体压缩性或单位贮存率时，式（7.2-5）退化为拉普拉斯方程：

$$\frac{\partial}{\partial x}\left(k_x \frac{\partial H}{\partial x}\right)+\frac{\partial}{\partial y}\left(k_y \frac{\partial H}{\partial y}\right)+\frac{\partial}{\partial z}\left(k_z \frac{\partial H}{\partial z}\right)=0 \tag{7.2-6}$$

7.3 渗流计算模型和参数

渗流计算分析采用加拿大 GEO－SLOPE 岩土工程计算分析软件中的 SEEP/W 模块。SEEP/W 是一个功能强大的二维有限元渗流分析程序，能够对岩土稳定和非稳定渗流问题进行有效数值计算。程序基于非饱和土力学理论，提供了黏性土、粉砂、粗砂等非饱和土渗透系数与孔隙水压力的关系曲线，可根据工程需求和土料试验结果修正曲线，满足不同工程的渗流计算要求。SEEP/W 程序可以考虑复杂边界条件和初始条件，能较好模拟暴雨入渗、库水位急剧变化等水利工程中常见渗流问题。

7.3.1 计算断面

分别选择怀柔水库大坝中主坝、一副坝、二副坝、三副坝和长副坝的最大坝高断面，建立二维计算模型，计算坝体内浸润线分布，确定下游坝坡渗流逸出点位置、坝体和坝基渗透比降，判断坝体稳定性。对于长副坝，在常规坝段和非常溢洪道段分别选择 1 个断面。计算断面如图 7.3－1 所示。

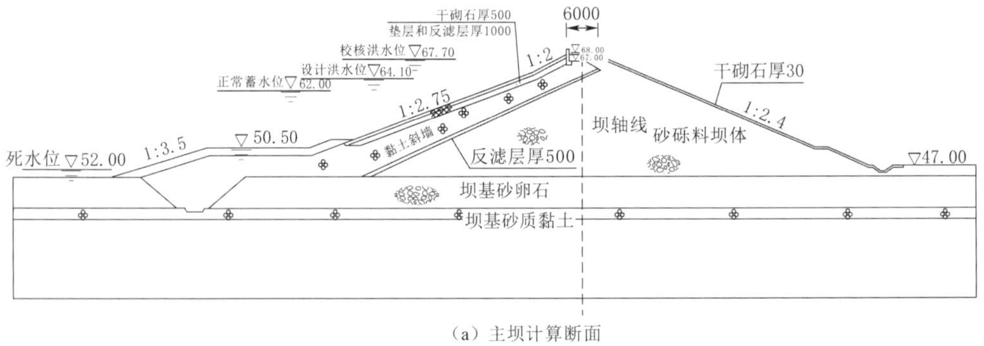

（a）主坝计算断面

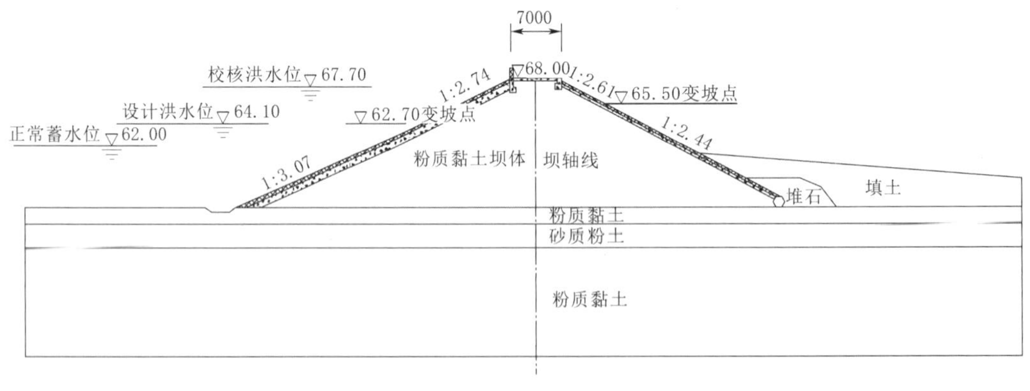

（b）一副坝计算断面

图 7.3－1（一） 怀柔水库大坝渗流安全评价计算断面（图中高程以 m 计，其余以 mm 计）

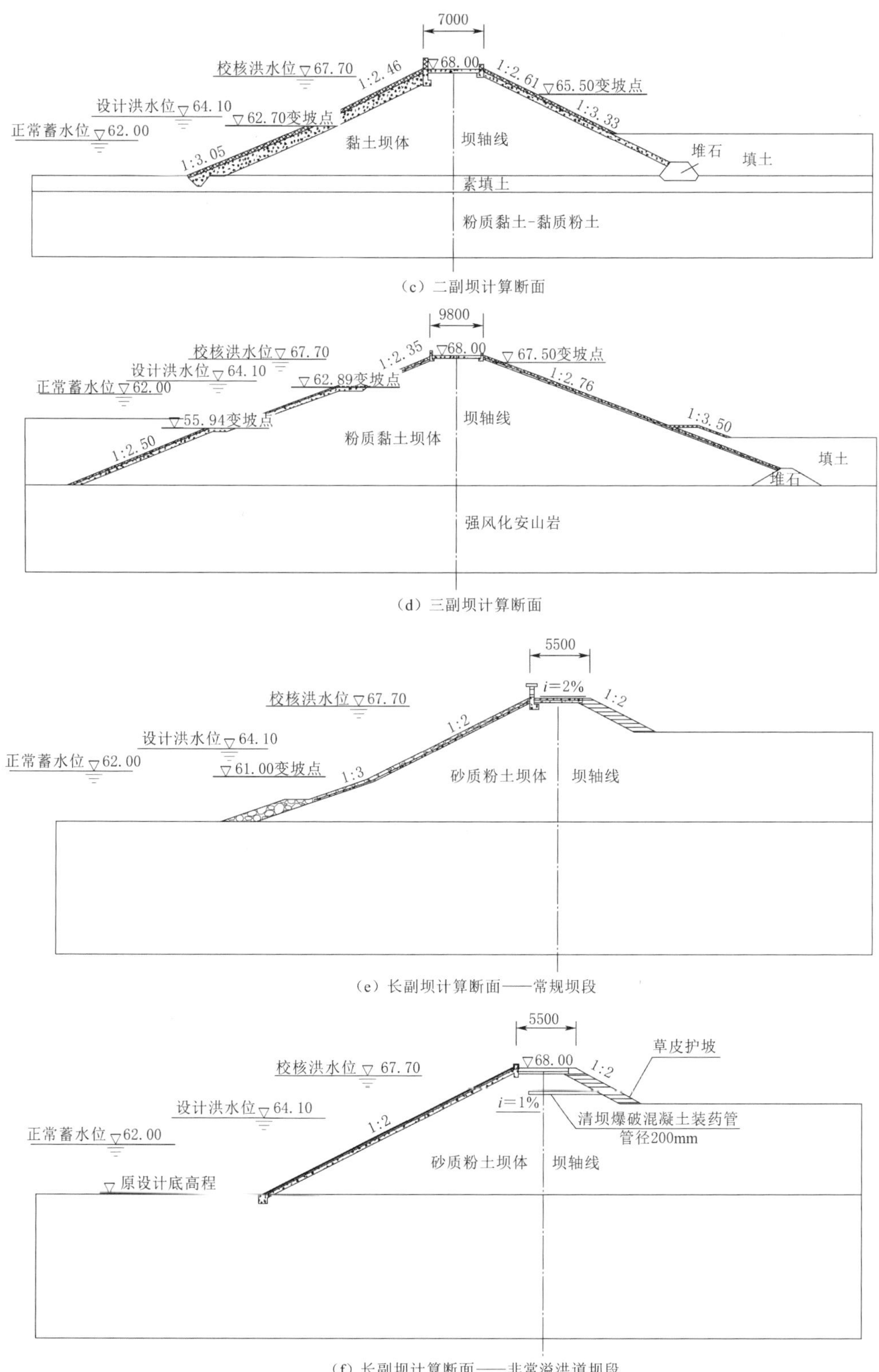

(c) 二副坝计算断面

(d) 三副坝计算断面

(e) 长副坝计算断面——常规坝段

(f) 长副坝计算断面——非常溢洪道坝段

图 7.3-1 (二) 怀柔水库大坝渗流安全评价计算断面（图中高程以 m 计，其余以 mm 计）

7.3.2 计算模型

渗流计算模型如图7.3-2所示。二维渗流计算时，以不使坝体和坝基中的渗流状态失真为原则，确定计算模型的网格尺寸、边界范围和边界条件。计算过程中，上游坡面依据不同工况设置相应的水位边界，下游坡面通过设定自由逸出边界自动计算潜在逸出点及位置，模型底部取至相对不透水层并按不透水边界处理，模型网格间距为0.5m。

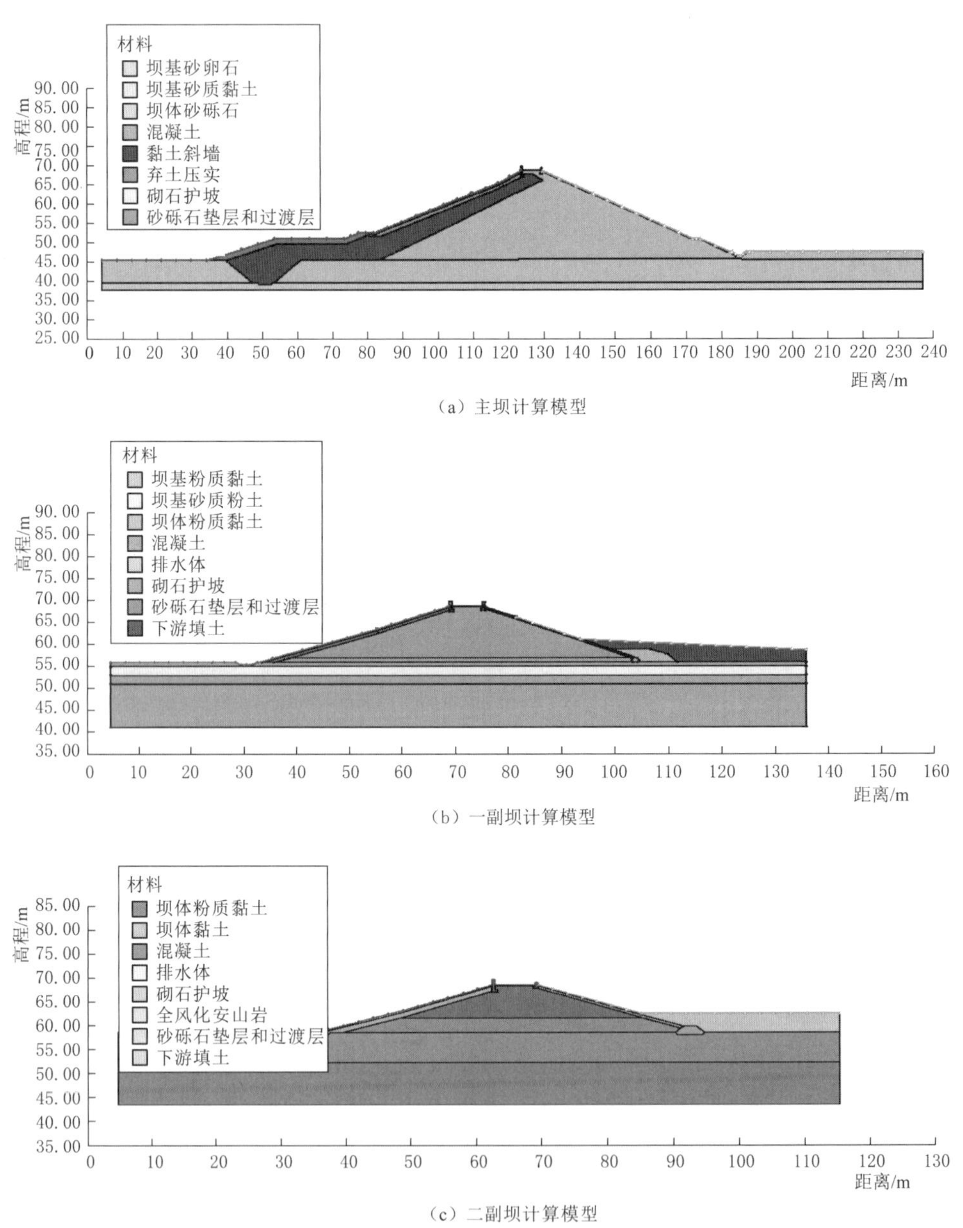

图7.3-2（一） 怀柔水库大坝渗流安全评价计算模型及网格划分

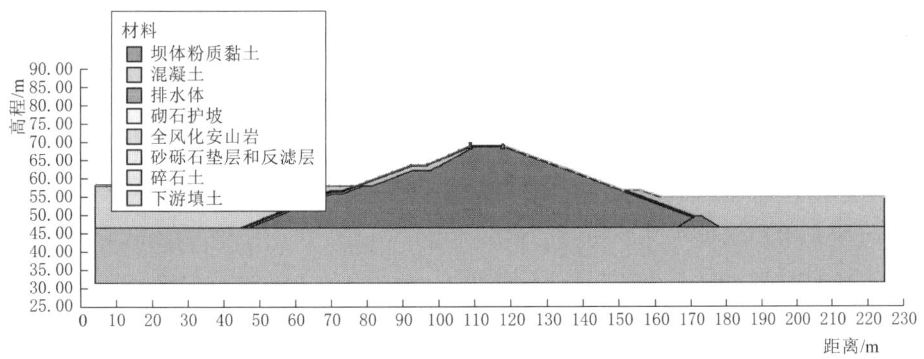

(d) 三副坝计算模型

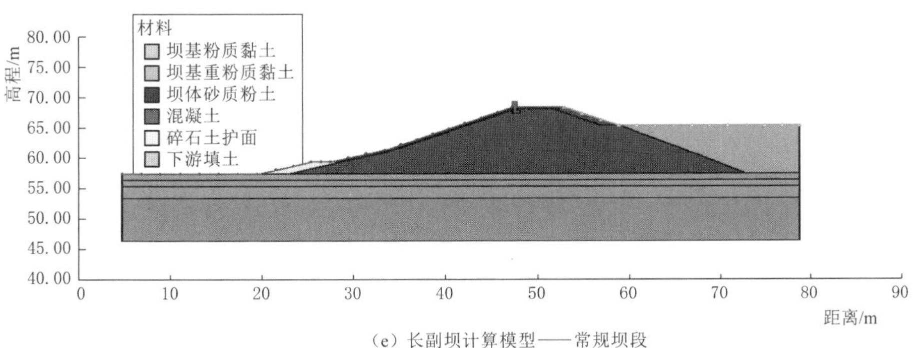

(e) 长副坝计算模型——常规坝段

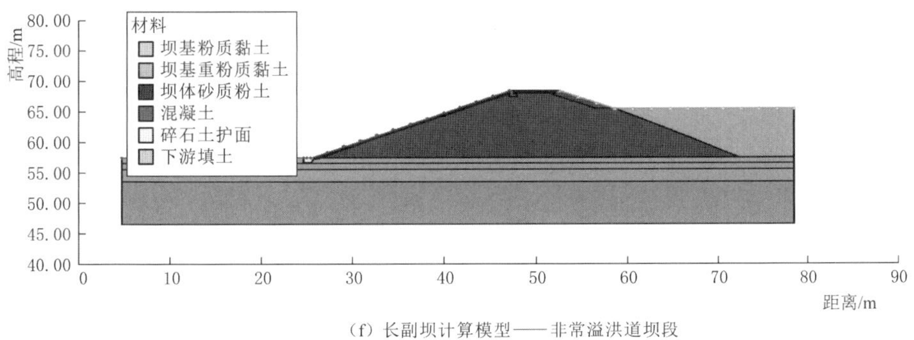

(f) 长副坝计算模型——非常溢洪道坝段

图 7.3-2（二） 怀柔水库大坝渗流安全评价计算模型及网格划分

7.3.3 计算工况和参数

7.3.3.1 计算工况

1. 特征水位

怀柔水库原设计水位为：正常蓄水位 62.00m，设计洪水位 64.16m，校核洪水位 67.73m。

本次安全评价调洪计算复核后，汛限水位为 58.00m 时，设计洪水（100 年一遇）条件下的水位为 64.078m，校核洪水（2000 年一遇）条件下的水位为 67.676m（均低于原设计水位）；汛限水位为 62.00m 时，设计洪水（100 年一遇）条件下的水位为 65.652m，校核洪水（2000 年一遇）条件下的水位为 67.997m，均高于原设计水位。

“23·7”洪水期间，怀柔水库出现建库以来第二大洪峰，最大入库洪峰流量 $804m^3/s$，为10～20年一遇洪峰流量。

现场检查期间（2024年7月9日），怀柔水库的运行水位为57.03m。

2. 规范规定的工况

根据SL 274—2020《碾压式土石坝设计规范》，渗流计算应包括以下水位组合：

（1）上游正常蓄水位与下游相应的最低水位。

（2）上游设计洪水位与下游相应的水位。

（3）上游校核洪水位与下游相应的水位。

（4）库水位降落时上游坝坡稳定最不利的水位组合。

3. 工况选择

根据怀柔水库特征水位和历史洪水情况：①“23·7”洪水入库洪峰流量为5～10年一遇，对安全影响较小，不作为计算工况；②本次安全评价复核中，汛限水位为62.00m时的校核洪水位达到67.997m，为设计和正常运行条件下可能遇到的最高水位，列入计算工况；③在水位骤降时，最不利工况为斜墙或坝体内水位下降缓慢引起的上游坡面失稳。鉴于怀柔水库库容较大，水位骤降至死水位可能性不大，计算考虑上游水位由校核洪水位骤降至汛限水位（58.00m）。

综合分析，本次渗流安全评价各断面的计算工况选择有5种，见表7.3-1，包括原设计中的正常蓄水位（62.00m）、设计洪水位（64.16m）、校核洪水位（67.73m）；本次安全评价复核的校核洪水位（67.997m）；以及当前蓄水位（57.03m）。

表7.3-1 渗流安全评价各断面的计算工况

工况	计算条件		
	渗流状态	上游水位	下游边界
1	稳定渗流	原设计：正常蓄水位62.00m	下游坡面和下游地面自由逸出
2		原设计：设计洪水位64.16m	
3		原设计：校核洪水位67.73m	
4		本次安全评价：汛限水位62.00m时的校核洪水位为67.997m	
5		当前蓄水位：57.03m（2024年7月9日现场检查时的蓄水位）	

7.3.3.2 计算参数

参照现场和室内试验结果，结合工程经验，确定渗流计算中主坝和各副坝的筑坝材料、坝基覆盖层砂砾石、粉质黏土、回填压实土等材料的渗透系数。并根据现场检查期间的库水位（57.03m）和坝体内测压管监测数据进行复核。计算参数取值见表7.3-2。

表7.3-2 渗流计算参数表

坝段	材料（土层）名称	渗透系数/(cm/s)
主坝	黏土防渗斜墙	6.7×10^{-6}
	砂砾石坝体	5×10^{-2}
	坝基砂卵石	2.5×10^{-2}（*）
	坝基砂质黏土	3.4×10^{-5}

续表

坝　　段	材料（土层）名称	渗透系数/(cm/s)
一副坝	坝体粉质黏土	3.5×10^{-5}
	坝基砂质粉土	5.8×10^{-4}
	坝基粉质黏土	1.5×10^{-5}
二副坝	坝体黏土	3.5×10^{-5}
	坝基粉质黏土	3.5×10^{-5}
	坝基全风化安山岩	6.5×10^{-4}
三副坝	坝体粉质黏土	6.7×10^{-6}
	坝基强风化安山岩	1.2×10^{-4}
长副坝	坝体砂质粉土或黏质粉土	5.7×10^{-5}
	坝基粉质黏土	3.5×10^{-5}
	坝基重粉质黏土	1.2×10^{-5}
其他	砂砾石垫层和过渡层	1×10^{-3}（*）
	砌石护坡	1×10^{-1}（*）
	防浪墙	1×10^{-10}（*）
	排水体	1×10^{-2}（*）
	弃土压实	5×10^{-4}（*）
	下游填土	1×10^{-3}（*）
	上游碎石土	2×10^{-2}（*）

注　表中*为经验值。

7.4　坝体渗流安全评价

7.4.1　主坝渗流安全评价

7.4.1.1　现场检查情况分析

2024年7月9日，项目组组织专家对怀柔水库主坝进行现场安全检查。现场检查期间，库水位为57.03m（低于汛限水位），大坝下游未见明显渗漏水，下游坝坡未见塌陷、散浸等现象，坝趾区未见冒水翻砂、松软隆起或塌陷现象；库内未出现旋涡漏水现象；大坝与东、西溢洪道连接部位未见漏水现象。现场检查照片如图7.4-1所示。

现场检查结果表明，大坝渗流性态安全，无明显渗流安全隐患。

7.4.1.2　监测资料分析

根据第3.4节监测资料分析结果，自2020年至今，坝体浸润线一直处于较低位置（均在坝底以下），与运行期大坝下游未见明显渗水相符。2024年汛后的库水位较汛前提高近3m，而坝后测压管内的水位仅较汛前高约0.5m，各监测断面的测压管水位基本一致（相差在1m以内），主坝防渗体系完好。主坝测压管水位高程变化和2024年汛前汛后坝体浸润线分别如图7.4-2和图7.4-3所示。

(a) 上游整体

(b) 下游中部

(c) 下游东侧(连接东溢洪道)

(d) 下游西侧(连接西溢洪道)

图 7.4-1 怀柔水库主坝现场检查照片(2024 年 7 月 9 日)

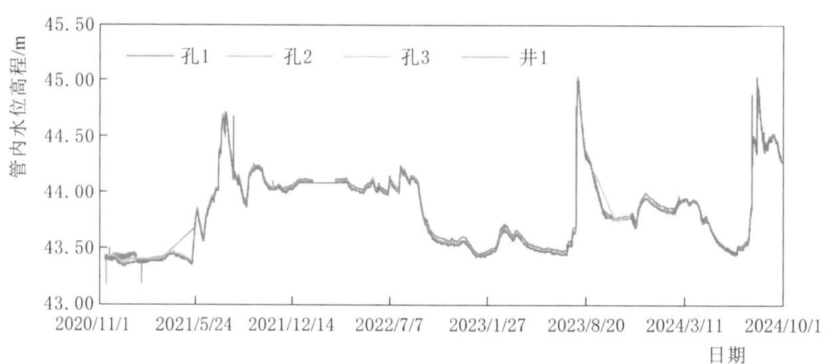

图 7.4-2 2020 年以来主坝测压管水位高程变化

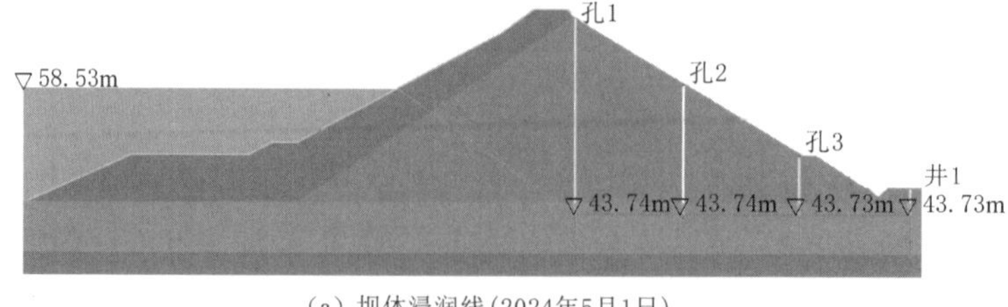

(a) 坝体浸润线(2024年5月1日)

图 7.4-3 (一) 主坝 0+247.6 断面测压管水位汛前汛后变化曲线示意图

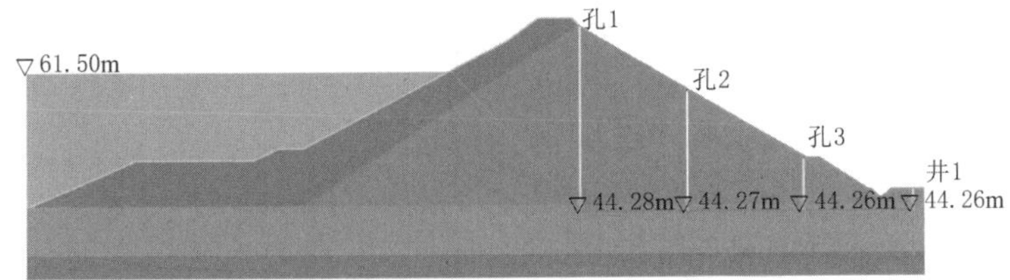

(b) 坝体浸润线(2024年9月30日)

图 7.4-3(二) 主坝 0+247.6 断面测压管水位汛前汛后变化曲线示意图

(孔口高程:1 号孔 67.32m,2 号孔 59.29m,3 号孔 51.31m,1 号井 48.62m)

7.4.1.3 数值模拟计算结果分析

各工况下的主坝渗流计算结果如图 7.4-4 所示,计算结果统计见表 7.4-1。可见:

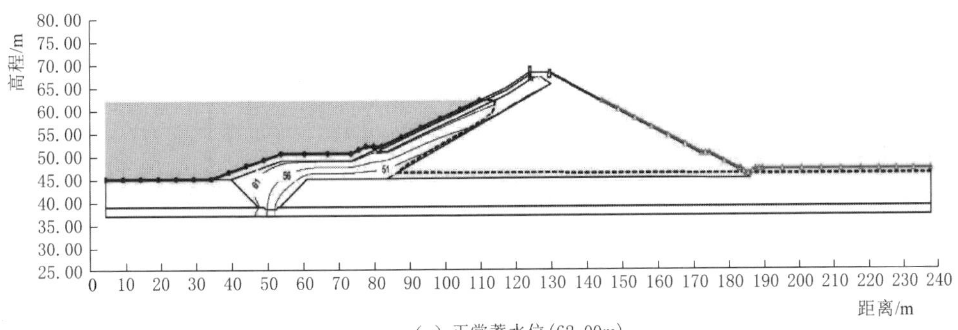

(a) 正常蓄水位(62.00m)

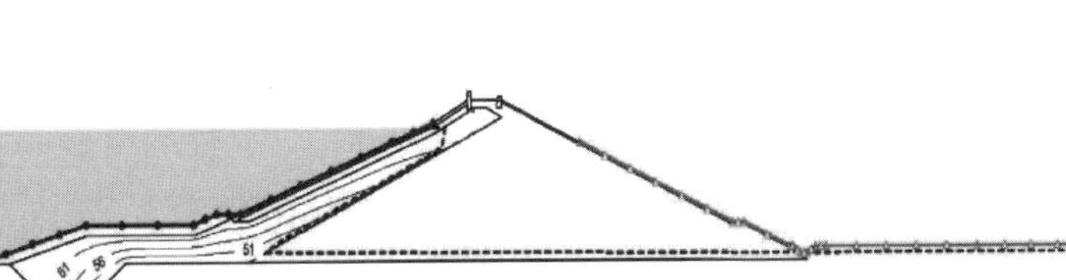

(b) 设计洪水位(64.16m)

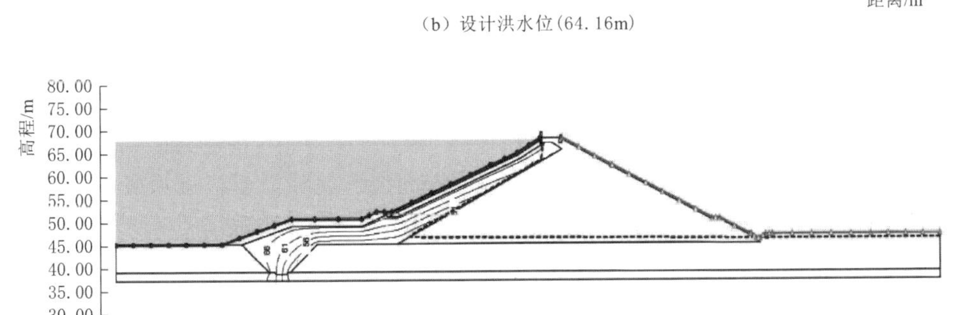

(c) 校核洪水位(67.73m)

图 7.4-4(一) 主坝不同工况下的浸润线及等势线

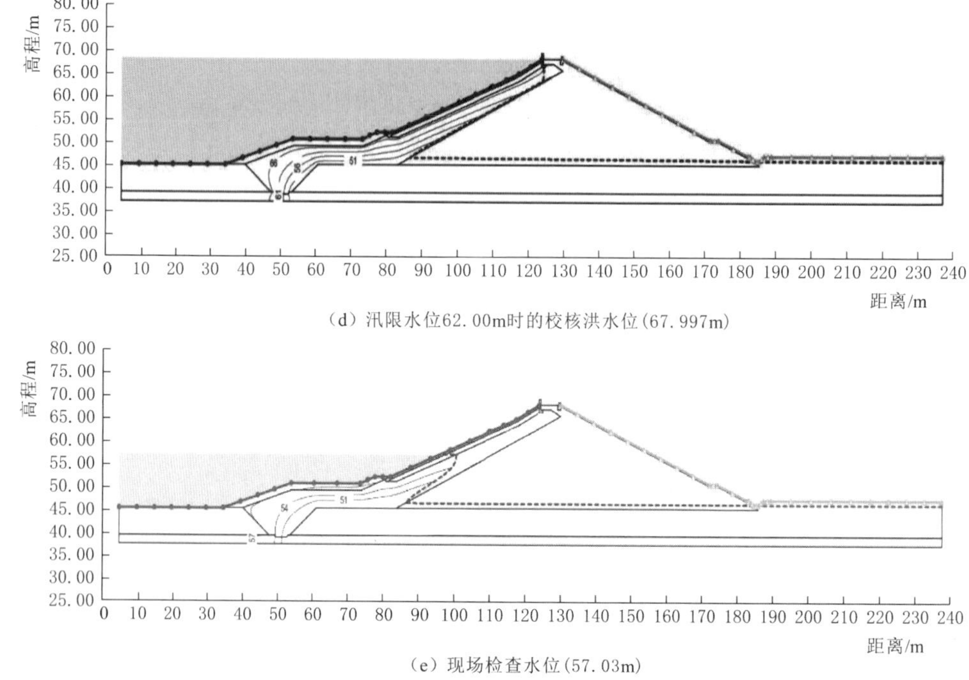

(d) 汛限水位62.00m时的校核洪水位(67.997m)

(e) 现场检查水位(57.03m)

图 7.4-4(二) 主坝不同工况下的浸润线及等势线

表 7.4-1 **计算结果统计表**

<table>
<tr><th rowspan="3">计算工况</th><th colspan="4">渗透稳定性</th><th rowspan="3">下游逸出点高程/m</th><th rowspan="3">单宽渗漏量/[m³/(d·m)]</th></tr>
<tr><th colspan="2">黏土斜墙</th><th colspan="2">砂砾石坝体</th></tr>
<tr><th>渗透比降计算值</th><th>允许渗透比降</th><th>渗透比降计算值</th><th>允许渗透比降</th></tr>
<tr><td>正常蓄水位(62.00m)</td><td>3.6</td><td rowspan="5">5</td><td>0.004</td><td rowspan="5">0.20～0.25</td><td rowspan="5">无逸出</td><td>0.38</td></tr>
<tr><td>设计洪水位(64.16m)</td><td>4.2</td><td>0.005</td><td>0.54</td></tr>
<tr><td>校核洪水位(67.73m)</td><td>4.4</td><td>0.005</td><td>1.56</td></tr>
<tr><td>汛限水位 62.00m 时的校核洪水(67.997m)</td><td>4.5</td><td>0.005</td><td>1.59</td></tr>
<tr><td>现场检查水位(57.03m)</td><td>3.3</td><td>0.003</td><td>0.18</td></tr>
</table>

(1) 各工况下，经过防渗斜墙后，坝体内的浸润线迅速降低至接近坝底，砂砾石坝体内的渗透比降较小。随着水位抬升，砂砾石坝体内的浸润线略有抬升，但变化幅度不大，大坝下游坝坡无逸出点，不会出现渗透破坏。

(2) 坝体内水力梯度较大区域位于防渗斜墙的中下部，且随着水位的升高，防渗斜墙内的水力坡降增大(最大约为4.5)，但未超过允许值(5)，不会出现渗透破坏；

(3) 正常蓄水时，大坝的单宽渗漏量较小，约为 $0.38m^3/(d·m)$，即 $10^{-6}m^3/(s·m)$ 量级。

(4) 渗流监测数据表明，大坝坝体内的浸润线一直处于较低位置，计算结果和监测数据的一致性较好。

(5) 结合运行资料分析，大坝未发生过异常渗流现象，斜墙防渗体起到了良好的防渗作用，下游测压管内实测水位也一直保持较低的位置水平，大坝渗流稳定。

7.4.2 一副坝渗流安全评价

7.4.2.1 现场检查情况分析

2024 年 7 月 9 日，项目组组织专家对怀柔水库一副坝进行现场安全检查。现场检查期间，库水位为 57.03m（低于汛限水位，水位接近坝脚）。一副坝下游未见明显渗漏水，下游坝坡未见塌陷、散浸等现象，坝趾区未见冒水翻砂、松软隆起或塌陷现象；库内水面未出现旋涡漏水现象；坝体与两端岸坡结合部位未见渗漏水；未见横向和水平裂缝。现场检查照片如图 7.4－5 所示。

(a) 上游整体　　(b) 下游整体

图 7.4－5　一副坝现场检查照片（2024 年 7 月 9 日）

现场检查结果表明，大坝渗流性态安全，无明显渗流安全隐患。

7.4.2.2 数值模拟计算结果分析

一副坝渗流计算结果如图 7.4－6 所示，计算结果统计见表 7.4－2。计算结果表明：

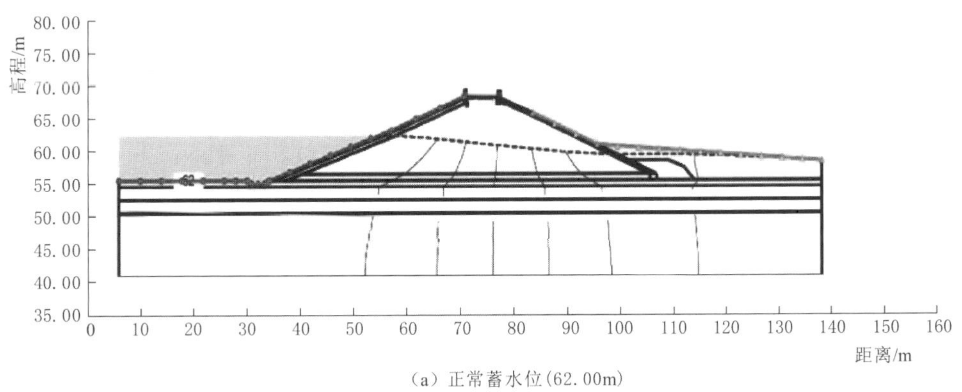

(a) 正常蓄水位(62.00m)

图 7.4－6（一）　一副坝渗流计算结果

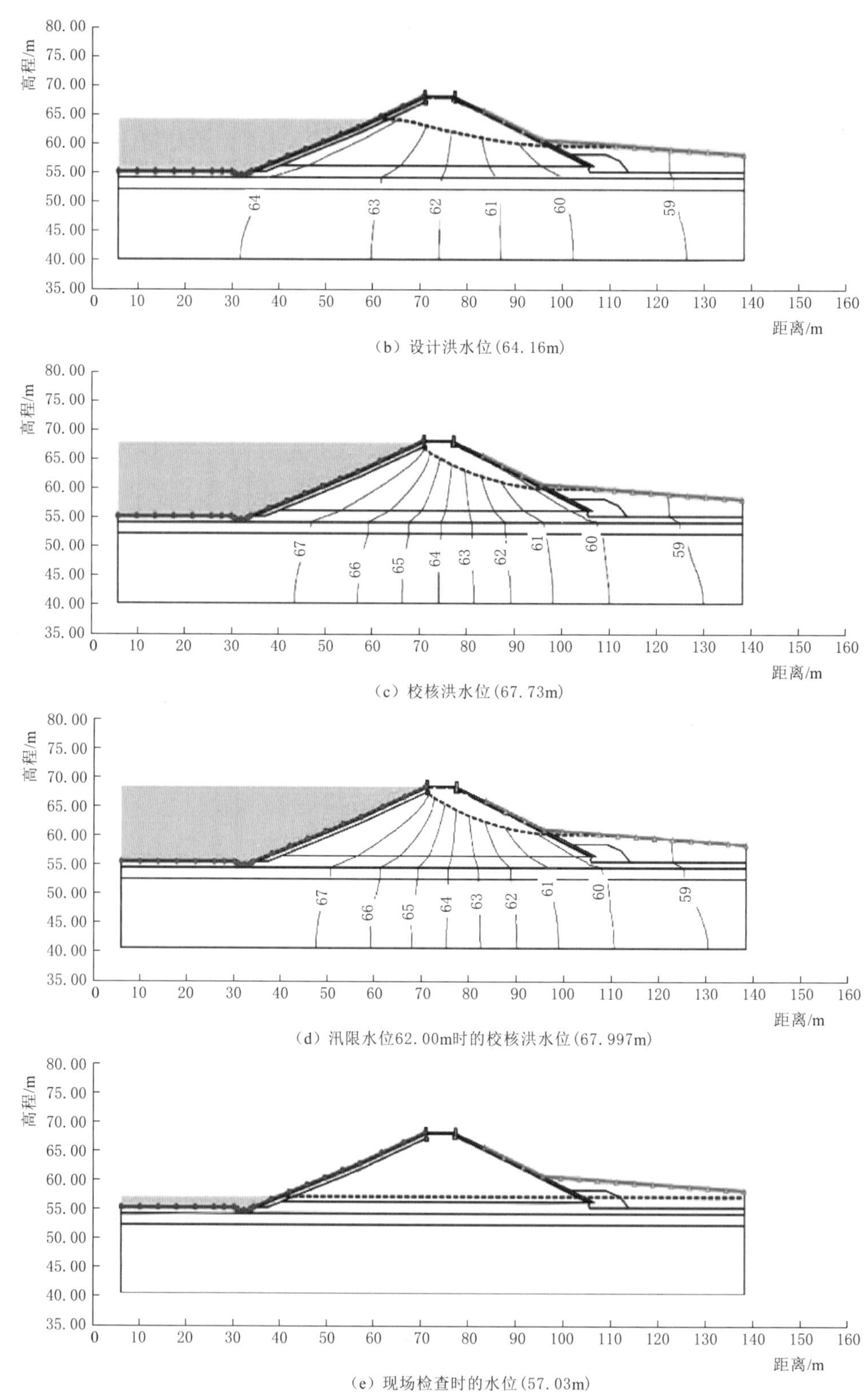

（b）设计洪水位（64.16m）

（c）校核洪水位（67.73m）

（d）汛限水位62.00m时的校核洪水位（67.997m）

（e）现场检查时的水位（57.03m）

图 7.4-6（二） 一副坝渗流计算结果

表 7.4-2 计算结果统计表

计算工况	渗透稳定性		下游逸出点高程/m	单宽渗漏量/[m^3/(d·m)]
	渗透比降计算值	允许渗透比降		
正常蓄水位（62.00m）	0.10	0.50～0.60	无逸出	0.75
设计洪水位（64.16m）	0.18			1.26
校核洪水位（67.73m）	0.38			1.65
汛限水位 62.00m 时的校核洪水位（67.997m）	0.38			1.66
现场检查时的水位（57.03m）	0.01			0.08

（1）现状条件下，一副坝下游排水体已被填埋，因此坝趾处的浸润线在排水体上方，但是各工况下，下游坝坡均无逸出点。

（2）随着水位抬升，坝体内的浸润线略有抬升。正常蓄水位下，坝体内的最大渗透比降约为 0.10；校核洪水位下，坝体内的最大渗透比降约为 0.42，均小于允许值（0.50～0.60），不会出现渗透破坏。

（3）正常蓄水时，大坝的单宽渗漏量较小，约为 0.75m^3/(d·m)，即 10^{-6} m^3/(s·m) 量级。

（4）结合长期运行资料分析，一副坝没有发生过异常渗流现象，大坝渗流稳定。

7.4.3 二副坝渗流安全评价

7.4.3.1 现场检查情况分析

2024 年 7 月 9 日，项目组组织专家对怀柔水库二副坝进行现场安全检查。现场检查期间，库水位为 57.03m（低于汛限水位，水面距离坝脚较远）。二副坝下游已回填，填土高程高于正常蓄水位；下游未见明显渗漏水，下游坝坡未见塌陷、散浸等现象，坝趾区未见冒水翻砂、松软隆起或塌陷现象；坝体与两端岸坡结合部位未见渗漏水；未见横向和水平裂缝。现场检查照片如图 7.4-7 所示。

（a）上游整体

（b）下游整体

图 7.4-7 二副坝现场检查照片（2024 年 7 月 9 日）

现场检查结果表明，大坝渗流性态安全，无明显渗流安全隐患。

7.4.3.2 数值模拟计算结果分析

二副坝渗流计算结果如图 7.4-8 所示，计算结果统计见表 7.4-3。可见：

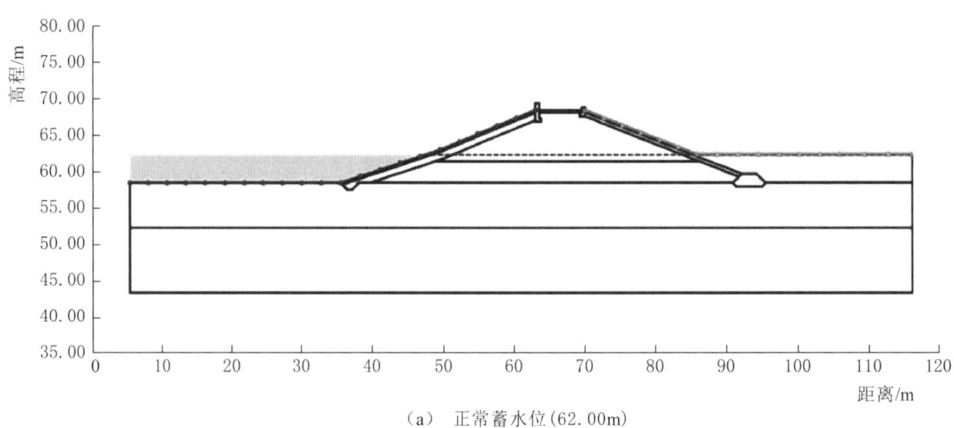

(a) 正常蓄水位(62.00m)

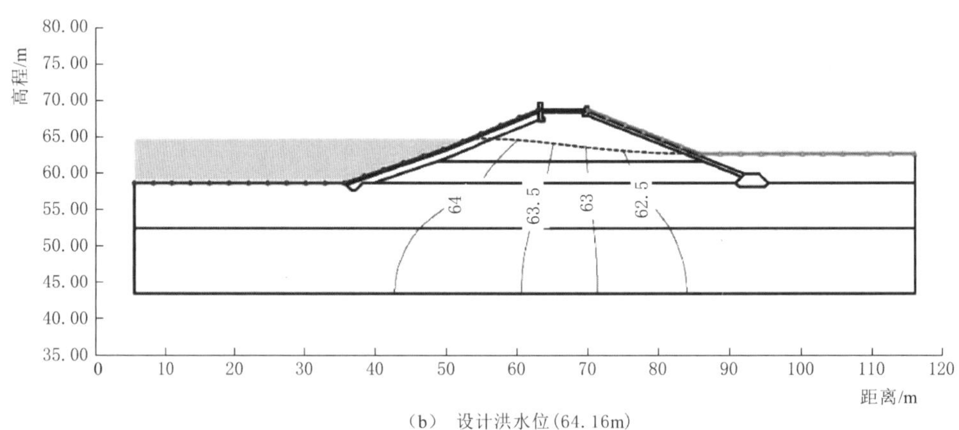

(b) 设计洪水位(64.16m)

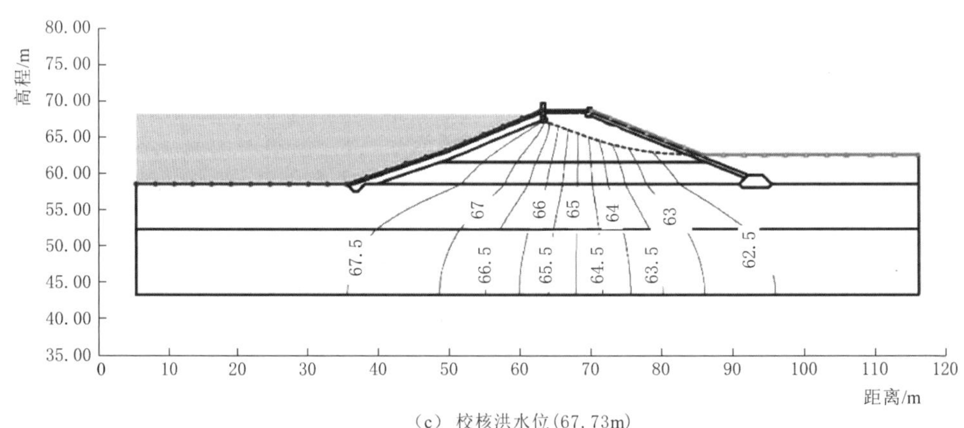

(c) 校核洪水位(67.73m)

图 7.4-8（一） 二副坝渗流计算结果

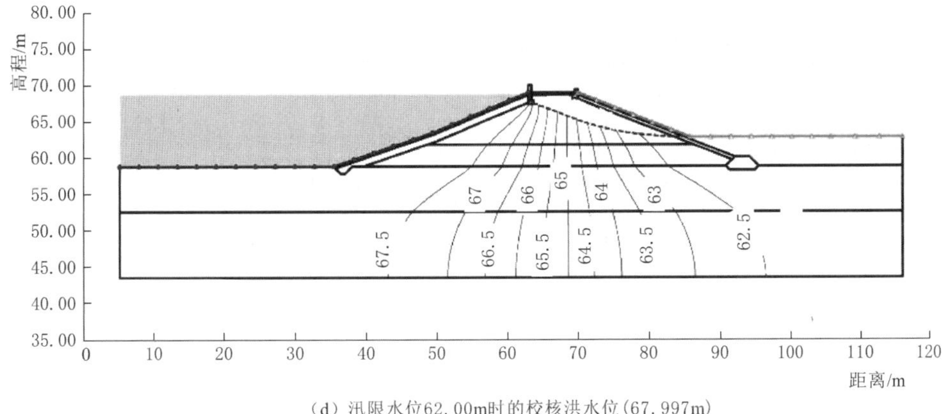

（d）汛限水位62.00m时的校核洪水位(67.997m)

图 7.4-8（二） 二副坝渗流计算结果

表 7.4-3 **计算结果统计表**

计 算 工 况	渗透稳定性		下游逸出点高程/m	单宽渗漏量/[m^3/（d·m）]
	渗透比降计算值	允许渗透比降		
正常蓄水位（62.00m）	0.01	0.50～0.60	无逸出	0.06
设计洪水位（64.16m）	0.12			0.67
校核洪水位（67.73m）	0.36			1.21
汛限水位 62.00m 时的校核洪水（67.997m）	0.36			1.22

（1）现状条件下，二副坝下游排水体已被填埋，下游地面高程达到正常蓄水位附近，因此坝趾处的浸润线在排水体上方，但是各工况下，下游坝坡均无逸出点。

（2）随着水位抬升，坝体内的浸润线略有抬升。正常蓄水位下，坝体内的最大渗透比降约为 0.01；校核洪水位下，坝体内的最大渗透比降约为 0.36，均小于允许值（0.50～0.60），不会出现渗透破坏。

（3）正常蓄水时，大坝的单宽渗漏量较小，约为 0.06m^3/(d·m)，即 $10^{-7}$$m^3$/(s·m)量级。

（4）结合长期运行资料分析，二副坝没有发生过异常渗流现象，大坝渗流稳定。

7.4.4 三副坝渗流安全评价

7.4.4.1 现场检查情况分析

2024 年 7 月 9 日，项目组组织专家对怀柔水库三副坝进行现场安全检查。现场检查期间，库水位为 57.03m（低于汛限水位，水面略高于上游坝脚）。三副坝下游未见明显渗漏水，下游坝坡未见塌陷、散浸等现象，坝趾区未见冒水翻砂、松软隆起或塌陷现象；坝体与两端岸坡结合部位未见渗漏水；未见横向和水平裂缝。现场检查照片如图 7.4-9 所示。

现场检查结果表明，大坝渗流性态安全，无明显渗流安全隐患。

(a) 上游左侧

(b) 上游右侧

(c) 下游左侧

(d) 下游右侧

图 7.4-9　三副坝现场检查照片（2024 年 7 月 9 日）

7.4.4.2　数值模拟计算结果分析

三副坝渗流计算结果如图 7.4-10 所示，计算结果统计见表 7.4-4。可见：

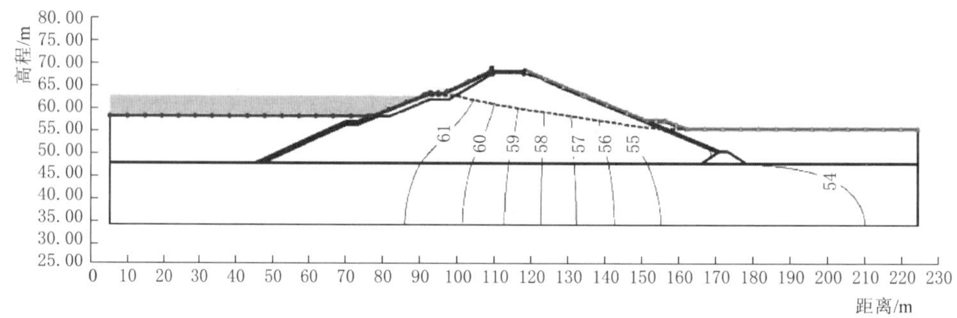

(a) 正常蓄水位(62.00m)

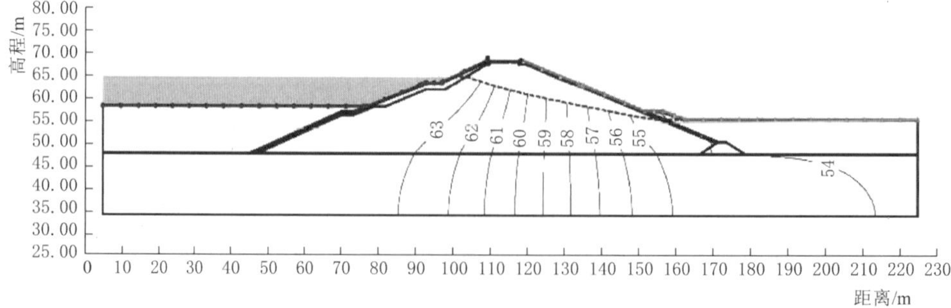

(b) 设计洪水位(64.16m)

图 7.4-10（一）　三副坝渗流计算结果

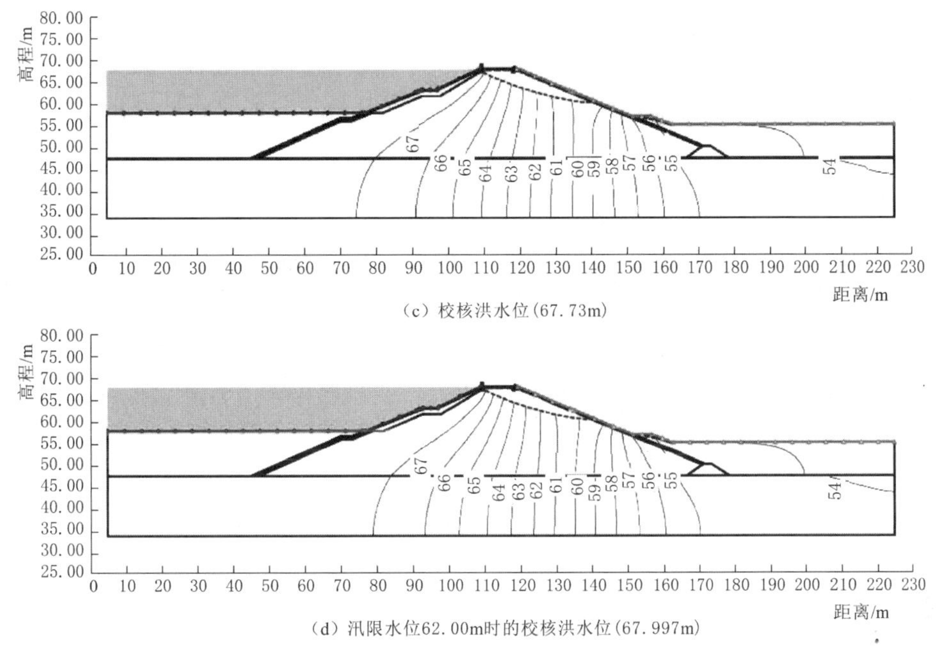

（c）校核洪水位(67.73m)

（d）汛限水位62.00m时的校核洪水位(67.997m)

图 7.4-10（二） 三副坝渗流计算结果

表 7.4-4　　计算结果统计表

计　算　工　况	渗透稳定性		下游逸出点高程/m	单宽渗漏量/[m^3/(d·m)]
	渗透比降计算值	允许渗透比降		
正常蓄水位（62.00m）	0.15	0.50～0.60	无逸出	0.75
设计洪水位（64.16m）	0.18			1.22
校核洪水位（67.73m）	0.26		64.15（出逸比降 0.34）	2.31
汛限水位 62.00m 时的校核洪水（67.997m）	0.27			2.33

（1）现状条件下，三副坝下游排水体已被填埋，下游地面高程略低于正常蓄水位，因此坝趾处的浸润线在排水体上方。正常蓄水位和设计洪水位条件下，下游坝坡无逸出点；校核洪水位条件下，下游坝坡有逸出点（出逸高程约为 64.15m，坡面出逸比降约为 0.34）。

（2）随着水位抬升，坝体内的浸润线略有抬升，正常蓄水位下，坝体内的最大渗透比降约为 0.15；校核洪水位下，坝体内的最大渗透比降约为 0.27，均小于允许值（0.50～0.60），不会出现渗透破坏。

（3）正常蓄水时，大坝的单宽渗漏量较小，约为 0.75m^3/(d·m)，即 $10^{-5}$$m^3$/(s·m)量级。

（4）根据水库运行观测资料，三副坝在 2009 年库水位 58.02m 曾发现坝趾渗水现象，经治理后有所好转，仅 2012 年库水位 58.97m 时排水沟内有少量渗水。与复核计算结果对比，坝趾渗水属正常现象。结合长期运行资料分析，三副坝没有发生过异常渗流现象，大坝渗流稳定。

7.4.5　长副坝渗流安全评价

7.4.5.1　现场检查情况分析

2024 年 7 月 9 日，项目组组织专家对怀柔水库长副坝进行现场安全检查。现场检查

期间，库水位为 57.03m（低于汛限水位，水面距离坝脚较远）。长副坝下游已回填，填土高程略高于设计洪水位；下游未见明显渗漏水，下游坝坡未见塌陷、散浸等现象，坝趾区未见冒水翻砂、松软隆起或塌陷现象；坝体与两端岸坡结合部位未见渗漏水；未见横向和水平裂缝。现场检查照片如图 7.4-11 所示。

（a）上游——常规坝段　（b）上游——非常溢洪道

（c）上游——常规坝段　（d）下游——非常溢洪道

图 7.4-11　长副坝现场检查照片（2024 年 7 月 9 日）

现场检查结果表明，大坝渗流性态安全，无明显渗流安全隐患。

7.4.5.2　数值模拟计算结果分析

长副坝渗流计算结果如图 7.4-12 和图 7.4-13 所示，计算结果统计见表 7.4-5。可见：

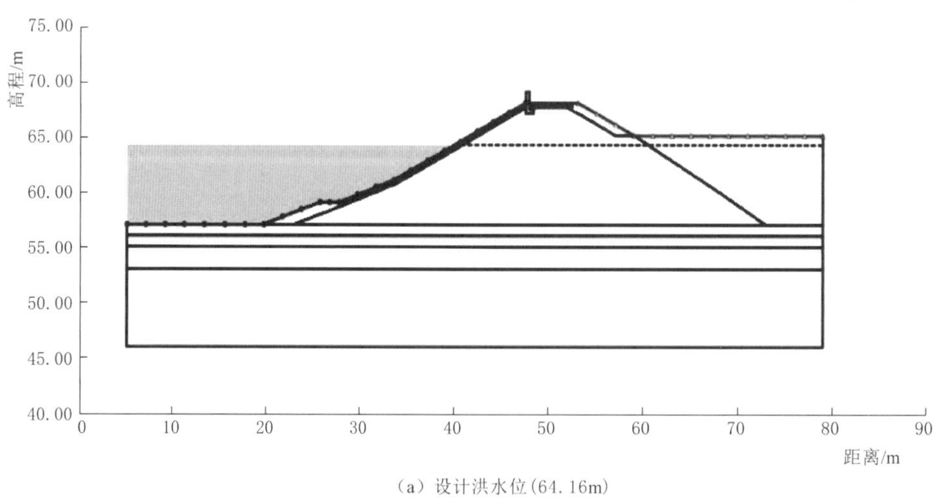

（a）设计洪水位(64.16m)

图 7.4-12（一）　长副坝渗流计算结果——常规坝段

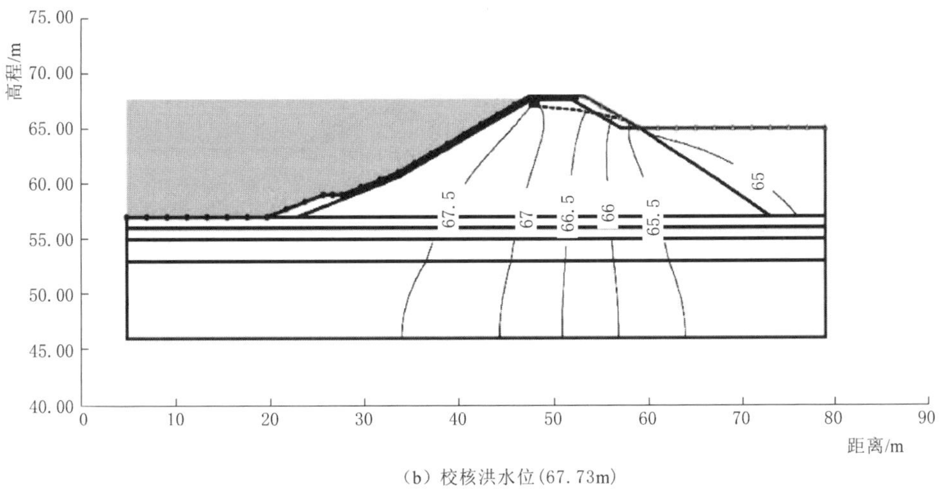

（b）校核洪水位(67.73m)

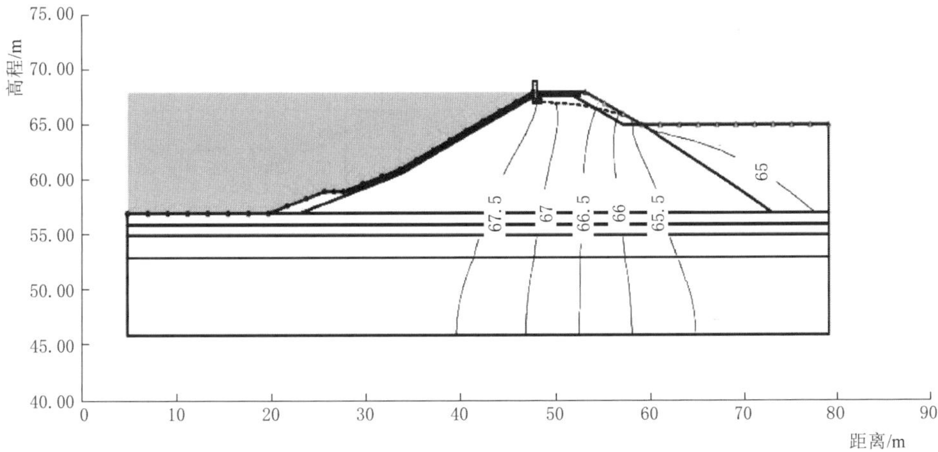

（c）汛限水位62.00m时的校核洪水位(67.997m)

图 7.4-12（二） 长副坝渗流计算结果——常规坝段

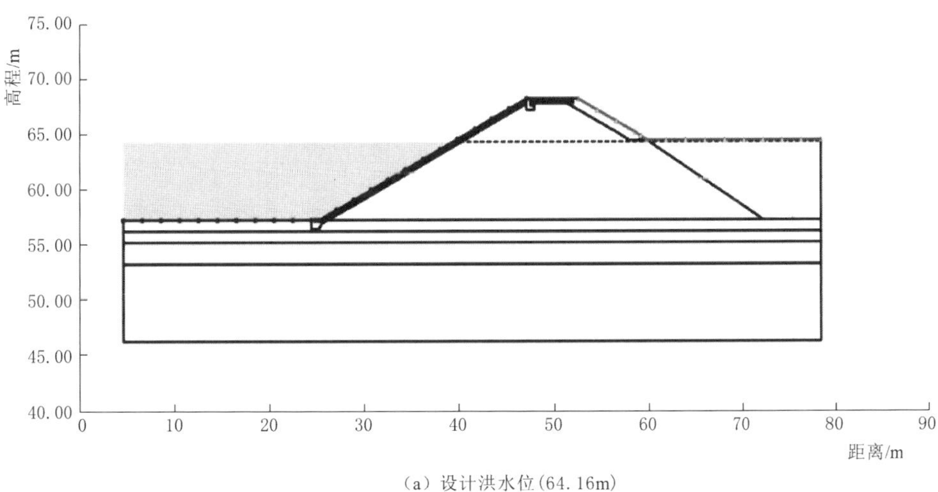

（a）设计洪水位(64.16m)

图 7.4-13（一） 长副坝渗流计算结果——非常溢洪道段

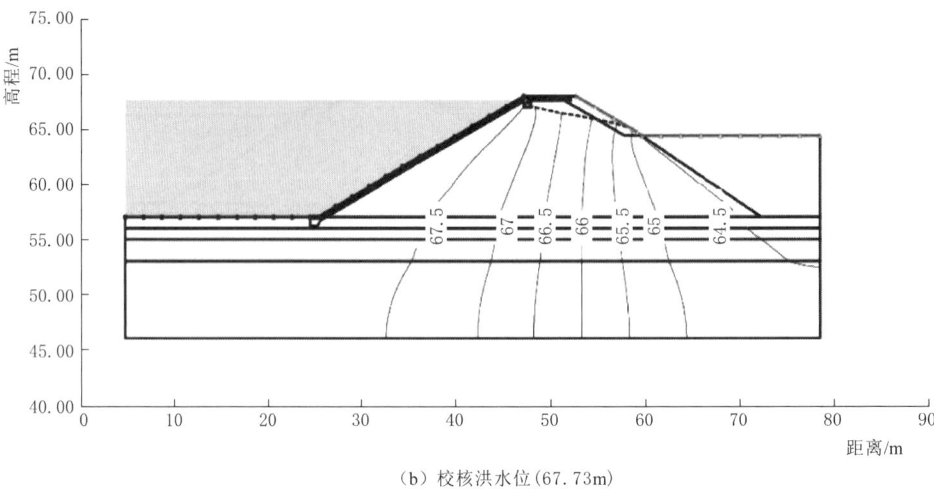

(b) 校核洪水位(67.73m)

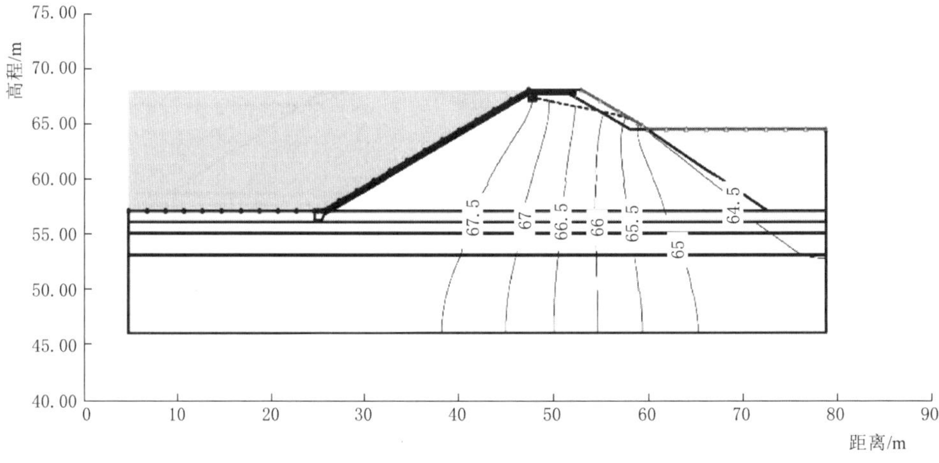

(c) 汛限水位62.00m时的校核洪水位(67.997m)

图 7.4-13(二) 长副坝渗流计算结果——非常溢洪道段

表 7.4-5　　计算结果统计表

坝段	计算工况	渗透稳定性		下游逸出点高程/m	单宽渗漏量/[m^3/(d·m)]
		渗透比降计算值	允许渗透比降		
常规坝段	设计洪水位(64.16m)	0.01	0.35～0.45	无逸出	—
	校核洪水位(67.73m)	0.05		65.25(出逸比降 0.45)	2.95
	汛限水位 62.00m 时的校核洪水(67.997m)	0.05			2.99
非常溢洪道	设计洪水位(64.16m)	0.01		无逸出	—
	校核洪水位(67.73m)	0.07		65.15(出逸比降 0.45)	4.12
	汛限水位 62.00m 时的校核洪水(67.997m)	0.07			4.18

（1）现状条件下，长副坝下游已回填至略高于设计洪水位高程，校核洪水位条件下，下游坝坡有逸出点（出逸高程约为65.52m，坡面出逸比降约为0.34）。

（2）随着水位抬升，坝体内的浸润线略有抬升，正常蓄水位下，坝体内的最大渗透比降约为0.01；校核洪水位下，坝体内的最大渗透比降约为0.05，均小于允许值（0.35～0.45），不会出现渗透破坏。

（3）长副坝下游已回填至正常蓄水位以上，正常蓄水时，大坝的单宽渗漏量很小。

（4）结合长期运行资料分析，长副坝没有发生过异常渗流现象，大坝渗流稳定。

7.5 泄水建筑物渗流安全评价

7.5.1 东溢洪道渗流安全评价

如图7.5-1所示，东溢洪道闸室和泄槽段基础以侏罗系安山岩为主，局部夹有火山角砾岩。上游设有36m长混凝土铺盖，并在0－011.0处布置灌浆帷幕，帷幕深度15.0m，帷幕灌浆质量合格；下游一级消力池末端局部位于砂砾石地层，自0＋018.0以下至一级消力池，设有纵横排水沟，排水设施施工质量较好。

东溢洪道仅在消力池布置了渗压监测。2024年7月9日，项目组组织专家对怀柔水库东溢洪道进行现场安全检查。现场检查期间，库水位为57.03m，溢洪道两侧边墙和底板未见垂直和水平裂缝以及明显漏水现象。现场检查照片如图7.5-2所示。

东溢洪道上游防渗帷幕至一级消力池末端的总长度达到190m，上、下游水位差最大约为23.0m，平均比降较小（仅为0.12）。结合工程地质条件、东溢洪道长期运行资料和现场检查结果分析，东溢洪道渗流性态安全，无渗流安全隐患。

7.5.2 西溢洪道渗流安全评价

如图7.5-3所示，西溢洪道闸室、陡坡和消力池段基础为基岩，全长约101.5m。但岩体较破碎，局部夹有黏性土。施工中进行了固结灌浆处理，并在西边墙、闸前、东边墙墙后设置防渗帷幕与大坝防渗体连接，帷幕底高程26.0～56.0m，帷幕灌浆质量合格。

西溢洪道在上游侧和消力池布置了测压管，根据安全监测资料分析，基底扬压力正常。2024年7月9日，项目组组织专家对怀柔水库西溢洪道进行现场安全检查。现场检查期间，库水位为57.03m，溢洪道两侧边墙和底板未见垂直和水平裂缝以及明显渗漏水现象。现场检查照片如图7.5-4所示。

西溢洪道上游铺盖、下游陡槽和消力池段总长度达到101.5m，上、下游水位差最大约为19.5m，平均比降较小（仅为0.19）。结合工程地质条件、西溢洪道长期运行资料和现场检查结果分析，西溢洪道渗流性态安全，无渗流安全隐患。

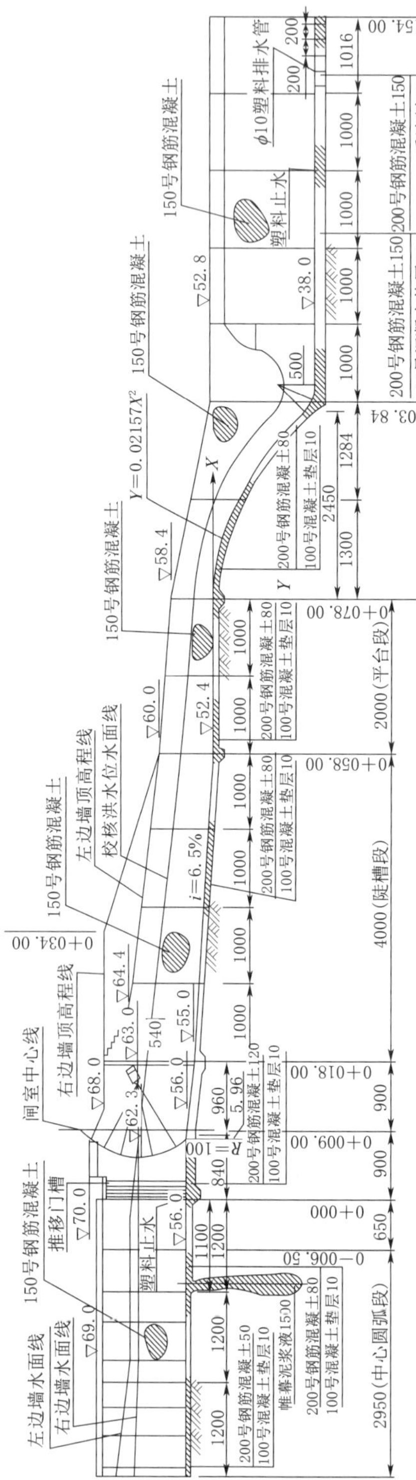

图 7.5-1 东溢洪道设计图（纵剖）(图中高程以 m 计，其余以 cm 计)

(a) 闸室段　　(b) 下游段

图 7.5-2 东溢洪道现场检查照片（2024 年 7 月 9 日）

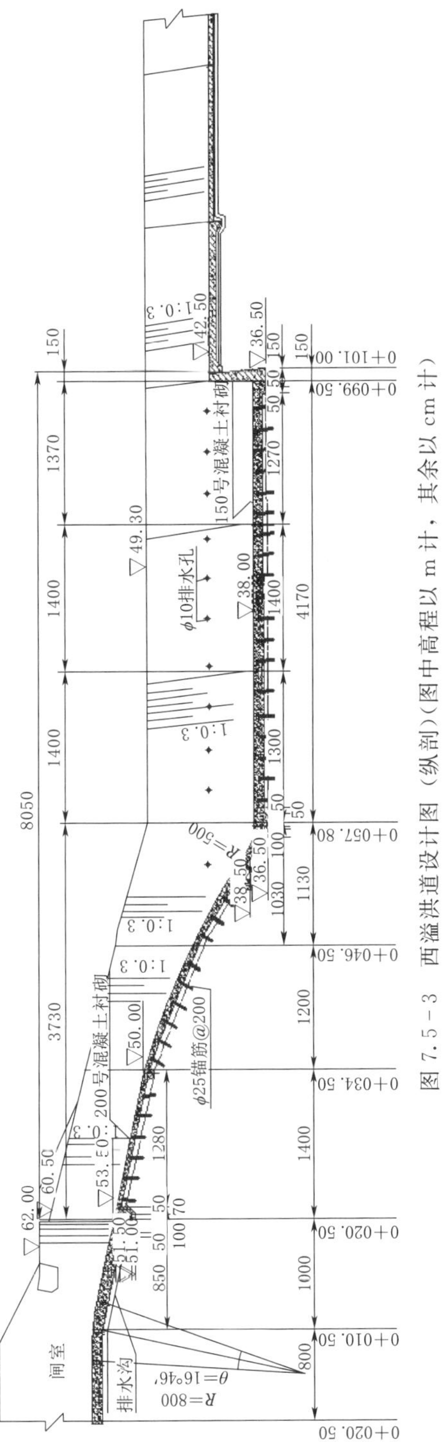

图 7.5-3 西溢洪道设计图（纵剖）（图中高程以 m 计，其余以 cm 计）

（b）下游段

（a）闸室段

图 7.5-4 西溢洪道现场检查照片

7.6 输水建筑物渗流安全评价

7.6.1 输水隧洞渗流安全评价

怀柔水库输水隧洞布置在右坝肩山体内，为有压隧洞。洞身采用钢筋混凝土衬砌，内衬钢板，进、出口设有节制闸，出口节制闸下游设陡坡段、消力池和反坡段。出口闸及下游布置图如图7.6-1所示。

怀柔水库输水隧洞未布置渗流监测设施。2024年7月9日，项目组组织专家对怀柔水库输水隧洞进行现场安全检查。现场检查期间，库水位为57.03m，隧洞出口未见明显渗漏水现象。现场检查照片如图7.6-2所示。

怀柔水库输水隧洞进口闸傍山建设，进口闸底板高程52.0m，最大内水压力15.73m，山体内水位较低，不存在高内外水压问题。结合工程地质条件、水闸长期运行资料和现场检查结果分析，输水隧洞渗流性态安全，无渗流安全隐患。

7.6.2 峰山口输水闸、防洪闸渗流安全评价

峰山口输水和防洪闸联合布置，输水闸布置在下游，目的是补充怀柔水库输水隧洞放水量不足的问题；防洪闸布置在上游，主要解决输水闸闸顶高程较低，不满足防洪要求问题。输水闸闸室段长24m，防洪闸闸室段长12m，防洪闸上游布置引渠，输水闸下游布置消力池，输水闸、防洪闸、消力池等基础均为基岩。

峰山口输水闸和防洪闸未布置渗流监测设施。2024年7月9日，项目组组织专家对怀柔水库峰山口输水闸和防洪闸进行现场安全检查。现场检查期间，库水位为57.03m，水闸两侧边墙和底板未见垂直和水平裂缝以及明显渗漏水现象。现场检查照片如图7.6-3所示。

峰山口输水闸和防洪闸上游引渠至下游消力池段的长度超过100m，上、下游水位差最大约为13.3m，平均比降较小（仅为0.13）。结合工程地质条件、水闸长期运行资料和现场检查结果分析，峰山口输水闸和防洪闸渗流性态安全，无渗流安全隐患。

7.6.3 水库进水闸渗流安全评价

怀柔水库进水闸布置在水库左侧，与长副坝相邻，主要任务是承担从密云水库向怀柔水库调水任务。进水闸平面布置图如图7.6-4所示。

怀柔水库进水闸未布置渗流监测设施。2024年7月9日，项目组组织专家对怀柔水库进水闸进行现场安全检查。现场检查期间，库水位为57.03m，水闸进、出水段两侧边墙未见垂直和水平裂缝及明显渗漏水现象。现场检查照片如图7.6-5所示。

怀柔水库进水闸上游为京密引水渠，底板铺设混凝土防渗。结合工程地质条件、水闸长期运行资料和现场检查结果分析，水库进水闸渗流性态安全，无渗流安全隐患。

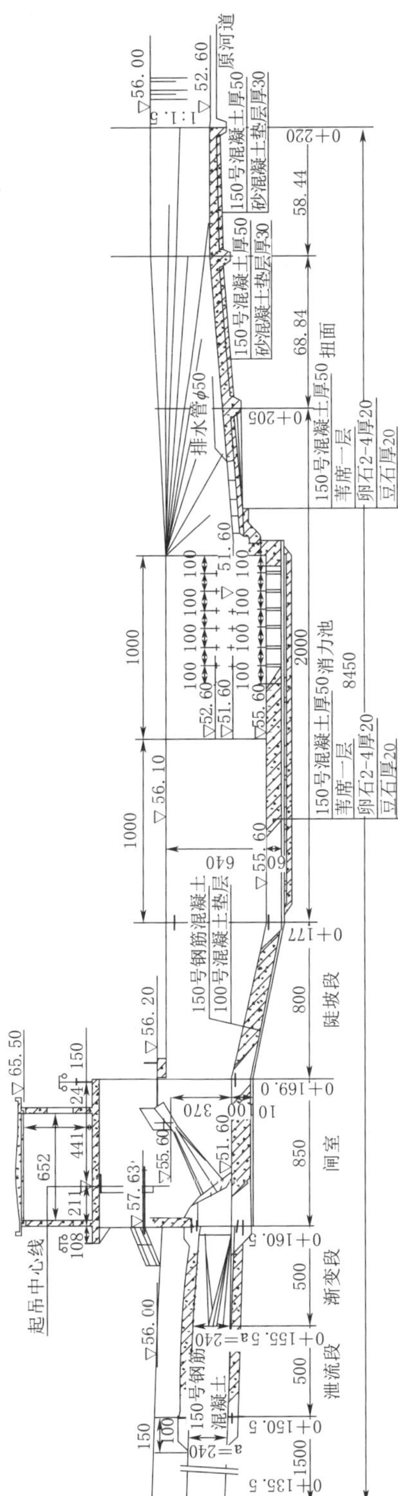

图 7.6-1　输水隧洞出口闸及下游布置图（纵剖图）（图中高程以 m 计，其余以 cm 计）

（a）进口闸

（b）出口闸

图 7.6-2　输水隧洞进、出口闸现场检查照片（2024 年 7 月 9 日）

(a) 上游段

(b) 下游段

图 7.6-3 峰山口输水闸和防洪闸现场检查照片(2024 年 7 月 9 日)

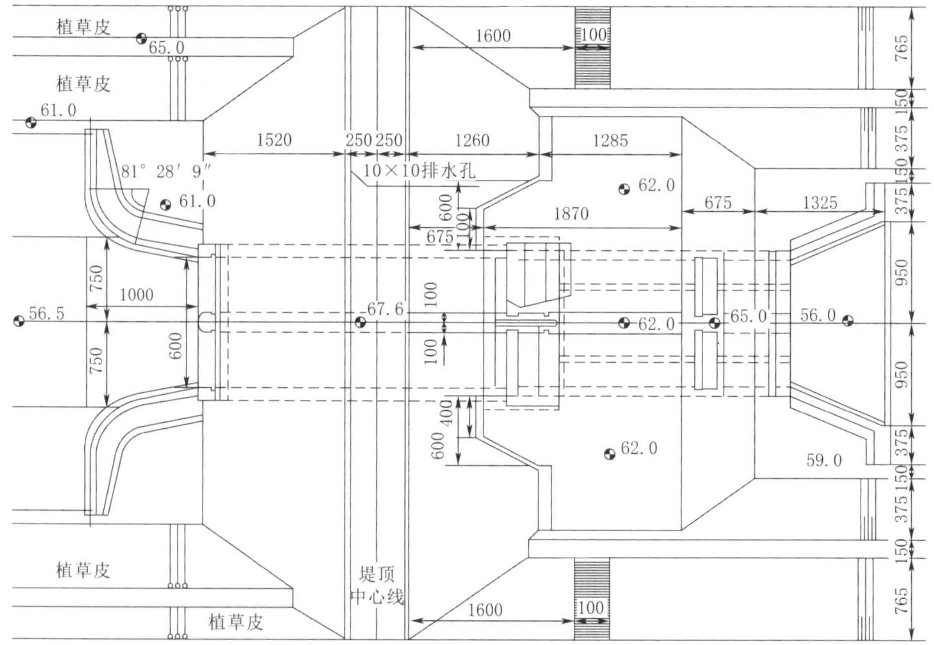

图 7.6-4 进水闸平面布置图(图中高程以 m 计,其余以 cm 计)

(a) 上游段

(b) 下游段

图 7.6-5 进水闸现场检查照片(2024 年 7 月 9 日)

7.7 渗流安全评价结论

7.7.1 挡水建筑物（大坝）

（1）怀柔水库主坝和副坝防渗和反滤排水设施完善，现状各副坝下游已回填，原排水棱体不再发挥作用。现场检查期间，库内水位高程较低（57.03m），大坝下游未见明显渗漏水，下游坝坡未见塌陷、散浸等现象，坝趾区未见冒水翻砂、松软隆起或塌陷现象；库内未出现旋涡漏水现象；坝肩与山体及泄水建筑物连接部位未见漏水现象。现场检查结果表明，大坝渗流性态安全，无明显渗流安全隐患。

（2）主坝渗流监测结果表明，大坝渗流压力和渗流量变化规律正常，经过防渗斜墙后，坝体内的浸润线较低（在坝底附近）。

（3）渗流计算结果表明：①主坝和各副坝的坝体内最大渗透比降较小。正常蓄水时，主坝防渗斜墙内的最大水力比降约为3.6，浸润线经过防渗斜墙后降低至坝底。②各副坝坝体内的最大水力比降约为0.01～0.15，随着水位抬升，防渗体、坝体内的水力比降增大，但均小于最大允许比降，渗透稳定性满足要求。

（4）渗流计算结果表明：①除三副坝和长副坝在水位达到校核洪水位后下游坡面会出现出逸点且出逸点较低外，其余坝段的下游出逸点均在坡脚，出逸比降较小。②现状主坝和各副坝的下游坡面均已采用砌石或植草防护，坡脚已植草或硬化，不会发生渗水冲刷、侵蚀坡面导致渗透破坏问题。

（5）渗流计算得到主坝和各副坝的单宽渗漏量较小，正常蓄水位时在10^{-6}～$10^{-7}m^3/s$量级，水库历史运行资料也表明，主坝和各副坝在运行过程中未出现异常渗流现象，渗流性态稳定。

7.7.2 泄、输水建筑物

1. 泄水建筑物

东、西溢洪道基础均以基岩为主，且布置了灌浆帷幕（帷幕灌浆质量合格）；溢洪道上游布置引渠、下游布置消力池，正常蓄水时，地基的平均水力比降很小（仅为0.1～0.2），不会出现渗透破坏；现场检查期间，溢洪道两侧边墙和底板未见垂直和水平裂缝及明显渗漏水现象，水库长期运行资料也表明，溢洪道在运行过程中未出现异常渗流现象，渗流性态稳定，无渗流安全隐患。

2. 输水建筑物

（1）峰山口输水闸和防洪闸基础为基岩，防洪闸上游布置引渠，输水闸下游布置消力池，正常蓄水时，地基的平均水力比降很小（仅为0.1左右）；水库进水闸上游为京密引水渠，渠底铺设混凝土防渗；输水隧洞布置在西溢洪道西侧山体内，采用钢筋混凝土＋钢板衬砌，进水口闸门依山而建，出水口闸门下游布置陡槽和消力池，隧洞最大内水压力15.73m，山体水位较低，不存在高内、外水压问题。

（2）现场检查期间，峰山口输水闸和防洪闸、水库进水闸两侧边墙和底板未见垂直和水平裂缝及明显渗漏水现象，隧洞出口未见明显渗漏水现象，长期运行资料也表明，怀柔水库输水建筑物在运行过程中未见异常渗流现象，渗流性态稳定，无渗流安全隐患。

7.7.3 评价分级

综合分析，怀柔水库大坝防渗及反滤排水设施完善，设计与施工质量满足规范要求，通过监测资料分析和计算分析，大坝渗流压力和渗流量变化规律正常，坝体浸润线较低，各岩土材料与防渗体的渗透比降小于其允许比降；各泄、输水建筑物渗流性态正常，未见渗流安全隐患；大坝和各泄、输水建筑物运行中无渗流异常现象。

根据 SL 258—2017《水库大坝安全评价导则》，评价认为，怀柔水库大坝渗流性态安全，渗流安全评为 A 级。

第8章

结构安全评价

8.1 评价目的和内容

结构安全评价的目的是复核大坝（含近坝岸坡）在静力条件下的变形、强度与稳定性是否满足现行规范要求，复核泄水、输水建筑物顶高程（或平台高程）、泄流安全、结构强度与稳定是否满足现行规范要求。

对于土石坝，结构安全评价内容包括：

（1）复核坝体变形规律是否正常，变幅与沉降率是否在安全经验值范围之内。

（2）坝坡稳定、坝顶宽度、上游护坡是否满足规范要求。

（3）对1级、2级高坝及有特殊要求的土石坝，通过有限单元法进行应力应变分析，评价大坝的应力状态。

对于泄水、输水建筑物，结构安全评价内容包括：

（1）复核建筑物顶高程（或平台高程）是否满足安全超高要求。

（2）复核建筑物的泄流能力、溢洪道泄槽边墙高度、消能防冲和底板抗浮是否满足规范要求。

（3）复核溢洪道结构强度与稳定性，包括控制段、泄槽、消力池护坦和有关边墙、挡土墙、导墙等结构沿基底面的抗滑稳定、抗浮稳定和应力、强度。

（4）复核水工隧洞围岩稳定性和支护结构安全。

怀柔水库大坝结构安全评价涉及的建筑物包括主坝和4座副坝，东、西溢洪道，输水隧洞及其进、出口节制闸，峰山口输水闸和防洪闸和水库进水闸。根据SL 258—2017《水库大坝安全评价导则》，土石坝结构安全评价的重点是变形与稳定分析；对于泄水、输水建筑物，结构安全评价的重点是强度与稳定分析。

8.2 评价方法

8.2.1 结构安全评价方法

根据SL 258—2017《水库大坝安全评价导则》，结构安全评价的方法包括现场检查法、监测资料分析法和计算分析法。

1. 现场检查法

通过现场检查和观测大坝及泄水建筑物的变形情况、混凝土是否出现开裂等现象，判断结构安全性。

2. 监测资料分析法

通过对大坝和泄水建筑物的监测资料分析和整理，分析测值随时间、空间等因素的变化规律，评价大坝和泄水建筑物变形监测值是否出现异常变化，判断结构安全性。

3. 计算分析法

根据SL 274—2020《碾压式土石坝设计规范》、SL 285—2020《水利水电工程进水口设计规范》、SL 265—2016《水闸设计规范》和SL 279—2016《水工隧洞设计规范》等，通过理论分析或数值模拟计算，评价大坝及各泄、输水建筑物的结构安全性。

8.2.2 坝坡抗滑稳定计算方法

根据SL 274—2020《碾压式土石坝设计规范》附录D，土石坝应进行的坝坡抗滑稳定性计算包括：

（1）稳定渗流期的上、下游坝坡。

（2）水库水位降落期间的上游坝坡。

（3）正常运用条件下遇地震的上、下游坝坡。

计算选择的典型断面有：最大坝高断面、两岸岸坡坝段的代表性断面、坝体不同分区的代表性断面、坝基不同地形地质条件的代表性断面。坝坡的抗滑稳定应采用刚体极限平衡法，计算方法可采用计及条块间作用力的简化毕肖普（Simplified Bishop）法等圆弧类方法，土的抗剪强度指标应采用有效应力抗剪强度指标。

本次安全评价采用简化毕肖普法计算上、下游坝坡的稳定安全系数，计算公式和圆弧滑动条分法示意图分别见式（8.2-1）和如图8.2-1所示。

$$K=\frac{\sum\{[(W\pm V)\sec\alpha-ub\sec\alpha]\tan\varphi'+c'b\sec\alpha\}\dfrac{1}{1+\dfrac{\tan\alpha\tan\varphi'}{K}}}{\sum\left[(W\pm V)\sin\alpha+\dfrac{M_c}{R}\right]} \tag{8.2-1}$$

式中 W——土条重量，kN；

V——垂直地震惯性力（向上为负，向下为正），kN；

u——作用于土体底面的孔隙压力，kN/m；

α——条块重力线与通过此条块底面中点的半径之间的夹角，(°)；

b——土条宽度，m；

φ'——有效应力抗剪强度指标，土条底面的内摩擦角，(°)；

c'——有效应力抗剪强度指标，土条底面的黏聚力，kPa；

M_c——水平地震惯性力对圆心的力矩，kN·m；

R——圆弧半径，m。

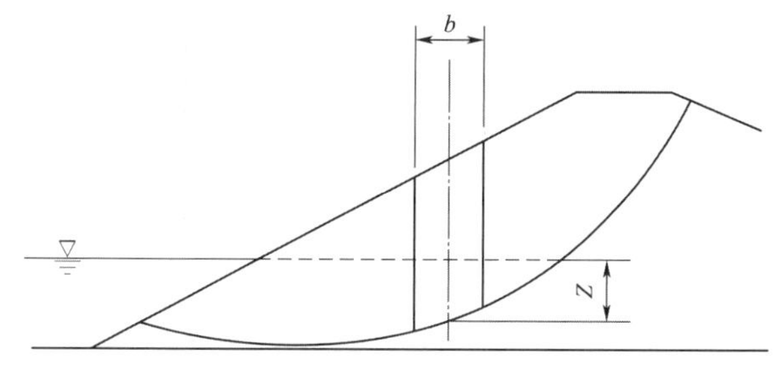

(a)

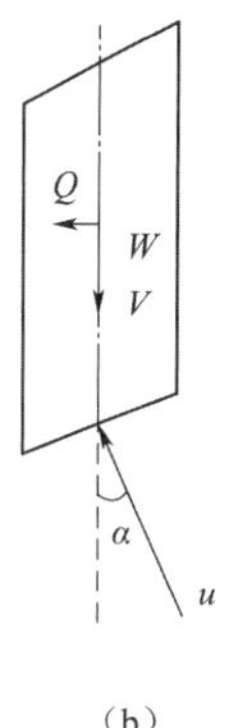

(b)

图 8.2-1　圆弧滑动条分法示意图

8.2.3　砌石护坡计算方法

根据 SL 274—2020《碾压式土石坝设计规范》附录 A，砌石护坡在最大局部波浪压力作用下所需的换算球形直径的质量、平均粒径、平均质量和厚度计算公式为

$$D=0.85D_{50}=1.018K_t\frac{\rho_w}{\rho_k-\rho_w}\frac{\sqrt{m^2+1}}{m(m+2)}h_p \tag{8.2-2}$$

$$Q=0.85Q_{50}=0.525\rho_k D^3 \tag{8.2-3}$$

当 $L_m/h_p\leqslant 15$ 时：

$$t=\frac{1.67}{K_t}D \tag{8.2-4}$$

当 $L_m/h_p>15$ 时：

$$t=\frac{1.82}{K_t}D \tag{8.2-5}$$

式中　D——石块的换算球形直径，m；

Q——石块的质量，t；

D_{50}——石块的平均粒径，m；

Q_{50}——石块的平均质量，t；

t——护坡厚度，m；

K_t——系数，按表 8.2-1 取值；

ρ_k——块石密度，t/m^3；

ρ_w——水的密度，t/m^3；

h_p——累积频率为 5% 的波高，m，重要工程累积频率可适当提高。

表 8.2-1　　**系　数　K_t**

m（坡比）	2.0	2.5	3.0	3.5	5.0
K_t	1.2	1.3	1.4	1.4	1.2

经过整理的堆石或抛石护坡的石块质量和厚度计算公式为

$$Q_{50}=\frac{\rho_k h_s^3}{K_Q(G-1)^3 m} \tag{8.2-6}$$

$$Q_{max}=(3\sim4)Q_{50} \tag{8.2-7}$$

$$Q_{min}=\left(\frac{1}{4}\sim\frac{1}{5}\right)Q_{50} \tag{8.2-8}$$

$$t=1.10\left(\frac{Q_{max}}{\rho_k}\right)^{\frac{1}{3}} \tag{8.2-9}$$

式中 Q_{max}、Q_{min}——石块的最大、最小质量，t；

h_s——有效波高，m；

K_Q——系数，取 4.37；

G——石块相对密度。

8.2.4 泄槽水面线计算方法

根据 SL 253—2018《溢洪道设计规范》附录 A，计算公式为

$$\Delta l_{1-2}=\frac{\left(h_2\cos\theta+\frac{a_2 v_2^2}{2g}\right)-\left(h_1\cos\theta+\frac{a_1 v_1^2}{2g}\right)}{i-\overline{J}} \tag{8.2-10}$$

$$\overline{J}=\frac{n^2\overline{v}^2}{\overline{R}^{4/3}} \tag{8.2-11}$$

$$\overline{v}=(v_1+v_2)/2 \tag{8.2-12}$$

$$\overline{R}=(R_1+R_2)/2 \tag{8.2-13}$$

式中 Δl_{1-2}——分段长度，m；

h_1、h_2——分段始、末断面水深，m；

v_1、v_2——分段始、末断面平均流速，m/s；

a_1、a_2——流速分布不均匀系数，取 1.05；

θ——泄槽底坡角度，(°)；

i——$i=\sin\theta$，当 θ 较小时，$i\approx\tan\theta$；

$\overline{J}$——分段内平均摩阻坡降；

n——泄槽槽身糙率系数，对于坡面顺直且表面光滑的混凝土衬砌，取 0.011～0.012；

$\overline{v}$——分段平均流速，m/s；

$\overline{R}$——分段平均水力半径，m。

8.2.5 堰基面抗滑稳定性和垂直应力计算方法

根据 SL 253—2018《溢洪道设计规范》，堰基面抗滑稳定性和垂直应力计算公式为

1. 抗剪断强度计算公式

$$K'=\frac{f'\sum W+c'A}{\sum P} \tag{8.2-14}$$

式中 K'——按抗剪断强度计算的抗滑稳定安全系数；

f'——堰体混凝土与基岩接触面的抗剪断摩擦系数；

c'——堰体混凝土与基岩接触面的抗剪断凝聚力，kPa；

A——岩体混凝土与基岩接触面面积，m^2；

$\sum W$——作用于堰体上全部荷载对计算滑动平面的法向分力，kN；

$\sum P$——作用于堰体上全部荷载对计算滑动平面的切向分力，kN。

2. 抗剪强度计算公式

$$K=\frac{f\sum W}{\sum P} \tag{8.2-15}$$

式中 K——按抗剪强度计算的抗滑稳定安全系数；

f——堰体混凝土与基岩接触面的抗剪摩擦系数。

3. 垂直应力计算公式

$$\sigma=\frac{\sum W}{A}\pm\frac{\sum M_x y}{J_x}\pm\frac{\sum M_y x}{J_y} \tag{8.2-16}$$

式中 σ——堰基面垂直应力，kPa；

$\sum W$——作用于堰上全部荷载在堰基面上法向力的总和，kN；

$\sum M_x$、$\sum M_y$——作用于堰上全部荷载对堰基面形心轴 X、Y 的力矩总和，kN·m；

A——堰基面面积，m^2；

x、y——堰基面上计算点到形心轴 X、Y 的距离，m；

J_x、J_y——堰基面对形心轴 X、Y 的惯性矩，m^4。

对于基底应力及应力分析，可以采用材料力学法，重要工程或受力条件复杂时可采用有限元法。本次采用有限元法复核溢洪道基底应力。

8.2.6 重力挡墙稳定计算方法

根据 SL 379—2007《水工挡土墙设计规范》，重力式挡土墙稳定计算简图如图 8.2-2 所示，抗滑、抗倾覆和基底应力计算公式为

$$K_c=\frac{f'\sum G+c'A}{\sum H} \tag{8.2-17}$$

$$K_0=\frac{\sum M_V}{\sum M_H} \tag{8.2-18}$$

$$P_{\max/\min}=\frac{\sum G}{A}\pm\frac{\sum M}{W} \tag{8.2-19}$$

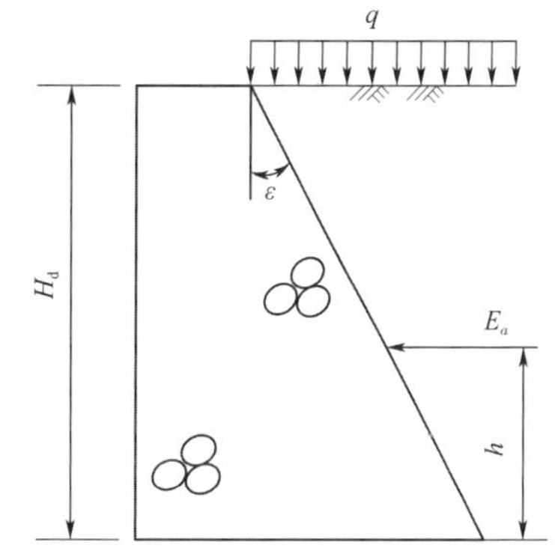

图 8.2-2 重力式挡土墙抗滑稳定计算简图

式中 K_c——挡土墙沿基底面的抗滑稳定安全系数；

f'——挡土墙基底面与岩石地基之间的抗剪断摩擦系数；

c'——挡土墙基底面与岩石地基之间的抗剪断黏结力，kPa；

$\sum G$——作用在挡土墙上全部垂直于水平面的荷载，kN；

A——挡土墙基底面的面积，m^2；

$\sum H$——作用于挡土墙上全部平行于基底面的荷载，kN；

K_0——挡土墙抗倾覆稳定安全系数；

$\sum M_v$——对挡土墙基底前趾的抗倾覆力矩，kN·m；

$\sum M_H$——对挡土墙基底前趾的倾覆力矩，kN·m；

$P_{max/min}$——挡土墙基底应力的最大值或最小值，kPa；

$\sum M$——作用在挡土墙上的全部荷载对水平面平行前墙墙面方向形心轴的力矩之和，kN·m；

W——挡土墙基底面对于基底面平行前墙墙面方向形心轴的截面矩，m^3。

8.2.7 弧形闸门支座强度计算方法

根据 SL 191—2008《水工混凝土结构设计规范》，弧形闸门支座附近闸墩的局部受拉区的裂缝控制应满足下列公式要求：

（1）闸墩受两侧弧门支座推力作用时：

$$F_k \leqslant 0.7 f_{tk} bB \tag{8.2-20}$$

（2）闸墩受一侧弧门支座推力作用时：

$$F_k \leqslant \frac{0.55 f_{tk} bB}{e_0/B + 0.20} \tag{8.2-21}$$

式中 F_k——按荷载标准值计算的闸墩一侧弧门支座推力值，N；

b——弧门支座宽度，mm；

B——闸墩厚度，mm；

e_0——弧门支座推力对闸墩厚度中心线的偏心距，mm；

f_{tk}——混凝土轴心抗拉强度标准值，N/mm。

闸墩局部受拉区的扇形局部受拉钢筋截面面积应满足下列公示要求：

（1）闸墩受两侧弧门支座推力作用时：

$$KF \leqslant f_y \sum_{i=1}^{n} A_{si} \cos\theta_i \tag{8.2-22}$$

（2）闸墩受一侧弧门支座推力作用时：

$$KF \leqslant \frac{B'_0 - a_B}{e_0 + 0.5B - a_B} f_y \sum_{i=1}^{n} A_{si} \cos\theta_i \tag{8.2-23}$$

式中 K——承载力安全系数，对于钢筋混凝土，水工建筑物级别为 2、3 级时，基本组合情况下取 1.20，偶然荷载组合下取 1.00；

F——闸墩一侧弧门支座推力的设计值，N；

A_{si}——闸墩一侧局部受拉范围内的第 i 根局部受拉钢筋的截面面积，mm^2；

f_y——局部受拉钢筋的强度设计值，N/mm^2；

B'_0——受拉边局部受拉钢筋中心至闸墩另一边的距离，mm；

e_0——弧门支座推力对闸墩厚度中心线的偏心距，mm；

a_B——局部受拉钢筋合力点至截面近边缘的距离，mm；

θ_i——第 i 根局部受拉钢筋与弧门推力方向的夹角。

闸墩局部受拉钢筋宜优先考虑扇形配筋方式，扇形筋与弧门推力方向的夹角不宜大于30°，闸墩局部受拉钢筋的有效分布范围如图 8.2-3 所示。

对于弧门支座，其截面尺寸（图 8.2-4），应符合下列要求：

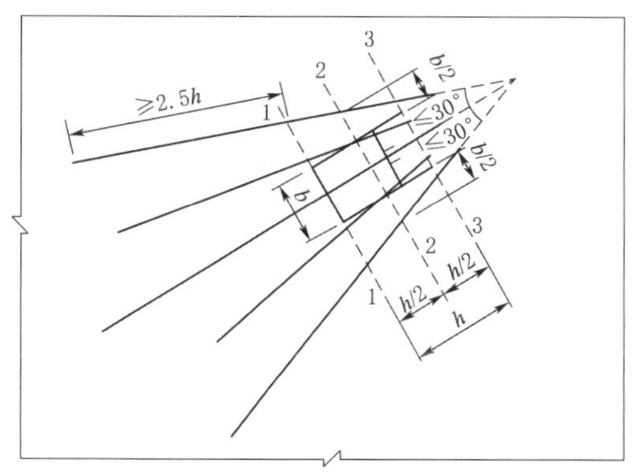

图 8.2-3 闸墩局部受拉钢筋的有效分布范围

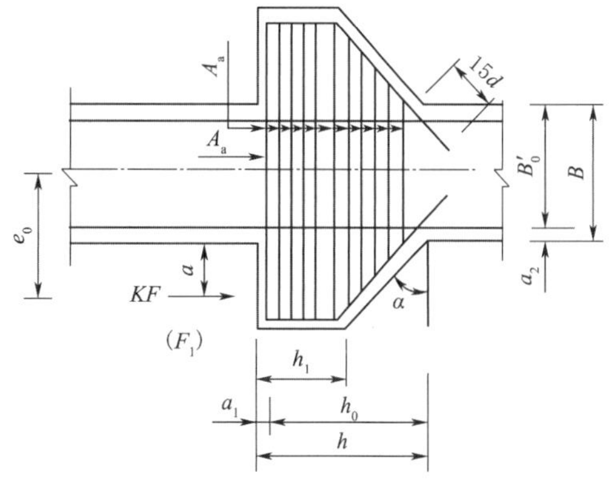

图 8.2-4 中墩弧门支座截面构造

弧门支座的裂缝控制要求：

$$F_k \leqslant 0.7 f_{tk} bh \tag{8.2-24}$$

式中 h——支座高度，mm；支座的外边缘高度 h_1 不应小于 $h/3$，在弧门支座推力标准值作用下，支座支撑面上的局部受压应力不应超过 $0.75f_c$。

弧门支座的受力钢筋截面面积应符合下列规定：

$$A_s \geqslant \frac{KFa}{0.8 f_y h_0} \tag{8.2-25}$$

式中 A_s——受力钢筋的总截面面积，mm^2；

a——弧门支座推力作用点至闸墩边缘的距离，mm；

f_y——受力钢筋的抗拉强度设计值，N/mm^2。

8.2.8 消能防冲复核计算方法

1. 洪水标准

根据 SL 252—2017《水利水电工程等级划分及洪水标准》，山区、丘陵区水库工程的永久性泄水建筑物消能防冲设计的洪水标准，可低于泄水建筑物的洪水标准。消能防冲建筑物设计洪水标准取值见表 8.2-2。消能防冲应考虑在低于设计洪水标准时可能出现的不利情况，对超过设计标准的洪水，允许消能防冲建筑物出现局部破坏，但必须不危及挡水建筑物及其他主要建筑物的安全，且易于修复，不致长期影响工程运行。

表 8.2-2 山区、丘陵区水库工程的消能防冲建筑物设计洪水标准

永久性泄水建筑物的级别	1	2	3	4	5
设计洪水标准/[重现期（年）]	100	50	30	20	10

2. 底流消能消力池长度和深度复核

底流消能消力池的水跃形态如图 8.2-5 所示。

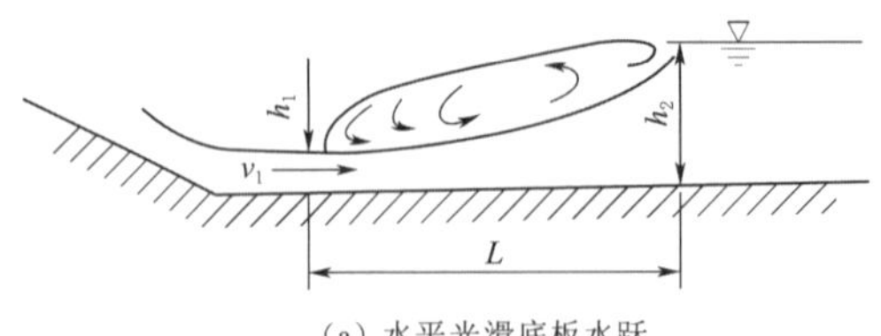

(a) 水平光滑底板水跃

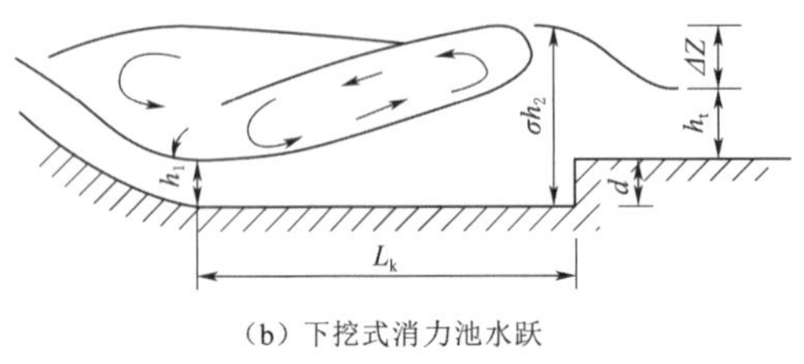

(b) 下挖式消力池水跃

图 8.2-5　消力池的水跃形态示意图

对于等宽矩形断面消力池，水跃消能计算公式为

$$h_2=\frac{h_1}{2}\left(\sqrt{1+8Fr_1^2}-1\right) \tag{8.2-26}$$

$$Fr_1=\nu_1/\sqrt{gh_1} \tag{8.2-27}$$

$$L=6.9(h_2-h_1) \tag{8.2-28}$$

式中　Fr_1——收缩断面弗劳德数；

h_1——收缩断面水深，m；

v_1——收缩断面流速，m/s。

对于渐扩式矩形断面消力池，水跃长度可取自由水跃长度的 0.8 倍。水跃消能计算公式为

$$h_2=\frac{h_1}{2}\left(\sqrt{1+8Fr_1^2}-1\right)\sqrt{\frac{b_1}{b_2}} \tag{8.2-29}$$

式中　b_1、b_2——跃前、跃后断面宽度。

对于等宽矩形断面下挖式消力池，池长和池深的计算公式为

$$d=\sigma h_2-h_t-\Delta Z \tag{8.2-30}$$

$$\Delta Z=\frac{Q^2}{2gb^2}\left(\frac{1}{\varphi^2h_t^2}-\frac{1}{\sigma^2h_2^2}\right) \tag{8.2-31}$$

$$L_k=0.8L \tag{8.2-32}$$

式中　d——池深，m；

σ——水跃淹没度，可取 1.05；

h_2——池中发生临界水跃时的跃后水深，m；

h_t——消力池出口下游水深，m；

ΔZ——消力池尾部出口水面跌落，m；

Q——流量，m^3/s；

b——消力池宽度，m；

φ——消力池出口段流速系数，可取 0.95；

L——自由水跃的长度。

3. 消力池底板抗浮稳定复核

消力池底板的抗浮稳定安全系数可取 1.0～1.2。荷载组合见表 8.2-3，计算公式为

$$K_t=\frac{P_1+P_2+P_3}{Q_1+Q_2} \tag{8.2-33}$$

式中　K_t——消力池抗浮稳定安全系数；

P_1——底板自重；

P_2——底板顶面上的时均压力，kN；

P_3——采用锚固措施时，地基的有效重量，kN；

Q_1——底板顶面上的脉动压力，kN；

Q_2——底板顶面上的扬压力，kN。

表 8.2-3　荷载组合

荷载组合	计算工况	荷载				
		自重	时均压力	脉动压力	扬压力	地基的有效重量
基本组合	基本组合 1	√	√	√	√	√
特殊组合	特殊组合 1	√	√	√	√	√
	特殊组合 2	√	—	—	√	√
	特殊组合 3	√	√	√	√	√

注　基本组合为宣泄消能防冲设计洪水后常遇洪水工况；特殊组合包括宣泄校核洪水，消力池排水检修，宣泄设计洪水或常遇洪水时，排水设施失效。

根据 SL 744—2016《水工建筑物荷载设计规范》，脉动压力的计算公式为

$$P_f = \pm\beta_m p_f A \tag{8.2-34}$$

$$p_f = 3.0K_p\frac{\rho_w v^2}{2} \tag{8.2-35}$$

式中　P_f——脉动压力，N；

p_f——脉动压强，N/m^2；

A——作用面积，m^2；

β_m——面积均化系数，根据消力池长度、宽度和第二共轭水深查表选取；

K_p——脉动压强系数，根据弗劳德数，计算断面距离消力池起点的距离和消力池长度查表选取；

v——相应工况下水流计算断面的平均流速，m/s，对于消力池，取收缩断面的平均流速。

8.2.9　闸门通气孔面积复核计算方法

根据 SL 74—2019《水利水电工程钢闸门设计规范》，通气孔面积计算公式为

$$A_a \geqslant \frac{Q_a}{[v_a]} \tag{8.2-36}$$

$$Q_a - 0.09v_w A \tag{8.2-37}$$

$$\beta = \frac{Q_a}{Q_w} = K(Fr-1)^{[a\ln(Fr-1)+b]} - 1 \tag{8.2-38}$$

$$Fr = v/\sqrt{9.81e} \tag{8.2-39}$$

式中　A_a——通气孔的断面面积，m^2；

Q_a——通气孔的充分通气量，m^3/s；

$[v_a]$——通气孔的允许风速，m/s，采用 40m/s，对小型闸门可采用 50m/s；

v_w——闸门孔口的水流速度，m/s；

A——闸门后管道面积，m^2；

β——气水比，通气流量与泄水流量之比；

Q_W——闸门一定开启高度下的流量，m^3/s；

Fr——闸门孔口断面的弗劳德数；

v——闸门孔口断面平均流速，m/s；

e——闸门开启高度，m；

K、a、b——各区间的系数，可从规范中查表获得。

8.3 坝体结构安全评价

怀柔水库主坝为黏土斜墙坝，各副坝均为均质土坝。土石坝结构安全评价主要复核：坝体变形规律是否正常，变幅与沉降率是否在安全经验值范围内，以及坝坡稳定、坝顶高程、坝顶宽度、上游护坡是否满足规范要求。本节结合坝坡稳定性计算、坝体应力计算，结合现场检查及监测资料，评价大坝结构安全性。

8.3.1 坝坡稳定性计算断面

坝坡稳定性计算分析采用加拿大 GEO - SLOPE 岩土工程计算分析软件中的 SLOPE/W 模块。SLOPE/W 是一个功能强大的二维有限元边坡稳定分析程序。该程序可以进行土石坝在施工竣工期、稳定渗流期、非稳定渗流期及地震工况下的稳定性分析。

怀柔水库坝坡稳定性计算断面选择主坝和各副坝的最大断面，与渗流安全评价的计算断面相同。计算模型如图 8.3-1 所示。

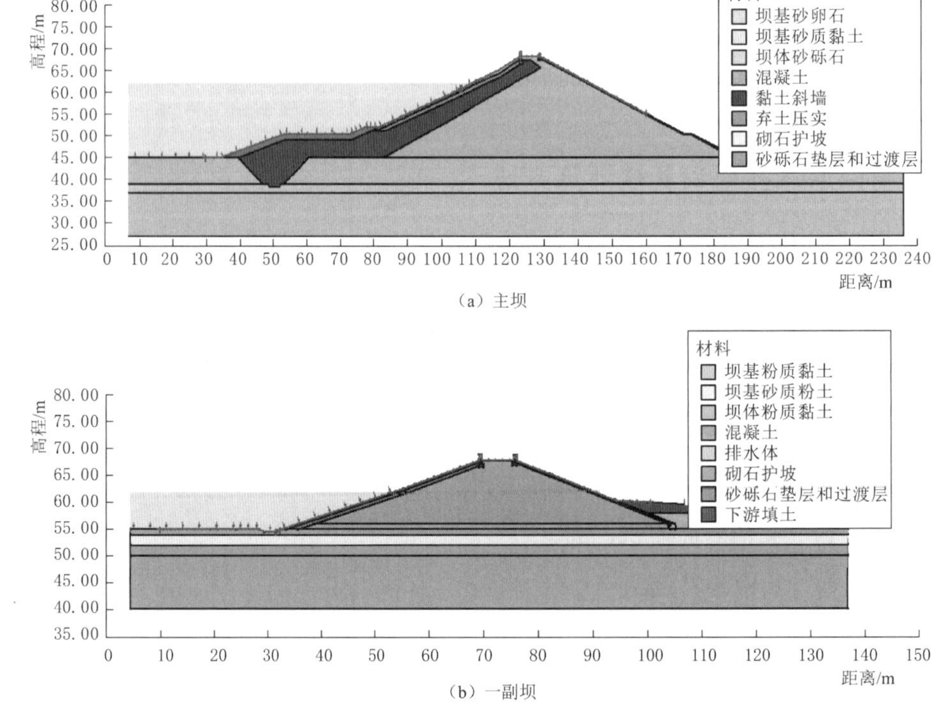

图 8.3-1（一） 怀柔水库大坝坝坡稳定性计算模型

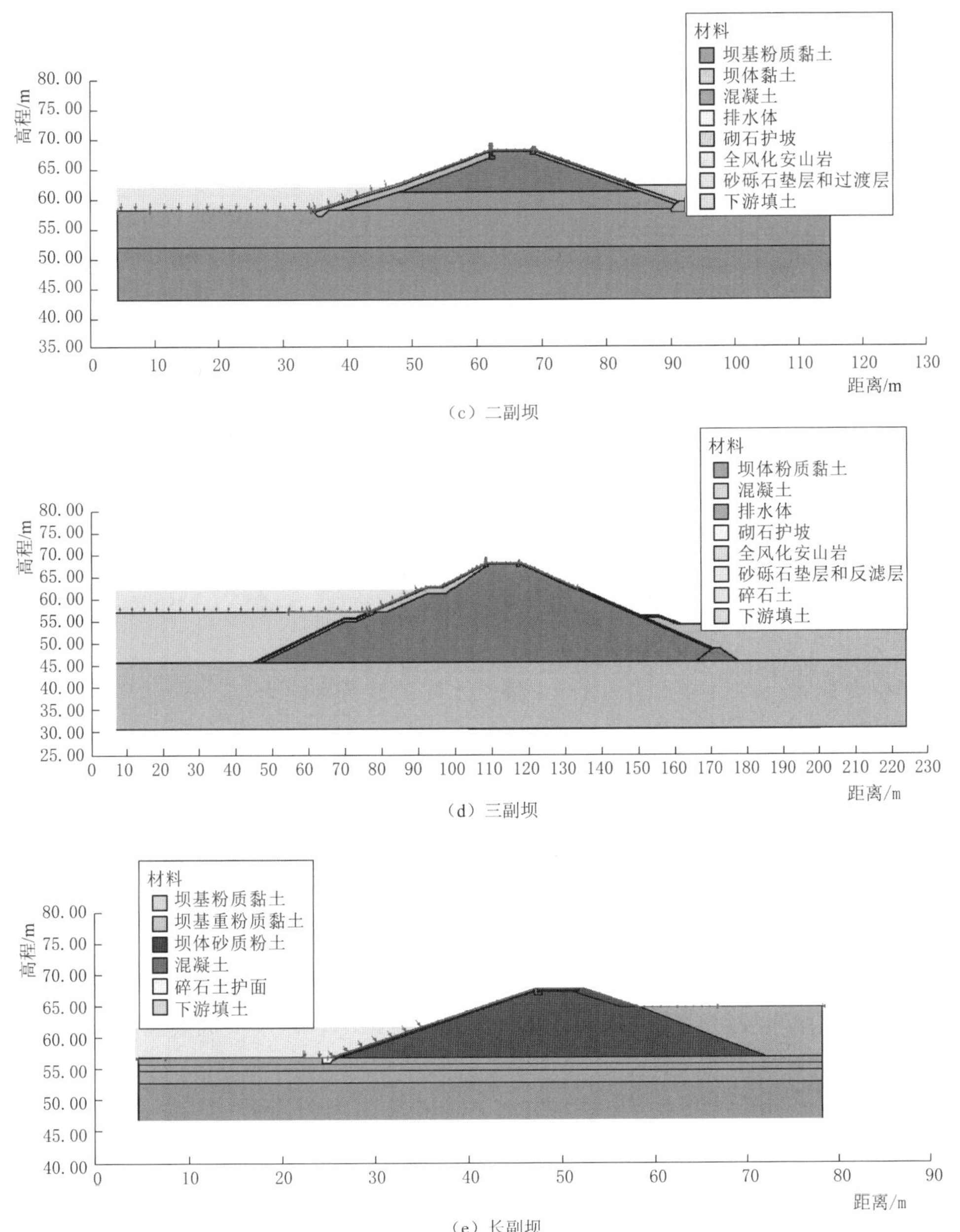

（c）二副坝

（d）三副坝

（e）长副坝

图 8.3-1（二） 怀柔水库大坝坝坡稳定性计算模型

8.3.2 坝坡稳定性分析

8.3.2.1 安全系数要求

根据 SL 274—2020《碾压式土石坝设计规范》，采用计及条块间作用力的简化毕肖普法时，坝坡抗滑稳定安全系数应不小于表 8.3-1 中的规定。

表 8.3-1 坝坡抗滑稳定最小安全系数值

运用条件	坝的级别			
	1级	2级	3级	4级、5级
正常运用条件	1.50	1.35	1.30	1.25
非常运用条件Ⅰ	1.30	1.25	1.20	1.15
非常运用条件Ⅱ	1.20	1.15	1.15	1.10

8.3.2.2 计算工况

1. 特征水位

原设计水位：正常蓄水位 62.00m，设计洪水位 64.16m，校核洪水位 67.73m，死水位 52.00m。

本次安全评价调洪计算复核后，汛限水位为 58.00m 时，设计洪水（100 年一遇）条件下的水位为 64.078m，校核洪水（2000 年一遇）条件下的水位为 67.676m，均低于原设计水位；汛限水位为 62.00m 时，设计洪水（100 年一遇）条件下的水位为 65.652m，校核洪水（2000 年一遇）条件下的水位为 67.997m，均高于原设计水位。

“23·7”洪水期间，怀柔水库出现建库以来第二大洪峰，最大入库洪峰流量 804m^3/s，为 10～20 年一遇洪峰流量。

现场检查期间（2024 年 7 月 9 日），怀柔水库的运行水位为 57.03m。

2. 规范规定的工况

根据 SL 274—2020《碾压式土石坝设计规范》，结构安全评价时，坝坡稳定性计算工况为：

(1) 正常运用条件，稳定渗流期的上游、下游坝坡，包括正常蓄水位或设计洪水位至死水位之间的各种水位稳定渗流期；水库水位在上述范围内的经常性正常降落时的上游、下游坝坡。

(2) 非常运用条件Ⅰ，校核洪水位有可能形成稳定渗流时的上游、下游坝坡；水库水位非常降落，包括自校核洪水位降落、降落至死水位以下，以及大流量快速泄空等。

3. 坝坡稳定计算工况选择

根据怀柔水库特征水位和历史洪水情况：

(1)“23·7”洪水期间，怀柔水库的入库洪峰流量仅为 10～20 年一遇，对安全影响较小，因此不作为计算工况。

(2) 本次安全评价复核中，汛限水位为 62.00m 时的校核洪水位达到 67.997m，为设计和正常运行条件下可能遇到的最高水位，考虑到此校核洪水位与原设计校核洪水位（67.73m）相差较小，仅为 0.27m，因此选择原设计校核洪水位作为计算工况。

(3) 在水位骤降时，最不利工况为斜墙或坝体内水位下降缓慢引起的上游坡面失稳。鉴于怀柔水库库容较大，水位骤降至死水位可能性不大，计算考虑上游水位由校核洪水位（67.73m）骤降至汛限水位（58.00m），防渗斜墙或坝体内水位不降落。

(4) 综合分析，本次结构安全评价各断面的计算工况见表 8.3-2，即原设计中的死水位（52.00m）、正常蓄水位（62.00m）、设计洪水位（64.16m）下稳定渗流期的上、下游坝坡；汛限水位为58.00m、校核洪水位（67.73m）时的上、下游坝坡；校核洪水位（67.73m）骤降至汛限水位时的上游坝坡。

怀柔水库的工程等别为Ⅱ等大（2）型，主要建筑物级别为2级，次要建筑物级别为3级。结合怀柔水库大坝的运用条件，怀柔水库主、副坝均为主要建筑物，因此坝坡稳定性计算工况及最小安全系数要求见表8.3-2。

表8.3-2　坝坡抗滑稳定性计算工况及最小安全系数要求

<table>
<tr><th colspan="2" rowspan="2">工况名称</th><th colspan="2">特征水位/m</th><th colspan="2">计算坝坡</th><th rowspan="2">坝坡抗滑稳定性最小安全系数</th></tr>
<tr><th>上游</th><th>坝体及下游</th><th>上游</th><th>下游</th></tr>
<tr><td rowspan="3">正常运用条件</td><td>死水位下稳定渗流期的上、下游坝坡</td><td>52.00</td><td rowspan="5">渗流计算得到的对应浸润线</td><td>√</td><td>√</td><td rowspan="3">1.35</td></tr>
<tr><td>正常蓄水位下稳定渗流期的上、下游坝坡</td><td>62.00</td><td>√</td><td>√</td></tr>
<tr><td>设计洪水位下稳定渗流期的上、下游坝坡</td><td>64.16</td><td>√</td><td>√</td></tr>
<tr><td rowspan="2">非常运用条件Ⅰ</td><td>校核洪水位下稳定渗流期的上、下游坝坡（汛限水位58.00m）</td><td>67.73</td><td>√</td><td>√</td><td>1.25</td></tr>
<tr><td>校核洪水位骤降时的上游坝坡</td><td>58.00</td><td>√</td><td>—</td><td>1.25</td></tr>
</table>

8.3.2.3 计算参数

怀柔水库大坝坝坡稳定计算参数的选取依据怀柔水库大坝原设计资料和《北京市怀柔水库大坝安全评价报告（2015年）》，结合本次钻孔勘察、室内试验结果及工程经验综合选取。计算参数取值见表8.3-3。

表8.3-3　坝坡稳定计算参数表

坝段	材料（土层）名称	密度/(g/cm³)	黏聚力/kPa	内摩擦角/(°)
主坝	黏土防渗斜墙	2.05	30.0	13.6
	砂砾石坝体	2.15	2*	34.0*
	坝基砂卵石	1.95	1*	32.0*
	坝基砂质-粉质黏土	1.97	34	13.7
一副坝	坝体粉质黏土	2.03	34.0	13.4
	坝基砂质粉土	1.75	15.0	18.5
	坝基粉质黏土	2.02	32.0	14.5
二副坝	坝体黏土	1.95	36.0	12.5
	坝基粉质黏土	2.02	32.0	14.7
	坝基全风化安山岩	2.15	15.0*	32.1*
三副坝	坝体粉质黏土	2.03	34.0	16.4
	坝基强风化安山岩	2.35	20.0*	35.0*

续表

坝段	材料（土层）名称	密度/(g/cm³)	黏聚力/kPa	内摩擦角/(°)
长副坝	坝体粉质黏土	1.90	32	12.5
	坝基粉质黏土	2.02	28.0	14.2
	坝基重粉质黏土	2.05	31.0	13.4
其他	砂砾石垫层和过渡层	1.85*	2*	32.0*
	砌石护坡	2.10*	30*	35.0*
	防浪墙	2.40*	500*	40.0*
	排水体	1.80*	0*	32.0*
	弃土压实	1.85*	20*	15.0*
	下游填土	1.75*	15*	15.0*
	上游碎石土	1.70*	2*	25.0*

注 表中*为经验值。

8.3.2.4 计算结果分析

不同工况下的坝坡稳定性计算结果统计见表8.3-4。主坝坝坡稳定计算结果如图8.3-2所示，各副坝的计算结果如附图12.2所示。可见：

表8.3-4 坝坡抗滑稳定性计算结果统计表

计算工况		计算断面	安全系数		规范允许最小值
			上游坡	下游坡	
正常运用条件	死水位稳定渗流期	主坝	2.007	1.641	1.35
		一副坝	1.588	2.060	
		二副坝	2.105	2.710	
		三副坝	1.928	1.613	
		长副坝	1.478	2.424	
	正常蓄水位稳定渗流期	主坝	2.194	1.636	
		一副坝	1.605	1.613	
		二副坝	1.992	2.259	
		三副坝	2.028	1.462	
		长副坝	1.453	2.424	
	设计洪水位稳定渗流期	主坝	2.573	1.523	
		一副坝	1.740	2.298	
		二副坝	2.258	2.231	
		三副坝	2.296	1.434	
		长副坝	1.562	2.424	
非常运用条件	校核洪水位稳定渗流期	主坝	4.247	1.518	1.25
		一副坝	2.298	1.446	

续表

计 算 工 况		计算断面	安全系数		规范允许最小值
			上游坡	下游坡	
非常运用条件	校核洪水位稳定渗流期	二副坝	3.211	2.164	1.25
		三副坝	2.987	1.316	
		长副坝	2.214	2.024	
非常运用条件	水位骤降上游坡	主坝	1.619	—	
		一副坝	1.273	—	
		二副坝	1.722	—	
		三副坝	1.597	—	
		长副坝	1.271	—	

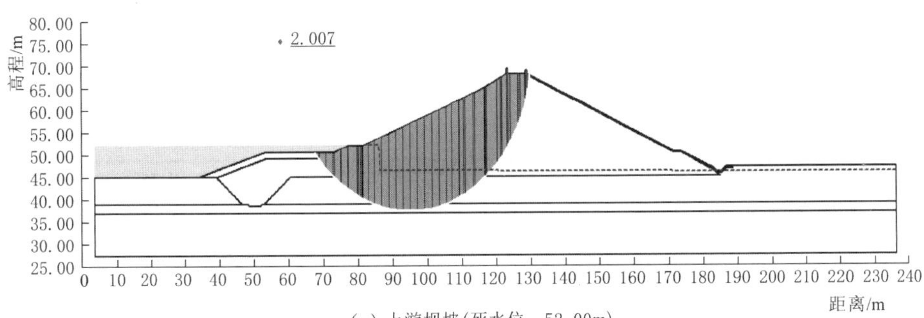

(a) 上游坝坡(死水位：52.00m)

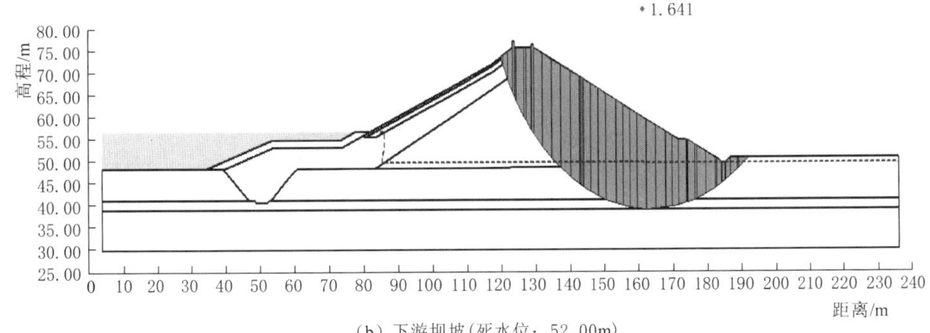

(b) 下游坝坡(死水位：52.00m)

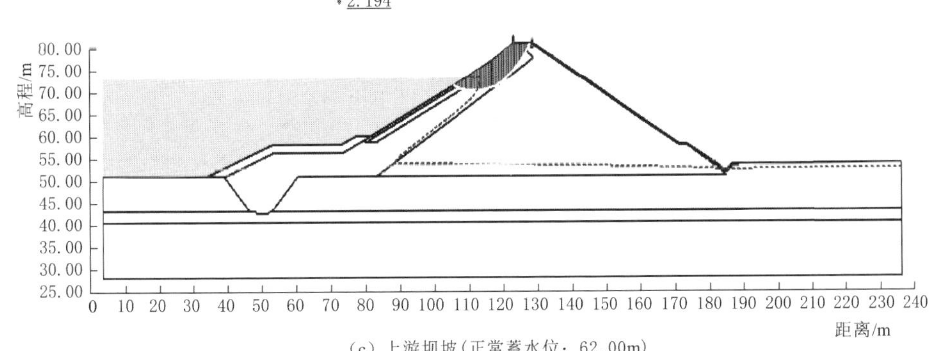

(c) 上游坝坡(正常蓄水位：62.00m)

图 8.3-2（一） 主坝坝坡稳定计算结果

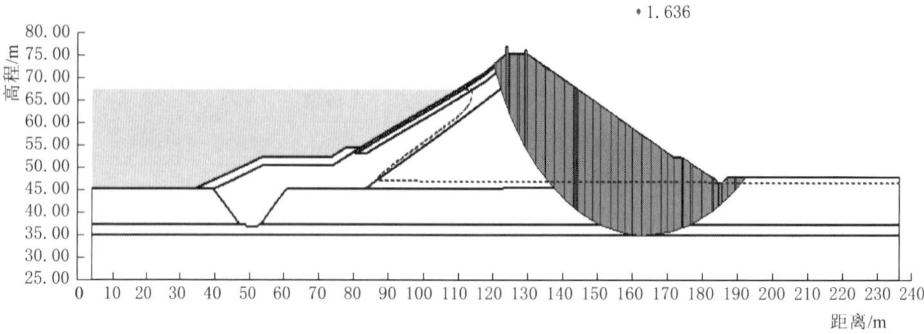

(d) 下游坝坡(正常蓄水位：62.00m)

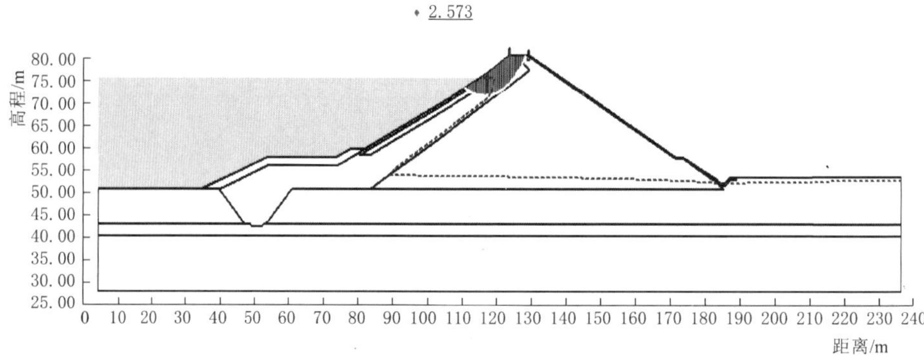

(e) 上游坝坡(设计洪水位：64.16m)

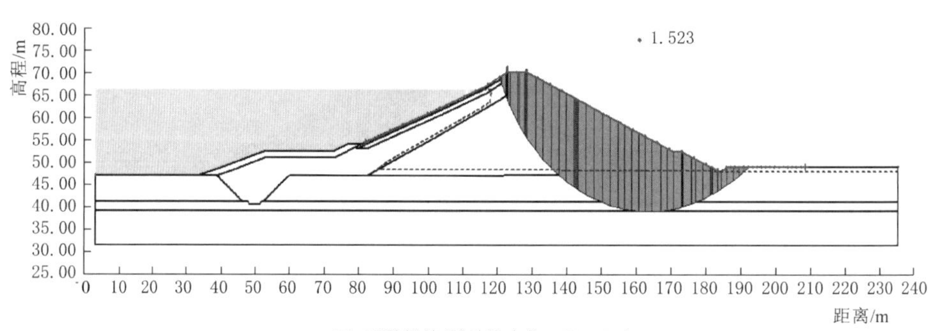

(f) 下游坝坡(设计洪水位：64.16m)

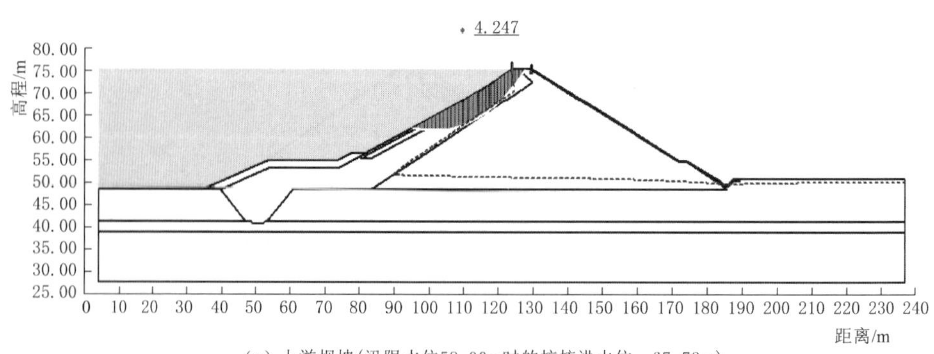

(g) 上游坝坡(汛限水位58.00m时的校核洪水位：67.73m)

图 8.3-2 (二) 主坝坝坡稳定计算结果

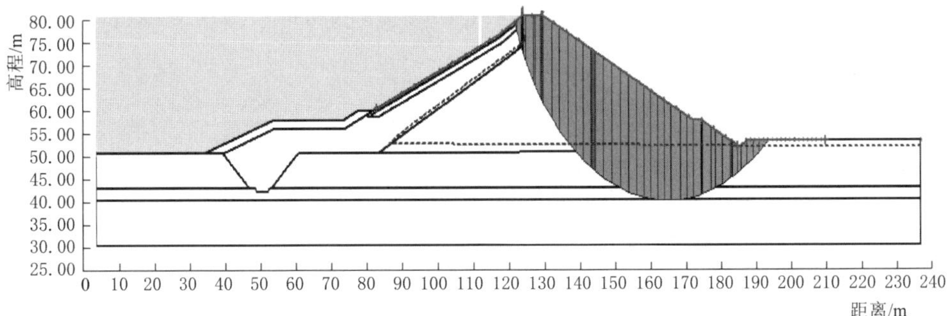

（h）下游坝坡（汛限水位58.00m时的校核洪水位：67.73m）

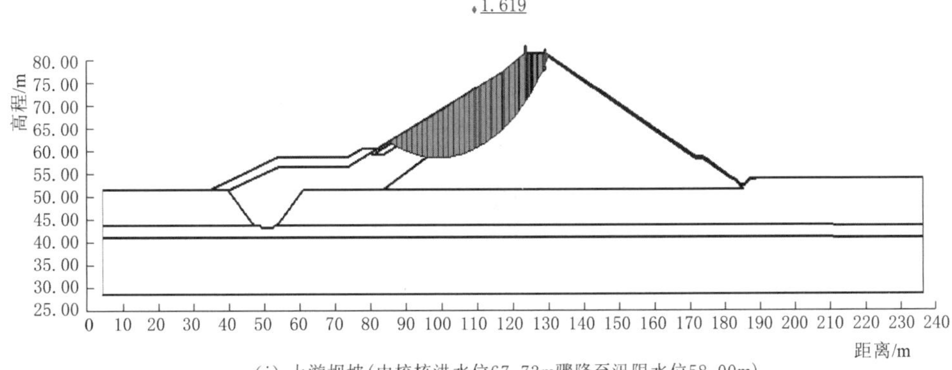

（i）上游坝坡（由校核洪水位67.73m骤降至汛限水位58.00m）

图 8.3-2（三） 主坝坝坡稳定计算结果

（1）各工况下，坝坡稳定性安全系数计算结果均大于 SL 274—2020《碾压式土石坝设计规范》的允许最小值，怀柔水库坝坡稳定性满足要求。

（2）整体上，正常运用条件下，随着水位的抬升，上游坝坡的稳定性逐渐增大，由于坝体砂砾石透水性较好，库水位变化时，砂砾石坝体的浸润线变化较小，因此，下游坝坡的稳定性略有降低，但是变化不大。

（3）水位骤降后，上游坡面的稳定性安全系数迅速降低，为最危险工况。本次评价计算中，考虑库水位由校核洪水位骤降至汛限水位，而防渗斜心墙或均质坝坝体内的浸润线基本不变，实际上，怀柔水库的库容较大，由校核洪水位（67.73m）骤降至汛限水位（58.00m）时的库容变化量约为 1.05 亿 m^3，水位下降持续时间较长，因此，实际工况下，库水位下降速度较缓，安全系数较计算值更高。

8.3.3 坝体应力计算模型和网格划分

坝体应力计算采用 MIDAS-GTS 软件。该软件由韩国浦项制铁开发，并由北京迈达斯技术有限公司国产化，是岩土隧道结构专用有限元分析软件。软件具备应力分析、动力分析、渗流分析、应力-渗流耦合分析、基坑支护、边坡稳定分析、衬砌分析等功能，提供莫尔-库伦、修正莫尔-库伦、德鲁克-普拉格、修正剑桥等弹塑性本构模型，以及线弹性、横观各向弹性、邓肯-张等弹性本构模型，支持用户自定义本构。目前，该软件已经广泛应用于国内岩土工程和水利工程中的科研与分析。

怀柔水库坝体应力计算断面选择主坝和各副坝的最大断面，与坝坡稳定性计算断面相同。计算模型和网格划分如图 8.3-3 所示。

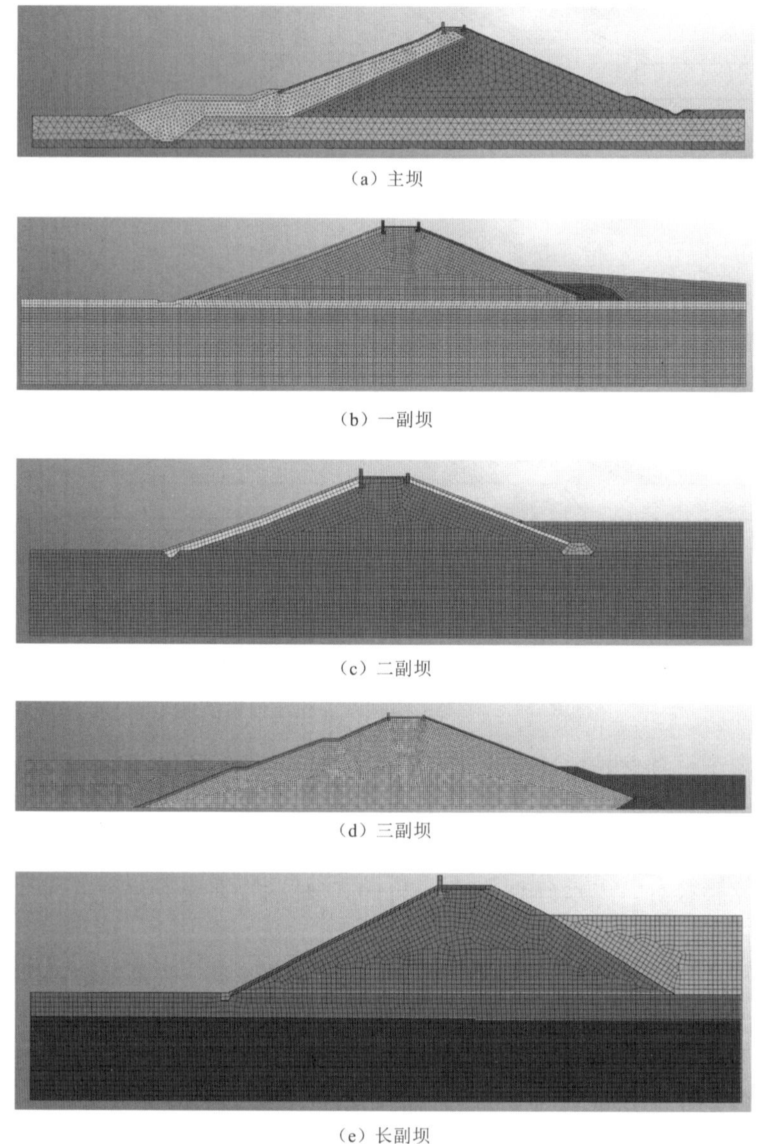

(a) 主坝

(b) 一副坝

(c) 二副坝

(d) 三副坝

(e) 长副坝

图 8.3-3 怀柔水库大坝坝体应力计算模型和网络划分

8.3.4 坝体位移和应力分析

8.3.4.1 计算工况

选择死水位、正常蓄水位、设计洪水位和校核洪水位四种工况，计算坝体位移和应力。

8.3.4.2 计算参数

怀柔水库大坝坝体应力变形计算参数的选取依据怀柔水库大坝原设计资料和《北京市怀柔水库大坝安全评价报告（2014年）》，结合本次钻孔勘察、室内试验结果及工程经验综合选取。计算参数取值见表8.3-5。

表8.3-5 坝体应力计算参数表

分区		C/kPa	φ_0/(°)	$\Delta\varphi$/(°)	K	n	R_f	K_b	m
主坝	黏土防渗斜墙	34.7	28.5	5.0	123	0.60	0.57	71	0.17
	砂砾石坝体	0	46.7	9.6	890	0.47	0.87	482	0.31
	坝基砂质黏土	35	22.3	4.5	116	0.60	0.57	71	0.14
一副坝	坝体粉质黏土	31	21.8	3.8	170	0.65	0.62	90	0.14
二副坝	坝体黏土	37	22.2	5.5	141	0.77	0.64	85	0.12
三副坝	坝体粉质黏土	28	26.5	3.6	162	0.63	0.60	82	0.13
长副坝	坝体砂质粉土	21	25.1	4.7	135	0.62	0.58	76	0.11

8.3.4.3 计算结果分析

不同工况下的坝体位移和应力计算结果统计见表8.3-6。主坝典型工况下的坝体位移和应力分布计算结果如图8.3-4和图8.3-5所示，各副坝的计算结果如附图12.3所示。计算中的坝体应力为总应力。可见：

表8.3-6 不同工况下的坝体位移和应力计算结果统计表

计算断面	水位条件	坝体最大水平位移/cm	坝体最大垂直位移/cm	坝体应力/kPa	
				大主应力	小主应力
主坝	死水位	0.44	1.08	410.6	121.5
	正常蓄水位	1.48	3.91	427.2	133.6
	设计洪水位	1.67	4.43	442.5	145.7
	校核洪水位	2.09	5.61	465.9	168.9
一副坝	死水位	—	—	225.1	86.7
	正常蓄水位	0.62	2.13	233.0	93.2
	设计洪水位	1.01	2.85	239.2	98.8
	校核洪水位	1.76	4.12	251.4	114.8
二副坝	死水位	—	—	178.5	59.6
	正常蓄水位	0.32	1.02	185.0	65.7
	设计洪水位	0.54	1.57	197.9	72.8
	校核洪水位	1.12	2.68	207.6	82.8
三副坝	死水位	—	—	181.8	61.2
	正常蓄水位	0.33	0.98	193.5	69.8
	设计洪水位	0.60	1.55	203.5	82.1
	校核洪水位	1.11	2.46	224.4	97.4

续表

计算断面	水位条件	坝体最大水平位移/cm	坝体最大垂直位移/cm	坝体应力/kPa	
				大主应力	小主应力
长副坝	死水位	—	—	187.5	76.1
	正常蓄水位	0.34	0.85	194.5	79.5
	设计洪水位	0.65	1.26	201.3	82.2
	校核洪水位	1.01	1.95	221.5	93.7

注 表中位移为蓄水引起的增量。

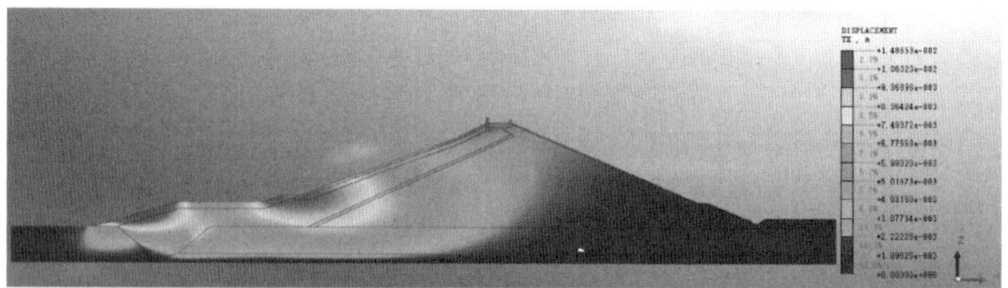

(a) 坝体水平位移(正常蓄水位:62.00m)

(b) 坝体垂直位移(正常蓄水位:62.00m)

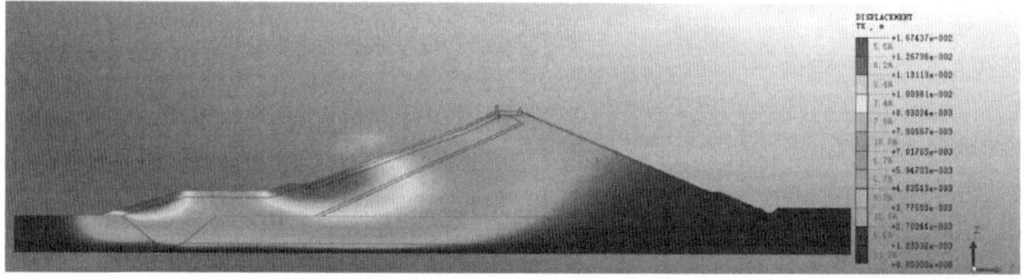

(c) 坝体水平位移(设计洪水位:64.16m)

(d) 坝体垂直位移(设计洪水位:64.16m)

图 8.3-4(一) 主坝典型工况下的坝体位移计算结果/m

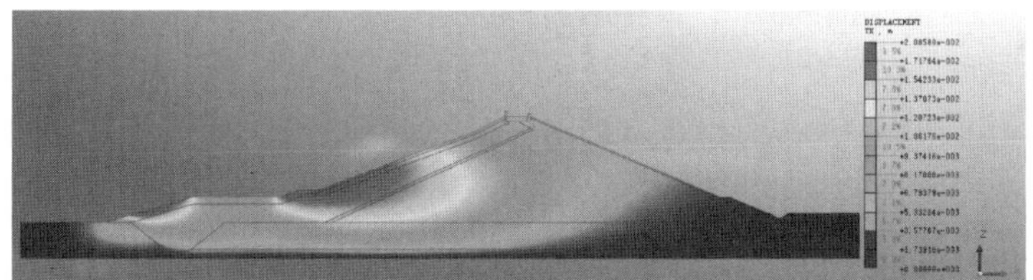

(e) 坝体水平位移(校核洪水位：67.73m)

(f) 坝体垂直位移(校核洪水位：67.73m)

图 8.3-4（二） 主坝典型工况下的坝体位移计算结果/m

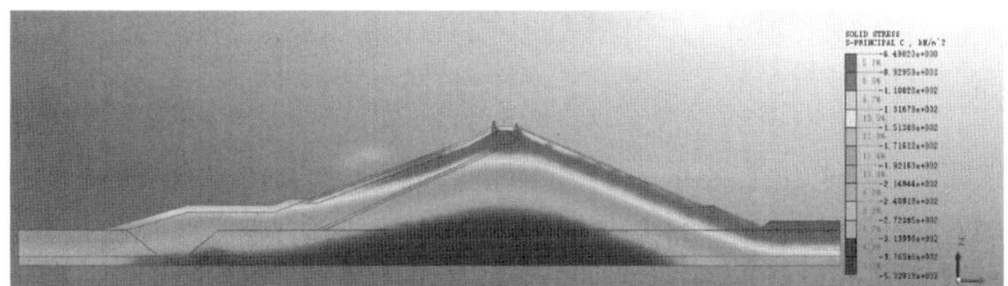

(a) 坝体大主应力(正常蓄水位：62.00m)

(b) 坝体小主应力(正常蓄水位：62.00m)

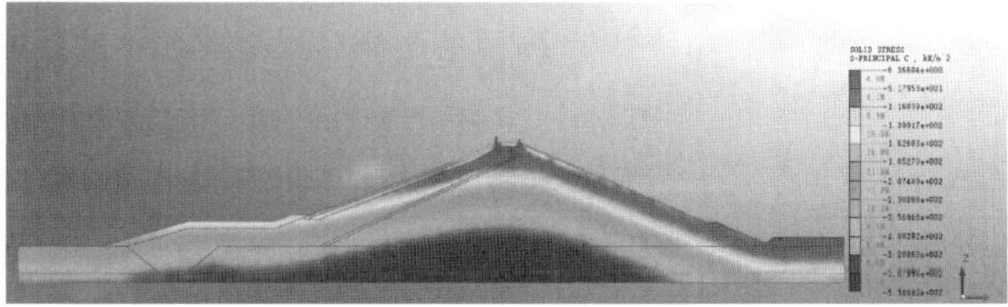

(c) 坝体大主应力(设计洪水位：64.16m)

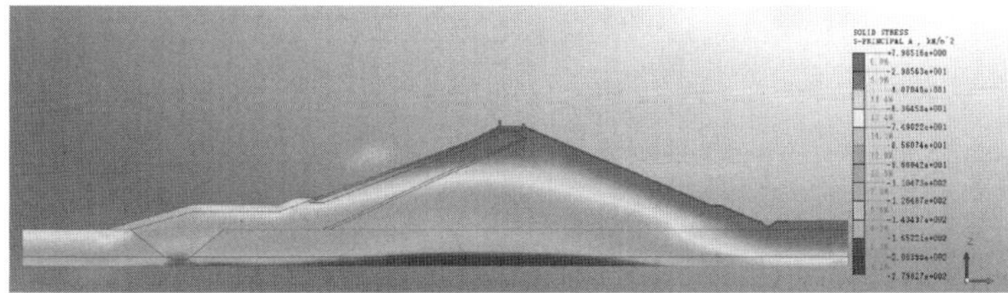

(d) 坝体小主应力(设计洪水位：64.16m)

图 8.3-5（一） 主坝典型工况下的坝体应力分布计算结果/kPa

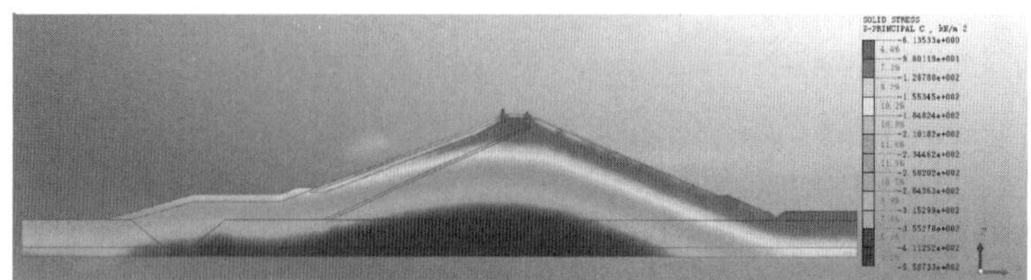

(e) 坝体大主应力(校核洪水位：67.73m)

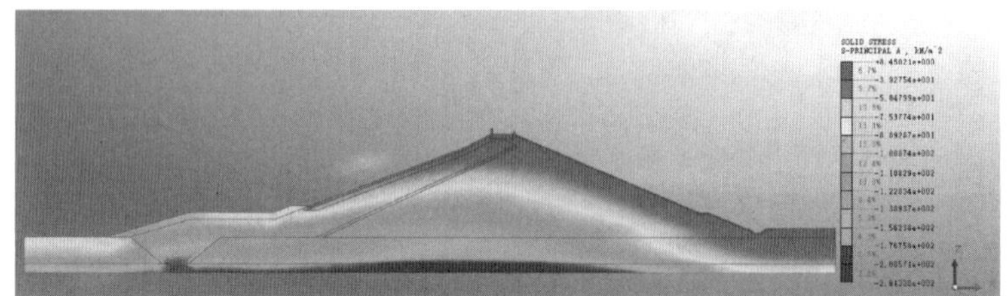

(f) 坝体小主应力(校核洪水位：67.73m)

图 8.3-5（二） 主坝典型工况下的坝体应力分布计算结果/kPa

(1) 不同水位时的坝体位移和应力分布规律正常，应力水平在安全范围内。

(2) 库水位越高，坝体的最大水平位移和垂直位移越大，坝体的大、小主应力也越大。由于怀柔水库坝高较低，断面尺寸较大，因此，各工况下的坝体应力和位移相差不大。

(3) 怀柔水库主坝为黏土斜墙砂砾石坝，副坝为均质土坝，蓄水后坝体位移较小，最大变形为 cm 级。

8.3.5 坝顶高程、坝顶宽度和上游护坡

根据第 6 节防洪能力复核结果，怀柔水库汛限水位为 58.00m 时，正常运用和非常运用条件下，防浪墙顶高程和坝顶高程整体满足规范要求；汛限水位为 62.00m 时，正常运用条件下，防浪墙顶高程和坝顶高程整体满足规范要求，非常运用条件下，校核洪水标准时，防浪墙顶高程和坝顶高程均略有不足，应考虑预报预泄，提前将库水位降低至约 59.00m。

怀柔水库大坝原设计坝顶宽度和 14 个断面的实测结果对比及护坡厚度计算结果对比见表 8.3-7。

表 8.3-7 原设计坝顶宽度和 14 个断面的实测结果对比及护坡厚度计算结果对比

坝 段	坝顶宽度/m			上游护坡厚度/m	
	规范建议值	设计值	实测值	规范计算最小值	设计值
主坝	5～10	5（净宽）	6.06～6.26	0.279	0.5
一副坝		7	6.95、6.98	0.144	0.3
二副坝		7	7.31	0.142	0.3
三副坝		9.8	9.77、9.89	0.142	0.3
长副坝		5.5	5.39、5.37、5.46	—	0.2

依据 SL 274—2020《碾压式土石坝设计规范》，坝顶宽度应根据构造、施工、运行管理和抗震等因素确定，高坝的坝顶宽度可选用 10～15m，中、低坝可选用 5～10m，地震

设计烈度为Ⅷ度、Ⅸ度时坝顶宜加宽。对于土石坝，高度在30m以下为低坝，高度在30～70m为中坝，70m以上为高坝。怀柔水库主坝和各副坝的最大坝高均低于30m，为低坝，因此，坝顶宽度满足要求。

主坝和一、二、三副坝上游采用砌石护坡，长副坝上游采用碎石护坡。根据SL 274—2020《碾压式土石坝设计规范》附录A护坡计算结果，怀柔水库主坝和一、二、三副坝的护坡厚度满足要求，长副坝采用碎石护坡不符合SL 274—2020《碾压式土石坝设计规范》中上游护坡的一般形式；一、二、三副坝下游砌石护坡已勾缝但未布置排水孔，影响渗水自由排出坝体，不符合SL 274—2020《碾压式土石坝设计规范》要求。

8.3.6 现场检查和坝体沉降监测结果

根据第2章现场安全检查及检测结果，现场安全检查期间，怀柔水库大坝未发现影响结构安全的裂缝、塌陷、渗漏水等问题，坝体质量较好，坝体内部未见明显疏松、脱空现象。

根据第3.4节安全监测资料分析结果，怀柔水库大坝运行以来，坝体沉降和水平位移规律正常，未见危及结构安全的异常变形，坝体变形趋于稳定。

8.4 泄水建筑物结构安全评价

怀柔水库泄水建筑物包括东溢洪道和西溢洪道，安全评价包括复核建筑物顶高程、泄流安全、结构强度和稳定性是否满足规范要求。对于溢洪道，结构强度主要复核控制段、泄槽、消力池护坦和有关边墙、挡土墙、导墙等结构沿底面的抗滑、抗浮稳定和应力强度。

8.4.1 东溢洪道结构安全评价

8.4.1.1 顶高程和泄流安全

1. 顶高程

根据SL 253—2018《溢洪道设计规范》，控制段闸墩和岸墙顶部高程应满足的要求为：①在宣泄校核洪水时不应低于校核洪水位加安全加高值；②挡水时不应低于设计洪水位或正常蓄水位加波浪计算高度和安全加高值；③溢洪道紧靠坝肩时，控制段顶部高程应与大坝坝顶高程协调。安全加高下限见表8.4-1。

表8.4-1 安全加高下限 单位：m

运用工况	控制段建筑物级别		
	1级	2级	3级
挡水	0.7	0.5	0.4
泄洪	0.5	0.4	0.3

怀柔水库东溢洪道上游立面图和现状如图8.4-1和图8.4-2所示，上游交通桥现状如图8.4-3所示。东溢洪道两侧布置防浪墙，顶高程69.00m，上游闸墩顶高程70.7m，上游公路桥桥面高程68.0m，公路桥挡水高度68.2m。根据第6节防洪能力复核结果，东溢洪道控制段闸墩和岸墙高度满足规范要求，公路桥挡水高度略低于防浪高度，建议将交

通桥栏杆加装钢化玻璃挡水。

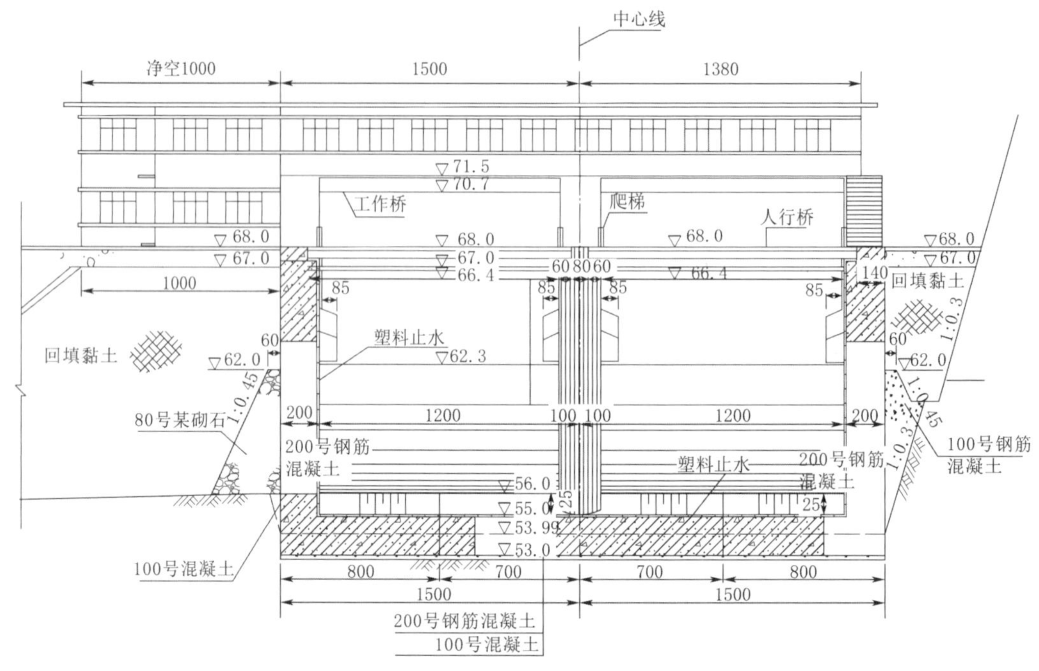

图 8.4-1 东溢洪道上游立面图（图中高程以 m 计，其余以 cm 计）

图 8.4-2 东溢洪道上游现状

图 8.4-3 东溢洪道上游交通桥现状

2. 泄流安全

根据第 6 节防洪能力复核结果，东溢洪道的泄流能力满足原设计要求。

校核洪水位（67.73m、泄流量 1540.9m^3/s）下，东溢洪道纵剖图和各位置的水面线计算结果如图 8.4-4 所示。根据 SL 253—2018《溢洪道设计规范》，泄槽边墙顶高程应根据水面线计算结果，加 0.5～1.5m 的安全加高。东溢洪道泄槽边墙与计算水面线之间的最小高差为 1.8m，满足规范要求。

8.4.1.2 控制段结构安全复核

1. 荷载组合和安全系数

根据 SL 253—2018《溢洪道设计规范》，控制段结构安全计算的荷载组合见表 8.4-2，堰基面抗滑稳定性安全系数（k'和 k）的要求分别见表 8.4-3 和表 8.4-4。

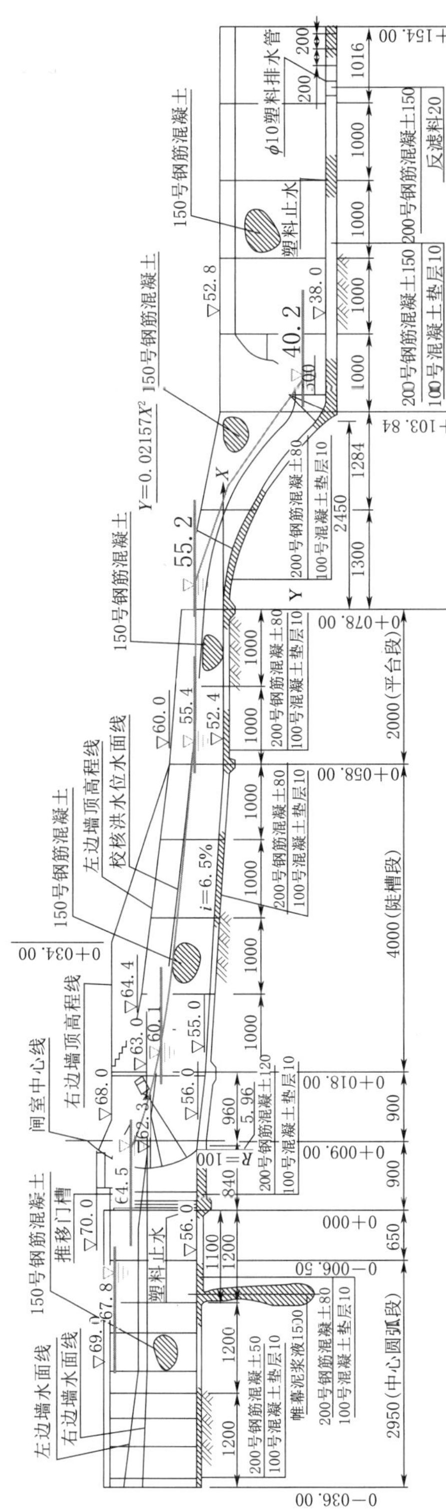

图 8.4-4 东溢洪道纵剖图和各位置的水面线计算结果（图中高程以 m 计，其余以 cm 计）

表 8.4-2　　控制段结构安全计算的荷载组合表

荷载组合	计算情况	荷载										说明
		1	2	3	4	5	6	7	8	9	10	
		自重	静水压力	扬压力	波浪压力	动水压力	土压力	淤沙压力	冰压力	地震荷载	其他	
基本组合	完建情况	√	—	—	—	—	√	—	—	—	√	必要时，可考虑地下水产生的扬压力
	正常蓄水位情况	√	√	√	√	—	√	√	—	—	√	
	设计洪水位情况	√	√	√	√	√	√	√	—	—	√	
	冰冻情况	√	√	√	—	—	√	√	√	—		按正常蓄水位计算静水压力和扬压力
特殊组合	施工情况	√	—	—	—	—	√	—	—	—	√	
	检修情况	√	√	√	√	—	√	√	—	—	√	按正常蓄水位组合计算静水压力、扬压力及波浪压力
	校核洪水位情况	√	√	√	√	√	√	√	—	—	√	
	地震情况	√	√	√	√	—	√	√	—	√	—	按正常蓄水位组合计算静水压力、扬压力及波浪压力

注　正常蓄水情况考虑排水失效时，按特殊组合进行计算。

表 8.4-3　　堰基面抗滑稳定安全系数 K' 的要求

荷载组合		K'
基本组合		3.0
特殊组合	(1)	2.5
	(2)	2.3

注　地震情况为特殊组合（2），其他特殊组合为特殊组合（1）。

表 8.4-4　　堰基面抗滑稳定安全系数 K 的要求

荷载组合		K		
		1级	2级	3级
基本组合		1.10	1.05	1.05
特殊组合	(1)	1.05	1.00	1.00
	(2)	1.00	1.00	1.00

注　地震情况为特殊组合（2），其他特殊组合为特殊组合（1）。

对于堰基面上的垂直正应力，在运用期，各种荷载组合情况下（地震情况除外），堰基面上的最大垂直正应力应小于岩基的容许承载力（计算时分别计入扬压力和不计入扬压力），最小垂直正应力应大于零（计入扬压力）。地震情况下，堰基面上的最大垂直正应力应小于基岩的容许承载力，容许出现不大于0.1MPa的垂直拉应力。

闸墩和底板应根据闸室的结构型式和运行条件，进行下列情况的稳定和应力分析：

（1）闸墩两侧工作闸门全关闭。

（2）闸墩一侧工作闸门关闭，另一侧工作闸门全开启泄洪。

（3）闸墩一侧工作闸门关闭，另一侧检修闸门关闭。

（4）其他不利的运用条件。

根据怀柔水库运行调度原则，校核洪水位（67.73m）工况下，东溢洪道闸门必须完全开启，否则存在漫顶溃坝风险，因此，不存在校核洪水工况下闸门关闭的情况，不再复核此工况下的溢洪道控制段稳定性，校核洪水位下，闸门全开时，溢洪道受水推力较小，不再复核。而设计洪水位相对较低（64.16m），可能存在闸门关闭情况。

2. 计算参数及荷载分布

东溢洪道闸室基础开挖时已进行处理，基础承载力按照软质岩考虑，取400kPa，参照SL 319—2018《混凝土重力坝设计规范》附录D，堰基底面混凝土与地基间的抗剪断摩擦系数取 $f'=0.55$，$c'=100$kPa，堰基底面混凝土与地基间的抗剪摩擦系数取 $f=0.35$。扬压力折减系数取0.7。

3. 抗滑稳定性计算结果

东溢洪道抗滑稳定性计算结果见表8.4-5。可见，计算工况下，东溢洪道的抗滑稳定性满足规范要求。

表8.4-5　东溢洪道抗滑稳定性计算结果

蓄水条件	计算工况	抗滑稳定安全系数			
		抗剪断		抗剪	
		计算值	规范允许最小值	计算值	规范允许最小值
正常蓄水位	2扇工作闸门关闭	18.33	3.00	4.11	1.05
	1扇工作闸门关闭，1扇工作闸门全开泄洪	34.98		8.24	
	1扇工作闸门关闭，1扇检修闸门关闭	17.83		3.79	
设计洪水位	2扇工作闸门关闭	8.94		1.41	
	1扇工作闸门关闭，1扇工作闸门全开泄洪	10.10		4.21	
校核洪水位	闸门必须全开，否则有漫顶溃坝风险。此时，水推力很小，不存在抗滑稳定问题，故不复核				

4. 堰基面应力计算结果

对于东溢洪道，将其作为整体结构，采用有限元法计算基底应力。所用计算程序为SAP2000，东溢洪道计算模型如图8.4-5所示。正常蓄水位2扇闸门关闭工况计算结果如图 8.4-6 所示，其余如附图 12.4 所示。堰基面应力计算结果统计见表 8.4-6。

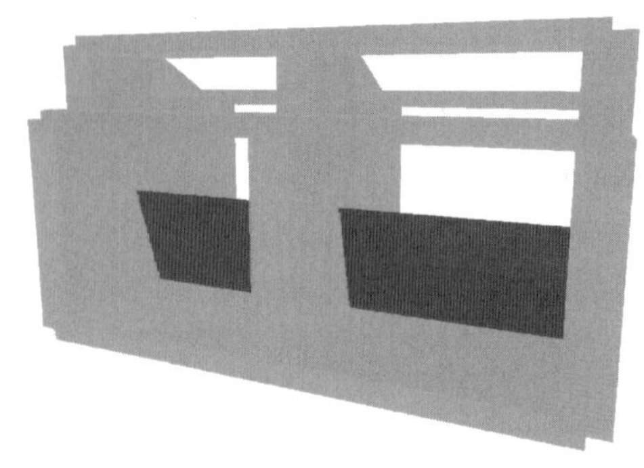

图 8.4-5 东溢洪道计算模型

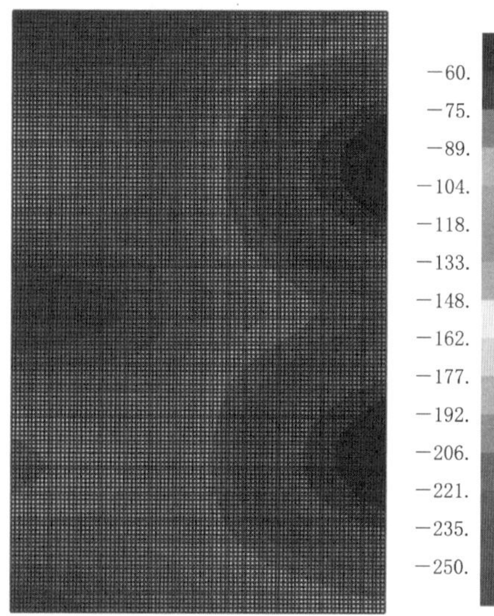

(a) 不计入扬压力

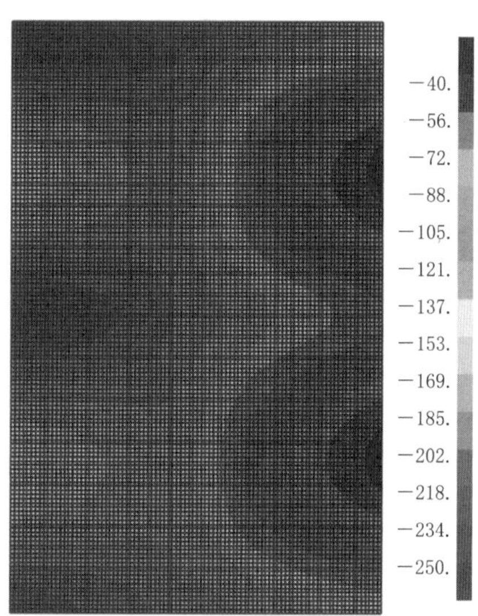

(b) 计入扬压力

图 8.4-6 正常蓄水位 2 扇闸门关闭工况计算结果（单位 kPa，受拉为正，左侧为上游侧，下同）

表 8.4-6 堰基面应力计算结果

蓄水条件	计算工况	基底应力/kPa				
		计入扬压力		不计入扬压力		允许值
		最大值	最小值	最大值	最小值	
正常蓄水位	2扇工作闸门关闭	221.6	42.2	228.2	48.7	小于基岩允许承载力，且不出现拉应力（<400kPa，>0）
	1扇工作闸门关闭，1扇工作闸门全开泄洪	239.6	47.2	245.1	52.7	
	1扇工作闸门关闭，1扇检修闸门关闭	212.5	44.7	217.2	50.9	
设计洪水位	2扇工作闸门关闭	217.2	37.6	235.5	54.9	
	1扇工作闸门关闭，1扇工作闸门全开泄洪	220.7	40.5	249.5	58.9	

可见，各工况下，东溢洪道堰基面上均未出现拉应力，最大压应力 250kPa 左右，小于基岩的容许承载力，满足要求。

5. 闸门支座强度计算结果

根据东溢洪道弧门支座结构配筋图（图 8.4-7），东溢洪道弧门支座采用 C30 混凝土，尺寸为 0.85m×1.5m×2m（长×宽×高），闸墩扇形筋为 9 根直径 32mm 的Ⅱ级钢筋（16 锰），支座受力钢筋为 11 根直径 22mm 的Ⅱ级钢筋（16 锰）。根据 TJ 10—74《钢筋混凝土结构设计规范》，C30 混凝土的抗压强度标准值和设计值分别为 21MPa 和 17.5MPa，抗拉强度标准值和设计值分别为 2.1MPa 和 1.75MPa，Ⅱ级钢筋（16 锰）的抗拉强度设计值为 340MPa。

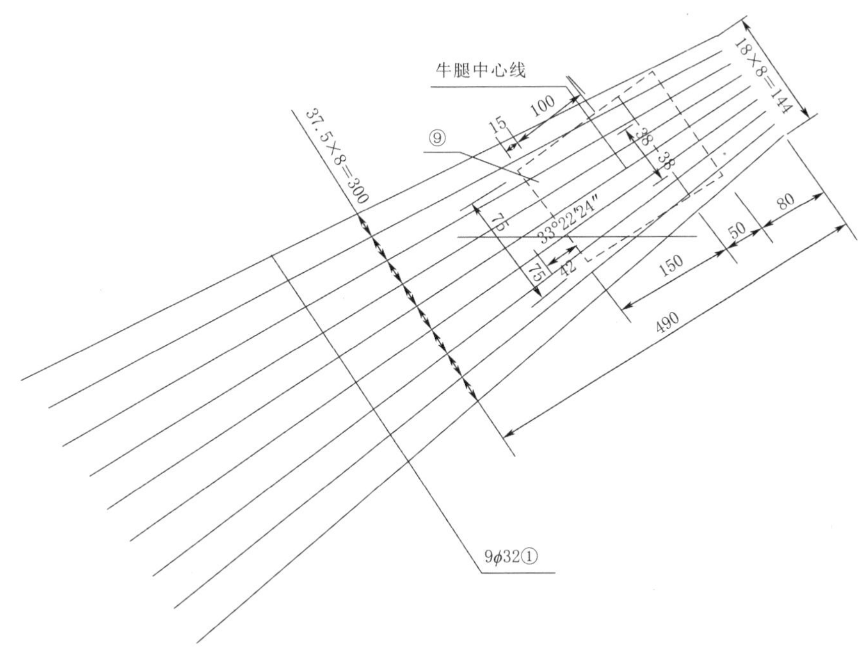

（a）闸墩扇形筋布置图

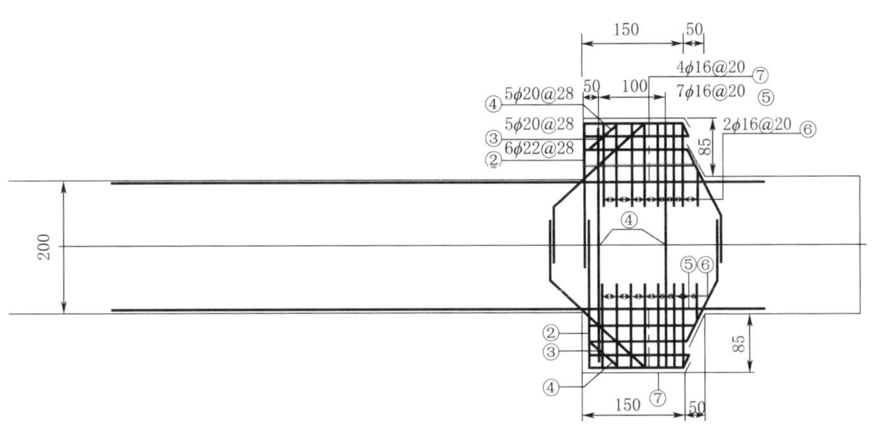

（b）闸墩沿牛腿中心线剖面

图 8.4-7 弧门支座结构配筋图/cm

基于上述参数，按照 SL 191—2008《水工混凝土结构设计规范》复核，弧形闸门支座强度复核计算结果见表 8.4-7。可见，弧形闸门支座附近闸墩的局部受拉区裂缝控制、闸墩局部受拉区的扇形局部受拉钢筋截面面积、弧门支座的裂缝控制与剪跨比、支撑面上的局部受压应力、弧门支座的受力钢筋截面面积等满足规范要求。

表 8.4-7　弧形闸门支座强度复核计算结果

内　容	控制指标	中　墩	边　墩	是否满足规范要求
弧门支座附近闸墩的局部受拉区裂缝控制	弧门支座推力/kN：$F_k=1185.6$	承载力/kN：$0.7f_{tk}bB=4410$	承载力/kN：$\dfrac{0.55f_{tk}bB}{e_0/B+0.20}=3379.3$	是
扇形局部受拉钢筋截面面积要求	弧门支座推力/kN：$KF=1707.3$	承载力/kN：$f_y\sum_{i=1}^{n}A_{si}\cos\theta_i=2290.3$	承载力/kN：$\dfrac{B'_0-a_B}{e_0+0.5B-a_B}f_y\sum_{i=1}^{n}A_{si}\cos\theta_i=1809.5$	是
弧门支座裂缝控制	弧门支座推力/kN：$F_k=1185.6$	承载力/kN：$0.7f_{tk}bh=4410$		是
剪跨比	$a/h_0<0.3$	0.21		是
支撑面上的局部压应力	混凝土抗压强度/MPa：$0.75f_c=13.1$	计算局部压应力/MPa：$F_k/b_0h_0=4.9$		是
弧门支座受力钢筋截面面积	弧门支座推力/kN：$KF=1707.3$	承载力/kN：$0.8f_yh_0A_s/a=4926.1$		是

8.4.1.3　消力池结构安全复核

东溢洪道布置两级渐扩式消力池，布置纵剖图如图 8.4-8 所示。消力池底板厚度 2m。一级消力池长度 50.16m，起始段（桩号 0+103.84）宽度 37.26m，末端（桩号 0+154.00）宽度 49.58m，消力池底板采用直径 20mm、间距 1.5m 梅花形布置锚筋，锚筋入岩 1m，底部布置纵向排水管，并在末端 10m 段布置塑料排水孔；二级消力池长度 30m，末端宽度（桩号 0+184.00）58.34m，设计洪水位下，消力池长度和深度复核计算结果见表 8.4-8，不同工况下，消力池底板的抗浮稳定性复核计算结果见表 8.4-9。

根据计算结果可知，怀柔水库东溢洪道消力池长度、深度和底板的抗浮稳定性均满足规范要求。

8.4.1.4　挡土墙结构安全复核

东溢洪道闸室下游侧渥奇段、消力池等采用挡土墙护坡，挡土墙最大高度约 16m。挡土墙型式以重力式挡墙和扶壁式挡墙为主，重力式挡墙采用直径 20mm 的钢筋锚入岩石 1m。本次安全评价选择典型断面复核挡土墙的稳定性，包括最大高度断面（桩号 0+018.00，闸室末端），薄墙锚岩断面（桩号 0+103.84，渥奇段末端），扶壁式挡墙断面（桩号 0+154.00，一级消力池末端），三个断面的设计图如图 8.4-9 所示，计算结果统计见表 8.4-10～表 8.4-12。

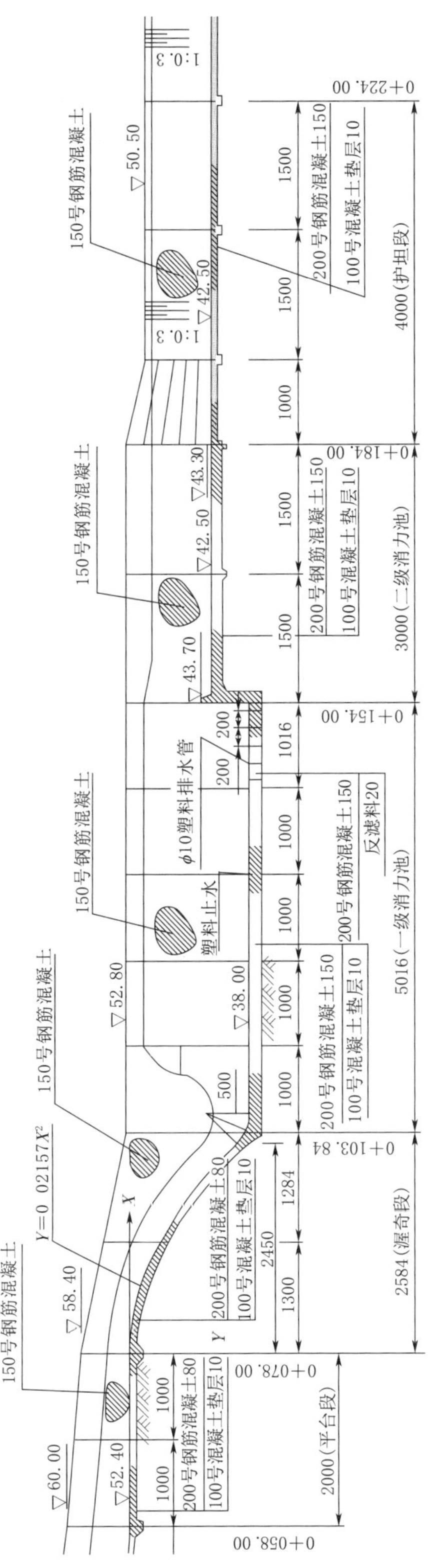

图 8.4-8 东溢洪道消力池布置纵剖图（图中高程以 m 计，其余以 cm 计）

表 8.4-8　东溢洪道消力池长度和深度复核计算结果

工况	上游水位/m	下游水位/m	溢洪道流量/(m^3/s)	消力池	入池水深/m	第二共轭水深	池深/m		池长/m	
							复核结果	设计值	复核结果	设计值
设计洪水	64.16	47.05	881	一级	1.57	8.16	3.4	5.7	36.4	50.16
				二级	2.43	4.82	0.3	0.8	16.5	30

表 8.4-9　不同工况下东溢洪道消力池底板的抗浮稳定性复核计算结果

工　况		抗浮稳定安全系数		规　范　值
		一级消力池	二级消力池	
基本组合	设计洪水	1.34	1.33	1.05～1.20
特殊组合	校核洪水	1.30	1.24	
	排水检修	1.08	1.82	
	设计洪水、排水设施失效	1.14	—	

表 8.4-10　0+018.0m 处挡土墙稳定性复核计算结果统计表

工　况		抗滑移稳定性		抗倾覆稳定性		基底应力/kPa				
		计算值	规范最小值	计算值	规范最小值	最大	最小	地基承载力	应力比	规范最大值
基本组合	正常蓄水	3.48	3.0	1.53	1.5	321.9	176.4	400	1.82	2.5
	设计洪水	3.66		1.55		319.3	179.0		1.78	
特殊组合	校核洪水	4.70	2.5	1.76	1.3	289.2	209.1		1.38	3.0

表 8.4-11　0+103.84m 处挡土墙稳定性复核计算结果统计表

工　况		抗滑移稳定性		抗倾覆稳定性		基底应力/kPa				
		计算值	规范最小值	计算值	规范最小值	最大	最小	地基承载力	应力比	规范最大值
基本组合	正常蓄水	6.13	3.0	1.65	1.5	259.6	144.9	400	1.79	2.5
	设计洪水	5.39		1.71		180.1	159.0		1.13	
特殊组合	校核洪水	5.17	2.5	1.73	1.3	163.3	155.8		1.05	3.0

表 8.4-12　0+154.0m 处挡土墙稳定性复核计算结果统计表

工　况		抗滑移稳定性		抗倾覆稳定性		基底应力/kPa				
		计算值	规范最小值	计算值	规范最小值	最大	最小	地基承载力	应力比	规范最大值
基本组合	正常蓄水	4.08	3.0	4.64	1.5	225.6	117.7	400	1.92	2.5
	设计洪水	3.32		3.63		131.7	101.7		1.29	
特殊组合	校核洪水	3.27	2.5	2.58	1.3	117.2	96.4		1.22	3.0

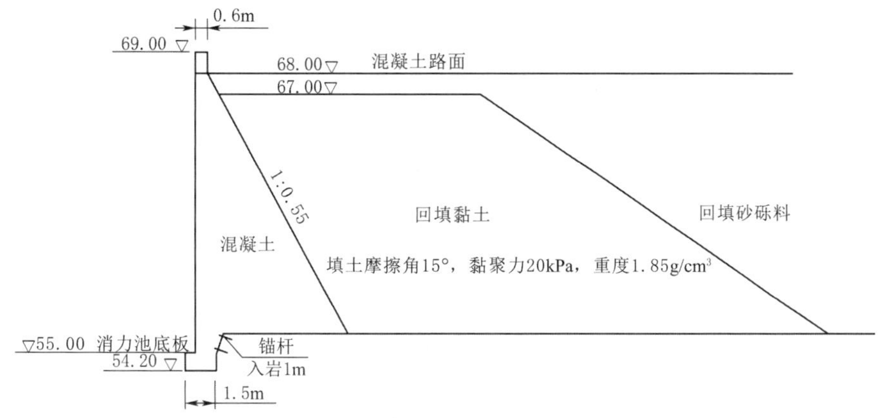

（a）0+018.00，溢洪道闸室末端

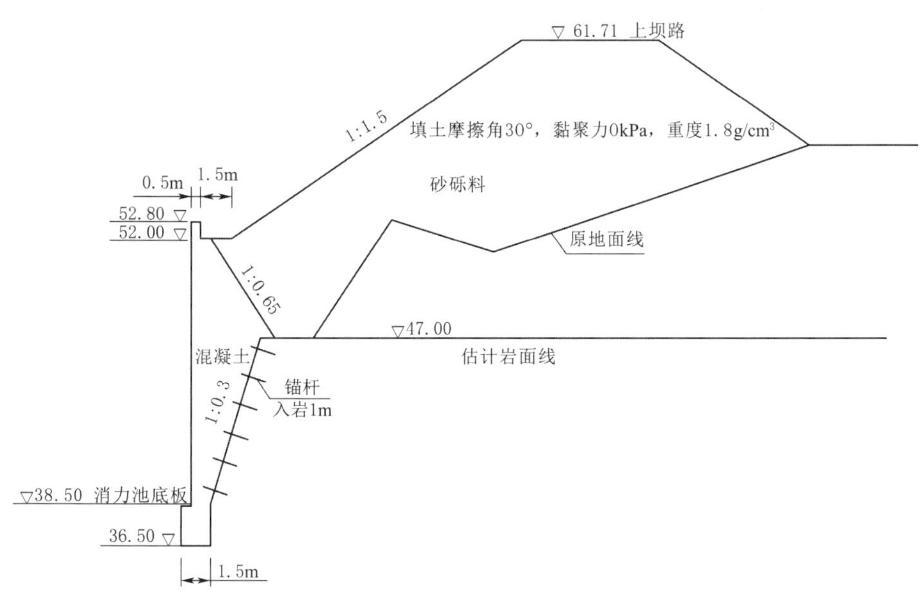

（b）0+103.84，渥奇段末端

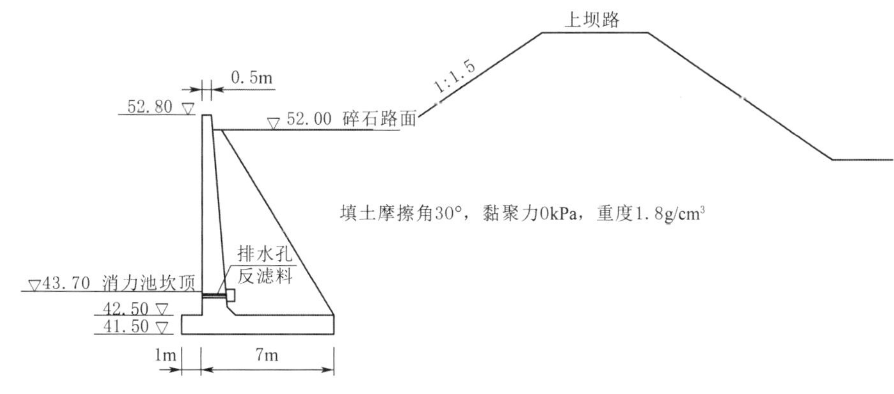

（c）0+154.00，一级消力池末端

图 8.4-9 挡土墙三个断面设计图

8.4.2 西溢洪道结构安全评价

8.4.2.1 顶高程和泄流安全

1. 顶高程

西溢洪道控制段闸墩和岸墙顶部高程应满足的要求与东溢洪道相同。

怀柔水库西溢洪道平面布置图和现状分别如图 8.4-10 和图 8.4-11 所示。西溢洪道控制段左岸闸墩与大坝防浪墙相连，右岸与山体相连，但左岸闸墩与防浪墙连接段和右岸与山体连接段的顶部高程约为 68.00m，低于防浪墙高度。根据第 6 节防洪能力复核结果，西溢洪道控制段岸墙高程略低于现行规范要求。

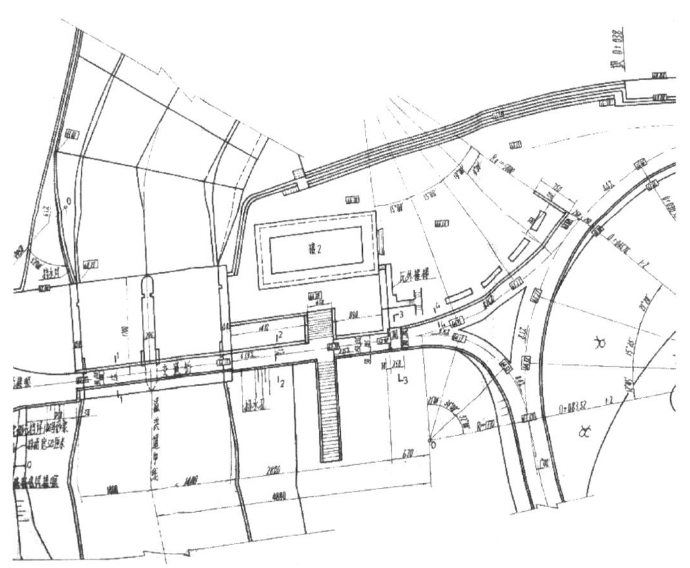

图 8.4-10 西溢洪道平面布置图

(a) 左岸

(b) 右岸

图 8.4-11 西溢洪道现状

2. 泄流安全

根据第 6 节防洪能力复核结果，西溢洪道的泄流能力满足原设计要求。

校核洪水位下（水位 67.73m、泄流量 1478.2m^3/s），西溢洪道纵剖图和各位置的水面线计算结果如图 8.4-12 所示。根据 SL 253—2018《溢洪道设计规范》，泄槽边墙顶高程应根据水面线计算结果加 0.5～1.5m 的安全超高。西溢洪道泄槽边墙与计算水面线之间的最小高差为 2.5m，满足规范要求。

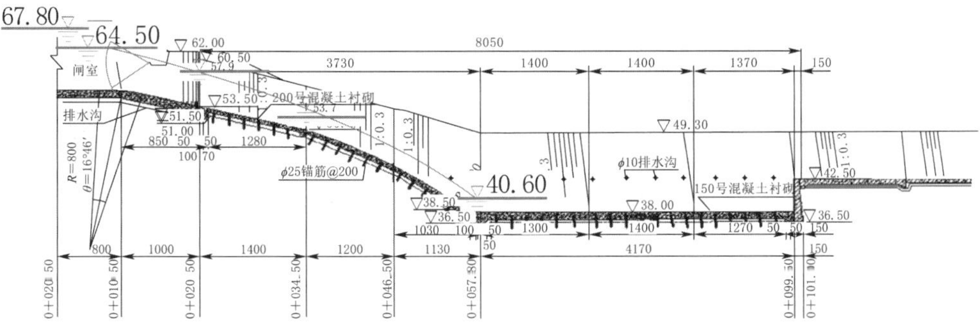

图 8.4-12　西溢洪道纵剖图和各位置的水面线计算结果（图中高程以 m 计，其余以 cm 计）

8.4.2.2 控制段结构安全复核

西溢洪道控制段结构安全复核中荷载复核、计算工况等与东溢洪道相同，不再赘述。

1. 计算参数

西溢洪道闸室基础为角砾岩，基础承载力按照软质岩考虑，取 400kPa，参照 SL 319—2018《混凝土重力坝设计规范》附录 D，堰基底面混凝土与地基间的抗剪断摩擦系数取 $f'=0.55$，$c'=50\text{kPa}$；堰基底面混凝土与地基间的抗剪摩擦系数取 $f=0.35$。

2. 抗滑稳定性计算结果

西溢洪道抗滑稳定性计算结果见表 8.4-13。可见，各计算工况下西溢洪道抗滑稳定性均满足规范要求。

表 8.4-13　西溢洪道抗滑稳定性计算结果

蓄水条件	计算工况	抗滑稳定安全系数			
		抗剪断		抗剪	
		计算值	规范允许最小值	计算值	规范允许最小值
正常蓄水位	2扇工作闸门关闭	12.97		3.74	
	1扇工作闸门关闭，1扇工作闸门全开泄洪	25.65		7.93	
	1扇工作闸门关闭，1扇检修闸门关闭	12.24	3.00	3.27	1.05
设计洪水位	2扇工作闸门关闭	6.58		1.62	
	1扇工作闸门关闭，1扇工作闸门全开泄洪	13.34		3.69	
校核洪水位	闸门必须全开，否则有漫顶溃坝风险。此时，水推力很小，不存在抗滑稳定问题，故不复核				

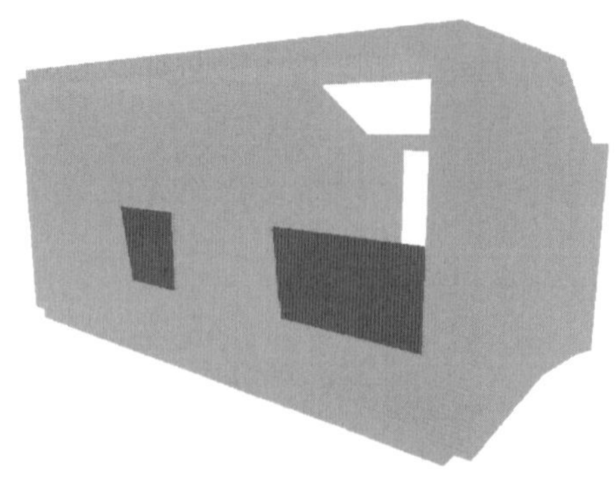

图 8.4-13 西溢洪道计算模型

3. 堰基面应力计算结果

对于西溢洪道，将其作为整体结构，采用有限元法计算基底应力。所用计算程序为 SAP2000，西溢洪道计算模型如图 8.4-13 所示。正常蓄水位 2 扇门关闭工况计算结果如图 8.4-14 所示，其余如附图 12.4 所示。堰基面应力计算结果统计见表 8.4-14。

可见，各工况下西溢洪道堰基面上均未出现拉应力，最大压应力约 280kPa，小于基岩的容许承载力，满足规范要求。

(a) 不计入扬压力

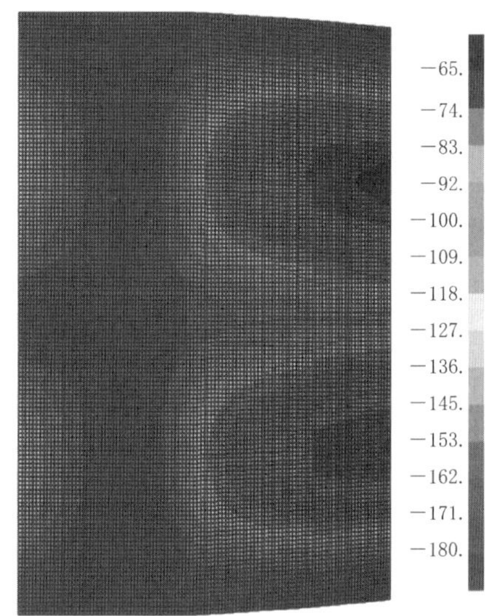

(b) 计入扬压力

图 8.4-14 正常蓄水位 2 扇闸门关闭工况计算结果（受拉为正，左侧为上游侧）/kPa

表 8.4-14 堰基面应力计算结果统计

蓄水条件	计 算 工 况	基底应力/kPa				
		计入扬压力		不计入扬压力		允许值
		最大值	最小值	最大值	最小值	
正常蓄水位	2 扇工作闸门关闭	177.1	70.2	198.6	60.5	小于基岩允许承载力，且不出现拉应力（<400，>0）
	1 扇工作闸门关闭，1 扇工作闸门全开泄洪	232.3	61.5	264.5	56.1	
	1 扇工作闸门关闭，1 扇检修闸门关闭	182.2	68.1	205.4	62.6	
设计洪水位	2 扇工作闸门关闭	196.5	58.7	215.8	65.7	
	1 扇工作闸门关闭，1 扇工作闸门全开泄洪	246.9	69.8	278.1	60.3	

8.4.2.3 消力池结构安全复核

西溢洪道布置一级渐扩式消力池，布置纵剖图如图 8.4-15 所示。消力池底板厚度 1.4m，长度 41.7m，起始段（桩号 0+057.80）宽度 26m，末端（桩号 0+099.50）宽度 40m，消力池末端布置排水孔，底部布置钢筋锚固。设计洪水位下，消力池长度和深度复核计算结果见表 8.4-15，不同工况下，消力池底板的抗浮稳定性复核计算结果见表 8.4-16。

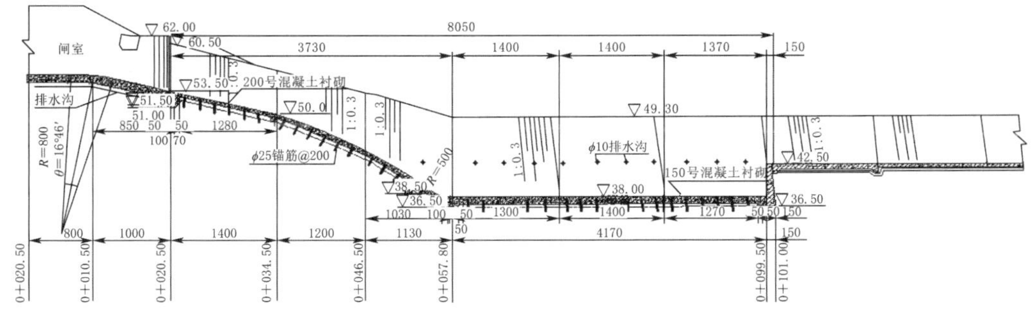

图 8.4-15 西溢洪道消力池布置纵剖图（图中高程以 m 计，其余以 cm 计）

表 8.4-15 西溢洪道消力池长度和深度复核计算结果

工况	上游水位/m	下游水位/m	溢洪道流量/(m^3/s)	入池水深/m	第二共轭水深	池深/m		池长/m	
						复核结果	设计值	复核结果	设计值
设计洪水	64.16	47.05	869.8	1.66	9.03	3.9	4.5	40.7	41.7

表 8.4-16 不同工况下西溢洪道消力池底板的抗浮稳定性复核计算结果

工况		抗浮稳定安全系数	规范值
基本组合	设计洪水	1.21	1.05～1.20
特殊组合	校核洪水	1.26	
	排水检修	1.38	
	设计洪水、排水设施失效	1.06	

根据计算结果可知，怀柔水库西溢洪道消力池长度、深度和底板的抗浮稳定性均满足规范要求。

8.5 输水建筑物结构安全评价

8.5.1 输水隧洞结构安全评价

8.5.1.1 隧洞结构安全评价

1. 隧洞衬砌结构安全评价

怀柔水库输水隧洞布置在右坝肩山体内，为有压隧洞，洞身采用钢筋混凝土衬砌+内衬钢板。输水隧洞长 101m，洞径 2.4m（内衬钢板加固）。输水隧洞的主要功能是向水厂供水，并参与泄洪。根据第6章防洪能力的复核计算结果，输水隧洞的泄流能力满足要求；根据第4章工程质量评价结果，输水隧洞现状质量较好，未发现明显渗漏水现象，不存在影响安全运行的隐患。隧洞内部现状如图8.5-1所示。

图8.5-1 输水隧洞内部现状

怀柔水库输水隧洞工程运用条件与物理力学参数均未发生变化，隧洞内混凝土衬砌结构在外包钢衬后，虽然洞径减小约0.1m，但是衬砌结构强度增大，现状条件下运行正常。根据SL/T 790—2020《水工隧洞安全鉴定规程》第4.3.2条规定，当工程运用条件、结构尺寸与物理力学参数均未发生变化且运行正常时，可不进行结构复核计算，因此，本节不再复核隧洞衬砌结构的安全性。

2. 压坡线复核

根据SL 279—2016《水工隧洞设计规范》，洞内相对压力水头应高于2m。水库不同水位时，隧洞内的总水头损失计算结果见表8.5-1。可见，不同水位泄洪时隧洞内的压坡线满足规范要求。

表8.5-1　隧洞内的总水头损失计算结果

<table>
<tr><th rowspan="2">工　况</th><th rowspan="2">流量/(m^3/s)</th><th colspan="2">进、出口闸</th><th colspan="2">蝶阀（2个）</th><th rowspan="2">沿程损失水头/m</th><th rowspan="2">总损失水头/m</th><th rowspan="2">出口水头/m</th><th rowspan="2">洞顶高程/m</th></tr>
<tr><th>局部损失系数</th><th>损失水头/m</th><th>局部损失系数</th><th>损失水头/m</th></tr>
<tr><td>正常蓄水位(62.00m)</td><td>43.8</td><td rowspan="3">0.55</td><td>2.23</td><td rowspan="3">0.2</td><td>0.81</td><td>2.95</td><td>5.99</td><td>56.01</td><td rowspan="3">53.70</td></tr>
<tr><td>设计洪水位(64.16m)</td><td>50.4</td><td>2.96</td><td>1.08</td><td>4.07</td><td>8.11</td><td>56.05</td></tr>
<tr><td>校核洪水位(67.73m)</td><td>57.4</td><td>3.84</td><td>1.40</td><td>5.28</td><td>10.52</td><td>57.21</td></tr>
</table>

3. 进、出口边坡安全评价

隧洞进、出口现状如图8.5-2所示。可见，隧洞进口岸坡植被较好，无潜在滑坡风险。水库运行期间未出现影响工程安全的滑坡现象。隧洞出口地面平坦，边坡稳定。综合判断，输水隧洞进、出口岸坡稳定，建议定期巡视并在雨季加强巡查。

8.5.1.2 进口闸结构安全评价

输水隧洞进口采用岸塔式进水口，孔口尺寸2.5m×2.5m，闸底高程52.00m，工作

(a) 隧洞进口

(b) 隧洞出口

图 8.5-2 输水隧洞进、出口现状

桥高程 65.5m。现状如图 8.5-2 所示。根据 SL/T 790—2020《水工隧洞安全鉴定规程》和 SL 285—2020《水利水电工程进水口设计规范》，进水口结构安全评价包括工作平台高程、整体稳定性、地基应力、抗浮稳定性、通气孔面积等。计算工况、荷载组合、计算方法、工作平台加高值与溢洪道一致（表 8.4-1 和表 8.4-2），各工况下的稳定性安全系数规定值见表 8.5-2。

表 8.5-2　　进水口各工况下的稳定性安全系数规定值

<table>
<tr><th colspan="2" rowspan="2">荷载组合</th><th colspan="2">抗滑稳定安全系数</th><th rowspan="2">抗倾覆稳定安全系数</th><th rowspan="2">建基面应力</th><th rowspan="2">抗浮稳定性</th></tr>
<tr><th>抗剪段 K'</th><th>抗剪 K</th></tr>
<tr><td colspan="2">基本组合</td><td>3.0</td><td>1.10</td><td>1.35</td><td rowspan="2">小于地基承载力无拉应力，不出现拉应力</td><td rowspan="3">1.1</td></tr>
<tr><td rowspan="2">特殊组合</td><td>(1)</td><td>2.5</td><td>1.05</td><td rowspan="2">1.20</td></tr>
<tr><td>(2)</td><td>2.3</td><td>1.00</td><td>不大于地基允许承载力</td></tr>
</table>

注　地震情况为特殊组合（2），其他特殊组合为特殊组合（1）。

进口闸底面混凝土与地基间的抗剪断摩擦系数取 $f'=0.55$，$c'=50$kPa，进口闸底面混凝土与地基间的抗剪摩擦系数取 $f=0.35$，基岩承载力取 400kPa。

1. 工作平台高程

根据 SL 285—2020《水利水电工程进水口设计规范》，进水口建筑物级别为 2 级时，工作平台安全加高值为设计水位加 0.50m，校核水位加 0.40m。怀柔水库设计水位 64.16m，校核水位 67.73m，进口闸工作桥高程为 65.5m，满足设计洪水条件下的安全加高要求，但是不满足校核水位条件下的安全加高要求。建议提高工作桥桥面高程及工作平台高程。

2. 抗滑稳定性

进口闸采用岸塔式结构，结构计算简图如图 8.5-3 所示，抗滑稳定性计算结果见表 8.5-3。可见，各计算工况下输水隧洞进口闸的抗滑稳定性均满足规范要求。

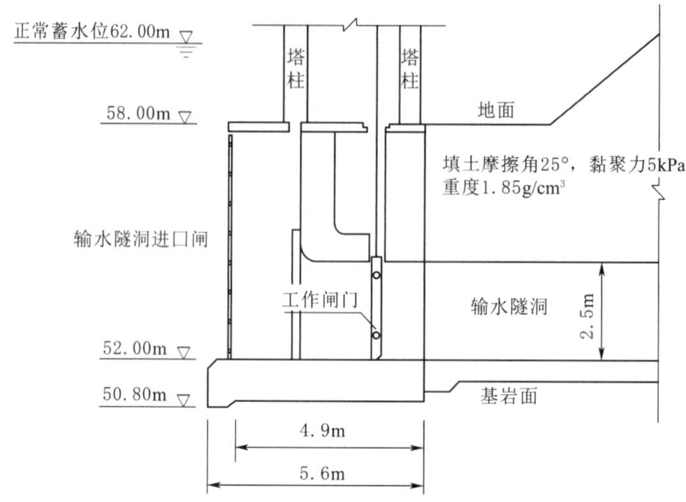

图 8.5-3 输水隧洞进口闸结构计算简图

表 8.5-3 进口闸抗滑稳定性计算结果

荷载组合	计算工况	抗滑稳定安全系数			
		抗剪断		抗剪	
		计算值	规范允许最小值	计算值	规范允许最小值
基本组合	正常蓄水位	20.55	3.00	5.30	1.10
	设计洪水位	20.47		5.25	
特殊组合（1）	检修工况	—		—	
	校核洪水位	19.88		4.88	

注 检修工况下，水推力作用于闸门，抵抗闸后土压力，故不存在滑动问题。

3. 抗倾覆稳定性

进口闸抗倾覆稳定性计算结果见表 8.5-4。可见，各计算工况下输水隧洞进口闸的抗倾覆稳定性均满足规范要求。

表 8.5-4 进口闸抗倾覆稳定性计算结果统计

荷载组合	计算工况	计算值	规范允许最小值
基本组合	正常蓄水位	15.69	1.35
	设计洪水位	15.30	
特殊组合（1）	—	—	1.20
	校核洪水位	13.52	

注 检修工况下，水推力作用于闸门，抵抗闸后土压力，故不存在倾覆问题。

4. 基底应力

进口闸基底应力计算结果见表 8.5-5。可见，各计算工况下输水隧洞进口闸的基底应力均满足规范要求。

表 8.5-5　　进口闸基底应力计算结果

荷载组合	计算工况	最大值/kPa	最小值/kPa	允许值/kPa
基本组合	正常蓄水位	68.6	55.6	小于地基承载力无拉应力，不出现拉应力（<400，>0）
	设计洪水位	62.0	61.0	
特殊组合（1）	检修工况	57.9	47.5	
	校核洪水位	66.8	44.3	

5. 抗浮稳定性

进口闸抗浮稳定性计算结果见表 8.5-6。可见，各计算工况下输水隧洞进口闸的抗浮稳定性均满足规范要求。

表 8.5-6　　进口闸抗浮稳定性计算结果

荷载组合	计算工况	计算值	规范允许最小值
基本组合	正常蓄水位	1.56	1.10
	设计洪水位	1.48	
特殊组合（1）	检修工况	1.46	
	校核洪水位	1.35	

6. 通气孔面积复核

根据第 6 章的泄流能力复核结果，输水隧洞泄洪时的最大流量为 57.4m^3/s。当允许风速取 40m/s 时，闸门通气孔的最小面积为 0.59m^2，当允许风速取 50m/s 时，闸门通气孔的最小面积为 0.05m^2。根据设计资料，进口闸布置 2 根直径 200mm 的铸铁管，总面积为 0.06m^2，通气孔面积满足要求。

8.5.1.3　出口闸结构安全评价

输水隧洞出口闸孔口尺寸 2.4m×2.1m，采用弧形闸门，闸底高程 51.6m，工作桥顶高程 60.9m。下游布置 1 级等宽消力池，消力池长度 30m，其中斜坡段长度 10m。出口闸布置图如图 8.5-4 所示，现状如图 8.5-5 所示。根据 SL/T 790—2020《水工隧洞安全鉴定规程》和 SL 265—2016《水闸设计规范》，出水口结构安全评价包括整体稳定性、地基应力、抗浮稳定性等。计算工况、荷载组合、计算方法与进水口一致。

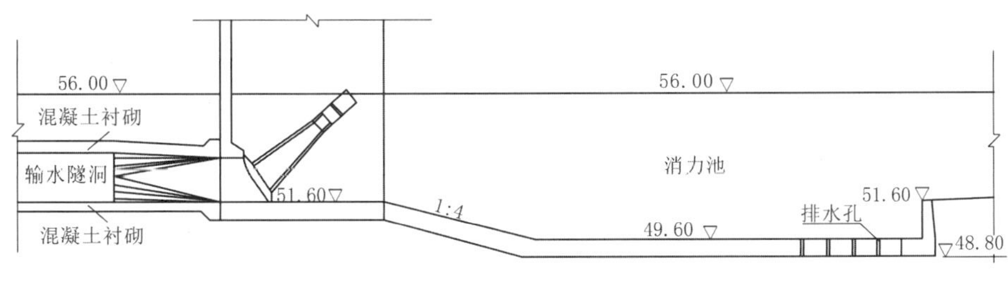

(a) 立面图

图 8.5-4（一）　输水隧洞出口闸布置图/m

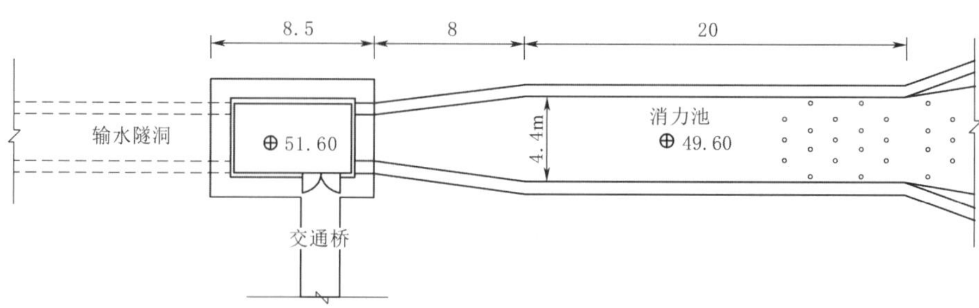

(b) 平面布置图

图 8.5-4(二) 输水隧洞出口闸布置图/m

图 8.5-5 输水隧洞出口闸现状

隧洞出口闸基础为亚黏土混卵砾石,闸基底面混凝土与地基间的摩擦系数取 $f=0.30$,地基土的黏聚力取 10kPa,摩擦角取 20°,地基承载力取 160kPa。根据 SL 265—2016《水闸设计规范》,坐落在土基上的水闸,各工况下的稳定性安全系数规定值与表 8.5-2 相同。

1. 抗滑稳定性

出口闸抗滑稳定性计算结果见表 8.5-7。可见,各计算工况下输水隧洞出口闸的抗滑稳定性均满足规范要求。

2. 基底应力

出口闸基底应力计算结果见表 8.5-8。可见,各计算工况下输水隧洞出口闸的地基承载力和基底应力比均满足规范要求。

表 8.5-7 出口闸抗滑稳定性计算结果

荷载组合	计算工况	抗滑稳定安全系数	
		抗剪	
		计算值(泄水/不泄水)	规范允许最小值
基本组合	正常蓄水位	5.42/3.05	1.30
	设计洪水位	5.18/2.49	
特殊组合(1)	检修工况	3.84	1.15
	校核洪水位	4.94/1.89	

表 8.5-8 出口闸基底应力计算结果

荷载组合	计算工况	地基承载力			基底应力比(泄水/不泄水)	允许值
		最大值(泄水/不泄水)/kPa	最小值(泄水/不泄水)/kPa	允许值/kPa		
基本组合	正常蓄水位	113.3/125.4	93.3/97.7	160kPa	1.21/1.28	2.0
	设计洪水位	108.3/129.6	88.3/93.6		1.23/1.38	
特殊组合(1)	检修工况	131.2	85.2		1.54	2.5
	校核洪水位	103.2/136.5	83.4/86.7		1.24/1.57	

3. 抗浮稳定性

出口闸抗浮稳定性计算结果见表 8.5－9。可见，各计算工况下输水隧洞出口闸的抗浮稳定性均满足规范要求。

表 8.5－9　　出口闸抗浮稳定性计算结果

荷载组合	计算工况	计算值	规范允许最小值
基本组合	正常蓄水位	3.95	1.10
	设计洪水位	3.46	
特殊组合（1）	检修工况	6.41	1.05
	校核洪水位	3.07	

4. 闸门支座强度计算结果

根据输水隧洞出口闸弧门闸墩扇形筋布置图（图 8.5－6），出口闸弧门支座采用 C20 混凝土，尺寸为 0.8m×1m（宽×高），闸墩扇形筋为 7 根直径 25mm 的Ⅱ级钢筋。根据 TJ 10—74《钢筋混凝土结构设计规范》，C20 混凝土的抗压强度标准值和设计值分别为 14.0MPa 和 11.0MPa，抗拉强度标准值和设计值分别为 1.6MPa 和 1.3MPa，Ⅱ级钢筋的抗拉强度设计值为 340MPa。

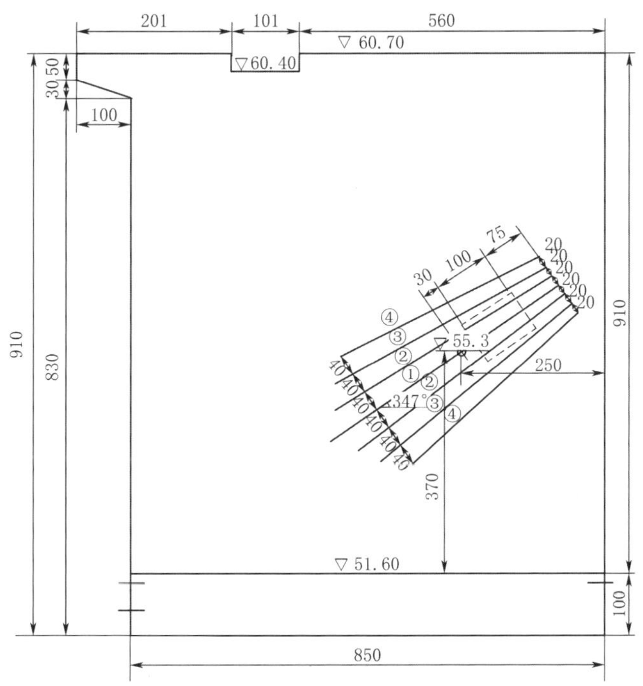

（a）闸墩扇形筋布置图

图 8.5－6（一）　弧门闸墩扇形筋布置图（图中高程以 m 计，其余以 cm 计）

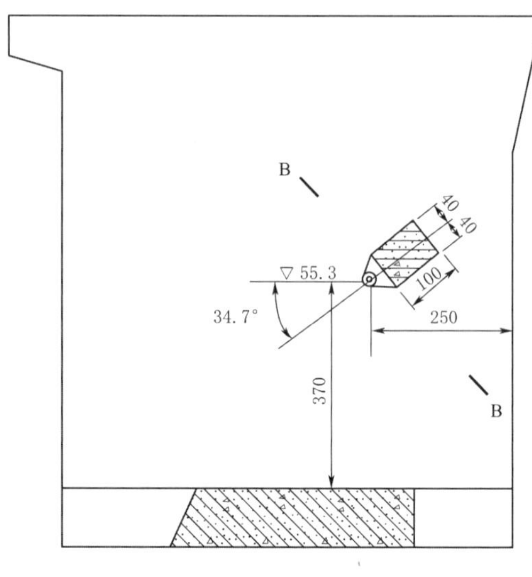

（b）弧门牛腿布置图

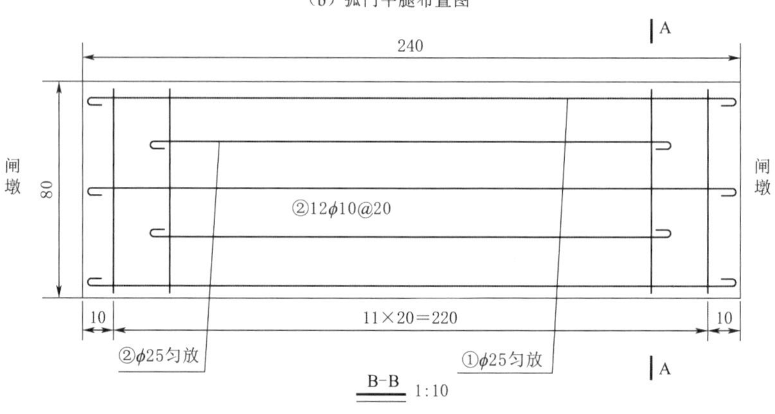

（c）B-B剖面钢筋图

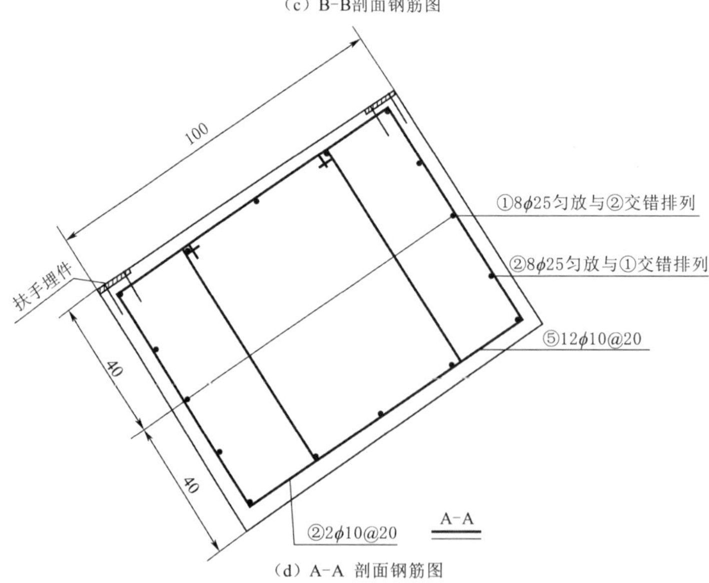

（d）A-A 剖面钢筋图

图 8.5-6（二） 弧门闸墩扇形筋布置图（图中高程以 m 计，其余以 cm 计）

基于上述参数，按照 SL 191—2008《水工混凝土结构设计规范》复核，弧形闸门支座强度复核计算结果见表 8.5-10。可见，弧形闸门支座附近闸墩的局部受拉区裂缝控制、闸墩局部受拉区的扇形局部受拉钢筋截面面积、弧门支座的裂缝控制和剪跨比、支撑面上的局部受压应力、弧门支座的受力钢筋截面面积等满足规范要求。

表 8.5-10　弧形闸门支座强度复核计算结果（校核洪水位）

内　容	控制指标	边　墩	是否满足规范要求
弧门支座附近闸墩的局部受拉区裂缝控制	弧门支座推力/kN：$F_k=434.1$	承载力/kN：$\dfrac{0.55f_{tk}bB}{e_0/B+0.20}=670.5$	是
扇形局部受拉钢筋截面面积要求	弧门支座推力/kN：$KF=625.2$	承载力/kN：$\dfrac{B_0'-a_B}{e_0+0.5B-a_B}f_y\sum_{i=1}^{n}A_{si}\cos\theta_i=741.9$	是
弧门支座裂缝控制	弧门支座推力/kN：$F_k=434.1$	承载力/kN：$0.7f_{tk}bh=896$	是
剪跨比	$a/h_0<0.3$	0.25	是
支撑面上的局部压应力	混凝土抗压强度/MPa：$0.75f_c=8.25$	计算局部压应力/MPa：$F_k/b_0h_0=2.7$	是
弧门支座受力钢筋截面面积	弧门支座推力/kN：$KF=625.2$	承载力/kN：$0.8f_yh_0A_s/a=1700.3$	是

5. 消力池结构安全复核

输水隧洞出口闸下游经过斜坡段渐变后，为一级等宽消力池。消力池底板厚度 0.8m，总长度 30m，斜坡段长度 10m，末端布置排水孔。设计洪水位下，消力池长度和深度复核计算结果见表 8.5-11，不同工况下，消力池底板的抗浮稳定性复核计算结果见表 8.5-12。

表 8.5-11　输水隧洞出口闸消力池长度和深度复核计算结果　　单位：m

工况	上游水位	下游水位	泄流量/(m^3/s)	入池水深	第二共轭水深	池深		池长	
						复核结果	设计值	复核结果	设计值
设计洪水	64.16	54.7	50.4	0.97	5.30	1.9	2.0	33.9	30

表 8.5-12　输水隧洞出口闸消力池底板的抗浮稳定性复核计算结果

工　况		抗浮稳定安全系数	规范值
基本组合	设计洪水	2.26	1.1～1.3
特殊组合	校核洪水	2.10	
	排水检修	4.50	
	设计洪水、排水设施失效	2.03	

根据计算结果可知，输水隧洞出口闸消力池长度、深度和抗浮稳定性均满足规范要求。

8.5.2　峰山口输水闸和防洪闸结构安全评价

峰山口输水闸和防洪闸联合布置，防洪闸布置在上游，输水闸布置在下游，是京密引水渠下游段的控制性建筑物。输水闸闸底板高程为 54.5m，闸室全长 24.0m，净宽 8m，采用弧形闸门，闸门尺寸为 8.0m×8.5m。水闸 1961 年建造时以怀柔水库 50 年一遇洪水设计，200 年一遇洪水校核，拦截水库最高洪水位为 64.00m。由于洪水位超过 64.00m 后，输水闸的牛腿配筋不够，据此，在输水闸前修建防洪闸阻挡 2000 年一遇校核洪水，防洪闸底板高程 54.50m，闸孔尺寸 3.4m×5.2m，采用平板钢闸门，防洪闸启门、闭门水位均为 62.00m，当库水位达到 62.00m 时，先关闭输水闸后再关闭防洪闸，当水位下降至 62.00m 以下时开启防洪闸。输水闸和防洪闸结构布置（纵剖）如图 8.5－7 所示，水闸照片如图 8.5－8 所示。

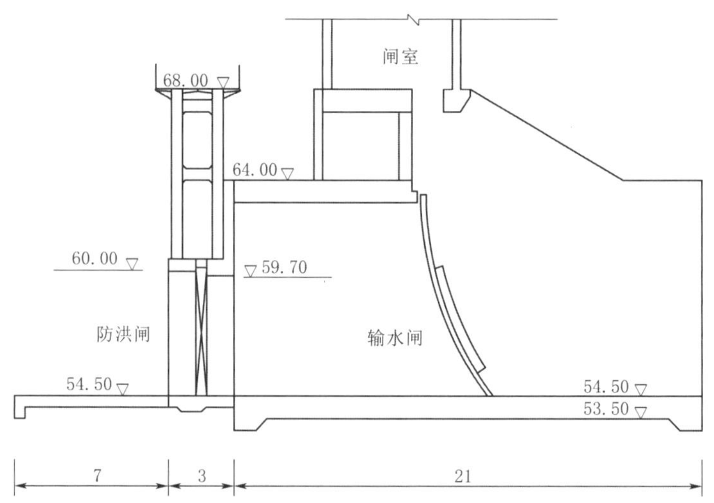

图 8.5－7　峰山口输水闸和防洪闸结构布置图（纵剖）/m

(a) 防洪闸——上游视图

(b) 输水闸——下游视图

图 8.5－8　峰山口输水闸和防洪闸照片

根据 SL 265—2016《水闸设计规范》，峰山口输水闸和防洪闸结构安全评价包括整体稳定性、地基应力、抗浮稳定性等。计算工况、荷载组合、计算方法与输水隧洞出口闸一致。

峰山口输水闸和防洪闸基础为基岩，因无闸区地质资料，复核计算按照较软岩考虑，参数取值与西溢洪道一致，即基础承载力取 400kPa，参照 SL 319—2018《混凝土重力坝设计规范》附录 D，闸基底面混凝土与地基间的抗剪断摩擦系数取 $f'=0.55$，$c'=50\text{kPa}$，闸基底面混凝土与地基间的抗剪摩擦系数取 $f=0.35$。

1. 抗滑稳定性

考虑到峰山口输水闸和防洪闸联合布置，上游引渠和下游出水渠长 100m，岸坡和底板均采用混凝土护砌，无滑移风险，故不再进行抗滑稳定性计算。

2. 基底应力

水闸基底应力计算结果见表 8.5-13。可见，各计算工况下峰山口输水闸和防洪闸的地基承载力均满足规范要求。

表 8.5-13　　水闸基底应力计算结果

荷载组合	计算工况	最大值/kPa	最小值/kPa	允许值/kPa
基本组合	正常蓄水位（防洪闸关闭）	84.1	60.9	小于地基承载力，不出现拉应力（<400，>0）
	正常蓄水位（防洪闸开启、输水闸关闭）	120.6	80.6	
	设计洪水位（防洪闸关闭）	92.6	44.4	
特殊组合（1）	校核洪水位	122.3	12.2	

3. 抗浮稳定性

水闸抗浮稳定性计算结果见表 8.5-14。可见，各计算工况下峰山口输水闸和防洪闸的抗浮稳定性均满足规范要求。

表 8.5-14　　水闸抗浮稳定性计算结果

荷载组合	计算工况	计算值	规范允许最小值
基本组合	正常蓄水位（防洪闸关闭）	3.75	1.10
	正常蓄水位（输水闸关闭）	4.82	
	设计洪水位	3.11	
特殊组合（1）	校核洪水位	2.53	1.05

4. 闸门支座强度计算结果

根据峰山口输水闸弧门墩扇形筋布置图（图 8.5-9），水闸弧门支座采用 C20 混凝土，尺寸为 1.0m×2.5m×0.7m（宽×高×长），闸墩扇形筋为 24 根直径 25mm 的 3 号钢筋，分两层布置。根据 TJ 10—74《钢筋混凝土结构设计规范》，C20 混凝土的抗压强度标准值和设计值分别为 14MPa 和 11.0MPa，抗拉强度标准值和设计值分别为 1.6MPa 和 1.3MPa，3 号钢筋的抗拉强度设计值为 240MPa。2005 年，峰山口输水闸改造工程中，采用粘贴碳纤维的方式对闸墩进行了加固。加固方式为在闸墩牛腿附近沿弧门推力方向平行布置 3 条 200mm 宽和 1 条 100mm 宽碳纤维，所选碳纤维布为 300g/mm^2，横截面面积 116.7mm^2，长度 5m。根据 T/CECS 146—2022《碳纤维增强复合材料加固混凝土结构技术规程》，碳纤维布抗拉强度标准值取 4000MPa。

基于上述参数，按照 SL 191—2008《水工混凝土结构设计规范》复核，弧形闸门支座强度复核计算结果见表 8.5-15 和表 8.5-16。可见：

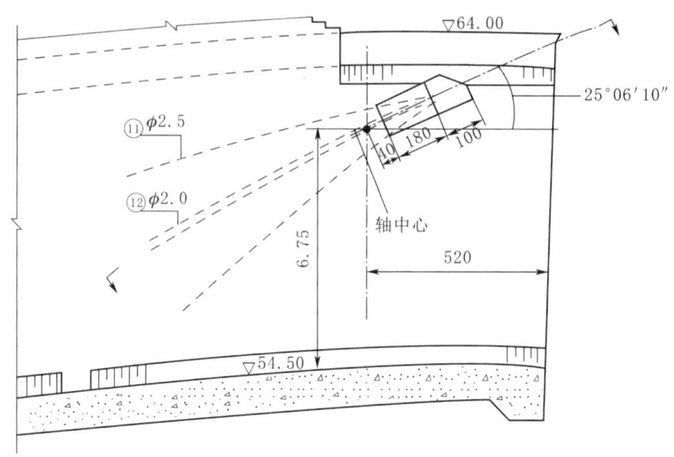

（a）闸墩扇形筋布置图

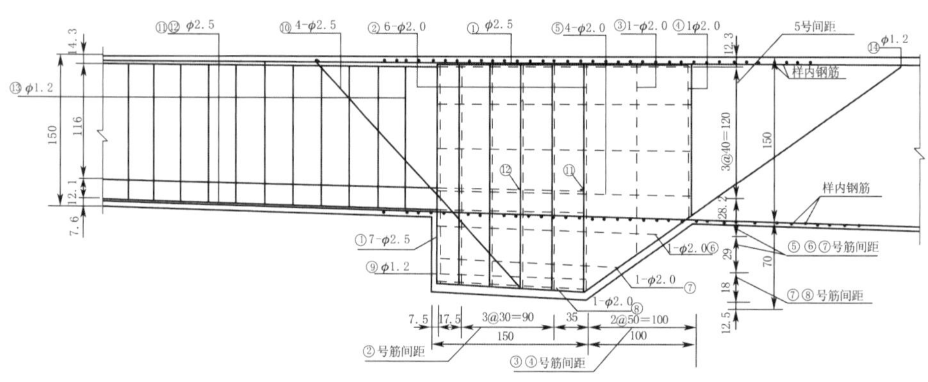

（b）弧门牛腿布置图

图 8.5-9　弧门闸墩扇形筋布置图（图中高程以 m 计，其余以 cm 计）

表 8.5-15　弧形闸门支座强度复核计算结果（正常蓄水位 62.00m、不考虑碳纤维加固）

内　容	控制指标	边　墩	是否满足规范要求
弧门支座附近闸墩的局部受拉区裂缝控制	弧门支座推力/kN：$F_k=1188.7$	承载力/kN：$\dfrac{0.55f_{tk}bB}{e_0/B+0.20}=1466.7$	是
扇形局部受拉钢筋截面面积要求	弧门支座推力/kN：$KF=1727.0$	承载力/kN：$\dfrac{B_0'-a_B}{e_0+0.5B-a_B}f_y\sum_{i=1}^{n}A_{si}\cos\theta_i=2063.2$	是
弧门支座裂缝控制	弧门支座推力/kN：$F_k=1188.7$	承载力/kN：$0.7f_{tk}bh=2800$	是
剪跨比	$a/h_0<0.3$	0.14	是
支撑面上的局部压应力	混凝土抗压强度/MPa：$0.75f_c=8.25$	计算局部压应力/MPa：$F_k/b_0h_0=3.7$	是
弧门支座受力钢筋截面面积	弧门支座推力/kN：$F_k=1188.7$	承载力/kN：$0.8f_yh_0A_s/a=4615.6$	是

表 8.5-16　弧形闸门支座强度复核计算结果统计（水位 62.80m、考虑碳纤维加固）

内　容	控制指标	边　墩	是否满足规范要求
弧门支座附近闸墩的局部受拉区裂缝控制	弧门支座推力/kN：$F_k=1467.8$	承载力/kN：$\dfrac{0.55f_{tk}bB}{e_0/B+0.20}=1466.7$	是
扇形局部受拉钢筋截面面积要求	弧门支座推力/kN：$KF=2113.6$	承载力/kN：$\dfrac{B'_0-a_B}{e_0+0.5B-a_B}f_y\sum_{i=1}^{n}A_{si}\cos\theta_i=2307.5$	是
弧门支座裂缝控制	弧门支座推力/kN：$F_k=1467.8$	承载力/kN：$0.7f_{tk}bh=2800$	是
剪跨比	$a/h_0<0.3$	0.14	是
支撑面上的局部压应力	混凝土抗压强度/MPa：$0.75f_c=8.25$	计算局部压应力/MPa：$F_k/b_0h_0=4.6$	是
弧门支座受力钢筋截面面积	弧门支座推力/kN：$F_k=1467.8$	承载力/kN：$0.8f_yh_0A_s/a=4615.6$	是

（1）正常蓄水位时，不考虑碳纤维加固作用，弧形闸门支座附近闸墩的局部受拉区裂缝控制、闸墩局部受拉区的扇形局部受拉钢筋截面面积、弧门支座的裂缝控制和剪跨比、支撑面上的局部受压应力、弧门支座的受力钢筋截面面积等满足规范要求。

（2）考虑碳纤维加固作用，按照弧形闸门支座强度控制，峰山口输水闸的最高挡水位约为 62.80m。

8.5.3　水库进水闸结构安全评价

水库进水闸为涵洞式节制闸，主要功能为：当库水位达到 59.50m 时起节制作用，防止库水向京密引水渠倒灌；当上游引水流量较小时，提高水位，防止京密引水渠内的水位骤降；当调蓄工程反向供水时，关闭闸门，抬高水位，保障泵站机组运行。

进水闸始建于 1958 年，1985 年重建。重建后，水闸采用 2 孔涵洞式，孔口尺寸 5m×3m，闸底高程 56.5m，闸顶高程 68.00m，闸室段长 28.7m，涵洞长 24.95m，库水位 59.00m 时，过闸流量 $60m^3/s$。进水闸设计图和现状分别如图 8.5-10 和图 8.5-11 所示。

根据 SL 285—2020《水利水电工程进水口设计规范》，水库进水闸结构安全评价包括工作平台高程、整体稳定性、地基应力、抗浮稳定性等。计算工况、荷载组合、计算方法、工作平台加高值与溢洪道一致（表 8.4-1 和表 8.4-2），各工况下的稳定性安全系数规定值见表 8.5-2。

进水闸底面混凝土与地基间的抗剪断摩擦系数取 $f'=0.55$，$c'=50$kPa，进水闸底面混凝土与地基间的抗剪摩擦系数取 $f=0.35$，基岩承载力取 400kPa。

1. 工作平台高程

根据 SL 285—2020《水利水电工程进水口设计规范》，进水口建筑物级别为 2 级时，工作平台安全加高值为设计水位加 0.50m，校核水位加 0.40m。怀柔水库设计水位 64.16m，校核水位 67.73m，进口闸工作平台和交通桥高程 68.00m，启闭机室已封闭，

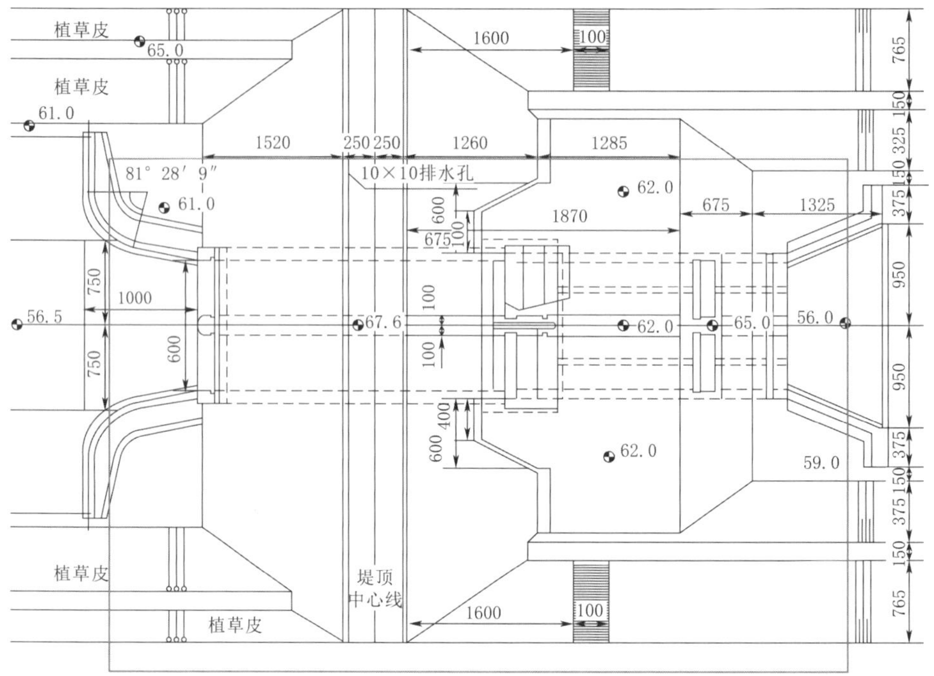

（a）平面布置图

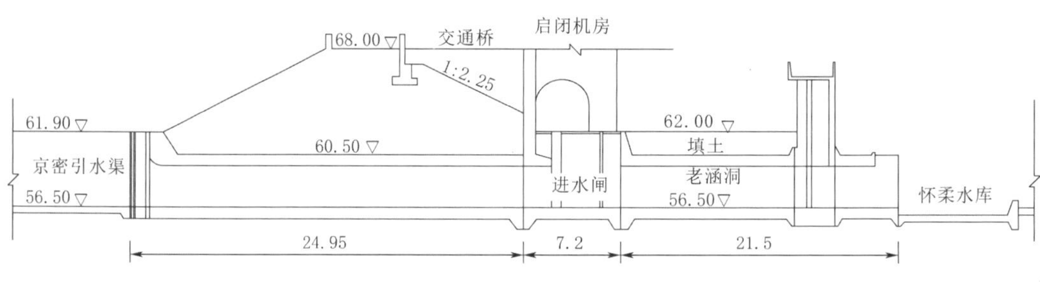

（b）纵剖图

图 8.5-10　进水闸设计图（图中高程以 m 计，其余以 cm 计）

（a）进水闸闸室

（b）进水闸上游京密引水渠

图 8.5-11　进水闸现状

满足设计洪水条件下的安全加高要求，但是不满足校核水位条件下的安全加高要求。建议将工作平台和工作桥周围防护栏杆下部 30cm 采用钢化玻璃或其他措施封闭。

2. 抗滑、抗倾覆稳定性

怀柔水库进水闸上游为大坝，下游为老涵洞。正常运行时，水闸的上、下游水位相差不大；库水位较高时，进水闸关闭（防止倒灌），此时水闸背后为大坝，无滑移和倾覆风险，故不进行抗滑及抗倾覆稳定性计算。

3. 过流能力

进水闸在怀柔水库库水位 59.00m 时，过闸流量 $60m^3/s$，库水位 59.50m 时水闸关闭防止倒灌。过流能力受箱涵尺寸和上游水位控制：当上游来水量大于水闸过流能力时，会在箱涵进口形成壅水，通过增大上、下游水头差提高过流能力直至平衡。本次按照有压管流复核，计算过闸流量达到 $60m^3/s$ 时的上游水位，复核计算结果见表 8.5－17。可见，当京密引水渠来水流量为 $60m^3/s$ 时，进水闸上游水位约为 59.78m。京密引水渠衬砌高度为 61.9m，上游壅水不会导致渠水满溢，水闸过流能力满足要求。

表 8.5－17　　水闸过流能力复核计算结果

工况	设计流量/(m^3/s)	怀柔水库水位/m	涵洞长度/m	孔口尺寸	京密引水渠水位/m
正常运行	60	59.00	53.65	2－5m×3m	59.78

4. 基底应力

进水闸基底应力计算结果见表 8.5－18。可见，各计算工况下水库进水闸的基底应力均满足规范要求。

表 8.5－18　　进水闸基底应力计算结果

荷载组合	计算工况	最大值/kPa	最小值/kPa	允许值/kPa
基本组合	运行工况（库水位 59.00m）	171.5	100.4	小于地基承载力无拉应力，不出现拉应力（<400，>0）
	正常蓄水位（闸门关闭）	131.5	91.3	
	正常蓄水位（闸门开启）	144.0	103.8	
特殊组合（1）	设计洪水位（闸门关闭）	123.9	88.4	
	校核洪水位（闸门关闭）	91.2	30.6	

5. 抗浮稳定性

进水闸抗浮稳定性计算结果见表 8.5－19。可见，各计算工况下水库进水闸的抗浮稳定性均满足规范要求。

表 8.5－19　　进水闸抗浮稳定性计算结果

荷载组合	计算工况	计算值	规范允许最小值
基本组合	运行工况（库水位 59.00m）	4.40	1.10
	正常蓄水位（闸门关闭）	2.67	
	正常蓄水位（闸门开启）	2.85	
	设计洪水位（闸门关闭）	2.16	
特殊组合（1）	校核洪水位（闸门关闭）	1.52	1.05

8.6 近坝岸坡稳定性评价

怀柔水库主坝两侧为东、西溢洪道，溢洪道两侧岸坡已采取防护措施，副坝连接的山体较低且平缓，或为平地。大坝运行期间，近坝岸坡未出现影响大坝安全的滑坡体；根据本次现场检查结果，近坝岸坡未发现明显的潜在滑坡风险，也不存在高边坡问题。怀柔水库大坝近坝岸坡现状如图 8.6-1 所示。综合判断，怀柔水库大坝近坝岸坡稳定。

(a) 东溢洪道上游临近山体

(b) 西溢洪道上游临近山体

图 8.6-1 怀柔水库近坝岸坡现状

8.7 结构安全评价结论

8.7.1 挡水建筑物（大坝）

（1）怀柔水库为低坝，主坝坝顶净宽 5m，副坝坝顶宽度 5.5～9.8m，主坝和一、二、三副坝上游采用砌石护坡，长副坝上游采用碎石护坡。依据 SL 274—2020《碾压式土石坝设计规范》复核：坝顶宽度满足要求；各工况下主坝和各副坝的坝坡抗滑稳定均满足规范要求；主坝和一、二、三副坝的上游护坡满足要求；长副坝采用碎石护坡，一、二、三副坝下游砌石护坡勾缝但未布置排水孔，不符合规范建议的坝坡形式和护坡不得影响渗水自由排出坝体的要求。

(2) 怀柔水库坝顶高程 68.00m，防浪墙顶高程 69.00m，大坝与西溢洪道连接段和西溢洪道与山体连接段的防浪墙顶高程 68.00m。依据 SL 274—2020《碾压式土石坝设计规范》复核：汛限水位为 58.00m 时，各工况下的防浪墙顶高程和坝顶高程整体满足要求；汛限水位为 62.00m 时，校核洪水位时的防浪墙顶高程和坝顶高程略有不足，需通过预报预泄，提前降低库水位解决；大坝与西溢洪道连接段和西溢洪道与山体连接段的防浪墙顶高程不足。

(3) 安全监测资料分析结果表明：怀柔水库运行期间，主坝和各副坝的变形规律正常，现阶段坝体变形已经稳定；现状坝体外观较好，现场检查期间未见坝体开裂、塌陷等问题，不存在危及安全的异常变形；坝体变形和应力计算结果表明，水位变化导致的坝体水平和垂直位移均较小，为 cm 级，各工况下，坝体应力水平正常。

(4) 根据第 2 章中的现场安全检查和工程质量检测成果，主坝和各副坝未见影响安全的不均匀沉降、塌陷、开裂和渗漏水现象，工程质量较好；局部存在的防浪高度不足、砌石护坡破损等问题，尚不严重影响坝体结构安全；汛限水位 62.00m 时，校核洪水条件下的防浪高度和坝顶高程不足问题，可通过预报预泄、降低库水位解决。

8.7.2 泄、输水建筑物

(1) 怀柔水库东、西溢洪道采用露顶式弧形闸门，依据 SL 253—2018《溢洪道设计规范》复核：溢洪道的泄槽边墙高程、抗滑稳定性、堰基面应力、消能防冲设施、泄流能力等满足要求；东溢洪道顶高程满足要求；西溢洪道与主坝和山体连接段防浪墙顶高程不足。依据 SL 191—2008《水工混凝土结构设计规范》复核，闸门支座强度满足要求。

(2) 依据 SL 279—2016《水工隧洞设计规范》复核：输水隧洞的泄流能力、衬砌结构安全性、压坡线等满足要求；进、出口边坡稳定。

(3) 依据 SL 285—2020《水利水电工程进水口设计规范》复核：隧洞进口闸的抗滑稳定性、抗倾覆稳定性、基底应力、抗浮稳定性等满足要求；工作平台高程为 65.50m，高于设计洪水位，但是低于校核洪水位。

(4) 依据 SL 265—2016《水闸设计规范》复核：隧洞出口闸的抗滑稳定性、地基承载力和基底应力比、抗浮稳定性和消能防冲设施等满足要求。依据 SL 191—2008《水工混凝土结构设计规范》复核，闸门支座强度满足要求。

(5) 依据 SL 265—2016《水闸设计规范》复核：峰山口输水闸和防洪闸的抗滑稳定性、基底应力和抗浮稳定性等满足要求。依据 SL 191—2008《水工混凝土结构设计规范》复核，按照峰山口输水闸弧门支座强度控制时，输水闸的最高挡水位为 62.80m。

(6) 依据 SL 285—2020《水利水电工程进水口设计规范》复核：水库进水闸的抗滑稳定性、抗倾覆稳定性、过流能力、基底应力和抗浮稳定性等满足要求；工作平台高程为 68.00m，高于校核洪水位，但是超高不足，略低于现行规范要求。

(7) 根据第 2 章中的东、西溢洪道，输水隧洞及其进、出口闸，峰山口输水闸和防洪闸，水库进水闸等混凝土结构安全检测成果：各泄、输水建筑物未见影响结构安全的沉降、倾斜、滑移等情况，混凝土结构内部未见明显不密实和脱空等缺陷，混凝土抗压强度满足设计要求；检测中发现的混凝土涂层脱落、局部混凝土剥蚀和露筋、微小裂缝和轻微渗漏等问题，尚不影响结构安全。

8.7.3 近坝岸坡

怀柔水库主坝两侧为东、西溢洪道，溢洪道两侧岸坡已采取防护措施，副坝连接的山体较低且平缓，或为平地。大坝运行期间，近坝岸坡未出现影响大坝安全的滑坡体；根据本次现场检查结果，近坝岸坡未发现明显的潜在滑坡体，也不存在高边坡问题。综合判断，怀柔水库大坝近坝岸坡稳定。

8.7.4 评价分级

综合现场检查和检测、监测资料分析、复核计算成果，怀柔水库大坝及泄、输水建筑物的强度、稳定、泄流安全满足规范要求，无异常变形现象，近坝岸坡稳定，检查和检测中发现的局部缺陷不影响大坝和输、泄水建筑物结构的整体安全。长副坝上游采用碎石土护坡，一、二、三副坝下游砌石护坡勾缝但未布置排水孔，不符合规范要求，西溢洪道两侧与主坝和山体连接段防浪高度不足。

根据SL 258—2017《水库大坝安全评价导则》，评价认为，怀柔水库大坝结构基本安全，结构安全评为B级。

第 9 章

抗震安全评价

9.1 评价目的和内容

抗震安全评价的目的是复核大坝工程现状是否满足抗震要求。包括：复核工程场地地震基本烈度、地震动参数和工程抗震设防类别是否满足现行规范要求；复核大坝的抗震稳定性、结构强度及是否存在地震液化可能性；复核工程抗震措施是否完善；复核泄水、输水建筑物在地震工况下的结构强度和稳定是否满足现行规范要求。

怀柔水库大坝抗震安全评价涉及的建筑物包括主坝、4 座副坝、2 座泄水建筑物和 5 座输水建筑物。根据 SL 258—2017《水库大坝安全评价导则》，土石坝抗震安全评价应主要复核大坝抗震稳定和抗震措施是否满足规范要求，必要时进行坝体及坝基液化可能性判别。泄水建筑物抗震安全评价，主要是复核溢洪道泄洪闸及边墙、挡土墙、导墙等结构的抗震稳定性、结构强度及抗震措施是否满足规范要求。输水建筑物抗震安全评价，主要是复核输水建筑物的强度、稳定性和地基承载力是否满足规范要求。

9.2 评价方法

9.2.1 抗震设防类别

根据 GB 18306—2015《中国地震动参数区划图》复核工程区地震动峰值加速度，根据 GB 51247—2018《水工建筑物抗震设计标准》复核抗震设防类别。

9.2.2 地震惯性力代表值计算方法

根据 GB 51247—2018《水工建筑物抗震设计标准》，当采用拟静力法计算地震作用效应时，沿建筑物高度作用于质点 i 的水平向地震惯性力代表值计算公式为

$$F_i = a_h \xi G_{Ei} \alpha_i / g \tag{9.2-1}$$

式中 F_i——作用在质点 i 的水平向地震惯性力代表值，kN；

a_h——水平向设计地震加速度代表值，当地震烈度为 8 度时，a_h 取为 0.2g；

ξ——地震作用的反应折减系数，一般取 0.25；

G_{Ei}——集中在质点 i 的重力作用标准值，kN；

g——重力加速度；

α_i——质点 i 的动态分布系数。

9.2.3 土石坝抗震稳定复核方法

根据 SL 258—2017《水库大坝安全评价导则》，土石坝抗震稳定复核应采用拟静力法。对于抗震设防类别为甲类、地震烈度为8度及以上且坝高超过70m，或地基存在可液化土的土石坝，应同时采用有限元法对坝体和坝基进行动力分析。

大坝坝坡抗震稳定性分析方法与9.2.2节相同。根据 SL 274—2020《碾压式土石坝设计规范》，土石坝在地震工况下应进行正常运用条件遇地震的上、下游坝坡的坝坡抗滑稳定性计算。根据 GB 51247—2018《水工建筑物抗震设计标准》，采用拟静力法计算时，质点 i 的地震惯性力动态分布系数 α_i（图9.2-1）应按下列规定取值：

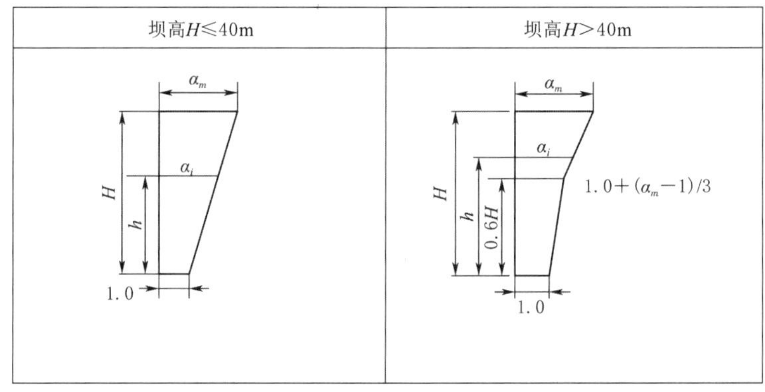

图9.2-1 土石坝坝体地震惯性力动态分布系数示意图

（1）坝底动态分布系数 α 取为1.0。

（2）当地震烈度为Ⅶ度、Ⅷ度、Ⅸ度时，坝顶动态分布系数 α_m 分别取3.0、2.5和2.0。

（3）当坝高 $H \leqslant 40$m 时，各高程动态分布系数按坝顶和坝底线性插值。

（4）当坝高 $H > 40$m 时，$0.6H$ 高程的动态分布系数 α_i 取 $1.0+(\alpha_m-1)/3$，$0.6H$ 上下按坝顶和坝底线性插值。

怀柔水库大坝最大坝高23.0m，本次计算根据规范适当简化，从安全角度考虑，地震惯性力动态分布系数取坝顶最大值。

9.2.4 地震动水压力和动土压力计算方法

1. 地震动水压力

地震动水压力的计算方法为

$$P_w(h)=a_h\xi\varphi(h)\rho_w H_0 \tag{9.2-2}$$

$$F_0=0.65a_h\xi\rho_w H_0^2 \tag{9.2-3}$$

式中 $P_w(h)$——作用在直立迎水面水深 h 处的地震动水压力代表值；

$\varphi(h)$——水深 h 处的地震动水压力分布系数，按表9.2-1取值；

ρ_w——水体的质量密度标准值；

H_0——水深；

F_0——地震动水压力代表值，其作用点位于水面以下 $0.54H_0$ 处。

表 9.2-1　　地震动水压力分布系数

h/H_0	0	0.1	0.2	0.3	0.4	0.5	0.6	0.7	0.8	0.9	1.0
$\varphi(h)$	0.00	0.43	0.58	0.68	0.74	0.76	0.76	0.75	0.71	0.68	0.67

2. 地震动土压力

地震主动动土压力代表值可按下式计算：

$$F_E=\left[q_0\frac{\cos\varphi_1}{\cos(\varphi_1-\varphi_2)}H+\frac{1}{2}\gamma H^2\right](1\pm\xi a_v/g)C_e \tag{9.2-4}$$

$$C_e=\frac{\cos^2(\varphi-\theta_e-\varphi_1)}{\cos\theta_e\cos^2\varphi_1\cos(\delta+\varphi_1+\theta_e)(1+\sqrt{Z^2})} \tag{9.2-5}$$

$$Z=\frac{\sin(\delta+\varphi)\sin(\varphi-\theta_e-\varphi_2)}{\cos(\delta+\theta_e+\varphi_1)\cos(\varphi_2-\varphi_1)} \tag{9.2-6}$$

式中　F_E——地震主动动土压力代表值；

q_0——土表面单位长度的荷载重量；

φ_1——挡土墙与垂直面的夹角；

φ_2——土表面与水平面的夹角；

H——土的高度；

γ——土的重度标准值；

φ——土的内摩擦角；

θ_e——地震系数角，$\theta_e=\tan^{-1}\dfrac{\xi a_h}{g\pm\xi a_v}$；

δ——挡土墙面与土的摩擦角；

ξ——地震作用反应折减系数，采用拟静力法计算地震作用效应时，对于钢筋混凝土结构取 0.35。

9.3 地震烈度复核

怀柔水库建成于 1958 年，我国第一代地震区划图编制于 1957 年，由于时间较远，本次未收集到我国第一代地震区划图的相关资料，也未收集到怀柔水库工程设计阶段的抗震设防烈度资料。

根据 GB 18306—2015《中国地震动参数区划图》复核，怀柔水库工程区地震动峰值加速度为 $0.2g$，相对应的基本烈度为 8 度。怀柔水库为Ⅱ等大（2）型水库，主要建筑物级别为 2 级，次要建筑物级别为 3 级，根据 GB 51247—2018《水工建筑物抗震设计标准》复核，抗震设防类别为乙类。

9.4 地震液化判别

怀柔水库主坝为黏土斜墙砂砾石坝，各副坝均为均质土坝。根据本次工程勘察所取得的地层资料、土层的原位测试及室内颗粒分析试验成果和怀柔水库勘察设计资料，主坝和各副坝的坝体和坝基无地震液化问题。

主坝上游坡斜心墙护坡保护由外至内依次为块石、碎石和中砂反滤层，其中，中砂反滤层层厚60cm。受场地条件限制，本次未取得中砂反滤层土料进行室内试验。结合2014年安全评价的试验结果分析，该层砂样干密度1.57～1.62g/cm^3，相对密度0.58～0.65，0.075～5mm粒径占90%，根据GB 50487—2008《水利水电工程地质勘察规范》初判：地层年代、颗粒粒径和含量以及水位状态属于可液化土；利用相对密度法进行复判：8度地震区液化临界相对密度0.75，该层具有液化的可能性。一、二、三副坝上游砌石护坡下部的砂砾料垫层也相对较厚，也存在此类问题。

主、副坝上游砌石护坡下部的中砂反滤层液化容易造成大坝护坡失稳，但对斜墙或均质土坝坝体的影响一般发生在与护坡结构的接触面上，对其内部的破坏有限。参考密云水库白河主坝在1976年唐山地震中曾发生过表面滑坡，需要完善《怀柔水库大坝防震减灾应急预案》，并针对在较大地震情况下可能出现的护坡失稳问题，制定应急处理措施。

9.5 坝体抗震安全评价

9.5.1 计算断面

根据GB 51247—2018《水工建筑物抗震设计标准》，坝坡稳定性计算采用拟静力法。计算分析采用加拿大GEO-SLOPE岩土工程计算分析软件中的SLOPE/W模块。

怀柔水库坝坡地震稳定性计算断面选择主坝和各副坝的最大断面。所选择的计算断面与结构安全评价的计算断面和计算模型相同，计算模型如图9.5-1所示。

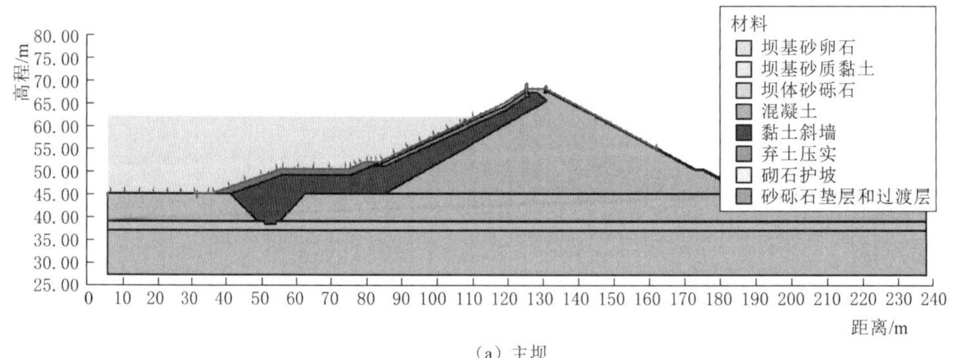

(a) 主坝

图9.5-1（一） 怀柔水库大坝坝坡稳定性计算模型

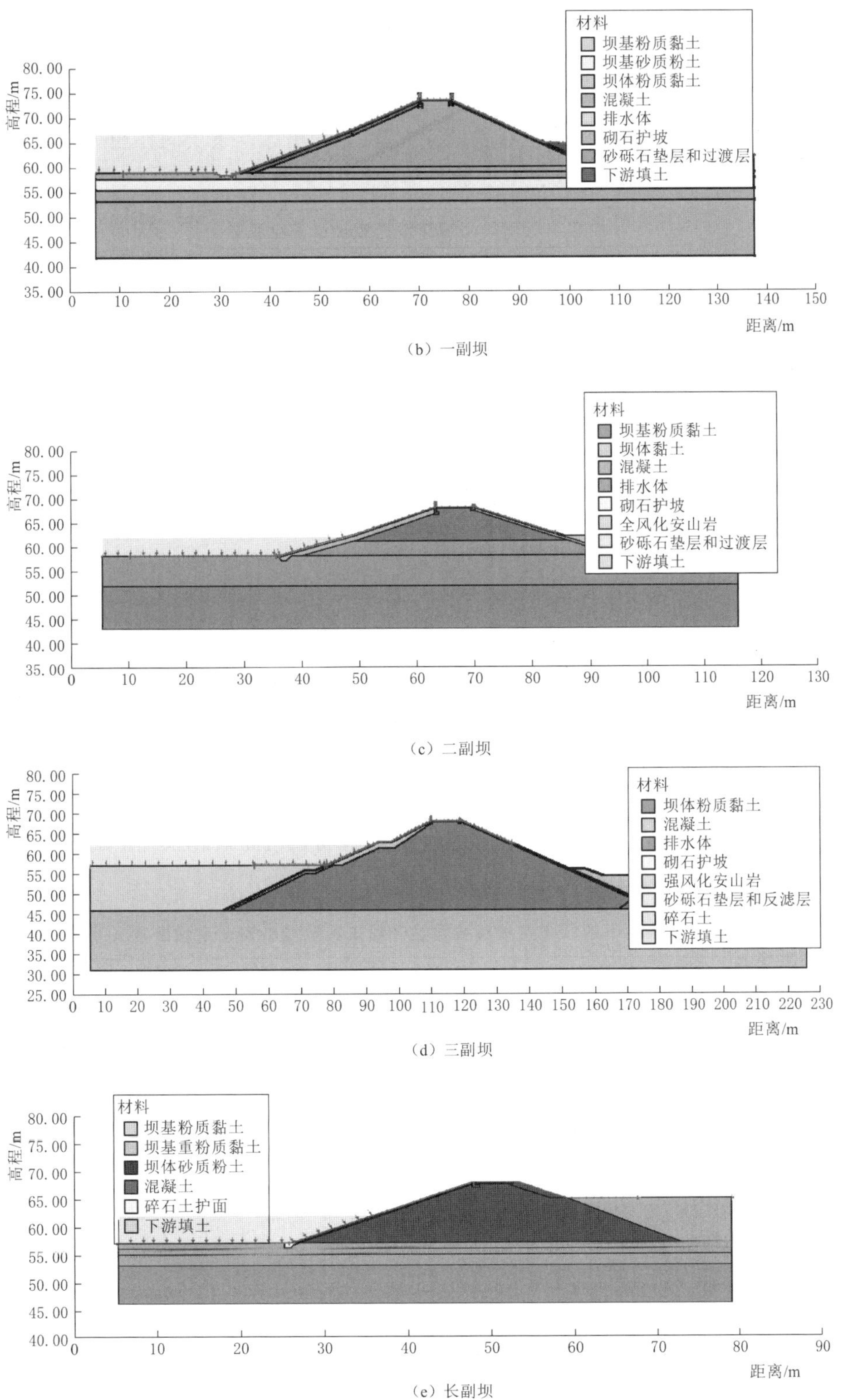

(b) 一副坝

(c) 二副坝

(d) 三副坝

(e) 长副坝

图 9.5-1（二） 怀柔水库大坝坝坡稳定性计算模型

9.5.2 计算工况和参数

9.5.2.1 安全系数要求

根据 SL 274—2020《碾压式土石坝设计规范》，采用计及条块间作用力方法时，地震工况下的坝坡抗滑稳定安全系数应不小于表 9.5-1 中的规定。

表 9.5-1 地震工况下的坝坡抗滑稳定最小安全系数

运用条件	坝的级别			
	1级	2级	3级	4级、5级
非常运用条件Ⅱ（地震工况）	1.20	1.15	1.15	1.10

9.5.2.2 计算工况

1. 特征水位

怀柔水库原设计水位为：正常蓄水位 62.00m，设计洪水位 64.16m，校核洪水位 67.73m，死水位 52.00m。

2. 规范规定的工况

根据 SL 274—2020《碾压式土石坝设计规范》，抗震安全评价时，坝坡稳定性计算工况为正常运用条件下遭遇地震时的上、下游坝坡。正常运用条件为：稳定渗流期的上、下游坝坡，包括正常蓄水位和设计洪水位与死水位之间的各种水位稳定渗流期；水库水位在上述范围内的经常性正常降落时的上、下游坝坡。

3. 坝坡稳定计算工况选择

怀柔水库的工程等别为Ⅱ等大（2）型，主要建筑物级别为 2 级，次要建筑物级别为 3 级。结合大坝的运用条件，主、副坝均为主要建筑物，因此地震条件下的坝坡抗滑移稳定性计算工况及最小安全系数要求见表 9.5-2。

表 9.5-2 地震条件下的坝坡抗滑移稳定性计算工况及最小安全系数要求

工况名称		特征水位/m		计算坝坡		坝坡抗滑移稳定性最小安全系数
		上游	坝体及下游	上游	下游	
正常运用条件+地震	死水位下稳定渗流期的上、下游坝坡	52.00	渗流计算得到的对应浸润线	√	√	1.15
	正常蓄水位下稳定渗流期的上、下游坝坡	62.00		√	√	
	设计洪水位下稳定渗流期的上、下游坝坡	64.16		√	√	

9.5.2.3 计算参数

怀柔水库大坝坝坡稳定计算参数的选取参考怀柔水库大坝原设计资料和《北京市怀柔水库大坝安全评价报告（2014 年）》，结合本次钻孔勘察、室内试验结果以及工程经验选取。计算参数取值见表 9.5-3。

表 9.5-3　　坝坡稳定计算参数表

坝段	材料（土层）名称	密度/(g/cm³)	黏聚力/kPa	内摩擦角/(°)
主坝	黏土防渗斜墙	2.05	30.0	13.6
	砂砾石坝体	1.95	2*	34.0*
	坝基砂卵石	1.95	1*	32.0*
	坝基砂质-粉质黏土	1.97	34	13.7
一副坝	坝体粉质黏土	2.03	34.0	13.4
	坝基砂质粉土	1.75	15.0	18.5
	坝基粉质黏土	2.02	32.0	14.5
二副坝	坝体黏土	1.95	36.0	12.5
	坝基粉质黏土	2.02	32.0	14.7
	坝基全风化安山岩	2.15	15.0*	32.1*
三副坝	坝体粉质黏土	2.03	34.0	16.4
	坝基强风化安山岩	2.35	20.0*	35.0*
长副坝	坝体粉质黏土	1.90	32	12.5
	坝基粉质黏土	2.02	28.0	14.2
	坝基重粉质黏土	2.05	31.0	13.4
其他	砂砾石垫层和过渡层	1.85*	2*	32.0*
	砌石护坡	2.10*	30*	35.0*
	防浪墙	2.40*	500*	40.0*
	排水体	1.80*	0*	32.0*
	弃土压实	1.85*	20*	15.0*
	下游填土	1.75*	15*	15.0*
	上游碎石土	1.70*	2*	25.0*

注　表中*为经验值。

9.5.3　坝坡稳定性计算结果分析

不同工况下的坝坡稳定性计算结果统计见表 9.5-4。主坝坝坡稳定性计算结果如图 9.5-2 所示，各副坝计算结果如附图 12.5 所示。可见：正常运用条件遭遇地震时，主坝和各副坝的坝坡稳定性安全系数计算结果均大于 SL 274—2020《碾压式土石坝设计规范》的允许最小值，怀柔水库坝坡稳定性满足要求。

表 9.5-4　　不同工况下的坝坡稳定性计算结果统计表

计算工况		计算断面	安全系数		规范允许最小值
			上游坡	下游坡	
正常运用条件+地震	死水位稳定渗流期	主坝	1.318	1.255	1.15
		一副坝	1.207	1.524	

续表

<table>
<tr><th rowspan="2" colspan="2">计 算 工 况</th><th rowspan="2">计算断面</th><th colspan="2">安 全 系 数</th><th rowspan="2">规范
允许最小值</th></tr>
<tr><th>上游坡</th><th>下游坡</th></tr>
<tr><td rowspan="13">正常运用条件+地震</td><td rowspan="3">死水位稳定渗流期</td><td>二副坝</td><td>1.414</td><td>1.757</td><td rowspan="13">1.15</td></tr>
<tr><td>三副坝</td><td>1.595</td><td>1.357</td></tr>
<tr><td>长副坝</td><td>1.272</td><td>2.220</td></tr>
<tr><td rowspan="5">正常蓄水位稳定渗流期</td><td>主坝</td><td>1.515</td><td>1.252</td></tr>
<tr><td>一副坝</td><td>1.167</td><td>1.242</td></tr>
<tr><td>二副坝</td><td>1.232</td><td>1.463</td></tr>
<tr><td>三副坝</td><td>1.505</td><td>1.258</td></tr>
<tr><td>长副坝</td><td>1.197</td><td>2.188</td></tr>
<tr><td rowspan="5">设计洪水位稳定渗流期</td><td>主坝</td><td>1.635</td><td>1.215</td></tr>
<tr><td>一副坝</td><td>1.175</td><td>1.180</td></tr>
<tr><td>二副坝</td><td>1.402</td><td>1.430</td></tr>
<tr><td>三副坝</td><td>1.594</td><td>1.223</td></tr>
<tr><td>长副坝</td><td>1.282</td><td>2.053</td></tr>
</table>

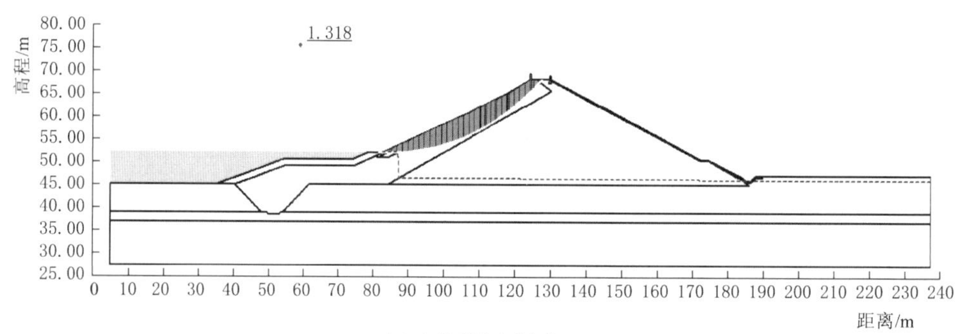

(a) 上游坝坡(死水位：52.00m)

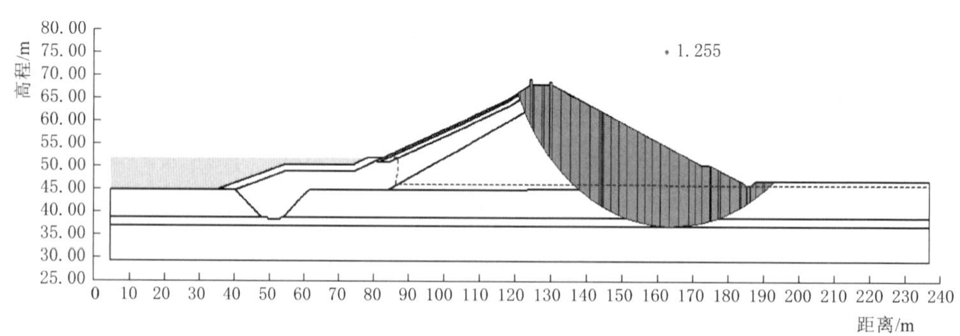

(b) 下游坝坡(死水位：52.00m)

图 9.5-2（一） 主坝坝坡稳定性计算结果

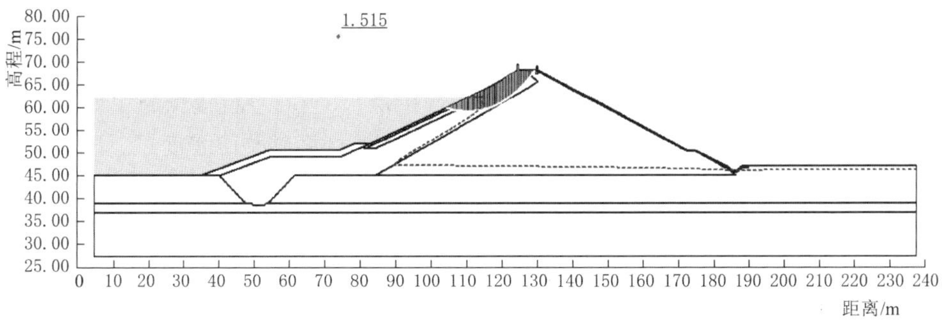

（c）上游坝坡(正常蓄水位：62.00m)

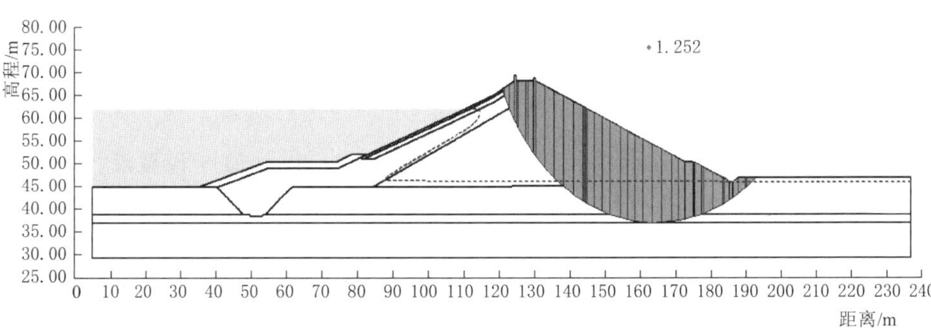

（d）下游坝坡(正常蓄水位：62.00m)

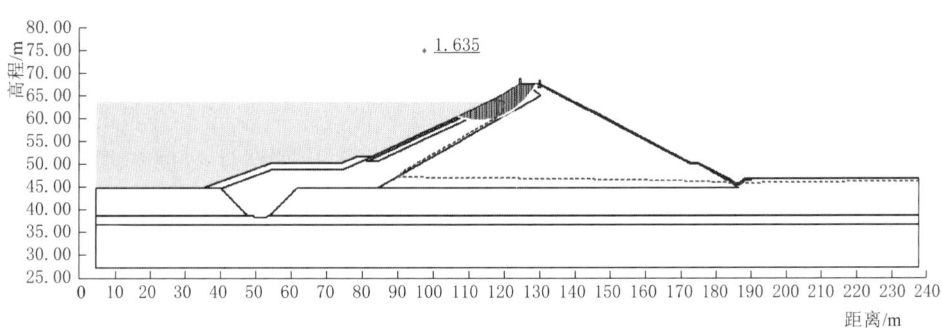

（e）上游坝坡(设计洪水位：64.16m)

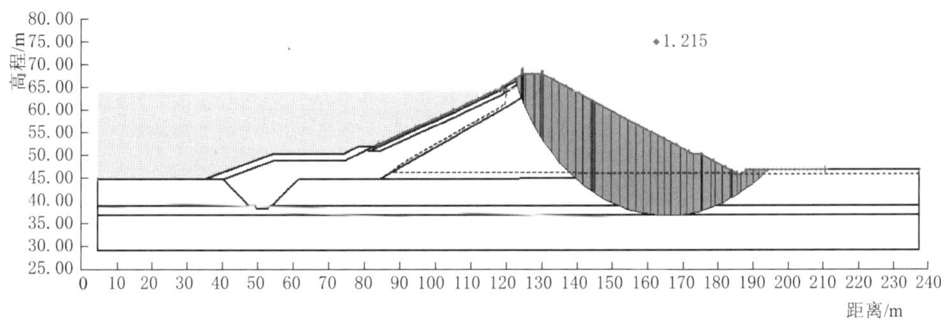

（f）下游坝坡(设计洪水位：64.16m)

图 9.5-2（二） 主坝坝坡稳定性计算结果

9.5.4 抗震措施复核

根据GB 51247—2018《水工建筑物抗震设计标准》，土石坝抗震措施主要包括坝轴线形状、防渗体结构、安全超高、坝顶宽度和坝坡、筑坝材料以及压实度等。

1. 坝轴线形状

GB 51247—2018《水工建筑物抗震设计标准》规定：强震区修建土石坝时，宜采用直线或向上游弯曲的坝轴线，不宜采用向下游弯曲、折线或S形的坝轴线，以减少地震时两坝肩产生裂缝的概率。

怀柔水库主坝、一副坝、二副坝和三副坝的坝轴线均为直线，满足规范要求；长副坝受地形限制，坝轴线为S形。鉴于长副坝坝高不大且下游已回填至设计洪水位以上，即使蓄水期地震导致坝肩产生一定裂缝，坝体发生整体破坏的风险较小。

2. 防渗体结构

GB 51247—2018《水工建筑物抗震设计标准》规定：设计烈度为Ⅷ度、Ⅸ度时，宜选用堆石坝，不宜采用刚性心墙形式。选用均质坝时，应设置内部排水系统，降低浸润线。

怀柔水库主坝为黏土斜墙砂砾石坝，各副坝为均质土坝，但副坝内未设置排水系统。主坝防渗体结构满足规范要求；各副坝虽未设置排水系统，但是根据计算和监测数据，坝体内浸润线不高，且下游多已回填至正常蓄水位以上，由于坝体饱和导致的加剧震害的风险较小。

3. 安全超高

GB 51247—2018《水工建筑物抗震设计标准》规定：强震区土石坝的安全超高包括地震涌浪高度和地震沉陷。对于地震涌浪高度，可根据设计烈度和坝前水深，取0.5～1.5m；对于地震沉陷，设计烈度为Ⅶ度、Ⅸ度时，应计入坝体和地基的沉陷。根据实例资料，对于坝体质量良好且不存在地基液化问题时，在地震烈度Ⅶ度、Ⅷ度地区，地震引起的坝顶沉陷一般不超过坝高（包含地基厚度）的0.5%～1%。美国规定采用纽马克法计算填筑良好坝体顶部的地震沉陷，采用此方法计算的沿破坏面变形不超过0.6m。

怀柔水库坝顶高程68.00m，防浪墙顶高程69.00m，正常蓄水位62.00m，设计洪水位64.16m，正常蓄水位下的安全超高7m，设计洪水位下的安全超高4.84m，远超地震工况下的安全超高，满足要求。

4. 坝顶宽度和坝坡

GB 51247—2018《水工建筑物抗震设计标准》规定：设计烈度为Ⅷ度、Ⅸ度时宜加宽坝顶，放缓上部坝坡，坡脚可采取铺盖或压重措施，上部坝坡可采用浆砌块石护坡，上部坝坡可采用钢筋、土工合成材料或混凝土框格等加固措施。

怀柔水库主坝坝顶宽度5.0m，上、下游坝坡坡比1∶2～1∶2.75，上游坝坡采用砌石护坡；一、二、三副坝坝顶宽度7.0～9.8m，上、下游坝坡坡比1∶2.5～1∶3，上游坝坡采用砌石护坡，均满足规范要求。长副坝坝顶宽度5.5m，上、下游坡比1∶2，上游坝坡采用碎石土护坡，不满足现行规范要求，考虑到长副坝下游已回填至设计洪水位以上，地震工况下，坝坡局部破坏导致整体破坏的风险不大。

5. 筑坝材料

GB 51247—2018《水工建筑物抗震设计标准》规定：强震区应选用抗震性能和渗透稳定性较好且级配良好的土石料，均匀中砂、细砂、粉砂及粉土不宜作为筑坝材料。

怀柔水库主坝的筑坝材料为砂砾石，各副坝的筑坝材料为黏土或粉质黏土，筑坝材料满足规范要求。

6. 压实度

GB 51247—2018《水工建筑物抗震设计标准》规定：采用黏性土筑坝时，压实度按SL 274—2020《碾压式土石坝设计规范》控制，即1级坝、2级坝和3级及以下高坝的压实度不应低于98%；采用无黏性土筑坝时，浸润线以上材料的相对密度不低于0.75，浸润线以下材料的相对密度不应低于0.80。

根据设计资料、施工总结、2014年水库大坝安全评价成果和本次勘察、检测成果，怀柔水库主坝设计压实度为不小于97%，砂卵石相对密度0.70（高程50.00m以上）～0.75（高程50.00m以下），副坝压实度为不小于96%，工程质量满足当时的设计要求。怀柔水库大坝建成于1958年，一方面，经过数十年的筑坝技术进步和装备的升级，相关规范标准中的要求逐渐提高，当时的设计指标低于现行规范属正常现象；另一方面，怀柔水库经历1976年唐山大地震，未出现严重破坏现象，且运行正常。因此，评价认为，虽然怀柔水库主坝和副坝的压实度不满足现行规范要求，但整体上出现严重震害或破坏的风险不大。

7. 坝体排水

GB 51247—2018《水工建筑物抗震设计标准》规定，均质坝应设置内部排水系统，降低浸润线。怀柔水库各副坝均未设置内部排水系统，且一、二、三副坝下游砌石护坡已勾缝，不满足坝体排水措施要求。

综合分析，怀柔水库主坝和各副坝整体满足抗震措施要求，虽然由于大坝建成较早，存在坝轴线形式和上游护坡方式（长副坝）、筑坝材料压实度（主坝和各副坝）、坝体排水方式等抗震措施不满足现行规范要求的问题，但是结合运行状况分析，大坝整体上出现严重震害或破坏的风险不大，可通过对长副坝上游坝坡采用砌石护坡，完善防震减灾应急预案解决。

9.6 泄水建筑物抗震安全评价

9.6.1 东溢洪道抗震安全评价

根据SL 253—2018《溢洪道设计规范》，地震工况为特殊组合（2），即正常蓄水位+地震。东溢洪道抗震稳定性计算结果统计见表9.6-1～表9.6-3，正常蓄水位+地震、2扇闸门关闭工况计算结果如图9.6-1所示。可见，地震工况下，西溢洪道的抗滑移稳定性、堰基面应力、闸门支座强度，以及消力池挡土墙抗震稳定性均满足规范要求。

表 9.6-1　　东溢洪道抗震稳定性计算结果统计

抗滑移稳定性				堰基面应力/kPa（图 9.6-1）				
抗剪断		抗剪		计入扬压力		不计入扬压力		允许值
计算值	规范最小值	计算值	规范最小值	最大	最小	最大	最小	
9.73	2.30	2.18	1.00	239.8	81.8	254.7	92.1	小于基岩允许承载力，且拉应力不超过 100（<400，>-100）

表 9.6-2　　闸门支座强度计算结果统计

内　容	控制指标	中　　墩	边　　墩	是否满足规范要求
扇形局部受拉钢筋截面面积要求	弧门支座推力/kN：$KF=1549.6$	承载力/kN：$f_y\sum_{i=1}^{n}A_{si}\cos\theta_i=2290.3$	承载力/kN：$\dfrac{B'_0-a_B}{e_0+0.5B-a_B}f_y\sum_{i=1}^{n}A_{si}\cos\theta_i=1809.5$	是

注　根据 9.4.1 节的计算结果，闸门支座强度计算中，除扇形局部受拉钢筋截面面积要求的控制指标与计算值相差较小外，其他内容的控制指标远高于计算值，因此不再复核。

表 9.6-3　　消力池挡土墙抗震稳定性计算结果统计（计算断面见图 8.4-9）

断面桩号	抗滑移稳定性		抗倾覆稳定性		基底应力/kPa			
	计算值	规范最小值	计算值	规范最小值	最大	最小	应力比	允许值
0+018.00（闸室末端，最大高度断面）	2.74	2.3	1.33	1.3	365.2	133.2	2.74	3.0
0+103.84（薄墙锚岩断面）	4.22		1.46		298.1	106.5	2.80	
0+154.00（扶壁墙断面）	3.48		3.87		250.3	93.1	2.69	

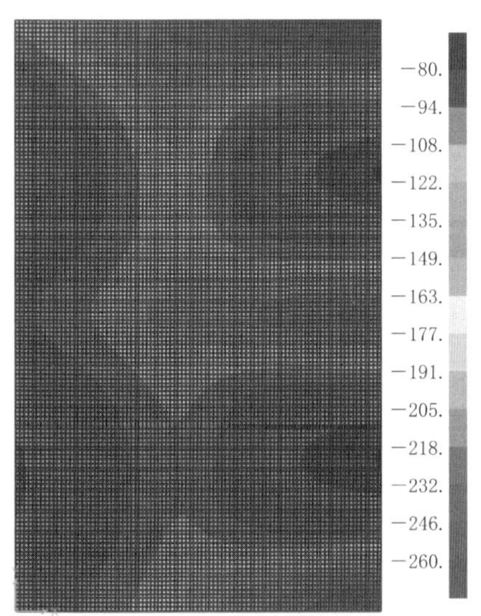

（a）不计入扬压力

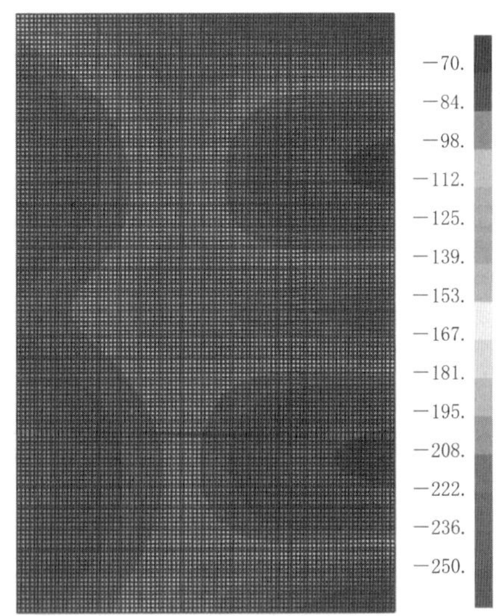

（b）计入扬压力

图 9.6-1　正常蓄水位+地震、2 扇闸门关闭工况计算结果（受拉为正，左侧为上游侧）/kPa

9.6.2 西溢洪道抗震安全评价

根据 SL 253—2018《溢洪道设计规范》，地震工况为特殊组合（2），即正常蓄水位+地震。西溢洪道抗震稳定性计算结果统计见表 9.6-4，正常蓄水位+地震、2 扇闸门关闭工况计算结果如图 9.6-2 所示。可见，地震工况下，西溢洪道的抗滑移稳定性、堰基面应力均满足规范要求。

表 9.6-4 西溢洪道抗震稳定性计算结果统计

抗滑移稳定性				堰基面应力/kPa（图 9.6-2）				
抗剪断		抗剪		计入扬压力		不计入扬压力		允许值
计算值	规范最小值	计算值	规范最小值	最大	最小	最大	最小	
7.41	2.30	2.13	1.00	223.7	85.1	243.5	94.3	小于基岩允许承载力，且拉应力不超过100（<400，>−100）

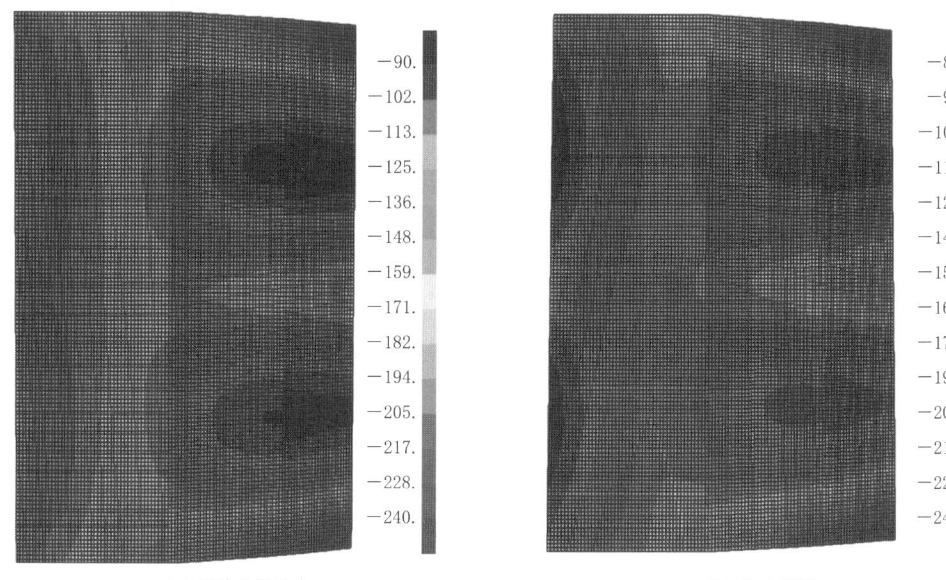

(a) 不计入扬压力　　(b) 计入扬压力

图 9.6-2 正常蓄水位+地震、2 扇闸门关闭工况计算结果（受拉为正，左侧为上游侧）/kPa

9.7 输水建筑物抗震安全评价

9.7.1 输水隧洞进口闸抗震安全评价

根据 SL 285—2020《水利水电工程进水口设计规范》，地震工况为特殊组合（2），即正常蓄水位+地震。输水隧洞进口闸抗震稳定性计算结果见表 9.7-1。可见，地震工况下，输水隧洞进口闸的抗滑移稳定性、抗倾覆稳定性、基底应力均满足规范要求。

表 9.7-1　　输水隧洞进口闸抗震稳定性计算结果统计

抗滑移稳定性				抗倾覆稳定性		基底应力/kPa		
抗剪断		抗剪						
计算值	规范最小值	计算值	规范最小值	计算值	规范最小值	最大	最小	允许值
4.92	2.30	1.27	1.00	2.71	1.20	113.9	10.2	不大于地基允许承载力（400）

9.7.2 输水隧洞出口闸抗震安全评价

根据 SL 265—2016《水闸设计规范》，地震工况为特殊组合（2），即正常蓄水位+地震。输水隧洞出口闸抗震稳定性计算结果见表 9.7-2 和表 9.7-3。可见，地震工况下，输水隧洞出口闸的抗滑移稳定性、基底应力和闸门支座强度均满足规范要求。

表 9.7-2　　输水隧洞出口闸抗震稳定性计算结果统计

抗滑移稳定性		基底应力/kPa			
计算值	规范最小值	最大	最小	应力比	允许值
1.30	1.05	143.7	79.5	1.81	应力比小于 2.5，平均应力不大于地基允许承载力（160），最大不大于地基允许承载力 1.2 倍（192）

表 9.7-3　　闸门支座强度计算结果统计

内　容	控制指标	边　墩	是否满足规范要求
扇形局部受拉钢筋截面面积要求	弧门支座推力/kN：$KF=609.8$	承载力/kN：$\frac{B_0'-a_B}{e_0+0.5B-a_B}f_y\sum_{i=1}^{n}A_{si}\cos\theta_i=741.9$	是

注　根据 9.4.5 节的计算结果，闸门支座强度计算中，除扇形局部受拉钢筋截面面积要求的控制指标与计算值相差较小外，其他内容的控制指标远高于计算值，因此不再复核。

9.7.3 峰山口输水闸和防洪闸抗震安全评价

根据 SL 265—2016《水闸设计规范》，地震工况为特殊组合（2），即正常蓄水位+地震。输水闸和防洪闸的抗震稳定性计算结果见表 9.7-4 和表 9.7-5。因两闸联合布置，上游引渠和下游出水渠长 100m，岸坡和底板均采用混凝土护砌，无滑移风险，故不再进行抗滑移稳定性计算。可见地震工况下，峰山口输水闸和防洪闸的基底应力和闸门支座强度均满足规范要求。

表 9.7-4　　峰山口输水闸和防洪闸抗震稳定性计算结果统计

基底应力/kPa		
最大	最小	允许值
110.5	90.8	小于地基允许承载力，拉应力小于 100（<400，>-100）

表 9.7-5　闸门支座强度计算结果统计（正常蓄水位 62.00m、不考虑碳纤维加固）

内　　容	控制指标	边　　墩	是否满足规范要求
扇形局部受拉钢筋截面面积要求	弧门支座推力/kN：$KF=1803.5$	承载力/kN：$\dfrac{B_0'-a_B}{e_0+0.5B-a_B}f_y\sum_{i=1}^{n}A_{si}\cos\theta_i=2063.2$	是

注　根据 9.5.2 节的计算结果，闸门支座强度计算中，除扇形局部受拉钢筋截面面积要求的控制指标与计算值相差较小外，其他内容的控制指标远高于计算值，因此不再复核。

9.7.4　水库进水闸抗震安全评价

根据 SL 265—2016《水闸设计规范》，地震工况为特殊组合（2），即正常蓄水位＋地震。水库进水闸的基底计算结果见表 9.7-6。因闸上游为大坝，下游为老涵洞，正常运行时，水闸的上、下游水位相差不大，在库水位较高时，进水闸关闭，防止倒灌，此时水闸背后为大坝，无滑移和倾覆风险，故不再进行抗滑移稳定性和抗倾覆稳定性计算。可见地震工况下，水库进水闸的基底应力满足规范要求。

表 9.7-6　　水库进水闸基底计算结果统计

计　算　工　况	最大值/kPa	最小值/kPa	允许值/kPa
运行工况（库水位 59.00m）	214.7	57.2	小于地基承载力，拉应力小于 100（＜400，＞－100）
正常蓄水位（闸门关闭）	177.3	45.4	
正常蓄水位（闸门开启）	187.2	60.6	

9.8　近坝岸坡地震稳定性评价

怀柔水库主坝两侧为东、西溢洪道，溢洪道两侧岸坡已采取防护措施，副坝连接的山体较低且平缓，或为平地。大坝经历 1976 年 7.8 级唐山大地震，近坝岸坡未出现明显破坏现象。根据本次现场检查结果，大坝近坝岸坡未发现明显的潜在滑坡体，也不存在高边坡问题。综合判断，怀柔水库大坝近坝岸坡在地震工况下能够保持稳定。

9.9　抗震安全评价结论

9.9.1　综合评价

（1）根据 GB 18306—2015《中国地震动参数区划图》复核，怀柔水库工程区地震动峰值加速度为 $0.2g$，相对应的基本烈度为 8 度。怀柔水库为Ⅱ等大（2）型水库，主要建筑物级别为 2 级，次要建筑物级别为 3 级，根据 GB 51247—2018《水工建筑物抗震设计标准》复核，抗震设防类别为乙类。

（2）依据 GB 51247—2018《水工建筑物抗震设计标准》和 SL 274—2020《碾压式土

石坝设计规范》，并按照现行地震动参数复核，怀柔水库主坝和各副坝的坝坡稳定性满足规范要求。

（3）主坝为黏土斜墙砂砾石坝，各副坝均为均质土坝。根据本次工程勘察所取得的地层资料、土层的原位测试及室内颗粒分析试验成果，结合怀柔水库勘察设计资料和历次安全评价成果综合分析判别，除上游砌石护坡下部中砂反滤层外，怀柔水库主坝和各副坝的坝体和坝基均无地震液化问题。

（4）主坝上游砌石护坡下部中砂反滤层厚度60cm。结合2014年安全评价的试验结果分析，具有液化性，一、二、三副坝的上游坝坡也有此类问题。考虑到砌石护坡下部的中砂反滤层液化对斜心墙或均质土坝坝体的影响一般发生在与护坡结构的接触面上，对其内部的破坏有限，可通过完善《怀柔水库大坝防震减灾应急预案》，针对在较大地震情况下可能出现的护坡失稳问题，制定应急处理措施解决。

（5）依据GB 51247—2018《水工建筑物抗震设计标准》，怀柔水库主坝和各副坝整体满足抗震措施要求。由于大坝建成较早，存在坝轴线形式和上游护坡方式（长副坝）、筑坝材料压实度（主坝和各副坝）、坝体排水系统等抗震措施不满足现行规范要求的问题，考虑到水库曾遭遇1976年7.8级唐山大地震，且未出现明显破坏现象，评价认为大坝整体上出现严重震害或破坏的风险不大。

（6）依据GB 51247—2018《水工建筑物抗震设计标准》、SL 253—2018《溢洪道设计规范》、SL 285—2020《水利水电工程进水口设计规范》、SL 265—2016《水闸设计规范》和SL 379—2007《水工挡土墙设计规范》等复核，怀柔水库东、西溢洪道等泄水建筑物，输水隧洞进口闸和出口闸、峰山口输水闸和防洪闸、水库进水闸等输水建筑物的抗滑移稳定性、抗倾覆稳定性、基底应力、闸门支座强度均满足规范要求。

（7）怀柔水库主坝两侧为东、西溢洪道，溢洪道两侧岸坡已采取防护措施，副坝连接的山体较低且平缓，或为平地。大坝经历1976年7.8级唐山大地震，近坝岸坡未出现明显破坏现象。根据本次现场检查结果，大坝近坝岸坡未发现明显的潜在滑坡体，也不存在高边坡问题。综合判断，怀柔水库大坝近坝岸坡在地震工况下能够保持稳定。

9.9.2 评价分级

综合现场检查及检测和复核计算分析成果，怀柔水库大坝及泄水、输水建筑物的抗震复核计算结果符合规范要求；由于建成年代较早，大坝存在坝轴线形式和上游护坡方式（长副坝）、筑坝材料压实度（主坝和各副坝）等不满足现行规范要求的问题，考虑到水库曾遭遇1976年7.8级唐山大地震，且未出现明显破坏现象，大坝整体上出现严重震害或破坏的风险不大；坝体和坝基无地震液化问题，但是主坝和一、二、三副坝上游砌石护坡下部的中砂反滤层在较大地震下有液化的可能。

怀柔水库主、副坝及各泄、输水建筑物的抗震复核计算结果符合规范要求，地基不存在地震液化可能性，主坝和一、二、三副坝上游砌石护坡下部中砂反滤层液化对防渗斜墙和坝体的影响有限，大坝整体上出现严重震害或破坏的风险不大。根据SL 258—2017《水库大坝安全评价导则》，评价认为怀柔水库大坝抗震基本安全，抗震安全评为B级。

第 10 章

金属结构安全评价

10.1 评价目的和内容

金属结构安全评价的目的是复核泄水、输水建筑物的闸门和启闭机以及其他影响大坝安全和运行的金属结构在现状下能否按设计要求安全可靠运行。主要内容包括闸门的强度、刚度和稳定性复核，启闭机的启闭能力和供电安全验算等。

本次金属结构安全评价在巡视检查的基础上，对怀柔水库主要泄、输水建筑物进行了闸门外观检测、启闭机现状监测、腐蚀状况检测、焊缝质量无损检测、材料检测及启闭机运行状况检测。基于设计图纸和检测数据，利用 Pro/E 和 ANSYS 软件建立三维模型，计算分析闸门结构应力与变形。综合巡视检查、现场检测和模拟计算结果，评价金属结构的安全性。

需要指出的是，对于金属结构材料检测，一方面，怀柔水库各泄、输水建筑物的闸门表面已有防腐涂层，单纯通过硬度检测无法准确评判材料型号；另一方面，在 2014 年安全评价时已取样分析了各闸门的主要材料化学成分，因此，本次安全评价不再开展材料检测。

本章主要分析各泄、输水建筑物现场检查及各项检测的主要成果，并与 2014 年安全评价成果对比，评价金属结构的安全性。

10.2 检查、检测与评价方法

10.2.1 巡视检查

巡视检查以目测为主，并借助数码相机、水下相机等设备对闸门进行整体检查。主要检查闸门泄水时的水流流态，闸门关闭时的漏水情况，门槽及附近区域混凝土的空蚀、冲刷、淘空等情况，闸墩的裂缝、剥蚀、老化等情况，启闭机室的裂缝、漏水、漏雨等情况。

10.2.2 闸门外观检测

外观检测以目测为主，配合使用相应的测量工具及水下相机等设备。闸门外观检查主要检查闸门门体、支承行走装置、吊耳、止水装置、埋件等，以及其他以目测可直接查看到的异常情况。通过闸门外观检查，直观了解闸门的外观现状。

10.2.3 启闭机现状检测

怀柔水库泄、输水建筑物涉及的启闭机主要包括固定卷扬式启闭机和螺杆启闭机两类。启闭机现状检测包括启闭机设备现状检测和电气设备及保护装置现状检测。

1. 固定卷扬式启闭机现状检测

固定卷扬式启闭机设备检测项目见表10.2-1。

表10.2-1　　固定卷扬式启闭机设备检测项目

序号	项　目	检　测　内　容
1	设备现状检测	机架、制动器、减速器、卷筒及开式齿轮副、传动轴及联轴器、滑轮组和钢丝绳检测
2	机架检测	损伤、变形、焊缝表面缺陷、腐蚀状况检测，连接螺栓完整性及拧紧程度检测，机架与基础的固定状况检测
3	制动器检测	制动轮表面缺陷、粗糙度、硬度及腐蚀状况检测
4	减速器检测	齿轮副的啮合状况检测，齿面缺陷、损伤、磨损、腐蚀、胶合状况检测，减速器的油质、油量、渗漏检测等，当齿面磨损严重时，进行齿面硬度检测
5	卷筒及开式齿轮副检测	卷筒、辐板、轮缘、轮毂的表面缺陷、损伤、裂纹、腐蚀检测，开式齿轮副的润滑状况、啮合状况检测，齿面缺陷、损伤、磨损、腐蚀检测，当齿面磨损严重时，进行齿面硬度检测
6	传动轴及联轴器检测	表面缺陷、变形、裂纹、腐蚀检测
7	滑轮组检测	表面缺陷、磨损、损伤、变形、腐蚀检测
8	钢丝绳检测	钢丝绳的磨损、变形、直径、断丝、润滑、腐蚀检测，钢丝绳末端与卷筒及闸门吊点的固定状况检查，钢丝绳在卷筒表面的最小缠绕圈数及排列状况检查，排绳器的运行状况

2. 螺杆启闭机现状检测

主要检查启闭机的机箱和机座、螺杆和螺母、蜗杆和蜗轮以及手动机构的完整性和可操作性检测。检测以目测为主，配以放大镜、塞尺、钢卷尺、粗糙度仪、里氏硬度计等检测工具。在检测前，先了解启闭机制造、安装、运行、保养、检修等情况，检测时做好现场检测记录，检测内容主要包括：

(1) 机箱和机座检测，主要包括表面缺陷、裂缝、损伤、腐蚀状况检测和漏油检查等。

(2) 螺杆和螺母、蜗杆和蜗轮检测，主要包括表面缺陷、裂纹、变形、损伤、磨损、腐蚀及润滑状况检测等。

(3) 手动机构检测，主要包括完整性和可操作性检测。

3. 电气设备及保护装置现状检测

主要包括：

(1) 电气控制设备的完整性和可操作性检查。

（2）电气设备及电力线路的绝缘电阻检测及接地系统可靠性检查。

（3）荷载控制装置、行程控制装置、开度指示装置的完整性；移动式启闭机缓冲器、风速仪、夹轨器、锚定装置的完整性和可操作性检查。

（4）动力线路及控制保护、操作系统线路的排列、老化状况以及备用电源检查。

10.2.4 腐蚀状况检测

1. 检测方法

腐蚀状况检测为抽检项目，抽取各泄、输水建筑物代表性闸门检测金属结构的腐蚀状况。采用超声波测厚仪、涂层测厚仪、测深仪、深度游标卡尺、钢卷尺和钢直尺等仪器设备和工具，检测腐蚀面积，蚀坑深度、密度、分布状况，蚀余厚度等。检测前应对被检部位表面进行清理，去除构件表面附着物、污泥、锈皮等。腐蚀量检测的主要原则是：

（1）检测断面宜位于构件腐蚀相对较重部位。

（2）每个构件（杆件）的检测断面应不少于3个。

（3）根据板厚及腐蚀状况，将检测对象划分为若干个测量单元，每个测量单元的测点应不少于5个。

（4）对于构件（杆件）的隐蔽部位，可适当增加检测断面和测点数量。

（5）对于严重腐蚀的局部区域，可增加检测断面和测点数量。

（6）检测时宜除去构件表面涂层，带涂层测量时应扣除相应的涂层厚度。

2. 腐蚀程度评定

根据腐蚀检测成果，对闸门和启闭机腐蚀程度进行评定。闸门和启闭机腐蚀程度分级见表10.2-2。

表10.2-2　闸门和启闭机腐蚀程度分级

等级	腐蚀程度	评定标准
A	轻微腐蚀	表面涂层基本完好，局部有少量蚀斑或不太明显的蚀迹，金属表面无麻面现象或只有少量浅而分散的蚀坑。一般在300mm×300mm范围内只有1～2个蚀坑，密集处不超过4个
B	一般腐蚀	涂层局部脱落，有明显的蚀斑、蚀坑（深小于0.5mm，或虽有较深的蚀坑，深度为1.0～2.0mm，但较分散）。一般在300mm×300mm范围内不超过30个蚀坑，密集处不超过60个。构件未明显削弱
C	较重腐蚀	表面涂层大片脱落，脱落面积不小于100mm×100mm，或涂层与金属分离且中间夹有腐蚀皮，有密集成片的蚀坑（深度为1.0～2.0mm，一般在300mm×300mm范围内超过60个，或麻面现象较重，在300mm×300mm范围内虽不超过60个蚀坑，但深度在2.5mm以上）。构件已有一定程度的削弱
D	严重腐蚀	蚀坑较深且密集成片，构件局部有很深的蚀坑，深度在3.0mm以上，并有蚀损，出现孔洞、缺肉等现象。构件已严重削弱

10.2.5 焊缝质量无损检测

焊缝质量检测为抽检项目，选择典型位置，采用超声波探伤检测焊缝质量。本次安全评价结合闸门实际情况，选定闸门主横梁、边梁、面板、支臂和吊耳为探伤构件。超声波探伤焊缝主要针对一、二类焊缝，包括：

（1）主横梁腹板、翼缘板、面板、支臂翼缘板、腹板、吊耳板等对接焊缝。

（2）主横梁腹板与翼缘板（或面板）及边梁腹板、边梁腹板与翼缘板（或面板）、支臂腹板与翼缘板、支臂翼缘板与联接板、支臂腹板与连接板、吊耳板与连接板等T形连接焊缝。

无损检测前须清除焊缝表面及其附近区域的附着物、污泥、腐蚀物等，必要时对焊缝两侧表面进行修整打磨处理。当单一种检测方法无法准确确定性和定量缺陷时，须采用其他方法复查。同一部位或缺陷采用两种或两种以上无损检测方法检测时，应分别按对应标准进行评定。焊缝内部缺陷检测长度占焊缝总长度和焊缝总数量的比例要求为：

（1）一类焊缝，长度不少于焊缝总长度的20%，数量不少于焊缝总数量的20%。

（2）二类焊缝，长度不少于焊缝总长度的10%，数量不少于焊缝总数量的10%。

10.2.6 启闭力检测

启闭力检测以电测方法（应变片法）为主，前拉式弧形闸门吊耳处于水下时，采用高精度拉力计检测。检测应在设计水位下进行。若水位达不到设计水位时，须检测多水位启闭力并推算设计水位时的启闭力。检测完成后，全面检查闸门的支承装置、止水装置、起吊装置及启闭机传动系统的零部件、机架、电气设备等，有无明显的异常现象和残余变形。

10.2.7 结构应力变形复核

结构应力变形复核采用有限单元法，利用Pro/E和ANSYS软件建立三维模型，计算分析闸门的结构应力与变形。

10.2.8 启闭机容量复核

10.2.8.1 弧形闸门闭门力计算方法

弧形闸门闭门力计算方法见式（10.2-1）。

$$F_w=\frac{1}{R_1}[n_T(T_{zd}r_0+T_{zs}r_1)+P_t r_3-n_G G r_2] \tag{10.2-1}$$

式中 F_w——闭门力，kN；

R_1——闭门力转动力臂，m；

r_0——支铰摩阻力臂，m；

r_1——止水摩阻力臂，m；

r_2——闸门自重力臂，m；

r_3——上托力力臂，m；

n_T——摩擦阻力安全系数，取1.2；

n_G——计算闭门力用的闸门自重修正系数，取1.0；

G——弧形闸门自重，kN；

P_t——上托力，kN；

T_{zd}——弧形闸门支铰摩阻力，kN，$T_{zd}=Pf_2$；

f_2——滑动轴承摩擦系数，取0.25；

P——弧形闸门总水压力，kN；

T_{zs}——弧形闸门设计水头止水摩阻力，kN，$T_{zs}=P_zf_3$；

f_3——止水滑动摩擦系数，取0.5；

P_z——作用在止水上的压力，kN。

10.2.8.2 弧形闸门启门力计算方法

弧形闸门启门力计算方法见式（10.2-2）。

$$F_Q=\frac{1}{R_2}[n_T(T_{zd}r_0+T_{zs}r_1)+n_G'Gr_2+G_jR_1+P_xr_4] \quad (10.2-2)$$

式中 F_Q——启门力，kN；

R_2——启门力转动力臂，m；

n_G'——计算启门力时的闸门自重修正系数，取1.1；

G_j——弧形闸门配重重量，kN；

P_x——闸门下吸力，kN。

10.2.8.3 平板闸门闭门力计算方法

平板闸门闭门力计算方法见式（10.2-3）。

$$F_w=n_T(T_{zd}+T_{zs})-n_GG+P_t-n_GW_s \quad (10.2-3)$$

式中 F_w——闭门力，kN；

n_T——摩擦阻力安全系数，取1.2；

n_G——计算闭门力用的闸门自重修正系数，取1.0；

G——平面闸门整体自重（闸门门体+拉杆），kN；

P_t——上托力，kN；

T_{zd}——平面闸门滚轮摩阻力，kN，$T_{zd}=\frac{P}{R}(f_1r+f)$；

P——平面闸门总水压力，kN；

R——主轮半径，m；

r——主轮轴半径，m；

f_1——滑动轴承摩擦系数，m；

f——滚动摩擦力臂，m；

T_{zs}——平面闸门设计水头止水摩阻力，kN，$T_{zs}=P_sf_3$；

f_3——止水滑动摩擦系数，取0.5；

P_s——作用在止水上的压力，kN。

10.2.8.4 平板闸门启门力计算方法

平板闸门启门力计算方法见式（10.2-4）。

$$F_Q=n_T(T_{zd}+T_{zs})+n_g'G+P_x+G_j+W_s \quad (10.2-4)$$

式中 n_g'——计算启门力时的闸门自重修正系数，取1.1；

G_j——平板闸门配重重量，kN；

P_x——闸门下吸力，kN。

10.3 泄水建筑物金属结构安全评价

10.3.1 东溢洪道金属结构安全评价

10.3.1.1 质量检测

2024年东溢洪道金属结构和机电设备安全检测的主要结果及与2014年对比如图10.3-1所示和见表10.3-1。

（a）闸门外观整体（2014年）

（b）闸门外观整体（2024年）

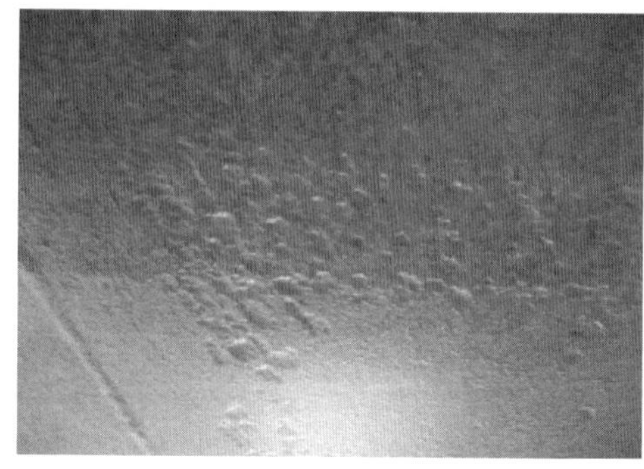

（c）闸门迎水面下部腐蚀（2014年）

（d）闸门迎水面下部涂层老化（2024年）

（e）迎水面止水螺栓腐蚀（2014年）

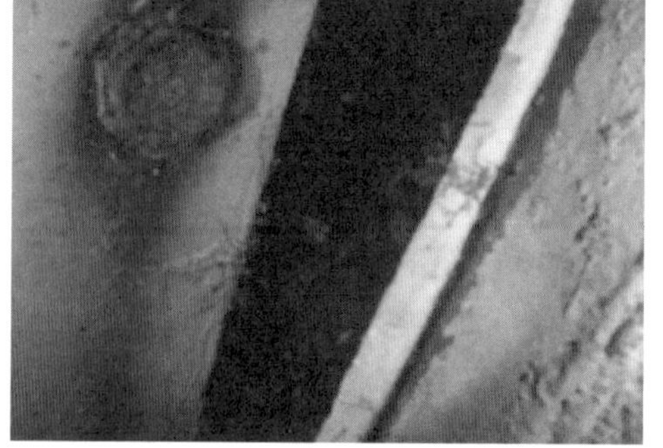

（f）底部止水压板连接螺栓腐蚀（2024年）

图10.3-1（一） 东溢洪道金属结构和机电设备安全检测的主要结果及与2014年对比

(g) 主梁腐蚀状况(2014年)

(h) 主梁腐蚀状况(2024年)

(i) 启闭机开式齿轮副制造缺陷(2014年)

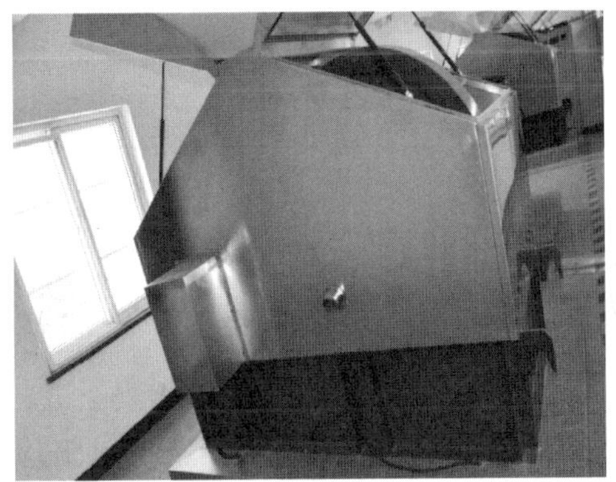
(j) 更新的启闭机现状(2024年)

图 10.3-1(二) 东溢洪道金属结构和机电设备安全检测的主要结果及与 2014 年对比

表 10.3-1 东溢洪道金属结构和机电设备安全检测的主要结果及与 2014 年对比

项目	2014 年安全检查和检测	2024 年安全检查和检测
闸门外观质量	闸门整体状况完好。 ①闸门局部存在腐蚀，工作闸门主横梁易积水（污物）部位（靠近前翼缘局部区域）锈皮脱落，局部区域老锈坑密集或连接成锈塘，腐蚀坑深 2～4mm。 ②工作闸门少数小横梁（左闸门 3 号、4 号、7 号、8 号小横梁）局部区域深锈坑密集或成锈塘，腐蚀坑深 2～3mm；其余小横梁分布零星的较深老锈坑。 ③检修闸门整体完好，表面局部区域锈迹斑斑，但未见锈坑	闸门整体状况完好。 ①闸门腐蚀程度加剧，工作闸门整体面漆老化，闸门结构（面板、主梁、侧轮、吊耳等）腐蚀程度较 2014 年加剧。 ②止水橡胶老化、止水压板连接螺栓腐蚀。 ③闸门上主梁右侧翼板对接焊缝表面飞溅，成型不良，附近存在较大凹坑
工作闸门腐蚀量	选择左侧闸门检查。 总体平均腐蚀量 0.73mm，平均腐蚀速率 0.028mm/年；严重部位平均腐蚀量 3mm 左右，平均腐蚀速率 0.1mm/年	选择左侧闸门检查，腐蚀程度为 B 级，一般腐蚀。 ①面板背水侧和主梁腹板的平均腐蚀量、平均腐蚀速率和最大腐蚀量均相对较大。平均腐蚀量分别为 0.70mm 和 1.57mm，平均腐蚀速率分别为 0.02mm/年和 0.045mm/年，最大腐蚀量分别为 1mm 和 3.00mm。 ②主梁、纵梁、过梁和支臂的后翼板及腹板平均腐蚀量相对较小，为 0.16～0.24mm

续表

项目	2014年安全检查和检测	2024年安全检查和检测
工作闸门焊缝	焊缝质量良好。有未焊透缺陷，但未焊透深度未超过GB/T 14173规定要求	一类焊缝抽检比例40.8%，二类焊缝抽检比例24.2%，左侧闸门焊缝无损检测位置示意图如图10.3-2所示，焊缝质量符合规范要求，未发现超标缺陷
材料检测	主要材料为Q235（A3）钢，与设计图纸一致	—
启闭机	运行状况良好，无设备铭牌，控制柜开度仪表显示不准确，启闭机开式齿轮副存在制造缺陷	于2022年更换，现运行状况良好，有设备铭牌。①启闭机室内墙壁局部表面开裂。②启闭机开式齿轮副和钢丝绳等部位缺少润滑保养，钢丝绳与闸门吊耳连接部位的绳扣出现腐蚀。③启闭机动力线路和控制保护线路敷设凌乱
启闭力	小于启闭机额定容量，满足要求	启门力202.8kN，小于启闭机额定容量（2×150kN），闭门靠自重实现，满足要求

（1）根据《北京市怀柔水库大坝安全评价报告（2015年）》，2014年安全检查和质量检测时，闸门和启闭机总体质量较好，主要构件强度和刚度均满足安全运行要求，启闭机设备运行良好。存在的缺陷是，闸门存在局部腐蚀，启闭机无设备铭牌，控制柜开度仪表显示不准确，启闭机开式齿轮副存在制造缺陷。

（2）本次金属结构和机电设备安全检测结果表明，闸门和启闭机的总体质量较好，使用上基本安全。主要缺陷是：①闸门结构（面板、主梁、侧轮、吊耳等）腐蚀程度较2014年加剧，腐蚀程度为B级，一般腐蚀，涂层老化；②止水橡胶老化、止水压板连接螺栓腐蚀；③闸门上主梁右侧翼板对接焊缝表面飞溅，成型不良，附近存在较大凹坑；④启闭机室内墙壁局部表面开裂；⑤启闭机开式齿轮副和钢丝绳等部位缺少润滑保养，钢丝绳与闸门吊耳连接部位的绳扣出现腐蚀；⑥启闭机动力线路和控制保护线路敷设凌乱。

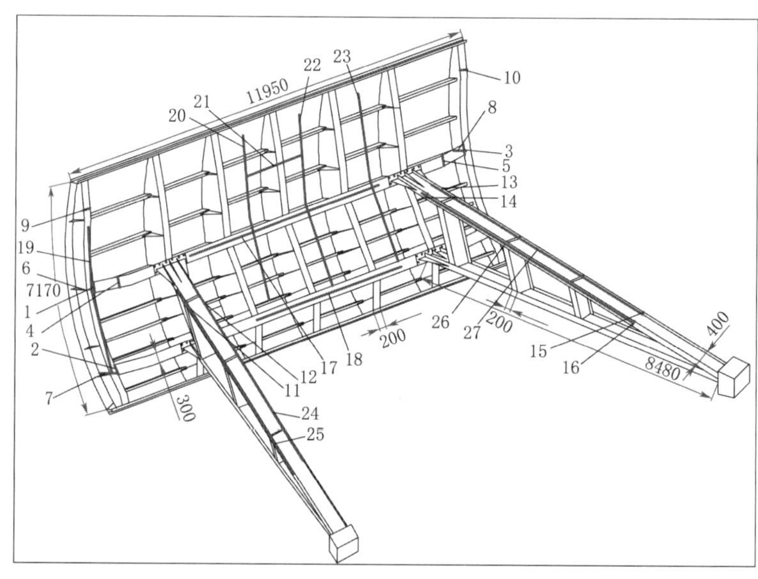

图10.3-2 左侧闸门焊缝无损检测位置示意图（图中数字为无损检测点位编号）/mm

10.3.1.2 闸门结构应力变形复核计算

1. 计算模型、参数和工况

东溢洪道工作闸门计算模型及网格划分如图 10.3-3 所示，模型尺寸与设计图纸一致。计算模型共划分 1307152 个实体单元，计算模型的约束条件为底部采用竖直方向的支撑约束，闸门滑块处采用水平约束，支铰底部采用固定约束。

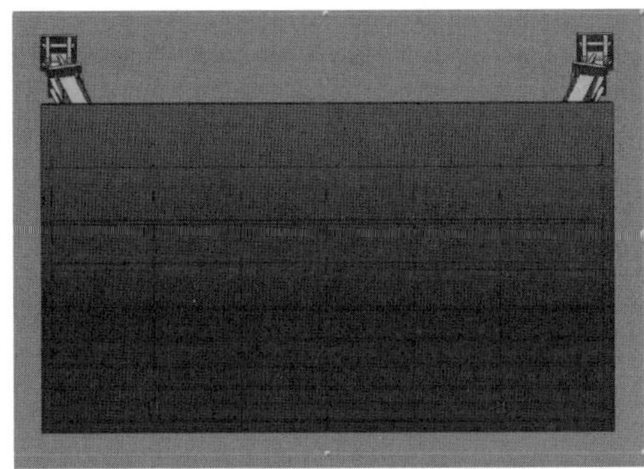

(a) 闸门迎水面视图

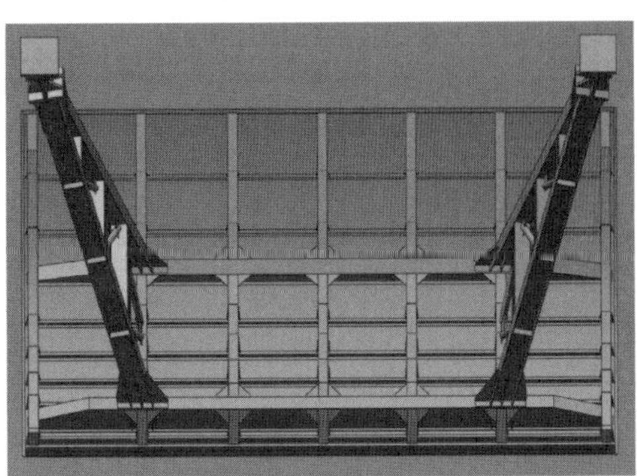

(b) 闸门背水面视图

(c) 模型网格划分及约束条件

(d) 模型荷载

图 10.3-3 东溢洪道工作闸门计算模型及网格划分示意图

根据 SL 74—2019《水利水电工程钢闸门设计规范》，对许用应力均进行折减，折减系数取 0.855（重要性系数取 0.95，闸门使用时间超过 30 年，时间系数取 0.90）。闸门结构材料为 A3 钢（新标准为 Q235 碳素结构钢），其折减后的许用应力 136.8MPa（$\delta \leqslant 16$mm）和 128.25MPa（$\delta < 16 \sim 40$mm）。钢材弹性模量取 206GPa，泊松比 0.3。

数值模拟计算工况为正常蓄水位工况，即取库水位 62.00m。

2. 主要计算结果

正常蓄水位下，东溢洪道弧形闸门应力与变形计算结果统计见表 10.3-2，闸门整体应力和变形计算结果如图 10.3-4 所示，闸门主要构件应力和变形计算结果如图 10.3-5 所示。可见，各构件的最大应力与最大变形计算值均小于许用值，满足 SL 74—2019《水利水电工程钢闸门设计规范》要求。

表 10.3-2　　东溢洪道弧形闸门应力与变形计算结果统计表

<table>
<tr><th rowspan="2">序号</th><th rowspan="2" colspan="2">部件名称</th><th colspan="3">最大应力值/MPa</th><th colspan="3">最大变形值/mm</th></tr>
<tr><th>仿真值</th><th>许用值</th><th>结果</th><th>变形</th><th>许用值</th><th>结果</th></tr>
<tr><td>1</td><td colspan="2">面板</td><td>57.98</td><td rowspan="17">136.8</td><td rowspan="17">满足要求</td><td>3.48</td><td>—</td><td>—</td></tr>
<tr><td rowspan="2">2</td><td rowspan="2">顶梁</td><td>前翼板、腹板</td><td>14.96</td><td>3.48</td><td rowspan="2">28.8
(L/250)</td><td rowspan="8">满足要求</td></tr>
<tr><td>后翼板</td><td>11.52</td><td>3.48</td></tr>
<tr><td rowspan="2">3</td><td rowspan="2">底梁</td><td>腹板</td><td>27.18</td><td>2.10</td><td rowspan="2">28.8
(L/250)</td></tr>
<tr><td>翼板</td><td>33.93</td><td>2.10</td></tr>
<tr><td rowspan="3">4</td><td rowspan="3">主梁</td><td>前翼板</td><td>25.26</td><td>2.71</td><td rowspan="3">12.0
(L/600)</td></tr>
<tr><td>腹板</td><td>79.87</td><td>2.73</td></tr>
<tr><td>后翼板</td><td>58.61</td><td>2.76</td></tr>
<tr><td>5</td><td colspan="2">次梁</td><td>87.61</td><td>3.04</td><td>28.8
(L/250)</td></tr>
<tr><td rowspan="2">6</td><td rowspan="2">边梁</td><td>腹板</td><td>32.13</td><td>2.91</td><td rowspan="2">—</td><td rowspan="2">—</td></tr>
<tr><td>翼板</td><td>30.01</td><td>2.96</td></tr>
<tr><td rowspan="2">7</td><td rowspan="2">纵梁</td><td>腹板</td><td>50.98</td><td>3.43</td><td rowspan="2">—</td><td rowspan="2">—</td></tr>
<tr><td>翼板</td><td>40.61</td><td>3.47</td></tr>
<tr><td rowspan="2">8</td><td rowspan="2">支臂</td><td>腹板</td><td>51.68</td><td>1.35</td><td rowspan="2">—</td><td rowspan="2">—</td></tr>
<tr><td>翼板</td><td>58.61</td><td>1.38</td></tr>
</table>

注　表中最大应力仿真值为去除集中应力后的应力值。

(a) 整体应力分布云图/MPa

(b) 整体变形分布云图/mm

图 10.3-4　闸门整体应力和变形计算结果

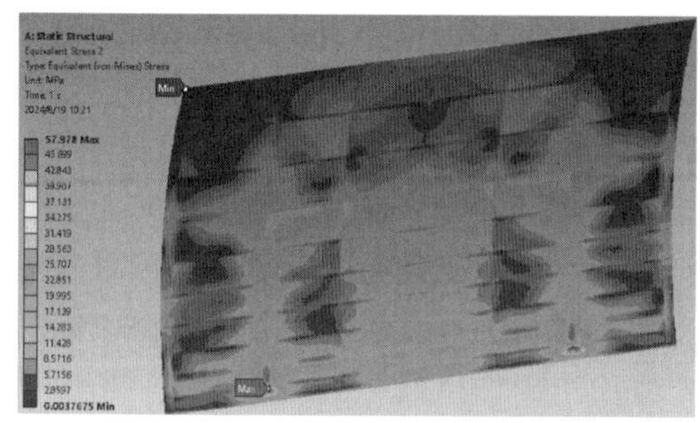

(a) 面板应力分布云图/MPa

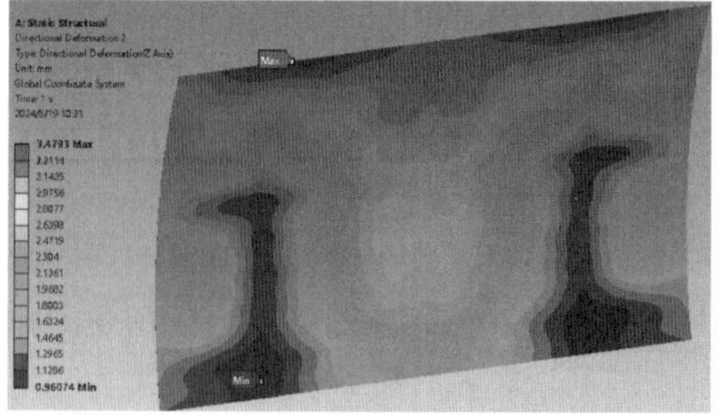

(b) 面板变形分布云图/mm

图 10.3-5（一）　闸门主要构件应力和变形计算结果

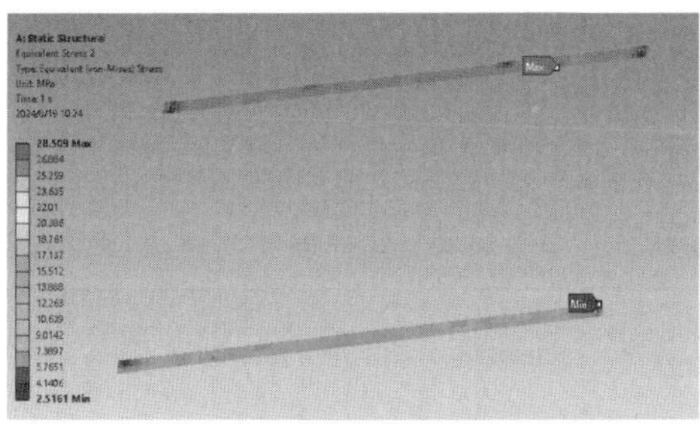
（c）主梁前翼板应力分布云图/MPa

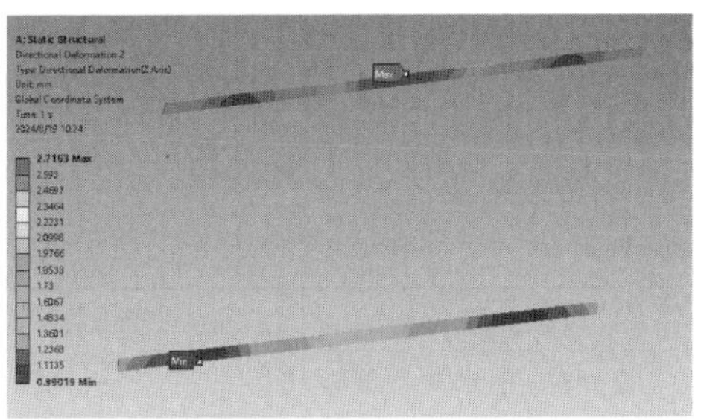
（d）主梁前翼板变形分布云图/mm

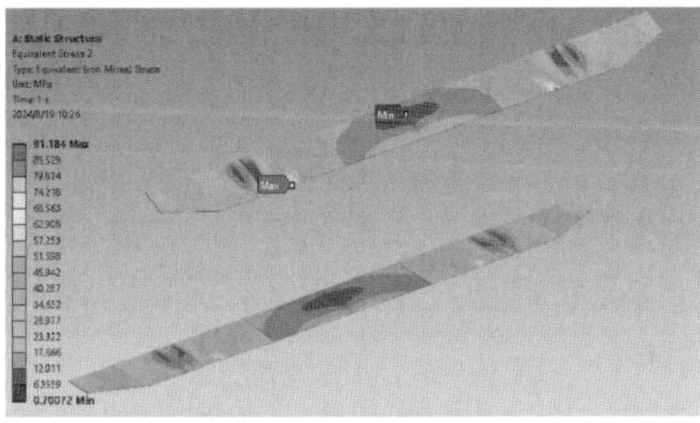
（e）主梁腹板应力分布云图/MPa

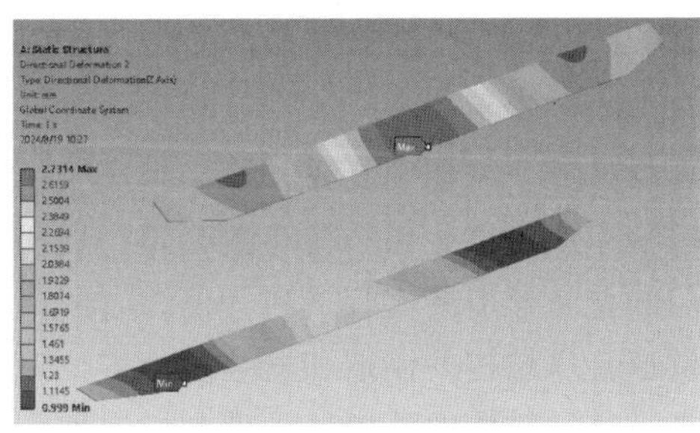
（f）主梁腹板变形分布云图/mm

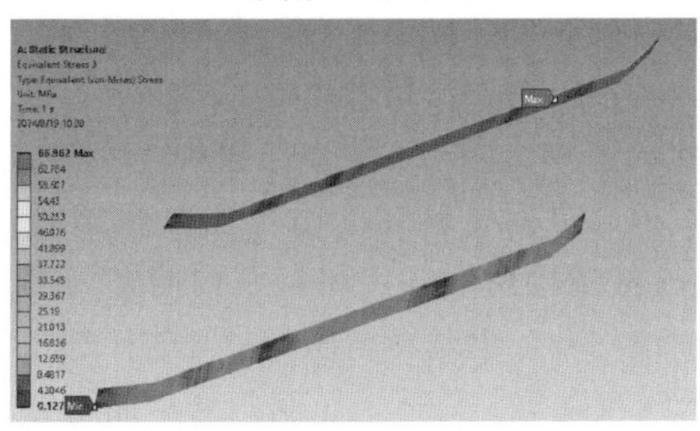
（g）主梁后翼板应力分布云图/MPa

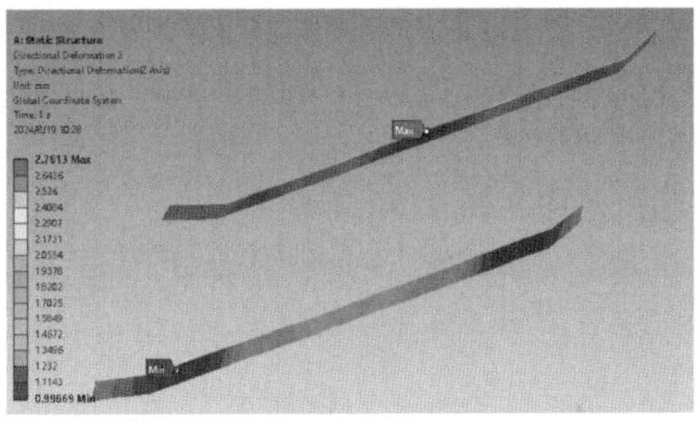
（h）主梁后翼板变形分布云图/mm

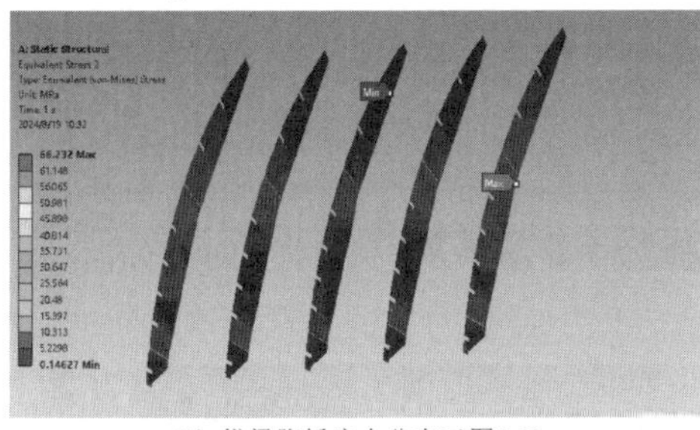
（i）纵梁腹板应力分布云图/MPa

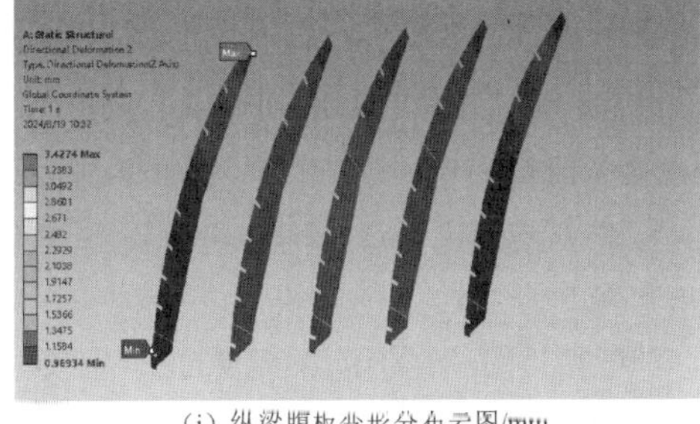
（j）纵梁腹板变形分布云图/mm

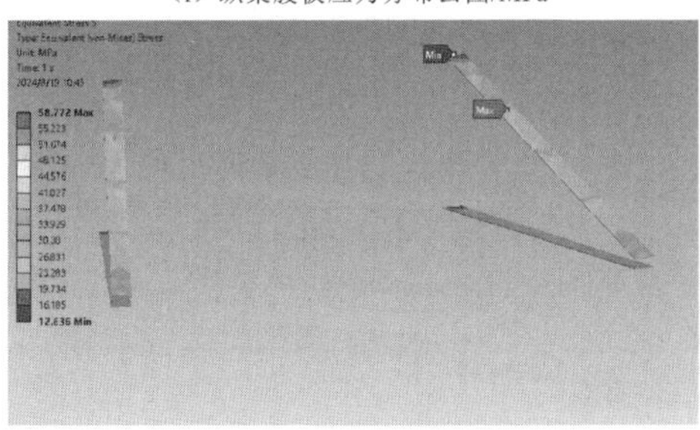
（k）支臂腹板应力分布云图/MPa

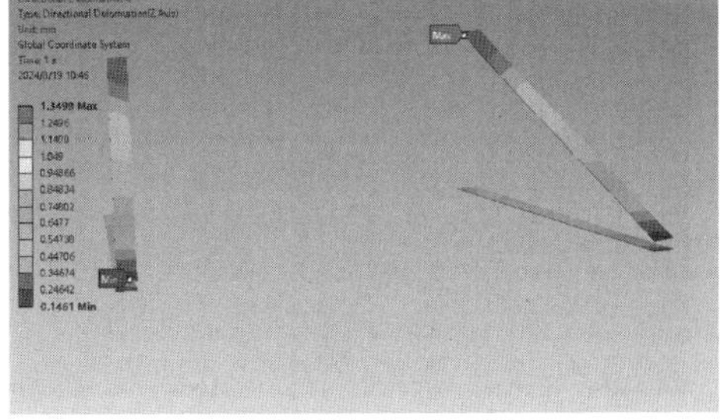
（l）支臂腹板变形分布云图/mm

图 10.3-5（二） 闸门主要构件应力和变形计算结果

10.3.1.3 启闭机容量复核

正常蓄水位下，东溢洪道弧形闸门启闭机容量复核计算参数和结果统计见表 10.3-3，可见：启门时，所选启闭机容量满足要求；闭门时，闸门可依靠自重完成。

表 10.3-3 东溢洪道弧形闸门启闭机容量复核计算参数和结果统计表 单位：kN

力臂/m					闸门自重	支铰摩阻力	止水摩阻力	计算启门力	计算闭门力	启闭机容量
转动力	支铰轴摩阻力	止水摩阻力	自重力臂	上托力						
9.65	0.125	9.5	6.97	9.4	223.0	642.5	13.17	202.80	−135.59	2×150

10.3.1.4 安全评价

现场检查、检测和复核计算结果表明：

(1) 东溢洪道金属结构布置合理，启闭机室内各设备无相互干扰问题。本次虽未收集到闸门的设备监造和安装资料，但综合闸门运行情况和现场安全检测结果分析，评价认为东溢洪道金属结构的制造和安装满足安全运行要求。

(2) 金属结构的强度、刚度和稳定性满足 SL 74—2019《水利水电工程钢闸门设计规范》要求，闸门的启门力小于启闭机的额定容量，闭门可靠自重实现，满足要求。

(3) 闸门和启闭机的总体质量较好，使用上基本安全，已超过报废折旧年限，但运行与维护状况较好。

(4) 存在的缺陷和问题是：闸门结构（面板、主梁、侧轮、吊耳等）腐蚀程度较2014 年加剧；涂层和止水橡胶老化、止水压板连接螺栓腐蚀；启闭机室内墙壁局部表面开裂；启闭机开式齿轮副和钢丝绳等部位缺少润滑保养，钢丝绳与闸门吊耳连接部位的绳扣出现腐蚀；启闭机动力线路和控制保护线路敷设凌乱等。总体上，闸门和启闭机存在的质量缺陷尚不严重影响正常使用。

10.3.2 西溢洪道金属结构安全评价

10.3.2.1 质量检测

2024 年西溢洪道金属结构和机电设备安全检测的主要结果及与 2014 年对比如图 10.3-6 所示和见表 10.3-4。

(a) 闸门外观整体(2014年)

(b) 闸门外观整体(2024年)

图 10.3-6（一） 西溢洪道金属结构和机电设备安全检测的主要结果及与 2014 年对比

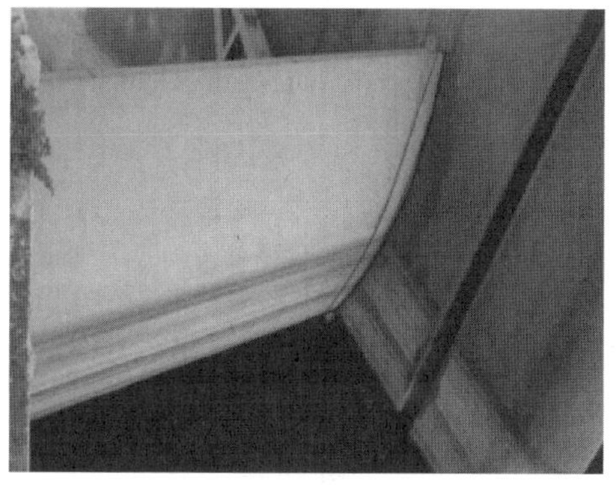

(c) 闸门迎水面下部腐蚀(2014年)

(d) 闸门迎水面下部腐蚀(2024年)

(e) 止水压板连接螺栓腐蚀(2014年)

(f) 止水压板连接螺栓腐蚀(2024年)

(g) 启闭机整体状况(2014年)

(h) 启闭机整体状况(2024年)

图 10.3-6(二) 西溢洪道金属结构和机电设备安全检测的主要结果及与2014年对比

表 10.3-4 西溢洪道金属结构和机电设备安全检测的主要结果及与2014年对比

项目	2014年安全检查和检测	2024年安全检查和检测
闸门外观质量	闸门整体状况完好。 ①闸门于2010年投入使用，使用时间较短，结构完好，闸门底止水压板及连接螺栓腐蚀	闸门整体状况完好。 ①工作闸门局部腐蚀。整体上面漆老化，闸门结构（面板、主梁、侧轮、吊耳等）存在轻微腐蚀。 ②止水橡胶老化、止水压板连接螺栓腐蚀

续表

项目	2014年安全检查和检测	2024年安全检查和检测
工作闸门腐蚀量	选择左侧闸门检查。总体平均腐蚀量0.36mm，平均腐蚀速率0.072mm/年	涂层基本完好，腐蚀程度为A级，轻微腐蚀
工作闸门焊缝	焊缝质量良好。有未焊透缺陷，但未焊透深度未超过GB/T 14173规定要求	一类焊缝抽检比例37.3%，二类焊缝抽检比例22.7%，右侧闸门焊缝无损检测位置示意图如图10.3-7所示，焊缝质量符合规范要求，未发现超标缺陷
材料检测	主要材料为Q345钢，与设计图纸一致	—
启闭机	运行状况良好。启闭机开式齿轮副大、小齿轮齿面存在齿宽方向划痕，深度较浅	运行状况良好。 ①机架上游处个别固定螺栓伸出长度过短。 ②启闭机开式齿轮副和钢丝绳等缺少润滑保养，钢丝绳与闸门吊耳连接部位的滑轮腐蚀。 ③启闭机动力线路和控制保护线路敷设凌乱，线路存在多处断头
启闭力	小于启闭机额定容量，满足要求	启门力191.99kN，小于启闭机额定容量（2×100kN），启闭机容量余量较小，闭门靠自重实现，满足要求

（1）根据《北京市怀柔水库大坝安全评价报告（2015年）》，2014年安全检查和质量检测时，闸门和启闭机总体质量较好，主要构件强度和刚度均满足安全运行要求，启闭机设备运行良好。存在的缺陷是，闸门存在局部腐蚀，叠梁陈旧、老化，胶木表面存在裂纹且局部区域破损严重，启闭机开式齿轮副大、小齿轮齿面存在齿宽方向划痕，但深度较浅。

（2）本次金属结构和机电设备安全检测结果表明，闸门和启闭机的总体质量较好，使用上基本安全。主要缺陷是：①闸门表面涂层完好，但是面漆老化，闸门腐蚀程度轻微；②止水橡胶老化、止水压板连接螺栓腐蚀；③启闭机开式齿轮副和钢丝绳等部位缺少润滑保养，钢丝绳与闸门吊耳连接部位缺少润滑保养，滑轮出现腐蚀现象；④左侧闸门启闭机机架上游处固定螺栓伸出长度过短；⑤启闭机动力线路和控制保护线路敷设凌乱，存在多处断头。

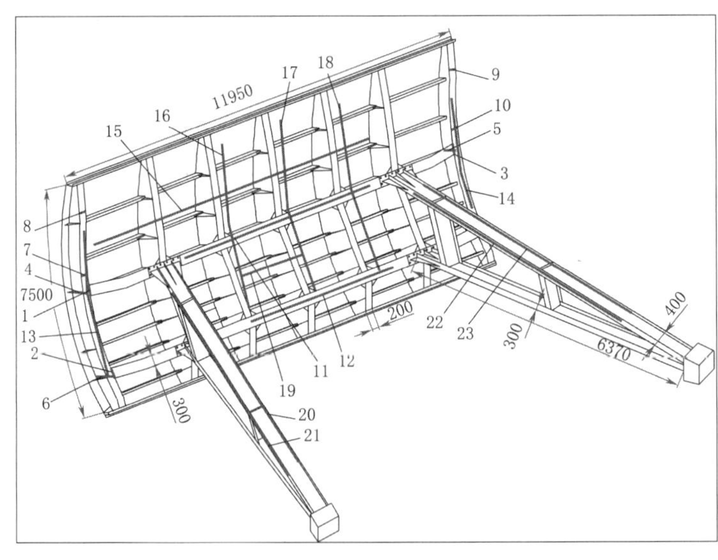

图10.3-7 右侧闸门焊缝无损检测位置示意图（图中数字为无损检测点位编号）/mm

10.3.2.2 闸门结构应力变形复核计算

1. 计算模型、参数和工况

西溢洪道工作闸门计算模型及网格划分如图 10.3-8 所示，模型尺寸与设计图纸一致。计算模型共划分 1656305 个实体单元，计算模型的约束条件为底部采用竖直方向的支撑约束，闸门滑块处采用水平约束，支铰底部采用固定约束。

(a) 闸门迎水面视图

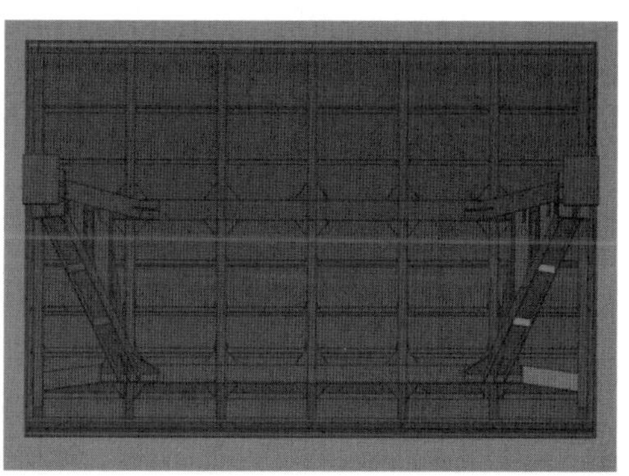

(b) 闸门背水面视图

(c) 模型网格划分及约束条件

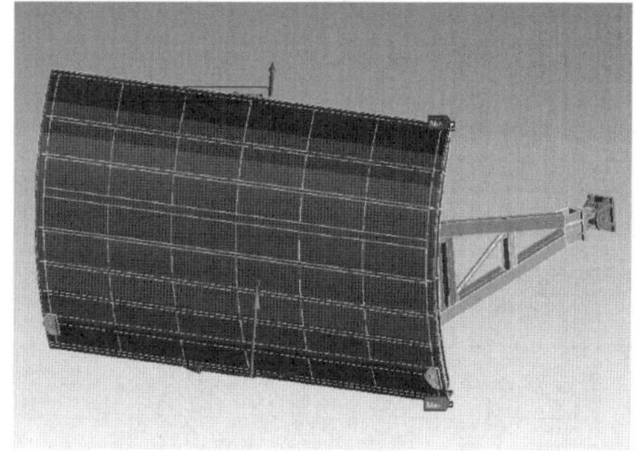

(d) 模型荷载

图 10.3-8 西溢洪道工作闸门计算模型及网格划分示意图

根据 SL 74—2019《水利水电工程钢闸门设计规范》，对许用应力均进行折减，折减系数取 0.95（重要性系数取 0.95，闸门使用时间未超过 30 年，时间系数取 1.0）。闸门结构材料为 Q345 钢，其折减后的许用应力 218.5MPa（$\delta \leqslant 16$mm）和 213.8MPa（$\delta <$ 16～40mm）。钢材弹性模量取 206GPa，泊松比 0.3。

数值模拟计算工况为正常蓄水位工况，即取库水位 62.00m。

2. 主要计算结果

正常蓄水位下，西溢洪道弧形闸门应力与变形计算结果统计见表 10.3-5，闸门整体应力和变形计算结果如图 10.3-9 所示，闸门主要构件应力和变形计算结果如图 10.3-10 所示。可见，各构件的最大应力与最大变形计算值均小于许用值，满足 SL 74—2019《水利水电工程钢闸门设计规范》要求。

表 10.3-5　　西溢洪道弧形闸门应力与变形计算结果统计表

序号	部件名称		最大当量应力值/MPa			最大变形值/mm		
			仿真值	许用值	结果	变形	许用值	结果
1	面板		39.34	218.5	满足要求	2.94	—	—
2	顶梁	前翼板、腹板	8.40			2.50	30.4 (L/250)	满足要求
		后翼板	13.81			2.50		
3	底梁	腹板	38.82			2.75	30.4 (L/250)	
		翼板	35.85			2.75		
4	主梁	前翼板	22.41			2.76	12.67 (L/600)	
		腹板	67.68			2.77		
		后翼板	58.39			2.80		
5	次梁		60.32			2.90	30.4 (L/250)	
6	边梁	腹板	27.57			2.24	—	—
		翼板	25.81			2.21		
7	纵梁	腹板	57.32			2.88	—	—
		翼板	36.39			2.87		
8	支臂	腹板	41.78			1.21	—	—
		翼板	44.09			1.23		

注　表中最大应力仿真值为去除集中应力后的应力值。

(a) 整体应力分布云图/MPa

(b) 整体变形分布云图/mm

图 10.3-9　闸门整体应力和变形计算结果

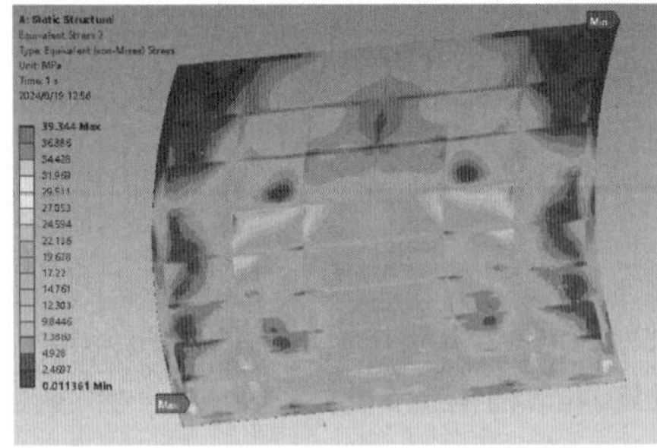

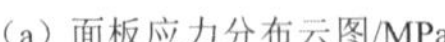

(a) 面板应力分布云图/MPa

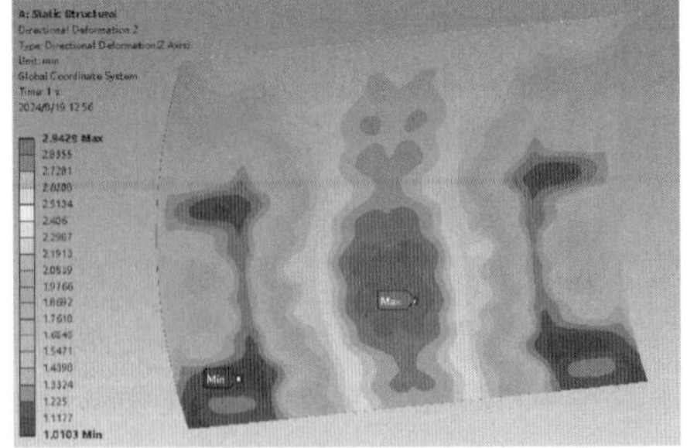

(b) 面板变形分布云图/mm

图 10.3-10（一）　闸门主要构件应力和变形计算结果

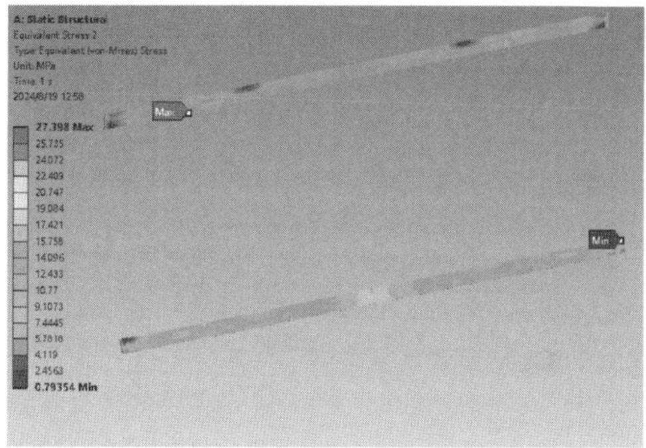

（c）主梁前翼板应力分布云图/MPa

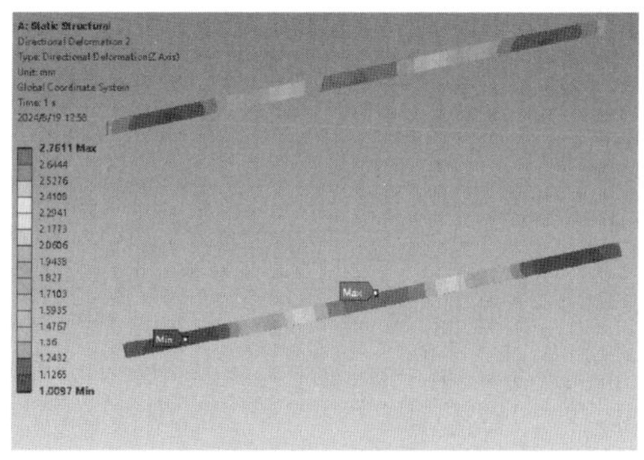

（d）主梁前翼板变形分布云图/mm

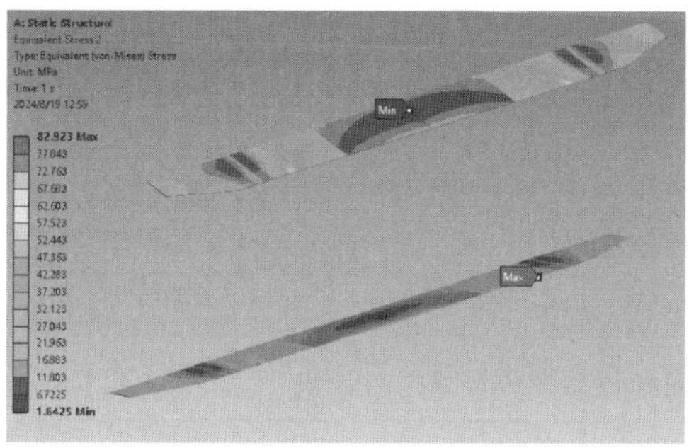

（e）主梁腹板应力分布云图/MPa

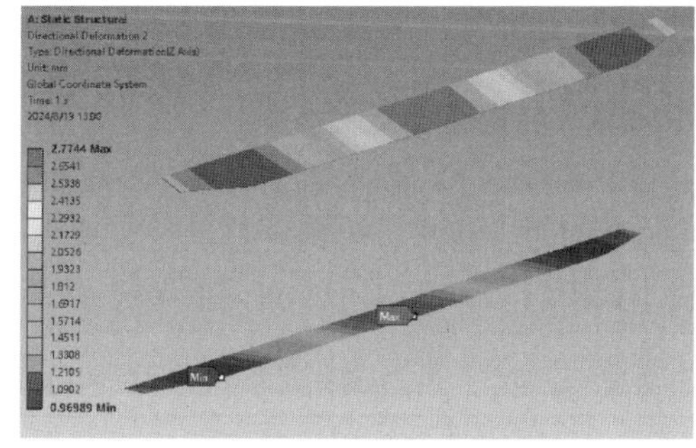

（f）主梁腹板变形分布云图/mm

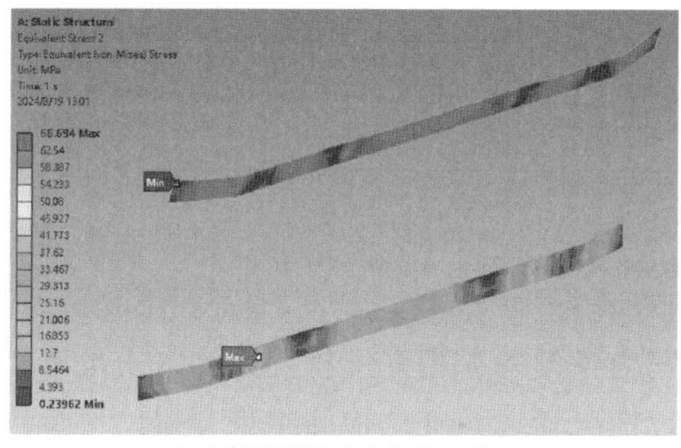

（g）主梁后翼板应力分布云图/MPa

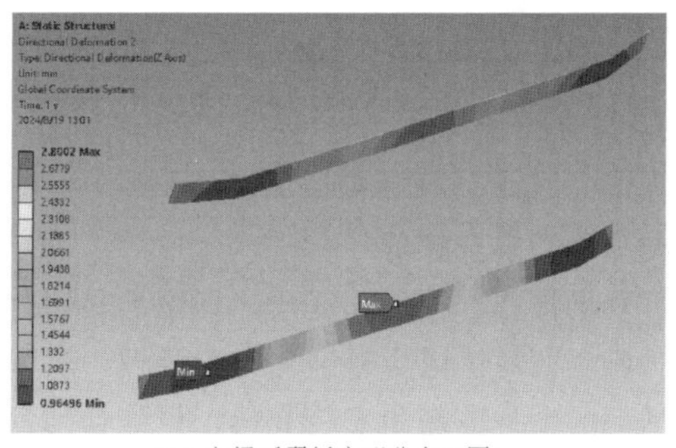

（h）主梁后翼板变形分布云图/mm

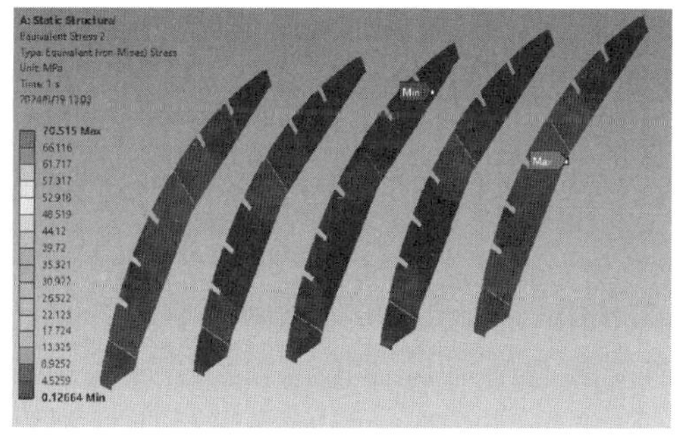

（i）纵梁腹板应力分布云图/MPa

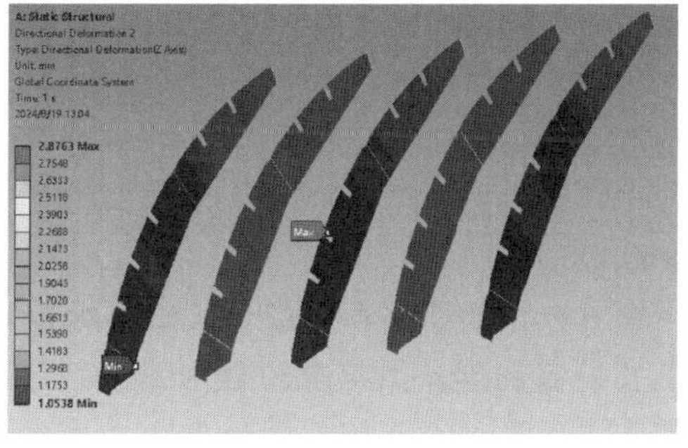

（j）纵梁腹板变形分布云图/mm

图 10.3-10（二） 闸门主要构件应力和变形计算结果

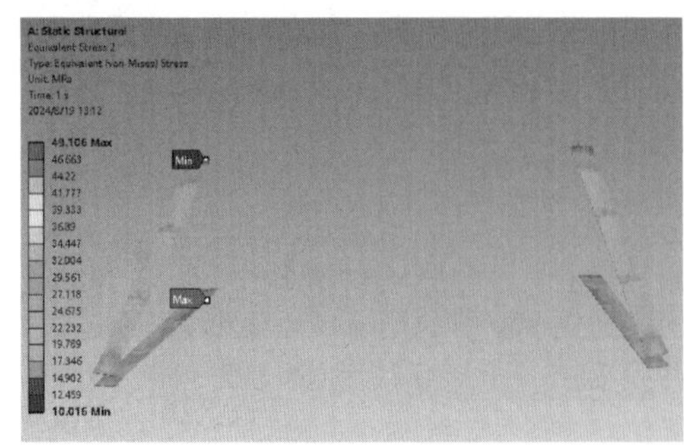

(k) 支臂腹板应力分布云图/MPa

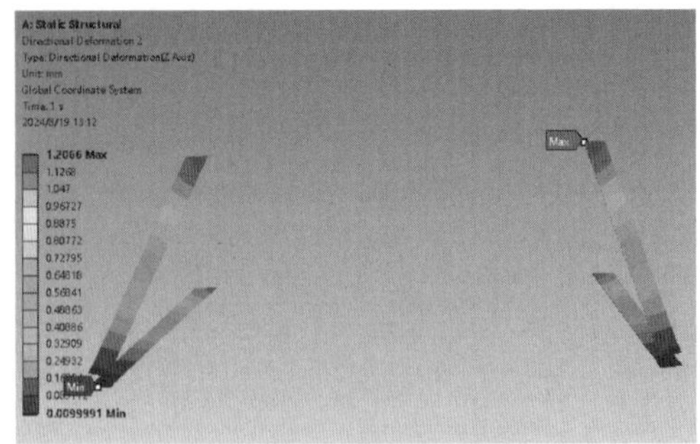

(l) 支臂腹板变形分布云图/mm

图 10.3-10(三) 闸门主要构件应力和变形计算结果

10.3.2.3 启闭机容量复核

正常蓄水位下，西溢洪道弧形闸门启闭机容量复核计算参数和结果统计见表 10.3-6，可见，启门时，所选启闭机容量满足要求，但是最大启门力接近启闭机容量，启闭机容量余量较小；闭门时，闸门可依靠自重完成。

表 10.3-6　西溢洪道弧形闸门启闭机容量复核计算参数和结果统计表　单位：kN

力臂/m					闸门自重	支铰摩阻力	止水摩阻力	计算启门力	计算闭门力	启闭机容量
转动力	支铰轴摩阻力	止水摩阻力	自重力臂	上托力						
7.65	0.13	7.5	5.5	7.4	198.0	618.0	19.38	191.99	−106.95	2×100

10.3.2.4 安全评价

现场检查、检测和复核计算结果表明：

(1) 西溢洪道金属结构布置合理，启闭机室内各设备无相互干扰问题。本次虽未收集到闸门的设备监造和安装资料，但综合闸门运行情况和现场安全检测结果分析，评价认为西溢洪道金属结构的制造和安装满足安全运行要求。

(2) 金属结构的强度、刚度和稳定性满足 SL 74—2019《水利水电工程钢闸门设计规范》要求，闸门的启门力小于启闭机的额定容量，闭门可靠自重实现，满足要求，但是启闭机容量的余量较小，应在启闭运行时加强观测。

(3) 闸门和启闭机的总体质量较好，使用上基本安全，未超过报废折旧年限，运行与维护状况较好。

(4) 存在的缺陷和问题是：涂层和止水橡胶老化、止水压板连接螺栓腐蚀；启闭机开式齿轮副和钢丝绳等部位缺少润滑保养，钢丝绳与闸门吊耳连接部位出现腐蚀，启闭机机架上游处个别固定螺栓伸出长度过短；启闭机动力线路和控制保护线路敷设凌乱，多处存在断头等。总体上，闸门和启闭机存在的质量缺陷尚不严重影响正常使用。

10.4 输水建筑物金属结构安全评价

10.4.1 输水隧洞进口闸安全评价

10.4.1.1 质量检测

2024年输水隧洞进口闸金属结构和机电设备安全检测的主要结果及与2014年对比如图10.4-1和表10.4-1所示。

(a) 进口闸背水侧(2014年)

(b) 进口闸背水侧(2024年)

(c) 主轮和侧导轮腐蚀(2014年)

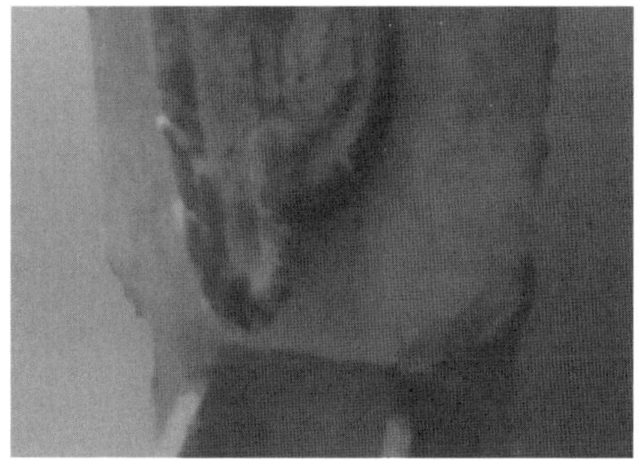

(d) 吊杆表面局部腐蚀(2024年)

图10.4-1 输水隧洞进口闸金属结构和机电设备安全检测的主要结果及与2014年对比

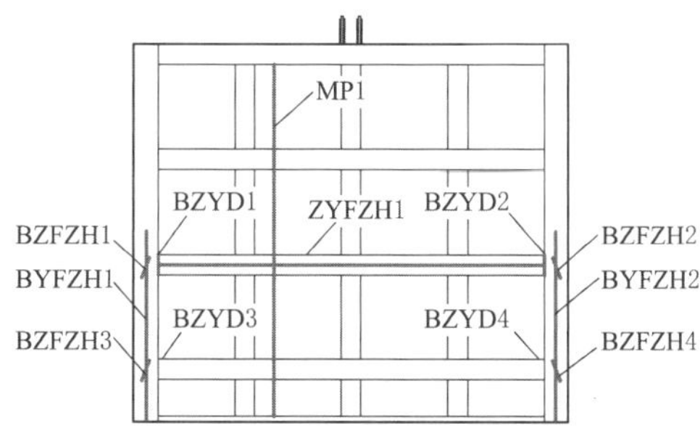

图10.4-2 闸门焊缝无损检测位置示意图

表 10.4-1 输水隧洞进口闸金属结构和机电设备安全检测的主要结果及与 2014 年对比

项目	2014 年安全检查和检测	2024 年安全检查和检测
闸门外观质量	闸门整体状况完好。迎水面局部区域腐蚀，止水压板及连接螺栓腐蚀，主轮及轮轴表面有 0.5～1mm 深锈坑	闸门整体状况完好。 ①闸门顶梁腹板表面附有一层泥垢，主梁、纵梁和边梁翼板局部涂层老化，表面有轻微锈迹。 ②吊杆局部表面腐蚀，止水压板连接螺栓腐蚀，轨道局部腐蚀
工作闸门腐蚀量	总体平均腐蚀量 0.48mm，平均腐蚀速率 0.044mm/年	腐蚀程度为 B 级，一般腐蚀。总体平均腐蚀量 0.02 ～ 0.05mm，最大腐蚀量 0.03 ～ 0.54mm，平均腐蚀速率 0.001～0.01mm/年
工作闸门焊缝	焊缝质量良好。有未焊透缺陷，但未焊透深度未超过 GB/T14173 规定要求	一类焊缝抽检 8 条，共 2.4m，二类焊缝抽检 4 条共 7.6m，闸门焊缝无损检测位置示意图如图 10.4-2 所示，焊缝质量符合规范要求，未发现超标缺陷
材料检测	主要材料为 Q235 钢，与设计图纸一致	—
启闭机	运行状况良好。 ①电动机铭牌标注不正确。 ②闸门下降时，下限行程开关不灵。 ③启闭机开式齿轮副大、小齿轮轮齿齿面存在轻微咬合磨损或损伤	运行状况良好。 ①启闭机开式齿轮副和钢丝绳等部位缺少润滑保养，钢丝绳与闸门吊耳连接部位的滑轮腐蚀。 ②启闭机主控柜底部线路敷设凌乱
启闭力	小于启闭机额定容量，满足要求	启门力 243.26kN，小于启闭机额定容量(250kN)，启闭机容量余量较小，闭门靠自重实现，满足要求

（1）根据《北京市怀柔水库大坝安全评价报告（2015 年）》，2014 年安全检查和质量检测时，闸门和启闭机总体质量较好，主要构件强度和刚度均满足安全运行要求，启闭机设备运行良好。存在的缺陷是，闸门迎水面局部腐蚀，止水压板及连接螺栓腐蚀，主轮及轮轴表面有 0.5～1mm 锈坑，启闭机电动机铭牌标注不准确，启闭机下降时，下限行程开关不灵，启闭机开式齿轮副大、小齿轮轮齿齿面存在轻微咬合磨损或损伤。

（2）本次金属结构和机电设备安全检测结果表明，闸门和启闭机的总体质量较好，使用上基本安全。主要缺陷是：①闸门顶梁腹板表面附有一层泥垢，主梁、纵梁和边梁翼板局部涂层老化，表面有轻微锈迹；②吊杆局部表面腐蚀，止水压板连接螺栓腐蚀，轨道局部腐蚀；③启闭机开式齿轮副和钢丝绳等部位缺少润滑保养；④启闭机主控柜底部线路敷设凌乱。

10.4.1.2 闸门结构应力变形复核计算

1. 计算模型、参数和工况

输水隧洞进口闸闸门计算模型及网格划分如图 10.4-3 所示，模型尺寸与设计图纸一致。计算模型共划分 994899 个实体单元，计算模型的约束条件为底部采用竖直方向的支撑约束，闸门滑块处采用水平约束，闸门主轮轴采用沿水流方向的约束。

根据 SL 74—2019《水利水电工程钢闸门设计规范》，对许用应力均进行折减，折减系数取 0.95（重要性系数取 0.95，闸门使用时间未超过 30 年，时间系数取 1.0）。闸门

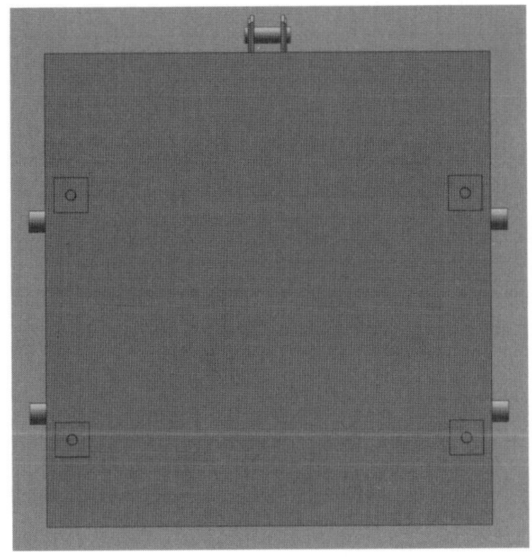

(a) 闸门迎水面视图

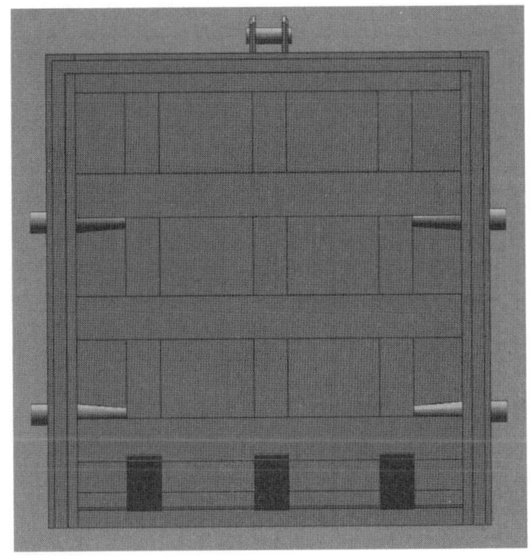

(b) 闸门背水面视图

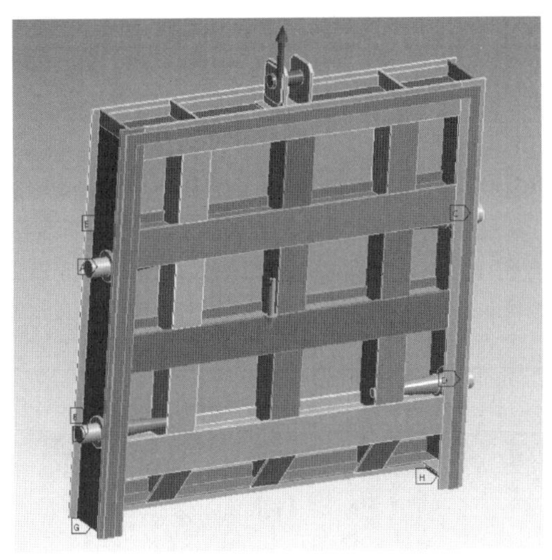

(c) 模型网格划分及约束条件

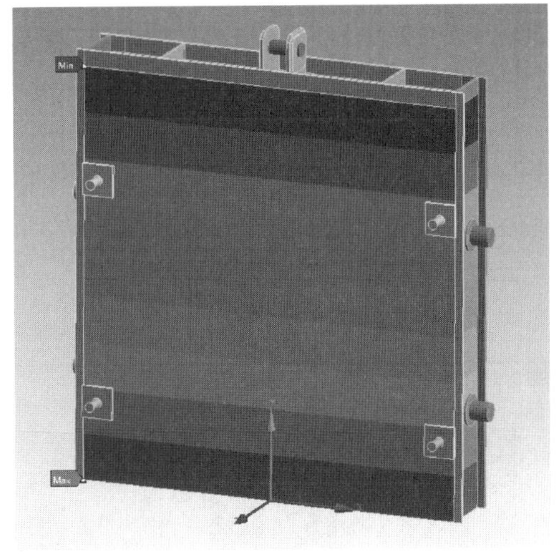

(d) 模型荷载

图 10.4-3 输水隧洞进口闸闸门计算模型及网格划分示意图

结构材料为 Q235 钢，其折减后的许用应力 152MPa（$\delta \leqslant 16$mm）和 142.5MPa（$\delta < 16 \sim 40$mm）。钢材弹性模量取 206GPa，泊松比 0.3。

数值模拟计算工况为取闸门设计水头 10.7m，即取库水位 62.70m。

2. 主要计算结果

输水隧洞进口闸闸门应力与变形计算结果统计见表 10.4-2，闸门整体应力和变形计算结果如图 10.4-4 所示，闸门主要构件应力和变形计算结果如图 10.4-5 所示。可见，各构件的最大应力与最大变形计算值均小于许用值，满足 SL 74—2019《水利水电工程钢闸门设计规范》要求。

表 10.4-2　　输水隧洞进口闸闸门应力与变形计算统计表

<table>
<tr><th rowspan="2">序号</th><th rowspan="2" colspan="2">部件名称</th><th colspan="3">最大应力值/MPa</th><th colspan="3">最大变形值/mm</th></tr>
<tr><th>仿真值</th><th>许用值</th><th>结果</th><th>变形</th><th>许用值</th><th>结果</th></tr>
<tr><td>1</td><td colspan="2">面板</td><td>38.38</td><td rowspan="12">152</td><td rowspan="12">满足要求</td><td>0.96</td><td>—</td><td>—</td></tr>
<tr><td rowspan="3">2</td><td rowspan="3">顶主梁</td><td>前翼板</td><td>22.04</td><td>0.75</td><td>3.68
(L/750)</td><td rowspan="7">满足要求</td></tr>
<tr><td>腹板</td><td>30.87</td><td>0.71</td><td>3.68
(L/750)</td></tr>
<tr><td>后翼板</td><td>34.11</td><td>0.75</td><td>3.68
(L/750)</td></tr>
<tr><td>3</td><td colspan="2">底梁</td><td>34.54</td><td>0.92</td><td>11.04
(L/250)</td></tr>
<tr><td rowspan="3">4</td><td rowspan="3">主梁</td><td>前翼板</td><td>73.63</td><td>0.82</td><td>3.68
(L/750)</td></tr>
<tr><td>腹板</td><td>43.25</td><td>0.81</td><td>3.68
(L/750)</td></tr>
<tr><td>后翼板</td><td>46.98</td><td>0.84</td><td>3.68
(L/750)</td></tr>
<tr><td rowspan="2">5</td><td rowspan="2">边梁</td><td>腹板</td><td>58.96</td><td>0.53</td><td rowspan="2">—</td><td rowspan="2">—</td></tr>
<tr><td>翼板</td><td>37.23</td><td>0.55</td></tr>
<tr><td rowspan="2">6</td><td rowspan="2">纵梁</td><td>腹板</td><td>38.33</td><td>0.92</td><td rowspan="2">—</td><td rowspan="2">—</td></tr>
<tr><td>翼板</td><td>46.14</td><td>0.92</td></tr>
</table>

注　表中最大应力仿真值为去除集中应力后的应力值。

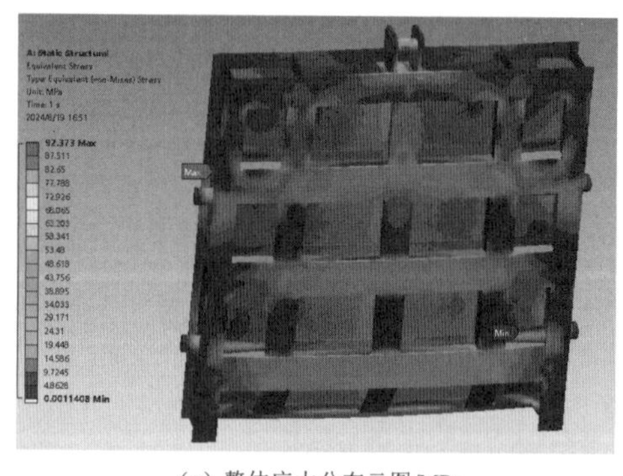

(a) 整体应力分布云图/MPa

(b) 整体变形分布云图/mm

图 10.4-4　闸门整体应力和变形计算结果

10.4.1.3　启闭机容量复核

输水隧洞进口闸启闭机容量复核计算参数和结果统计见表 10.4-3。可见，启门时，所选启闭机容量满足要求，但是最大启门力接近启闭机容量，启闭机容量余量较小；闭门时，闸门可依靠自重完成。

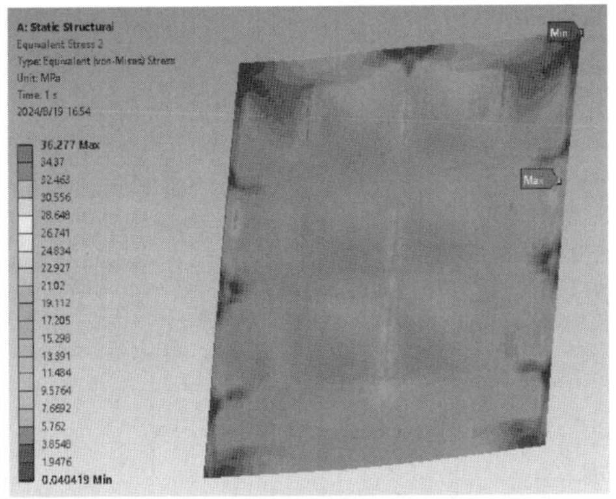

(a) 面板应力分布云图/MPa

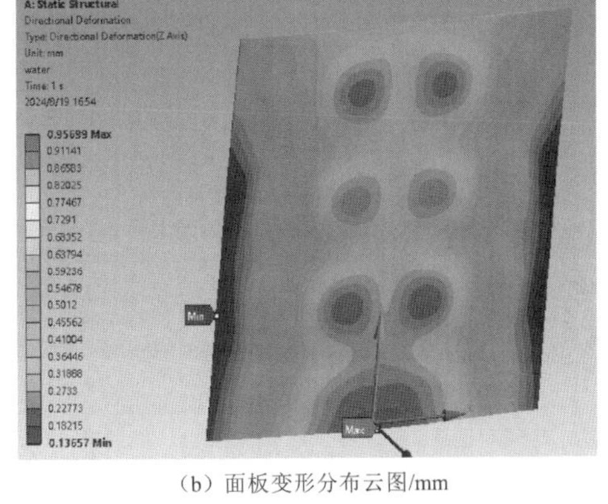

(b) 面板变形分布云图/mm

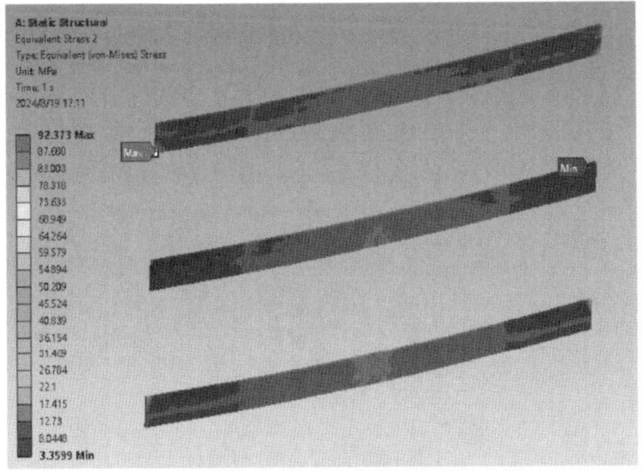

(c) 主梁前翼板应力分布云图/MPa

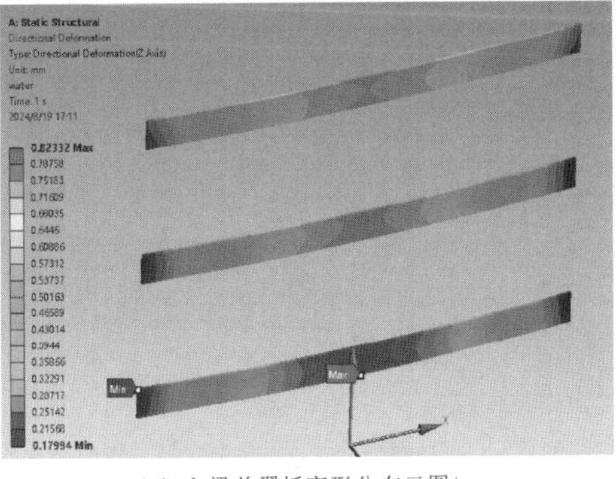

(d) 主梁前翼板变形分布云图/mm

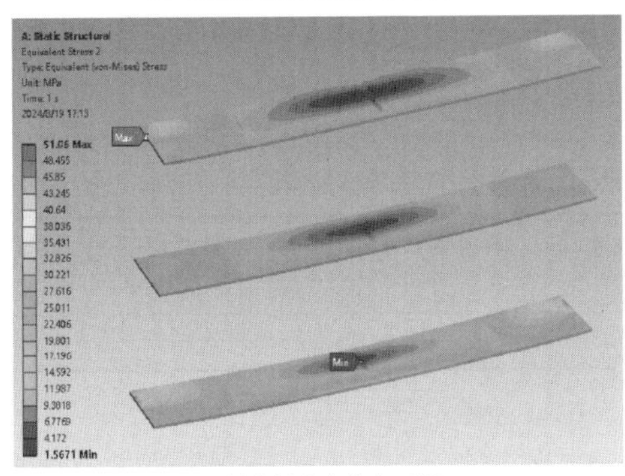

(e) 主梁腹板应力分布云图/MPa

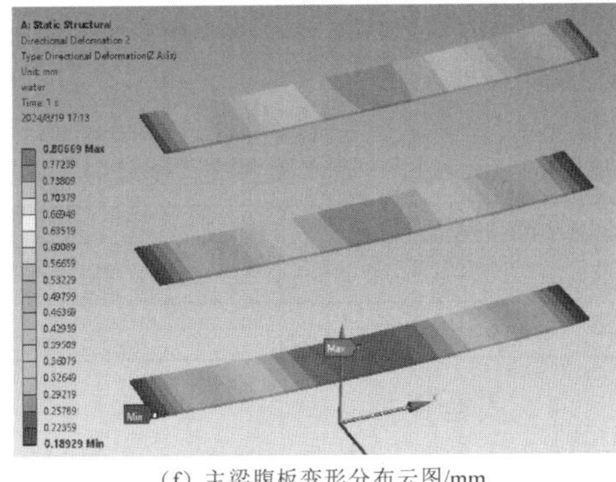

(f) 主梁腹板变形分布云图/mm

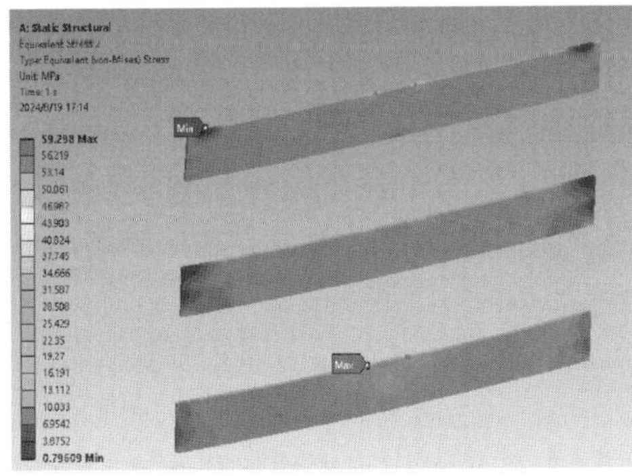

(g) 主梁后翼板应力分布云图/MPa

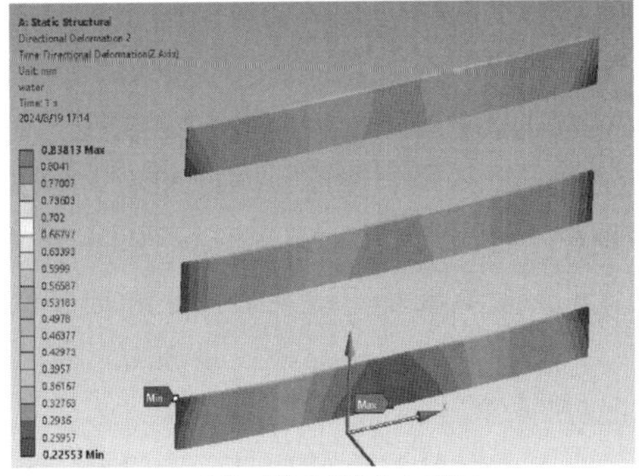

(h) 主梁后翼板变形分布云图/mm

图 10.4-5(一) 闸门主要构件应力和变形计算结果

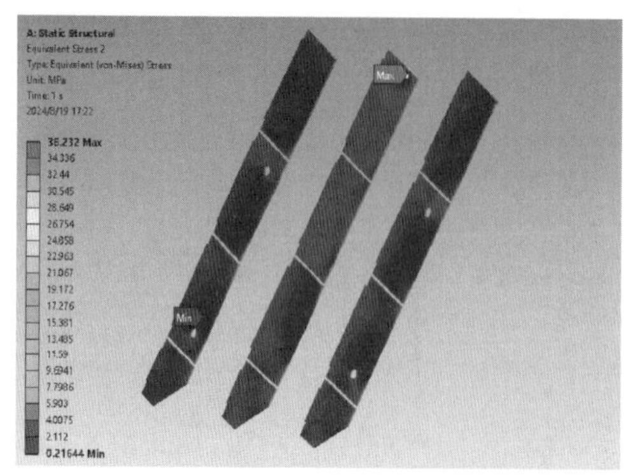

(i) 纵梁腹板应力分布云图/MPa

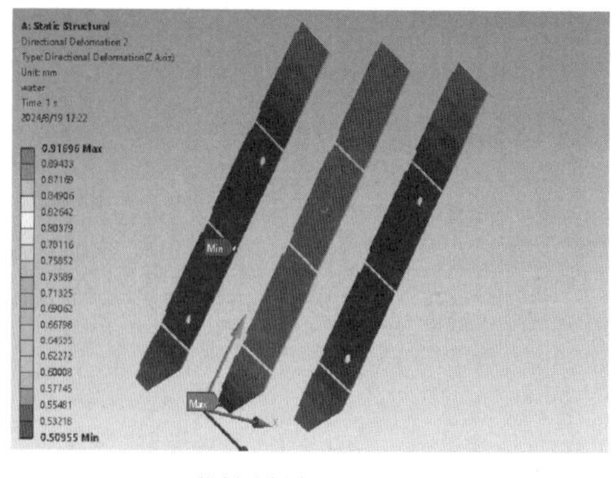

(j) 纵梁腹板变形分布云图/mm

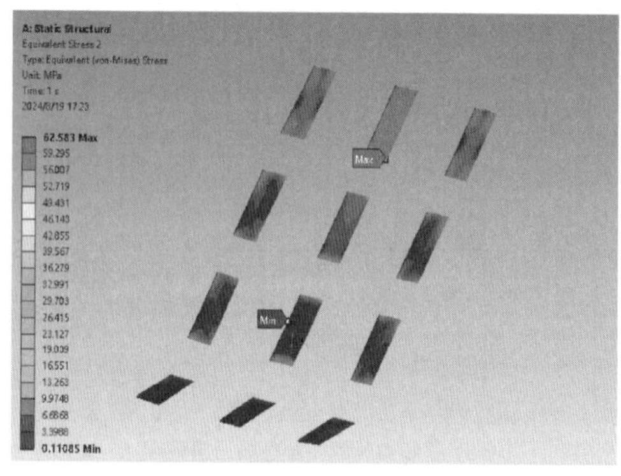

(k) 纵梁翼板应力分布云图/MPa

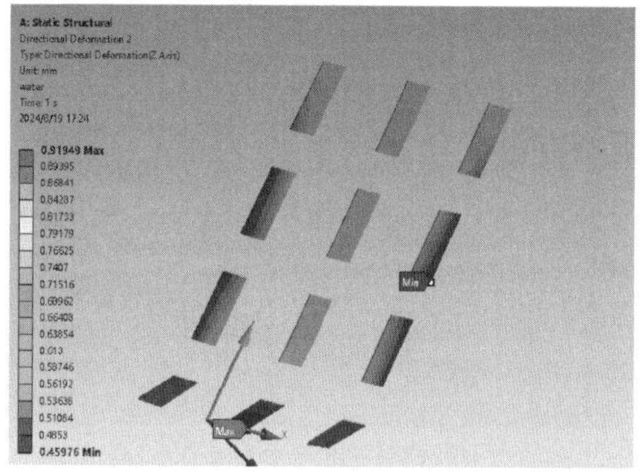

(l) 纵梁翼板变形分布云图/mm

图 10.4-5(二) 闸门主要构件应力和变形计算结果

表 10.4-3 输水隧洞进口闸启闭机容量复核计算参数和结果统计表

闸门自重/kN	滚轮摩阻力/kN	总水压力/kN	主轮半径/m	主轮轴半径/m	止水摩阻力/kN	闸顶水柱压力/kN	计算启门力/kN	计算闭门力/kN	启闭机容量/kN
44.0	55.5	632.27	0.225	0.055	43.22	93.26	243.26	−35.66	250

10.4.1.4 安全评价

现场检查、检测和复核计算结果表明:

(1) 输水隧洞进口闸金属结构布置合理,启闭机室内各设备无相互干扰问题。本次虽未收集到闸门的设备监造和安装资料,但综合闸门运行情况和现场安全检测结果分析,评价认为进口闸金属结构的制造和安装满足安全运行要求。

(2) 金属结构的强度、刚度和稳定性满足 SL 74—2019《水利水电工程钢闸门设计规范》要求,闸门的启门力小于启闭机的额定容量,闭门可靠自重实现,满足要求,但是启闭机容量的余量较小,应在启闭运行时加强观测。

(3) 闸门和启闭机总体质量较好,使用上基本安全,未超过报废折旧年限,运行与维护状况较好。

(4) 存在的缺陷和问题是:涂层和止水橡胶老化、止水压板连接螺栓腐蚀;启闭机开式齿轮副和钢丝绳等部位缺少润滑保养;启闭机主控柜线路敷设凌乱等。总体上,闸门和启闭机存在的质量缺陷尚不严重影响正常使用。

10.4.2 输水隧洞出口闸金属结构安全评价

10.4.2.1 质量评价

2024 年输水隧洞出口闸金属结构和机电设备安全检测的主要结果及与 2014 年对比如图 10.4-6 和表 10.4-4 所示。

(a) 出口闸迎水侧面板(2014年)

(b) 出口闸迎水侧面板(2024年)

(c) 出口闸背水侧(2014年)

(d) 出口闸背水侧(2024年)

(e) 主梁与支臂连接处腐蚀(2014年)

(f) 主梁与支臂连接处腐蚀(2024年)

图 10.4-6 (一) 输水隧洞出口闸金属结构和机电设备安全检测的主要结果及与 2014 年对比

(g) 底部止水橡胶老化破损(2014年)

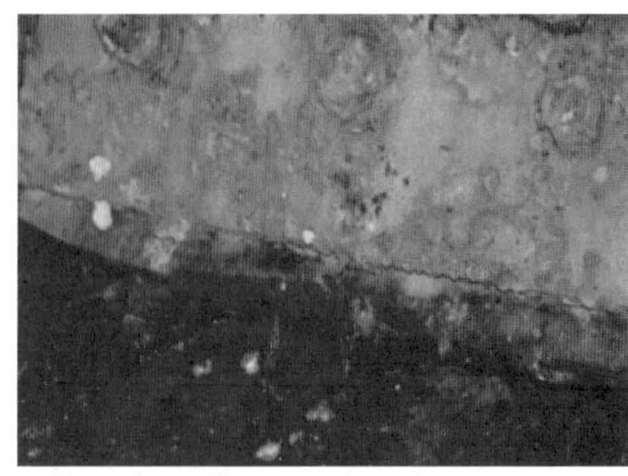
(h) 底部止水橡胶老化破损(2024年)

(i) 启闭机整体状况(2014年)

(j) 启闭机整体状况(2024年)

(k) 主控柜(2014年)

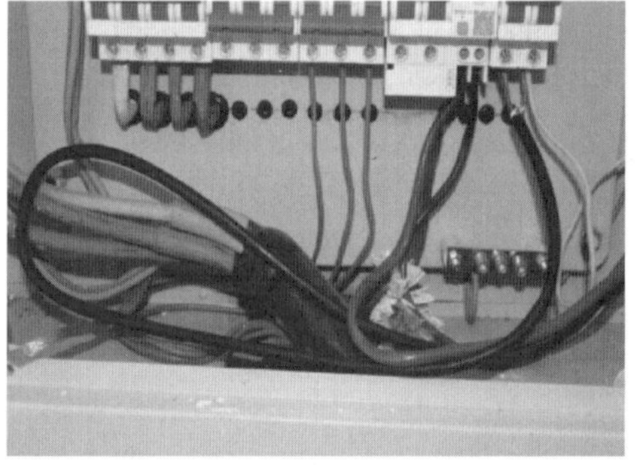
(l) 主控柜(2024年)

图 10.4-6(二) 输水隧洞出口闸金属结构和机电设备安全检测的主要结果及与2014年对比

表 10.4-4 输水隧洞出口闸金属结构和机电设备安全检测的主要结果及与2014年对比

项目	2014年安全检查和检测	2024年安全检查和检测
闸门外观质量	闸门整体状况尚可。 ①迎水面局部锈蚀坑较密集，最大锈蚀坑深度1.5mm。 ②吊耳左侧销轴板缺失，右侧销轴板采用焊接固定。 ③闸门导轮、轨道锈迹斑斑，锈蚀坑深1～2mm；主横梁、支臂、纵梁等部位锈蚀较重，锈蚀坑深度1～4mm。 ④止水压板及连接螺栓腐蚀	闸门整体状况尚可。 ①闸门面板等构件涂层老化，局部腐蚀，主梁腹板腐蚀且有片状蚀坑，支臂翼板存在蚀坑，支臂与门体连接螺栓存在腐蚀，个别已锈损，支铰局部、活动铰链与支臂连接螺栓存在腐蚀。 ②底部止水座板腐蚀，且表面出现分层、掉皮现象

续表

项目	2014年安全检查和检测	2024年安全检查和检测
闸门腐蚀量	总体平均腐蚀量0.72mm，平均腐蚀速率0.028mm/年	腐蚀程度为B级，一般腐蚀。腐蚀深度0.2～0.5mm
闸门焊缝	焊缝质量良好。有未焊透缺陷，但未焊透深度未超过GB/T 14173规定要求	一类焊缝抽检比例23.5%，二类焊缝抽检比例19.6%，闸门焊缝无损检测位置示意图如图10.4-7所示，焊缝质量符合规范要求，未发现超标缺陷
材料检测	主要材料为Q235钢，与设计图纸一致	—
启闭机	运行状况良好	运行状况良好。 ①机箱手摇装置两端密封处渗油，且缺少行程控制、荷载限制装置，高度计失灵。 ②主控柜内底部线路敷设凌乱
启闭力	小于启闭机额定容量，满足要求	小于启闭机额定容量（200kN），闭门靠自重实现，满足要求

（1）根据《北京市怀柔水库大坝安全评价报告（2015年）》，2014年安全检查和质量检测时，闸门和启闭机总体质量较好，启闭机设备运行良好。存在的缺陷是，闸门迎水面局部锈蚀坑较密集，最大锈蚀坑深度1.5mm；吊耳左侧销轴板缺失，右侧销轴板采用焊接固定；闸门导轮、轨道锈迹斑斑，锈蚀坑深1～2mm；闸门主横梁、支臂、纵梁等部位锈蚀较重，锈蚀坑深度1～4mm；止水压板及连接螺栓腐蚀。

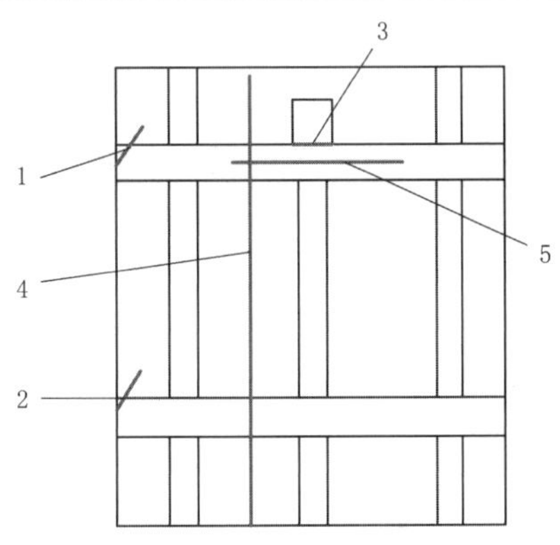

图10.4-7 闸门焊缝无损检测位置示意图

（2）本次金属结构和机电设备安全检测结果表明，闸门和启闭机的总体质量尚可，使用上基本安全，但闸门腐蚀程度加剧。主要缺陷是：①闸门面板等构件涂层老化，局部腐蚀，主梁腹板腐蚀且有片状蚀坑，支臂翼板存在蚀坑，支臂与门体连接螺栓存在腐蚀（个别已锈损），支铰局部、活动铰链与支臂连接螺栓存在腐蚀；②底部止水座板腐蚀，且表面出现分层、掉皮现象；③启闭机机箱手摇装置两端密封处渗油，且缺少行程控制、荷载限制装置，高度计失灵；④主控柜内底部线路敷设凌乱。

10.4.2.2 闸门结构应力变形复核计算

1. 计算模型、参数和工况

输水隧洞出口闸计算模型及网格划分如图10.4-8所示，模型尺寸与设计图纸一致。计算模型共划分584762个实体单元，计算模型的约束条件为底部采用竖直方向的支撑约束，闸门滑块处采用水平约束，支铰底部采用固定约束。

根据SL 74—2019《水利水电工程钢闸门设计规范》，对许用应力均进行折减，折减系数取0.855（重要性系数取0.95，闸门使用时间超过30年，时间系数取0.90）。闸门结构材料为Q235钢，其折减后的许用应力136.8MPa（$\delta \leqslant 16$mm）和128.25MPa（$\delta < 16 \sim 40$mm）。钢材弹性模量取206GPa，泊松比0.3。

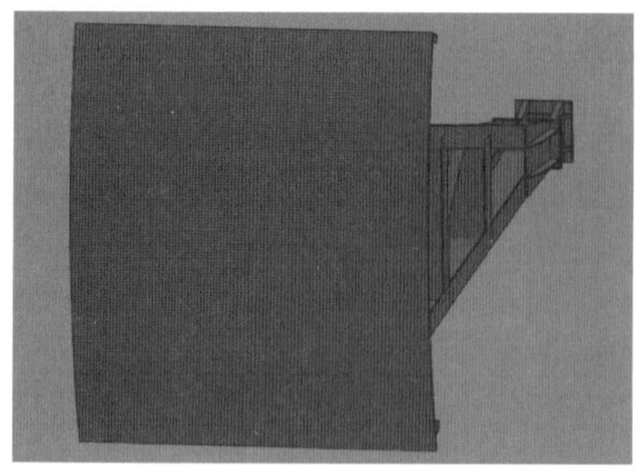

(a) 闸门迎水面视图

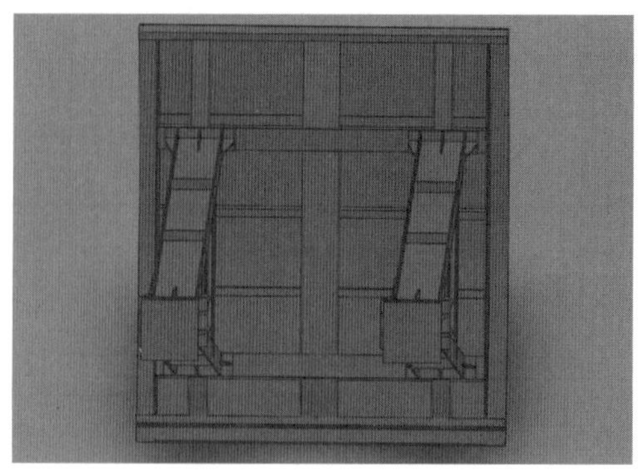

(b) 闸门背水面视图

(c) 模型网格划分及约束条件

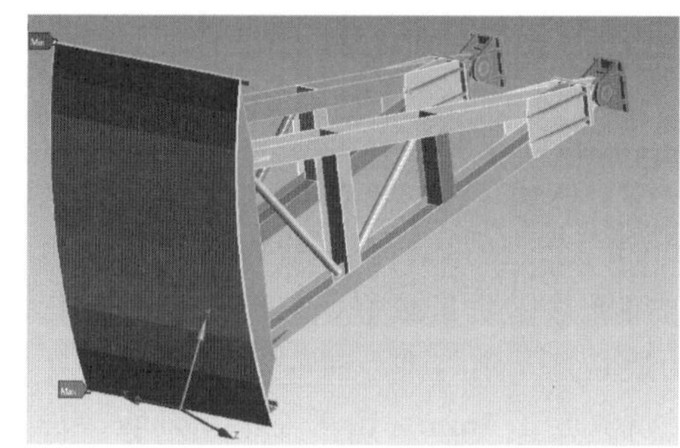

(d) 模型荷载

图 10.4-8 输水隧洞出口闸计算模型及网格划分示意图

数值模拟计算工况为取闸门设计水头 16.1m，即取库水位 67.73m。

2. 主要计算结果

输水隧洞出口闸闸门应力与变形计算结果统计见表 10.4-5，闸门整体应力和变形计算结果如图 10.4-9 所示，闸门主要构件应力和变形计算结果如图 10.4-10 所示。可见，各构件的最大应力与最大变形计算值均小于许用值，满足 SL 74—2019《水利水电工程钢闸门设计规范》要求。

表 10.4-5 输水隧洞出口闸闸门应力与变形计算结果统计表

序号	部件名称		最大应力值/MPa			最大变形值/mm		
			仿真值	许用值	结果	变形	许用值	结果
1	面板		30.70	136.8	满足要求	1.90	—	—
2	顶梁	腹板	41.19			1.56	6.32 (L/250)	满足要求
		翼板	51.46			1.56		
3	底梁	腹板	25.39			1.48	6.32 (L/250)	
		翼板	29.01			1.48		
4	主梁	前翼板	29.52			1.44	2.11 (L/750)	
		腹板	65.52			1.44		
		后翼板	70.53			1.47		

续表

序号	部件名称		最大应力值/MPa			最大变形值/mm		
			仿真值	许用值	结果	变形	许用值	结果
5	次梁		58.35	136.8	满足要求	1.61	6.32 (L/250)	满足要求
6	边梁	腹板	24.31			1.16	—	—
7	纵梁	腹板	48.68			1.56	—	—
		翼板	61.83			1.56		
8	臂	腹板	52.61			1.20	—	—
		翼板	59.41			1.20		

注 表中最大应力仿真值为去除集中应力后的应力值。

(a) 整体应力分布云图/MPa

(b) 整体变形分布云图/mm

图 10.4-9 闸门整体应力和变形计算结果

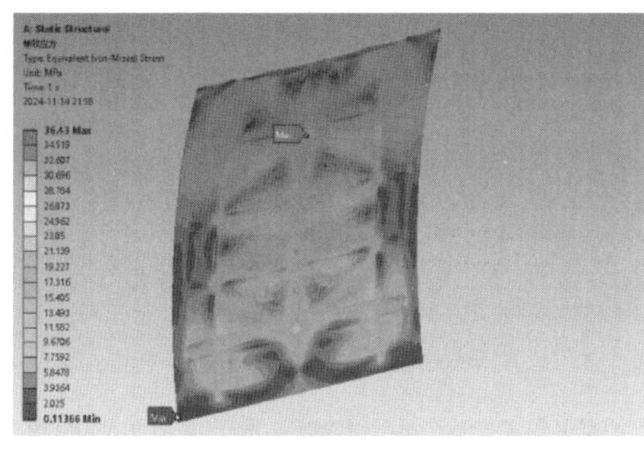

(a) 面板应力分布云图/MPa

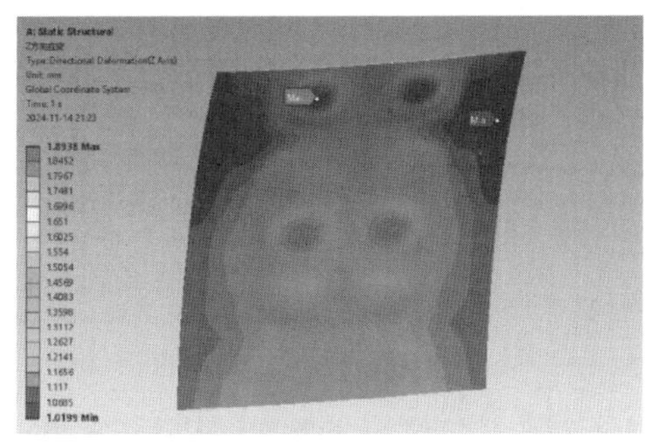

(b) 面板变形分布云图/mm

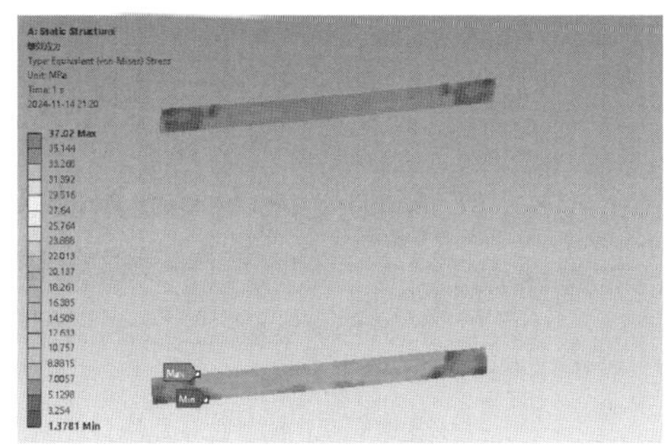

(c) 主梁前翼板应力分布云图/MPa

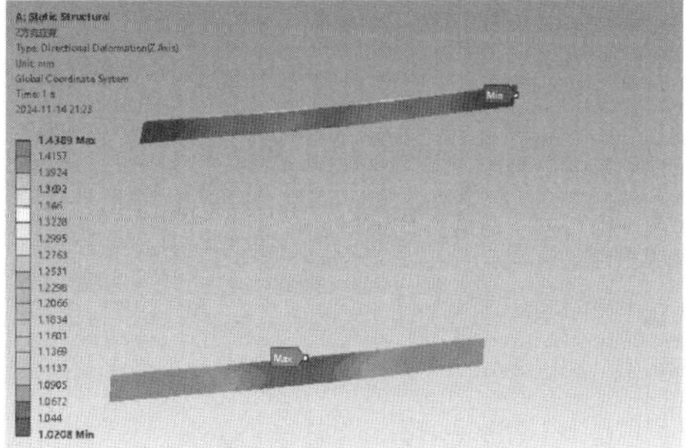

(d) 主梁前翼板变形分布云图/mm

图 10.4-10(一) 闸门主要构件应力和变形计算结果

(e) 主梁腹板应力分布云图/MPa

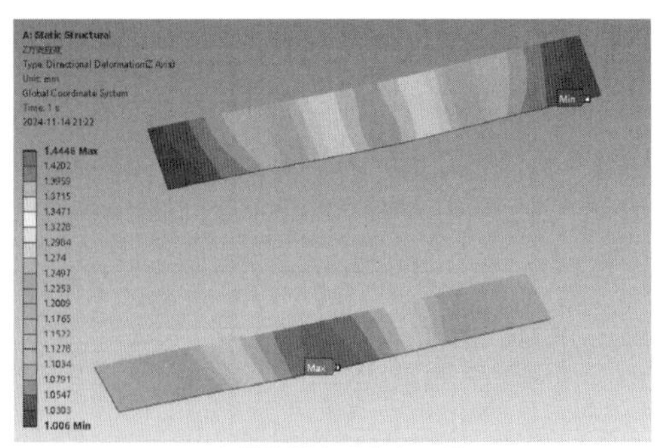

(f) 主梁腹板变形分布云图/mm

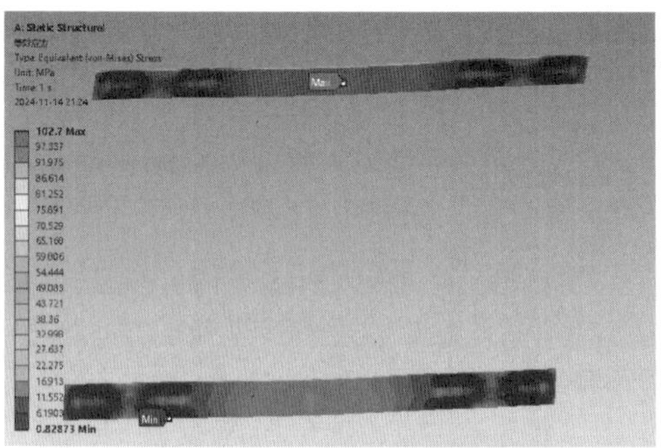

(g) 主梁后翼板应力分布云图/MPa

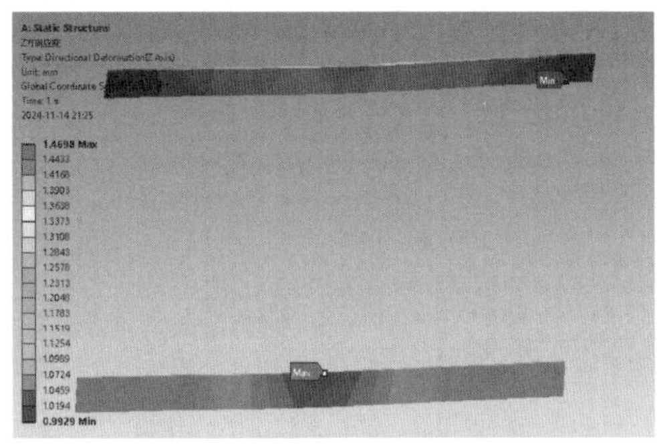

(h) 主梁后翼板变形分布云图/mm

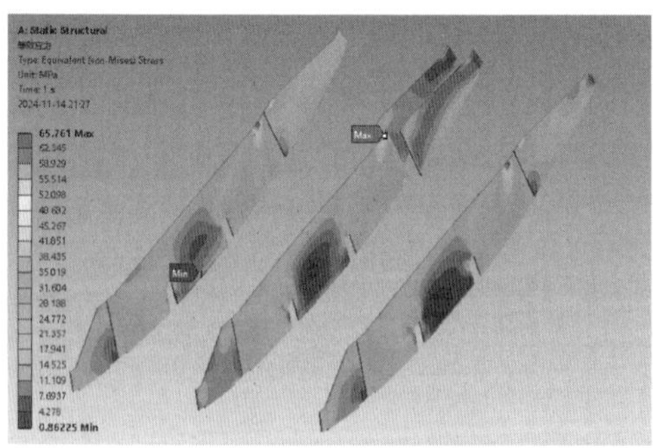

(i) 纵梁腹板应力分布云图/MPa

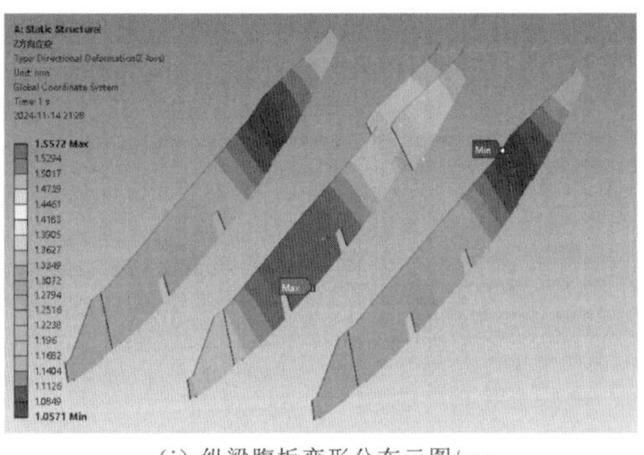

(j) 纵梁腹板变形分布云图/mm

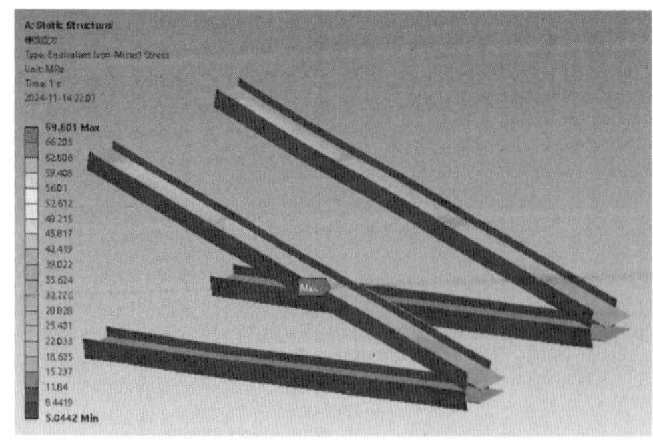

(k) 支臂应力分布云图/MPa

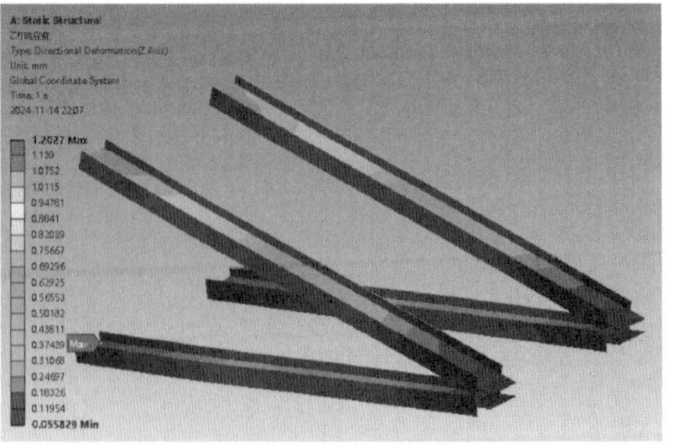

(l) 支臂变形分布云图/mm

图 10.4-10(二) 闸门主要构件应力和变形计算结果

10.4.2.3 安全评价

现场检查、检测和复核计算结果表明：

(1) 输水隧洞出口闸金属结构布置合理，启闭机室内各设备无相互干扰问题，本次未收集到闸门的设备监造和安装资料，综合闸门运行情况和现场安全检测结果分析，评价认为输水隧洞出口闸金属结构的制造和安装满足安全运行要求。

(2) 闸门的启门力小于启闭机的额定容量，满足要求。

(3) 闸门和启闭机的总体质量较好，使用上基本安全，已超过报废折旧年限，运行与维护状况较好。

(4) 存在的缺陷和问题是：涂层和止水橡胶老化、止水压板及连接螺栓腐蚀；启闭机机箱手摇装置两端密封处渗油，启闭机主控柜线路敷设凌乱；缺少行程控制、荷载限制装置，高度计失灵等问题。总体上，闸门和启闭机存在的质量缺陷尚不严重影响正常使用。

10.4.3 峰山口输水闸金属结构安全评价

10.4.3.1 质量检测

2024 年峰山口输水闸金属结构和机电设备安全检测的主要结果及与 2014 年对比如图 10.4-11 和表 10.4-6 所示。

(a) 输水闸背水侧(2014年)

(b) 输水闸背水侧(2024年)

(c) 支臂与主梁连接处腐蚀(2014年)

(d) 支铰与支臂连接处腐蚀(2024年)

图 10.4-11 (一) 峰山口输水闸金属结构和机电设备安全检测的主要结果及与 2014 年对比

(e) 闸门侧导轮锈蚀(2014年)

(f) 闸门侧导轮锈蚀 (2024年)

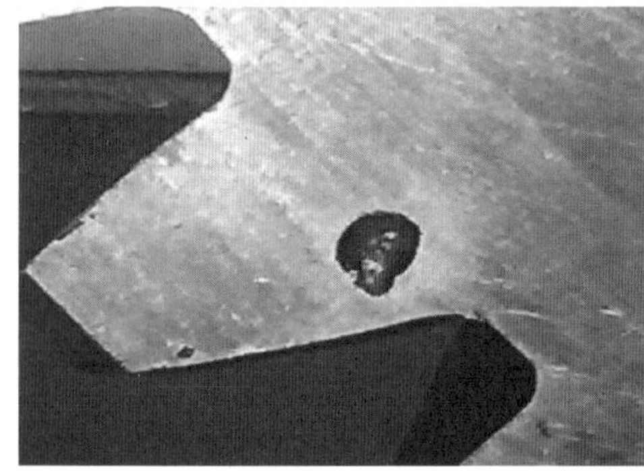

(g) 开式齿轮副大齿轮端面制造缺陷(2014年)

(h) 开式齿轮副啮合现状(2024年)

(i) 传动轴左侧涂层脱皮(2024年)

(j) 减速器渗油(2024年)

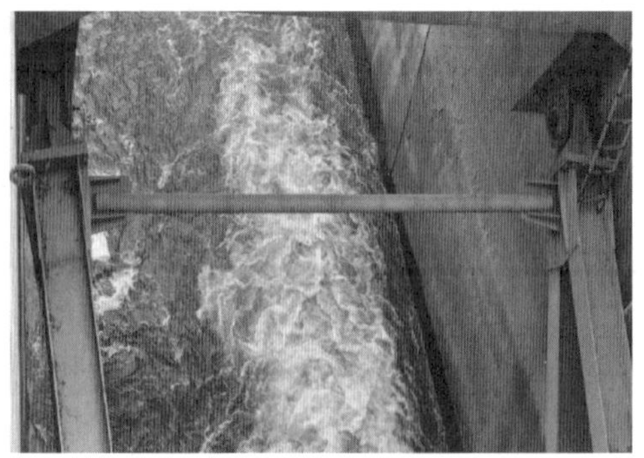

(k) 闸门支臂采用连接杆连接

图 10.4-11(二) 峰山口输水闸金属结构和机电设备安全检测的主要结果及与 2014 年对比

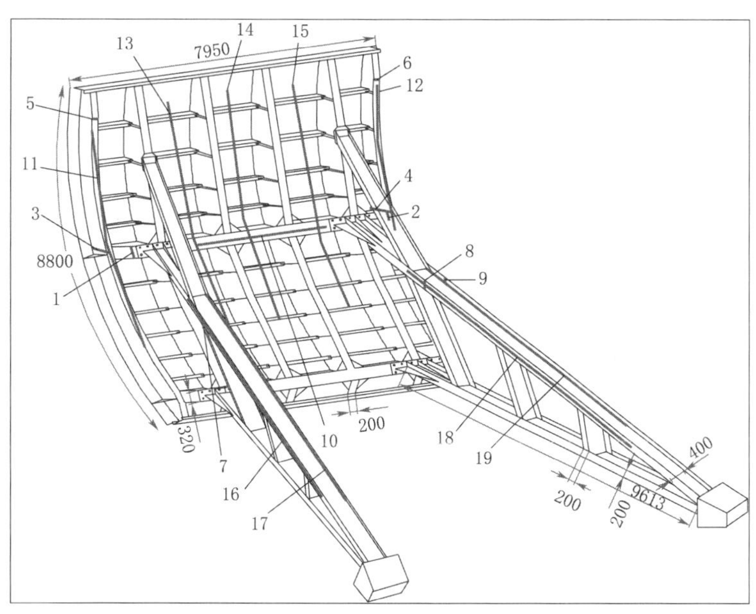

图 10.4-12 右侧闸门焊缝无损检测位置示意图（图中数字为无损检测点位编号）/mm

表 10.4-6 峰山口输水闸金属结构和机电设备安全检测的主要结果及与 2014 年对比

项目	2014 年安全检查和检测	2024 年安全检查和检测
闸门外观质量	闸门整体状况完好。①侧导轮表面虽未见锈蚀坑，但锈迹斑斑。②上支臂与主梁连接区域涂层脱落，有轻微锈蚀	闸门整体状况完好。①闸门下主梁翼板局部、侧轮和轨道表面局部、支臂与支铰连接处局部等存在轻微腐蚀
闸门腐蚀量	总体平均腐蚀量 0.45～0.54mm，平均腐蚀速率 0.0045～0.054mm/年	涂层基本完好，腐蚀程度为 A 级，轻微腐蚀
闸门焊缝	焊缝质量良好。有未焊透缺陷，但未焊透深度总体未超过 GB/T 14173 规定要求	一类焊缝抽检比例 26.5%，二类焊缝抽检比例 25.3%，抽检位置见图 10.4-12，焊缝质量符合规范要求，未发现超标缺陷
材料检测	主要材料为 Q235 钢，与设计图纸一致	—
启闭机	运行状况良好。①开度装置功能不正常，仪表数值显示不准确。②启闭机开式齿轮副大齿轮端面存在凹坑、孔眼等缺陷，缺陷最大深度约 4mm，最大面积 30mm×15mm，局部呈集中分布。③启闭机减速器三级传动大齿轮轮齿齿沟中部存在 1 处较大的凹坑缺陷，缺陷深度约 4mm，面积约 10mm×5mm。闸门下降时，下限行程开关不灵	运行状况良好。①启闭机开式齿轮副和钢丝绳等部位缺少润滑保养。②减速器表面局部涂层起皮，有渗油情况，左联轴器表面涂层脱落。③启闭机钢丝绳运行存在干涉，实测启闭力接近启闭机额定容量，同时，启闭机荷载显示器显示的启闭力为左侧 250kN、右侧 271kN，均已达到或超过额定容量值，且存在偏载现象
启闭力	小于启闭机额定容量，满足要求	启门力 286.65kN，小于启闭机额定容量（2×250kN），闭门靠自重实现，满足要求

（1）根据《北京市怀柔水库大坝安全评价报告（2015 年）》，2014 年安全检查和质量检测时，闸门和启闭机总体质量较好，主要构件强度和刚度均满足安全运行要求，启闭机设备运行良好。存在的缺陷是，闸门侧导轮表面虽未见锈蚀坑，但锈迹斑斑；上支臂与主

梁连接区域涂层脱落，有轻微锈蚀；启闭机开度装置功能不正常，仪表数值显示不准确；启闭机开式齿轮副大齿轮端面存在凹坑、孔眼等缺陷，缺陷最大深度约 4mm，最大面积 30mm×15mm，局部呈集中分布；启闭机减速器三级传动大齿轮轮齿齿沟中部存在 1 处较大的凹坑缺陷，缺陷深度约 4mm，面积约 10mm×5mm。

（2）本次金属结构和机电设备安全检测结果表明，闸门和启闭机的总体质量较好，使用上基本安全。主要缺陷是：①闸门下主梁翼板局部、侧轮和轨道表面局部、支臂与支铰连接处局部等存在轻微腐蚀；②启闭机开式齿轮副和钢丝绳等部位缺少润滑保养，减速器表面局部涂层起皮，有渗油情况，左联轴器表面涂层脱落；③启闭机钢丝绳运行存在干涉，实测启闭力接近启闭机额定容量，同时，启闭机荷载显示器显示的启闭力为左侧 250kN、右侧 271kN，均已达到或超过额定容量值，且存在偏载现象。

10.4.3.2 闸门结构应力变形复核计算

1. 计算模型、参数和工况

峰山口输水闸弧形闸门计算模型及网格划分如图 10.4－13 所示，模型尺寸与设计图纸一致。计算模型共划分 1575952 个实体单元，计算模型的约束条件为底部采用竖直方向的支撑约束，闸门滑块处采用水平约束，支铰底部采用固定约束。

（a）闸门迎水面视图

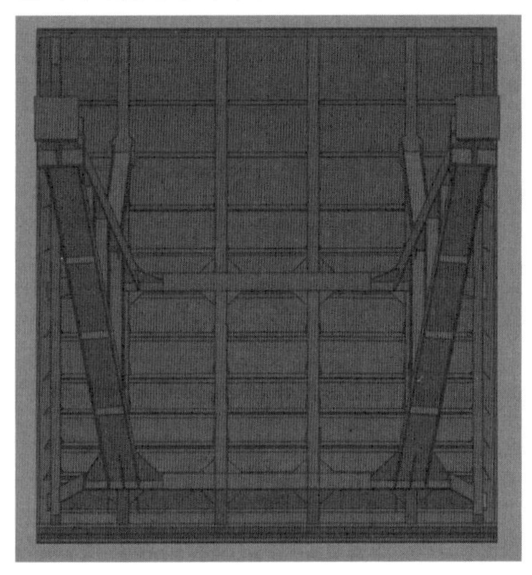

（b）闸门背水面视图

（c）模型网格划分及约束条件

（d）模型荷载

图 10.4－13 峰山口输水闸弧形闸门计算模型及网格划分示意图

根据 SL 74—2019《水利水电工程钢闸门设计规范》，对许用应力均进行折减，折减系数取 0.95（重要性系数取 0.95，闸门使用时间未超过 30 年，时间系数取 1.0）。闸门结构材料为 Q235 钢，其折减后的许用应力 152MPa（$\delta \leqslant 16$mm）和 142.5MPa（$\delta < 16 \sim 40$mm）。钢材弹性模量取 206GPa，泊松比 0.3。

数值模拟计算工况为正常蓄水位工况，即取库水位 62.00m。

2. 主要计算结果

峰山口输水闸弧形闸门应力与变形计算结果统计见表 10.4-7，闸门整体应力和变形计算结果如图 10.4-14 所示，闸门主要构件应力和变形计算结果如图 10.4-15 所示。可见，各构件的最大应力与最大变形计算值均小于许用值，满足 SL 74—2019《水利水电工程钢闸门设计规范》要求。

表 10.4-7　峰山口输水闸弧形闸门应力与变形计算结果统计表

<table>
<tr><th rowspan="2">序号</th><th rowspan="2" colspan="2">部件名称</th><th colspan="3">最大应力值/MPa</th><th colspan="3">最大变形值/mm</th></tr>
<tr><th>仿真值</th><th>许用值</th><th>结果</th><th>变形</th><th>许用值</th><th>结果</th></tr>
<tr><td>1</td><td colspan="2">面板</td><td>48.21</td><td rowspan="16">152</td><td rowspan="16">满足要求</td><td>3.11</td><td>—</td><td>—</td></tr>
<tr><td rowspan="2">2</td><td rowspan="2">顶梁</td><td>前翼板、腹板</td><td>5.62</td><td>3.10</td><td rowspan="2">20
(L/250)</td><td rowspan="8">满足要求</td></tr>
<tr><td>后翼板</td><td>5.15</td><td>3.10</td></tr>
<tr><td rowspan="2">3</td><td rowspan="2">底梁</td><td>腹板</td><td>20.32</td><td>1.36</td><td rowspan="2">20
(L/250)</td></tr>
<tr><td>翼板</td><td>21.88</td><td>1.36</td></tr>
<tr><td rowspan="3">4</td><td rowspan="3">主梁</td><td>前翼板</td><td>37.12</td><td>2.00</td><td rowspan="3">8.33
(L/600)</td></tr>
<tr><td>腹板</td><td>87.98</td><td>1.77</td></tr>
<tr><td>后翼板</td><td>40.10</td><td>1.77</td></tr>
<tr><td>5</td><td colspan="2">次梁</td><td>45.51</td><td>2.43</td><td>20
(L/250)</td></tr>
<tr><td rowspan="2">6</td><td rowspan="2">边梁</td><td>腹板</td><td>30.56</td><td>3.02</td><td rowspan="2">—</td><td rowspan="2">—</td></tr>
<tr><td>翼板</td><td>31.12</td><td>2.98</td></tr>
<tr><td rowspan="2">7</td><td rowspan="2">纵梁</td><td>腹板</td><td>68.64</td><td>2.76</td><td rowspan="2">—</td><td rowspan="2">—</td></tr>
<tr><td>翼板</td><td>49.70</td><td>2.74</td></tr>
<tr><td rowspan="2">8</td><td rowspan="2">支臂</td><td>腹板</td><td>30.77</td><td>1.30</td><td rowspan="2">—</td><td rowspan="2">—</td></tr>
<tr><td>翼板</td><td>35.66</td><td>1.32</td></tr>
</table>

注　表中最大应力仿真值为去除集中应力后的应力值。

（a）整体应力分布云图/MPa

（b）整体变形分布云图/mm

图 10.4-14　闸门整体应力和变形计算结果

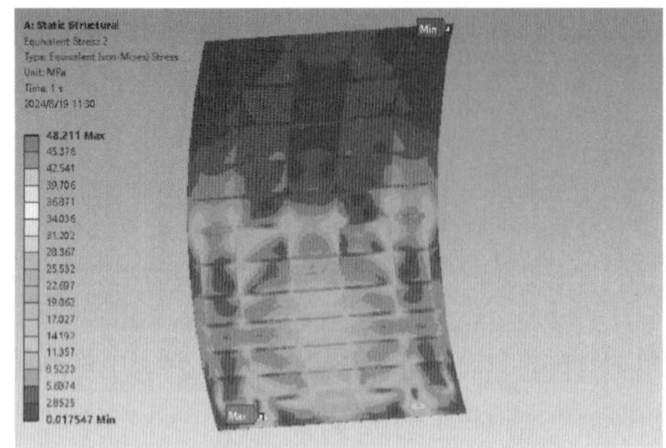

（a）面板应力分布云图/MPa

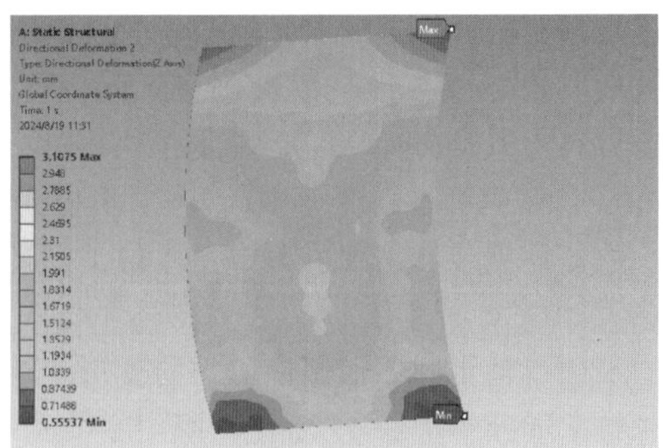

（b）面板变形分布云图/mm

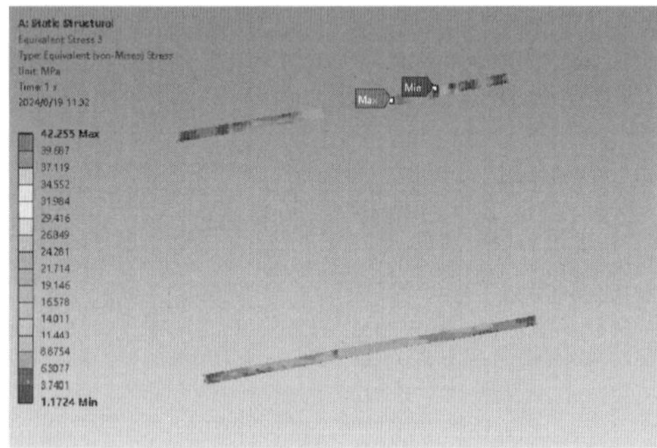

（c）主梁前翼板应力分布云图/MPa

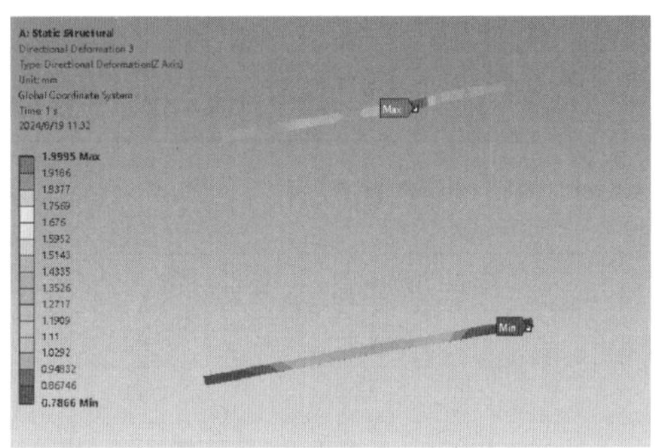

（d）主梁前翼板变形分布云图/mm

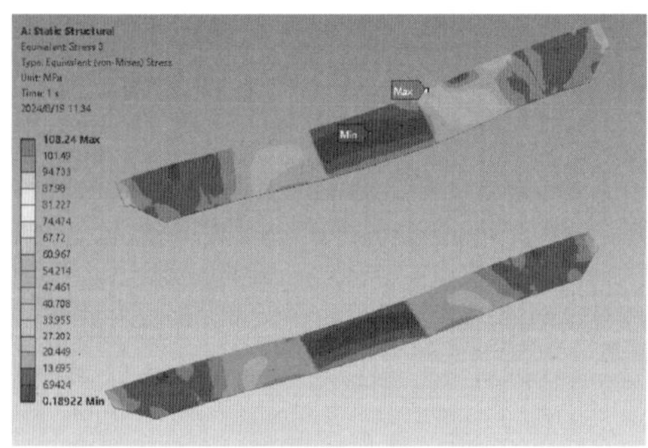

（e）主梁腹板应力分布云图/MPa

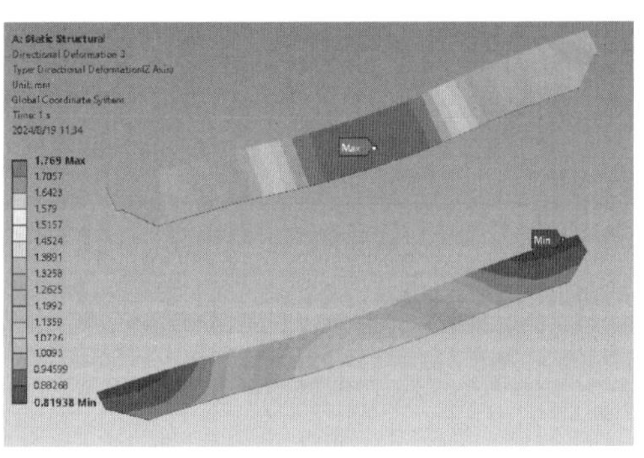

（f）主梁腹板变形分布云图/mm

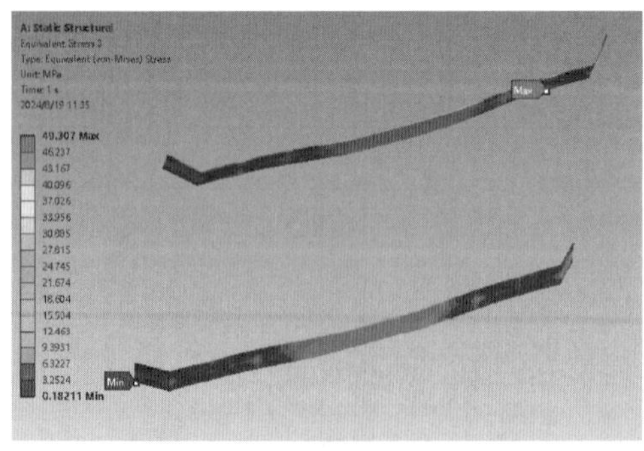

（g）主梁后翼板应力分布云图/MPa

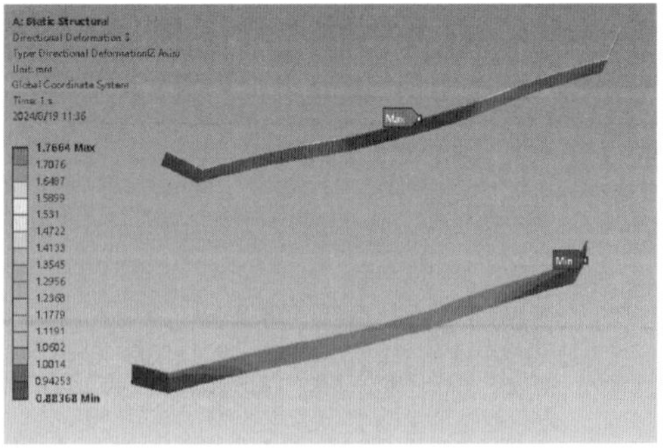

（h）主梁后翼板变形分布云图/mm

图 10.4-15（一） 闸门主要构件应力和变形计算结果

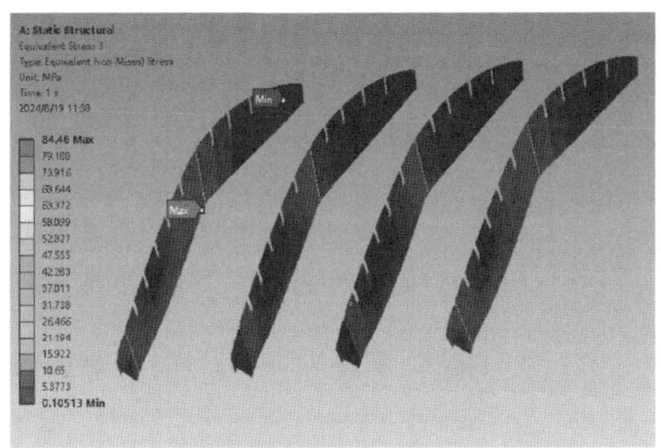

(i) 纵梁腹板应力分布云图/MPa

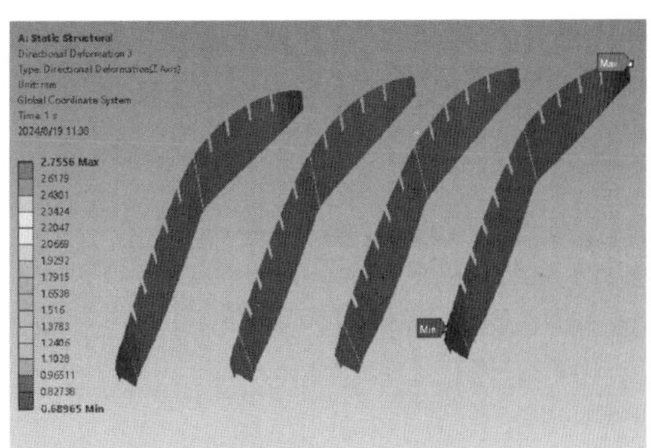

(j) 纵梁腹板变形分布云图/mm

(k) 支臂腹板应力分布云图/MPa

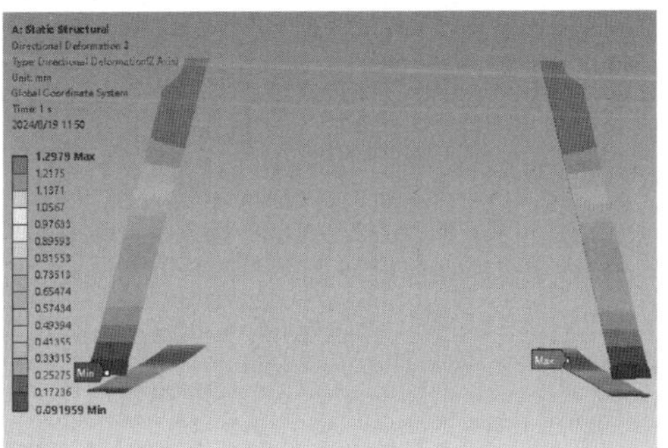

(l) 支臂腹板变形分布云图/mm

图 10.4-15(二) 闸门主要构件应力和变形计算结果

10.4.3.3 启闭机容量复核

峰山口输水闸弧形闸门启闭机容量复核计算参数和结果统计见表 10.4-8。可见，启门时，所选启闭机容量满足要求；闭门时，闸门可依靠自重完成。

表 10.4-8 峰山口输水闸弧形闸门启闭机容量复核计算参数和结果统计表 单位：kN

力臂/m					闸门自重	支铰摩阻力	止水摩阻力	计算启门力	计算闭门力	启闭机容量
转动力	支铰轴摩阻力	止水摩阻力	自重力臂	上托力						
10.80	0.22	9.80	8.50	9.30	276.5	722.5	27.1	286.65	−171.94	2×250

10.4.3.4 安全评价

现场检查、检测和复核计算结果表明：

(1) 峰山口输水闸金属结构布置合理，启闭机室内各设备无相互干扰问题。本次虽未收集到闸门的设备监造和安装资料，但综合闸门运行情况和现场安全检测结果分析，评价认为峰山口输水闸金属结构的制造和安装满足安全运行要求。

(2) 金属结构的强度、刚度和稳定性满足 SL 74—2019《水利水电工程钢闸门设计规范》要求，闸门的启门力小于启闭机的额定容量，闭门可靠自重实现，满足要求。

(3) 闸门和启闭机的总体质量较好，使用上基本安全，未超过报废折旧年限，运行与维护状况较好。

(4) 存在的缺陷和问题是：闸门顶梁和主梁的翼板、侧轮和轨道表面局部腐蚀；启闭机开式齿轮副和钢丝绳等部位缺少润滑保养，减速器表面局部涂层起皮、脱落且渗油；实测启闭力接近启闭机额定容量，启闭机荷载显示器显示的启闭力均已达到或超过额定容量值，且存在偏载现象等。总体上，闸门和启闭机存在的质量缺陷尚不严重影响正常使用。

10.4.4 峰山口防洪闸安全评价

10.4.4.1 质量检测

2024年峰山口防洪闸金属结构和机电设备安全检测的主要结果及与2014年对比如图10.4-16和表10.4-9所示。

(a) 闸门迎水面(2014年)

(b) 闸门迎水面(2024年)

(c) 纵梁腹板局部腐蚀(2014年)

(d) 纵梁腹板局部腐蚀(2024年)

(e) 闸门主轮锈蚀(2014年)

(f) 闸门主轮缺少润滑保养(2024年)

图10.4-16(一) 峰山口防洪闸金属结构和机电设备安全检测的主要结果及与2014年对比

(g) 止水压板顶部螺栓锈蚀(2014年)

(h) 止水压板顶部螺栓锈蚀(2024年)

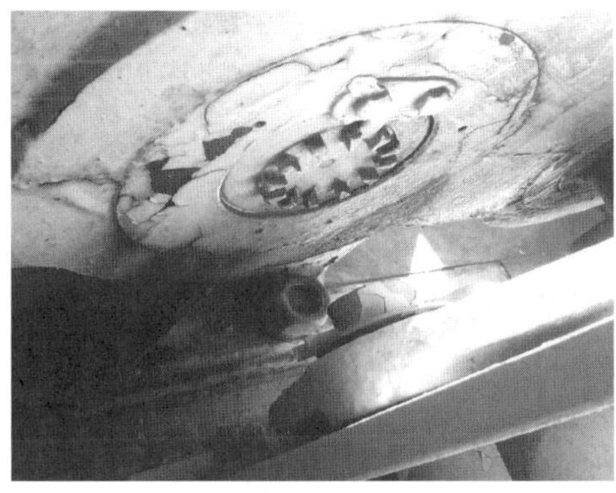

(i) 轴承座渗油(2014年)

(j) 减速器渗油(2024年)

(k) 启闭机机架腐蚀(2014年)

(l) 开式齿轮副缺少润滑保养(2024年)

(m) 电动机接线不规范(2014年)

(n) 控制柜线路敷设凌乱(2024年)

图 10.4-16(二) 峰山口防洪闸金属结构和机电设备安全检测的主要结果及与 2014 年对比

表 10.4-9 峰山口防洪闸金属结构和机电设备安全检测的主要结果及与 2014 年对比

项目	2014 年安全检查和检测	2024 年安全检查和检测
闸门外观质量	闸门整体状况完好。 ①侧导轮表面虽未见锈蚀坑，但锈迹斑斑； ②上支臂与主梁连接区域涂层脱落，有轻微锈蚀	闸门整体状况完好。 闸门顶梁和主梁的翼板、主梁和纵梁的腹板、左右侧侧轮表面、吊耳板与顶梁腹板连接处、闸门顶部和底部止水压板、两侧轨道等局部腐蚀
闸门腐蚀量	总体平均腐蚀量 0.69～0.78mm，平均腐蚀速率 0.0029～0.032mm/年	腐蚀程度为 B 级，一般腐蚀。总体平均腐蚀量 0.15～0.36mm
闸门焊缝	焊缝质量良好。有未焊透缺陷，但未焊透深度总体未超过 GB/T 14173 规定要求	一类焊缝抽检比例 44.6%，二类焊缝抽检比例 37.3%，闸门焊缝无损检测位置示意图如图 10.4-17 所示，焊缝质量符合规范要求，未发现超标缺陷
材料检测	主要材料为 Q235 钢，与设计图纸一致	—
启闭机	运行状况良好。 ①启闭机无设备铭牌； ②行程开关未能发挥正常功能； ③左侧启闭机卷筒右端表面局部存在 8 个孔眼缺陷，最深约 4mm，右侧启闭机联轴器 1 处集中存在 6 个孔眼缺陷，最深约 5mm； ④减速器一级传动齿轮副大、小齿轮轮齿齿面均存在齿高方向的划痕，大齿轮上划痕较多，且相对较深；减速器轴承及开式齿轮副小齿轮轴承有渗油现象	运行状况良好。 ①启闭机开式齿轮副和钢丝绳等部位缺少润滑保养，钢丝绳与闸门吊耳连接部位的滑轮腐蚀。 ②启闭机主控柜底部线路敷设凌乱
启闭力	小于启闭机额定容量，满足要求	启门力 327.38kN，小于启闭机额定容量(400kN)，闭门靠自重实现，满足要求

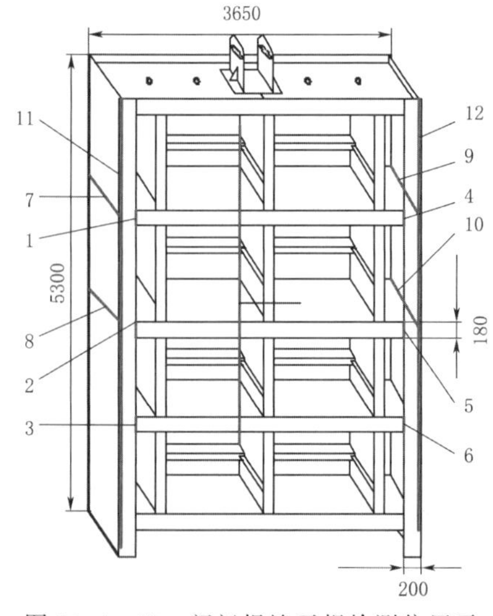

图 10.4-17 闸门焊缝无损检测位置示意图（图中数字为无损检测点位编号）/mm

（1）根据《北京市怀柔水库大坝安全评价报告（2015 年）》，2014 年安全检查和质量检测时，闸门和启闭机总体质量尚好，主要构件强度和刚度均满足安全运行要求，启闭机设备运行良好。存在的缺陷是，闸门纵梁腹板与主横梁腹板连接区域锈皮脱落，最大锈蚀坑深约 2mm；闸门止水压板连接螺栓和主轮基轮轴表面锈迹斑斑；启闭机无设备铭牌，行程开关未能发挥正常功能；左侧启闭机卷筒右端表面局部存在 8 个孔眼缺陷，最深约 4mm，右侧启闭机联轴器 1 处集中存在 6 个孔眼缺陷，最深约 5mm；减速器一级传动齿轮副大、小齿轮轮齿齿面均存在齿高方向的划痕，大齿轮上划痕较多，且相对较深；减速器轴承及开式齿轮副小齿轮轴承有渗油现象。

（2）本次金属结构和机电设备安全检测结果表明，闸门和启闭机的总体质量较好，使用上基本安全。主要缺陷是：①闸门顶梁和主梁的翼板、主梁和纵梁的腹板、左右侧侧轮表面、吊耳板与顶梁腹板连接处、闸门顶部和底部止水压板、两侧轨道等局部腐蚀；②启闭机机架表面及其连接螺栓腐蚀，开式齿轮副和钢丝绳等部位缺少润滑保养；③启闭机减速器表面涂层脱落、渗油；④控制柜内线路敷设凌乱，启闭机电动机、制动轮推动装置等部位接线不规范。

10.4.4.2 闸门结构应力变形复核计算

1. 计算模型、参数和工况

峰山口防洪闸计算模型及网格划分如图 10.4-18 所示，模型尺寸与设计图纸一致。计算模型共划分 1212890 个实体单元，计算模型的约束条件为底部采用竖直方向的支撑约束，闸门滑块处采用水平约束，闸门主轮轴采用沿水流方向的约束。

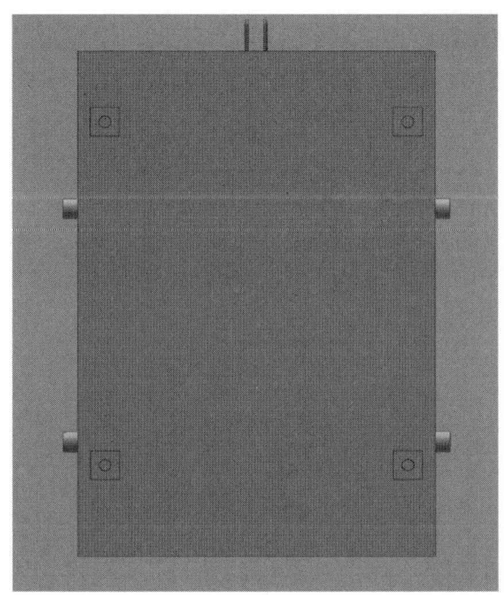

(a) 闸门迎水面视图

(b) 闸门背水面视图

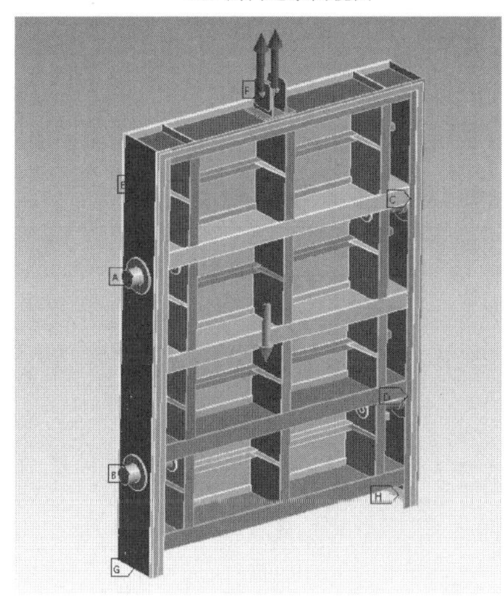

(c) 模型网格划分及约束条件

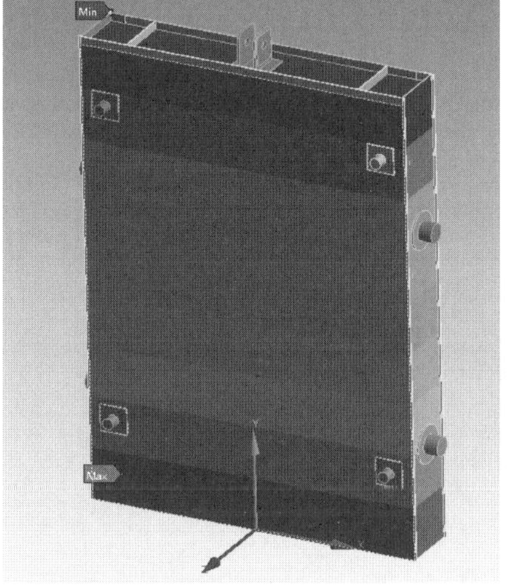

(d) 模型荷载

图 10.4-18 峰山口防洪闸计算模型及网格划分示意图

根据 SL 74—2019《水利水电工程钢闸门设计规范》，对许用应力均进行折减，折减系数取 0.855（重要性系数取 0.95，闸门使用时间超过 30 年，时间系数取 0.90）。闸门结构材料为 Q235 钢，其折减后的许用应力 136.8MPa（$\delta \leqslant 16$mm）和 128.25MPa（$\delta <$ 16～40mm）。钢材弹性模量取 206GPa，泊松比 0.3。

数值模拟计算工况为取闸门设计水头 14.23m，即取库水位为 67.73m。

2. 主要计算结果

峰山口防洪闸闸门应力与变形计算结果统计见表 10.4-10，闸门整体应力和变形计算结果如图 10.4-19 所示，闸门主要构件应力与变形计算结果如图 10.4-20 所示。可见，各构件的最大应力与最大变形计算值均小于许用值，满足 SL 74—2019《水利水电工程钢闸门设计规范》要求。

表 10.4-10　　峰山口防洪闸闸门应力与变形计算结果统计表

<table>
<tr><th rowspan="2">序号</th><th rowspan="2" colspan="2">部件名称</th><th colspan="3">最大应力值/MPa</th><th colspan="3">最大变形值/mm</th></tr>
<tr><th>仿真值</th><th>许用值</th><th>结果</th><th>变形</th><th>许用值</th><th>结果</th></tr>
<tr><td>1</td><td colspan="2">面板</td><td>52.25</td><td rowspan="13">136.8</td><td rowspan="13">满足要求</td><td>1.89</td><td>—</td><td>—</td></tr>
<tr><td rowspan="3">2</td><td rowspan="3">顶主梁</td><td>前翼板</td><td>16.13</td><td>1.69</td><td rowspan="3">5.27
(L/750)</td><td rowspan="8">满足要求</td></tr>
<tr><td>腹板</td><td>23.12</td><td>1.69</td></tr>
<tr><td>后翼板</td><td>37.15</td><td>1.70</td></tr>
<tr><td>3</td><td colspan="2">底梁</td><td>24.36</td><td>1.71</td><td>15.8
(L/250)</td></tr>
<tr><td rowspan="3">4</td><td rowspan="3">主梁</td><td>前翼板</td><td>88.96</td><td>1.60</td><td rowspan="3">5.27
(L/750)</td></tr>
<tr><td>腹板</td><td>69.45</td><td>1.58</td></tr>
<tr><td>后翼板</td><td>64.07</td><td>1.60</td></tr>
<tr><td>5</td><td colspan="2">次梁</td><td>95.93</td><td>1.79</td><td>15.8
(L/250)</td></tr>
<tr><td rowspan="2">6</td><td rowspan="2">边梁</td><td>腹板</td><td>95.68</td><td>1.28</td><td rowspan="2">—</td><td rowspan="2">—</td></tr>
<tr><td>翼板</td><td>79.44</td><td>1.33</td></tr>
<tr><td rowspan="2">7</td><td rowspan="2">纵梁</td><td>腹板</td><td>32.88</td><td>1.68</td><td rowspan="2">—</td><td rowspan="2">—</td></tr>
<tr><td>翼板</td><td>55.15</td><td>1.67</td></tr>
</table>

注　表中最大应力仿真值为去除集中应力后的应力值。

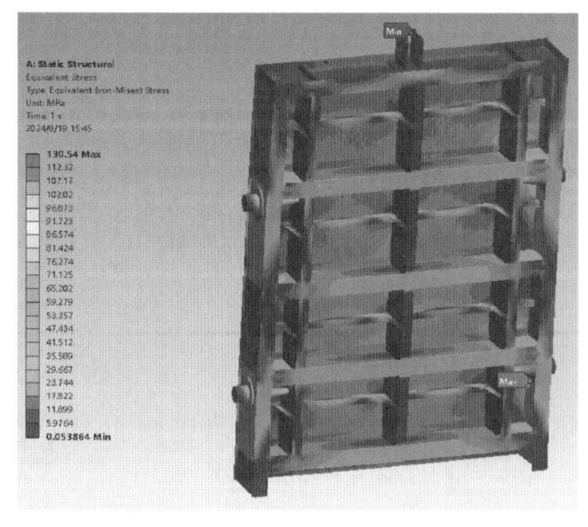

（a）整体应力分布云图/MPa

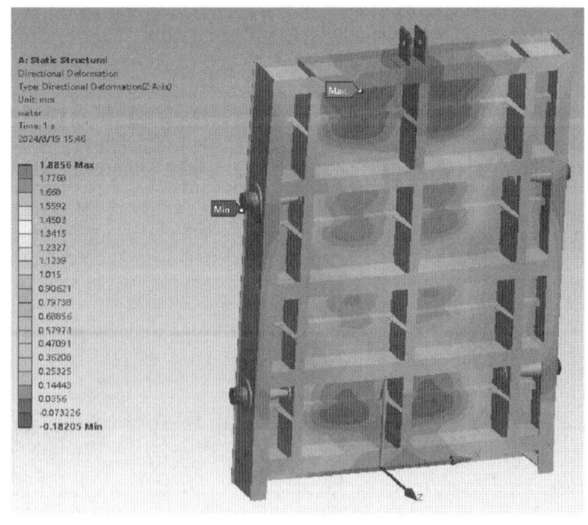

（b）整体变形分布云图/mm

图 10.4-19　闸门整体应力和变形计算结果

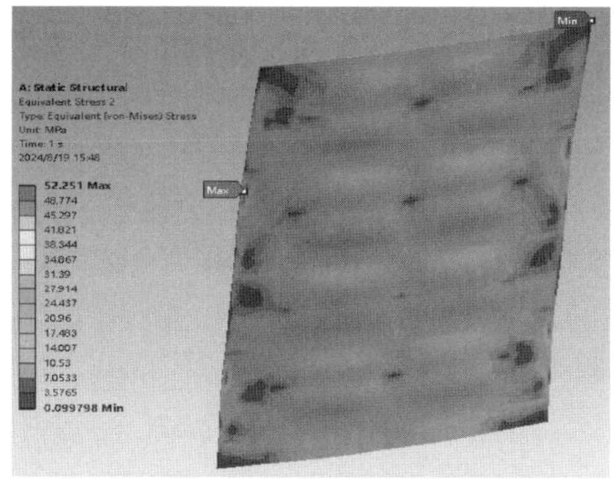

（a）面板应力分布云图/MPa

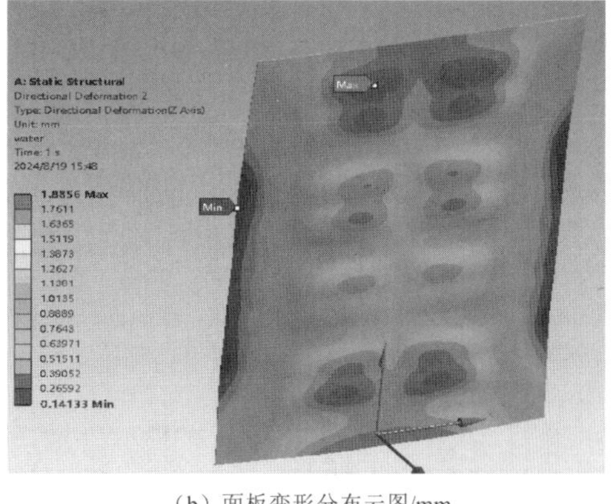

（b）面板变形分布云图/mm

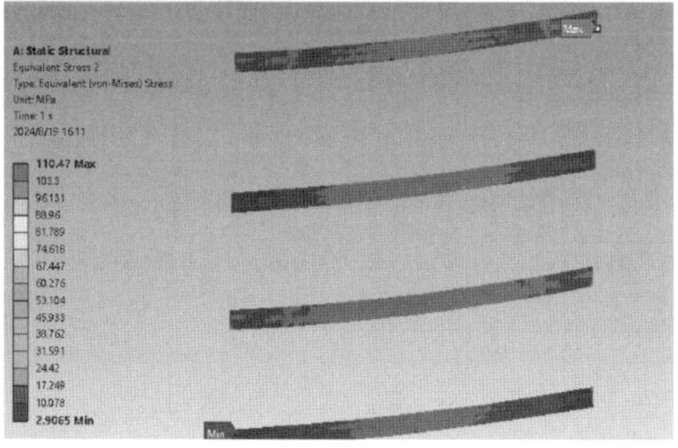

（c）主梁前翼板应力分布云图/MPa

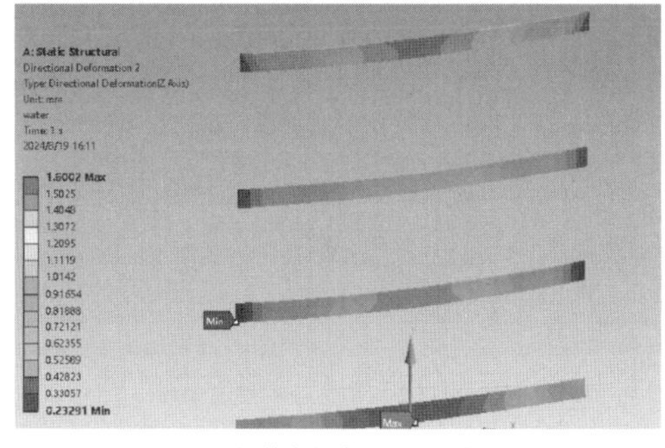

（d）主梁前翼板变形分布云图/mm

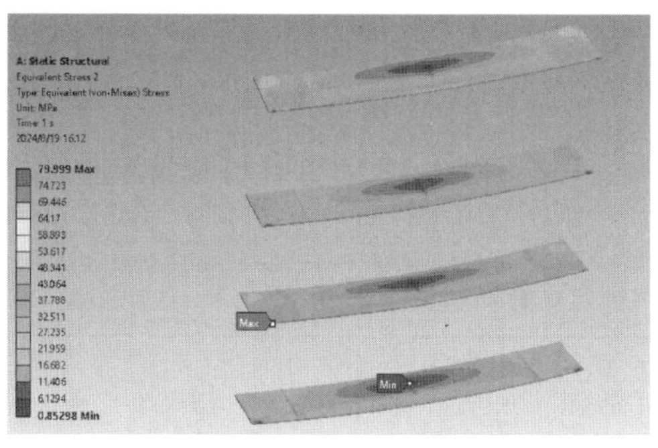

（e）主梁腹板应力分布云图/MPa

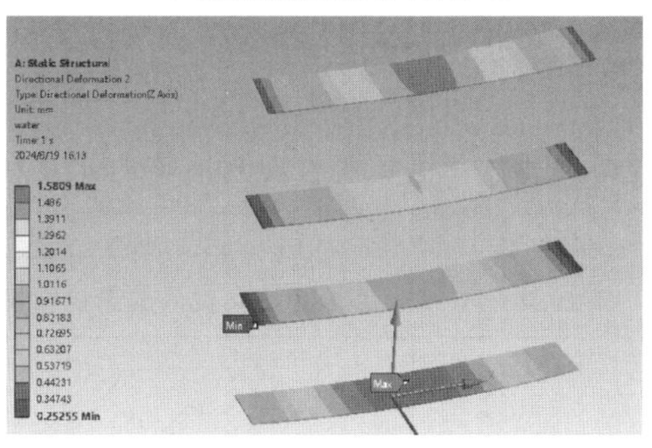

（f）主梁腹板变形分布云图/mm

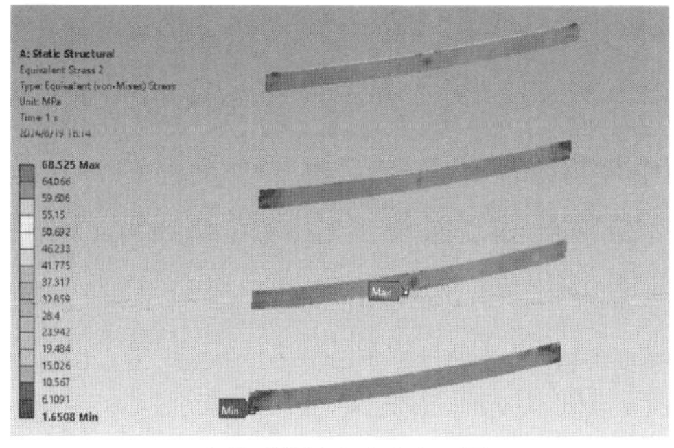

（g）主梁后翼板应力分布云图/MPa

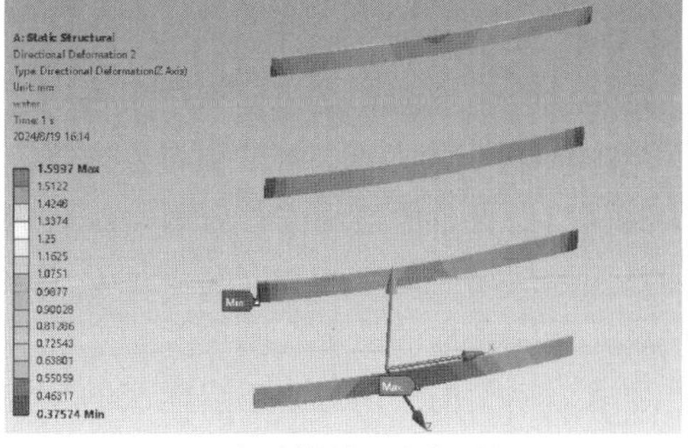

（h）主梁后翼板变形分布云图/mm

图 10.4-20（一） 闸门主要构件应力和变形计算结果

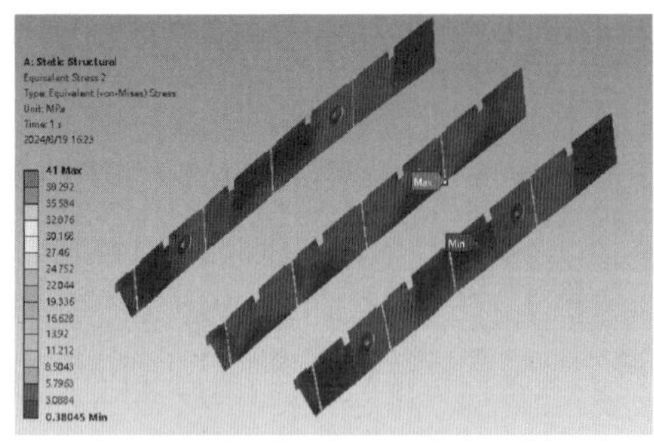

(i) 纵梁腹板应力分布云图/MPa

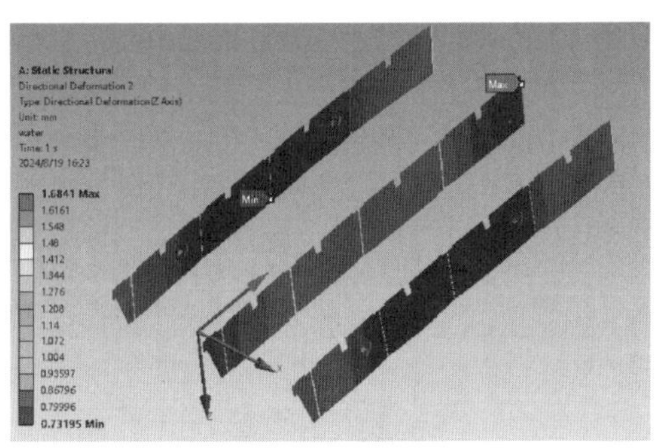

(j) 纵梁腹板变形分布云图/mm

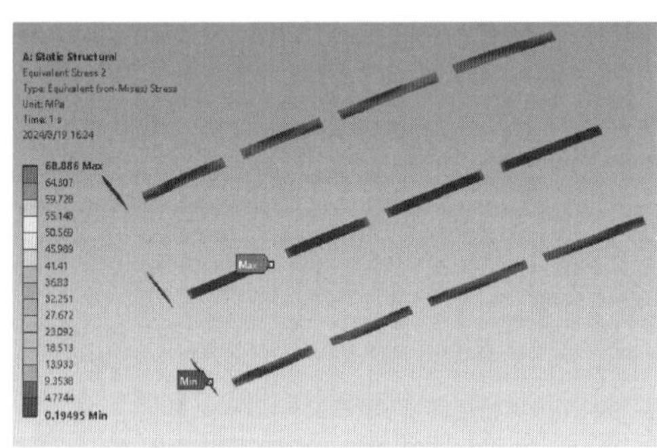

(k) 纵梁翼板应力分布云图/MPa

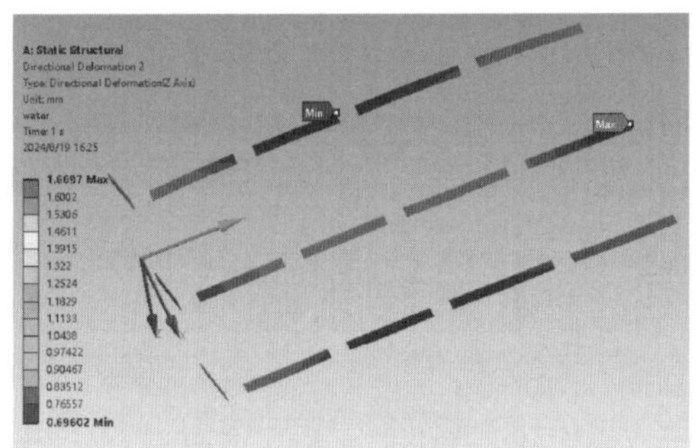

(l) 纵梁翼板变形分布云图/mm

图 10.4-20 (二) 闸门主要构件应力和变形计算结果

10.4.4.3 启闭机容量复核

峰山口防洪闸启闭机容量复核计算参数和结果统计见表 10.4-11。可见，启门时，所选启闭机容量满足要求，但是最大启门力接近启闭机容量，启闭机容量余量较小；闭门时，闸门可依靠自重完成。

表 10.4-11 峰山口防洪闸启闭机容量复核计算参数和结果统计表

闸门自重/kN	滚轮摩阻力/kN	总水压力/kN	主轮半径/m	主轮轴半径/m	止水摩阻力/kN	闸顶水柱压力/kN	计算启门力/kN	计算闭门力/kN	启闭机容量/kN
85.13	49.59	938.1	0.35	0.085	28.96	127.42	327.38	−109.26	400

10.4.4.4 安全评价

现场检查、检测和复核计算结果表明：

(1) 峰山口防洪闸金属结构布置合理，启闭机工作平台设备无相互干扰问题，本次未收集到闸门的设备监造和安装资料，综合闸门运行情况和现场安全检测结果分析，评价认为防洪闸金属结构的制造和安装满足安全运行要求。

(2) 金属结构的强度、刚度和稳定性满足 SL 74—2019《水利水电工程钢闸门设计规范》要求，闸门的启门力小于启闭机的额定容量，闭门可靠自重实现，满足要求。

(3) 闸门和启闭机的总体质量较好，使用上基本安全，已超过报废折旧年限，运行与维护状况较好。

(4) 存在的缺陷和问题是：闸门顶梁和主梁的翼板、侧轮和轨道表面局部腐蚀，闸门顶部和底部止水压板局部腐蚀；启闭机开式齿轮副和钢丝绳等部位缺少润滑保养；减速器表面局部涂层起皮、脱落且渗油；控制柜内线路敷设凌乱，启闭机电动机、制动轮推动装置等部位接线不规范等。

10.4.5 水库进水闸金属结构安全评价

10.4.5.1 质量检测

2024 年水库进水闸金属结构和机电设备安全检测的主要结果及与 2014 年对比如图 10.4－21 和表 10.4－12 所示。

(a) 闸门迎水侧面板(2014年)

(b) 闸门迎水侧面板(2024年)

(c) 闸门背水侧(2014年)

(d) 闸门背水侧(2024年)

(e) 滑块和侧向支承未安装(2014年)

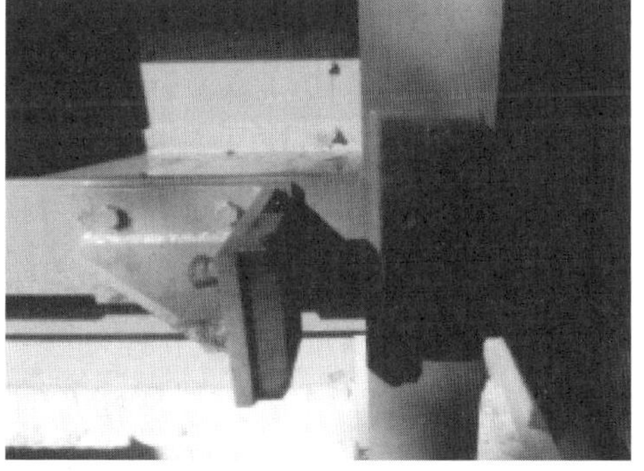

(f) 侧滑块轻微腐蚀(2024年)

图 10.4－21 水库进水闸金属结构和机电设备安全检测的主要结果及与 2014 年对比

表 10.4-12 水库进水闸金属结构和机电设备安全检测的主要结果及与 2014 年对比

项目	2014 年安全检查和检测	2024 年安全检查和检测
闸门外观质量	闸门整体状况完好。 闸门边梁与面板之间的连接焊缝有气孔、焊瘤、咬边等缺陷	闸门整体状况完好。 闸门两侧轨道局部腐蚀，右侧闸门侧滑块、两侧及底部止水压板轻微腐蚀
闸门腐蚀量	—	腐蚀程度为 A 级，轻微腐蚀
闸门焊缝	焊缝质量良好。有未焊透缺陷，但未焊透深度总体未超过 GB/T 14173 规定要求	一类焊缝抽检比例 58.1%，二类焊缝抽检比例 45.6%，闸水焊缝无损检测位置示意图如图 10.4-22 所示，焊缝质量符合规范要求，未发现超标缺陷
材料检测	—	—
启闭机	运行状况良好	运行不畅。 ①启闭机钢丝绳局部缺少润滑保养。 ②运行受上、下游水位差影响大，当上、下游水位差超过 1.5m 时，启闭机自我保护断电，闸门全关时，上下游水位差大于 1.5m 后，控制柜出现跳闸现象，上下游水位差接近 2m 时，需先将一扇闸门开启 2m 左右，方能打开另一扇闸门。 ③进口涵洞无通气孔，闸前无防冻或破冰装置
启闭力	小于启闭机额定容量，满足要求	小于启闭机额定容量（200kN），闭门靠自重实现，满足要求。启闭机的启闭力感应显示数值较实际偏大

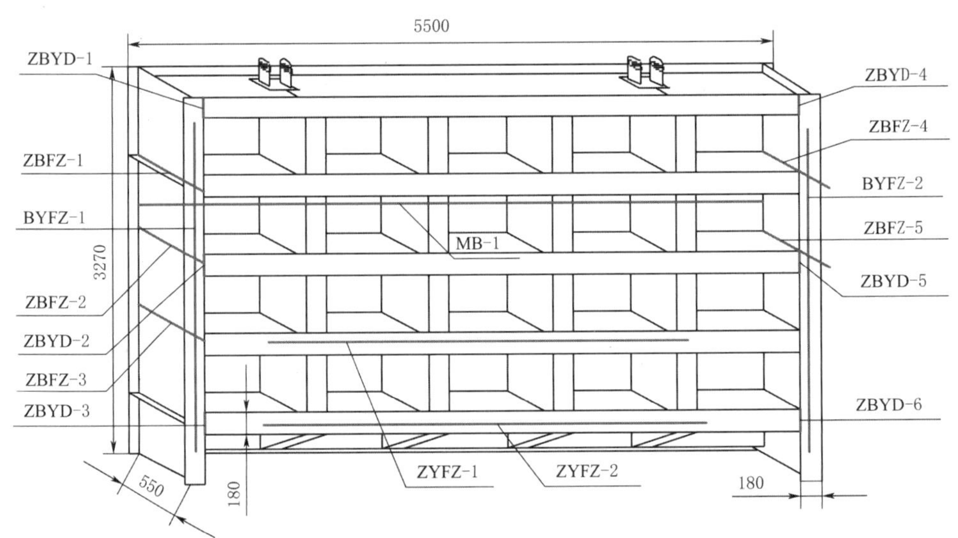

图 10.4-22 闸门焊缝无损检测位置示意图/mm

（1）根据《北京市怀柔水库大坝安全评价报告（2015 年）》，2014 年安全检查和质量检测时，闸门和启闭机总体质量较好，主要构件强度和刚度均满足安全运行要求，启闭机设备运行良好。仅存在闸门边梁与面板之间的连接焊缝有气孔、焊瘤、咬边等缺陷。

（2）本次金属结构和机电设备安全检测结果表明，闸门和启闭机的总体质量较好，使用上基本安全，但运行不畅。主要缺陷是：①闸门两侧轨道局部腐蚀，右侧闸门侧滑块、两侧及底部止水压板轻微腐蚀；②启闭机钢丝绳局部缺少润滑保养；③闸门、启闭机运行不畅，运行受上、下游水位差影响大，当上、下游水位差超过 1.5m 时，启闭机自我保护断电，闸门全关时，上下游水位差大于 1.5m 后，控制柜出现跳闸现象，上下游水位差接近 2m 时，需先将一扇闸门开启 2m 左右，方能打开另一扇闸门；④启闭机的启闭力感应显示数值较实际值偏大；⑤进口涵洞无通气孔，闸前无防冻或破冰装置。

10.4.5.2 闸门结构应力变形复核计算

1. 计算模型、参数和工况

水库进水闸计算模型及网格划分如图 10.4-23 所示，模型尺寸与设计图纸一致。计算模型共划分 686019 个实体单元，计算模型的约束条件为底部采用竖直方向的支撑约束，闸门滑块处采用水平约束，闸门主轮轴采用沿水流方向的约束。

根据 SL 74—2019《水利水电工程钢闸门设计规范》，对许用应力均进行折减，折减系数取 0.95（重要性系数取 0.95，闸门使用时间未超过 30 年，时间系数取 1.0）。闸门结构材料为 Q235 钢，其折减后的许用应力 152MPa（$\delta \leqslant 16$mm）和 142.5MPa（$\delta < 16 \sim 40$mm）。钢材弹性模量取 206GPa，泊松比 0.3。

数值模拟计算工况为取闸门设计水头 11.23m，即取库水位为 67.73m。

（a）闸门迎水面视图

（b）闸门背水面视图

（c）模型网格划分及约束条件

（d）模型荷载

图 10.4-23 水库进水闸计算模型及网格划分示意图

2. 主要计算结果

水库进水闸闸门应力与变形计算结果统计见表 10.4-13，闸门整体应力和变形计算结果如图 10.4-24 所示，闸门主要构件应力和变形计算结果如图 10.4-25 所示。可见，各构件的最大应力与最大变形计算值均小于许用值，满足 SL 74—2019《水利水电工程钢闸门设计规范》要求。

表 10.4-13　　水库进水闸闸门应力与变形计算结果统计表

<table>
<tr><th rowspan="2">序号</th><th colspan="2" rowspan="2">部件名称</th><th colspan="3">最大应力值/MPa</th><th colspan="3">最大变形值/mm</th></tr>
<tr><th>仿真值</th><th>许用值</th><th>结果</th><th>变形</th><th>许用值</th><th>结果</th></tr>
<tr><td>1</td><td colspan="2">面板</td><td>45.51</td><td rowspan="14">152</td><td rowspan="14">满足要求</td><td>3.61</td><td>—</td><td>—</td></tr>
<tr><td rowspan="3">2</td><td rowspan="3">顶梁</td><td>前翼板</td><td>33.38</td><td>2.07</td><td rowspan="9">6.67
(L/750)</td><td rowspan="9">满足要求</td></tr>
<tr><td>腹板</td><td>46.34</td><td>2.05</td></tr>
<tr><td>后翼板</td><td>58.75</td><td>2.15</td></tr>
<tr><td rowspan="3">3</td><td rowspan="3">底梁</td><td>前翼板</td><td>39.63</td><td>3.34</td></tr>
<tr><td>腹板</td><td>85.45</td><td>3.33</td></tr>
<tr><td>后翼板</td><td>105.29</td><td>3.39</td></tr>
<tr><td rowspan="3">4</td><td rowspan="3">主梁</td><td>前翼板</td><td>39.63</td><td>3.34</td></tr>
<tr><td>腹板</td><td>85.45</td><td>3.33</td></tr>
<tr><td>后翼板</td><td>105.29</td><td>3.39</td></tr>
<tr><td rowspan="2">5</td><td rowspan="2">边梁</td><td>腹板</td><td>47.73</td><td>0.28</td><td rowspan="2">—</td><td rowspan="2">—</td></tr>
<tr><td>翼板</td><td>48.92</td><td>0.47</td></tr>
<tr><td rowspan="2">6</td><td rowspan="2">纵梁</td><td>腹板</td><td>26.72</td><td>3.38</td><td rowspan="2">—</td><td rowspan="2">—</td></tr>
<tr><td>翼板</td><td>52.27</td><td>3.45</td></tr>
</table>

注　表中最大应力仿真值为去除集中应力后的应力值。

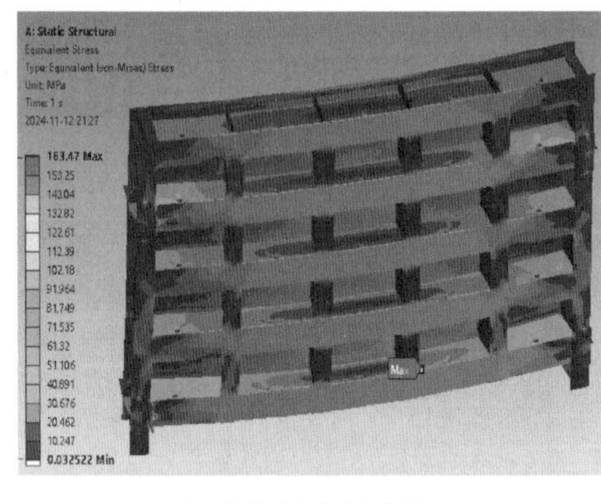

(a) 整体应力分布云图/MPa

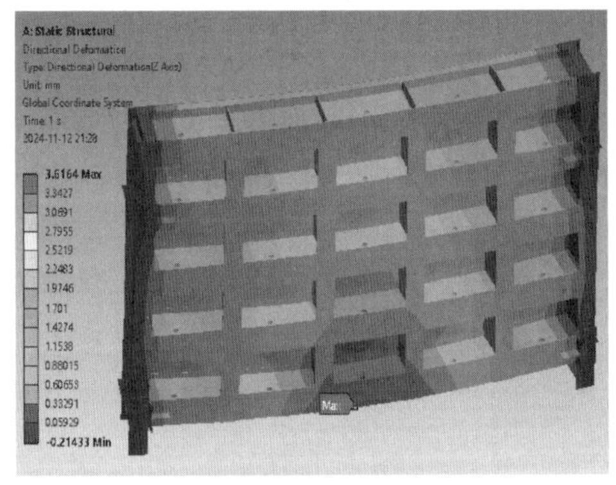

(b) 整体变形分布云图/mm

图 10.4-24　闸门整体应力和变形计算结果

10.4.5.3　安全评价

现场检查、检测和复核计算结果表明：

(1) 水库进水闸金属结构布置合理，启闭机室内各设备无相互干扰问题，本次未收集到闸门的设备监造和安装资料，综合闸门运行情况和现场安全检测结果分析，评价认为进水闸金属结构的制造和安装满足安全运行要求。

(2) 闸门的启门力小于启闭机的额定容量，闭门可靠自重实现，满足要求。

(3) 闸门和启闭机的总体质量较好，使用上基本安全，未超过报废折旧年限，运行与维护状况较好。

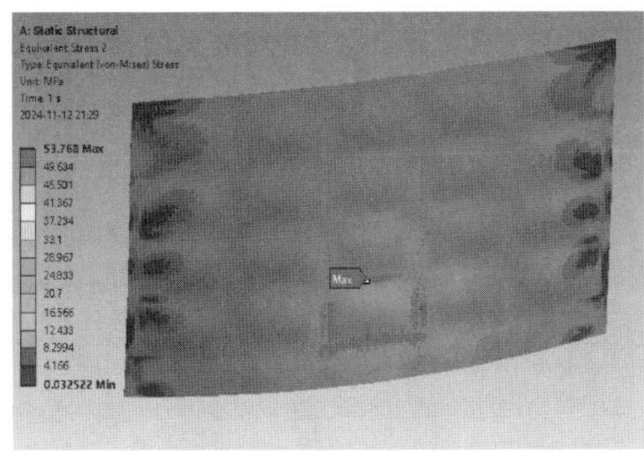

(a) 面板应力分布云图/MPa

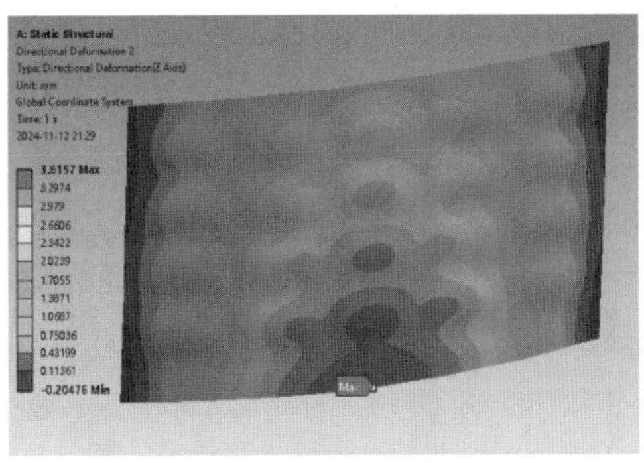

(b) 面板变形分布云图/mm

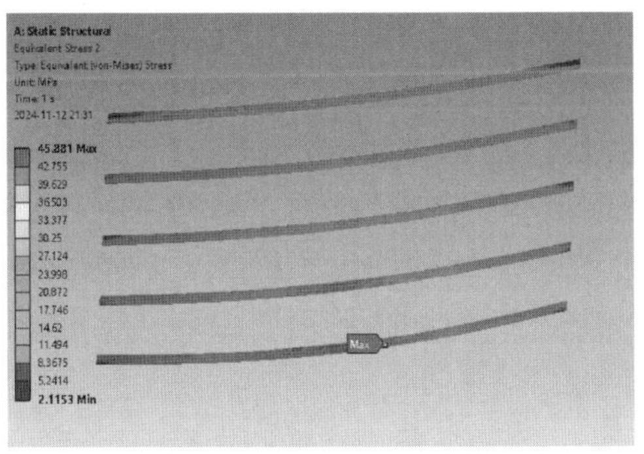

(c) 主梁前翼板应力分布云图/MPa

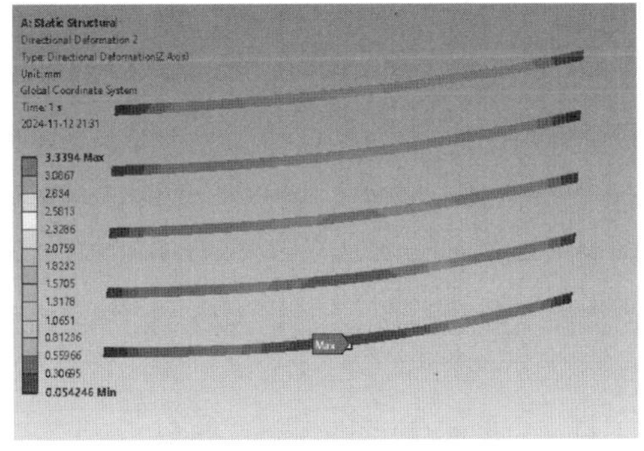

(d) 主梁前翼板变形分布云图/mm

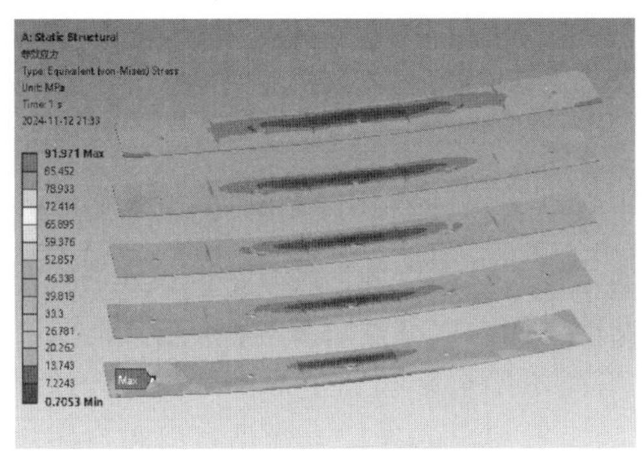

(e) 主梁腹板应力分布云图/MPa

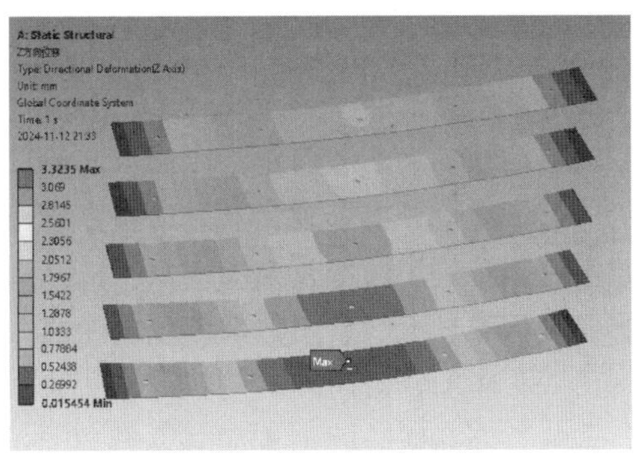

(f) 主梁腹板变形分布云图/mm

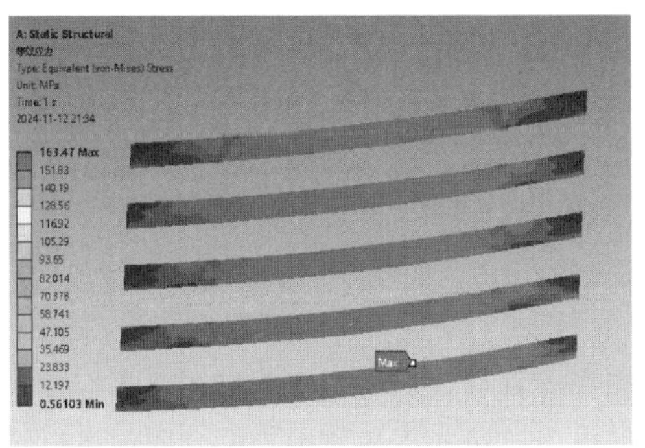

(g) 主梁后翼板应力分布云图/MPa

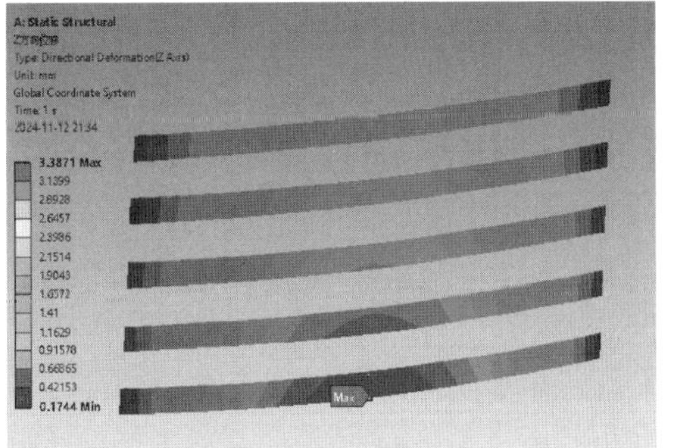

(h) 主梁后翼板变形分布云图/mm

图 10.4-25（一） 闸门主要构件应力和变形计算结果

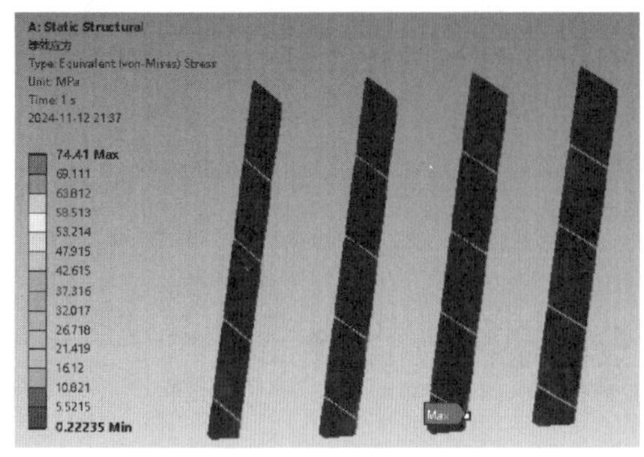

(i) 纵梁腹板应力分布云图/MPa

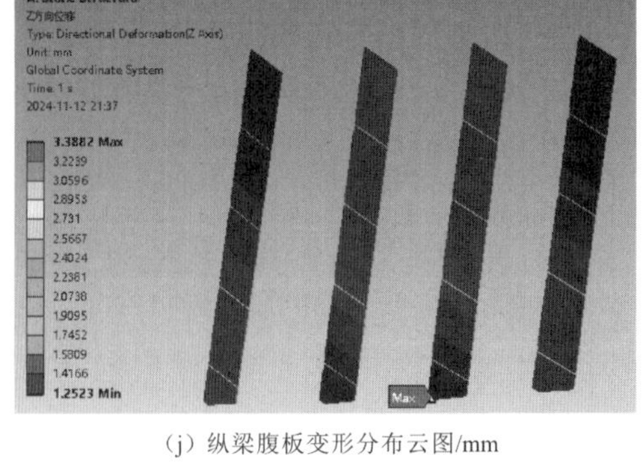

(j) 纵梁腹板变形分布云图/mm

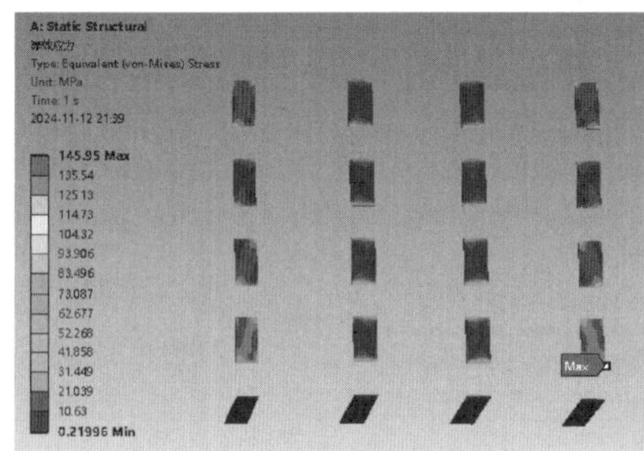

(k) 纵梁翼板应力分布云图/MPa

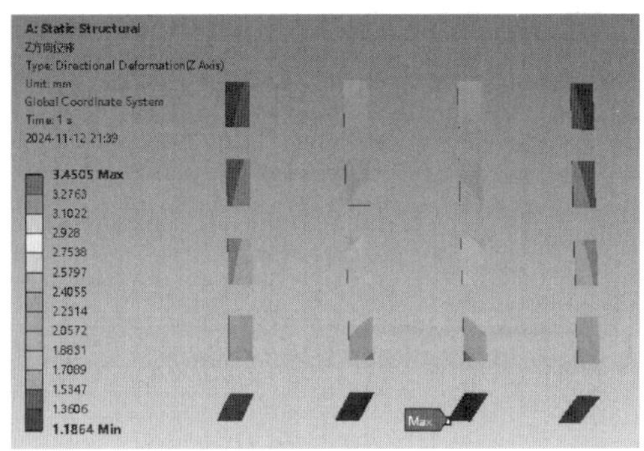

(l) 纵梁翼板变形分布云图/mm

图 10.4-25(二) 闸门主要构件应力和变形计算结果

(4) 存在的缺陷和问题是：南水北调反向输水后，水库进水闸运行工况改变，由于启闭机运行条件设置不合理、上游未布置通气孔，导致运行不畅；闸门两侧轨道局部腐蚀，右侧闸门侧滑块、两侧及底部止水压板轻微腐蚀；启闭机钢丝绳局部缺少润滑保养，启闭机感应显示器显示的启闭力数值较实际偏大；闸前无防冻或破冰装置等。

(5) 总体上，闸门和启闭机存在的质量缺陷尚不严重影响其正常使用。增设通气孔后，若闸门仍存在关闭困难问题，建议结合实际运行工况，复核或优化闸门和启闭机设计，采用对闸门增加配重、将滑块改为滚轮，将启闭机改为螺杆启闭机或液压启闭机等措施确保闸门运行顺畅。

10.5 金属结构安全评价结论

10.5.1 综合评价

(1) 怀柔水库各泄、输水建筑物的金属结构布置合理，启闭机室或启闭机工作平台内各设备无相互干扰问题。本次未收集到各闸门的设备监造和安装资料，综合闸门运行情况和现场安全检测结果分析，各泄、输水建筑物的金属结构的制造和安装满足安全运行要求。

(2) 金属结构的强度、刚度和稳定性满足 SL 74—2019《水利水电工程钢闸门设计规范》要求，闸门的启门力小于启闭机的额定容量，闭门可靠自重实现，满足要求。

(3) 闸门和启闭机的总体质量较好，使用上基本安全，除东溢洪道水闸、输水隧洞出口闸、峰山口防洪闸外，其余闸门未超过报废折旧年限，各泄、输水建筑物的运行与维护状况较好。

(4) 怀柔水库防汛主电源为 380V 供电系统及变配电设备，应急电源为发电机，包括 5 台移动式发电机和 6 台固定式发电机（分别位于管理处大院配电室、东溢洪道站、峰山口站、口头水文站和前辛庄水文站）。供电安全能够得到保障，能够保证闸门在紧急情况下正常开启。

(5) 各泄、输水建筑物闸门和启闭机均存在少量质量缺陷，但是总体上不严重影响正常使用。

10.5.2 评价分级

综合现场检查及检测和复核计算分析成果：怀柔水库各泄、输水建筑物金属结构布置合理；设计与制造、安装满足运行要求；结构强度、刚度及稳定性满足规范要求，启闭能力满足要求，运行可靠；供电安全能够得到保障，可保证闸门在紧急情况下正常开启；除东溢洪道水闸、输水隧洞出口闸、峰山口防洪闸外，其余闸门未超过报废折旧年限，各泄、输水建筑物的运行与维护状况较好；安全检测结果表明，金属结构质量总体较好，使用基本安全。

怀柔水库各泄、输水建筑物的金属结构安全检测结果为基本安全，强度、刚度及稳定性复核计算结果满足规范要求，有备用电源，存在的局部腐（锈）蚀和磨损现象尚不严重影响正常运行。根据 SL 258—2017《水库大坝安全评价导则》，评价认为金属结构基本安全，评为 B 级。

第 11 章

大坝安全综合评价

11.1 评价依据

依据 SL 258—2017《水库大坝安全评价导则》，大坝安全综合评价是在现场安全检查及安全检测和监测资料分析基础上，根据防洪能力、渗流安全、结构安全、抗震安全、金属结构安全等专项复核评价结果，并参考工程质量与大坝运行管理评价结论，对大坝安全进行综合评价，评定大坝安全类别。

1. 大坝安全分类的评定原则

(1) 一类坝：大坝现状防洪能力满足现行国家和行业防洪标准要求，无明显工程质量缺陷，各项复核计算结果均满足规范要求，安全监测等管理设施完善，维修养护到位，管理规范，能按设计标准正常运行大坝。

(2) 二类坝：大坝现状防洪能力不满足现行国家和行业防洪标准要求，但满足水利部颁布的水利枢纽工程除险加固近期非常运用洪水标准；大坝整体结构安全、渗流安全、抗震安全满足规范要求，运行性态基本正常，但存在工程质量缺陷，或安全监测等管理设施不完善，维修养护不到位，管理不规范，在一定控制运用条件下才能安全运行的大坝。

(3) 三类坝：大坝现状防洪能力不满足水利部颁布的水利枢纽工程除险加固近期非常运用洪水标准，或者工程存在严重质量缺陷与安全隐患，不能按设计正常运行的大坝。

2. 大坝安全分类的评定标准

(1) 防洪能力、渗流安全、结构安全、抗震安全、金属结构安全等各项评价结果均达到 A 级，且工程质量合格、运行管理规范的，可评为一类坝；有一项以上（含一项）是 B 级的，可评为二类坝；有一项以上（含一项）是 C 级的，应评为三类坝。

(2) 虽然各专项评价结果均达到 A 级的，但存在工程质量缺陷及运行管理不规范的，可评定为二类坝；而对有一至两项为 B 级的二类坝，如工程质量合格、运行管理规范，可升为一类坝，但应限期对存在的问题进行整改，将 B 级升为 A 级。

11.2 专项安全评价

11.2.1 工程质量

1. 挡水建筑物（大坝）

(1) 主坝和各副坝的实测坝体轮廓线与设计断面线基本一致，坝体填筑外观较好。

(2) 主坝和各副坝坝基以下有分布连续、渗透系数 $10^{-4}\sim10^{-5}$cm/s 量级的黏性土或风化岩相对隔水层，坝基处理满足设计要求；主坝防渗体和各副坝的填筑体的防渗性能良好，水库运行期间，未见大坝出现明显的变形和坝体渗漏现象。

(3) 主坝防渗体与相对隔水层相连，坝趾设有堆石排水体及排水沟，上、下游分别采用浆砌石和干砌石护坡；各副坝下游已回填至排水棱体以上，一、二、三副坝上、下游均采用砌石护坡，且已用砂浆勾缝，长副坝上、下游分别采用碎石护坡和植草护坡。坝体结构布置总体符合 SL 274—2020《碾压式土石坝设计规范》要求，但长副坝上游护坡形式和一、二、三副坝下游护坡形式不满足现行规范要求。

(4) 安全监测资料分析、现场检查、工程地质勘察和无损检测结果表明，大坝工作性态正常，内部无明显的质量缺陷，可见的外部缺陷并不严重。虽然存在规范更新导致坝体的压实度不满足要求，护坡勾缝但未布置排水孔导致排水不畅、副坝填筑体含水量高等问题，但是总体评价认为主坝和各副坝的填筑质量较好，不会对工程安全产生严重影响。

2. 泄、输水建筑物

(1) 东、西溢洪道，输水隧洞及其进、出口闸，峰山口输水闸和防洪闸，水库进水闸等泄、输水建筑物的施工质量合格，现运行状况良好。

(2) 现场检查和检测结果表明，各泄、输水建筑物的混凝土结构外观和内部结构质量良好，2014 年安全评价检测的缺陷大部分得到有效处理，已采取的防碳化措施效果明显，存在的局部防碳化涂层脱落、出现个别渗漏点、小范围混凝土剥蚀等质量缺陷尚不严重影响工程安全。

(3) 综合闸门运行情况和检测结果，评价认为各泄、输水建筑物金属结构的制造和安装满足安全运行要求。

主、副坝及各泄、输水建筑物的工程质量基本满足设计和规范要求，运行中虽暴露有坝体压实度和副坝护坡形式不满足现行规范要求、副坝填筑体含水量高、防浪墙和护坡局部破损、混凝土结构存在少量外部质量缺陷等问题，但尚不严重影响工程安全。根据 SL 258—2017《水库大坝安全评价导则》，工程质量评为基本合格。

11.2.2 运行管理

(1) 怀柔水库由北京市京密引水管理处（以下简称管理处）负责管理，水库管理机构和管理制度健全，管理人员职责明晰；水库大坝安全监测、防汛交通与通信等管理设施完善。管理处编制的《北京市怀柔水库洪水调度规程》《北京市怀柔水库防洪抢险预案》等已获得北京市水务局批准。

(2) 管理处制定了《北京市京密引水管理处工程运行管理制度》（京引水管〔2022〕178 号）《北京市京密引水管理处水利工程维修维护项目管理实施细则》（京引水管〔2022〕199 号）等内部规定，能够按照审批的调度规程开展合理的调度运用，按规范开展了安全监测，及时掌握大坝安全性态，有效开展了养护维修工作，确保了水库大坝处于安全和完整的工作状态。

(3) 运行管理存在的问题是部分非关键制度缺失、缺少道路里程碑、《怀柔水库大坝安全管理应急预案》和《怀柔水库大坝防震减灾应急预案》有待完善。

水库管理机构和制度健全、管理人员职责明晰，安全监测、防汛交通与通信等管理设施完善，已制定水库调度规程和应急预案，能够按审批的调度规程合理调度运用，按规范开展安全监测，大坝能够得到及时养护修理，处于安全和完整的工作状态，水库能按设计条件和功能安全运行，存在的个别问题尚不影响水库大坝的安全运行和正常管理。根据 SL 258—2017《水库大坝安全评价导则》，大坝运行管理评为规范。

11.2.3 防洪能力

（1）怀柔水库为Ⅱ等大（2）型水利工程，采用 100 年一遇设计、2000 年一遇校核的洪水标准，满足 GB 50201—2014《防洪标准》和 SL 252—2017《水利水电工程等级划分及洪水标准》要求。

（2）截至 2024 年汛前，怀柔水库已有 65 年的连续水文监测数据。采用实测洪水统计法复核得到的设计洪水低于原设计成果，校核洪水和原设计成果相近，无需调整原设计洪水成果。

（3）东、西溢洪道，输水隧洞和峰山口输水闸的水位一泄量关系曲线复核结果与原设计相近，泄水建筑物的泄流能力满足要求。

（4）洪水调度运用方式符合水库特点。按照水库设计库容曲线、2024 年水库淤积调查后的库容曲线复核，主汛期（每年 6 月 1 日—8 月 10 日）采用 58.00m 汛限水位合理，复核计算结果与设计成果一致；后汛期（每年 8 月 11 日—9 月 15 日）应考虑预报预泄，避免校核洪水位超过坝顶。

（5）水库遭遇 20 年一遇或 50 年一遇洪水，分别按照 $320m^3/s$ 和 $400m^3/s$ 控泄时，东、西溢洪道闸门开启后的闸顶高程均低于最高库水位，存在闸门顶、底同时过水问题。

（6）水库泄水不影响大坝安全，但下游河道的防洪标准低于水库设计洪水标准，泄水影响下游河道安全。非常溢洪道存在行洪受阻、启用流程复杂、爆破启用后影响重大等问题，难以按原设计条件正常启用和及时泄洪。

水库防洪标准及大坝抗洪能力满足规范要求，存在遭遇 20 年或 50 年一遇洪水控泄时溢洪道闸门顶、底同时过流，局部防浪墙超高不足，后汛期遭遇超标准洪水时的调度措施有待完善等问题。根据 SL 258—2017《水库大坝安全评价导则》，大坝防洪安全评为 B 级。

11.2.4 渗流安全

1. 挡水建筑物（大坝）

（1）主坝和各副坝的防渗和反滤排水设施完善，各副坝下游已回填，原排水棱体不再发挥作用。现场检查结果表明，大坝无明显渗流安全隐患。

（2）大坝渗流压力和渗流量变化规律正常；主坝和各副坝的坝体浸润线较低，不会发生渗水冲刷、侵蚀坡面导致渗透破坏问题；防渗体或坝体内的水力比降均小于其最大允许比降，渗透稳定性满足要求。

（3）渗流计算得到主坝和各副坝在正常蓄水位下的单宽渗漏量为 10^{-6}～$10^{-7}m^3/s$ 量级，历史运行资料表明，大坝在运行过程中未出现异常渗流现象，渗流性态稳定。

2. 泄、输水建筑物

(1) 东、西溢洪道的地基以岩石为主，布置有灌浆帷幕防渗；溢洪道上游布置引渠、下游布置消力池，地基的平均水力比降很小，不会出现渗透破坏。

(2) 峰山口输水闸和防洪闸的地基为岩石，上、下游布置引渠及消力池；水库进水闸上游为京密引水渠，渠底铺设混凝土防渗；输水隧洞进口闸依山而建，出口闸下游布置陡槽和消力池，地基的平均水力比降很小，不会出现渗透破坏。

(3) 输水隧洞采用钢筋混凝土＋钢板衬砌，隧洞最大内水压力 15.73m，山体水位较低，不存在高内、外水压问题。

主、副坝防渗和反滤排水设施完善，设计与施工质量满足规范要求，通过监测资料和计算分析，大坝渗流压力和渗流量变化规律正常，坝体浸润线较低，各岩土材料与防渗体的渗透比降小于其最大允许比降，各泄、输水建筑物渗流性态正常，未见渗流安全隐患，运行中无渗流异常现象。根据 SL 258—2017《水库大坝安全评价导则》，大坝渗流安全评为 A 级。

11.2.5 结构安全

1. 挡水建筑物（大坝）

(1) 各工况下主坝和各副坝的坝坡抗滑稳定满足规范要求。主坝和副坝的坝顶宽度为 5.5～9.8m，除长副坝采用碎石护坡外，其余采用砌石护坡。主坝和各副坝的坝顶宽度和上游护坡形式总体满足 SL 274—2020《碾压式土石坝设计规范》要求。

(2) 主坝和各副坝的变形规律正常，坝体变形已趋于稳定。坝体外观较好，现场检查期间未见坝体开裂、塌陷等问题，不存在危及安全的异常变形。坝体变形和应力计算结果表明，水位变化导致的坝体水平和垂直位移均较小，为 cm 级，各工况下，坝体应力水平正常。

2. 泄、输水建筑物

(1) 东、西溢洪道的顶高程、泄槽边墙高程、抗滑稳定性、堰基面应力、消能防冲设施、泄流能力等满足 SL 253—2018《溢洪道设计规范》要求，闸门支座强度满足 SL 191—2008《水工混凝土结构设计规范》要求。

(2) 输水隧洞的泄流能力、衬砌结构安全性、压坡线等满足 SL 279—2016《水工隧洞设计规范》要求。

(3) 隧洞进口闸的抗滑稳定性、抗倾覆稳定性、基底应力、抗浮稳定性等满足 SL 285—2020《水利水电工程进水口设计规范》要求，但是工作平台高程为 65.50m，高于设计洪水位，低于校核洪水位。

(4) 隧洞出口闸的抗滑稳定性、地基承载力和基底应力比、抗浮稳定性和消能防冲设施等满足 SL 265—2016《水闸设计规范》要求，闸门支座强度满足 SL 191—2008《水工混凝土结构设计规范》要求。

(5) 峰山口输水闸和防洪闸的抗滑稳定性、基底应力和抗浮稳定性等满足 SL 265—2016《水闸设计规范》要求。依据 SL 191—2008《水工混凝土结构设计规范》复核，按照峰山口输水闸弧门支座强度控制时，输水闸的最高挡水位为 62.80m。

（6）水库进水闸的抗滑稳定性、抗倾覆稳定性、过流能力、基底应力和抗浮稳定性等满足 SL 285—2020《水利水电工程进水口设计规范》要求，但是工作平台高程为 68.00m，高于校核洪水位，但是超高不足，不满足现行规范的防浪要求。

（7）各泄、输水建筑物未见影响结构安全的沉降、倾斜、滑移等情况，混凝土结构内部未见明显不密实和脱空等缺陷，混凝土抗压强度满足设计要求，检测中发现的混凝土质量缺陷尚不严重影响结构安全。

3. 近坝岸坡

主坝两侧为东、西溢洪道，溢洪道两侧岸坡已采取防护措施，副坝连接的山体较低且平缓或为平地。运行期间，近坝岸坡未出现影响大坝安全的滑坡体，现场检查未发现近坝岸坡有潜在的滑坡体，无高边坡问题。综合判断，大坝近坝岸坡稳定。

主、副坝及泄水、输水建筑物的强度、稳定、泄流安全满足规范要求，无异常变形现象，近坝岸坡稳定，检查和检测中发现的少量缺陷不影响结构整体安全。长副坝上游采用碎石护坡，一、二、三副坝下游砌石护坡勾缝但未设置排水孔，不符合规范要求，大坝结构基本安全。根据 SL 258—2017《水库大坝安全评价导则》，大坝结构安全评为 B 级。

11.2.6 抗震安全

（1）依据 GB 51247—2018《水工建筑物抗震设计标准》和 SL 274—2020《碾压式土石坝设计规范》，按照现行地震动参数（基本烈度 8 度，地震动峰值加速度 0.2g）复核，主坝和各副坝的坝坡稳定性满足要求。

（2）根据工程勘察取得的地层资料、原位测试及室内颗粒分析试验成果，结合水库勘察设计资料和历次安全评价成果综合判别，主坝和各副坝的坝体和坝基均无地震液化问题。

（3）主坝上游砌石护坡下部中砂反滤层厚度 60cm。结合 2014 年安全评价的试验结果分析，该砂层具有液化性，一、二、三副坝的上游坝坡也有此类问题。考虑到砌石护坡下部的中砂反滤层液化对斜心墙或均质土坝坝体的影响一般发生在与护坡结构的接触面上，对其内部的破坏有限，可通过完善《怀柔水库大坝防震减灾应急预案》，针对在较大地震情况下可能出现的护坡失稳问题，制定应急处理措施解决 。

（4）主坝和各副坝整体满足 GB 51247—2018《水工建筑物抗震设计标准》中的抗震措施要求。由于建成年代较早，存在筑坝材料压实度、长副坝的坝轴线形式和上游护坡形式、坝体排水系统等不满足现行规范要求的问题，鉴于水库曾经历 1976 年 7.8 级唐山大地震，且未出现明显破坏现象，评价认为大坝整体上出现严重震害或破坏的风险不大。

（5）依据 GB 51247—2018《水工建筑物抗震设计标准》、SL 253—2018《溢洪道设计规范》、SL 285—2020《水利水电工程进水口设计规范》、SL 265—2016《水闸设计规范》和 SL 379—2007《水工挡土墙设计规范》等复核，怀柔水库各泄、输水建筑物的抗滑稳定性、抗倾覆稳定性、基底应力和地基承载力、闸门支座强度等满足要求。

（6）主坝两侧为东、西溢洪道，溢洪道两侧岸坡已采取防护措施，副坝连接的山体较低且平缓或为平地。1976 年 7.8 级唐山大地震期间，近坝岸坡未出现明显破坏现象。现场检查未发现近坝岸坡有潜在的滑坡体，无高边坡问题。综合判断，大坝近坝岸坡在地震工况下能够保持稳定。

主、副坝及各泄、输水建筑物的抗震复核计算结果满足规范要求，地基不存在地震液化可能性，主坝和一、二、三副坝上游砌石护坡下部中砂反滤层液化对防渗斜墙和坝体的影响有限，大坝抗震基本安全。根据 SL 258—2017《水库大坝安全评价导则》，大坝抗震安全评为 B 级。

11.2.7 金属结构安全

（1）怀柔水库各泄、输水建筑物的金属结构布置合理，启闭机室或工作平台内无设备相互干扰问题。本次未收集到闸门的设备监造和安装资料，综合闸门运行情况和安全检测结果分析，各泄、输水建筑物金属结构的制造和安装满足安全运行要求。

（2）金属结构的强度、刚度和稳定性满足 SL 74—2019《水利水电工程钢闸门设计规范》要求，闸门的启门力小于启闭机的额定容量，闭门可靠自重实现，满足要求。

（3）闸门和启闭机的总体质量较好，使用基本安全，除东溢洪道闸门、输水隧洞出口闸、峰山口防洪闸外，其余闸门未超过报废折旧年限，运行与维护状况较好。

（4）怀柔水库防汛主电源为 380V 供电系统及变配电设备，应急电源为发电机，包括 5 台移动式发电机和 6 台固定式发电机（分别位于管理处大院配电室、东溢洪道站、峰山口站、口头水文站和前辛庄水文站）。供电安全能够得到保障，能够保证闸门在紧急情况下正常开启。

（5）各泄、输水建筑物闸门和启闭机均存在少量腐（锈）蚀和磨损现象，但是总体上不严重影响正常使用。

水库各泄、输水建筑物的金属结构安全检测结果为基本安全，强度、刚度及稳定性复核计算结果满足规范要求，有备用电源，存在的局部腐（锈）蚀和磨损现象尚不严重影响正常运行，金属结构基本安全。根据 SL 258—2017《水库大坝安全评价导则》，金属结构安全评为 B 级。

11.3 综合评价

怀柔水库大坝专项安全性综合评价分级见表 11.3-1。根据 SL 258—2017《水库大坝安全评价导则》，水库大坝防洪能力、渗流安全、结构安全、抗震安全、金属结构安全有一项以上（含一项）是 B 级，可评定为二类坝。因此，怀柔水库大坝安全综合评价为二类坝。

表 11.3-1　怀柔水库大坝专项安全性综合评价分级

专项安全性分类	工程质量	运行管理	防洪能力	渗流安全	结构安全	抗震安全	金属结构安全
等级	基本合格	规范	B	A	B	B	B

需要特别说明的是，怀柔水库大坝运行管理规范，其工程质量基本合格，结构和抗震基本安全，主要是由于几十年来技术进步、认识提升、规范或标准要求提高导致的，属于

历史问题。结合 60 余年的运行情况分析，该部分缺陷不会对大坝运行安全产生严重影响，其他质量缺陷则可以通过修复解决。

11.4 后续拟开展的工作

根据怀柔水库大坝安全评价成果，北京市京密引水管理处在后续拟开展的安全维护、修复或提升工作如下，具体见表 11.4－1。

表 11.4－1　　拟开展的怀柔水库大坝安全维护、修复或提升工作建议表

<table>
<tr><th colspan="2" rowspan="2">建筑物名称或项目类别</th><th colspan="3">工　作　内　容</th></tr>
<tr><th colspan="2">尽快开展的工作</th><th>择机开展的工作</th></tr>
<tr><td colspan="2">挡水建筑物（大坝）</td><td>主坝：
①对防浪墙表层开裂、墙体下部地砖鼓起、坝顶路面裂缝等进行修复。
②修复上、下游护坡的破损部位，清理坡面上的滋生植物</td><td>副坝：
①对防浪墙表面开裂、坝顶路面开裂等进行修复。
②修复上、下游护坡的破损部位，清理坡面上的滋生植物。
③增设坝体内部排水系统，加强下游坡面排水</td><td>①将长副坝的上游坝坡由碎石护坡改为浆砌石护坡。
②对坝后排水管进行清理</td></tr>
<tr><td rowspan="2">泄水建筑物</td><td>东溢洪道</td><td>修复混凝土结构缺陷：
①上、下游的左、右侧翼墙的防碳化涂层鼓皮、脱落部位。
②右边墩牛腿支铰处的混凝土破损、露筋部位。
③弧形闸门左、右边墩，左孔闸门底坎的渗漏部位。
④反坡段和护坦段底板混凝土剥蚀或露筋部位</td><td>修复金属结构缺陷：
①闸门渗水部位进行密封处理。
②对闸门门体、闸门吊耳连接断面等腐蚀部位进行除锈和防腐处理。
③更换老化的止水橡胶及止水压板螺栓，更换启闭机钢丝绳与吊耳连接部位的绳扣。
④处理左侧闸门主梁右侧翼板对接焊缝处的凹陷、表面飞溅等外观不良情况。
⑤加强启闭机开式齿轮副、钢丝绳等部位的润滑保养，重新敷设启闭机动力线路和控制保护线路</td><td>①重涂闸门面漆。
②在闸前增设防冻装置。
③清理水下混凝土表面的淤积物和附着物</td></tr>
<tr><td>西溢洪道</td><td>修复混凝土结构缺陷：
①左、右边墩和中墩，下游左右翼墙等的防碳化涂层开裂、脱落部位。
②右孔闸底板、溢流面的混凝土剥蚀部位。
③人行桥裂缝、露筋和混凝土保护层脱落部位。（修复前应限制人行桥荷载）</td><td>修复金属结构缺陷：
①对闸门渗水部位进行密封处理。
②对闸门门体、吊耳、吊耳与门体连接轴端面等局部腐蚀部位进行除锈和防腐处理。
③更换老化的止水橡胶及止水压板螺栓，更换启闭机机架上游伸出长度过短的螺栓。
④加强启闭机开式齿轮副、钢丝绳等部位的润滑保养，重新敷设启闭机动力线路和控制保护线路。
⑤加固闸门轨道上部标识牌</td><td>①重涂闸门面漆。
②在闸前增设防冻装置。
③清理水下混凝土表面的淤积物和附着物</td></tr>
</table>

续表

建筑物名称或项目类别		工作内容		
		尽快开展的工作		择机开展的工作
输水建筑物	输水隧洞进口闸	—	修复金属结构缺陷： ①对闸门主梁、纵梁翼板，主轮轴、吊杆、轨道等局部腐蚀部位进行除锈和防腐处理。 ②更换腐蚀的止水压板连接螺栓。 ③加强启闭机开式齿轮副、钢丝绳等部位的润滑保养，重新敷设主控柜底部凌乱的线路	清理水下混凝土表面的淤积物和附着物
	输水隧洞	—	—	①修复混凝土砂浆脱落、钢板外露部位，混凝土裂缝部位和轻微疏松部位。 ②修复洞内监测仪器连接破损部位，钢管的表面涂层脱落区域。 ③对蝶阀及其连接段进行除锈和防腐处理，或更换蝶阀
	输水隧洞出口闸	修复混凝土结构缺陷： 启闭机工作平台挑檐护栏处混凝土剥蚀部位	修复金属结构缺陷： ①对闸门、止水压板、轨道等局部腐蚀部位进行除锈和防腐处理。 ②更换老化、破损的止水橡胶及腐蚀的连接螺栓。 ③对机箱手摇装置两端渗油处进行密封处理。 ④重新敷设主控柜底部凌乱的线路	①重涂闸门面漆。 ②启闭机加装行程控制、荷载限制装置，更换高度计。 ③清理水下混凝土表面的淤积物和附着物
	峰山口输水闸	修复混凝土结构缺陷： 下游左、右岸边墙防碳化涂层脱落、混凝土剥蚀部位	修复金属结构缺陷： ①对闸门主梁、纵梁翼板，左侧轮等局部腐蚀部位进行除锈和防腐处理，加强侧轮润滑保养。 ②对启闭机减速器表面涂层起皮部位进行重新涂刷面漆，并更换密封；对启闭机左联轴器表面涂层脱落部位重新涂刷面漆。 ③调整卷筒下侧钢丝绳运行通道及左、右两侧扬程，若启门力仍较大，应进一步复核闸门安装尺寸	—

续表

<table>
<tr><th colspan="2" rowspan="2">建筑物名称或项目类别</th><th colspan="3">工　作　内　容</th></tr>
<tr><th colspan="2">尽快开展的工作</th><th>择机开展的工作</th></tr>
<tr><td rowspan="2">输水建筑物</td><td>峰山口防洪闸</td><td>—</td><td>修复金属结构缺陷：
①对闸门主梁翼板、腹板、侧轮、吊耳板、止水压板、轨道、启闭机机架等局部腐蚀部位进行除锈和防腐处理。
②对启闭机减速器表面涂层起皮部位进行重新涂刷面漆，并更换密封。
③对启闭机防护罩进行密封处理。
④重新敷设主控柜内凌乱的线路，按照规范重新连接启闭机电动机、制动轮推动器等部位的接线</td><td>①重新涂刷启闭机减速器表面面漆，更换密封</td></tr>
<tr><td>水库进水闸</td><td>修复混凝土结构缺陷：
①上游左、右岸翼墙涂层龟裂、脱落部位。
②方涵中墩、左墩及下游左岸护坡混凝土剥蚀部位。
③方涵下游侧和左边墙混凝土裂缝部位</td><td>修复金属结构缺陷：
①对闸门侧滑块、两侧及底部止水压板、轨道等局部腐蚀部位进行除锈和防腐处理。
②加强启闭机钢丝绳等部位的润滑保养。
③增设上游通气孔和防冻及破冰装置，若增设通气孔后闸门仍存在关闭困难问题，可结合实际运行工况，复核或优化闸门和启闭机设计，采用对闸门增加配重、将滑块改为滚轮，将启闭机改为螺杆启闭机或液压启闭机。
④结合实际运行条件，调整启闭机控制条件，校正启闭力检测仪器</td><td>—</td></tr>
<tr><td colspan="2">运行管理</td><td colspan="2">①在主要交通道路上设置里程碑；在二副坝下游坝坡脚围墙处增设进出门；完善工程管理范围内的界桩设置。
②完善《怀柔水库大坝安全管理应急预案》和《怀柔水库大坝防震减灾应急预案》；定期更新怀柔水库运行大事记。
③加强技术资料积累与管理，尽可能补充完善怀柔水库早期设计、施工、验收等资料缺失部分的收集、归档工作。
④完善后汛期（汛限水位 62.00m）遭遇校核洪水时的调度措施。
⑤优化水库遭遇 10～20 年一遇或 20～50 年一遇洪水，按照《海河流域防洪规划》要求控泄时的调度措施，避免闸门顶、底同时过水，或对闸门进行改造，提高闸门高度</td><td>①开展自动化设计，加装闸门远程控制装置，建设或完善数字化管理平台，最终实现智能化运管。
②开展下泄洪水对下游河道的影响、溃坝影响、采用其他方案替代非常溢洪道的可行性等专项研究</td></tr>
<tr><td colspan="2">其他</td><td colspan="2">①将西溢洪道和主坝连接段、西溢洪道和山体连接段的防浪墙高度提高至 69.00m 高程。
②在东溢洪道交通桥上游侧加装钢化玻璃或采用其他措施，将防浪高度提高至 69.00m 高程。
③在水库进水闸启闭机室外围栏底部加装钢化玻璃或采用其他措施，提高防浪高度。
④排查自动化监测基站 GNSS 天线是否受到影响，检查西溢洪道消力池排水孔是否堵塞，率定副坝和西溢洪道渗压计</td><td>—</td></tr>
</table>

第 12 章

附　　图

12.1　监测数据分析结果

参考工程中采用的桩号和高程体系，以顺坝轴线、从左岸指向右岸侧方向为 x 坐标正向，以上下游方向、指向下游为 y 坐标正向，以沉降为正。

12.1.1　主坝坝体表面变形自动化监测结果

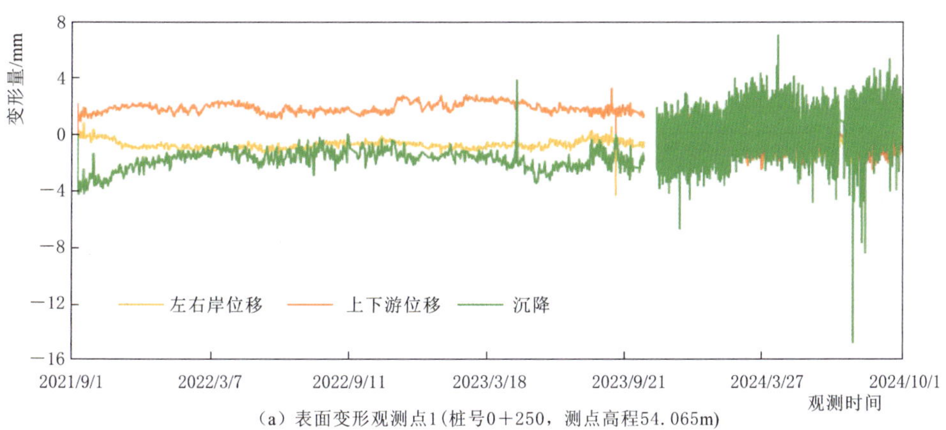

(a) 表面变形观测点1(桩号0+250，测点高程54.065m)

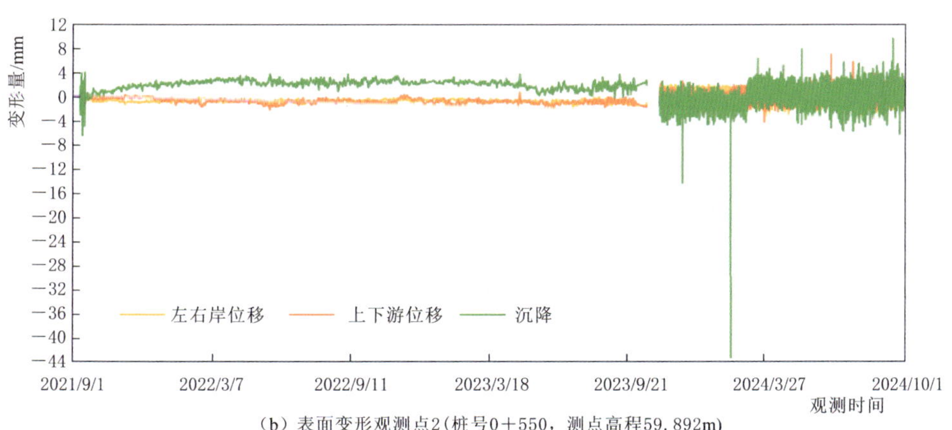

(b) 表面变形观测点2(桩号0+550，测点高程59.892m)

图 12.1-1（一）　主坝坝体表面变形自动化监测结果

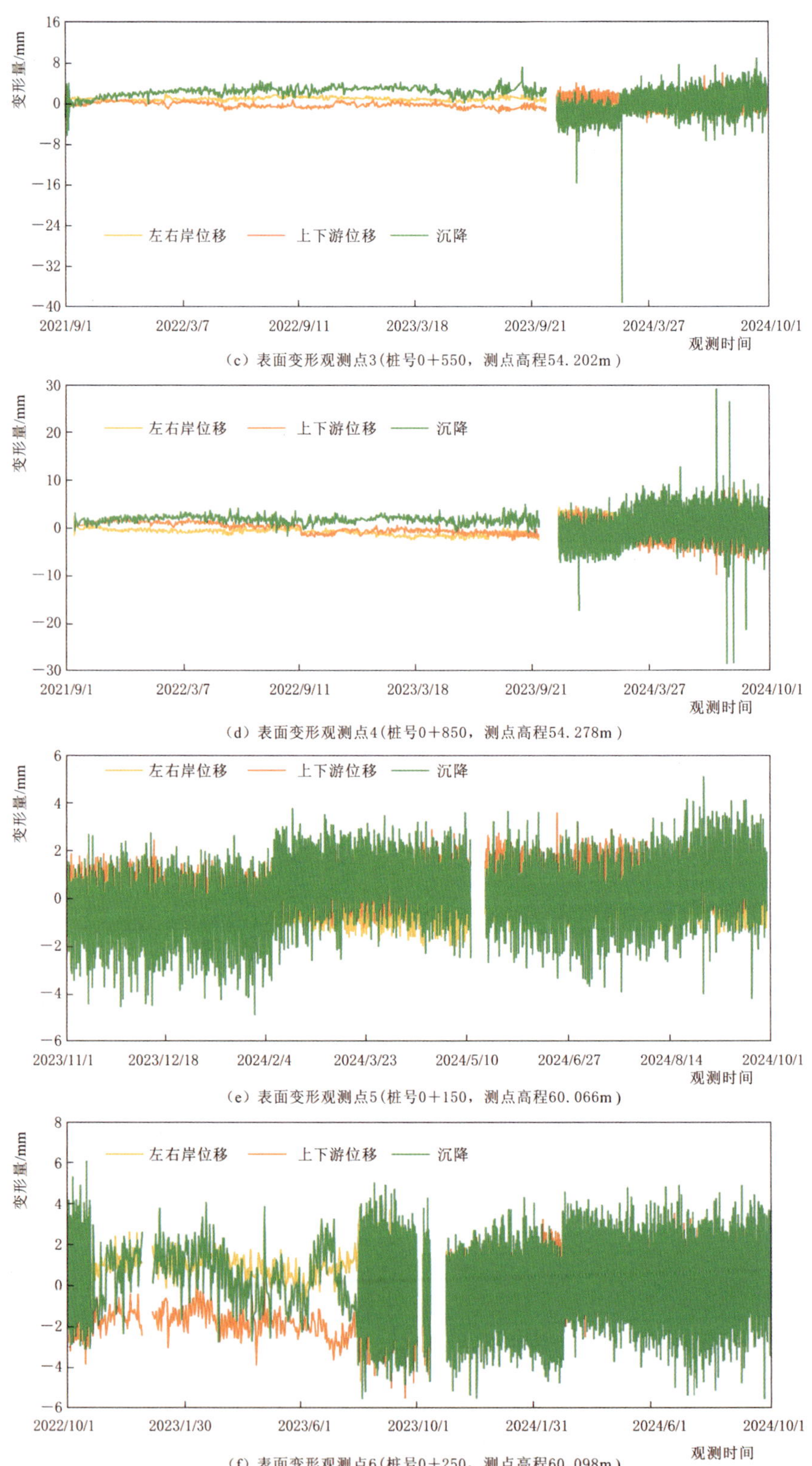

(c) 表面变形观测点3(桩号0+550，测点高程54.202m)

(d) 表面变形观测点4(桩号0+850，测点高程54.278m)

(e) 表面变形观测点5(桩号0+150，测点高程60.066m)

(f) 表面变形观测点6(桩号0+250，测点高程60.098m)

图 12.1-1（二） 主坝坝体表面变形自动化监测结果

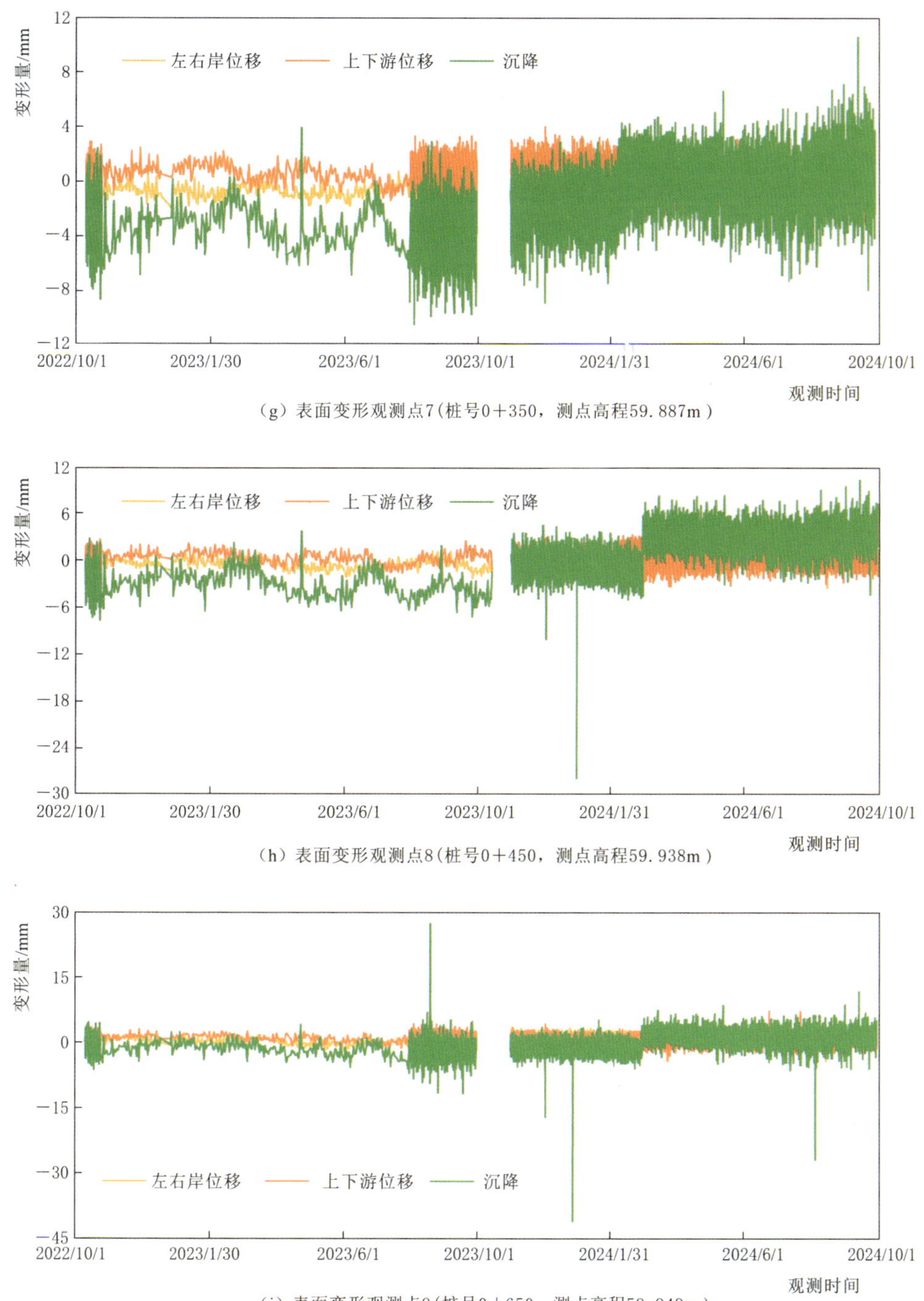

(g) 表面变形观测点7(桩号0+350，测点高程59.887m)

(h) 表面变形观测点8(桩号0+450，测点高程59.938m)

(i) 表面变形观测点9(桩号0+650，测点高程59.949m)

图 12.1-1（三） 主坝坝体表面变形自动化监测结果

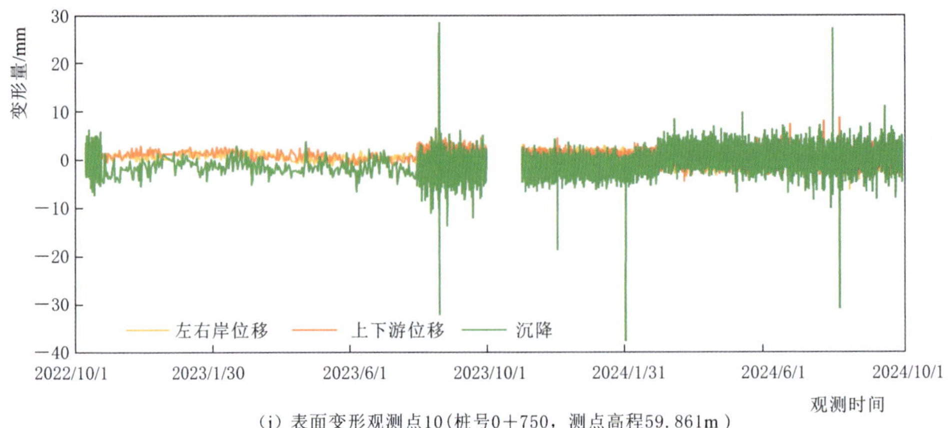

(j) 表面变形观测点10(桩号0+750，测点高程59.861m)

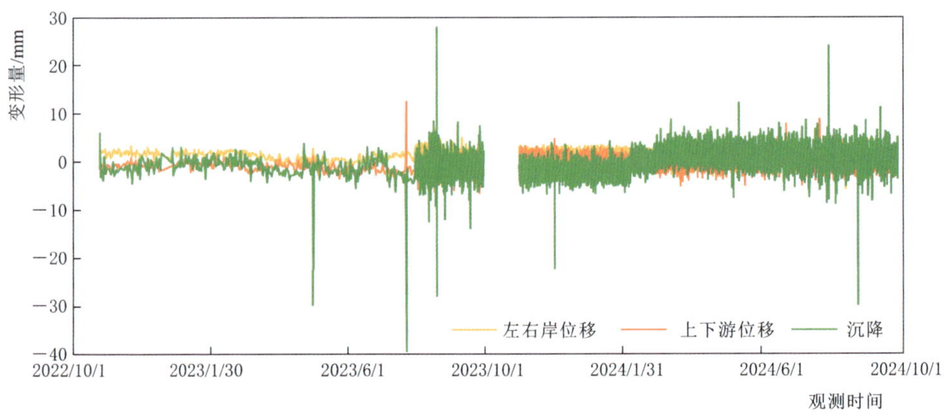

(k) 表面变形观测点11(桩号0+850，测点高程60.101m)

图 12.1-1（四） 主坝坝体表面变形自动化监测结果

12.1.2 主坝坝体表面变形人工监测结果

(a) 0+150断面

图 12.1-2（一） 主坝坝体表面变形人工监测结果

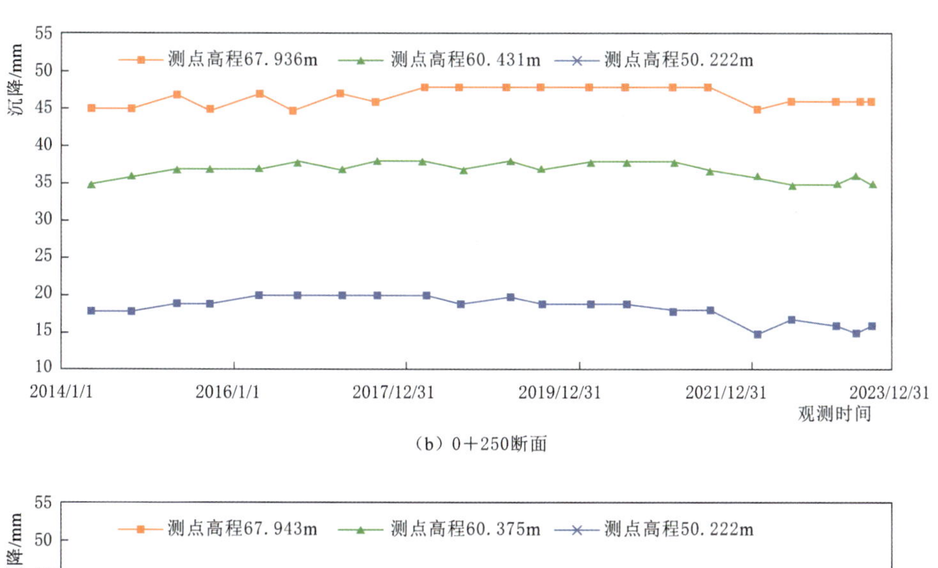

(b) 0+250断面

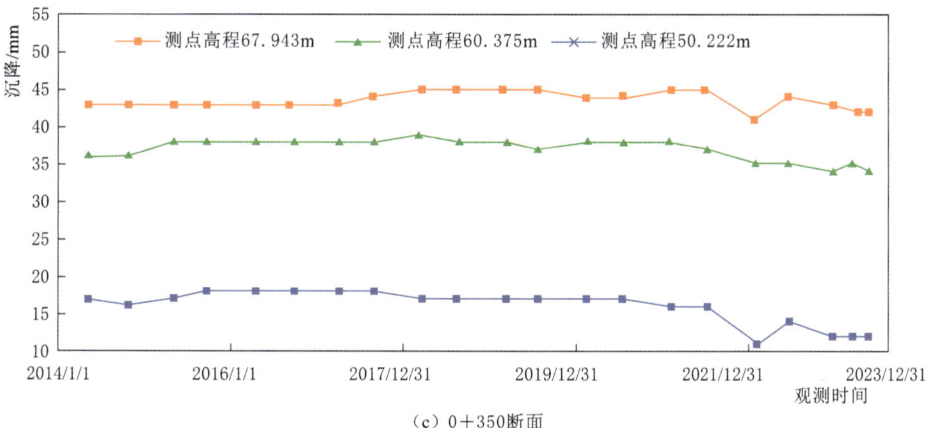

(c) 0+350断面

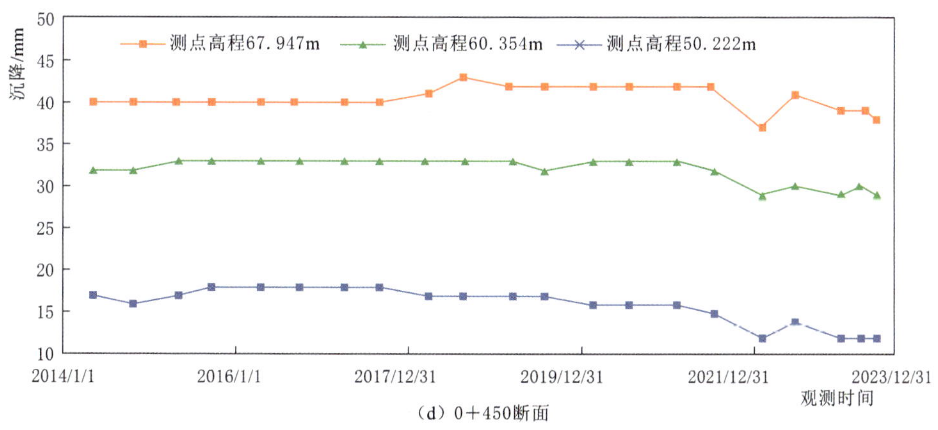

(d) 0+450断面

图 12.1-2(二) 主坝坝体表面变形人工监测结果

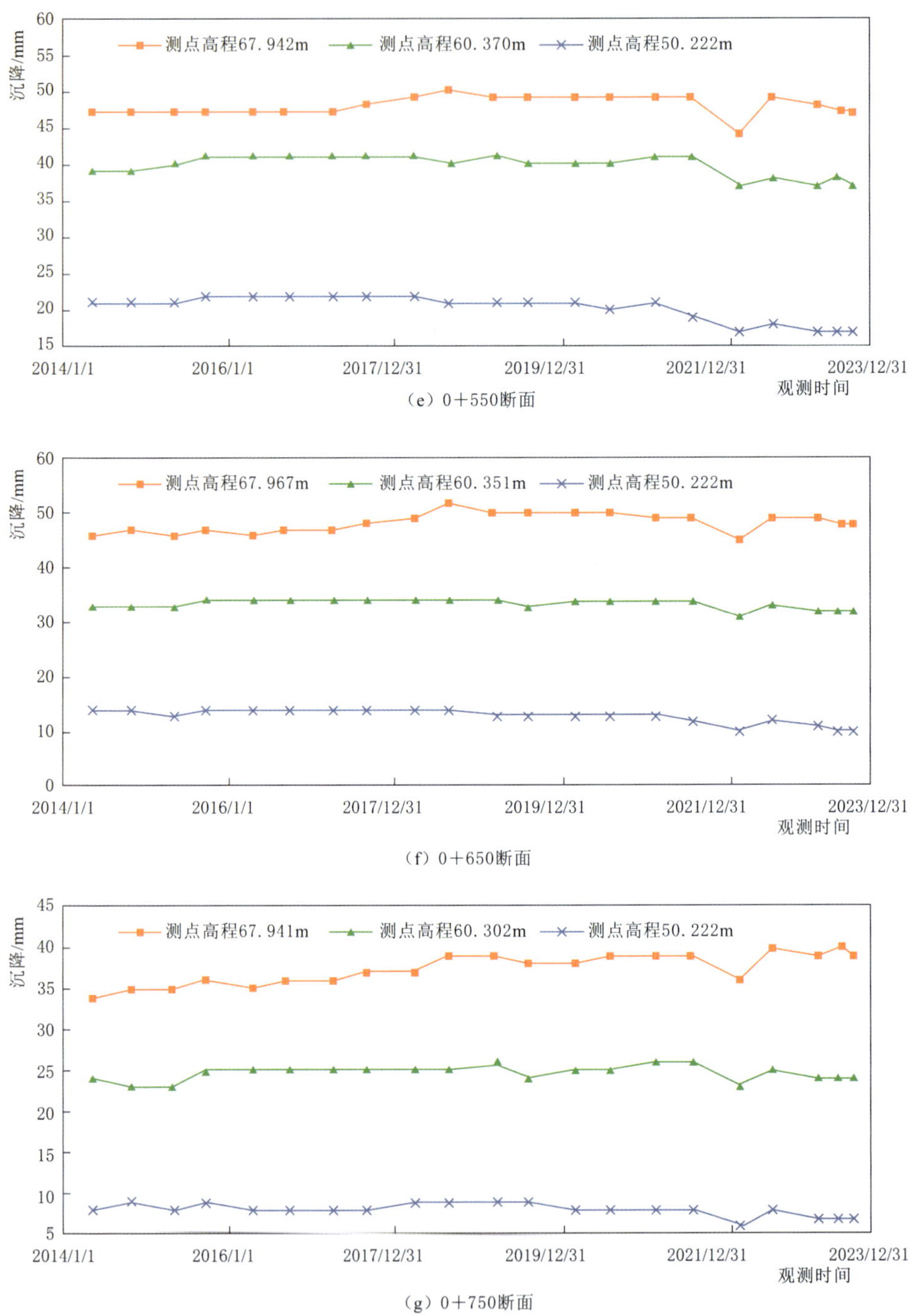

（e）0+550断面

（f）0+650断面

（g）0+750断面

图 12.1-2（三） 主坝坝体表面变形人工监测结果

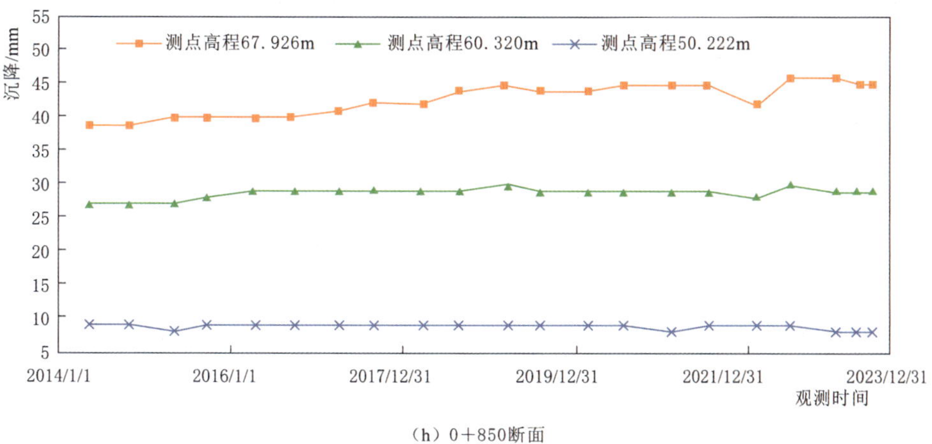

(h) 0+850断面

图 12.1-2（四） 主坝坝体表面变形人工监测结果

12.1.3 主坝渗流自动化监测结果

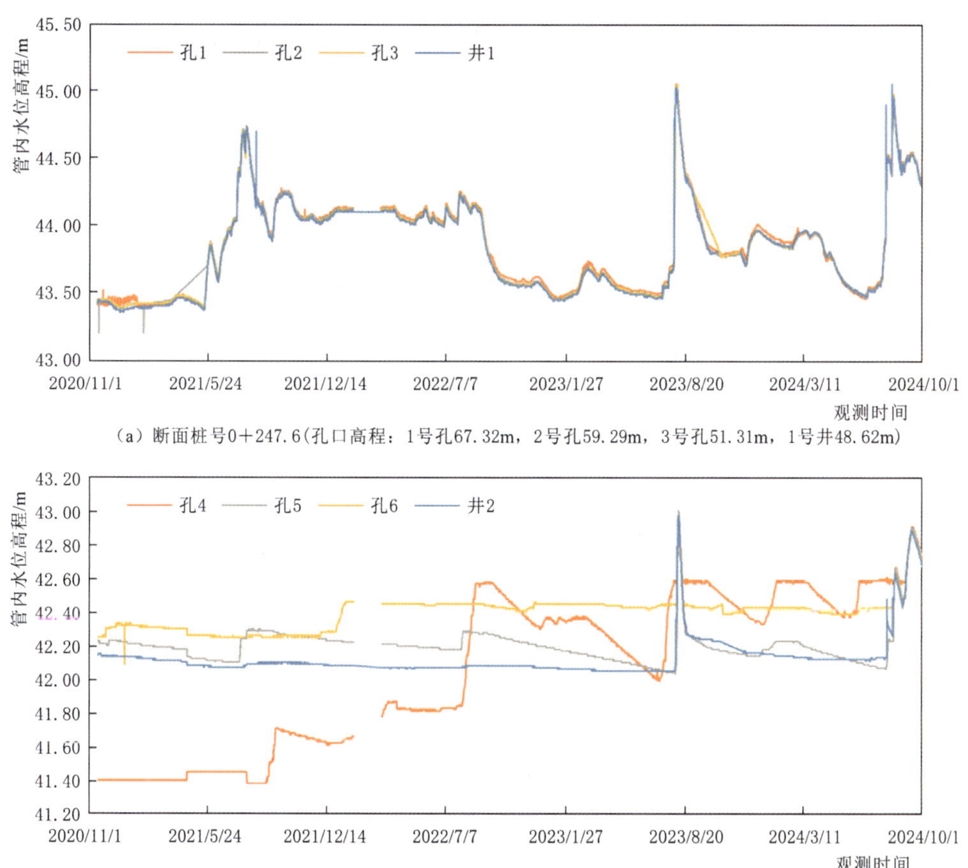

(a) 断面桩号0+247.6(孔口高程：1号孔67.32m，2号孔59.29m，3号孔51.31m，1号井48.62m)

(b) 断面桩号0+569(孔口高程：4号孔67.12m，5号孔59.21m，6号孔51.22m，2号井47.15m)

图 12.1-3（一） 主坝渗流自动化监测结果

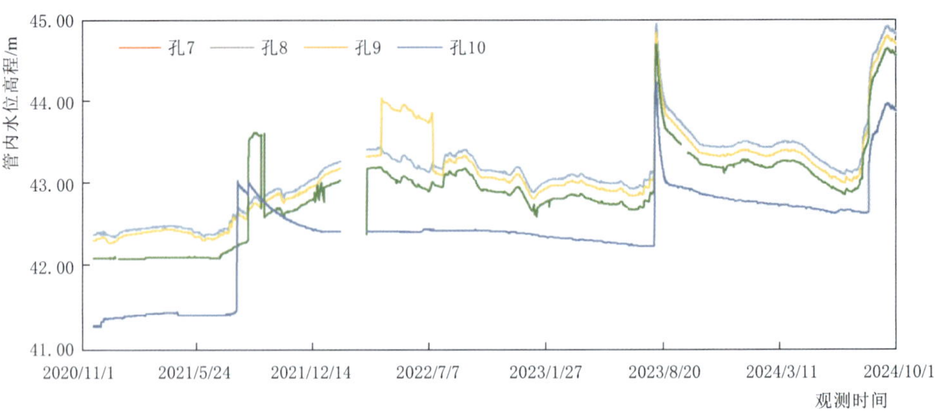

（c）断面桩号0+950（孔口高程：7号孔66.94m，8号孔23.00m，9号孔43.00m，10号孔40.31m）

图 12.1-3（二） 主坝渗流自动化监测结果

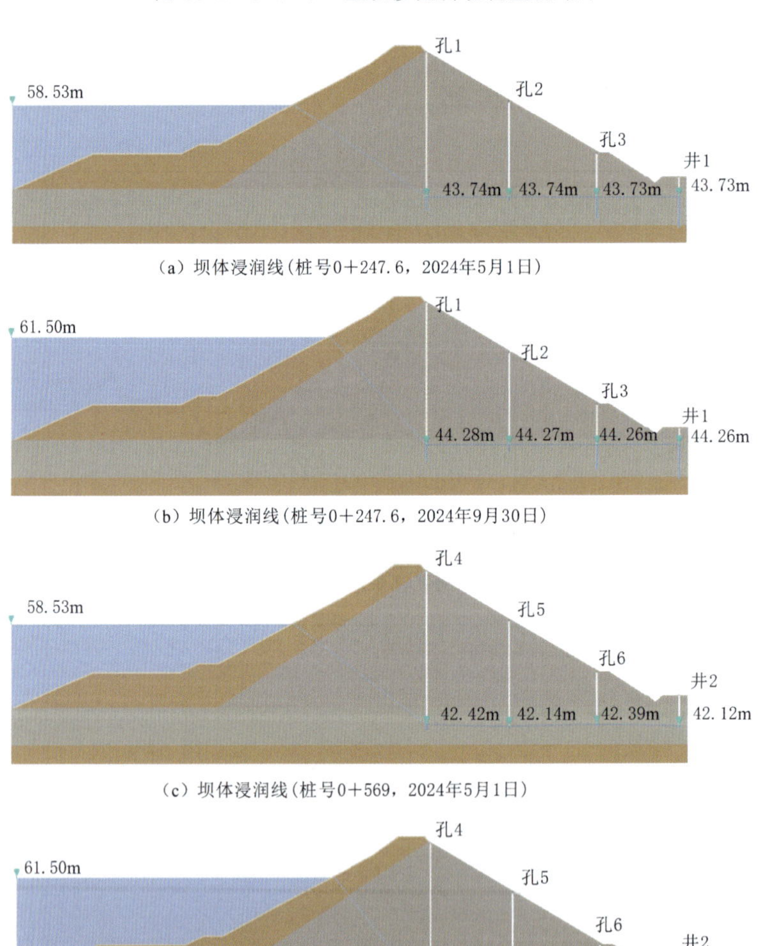

（a）坝体浸润线（桩号0+247.6，2024年5月1日）

（b）坝体浸润线（桩号0+247.6，2024年9月30日）

（c）坝体浸润线（桩号0+569，2024年5月1日）

（d）坝体浸润线（桩号0+569，2024年9月30日）

图 12.1-4（一） 主坝汛前、汛后坝体浸润线分布图

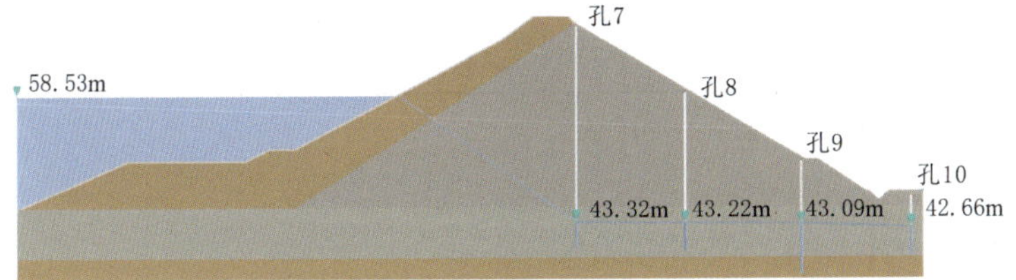

(e) 坝体浸润线(桩号0+950，2024年5月1日)

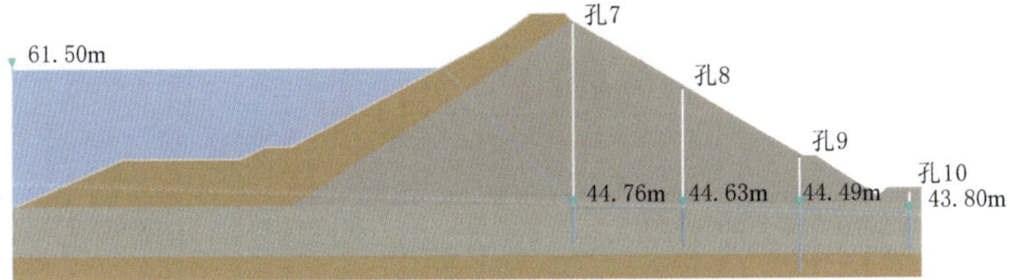

(f) 坝体浸润线(桩号0+950，2024年9月30日)

图 12.1-4（二） 主坝汛前、汛后坝体浸润线分布图

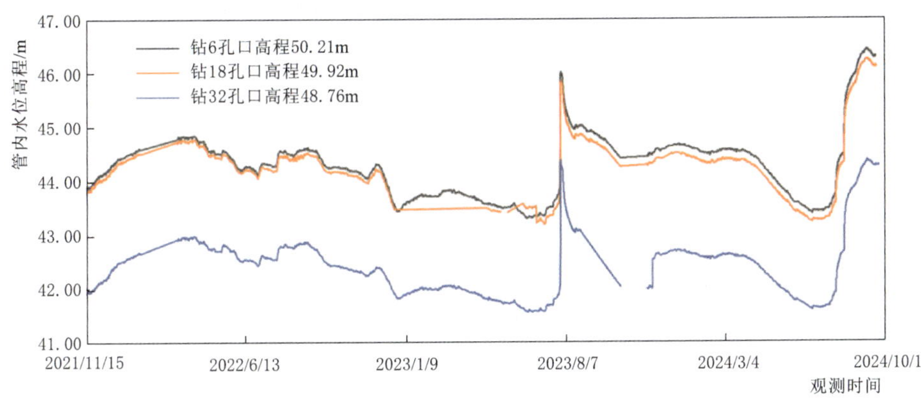

图 12.1-5 主坝坝基测压管水位变化曲线

12.1.4 主坝渗流人工监测结果

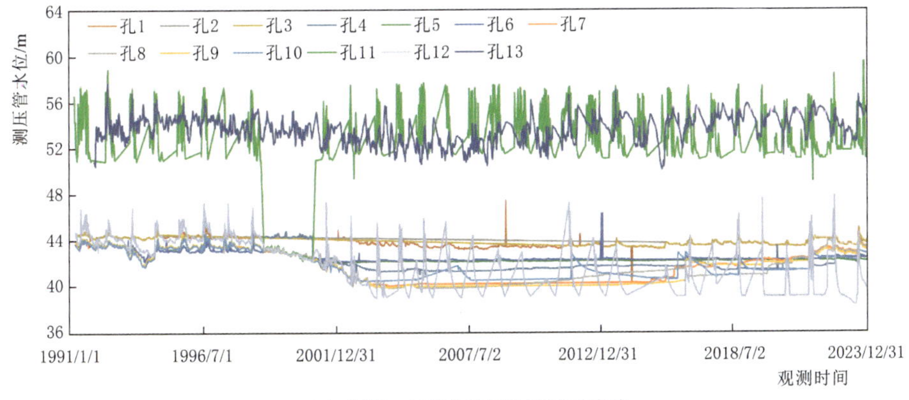

(a) 主坝1～13号孔测压管水位变化曲线

图 12.1-6（一） 主坝渗流人工监测结果

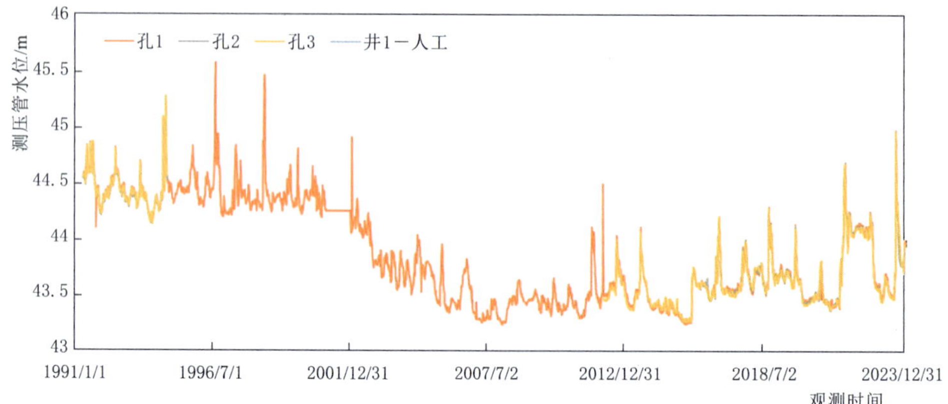

（b）断面桩号0＋247.6(孔口高程：1号孔67.32m，2号孔59.29m，3号孔51.31m，1号井48.62m)

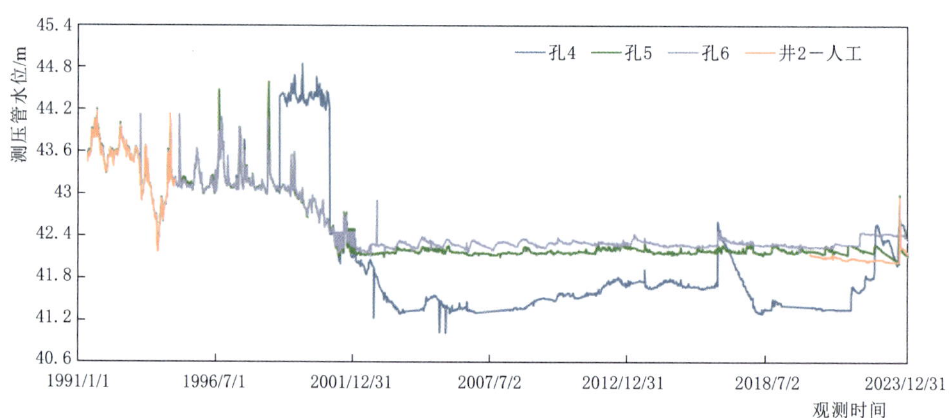

（c）断面桩号0＋569(孔口高程：4号孔67.12m，5号孔59.21m，6号孔51.22m，2号井47.15m)

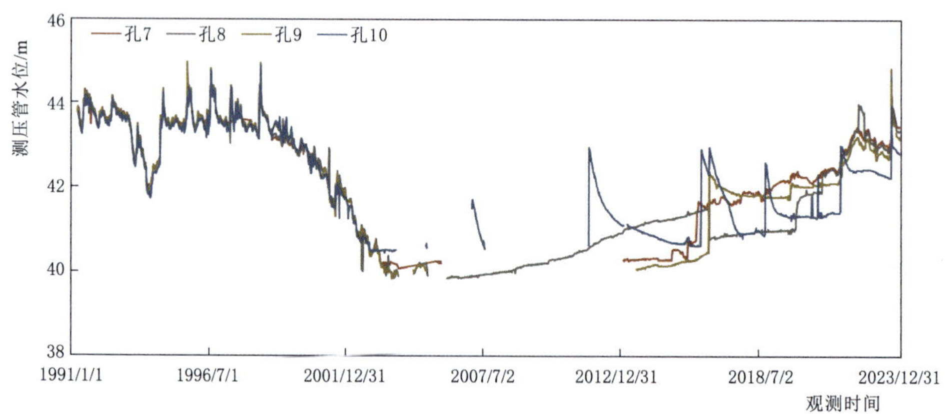

（d）断面桩号0＋950(孔口高程：7号孔66.94m，8号孔23.00m，9号孔43.00m，10号孔40.31m)

图 12.1－6（二） 主坝渗流人工监测结果

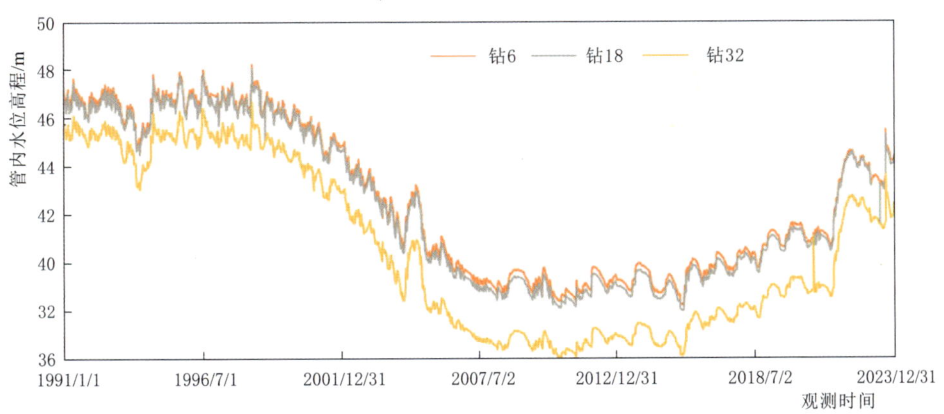

图 12.1-7 主坝坝基测压管水位变化曲线

（孔口高程：钻—6，50.21m，钻—18，49.92m，钻—32，48.76m）

12.1.5 主坝渗流人工和自动化监测结果对比

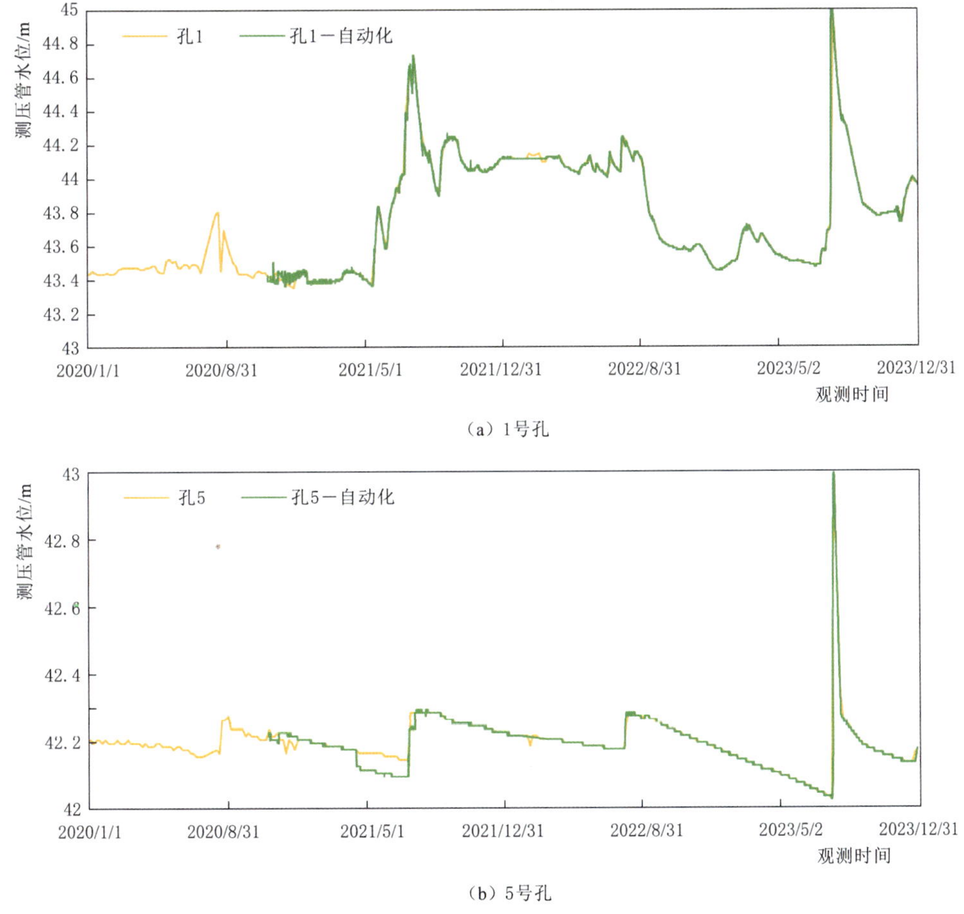

（a）1号孔

（b）5号孔

图 12.1-8（一） 测压管人工和自动观测结果

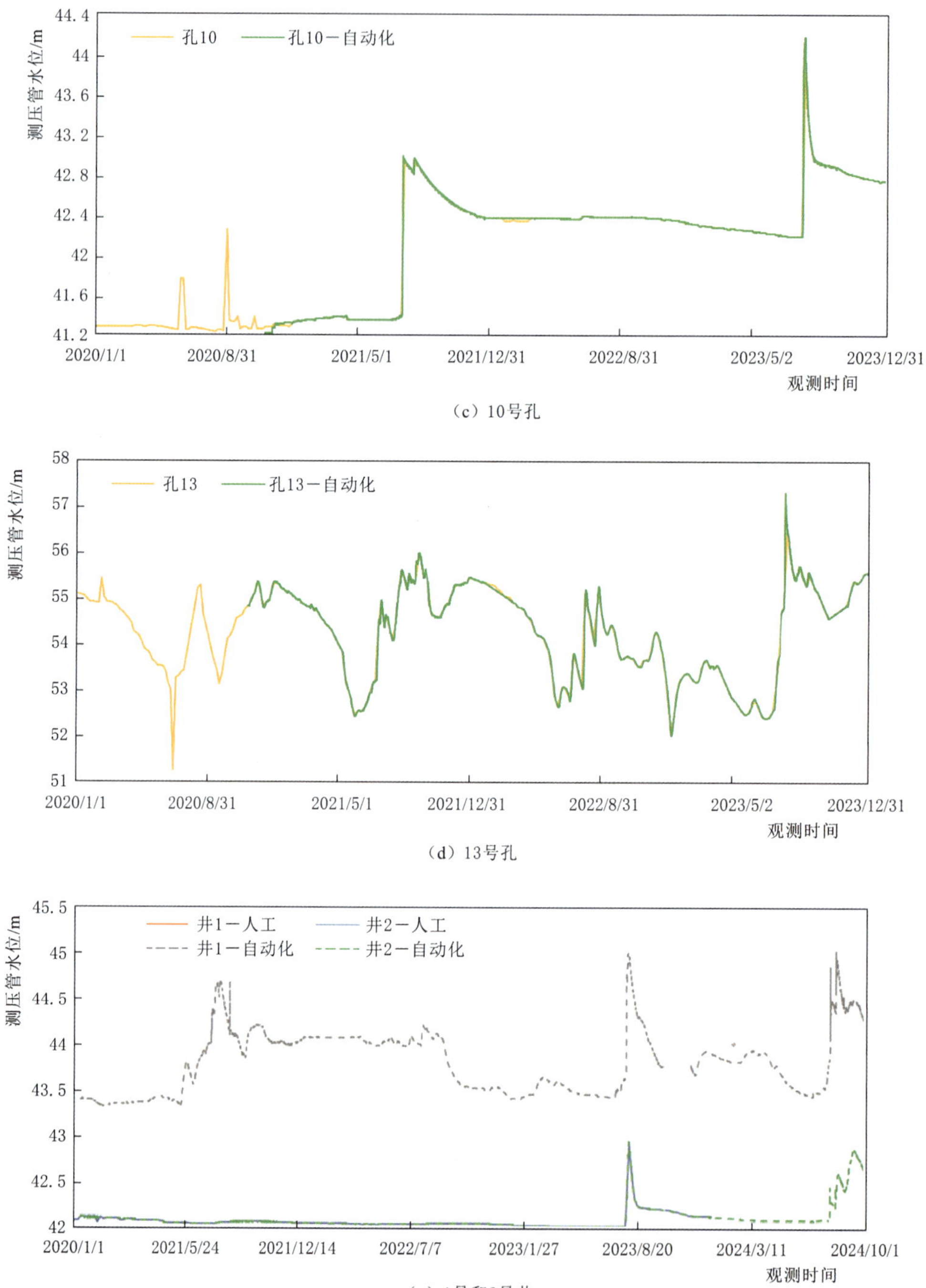

（c）10号孔

（d）13号孔

（e）1号和2号井

图 12.1－8（二） 测压管人工和自动观测结果

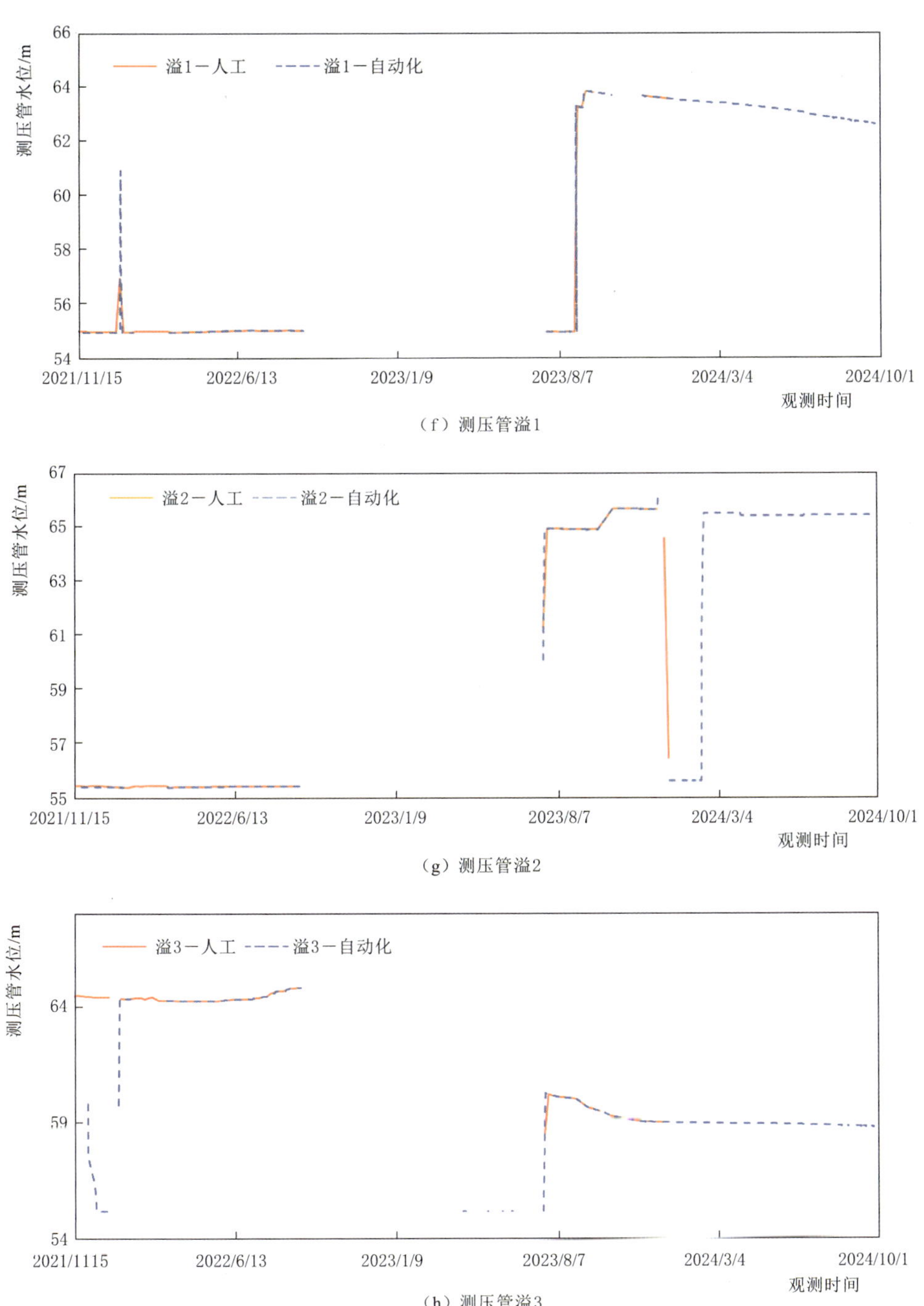

（f）测压管溢1

（g）测压管溢2

（h）测压管溢3

图 12.1-8（三） 测压管人工和自动观测结果

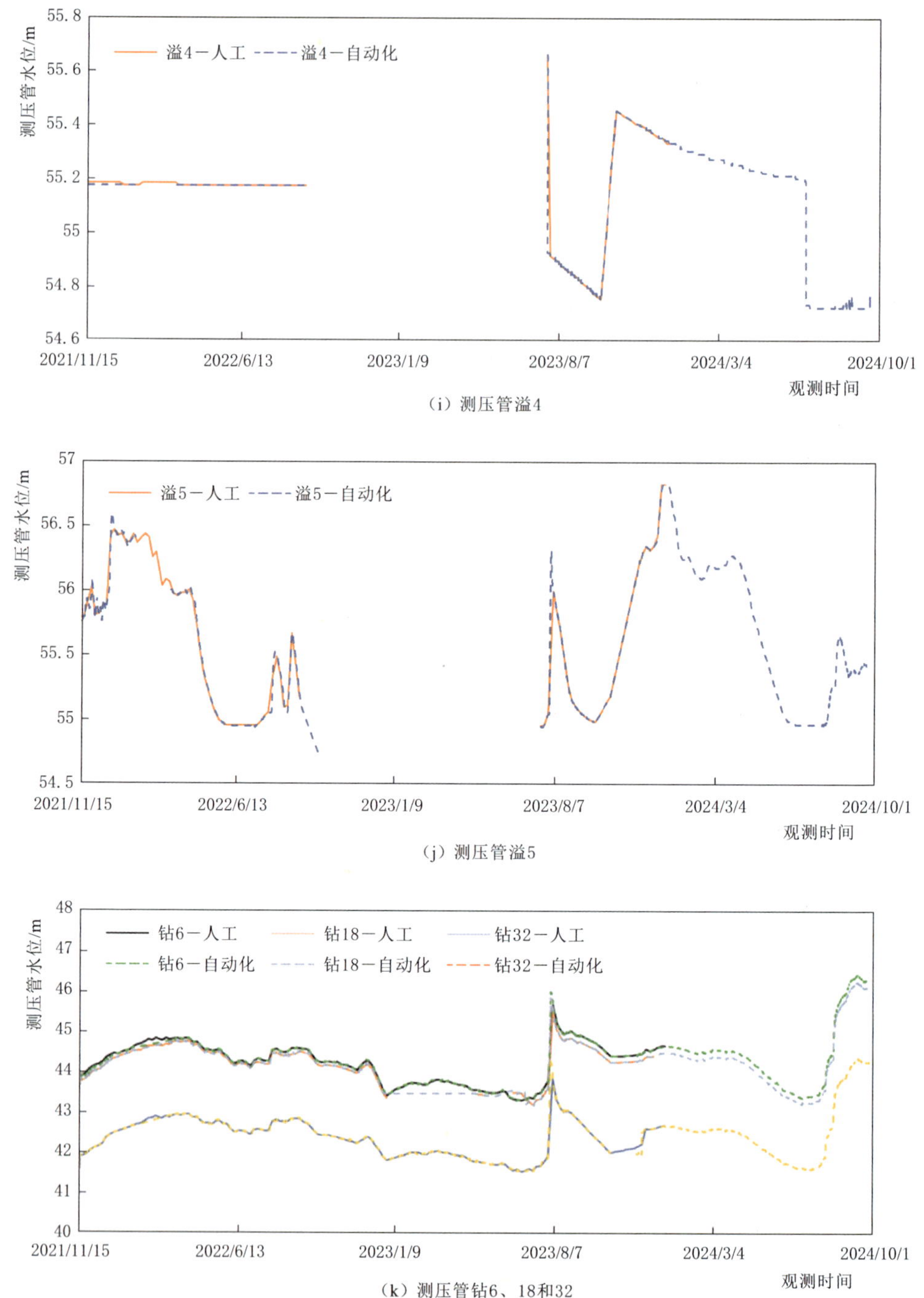

（i）测压管溢4

（j）测压管溢5

（k）测压管钻6、18和32

图 12.1-8（四） 测压管人工和自动观测结果

12.1.6 一副坝渗流监测结果

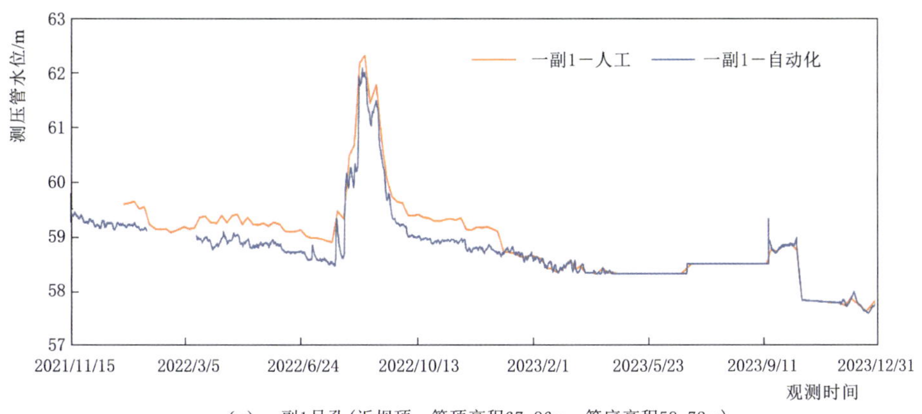

(a) 一副1号孔(近坝顶，管顶高程67.86m，管底高程58.72m)

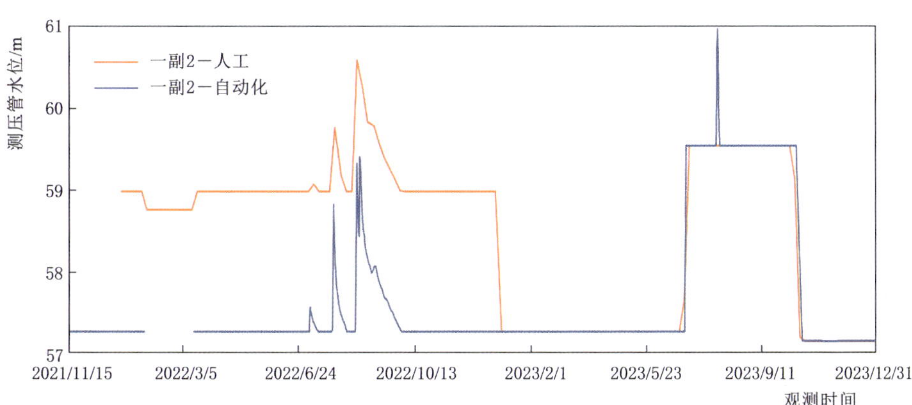

(b) 一副2号孔(坝坡，管顶高程65.14m，管底高程58.72m)

图 12.1－9 一副坝测压管水位变化曲线

12.1.7 二副坝渗流监测结果

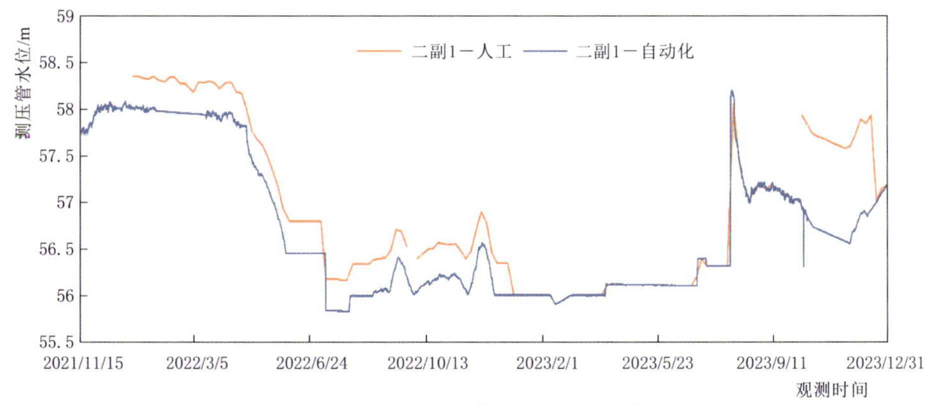

(a) 断面1，二副1号孔(近坝顶，管顶高程68.08m，管底高程56.26m)

图 12.1－10（一） 二副坝测压管水位变化曲线

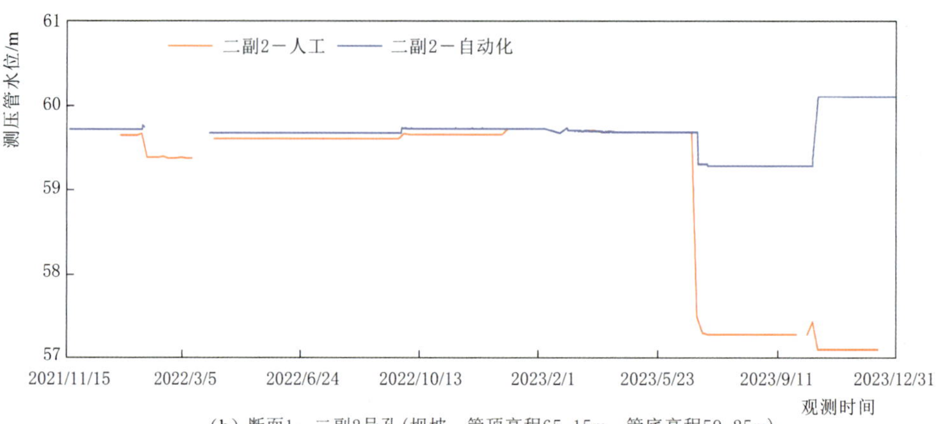

(b) 断面1，二副2号孔(坝坡，管顶高程65.15m，管底高程59.25m)

(c) 断面2，二副3号孔(近坝顶，管顶高程68.06m，管底高程56.44m)

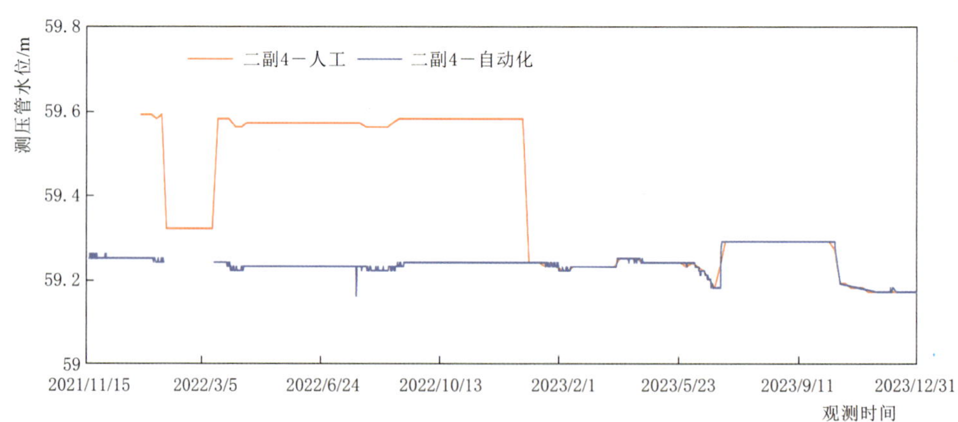

(d) 断面2，二副4号孔(坝坡，管顶高程65.09m，管底高程59.32m)

图 12.1－10（二） 二副坝测压管水位变化曲线

12.1.8 三副坝渗流监测结果

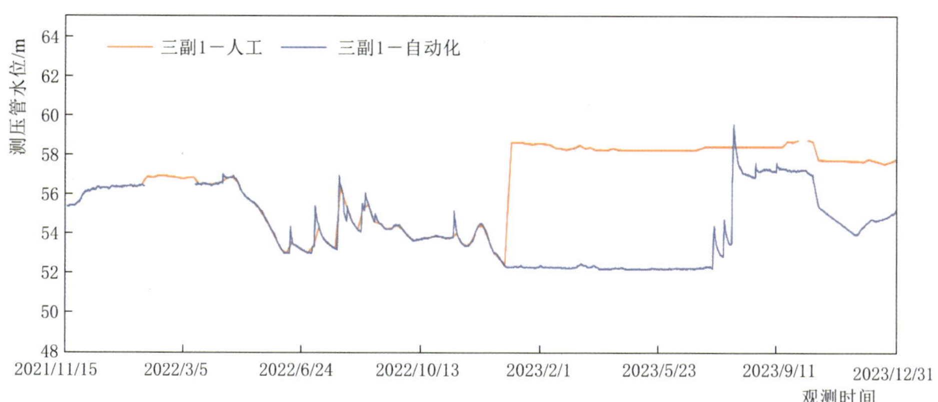

(a) 断面1，三副1号孔(近坝顶，管顶高程67.36m，管底高程50.32m)

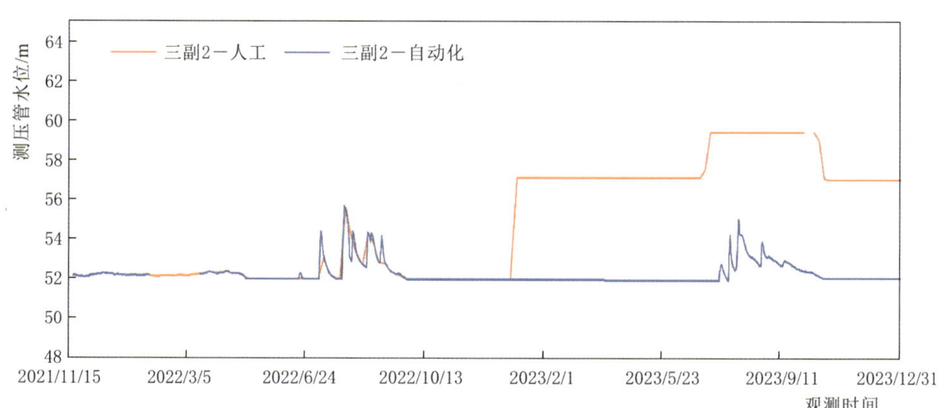

(b) 断面1，三副2号孔(坝坡，管顶高程60.78m，管底高程52.14m)

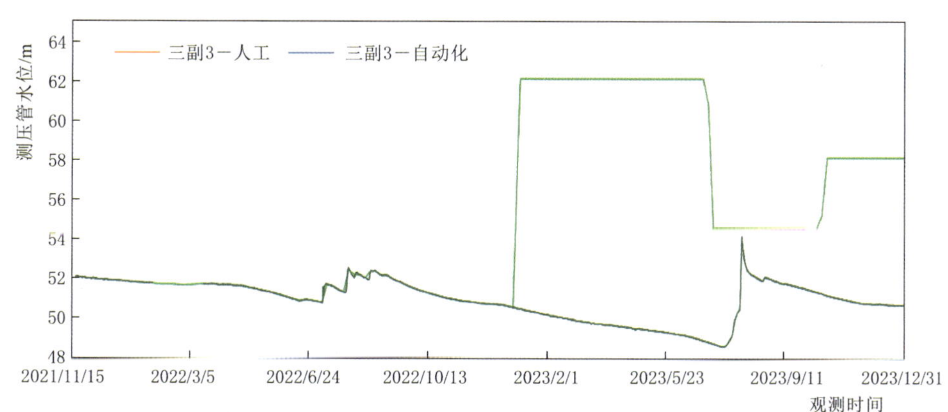

(c) 断面1，三副3号孔(坝底，管顶高程55.57m，管底高程48.87m)

图 12.1－11 (一)　三副坝测压管水位变化曲线

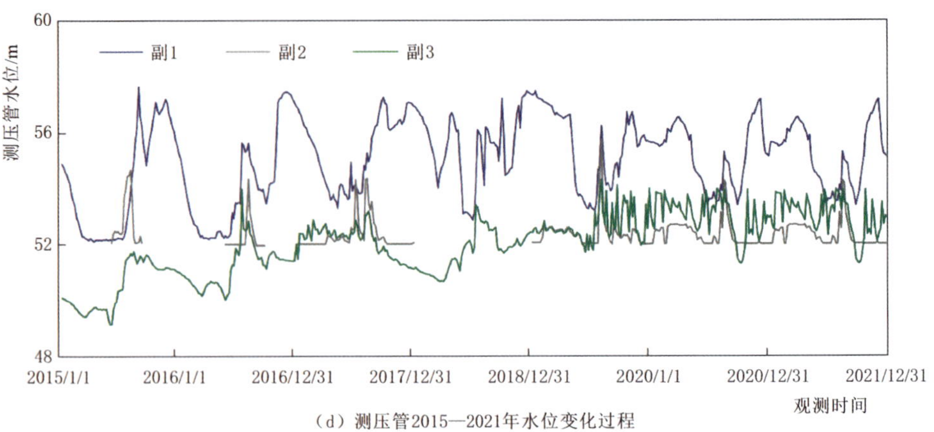

（d）测压管2015—2021年水位变化过程

图 12.1-11（二） 三副坝测压管水位变化曲线

12.1.9 长副坝渗流监测结果

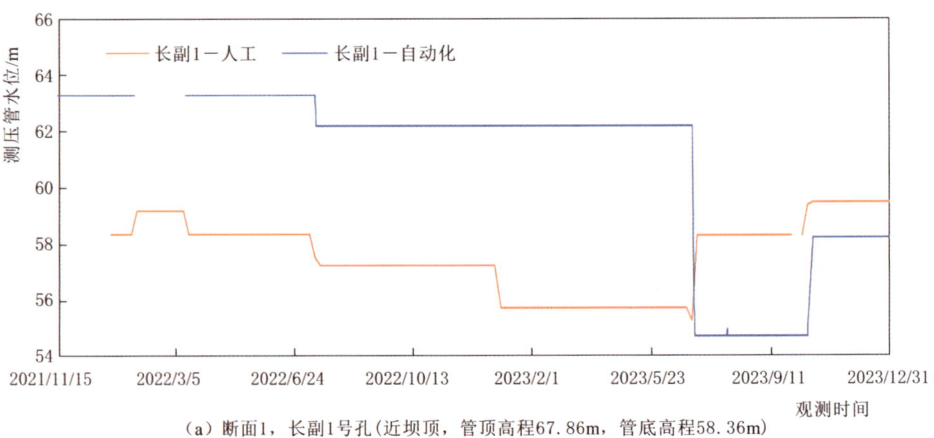

（a）断面1，长副1号孔(近坝顶，管顶高程67.86m，管底高程58.36m)

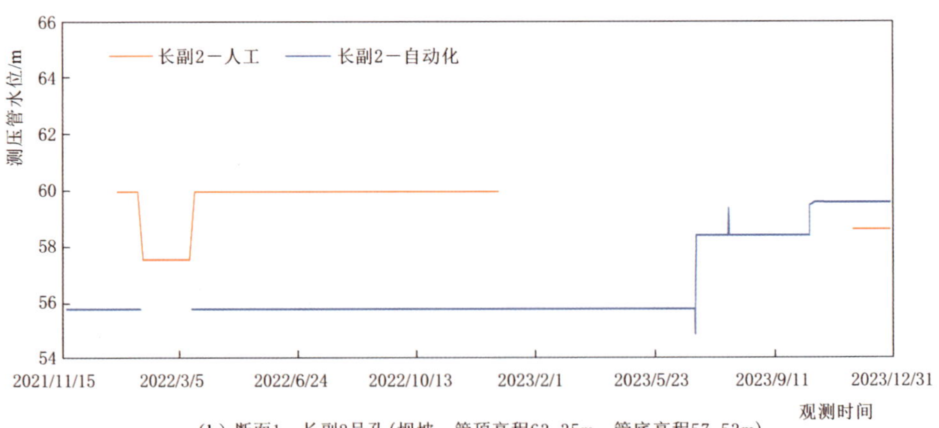

（b）断面1，长副2号孔(坝坡，管顶高程63.35m，管底高程57.53m)

图 12.1-12（一） 长副坝测压管水位变化曲线

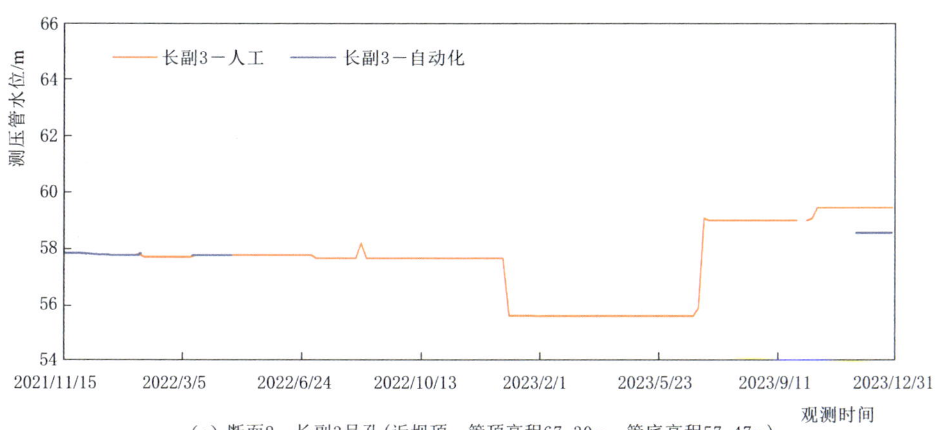

（c）断面2，长副3号孔（近坝顶，管顶高程67.30m，管底高程57.47m）

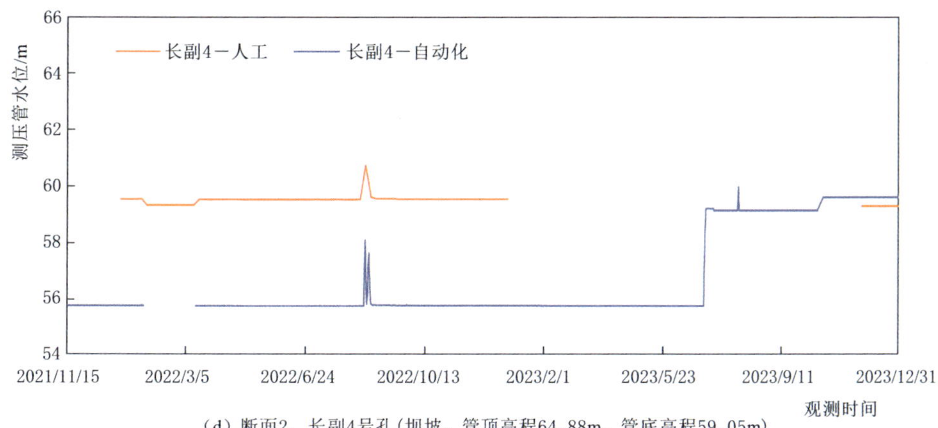

（d）断面2，长副4号孔（坝坡，管顶高程64.88m，管底高程59.05m）

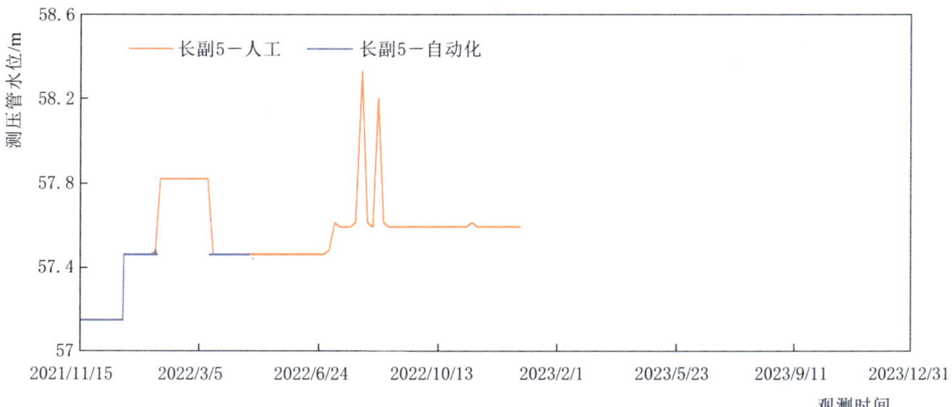

（e）断面3，长副5号孔（近坝顶，管顶高程66.92m，管底高程57.78m）

图 12.1－12（二） 长副坝测压管水位变化曲线

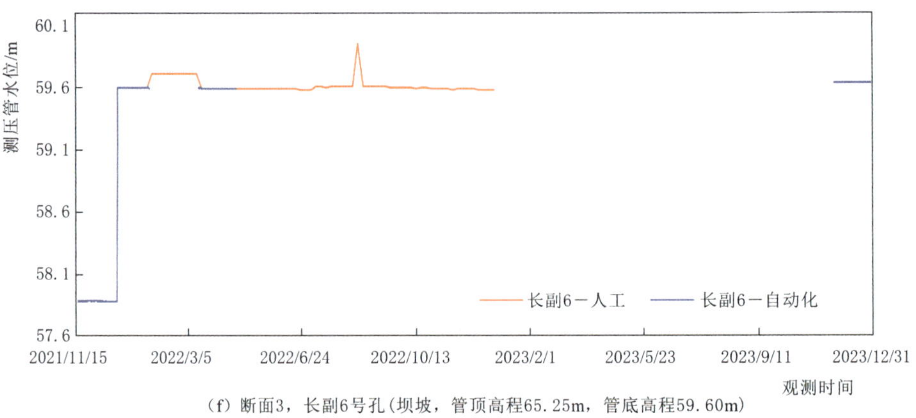

（f）断面3，长副6号孔（坝坡，管顶高程65.25m，管底高程59.60m）

图 12.1-12（三） 长副坝测压管水位变化曲线

12.2 副坝坝坡稳定计算结果

12.2.1 一副坝坝坡稳定计算结果

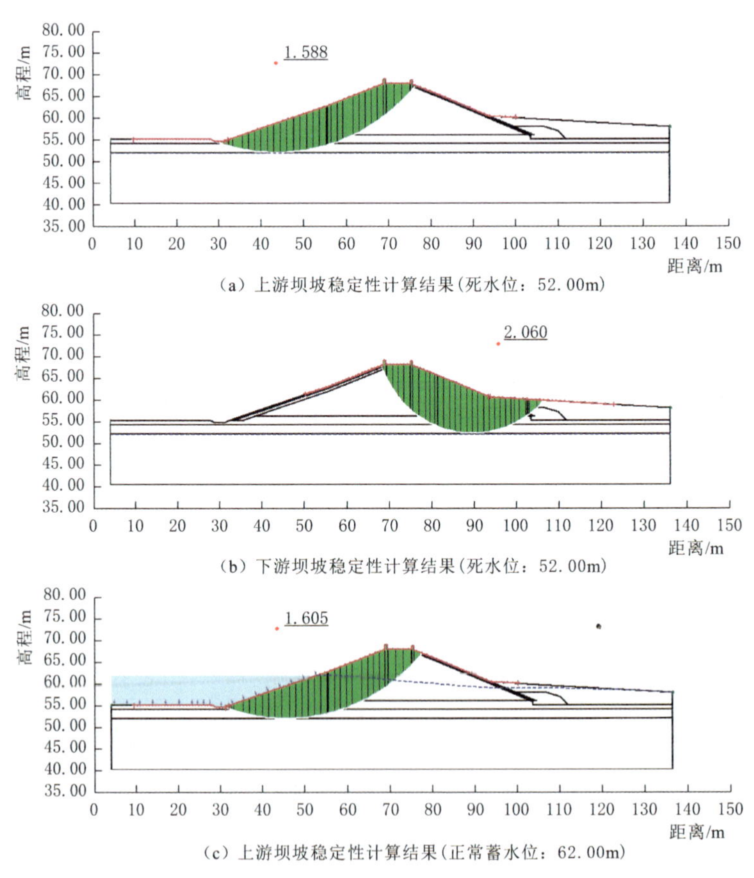

（a）上游坝坡稳定性计算结果（死水位：52.00m）

（b）下游坝坡稳定性计算结果（死水位：52.00m）

（c）上游坝坡稳定性计算结果（正常蓄水位：62.00m）

图 12.2-1（一） 一副坝坝坡稳定计算结果

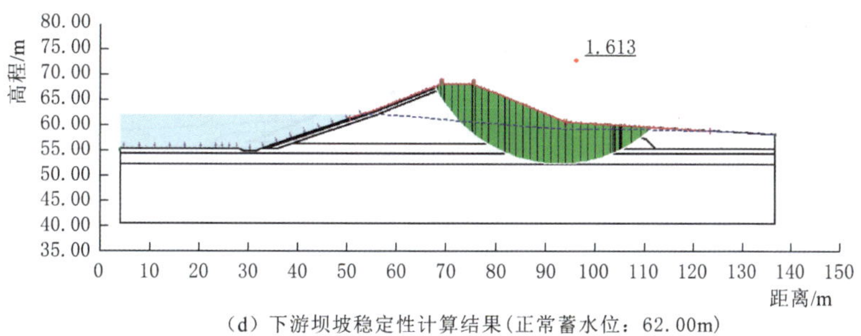

（d）下游坝坡稳定性计算结果(正常蓄水位：62.00m)

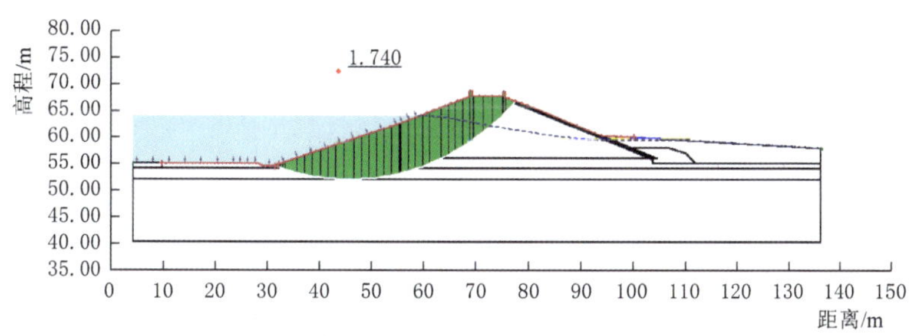

（e）上游坝坡稳定性计算结果(设计洪水位：64.16m)

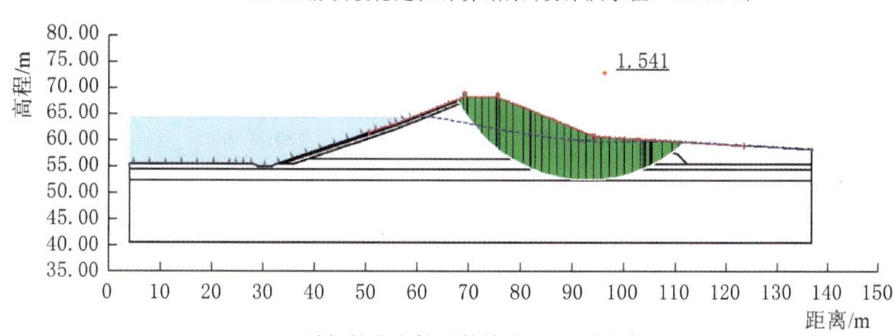

（f）下游坝坡稳定性计算结果(设计洪水位：64.16m)

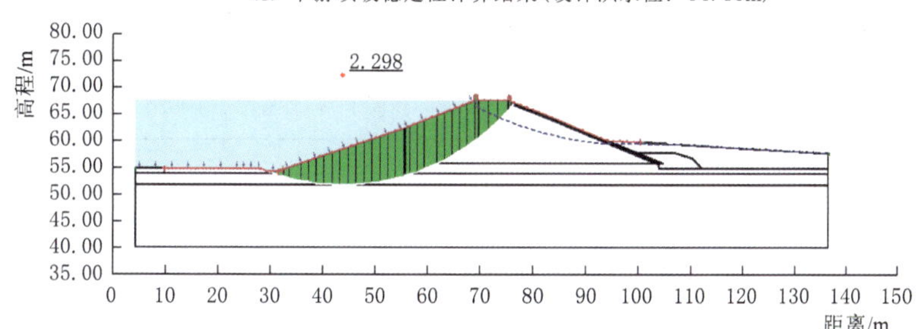

（g）上游坝坡稳定性计算结果(汛限水位58.00m时的校核洪水位：67.73m)

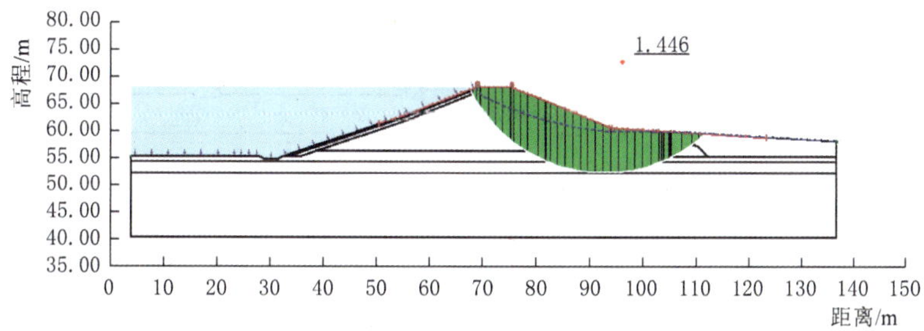

（h）下游坝坡稳定性计算结果(汛限水位58.00m时的校核洪水位：67.73m)

图 12.2-1（二） 一副坝坝坡稳定计算结果

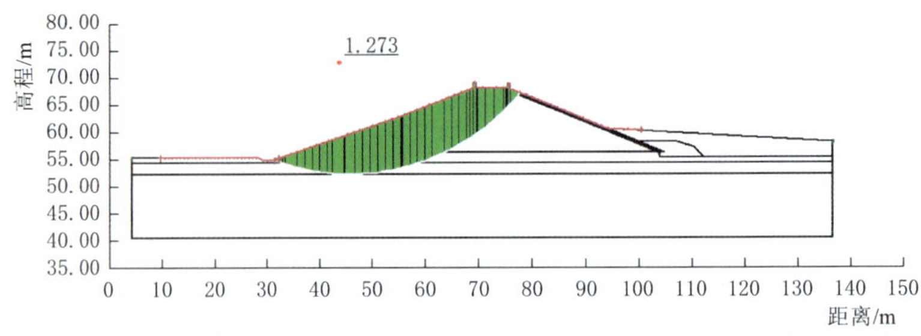

（i）上游坝坡稳定性计算结果（由校核洪水位67.73m骤降至汛限水位58.00m）

图 12.2-1（三） 一副坝坝坡稳定计算结果

12.2.2 二副坝坝坡稳定计算结果

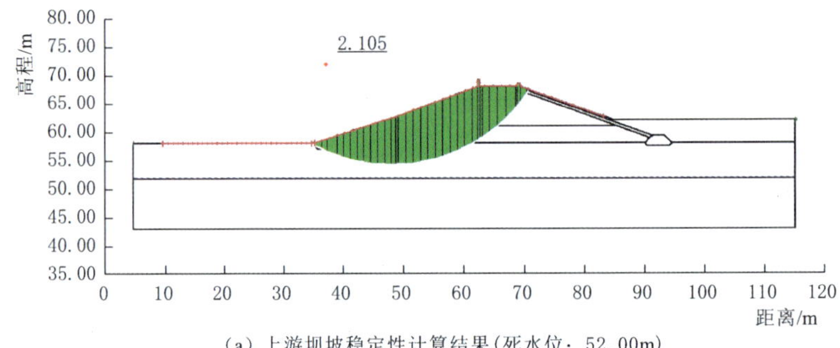

（a）上游坝坡稳定性计算结果（死水位：52.00m）

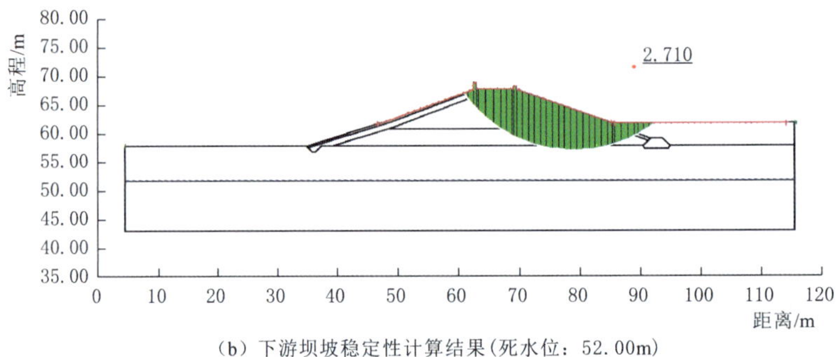

（b）下游坝坡稳定性计算结果（死水位：52.00m）

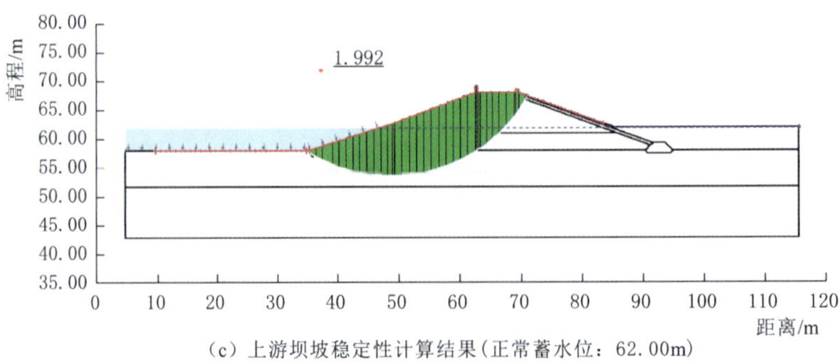

（c）上游坝坡稳定性计算结果（正常蓄水位：62.00m）

图 12.2-2（一） 二副坝坝坡稳定计算结果

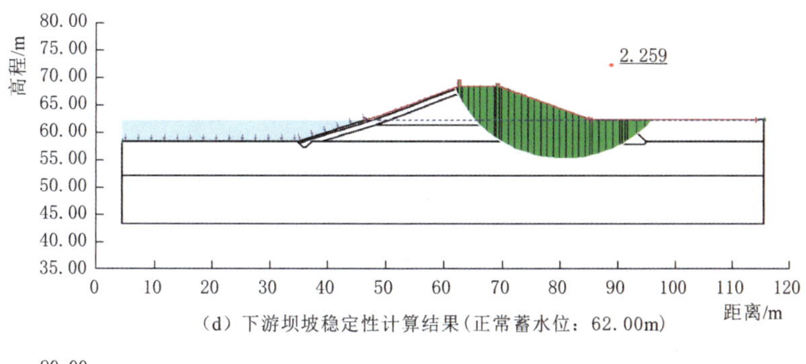

(d) 下游坝坡稳定性计算结果(正常蓄水位: 62.00m)

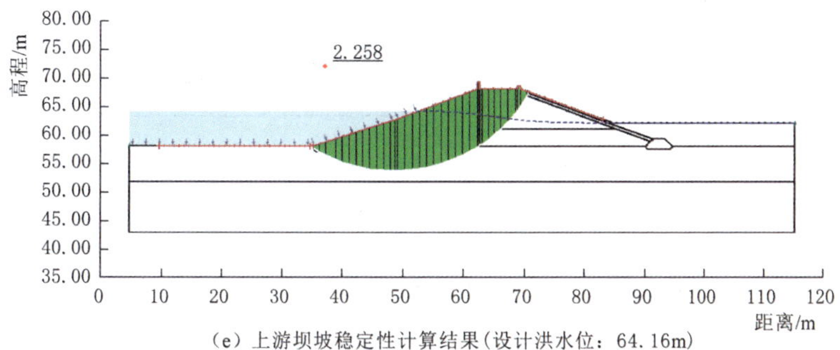

(e) 上游坝坡稳定性计算结果(设计洪水位: 64.16m)

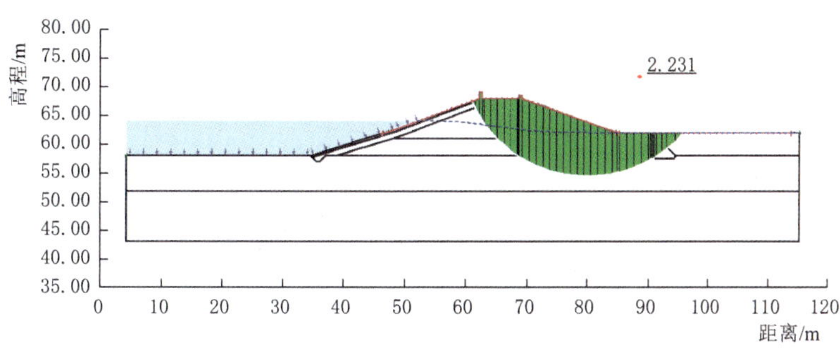

(f) 下游坝坡稳定性计算结果(设计洪水位: 64.16m)

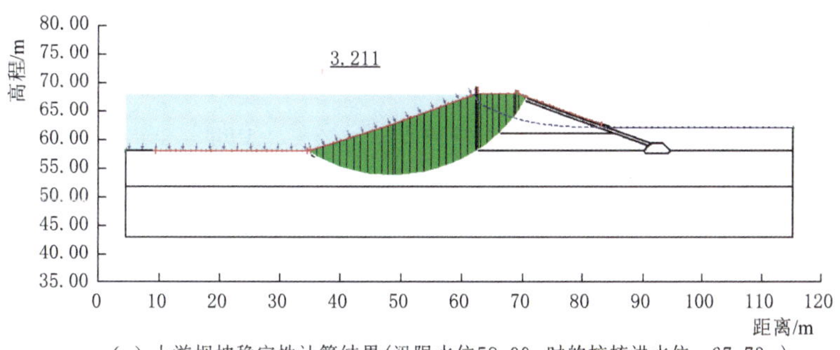

(g) 上游坝坡稳定性计算结果(汛限水位58.00m时的校核洪水位: 67.73m)

图 12.2-2 (二) 二副坝坝坡稳定计算结果

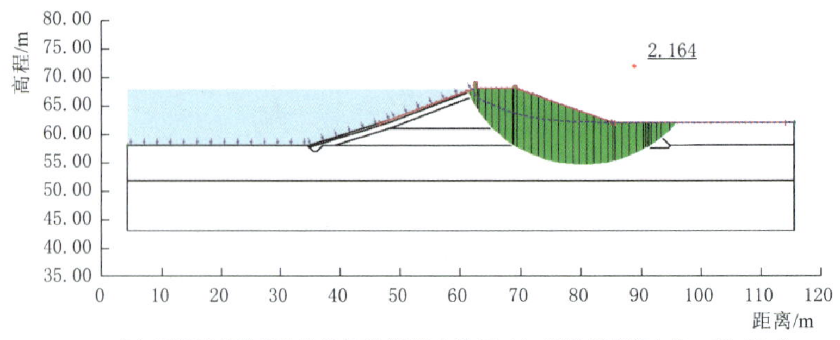

(h) 下游坝坡稳定性计算结果(汛限水位58.00m时的校核洪水位：67.73m)

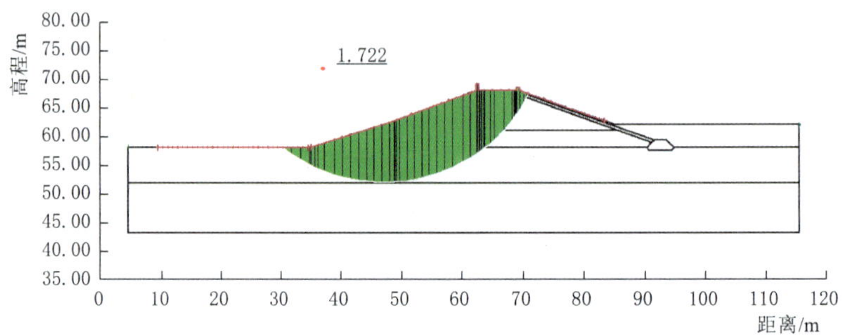

(i) 上游坝坡稳定性计算结果(由校核洪水位67.73m骤降至汛限水位58.00m)

图 12.2-2 (三) 二副坝坝坡稳定计算结果

12.2.3 三副坝坝坡稳定计算结果

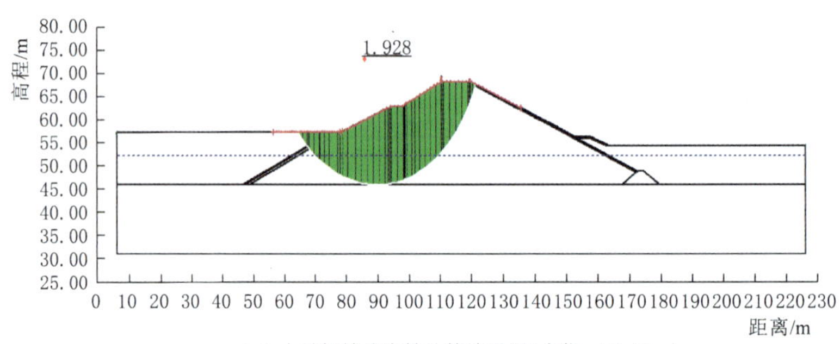

(a) 上游坝坡稳定性计算结果(死水位：52.00m)

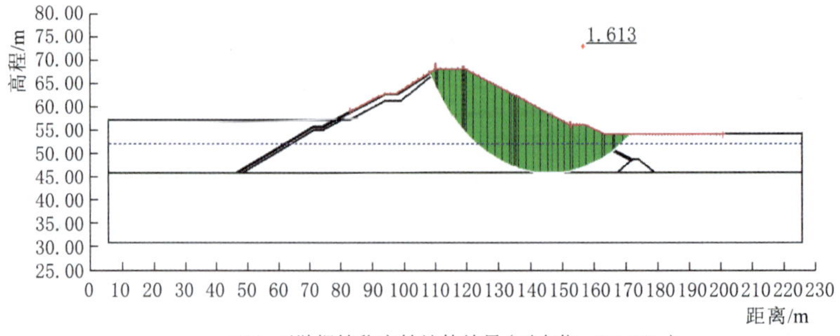

(b) 下游坝坡稳定性计算结果(死水位：52.00m)

图 12.2-3 (一) 三副坝坝坡稳定计算结果

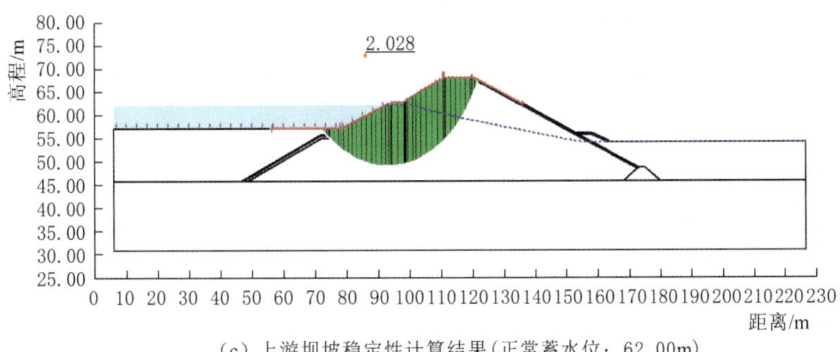

(c) 上游坝坡稳定性计算结果(正常蓄水位：62.00m)

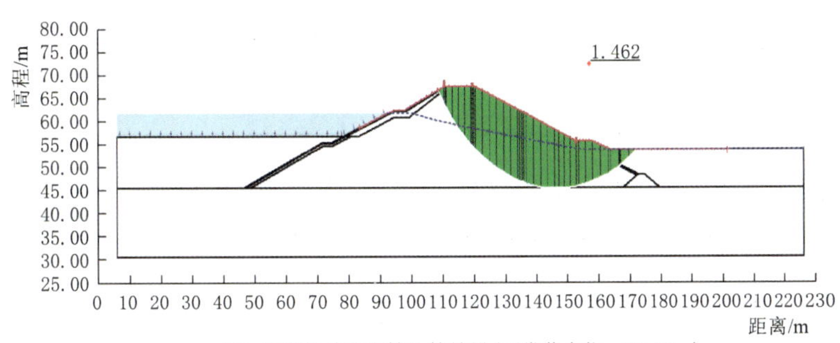

(d) 下游坝坡稳定性计算结果(正常蓄水位：62.00m)

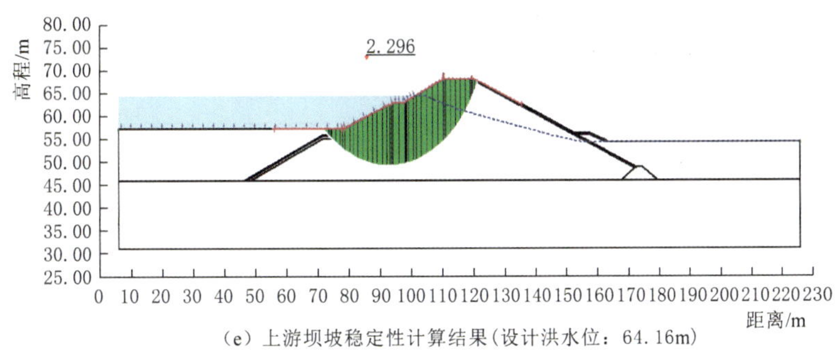

(e) 上游坝坡稳定性计算结果(设计洪水位：64.16m)

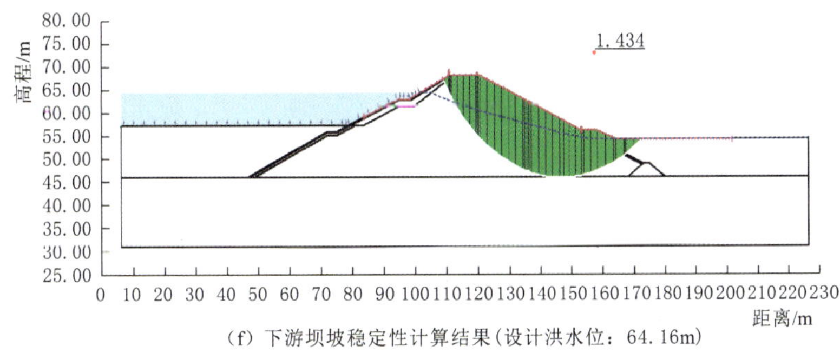

(f) 下游坝坡稳定性计算结果(设计洪水位：64.16m)

图 12.2-3（二） 三副坝坝坡稳定计算结果

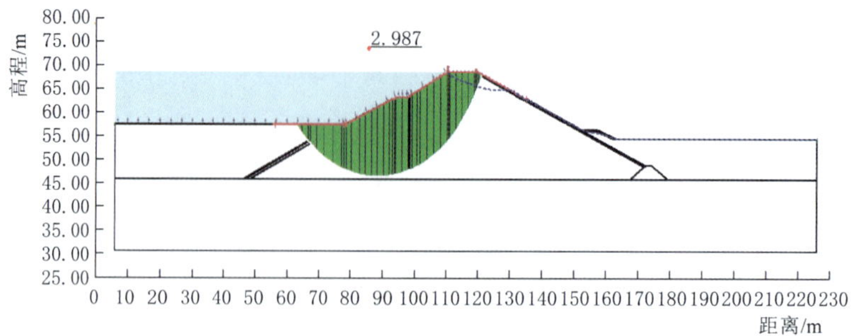

(g) 上游坝坡稳定性计算结果(汛限水位58.00m时的校核洪水位：67.73m)

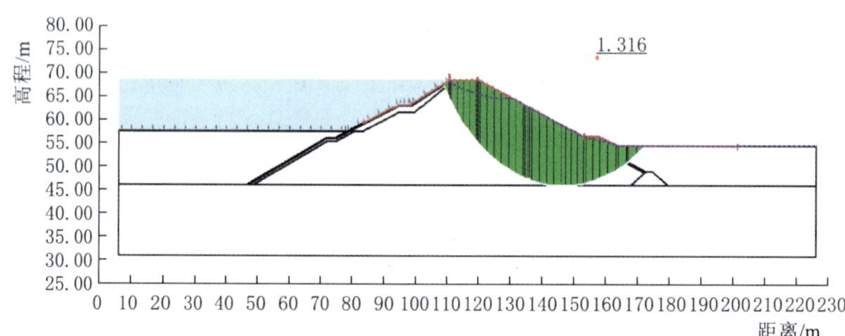

(h) 下游坝坡稳定性计算结果(汛限水位58.00m时的校核洪水位：67.73m)

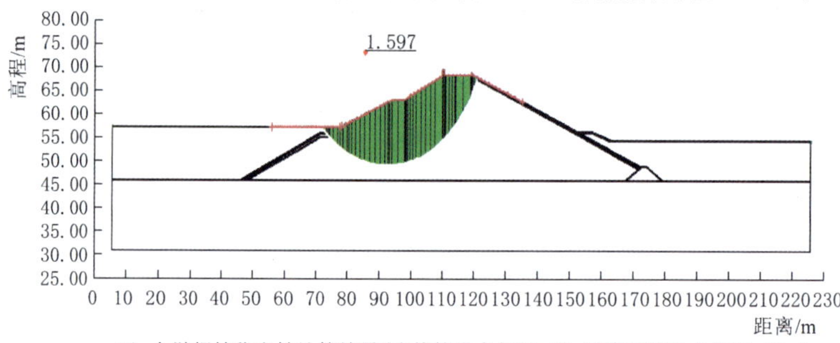

(i) 上游坝坡稳定性计算结果(由校核洪水位67.73m骤降至汛限水位58.00m)

图 12.2-3（三） 三副坝坝坡稳定计算结果

12.2.4 长副坝坝坡稳定计算结果

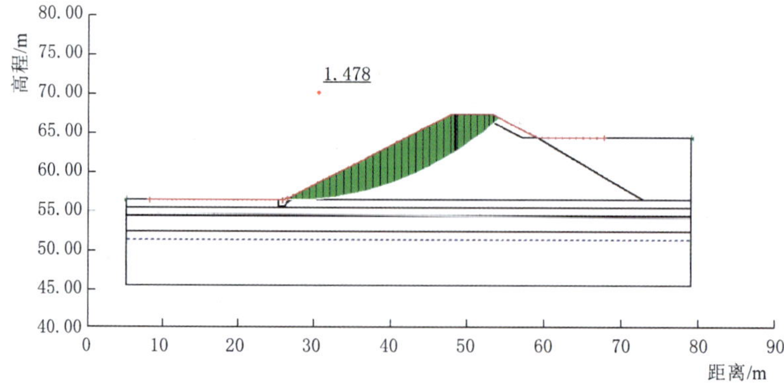

(a) 上游坝坡稳定性计算结果(死水位：52.00m)

图 12.2-4（一） 长副坝坝坡稳定计算结果

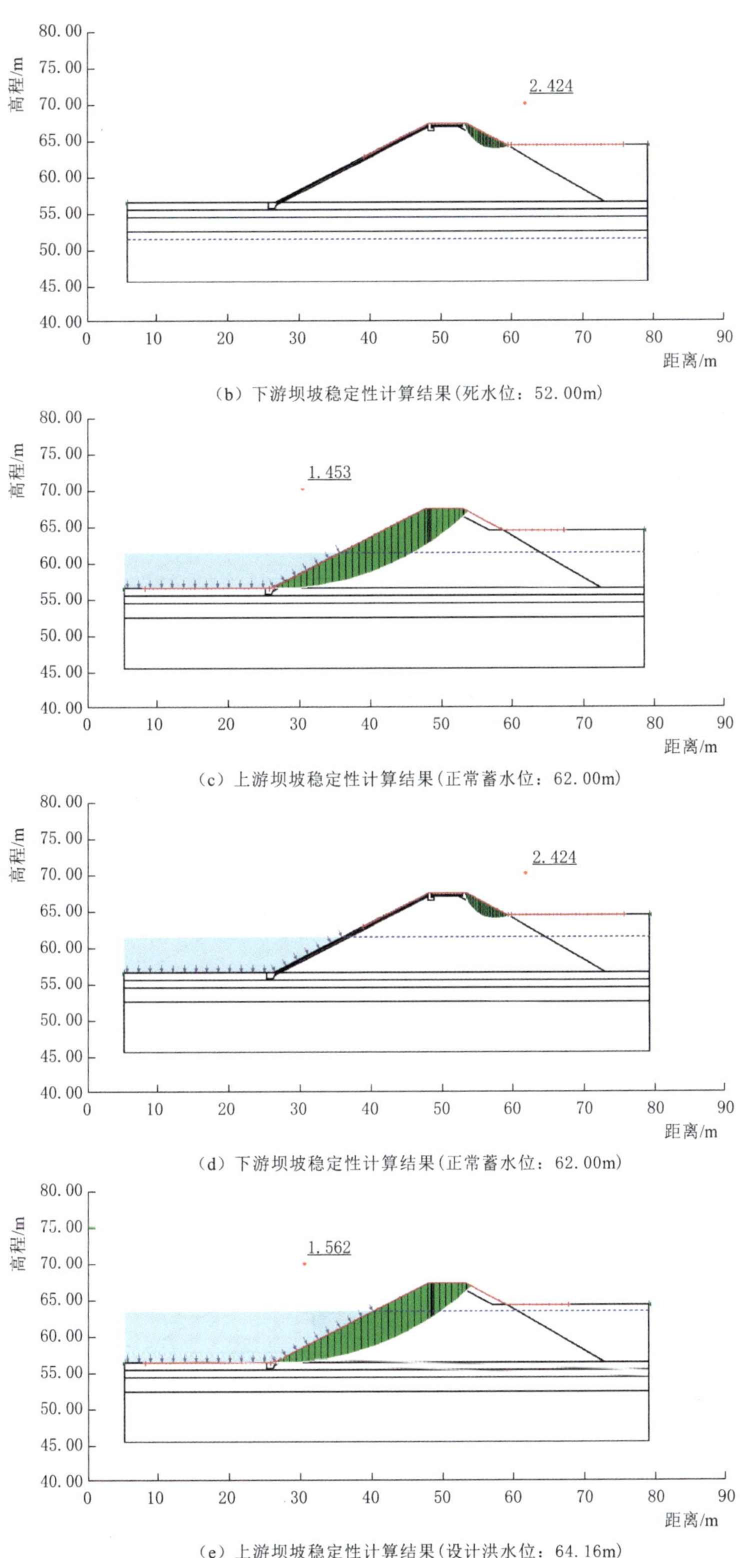

(b) 下游坝坡稳定性计算结果(死水位：52.00m)

(c) 上游坝坡稳定性计算结果(正常蓄水位：62.00m)

(d) 下游坝坡稳定性计算结果(正常蓄水位：62.00m)

(e) 上游坝坡稳定性计算结果(设计洪水位：64.16m)

图 12.2-4（二） 长副坝坝坡稳定计算结果

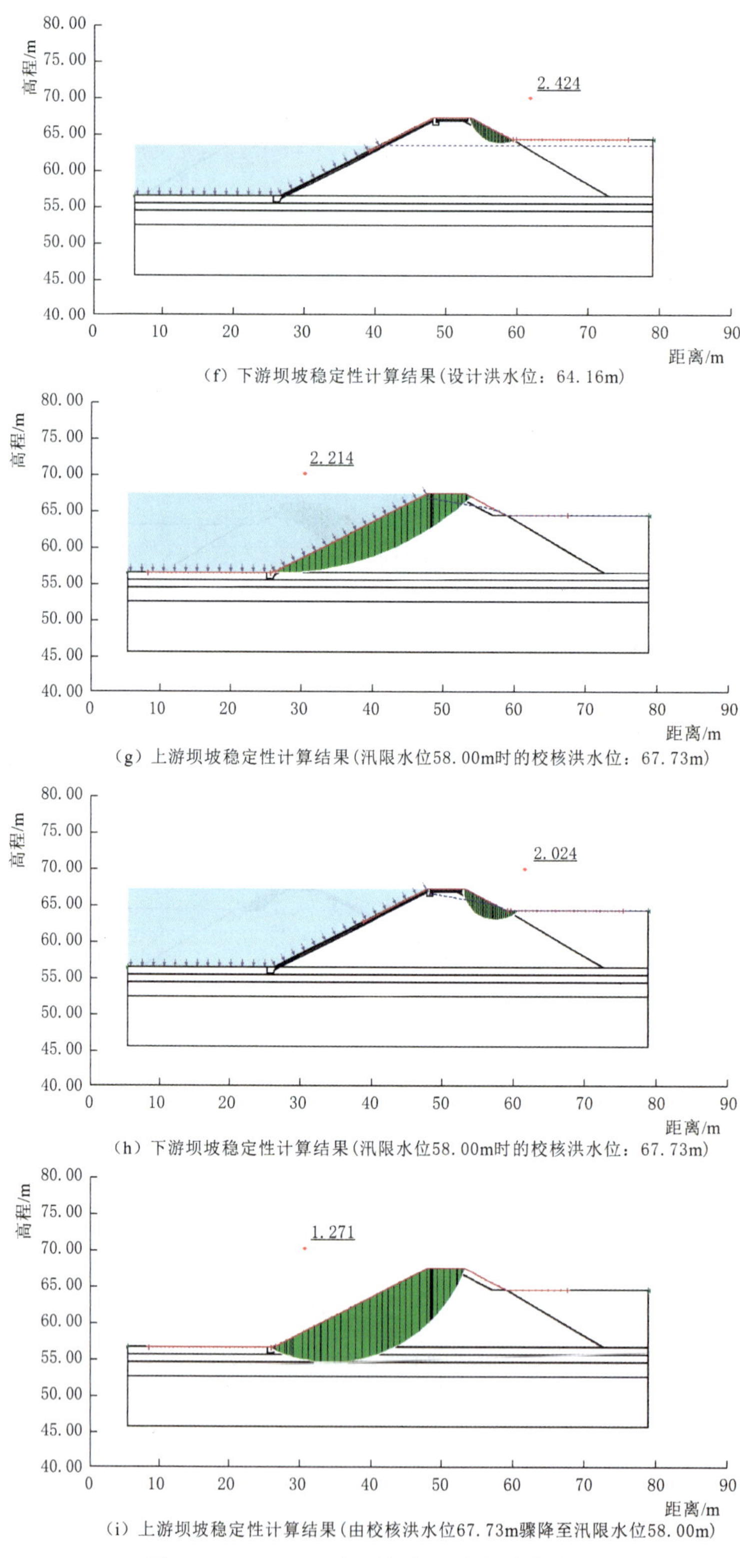

（f）下游坝坡稳定性计算结果(设计洪水位：64.16m)

（g）上游坝坡稳定性计算结果(汛限水位58.00m时的校核洪水位：67.73m)

（h）下游坝坡稳定性计算结果(汛限水位58.00m时的校核洪水位：67.73m)

（i）上游坝坡稳定性计算结果(由校核洪水位67.73m骤降至汛限水位58.00m)

图 12.2-4（三） 长副坝坝坡稳定计算结果

12.3 坝体位移和应力计算结果

12.3.1 一副坝坝体位移和应力计算结果

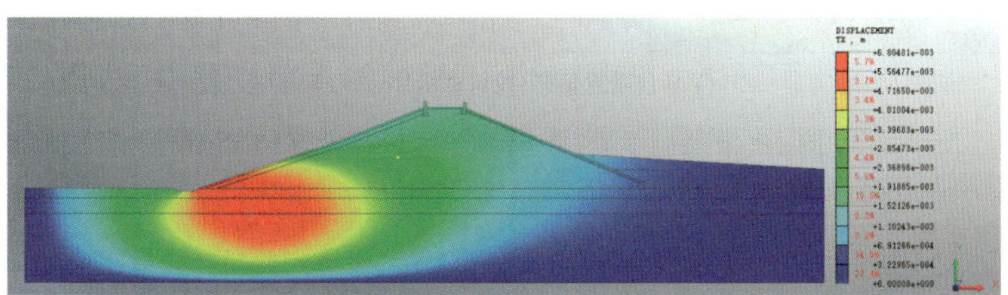

(a) 坝体水平位移(正常蓄水位：62.00m)

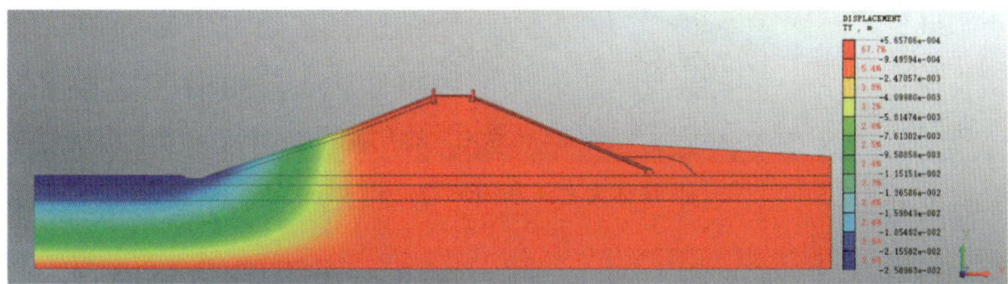

(b) 坝体垂直位移(正常蓄水位：62.00m)

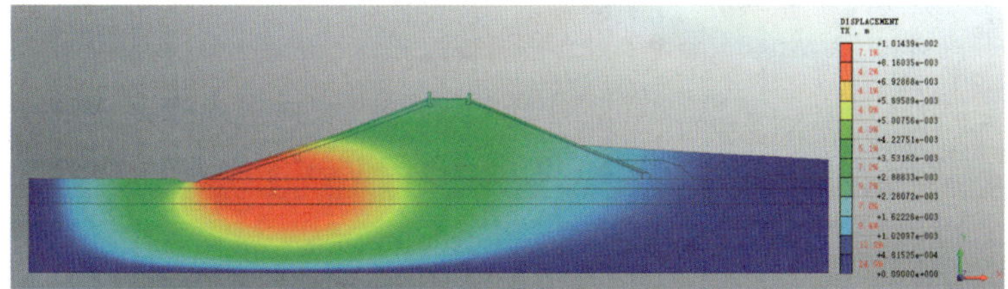

(c) 坝体水平位移(设计洪水位：64.16m)

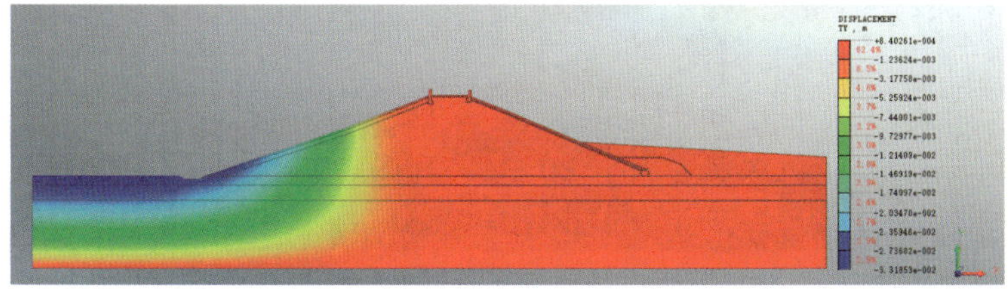

(d) 坝体垂直位移(设计洪水位：64.16m)

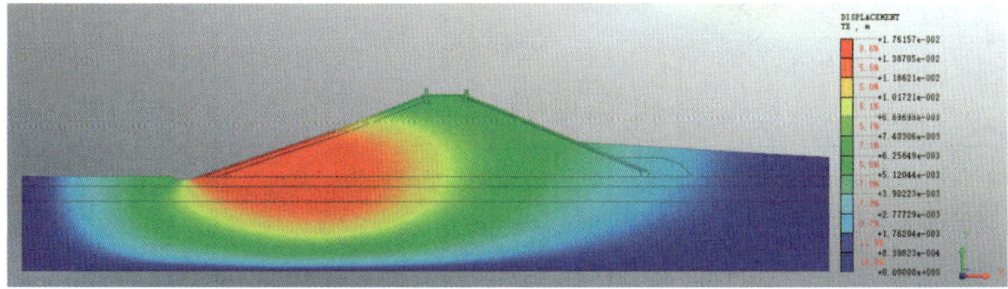

(e) 坝体水平位移(校核洪水位：67.73m)

图 12.3-1 (一) 一副坝坝体位移计算结果/m

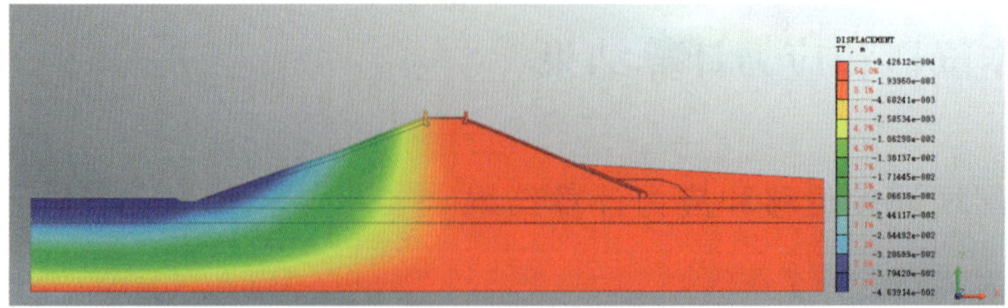

（f）坝体垂直位移(校核洪水位：67.73m)

图 12.3-1（二）　一副坝坝体位移计算结果/m

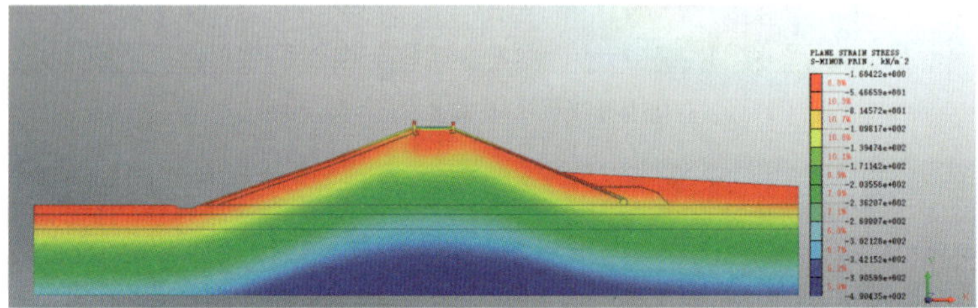

（a）坝体大主应力(死水位：52.00m)

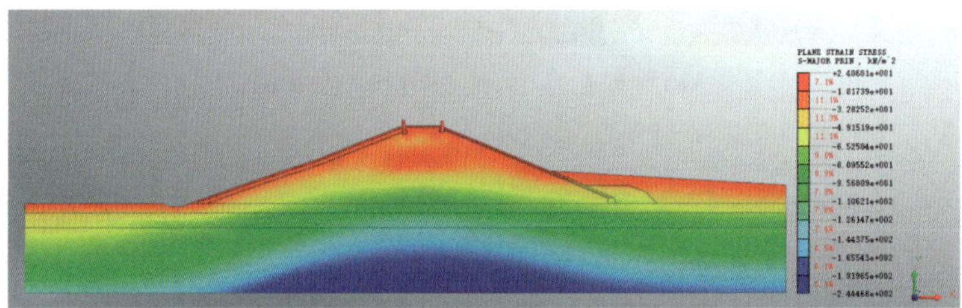

（b）坝体小主应力(死水位：52.00m)

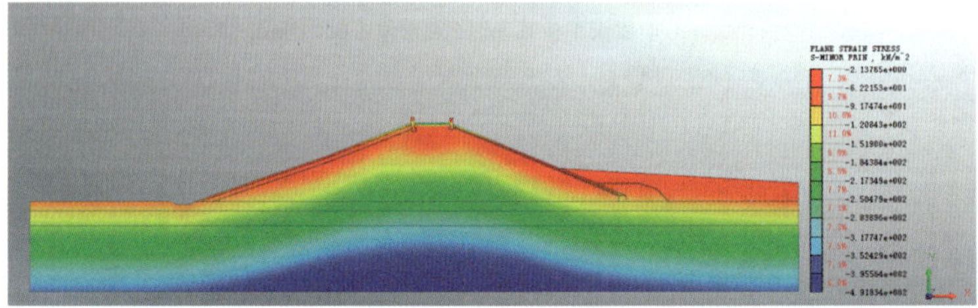

（c）坝体大主应力(正常蓄水位：62.00m)

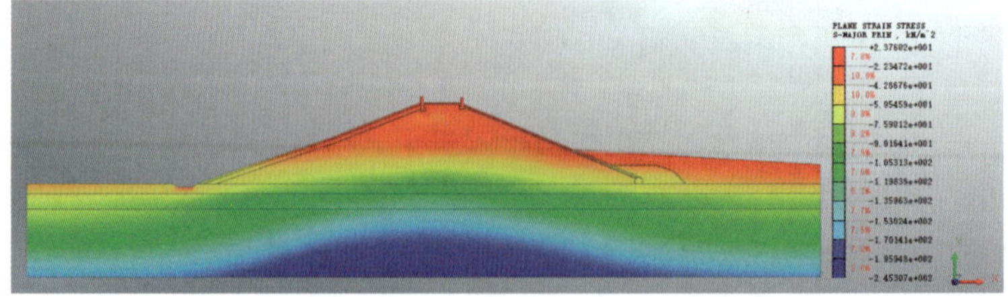

（d）坝体小主应力(正常蓄水位：62.00m)

图 12.3-2（一）　一副坝坝体应力计算结果/kPa

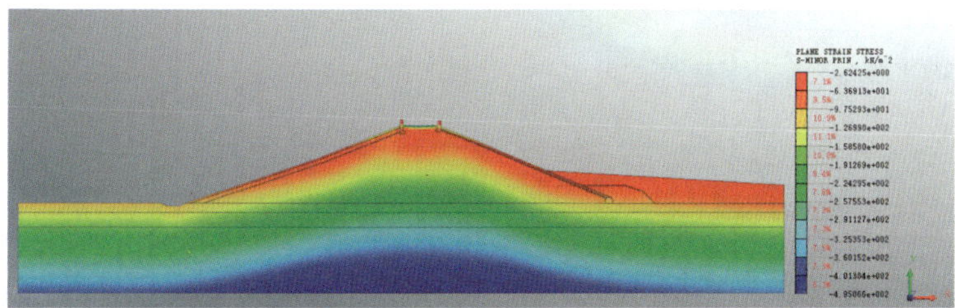

(e) 坝体大主应力(设计洪水位：64.16m)

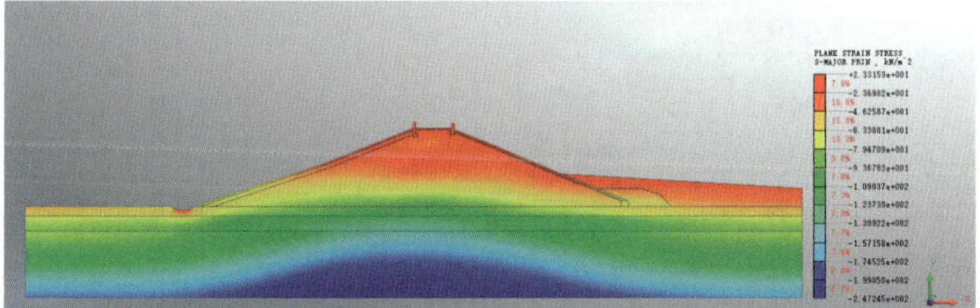

(f) 坝体小主应力(设计洪水位：64.16m)

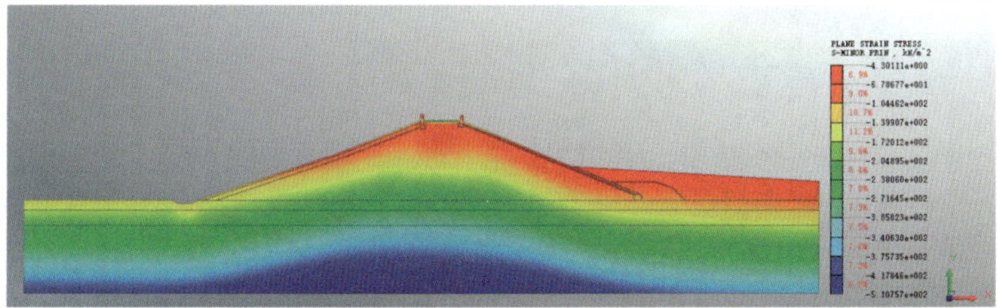

(g) 坝体大主应力(校核洪水位：67.73m)

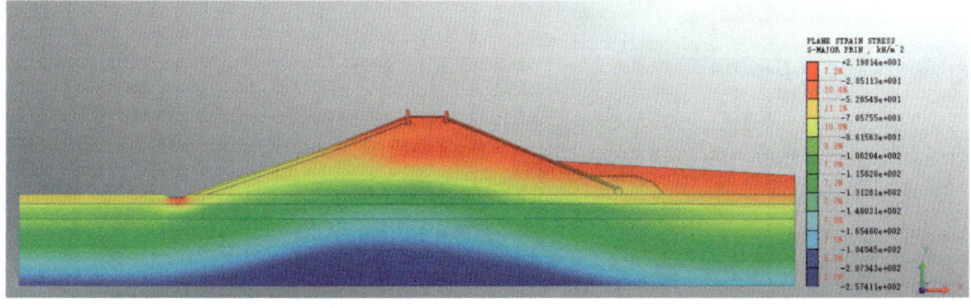

(h) 坝体小主应力(校核洪水位：67.73m)

图 12.3-2（二） 一副坝坝体应力计算结果/kPa

12.3.2 二副坝坝体位移和应力计算结果

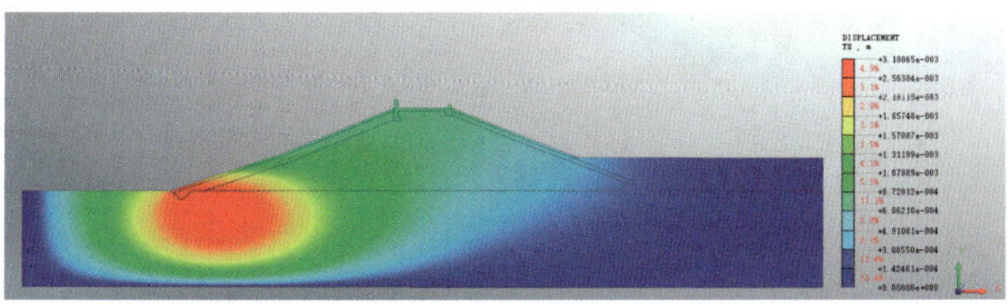

(a) 坝体水平位移(正常蓄水位：62.00m)

图 12.3-3（一） 二副坝坝体位移计算结果/m

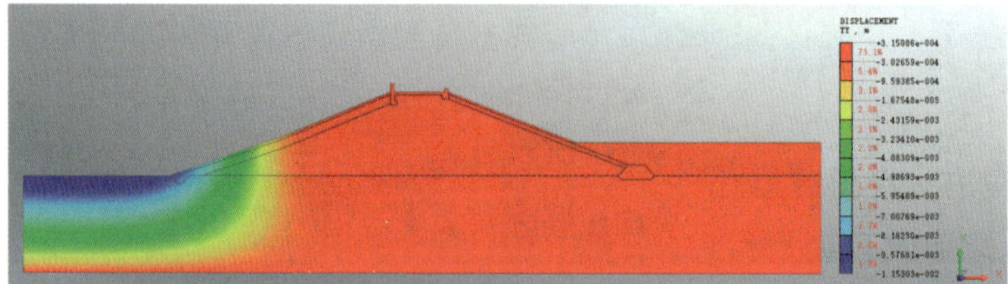

（b）坝体垂直位移(正常蓄水位：62.00m)

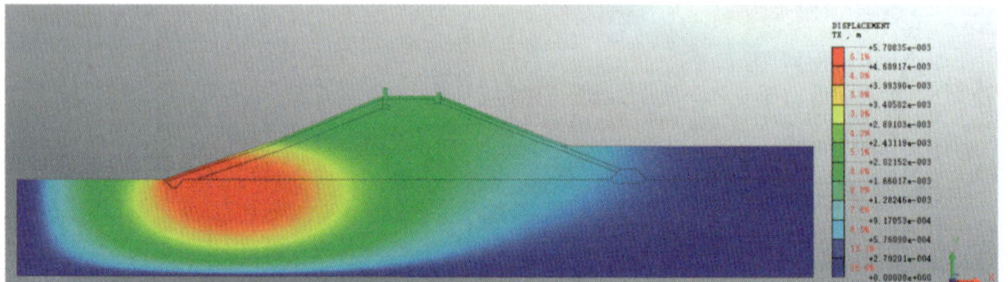

（c）坝体水平位移(设计洪水位：64.16m)

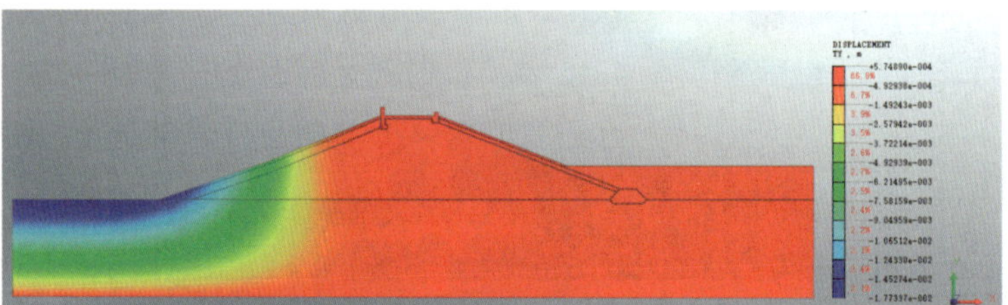

（d）坝体垂直位移(设计洪水位：64.16m)

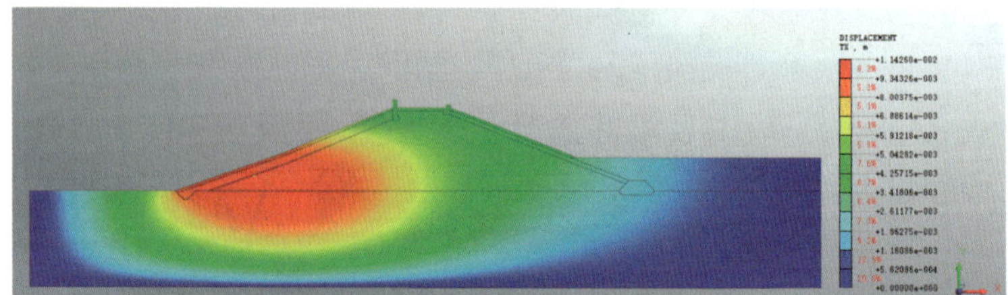

（e）坝体水平位移(校核洪水位：67.73m)

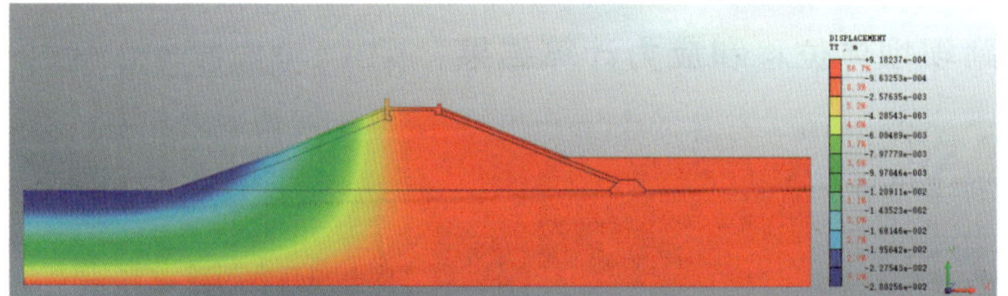

（f）坝体垂直位移(校核洪水位：67.73m)

图 12.3－3（二） 二副坝坝体位移计算结果/m

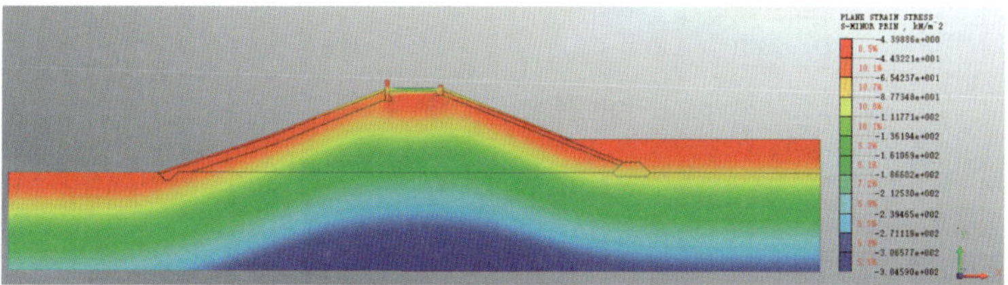

（a）坝体大主应力(死水位：52.00m)

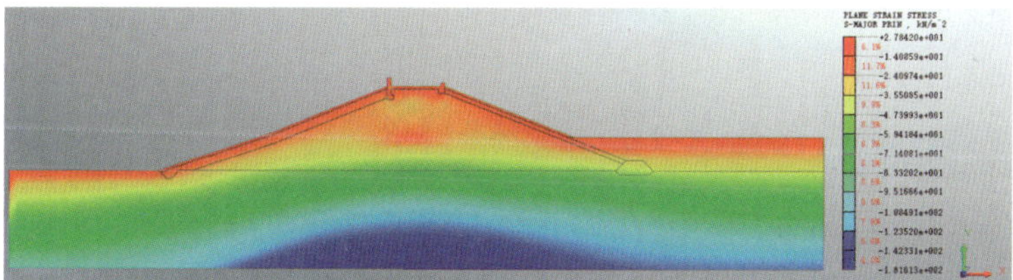

（b）坝体小主应力（死水位：52.00m)

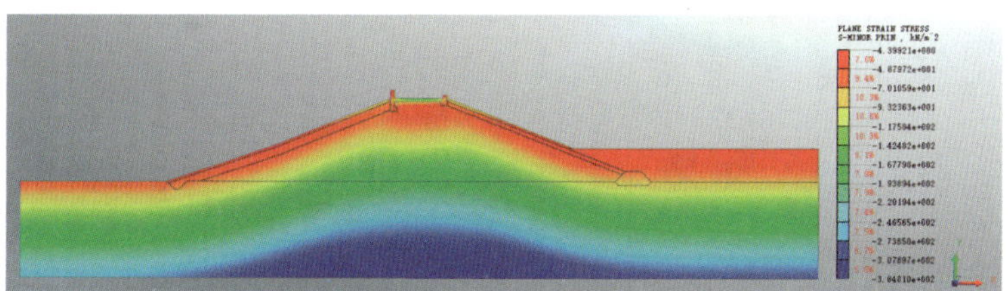

（c）坝体大主应力(正常蓄水位：62.00m)

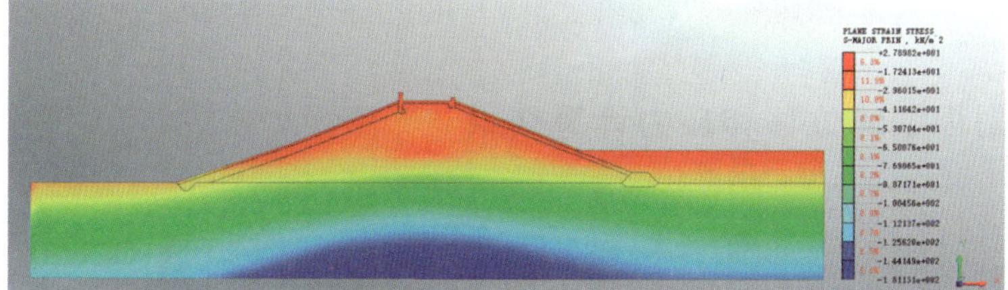

（d）坝体小主应力(正常蓄水位：62.00m)

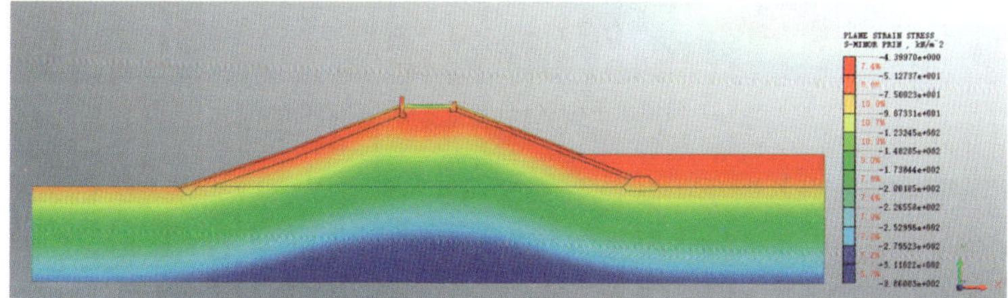

（e）坝体大主应力(设计洪水位：64.16m)

图 12.3-4（一） 二副坝坝体应力计算结果/kPa

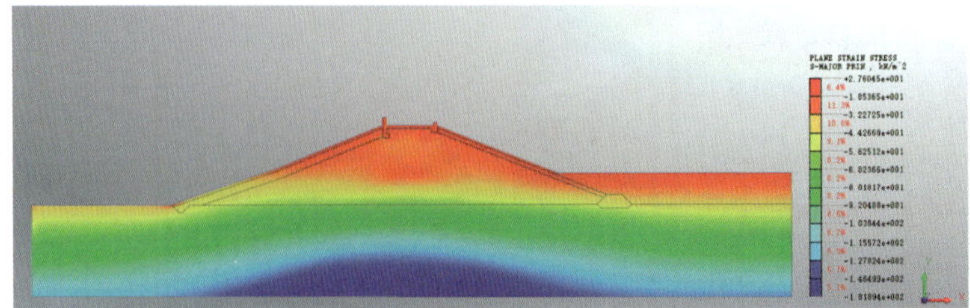

(f) 坝体小主应力(设计洪水位：64.16m)

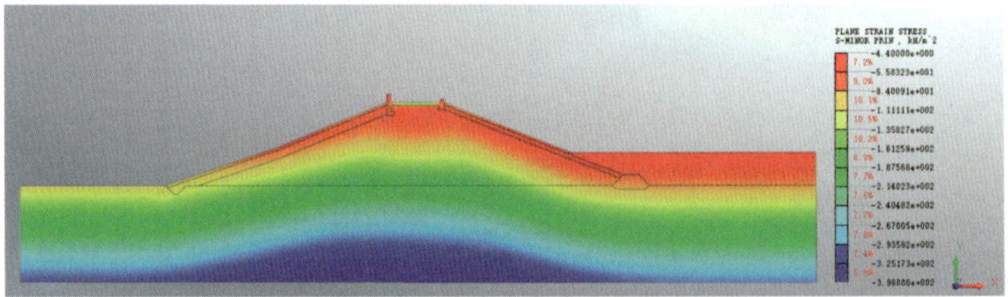

(g) 坝体大主应力(校核洪水位：67.73m)

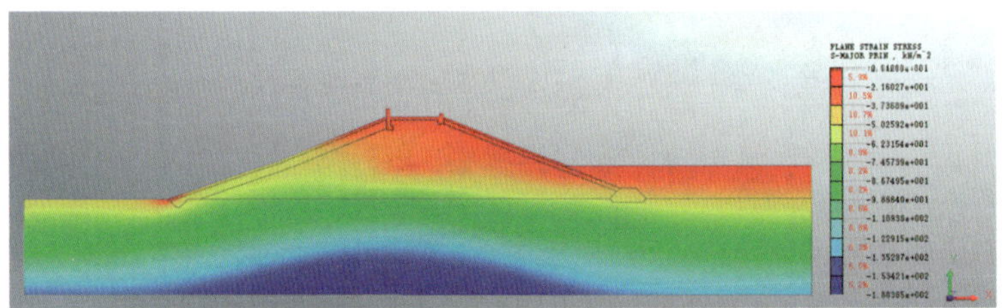

(h) 坝体小主应力(校核洪水位：67.73m)

图 12.3-4（二）　二副坝坝体应力计算结果/kPa

12.3.3　三副坝坝体位移和应力计算结果

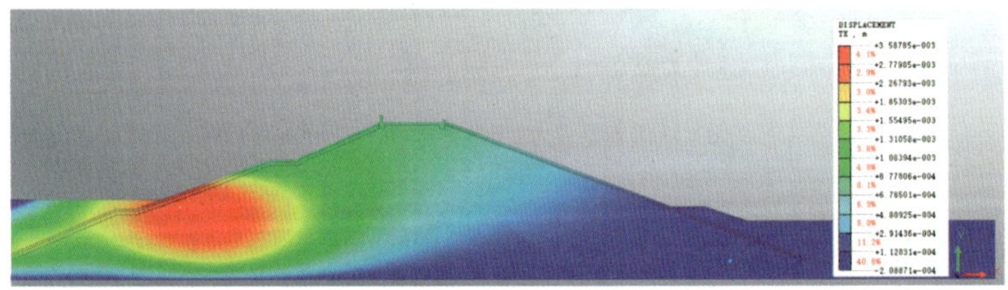

(a) 坝体水平位移(正常蓄水位：62.00m)

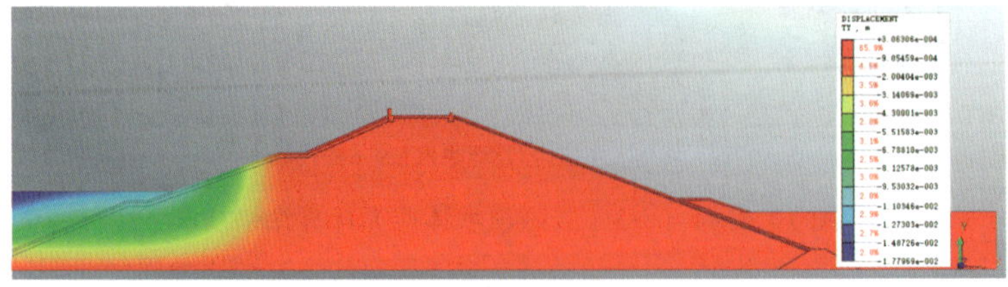

(b) 坝体垂直位移(正常蓄水位：62.00m)

图 12.3-5（一）　三副坝坝体位移计算结果/m

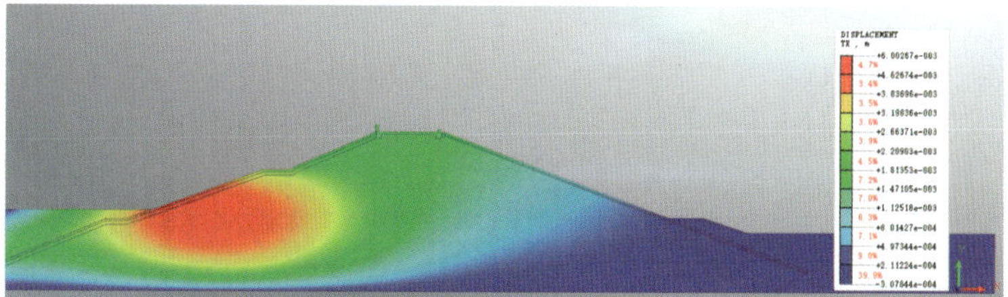

(c) 坝体水平位移(设计洪水位：64.16m)

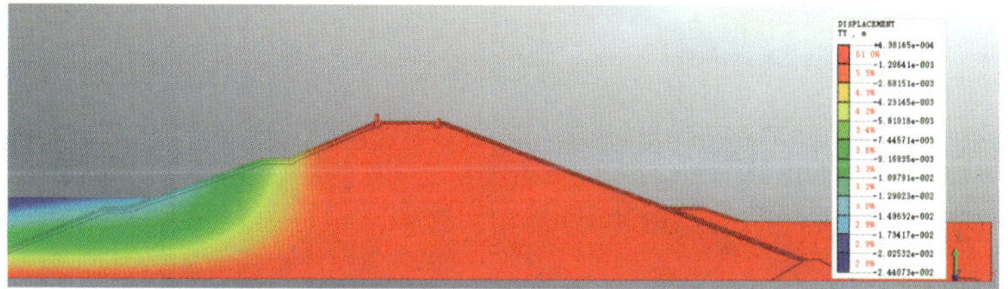

(d) 坝体垂直位移(设计洪水位：64.16m)

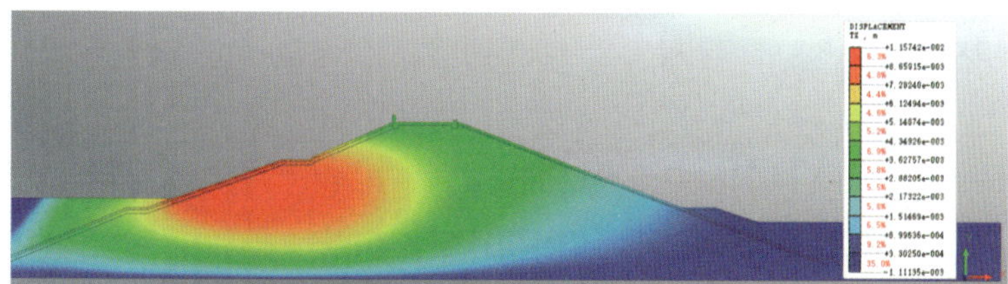

(e) 坝体水平位移(校核洪水位：67.73m)

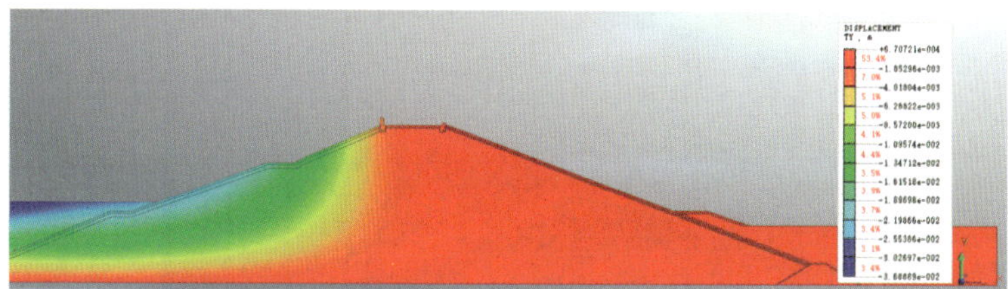

(f) 坝体垂直位移(校核洪水位：67.73m)

图 12.3-5（二） 三副坝坝体位移计算结果/m

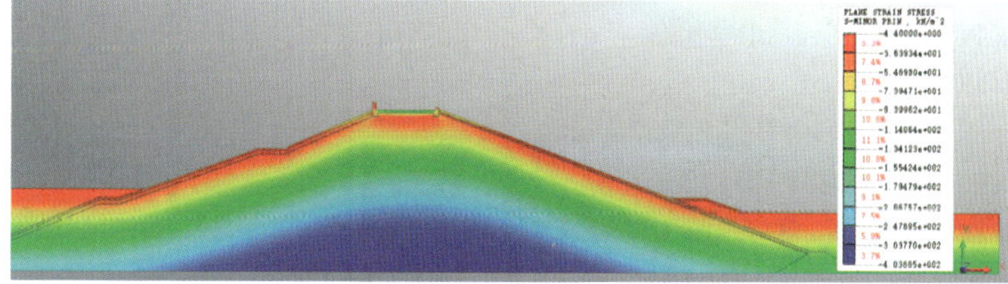

(a) 坝体大主应力(死水位：52.00m)

图 12.3-6（一） 三副坝坝体应力计算结果/kPa

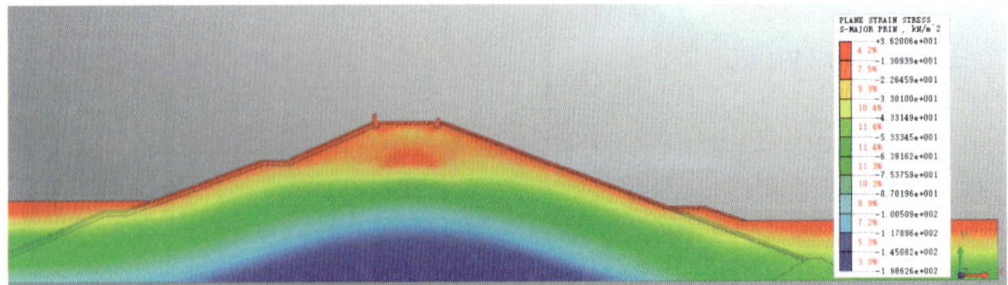

（b）坝体小主应力(死水位：52.00m)

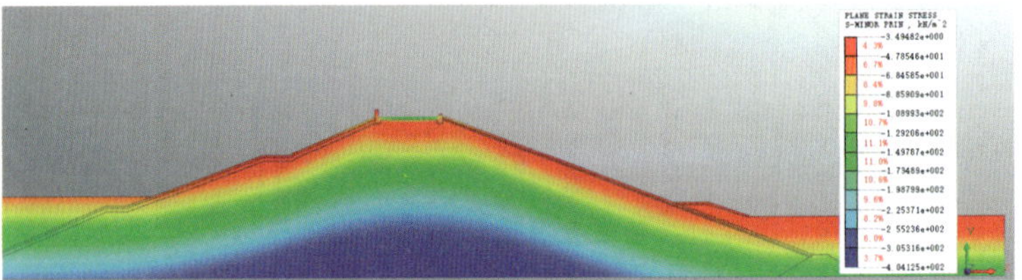

（c）坝体大主应力(正常蓄水位：62.00m)

（d）坝体小主应力(正常蓄水位：62.00m)

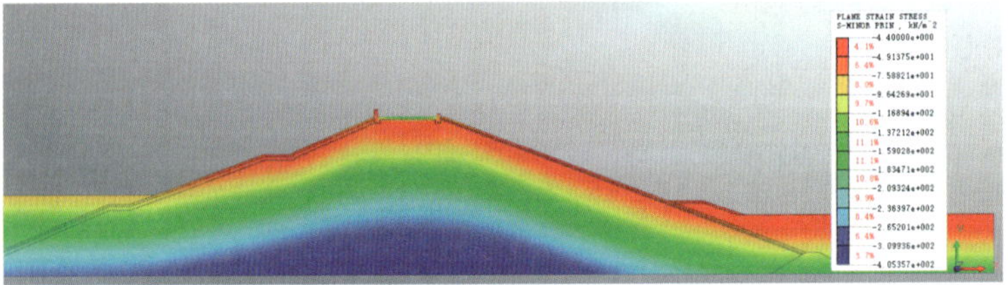

（e）坝体大主应力(设计洪水位：64.16m)

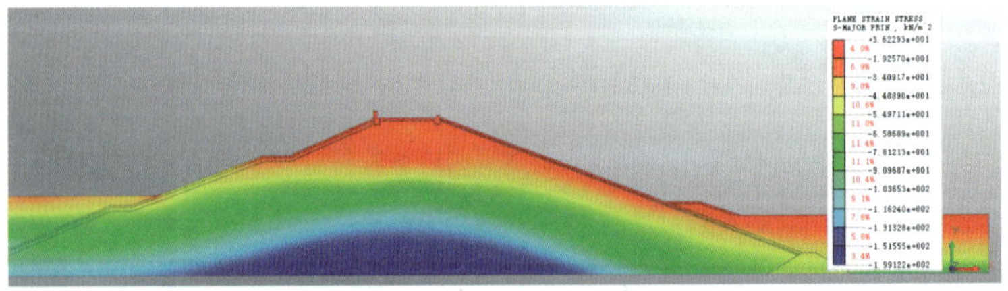

（f）坝体小主应力(设计洪水位：64.16m)

图 12.3－6（二） 三副坝坝体应力计算结果/kPa

(g) 坝体大主应力(校核洪水位：67.73m)

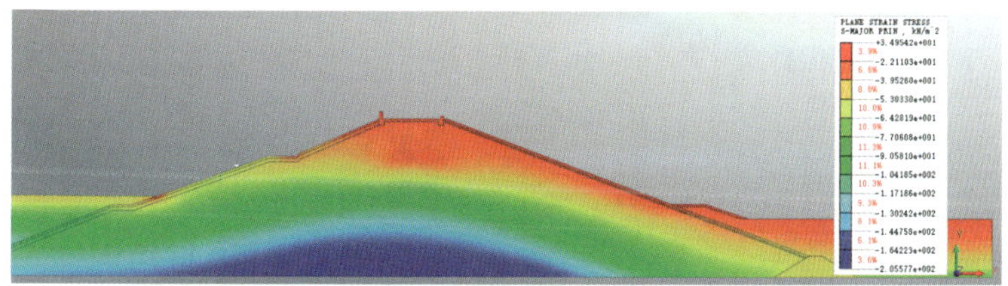

(h) 坝体小主应力(校核洪水位：67.73m)

图 12.3-6 (三) 三副坝坝体应力计算结果/kPa

12.3.4 长副坝坝体位移和应力计算结果

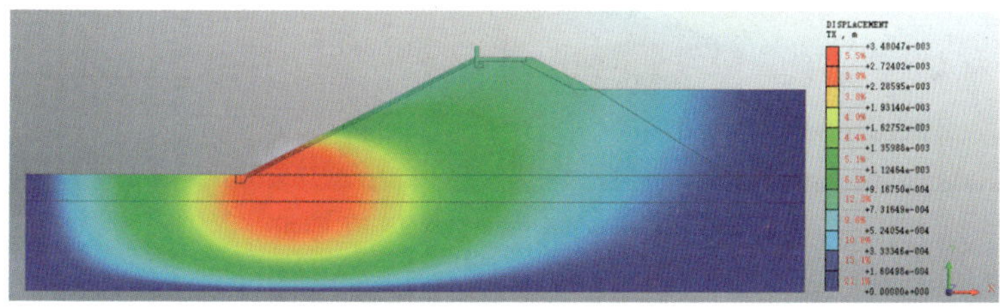

(a) 坝体水平位移(正常蓄水位：62.00m)

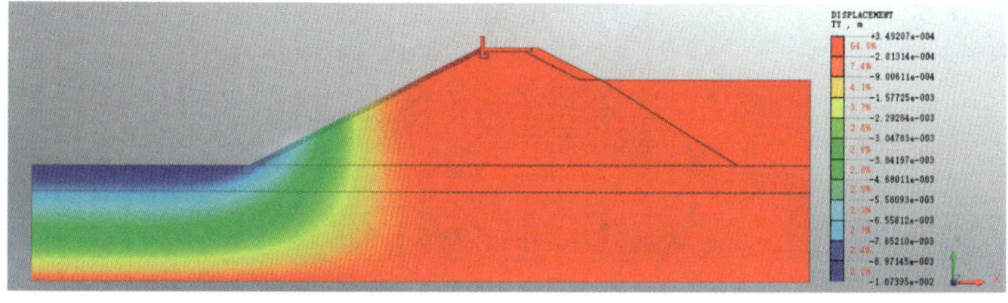

(b) 坝体垂直位移(正常蓄水位：62.00m)

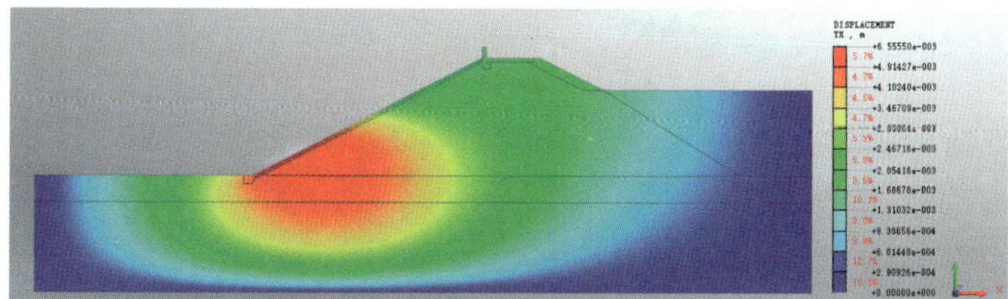

(c) 坝体水平位移(设计洪水位：64.16m)

图 12.3-7 (一) 长副坝坝体位移计算结果/m

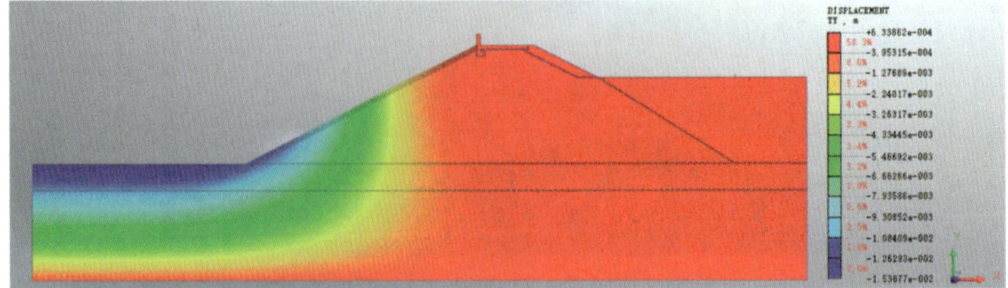

（d）坝体垂直位移（设计洪水位：64.16m）

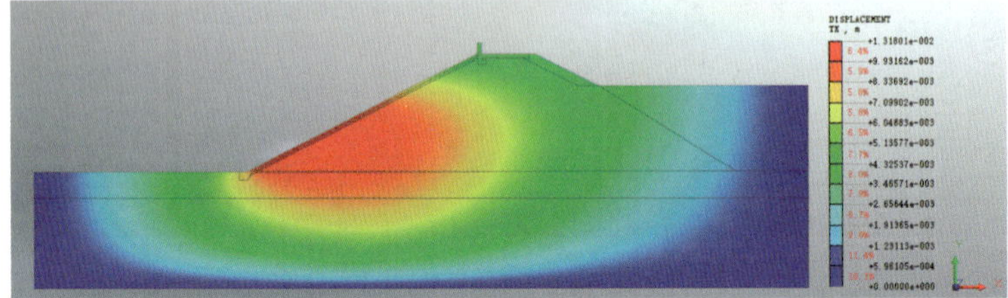

（e）坝体水平位移（校核洪水位：67.73m）

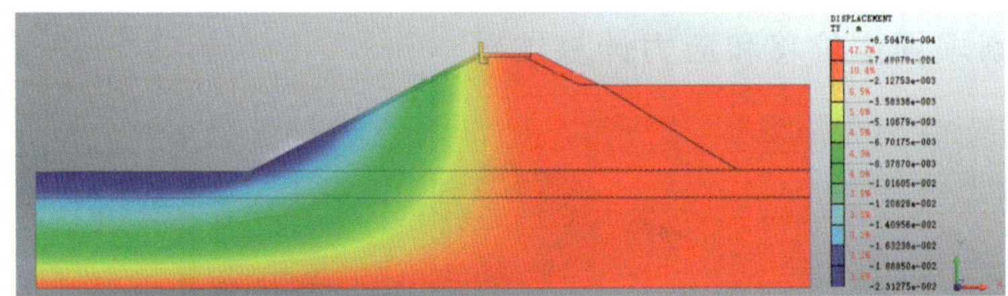

（f）坝体垂直位移（校核洪水位：67.73m）

图 12.3-7（二） 长副坝坝体位移计算结果/m

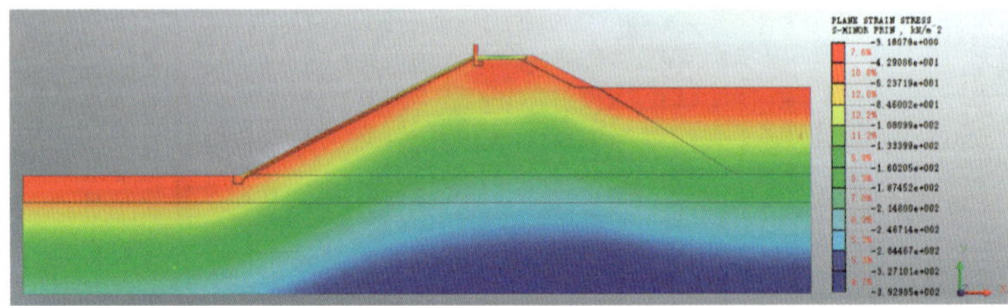

（a）坝体大主应力（死水位：52.00m）

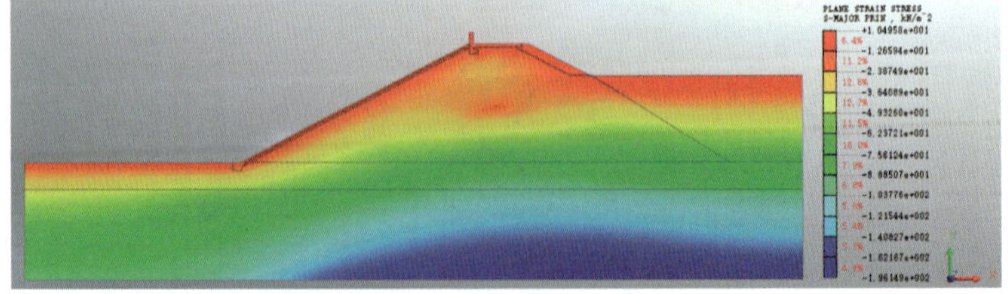

（b）坝体小主应力（死水位：52.00m）

图 12.3-8（一） 长副坝坝体应力计算结果/kPa

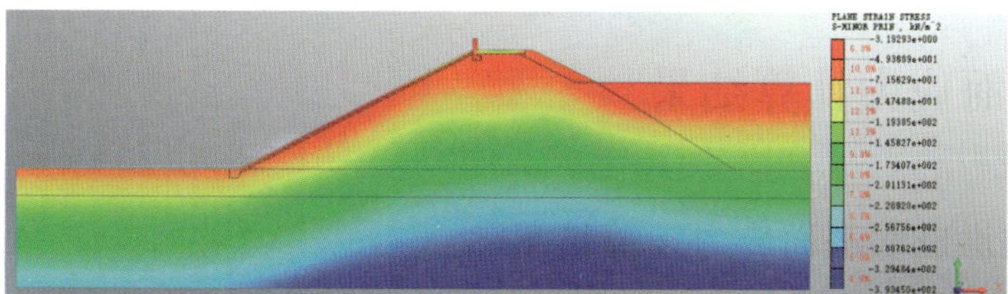

（c）坝体大主应力(正常蓄水位：62.00m)

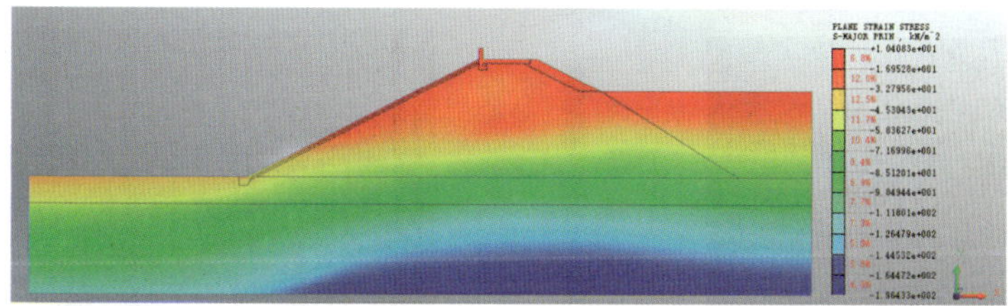

（d）坝体小主应力(正常蓄水位：62.00m)

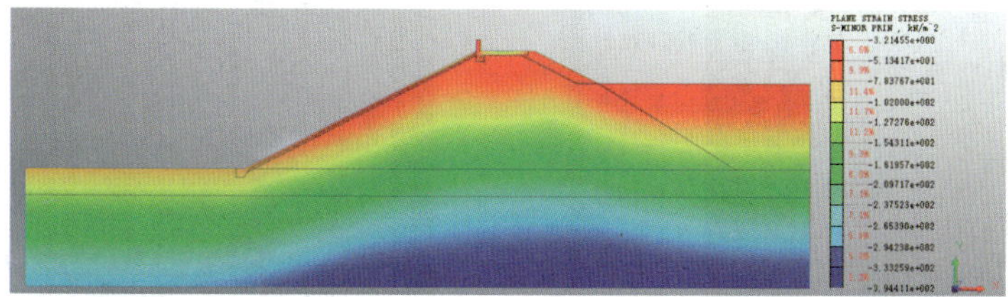

（e）坝体大主应力(设计洪水位：64.16m)

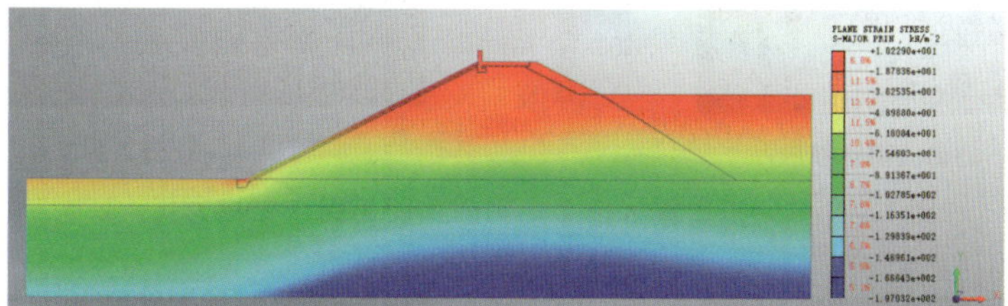

（f）坝体小主应力(设计洪水位：64.16m)

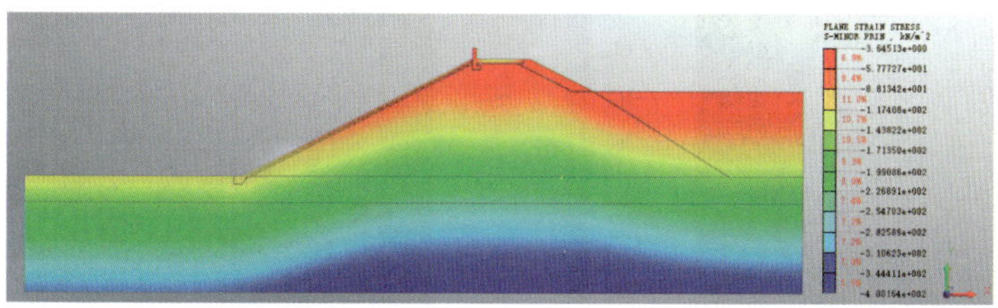

（g）坝体大主应力(校核洪水位：67.73m)

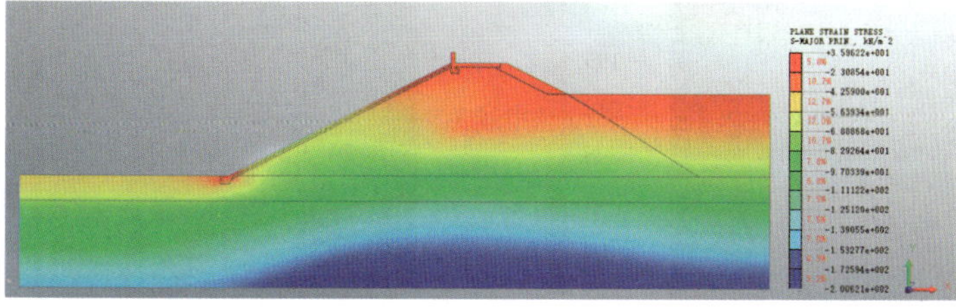

（h）坝体小主应力(校核洪水位：67.73m)

图 12.3-8（二） 长副坝坝体应力计算结果/kPa

12.4 堰基面应力计算结果

12.4.1 东溢洪道堰基面应力计算结果

图中左侧为上游侧。

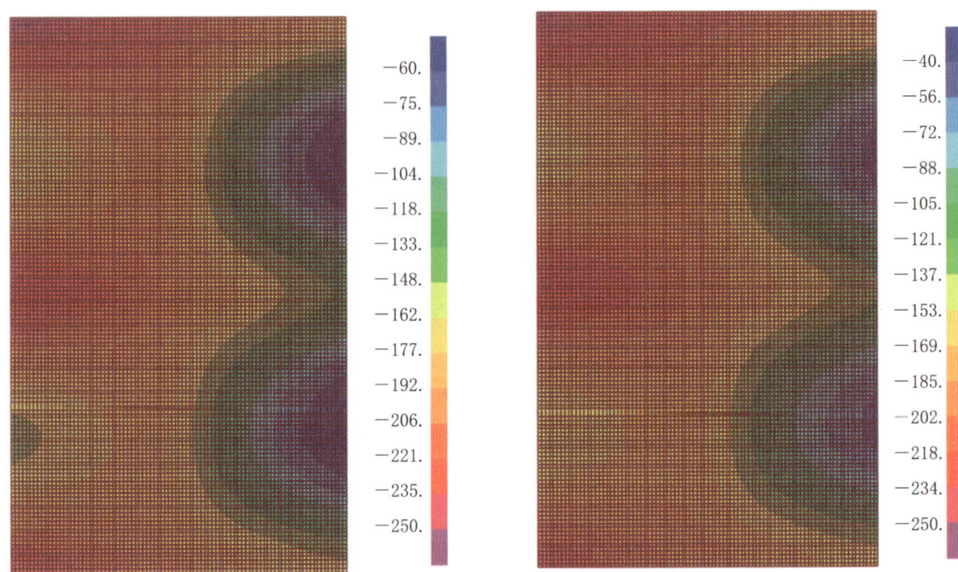

(a) 不计入扬压力　　　　(b) 计入扬压力

图 12.4-1　正常蓄水位 2 扇闸门关闭工况（受拉为正）/kPa

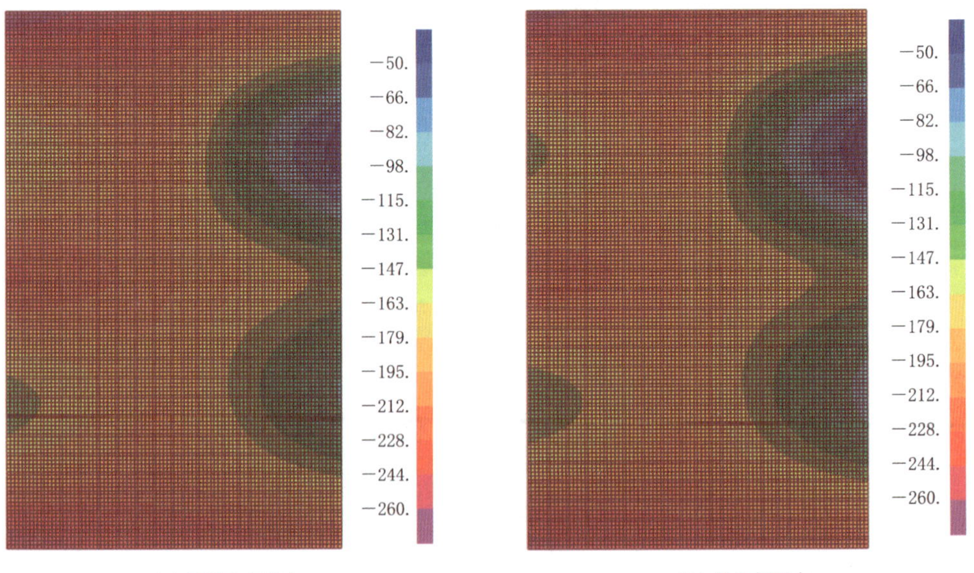

(a) 不计入扬压力　　　　(b) 计入扬压力

图 12.4-2　正常蓄水位 1 扇闸门关闭，1 扇开启泄洪工况（受拉为正）/kPa

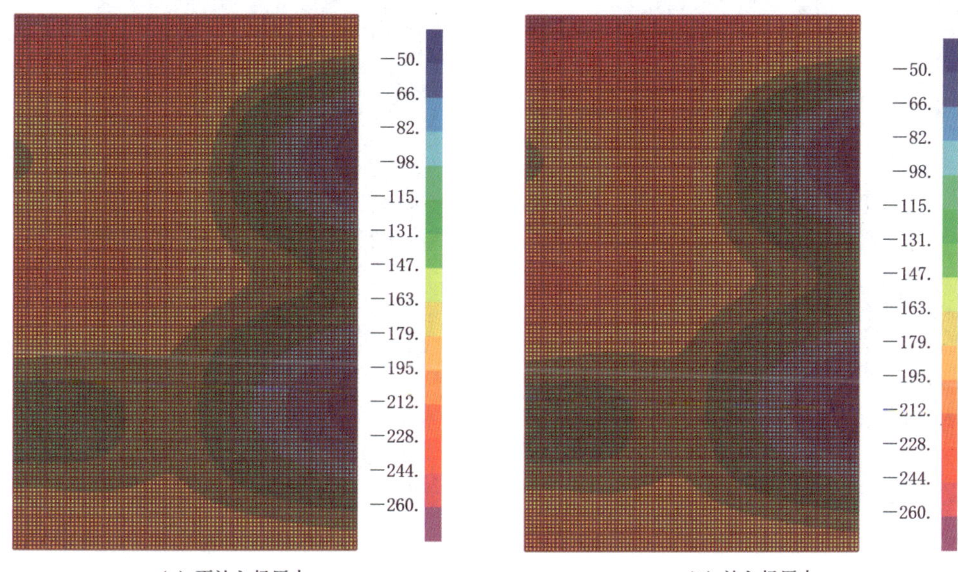

(a) 不计入扬压力　　(b) 计入扬压力

图 12.4-3　正常蓄水位 1 扇闸门关闭，1 扇检修门关闭工况（受拉为正）/kPa

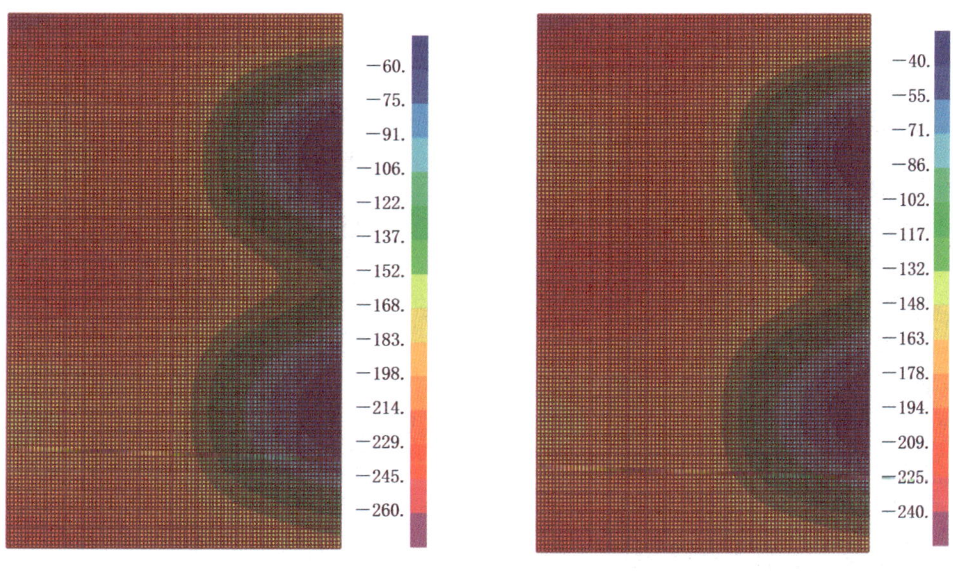

(a) 不计入扬压力　　(b) 计入扬压力

图 12.4-4　设计洪水位闸门关闭工况（受拉为正）/kPa

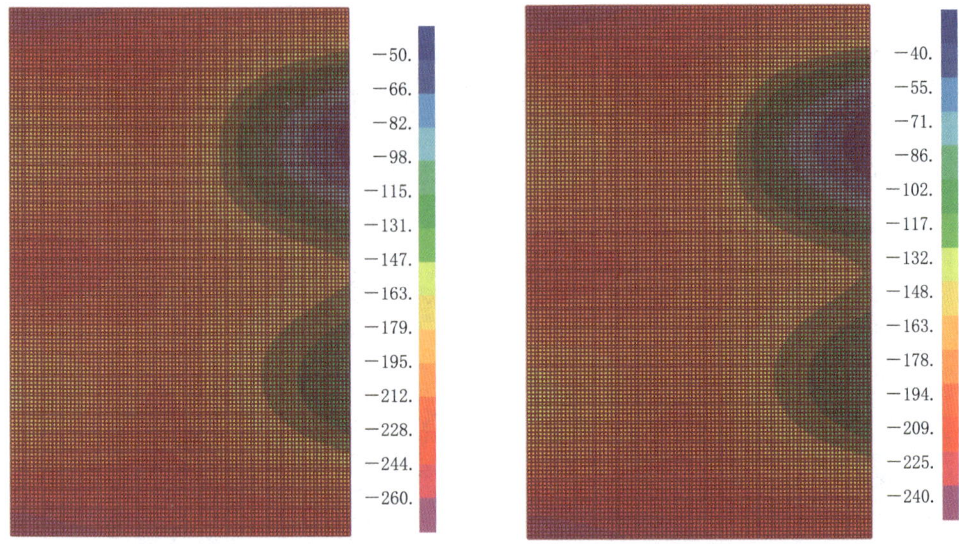

(a) 不计入扬压力　　(b) 计入扬压力

图 12.4-5　设计洪水位 1 扇闸门关闭，1 扇开启泄洪工况（受拉为正）/kPa

12.4.2　西溢洪道堰基面应力计算结果

图中左侧为上游侧。

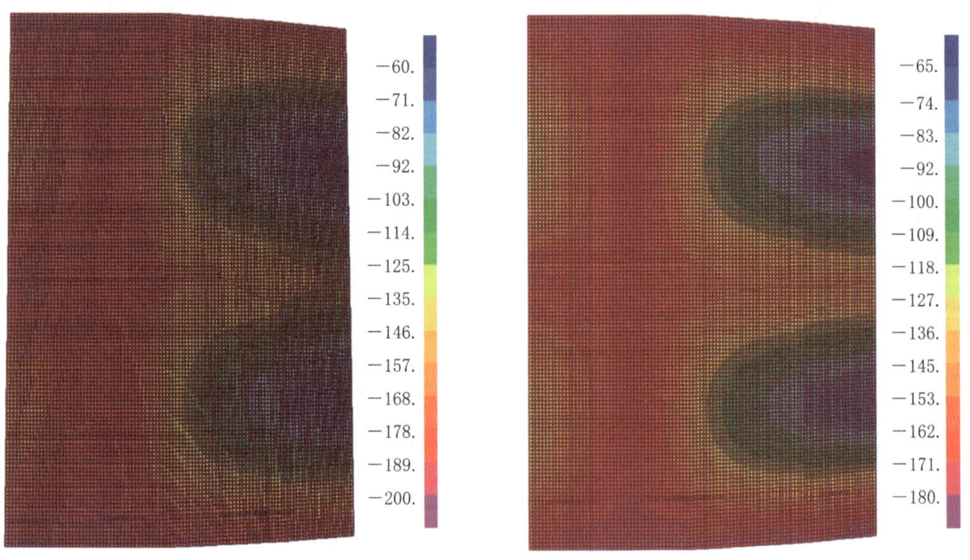

(a) 不计入扬压力　　(b) 计入扬压力

图 12.4-6　正常蓄水位 2 扇闸门关闭工况（受拉为正）/kPa

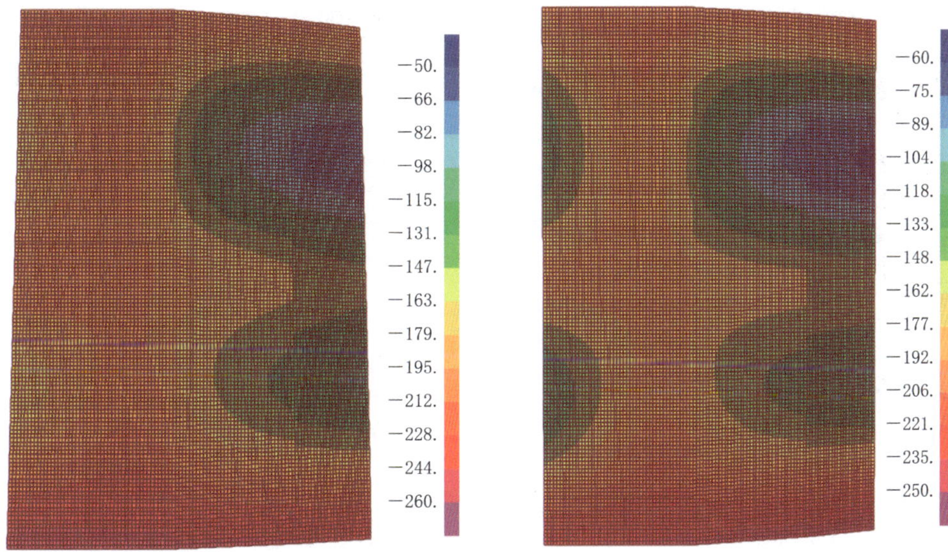

(a) 不计入扬压力　　(b) 计入扬压力

图 12.4-7　正常蓄水位 1 扇闸门关闭，1 扇开启泄洪工况（受拉为正）/kPa

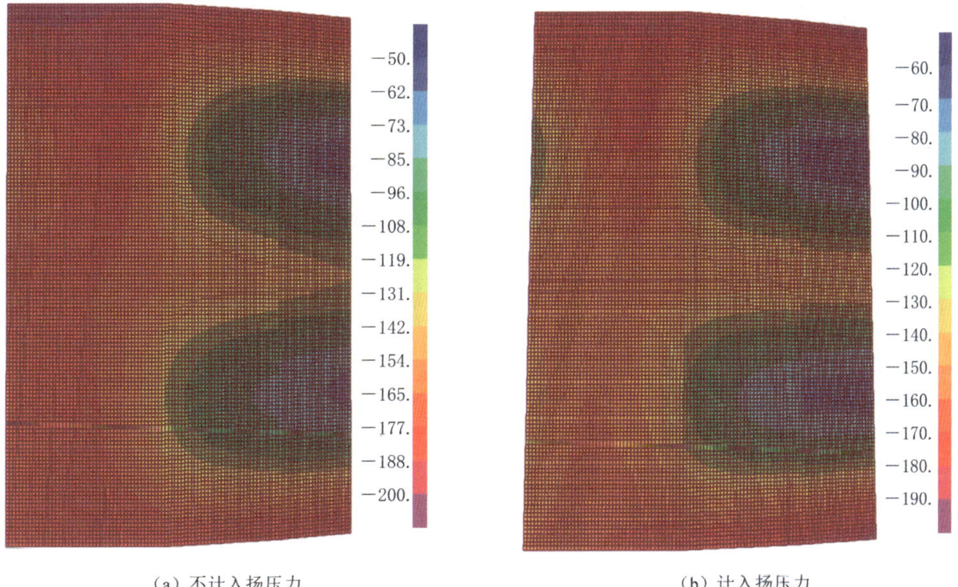

(a) 不计入扬压力　　(b) 计入扬压力

图 12.4-8　正常蓄水位 1 扇闸门关闭，1 扇检修门关闭工况（受拉为正）/kPa

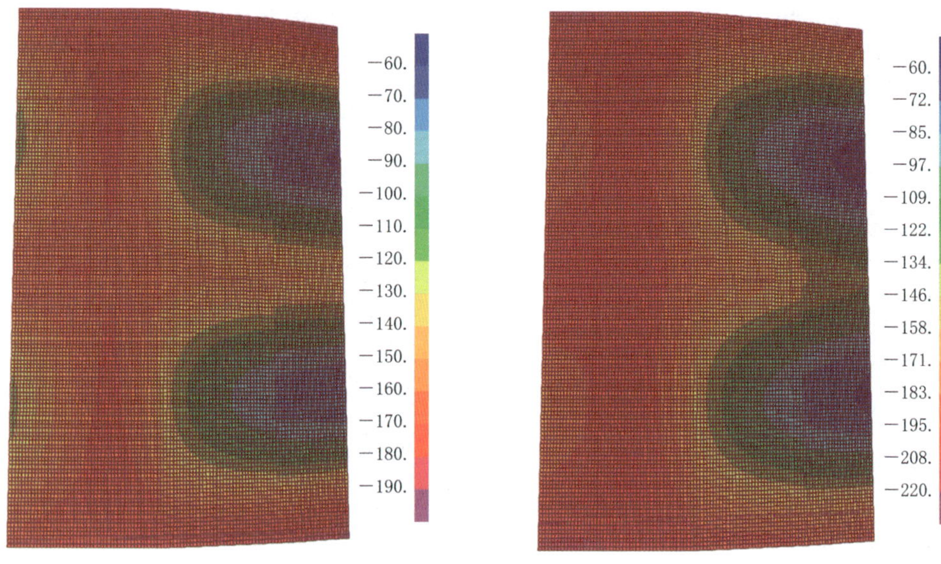

图 12.4-9 设计洪水位闸门关闭工况（受拉为正）/kPa

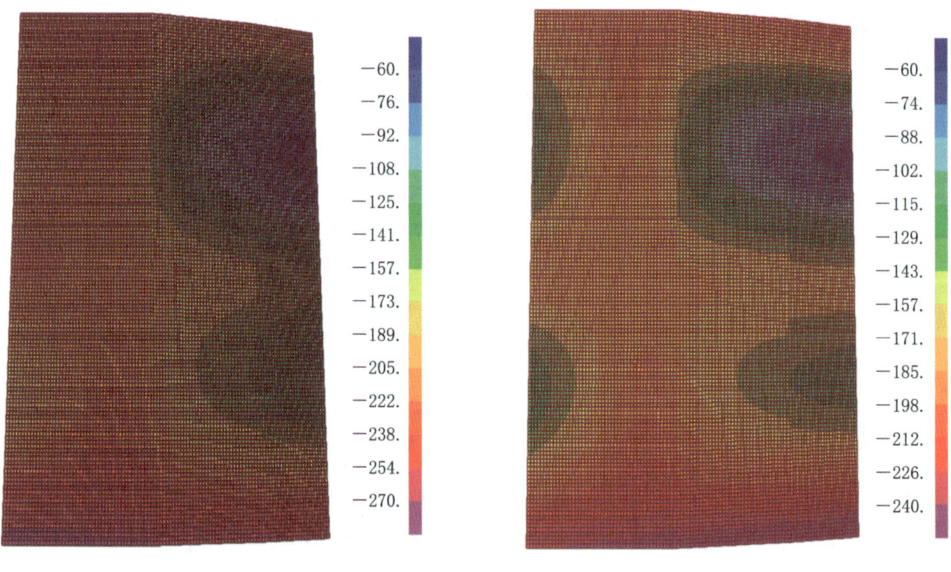

图 12.4-10 设计洪水位1扇闸门关闭，1扇开启泄洪工况（受拉为正）/kPa

12.5 坝坡稳定计算结果（地震工况）

12.5.1 一副坝坝坡稳定计算结果

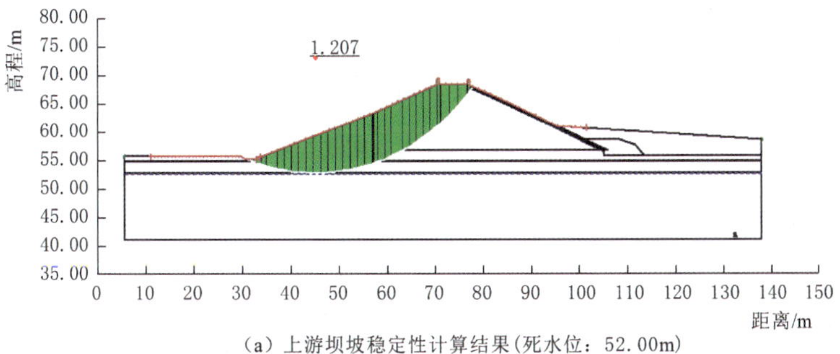

（a）上游坝坡稳定性计算结果(死水位：52.00m)

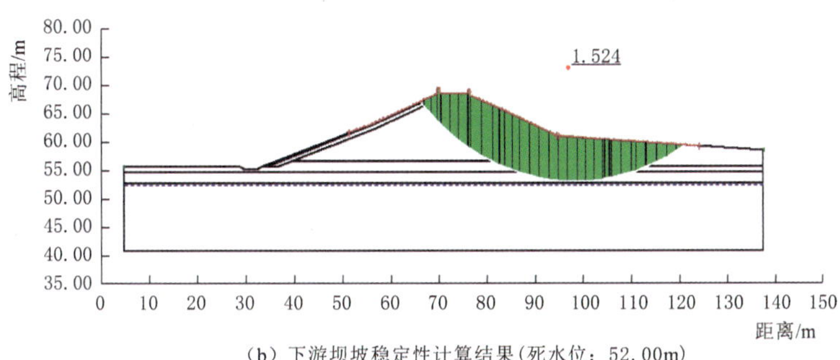

（b）下游坝坡稳定性计算结果(死水位：52.00m)

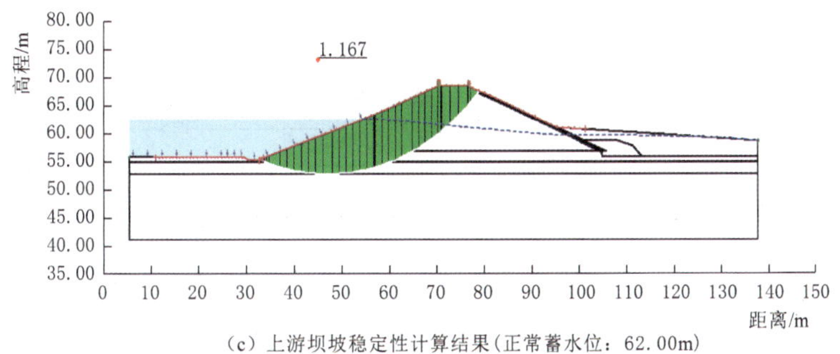

（c）上游坝坡稳定性计算结果(正常蓄水位：62.00m)

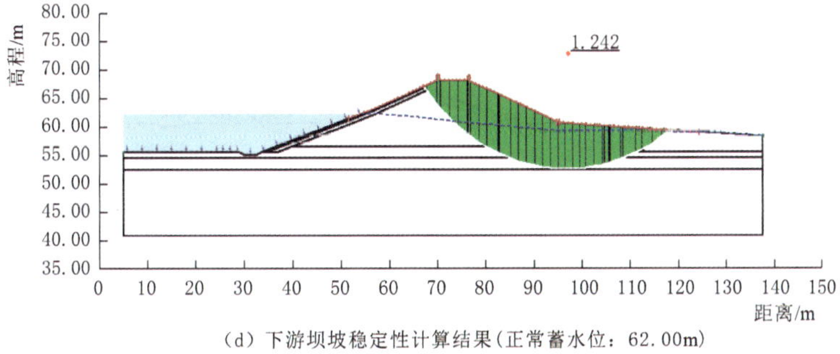

（d）下游坝坡稳定性计算结果(正常蓄水位：62.00m)

图 12.5-1（一） 一副坝坝坡稳定计算结果

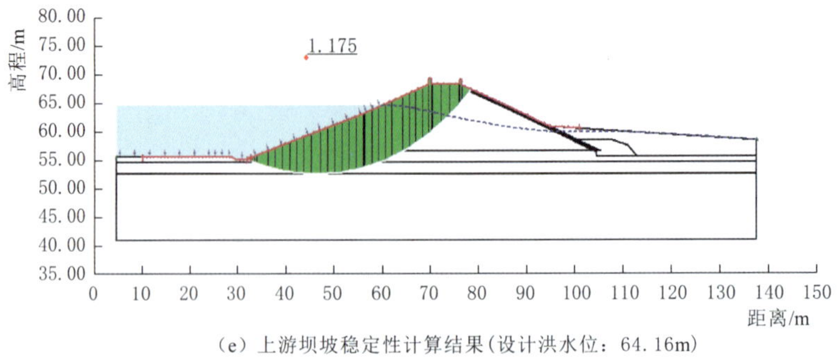

(e) 上游坝坡稳定性计算结果(设计洪水位：64.16m)

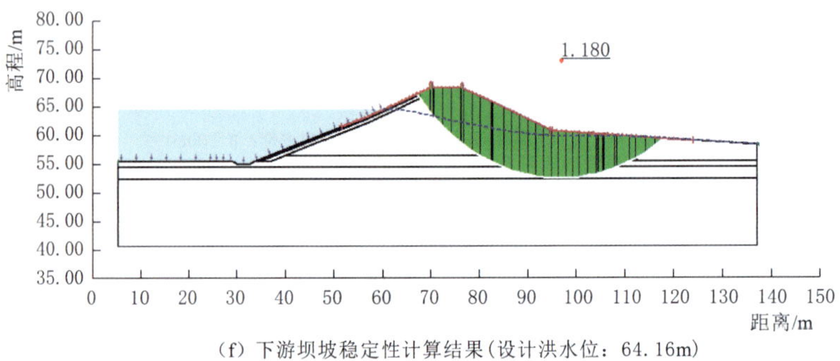

(f) 下游坝坡稳定性计算结果(设计洪水位：64.16m)

图 12.5-1（二） 一副坝坝坡稳定计算结果

12.5.2 二副坝坝坡稳定计算结果

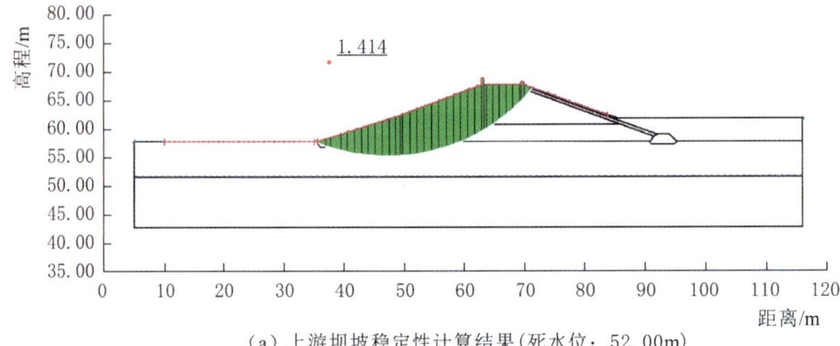

(a) 上游坝坡稳定性计算结果(死水位：52.00m)

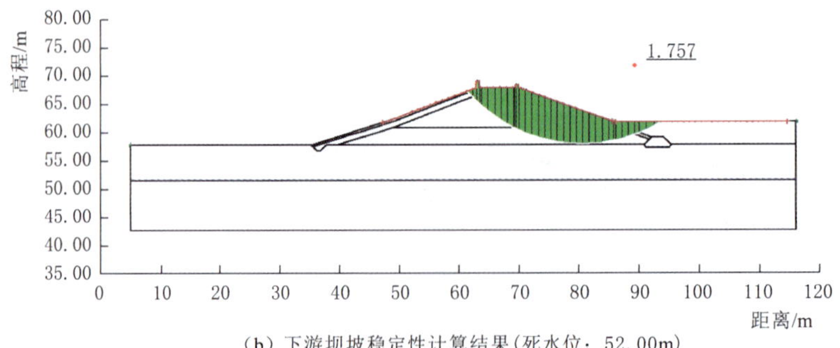

(b) 下游坝坡稳定性计算结果(死水位：52.00m)

图 12.5-2（一） 二副坝坝坡稳定计算结果

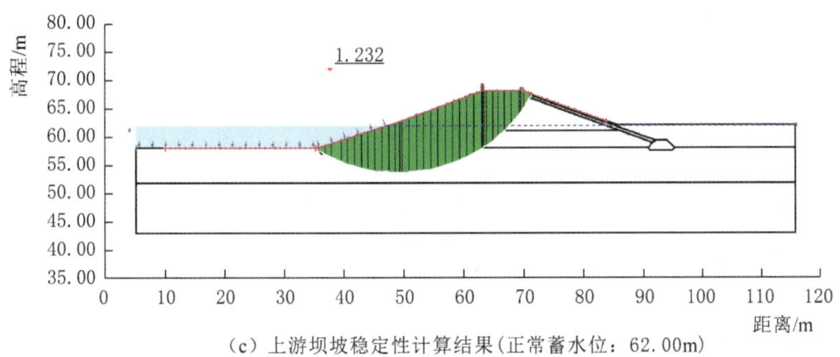

（c）上游坝坡稳定性计算结果（正常蓄水位：62.00m）

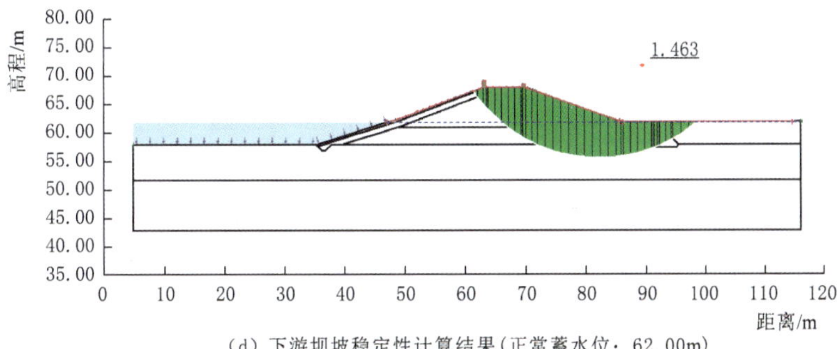

（d）下游坝坡稳定性计算结果（正常蓄水位：62.00m）

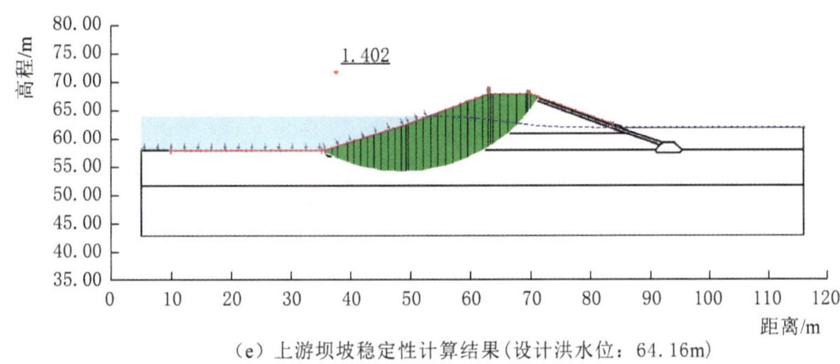

（e）上游坝坡稳定性计算结果（设计洪水位：64.16m）

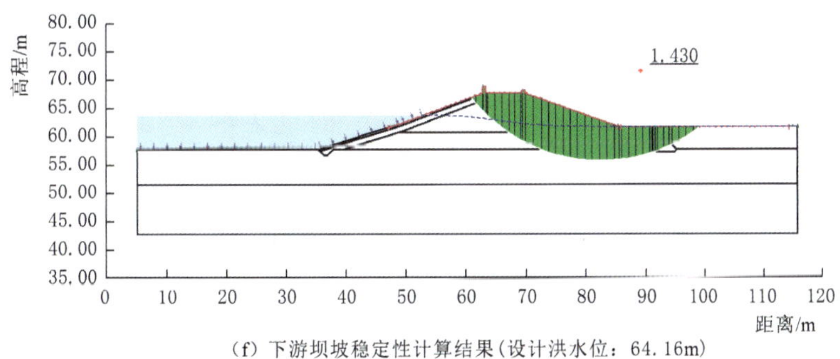

（f）下游坝坡稳定性计算结果（设计洪水位：64.16m）

图 12.5-2（二） 二副坝坝坡稳定计算结果

12.5.3 三副坝坝坡稳定计算结果

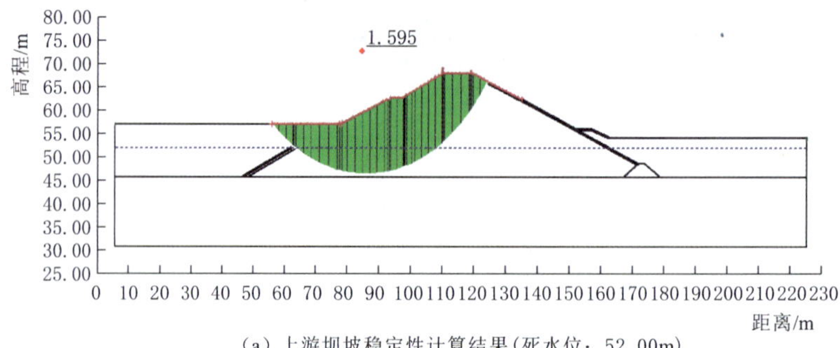

(a) 上游坝坡稳定性计算结果(死水位：52.00m)

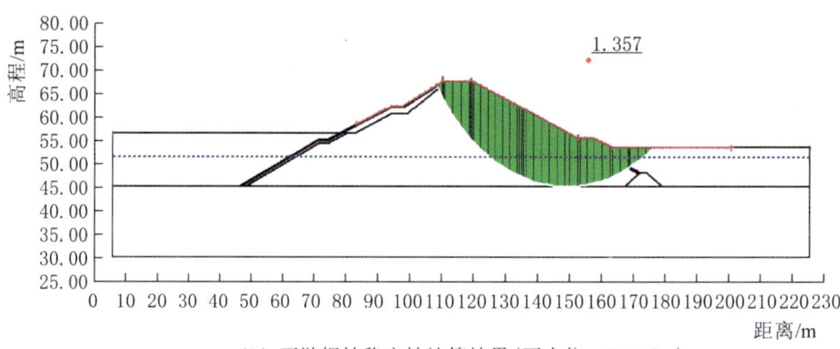

(b) 下游坝坡稳定性计算结果(死水位：52.00m)

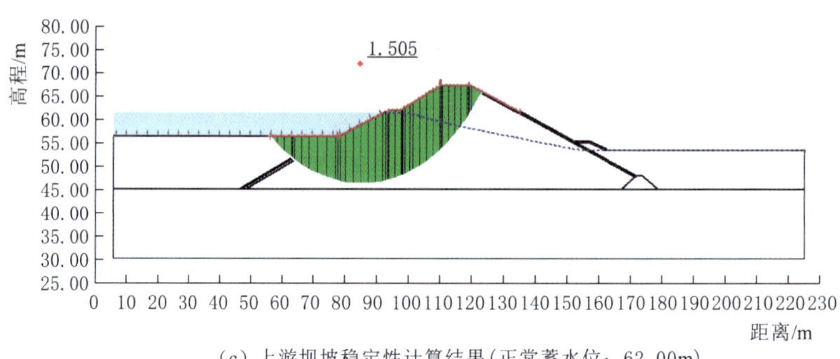

(c) 上游坝坡稳定性计算结果(正常蓄水位：62.00m)

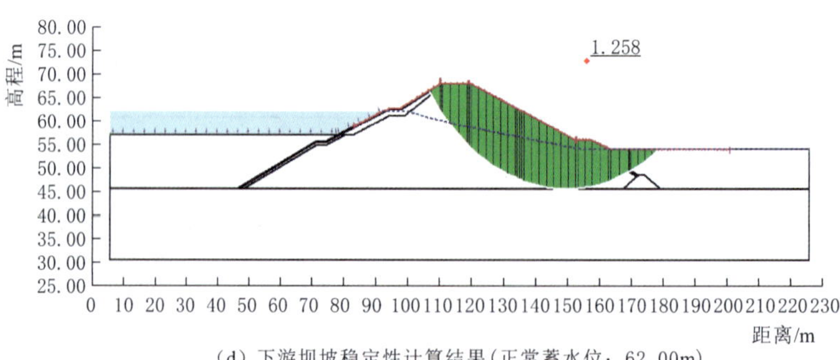

(d) 下游坝坡稳定性计算结果(正常蓄水位：62.00m)

图 12.5-3（一） 三副坝坝坡稳定计算结果

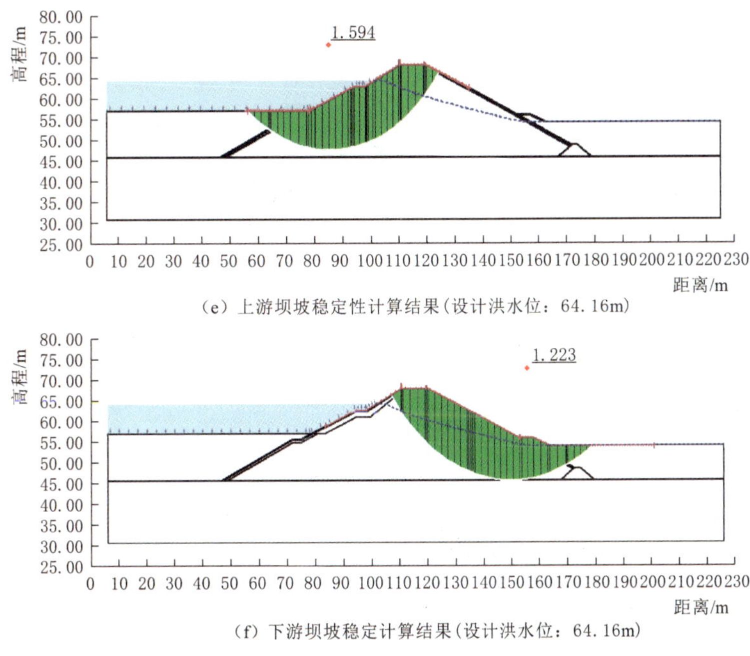

（e）上游坝坡稳定性计算结果（设计洪水位：64.16m）

（f）下游坝坡稳定计算结果（设计洪水位：64.16m）

图 12.5－3（二） 三副坝坝坡稳定计算结果

12.5.4 长副坝坝坡稳定计算结果

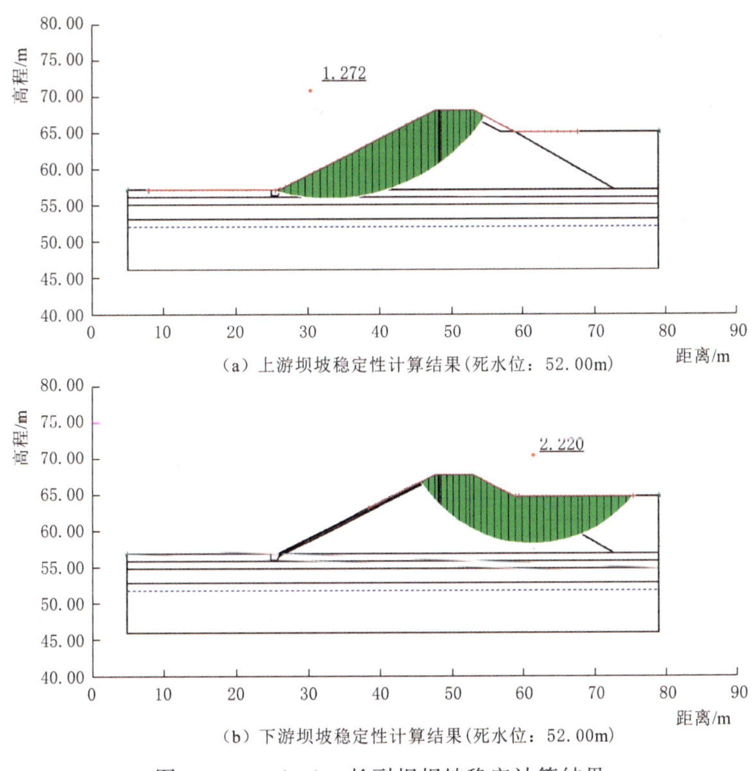

（a）上游坝坡稳定性计算结果（死水位：52.00m）

（b）下游坝坡稳定性计算结果（死水位：52.00m）

图 12.5－4（一） 长副坝坝坡稳定计算结果

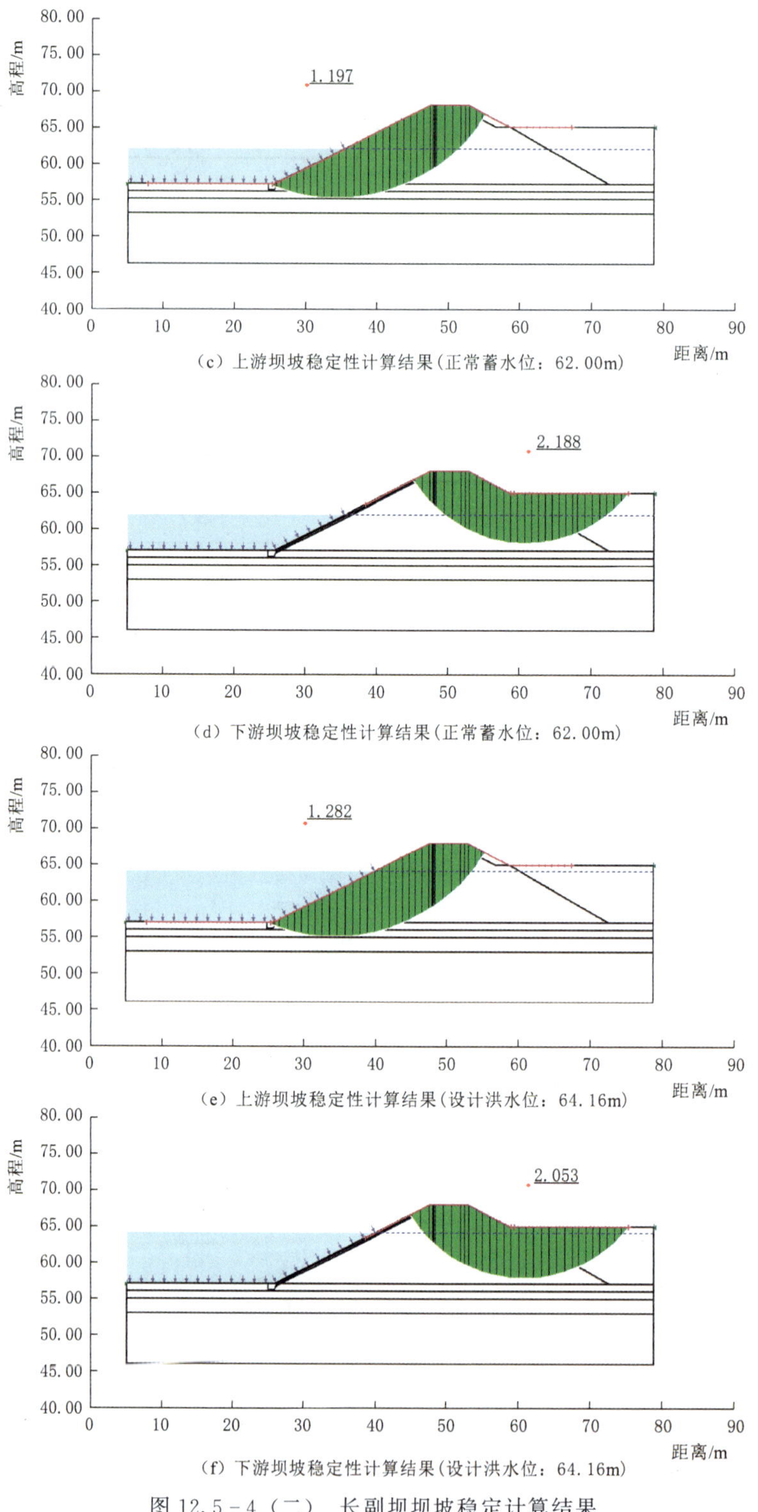

（c）上游坝坡稳定性计算结果（正常蓄水位：62.00m）

（d）下游坝坡稳定性计算结果（正常蓄水位：62.00m）

（e）上游坝坡稳定性计算结果（设计洪水位：64.16m）

（f）下游坝坡稳定性计算结果（设计洪水位：64.16m）

图 12.5-4（二）　长副坝坝坡稳定计算结果

参 考 文 献

［1］ 南京水利科学研究院．水库大坝安全评价导则：SL 258—2017［S］．北京：中国水利水电出版社，2017.

［2］ 黄河勘测规划设计研究院有限公司．碾压式土石坝设计规范：SL 274—2020［S］．北京：中国水利水电出版社，2020.

［3］ 钮新强，杨启贵，谭界雄，等．水库大坝安全评价［M］．北京：中国水利水电出版社，2007.

［4］ 刘六宴，张利新．黄河小浪底水利枢纽工程安全评价关键技术研究［M］．南京：河海大学出版社，2013.

［5］ 任夫全，苏建伟，马晓琳．白沙水库大坝综合安全评价的研究与思考［M］．郑州：黄河水利出版社，2020.

［6］ 盛金保，李雷，王仁钟，等．水库大坝风险及其评估与管理［M］．南京：河海大学出版社，2019.

［7］ 李宗坤，葛巍，王娟，等．中国水库大坝风险标准与应用研究［J］．水利学报，2015，46（5）：567－573，583.

［8］ 杨正华．《水库大坝安全管理条例》解析［J］．中国水利，2008（20）：64－66.

［9］ 水利部太湖流域管理局．水闸安全评价导则：SL 214—2015［S］．北京：中国水利水电出版社，2015.

［10］ 南京水利科学研究院．水工隧洞安全鉴定规程：SL/T 790—2020［S］．北京：中国水利水电出版社，2020.

［11］ 雄威，田波，卢建华．水库大坝安全评价技术与方法探讨［J］．人民长江，2011，42（12）：24－27.

［12］ 李雷，陆云秋．我国水库大坝安全与管理的实践和面临的挑战［J］．中国水利，2003（21）：59－62.

［13］ 樊承岭．回顾怀柔水库 50 年［J］．北京水务，2008（增 1）：20－21.

［14］ 郝丽娟，王鹏，杨华．怀柔水库安全鉴定工作思考［J］．北京水务，2016（2）：56－59.

［15］ 王晓东，杨梓，徐志全，等．怀柔水库和京密引水渠运行现状与对策措施分析［J］．北京水务，2024（4）：5－8.

［16］ 郑文利，荣倩，宋兴鹏．怀柔水库运行管理中存在的问题及措施分析［J］．北京水务，2008（增 1）：43－46.

［17］ 周宁，郭雅婧，杨秀芳．怀柔水库“23·7”特大暴雨和洪水过程分析［J］．水利建设与管理，2024（12）：60－66.

［18］ 王涛，杨秀芳．怀柔水库水源与南水北调水源切换应对措施研究［J］．北京水务，2014（5）：13－15.

［19］ 周宁，郝丽娟，任宇，等．北京怀柔水库超标准洪水防御对策［J］．中国防汛抗旱，2021，5（31）：50－54.

［20］ 刘一平，田景环．北京市大中型水库下游河道行洪能力分析——以怀柔水库为例［J］．海河水利，2023，（2）：45－49，53.

［21］ 杜云龙，陈含，刘利，等．怀柔水库渗压监测自动化升级改造研究［J］．水利水电快报，2021，42（7）：54－58.

[22] 徐红，江超．水库与水电站大坝安全评价体系对比研究［J］．水利水运工程学报，2024，（2）：154－163.

[23] 段文刚，胡晗，侯冬梅．三峡大坝运行20年泄洪安全评价［J］．长江科学院院报，2024，41（6）：178－186.

[24] 杨彦龙，黄维．美国大坝安全评价及经验借鉴［J］．水力发电，2023，49（1）：154－163.

[25] 王雷，王晓玲，张君，等．考虑融合权重优化与冲突信息来源的大坝安全综合评价方法［J］．清华大学学报（自然科学版），2023（10）：1566－1575.

[26] 邓刚，张茵琪，李维朝，等．美国非联邦所属大坝的安全监管［J］．水利发展研究，2020（10）：66－75.

[27] 依茹罕．基于规范法与层次分析法的大坝安全综合评价-以大西山水库为例［D］．大连：辽宁师范大学，2020.

[28] 陈志强，高成城．大坝安全性状综合评价方法［J］．人民黄河，2017，39（6）：118－120，129.

[29] 王祥来，王雪丰，刘安民．东风西沙水库综合安全评价分析［J］．水利水电技术，2019，50（S2）：154－159.

[30] 秦朋，谭恺炎，张志奎，等．运行期大坝安全评价［J］．大坝与安全，2016（5）：14－17.

[31] 王昭升，盛金保．基于风险理论的大坝安全评价研究［J］．人民黄河，2011，33（3）：104－106.

[32] 李晓璐，李春雷，李德玉．基于多层次模糊分析法的大坝安全评价研究［J］．人民长江，2010，41（17）：92－95.

[33] 张国栋，李雷，彭雪辉．基于大坝安全鉴定和专家经验的病险程度评价技术［J］．中国安全科学学报，2008，18（9）：158－166.

[34] 闫滨，高真伟，李东艳．RBF神经网络在大坝安全综合评价中的应用［J］．岩石力学与工程学报，2008，27（增2）：3991－3997.

[35] 刘成栋．大坝安全评价的多因素赋权分析方法及其应用研究［D］．南京：河海大学，2004.

[36] 苏植生．马岭水库安全运行评价及管理策略［J］．云南水力发电，2024，40（11）：169－173.

[37] 邓凌云，王欢．新山水库土坝安全评价及除险加固方案分析［J］．云南水力发电，2024，40（11）：220－223.

[38] 张秀丽．国内外大坝失事或水电站事故典型案例原因汇集［J］．大坝与安全，2015（1）：13－16.

[39] 王霄，陈超，沈优，等．基于GIS－Q技术的动态大坝安全评价研究及应用［J］．水利水电技术（中英文），2022，53（S1）：372－375.

[40] 梅亚东，谈广鸣．大坝防洪安全的风险分析［J］．武汉大学学报（工学版），2002，35（6）：11－15.

[41] 谭界雄，陈利强，位敏，等．水库大坝安全评价系统软件开发机工程应用［J］．人民长江，2015（46）：104－107.

[42] 赵宁琼，高大水，余林．百东河水库大坝安全评价及加固分析［J］．中国水利，2009（22）：37－39.

[43] 王军玺，沈振中，王晖．福华山水库大坝安全评价与分析［J］．人民长江，2010，41（17）：96－99，103.

[44] 张计，林水生，饶锡保．大坝安全量化评价模型研究［J］．长江科学院院报，2013，30（2）：12－15.

[45] 王仁钟．大坝隐患探测与安全评价［J］．中国水利，2008（20）：41－44.

[46] 邹红，何敏．龙门下库水库大坝安全综合评价［J］．人民黄河，2023，45（S1）：171－172.

[47] 何敏．某水库大坝安全评价分析［J］．河南水利与南水北调，2022（4）：63－64.

[48] 周文渊，徐海波．水库大坝安全评价技术探讨［J］．治淮，2016（8）：16－17.

[49] 庞井龙，熊国文．梅溪水库大坝渗漏分析与安全评价［J］．水力发电，2014，40（12）：

94-96，100.

[50] 黄立华，李钧，赵燕．清水河水库大坝安全分析［J］．中国农村水利水电，2011（8）：139-142，145.

[51] 严敏，王金龙，田甜．新疆希尼尔水库大坝渗流安全评价［J］．长江科学院院报，2006，26（增）：89-92.

[52] 刘鸣，钟敬全，饶锡保，等．牙塘水库大坝渗流监测分析及安全评价［J］．长江科学院院报，2007，24（2）：30-33，38.

[53] 王昭生，盛金保，李雷，等．大型水利工程实时安全评价技术研究［J］．水利学报，2007（S1）：189-194.

[54] 谢晓华，李君纯，杨正华．湖北省张家咀水库大坝安全分析评价［J］．水利水运科学研究，2000（4）：32-36.

[55] 孔宪京，邹德高，刘京茂．高土石坝抗震安全评价与抗震措施研究进展［J］．水力发电学报，2016，35（7）：1-14.

[56] 陈杰，杨树红，殷寒，等．基于中国地震动参数区划图变化情景下的卡拉贝利大坝抗震安全评价研究［J］．水利水电技术（中英文），2024，55（S1）：64-72.